Nr. 8 1953
S. 1121—1280 25. Februar

Chemisches Zentralblatt

Vollständiges Repertorium für alle Zweige der reinen und angewandten Chemie

Im Auftrage der Deutschen Akademie der Wissenschaften zu Berlin, der Akademie der Wissenschaften zu Göttingen und der Gesellschaft Deutscher Chemiker

herausgegeben von

Prof. Dr. Maximilian Pflücke

Chefredakteure: Dr. Eugen Klever und Prof. Dr. Maximilian Pflücke

124. Jahrgang

1953

Akademie-Verlag GmbH., Berlin — Verlag Chemie, GmbH., Weinheim/Bergstr.

Inhalt

Namenregister

CHEMISCHES ZENTRALBLATT

VOLLSTÄNDIGES REPERTORIUM
FÜR ALLE ZWEIGE DER REINEN UND ANGEWANDTEN CHEMIE

GEGRÜNDET 1830

Im Auftrage der Deutschen Akademie der Wissenschaften zu Berlin,
der Akademie der Wissenschaften zu Göttingen
und der Gesellschaft Deutscher Chemiker

herausgegeben von

Prof. Dr. Maximilian Pflücke

124. JAHRGANG

1953

SEITE 1–1280
JANUAR BIS FEBRUAR

Chefredakteure: Dr. Eugen Klever und Prof. Dr. Maximilian Pflücke

1953

AKADEMIE-VERLAG GMBH · BERLIN
VERLAG CHEMIE, GMBH., WEINHEIM/BERGSTR.

Herausgeber u. verantwortlich für den Inhalt: Prof. Dr. Maximilian Pflücke, Berlin W 8, Jägerstraße 22/23, Fernsprecher: 20 04 81, 20 14 61. Redaktion: Chefredakteure Dr. Eugen Klever u. Prof. Dr. Maximilian Pflücke. Verlag: Akademie-Verlag GmbH, Berlin NW 7, Schiffbauerdamm 19 (Fernsprecher 42 55 71, Postscheckkonto Berlin 35021) u. Verlag Chemie, GmbH, Weinheim/Bergstraße (Postscheckkonto Frankfurt/M. 145314 u. Berlin [West] 7430, Fernsprecher: Weinheim 2017).
Bestell- u. Verlags-Nr. 1007/124.
Satz u. Druck: VEB Leipziger Druckhaus, Leipzig, III/18/203. III. 53.
Veröffentlicht unter der Lizenznummer 1212 des Amtes für Literatur u. Verlagswesen der Deutschen Demokratischen Republik.
Printed in Germany.

Chemisches Zentralblatt

1953 Nr. 8 25. Februar

A. Allgemeine und physikalische Chemie.

A_1. Kernphysik und Kernchemie.

Arthur E. Ruark, *Elektrodynamik als Grundlage für die spezielle Relativität.* (Sitzungsbericht.) (Physic. Rev. [2] **85.** 770. 15/2. 1952; Bull. Amer. physic. Soc. **26.** Nr. 8. 22. 27/12. 1951. Johns Hopkins Univ., Inst. for Cooperat. Res.) CONRAD. 80

Ryogo Kubo, *Ein Expansionstheorem der Dichtematrix.* Ein allg. Theorem der Reihenentw. wird auf die Dichtematrix der Quantenstatistik angewendet. Der Formalismus kann als Red. eines Vielkörpersyst. auf kleinere Systeme aufgefaßt werden. Eine Anwendung bezieht sich auf das HEISENBERGsche Modell des Ferromagnetismus. (J. chem. Physics **20.** 770—77. Mai 1952. Tokyo, Univ., Dep. of Phys.) SPEER. 80

Klaus Rüdenberg, *Über die Drei- und Viermittelpunktsintegrale in der molekularen Quantenmechanik.* Theoret. Abhandlung. (J. chem. Physics **19.** 1433—34. Nov. 1951. Chicago, Ill., Univ., Dep. of Phys.) GOTTFRIED. 80

Adrian E. Scheidegger und **Carlyle D. McKay,** *Thermodynamische Vakuumschwankungen der Wellenfelder.* Im Anschluß an eine frühere Arbeit (vgl. C. **1952.** 1274) werden die Ausdrücke für die thermodynam. Vakuumschwankungen der Wellenfelder berechnet. Es wird gezeigt, daß die Entstehung von Elementarteilchen durch die therm. Schwankungen der entsprechenden Felder extrem unwahrscheinlich ist. (Z. Physik **132.** 179—82. 1952. Kingston, Ontario, Can., Queen's Univ., Dep. of Phys.) SPEER. 80

Melvin Lax, *Mehrfachstreuung von Wellen.* 2. Mitt. *Das effektive Feld in dichten Systemen.* (1. vgl. C. **1952.** 7122.) Vf. leitet für das effektive Feld von dichten Systemen unter Verwendung von 2 Gleichungssystemen eine Approximation ab, deren Fehler denen der LORENTZ-LORENZ-Formel für nichtpolare Fll. entsprechen. (Physic. Rev. [2] **85.** 621—29. 15/2. 1952. Syracuse, N. Y., Univ., Phys. Dep.) SPEER. 80

Walter Wessel, *Über die Theorie des Elektrons.* (Sitzungsbericht.) Zur genauen Best. des zusätzlichen magnet. Momentes des Elektrons wird die Differenzoperatordarst. unter Verwendung des Modells des Elektrons mit Spin weiterentwickelt. (Physic. Rev. [2] **86.** 639. 15/5. 1952. USAF, Inst. of Technol.) G. SCHMIDT. 90

J. C. Slater, *Eine Vereinfachung der Hartree-Fock-Methode.* Vf. zeigt, daß die HARTREE-FOCK-Gleichungen wie gewöhnliche SCHRÖDINGER-Gleichungen für die Bewegung von Elektronen betrachtet werden können, wobei sich jedes Elektron in einem etwas verschied. Potentialfeld bewegt, das aus der Elektrostatik der Ladungen des Syst. berechnet worden ist. Es wird ein mittleres Potentialfeld aufgestellt, bei dem alle Elektronen als in Bewegung befindlich betrachtet werden, wodurch eine wesentliche Vereinfachung der HARTREE-FOCK-Meth. erzielt wird. (Physic. Rev. [2] **81.** 385—90. 1/2. 1951. Cambridge, Mass., Inst. of Technol.) G. SCHMIDT. 90

A. Ja. Wjatskin, *Über den Einfluß des Elektronenaustausches auf die unelastische Streuung von Elektronen in Metallen.* Ergänzung der C. **1951.** I. 2390 referierten Arbeit durch Berücksichtigung des quantenmechan. Austauscheffektes. (Журнал Экспериментальной и Теоретической Физики [J. exp. theoret. Physik] **21.** 1350—53. Dez. 1951. Leningrad, Inst. für Feinmechanik u. Optik.) KIRSCHSTEIN. 90

S. DeBenedetti und **H. J. Richings,** *Die Halbwertszeit von Positronen in kondensierten Stoffen.* Bei der Unters. der Halbwertszeit von Positronen beim Durchgang durch verschied. Substanzen mittels einer Koinzidenzzählanordnung von $2 \cdot 10^{-9}$ Sek. Auflösungszeit wurden die Koinzidenzen zwischen den γ-Quanten des als Positronenquelle benutzten ^{22}Na u. der Vernichtungsstrahlung der Positronen mit 2 Stilbenzählern unter einem Laboratoriumswinkel von 90° gemessen. Folgende Abweichungen (in 10^{-10} Sek.) in der Halbwertszeit im Vgl. zu Al wurden festgestellt: in *Li, Na, K, Ag, Pb, Cu, C* (Graphit), *S, NaCl, AgCl, PbO,* Al_2O_3, H_2O_2 $0 \pm 0{,}5$, *Teflon* $1{,}2 \pm 0{,}5$, H_2O $1{,}5 \pm 0{,}7$, *Methanol* $2{,}3 \pm 1$. SiO_2 (Quarz), *Polystyrol, Plexiglas, Paraffin* $2{,}5 \pm 1$ u. in *Bzl.* $2{,}6 \pm 1$. (Physic. Rev. [2] **85.** 377—78. 15/1. 1952. Pittsburgh, Pa., Carnegie Inst. of Technol.) WEIGEL. 90

Melvin Eisner, *Streuung stark gekoppelter Pseudovektor-Mesonen.* (Sitzungsbericht.) Vf. berechnet den differentiellen Streuquerschnitt für die Streuung stark gekoppelter

Pseudovektormesonen durch Nucleonen. Sukzessive kanon. Transformationen führen auf eine einfache Form der HAMILTON-Funktion, die der pseudoskalaren HAMILTON-Funktion ähnlich ist. Eine Formel für den differentiellen Wirkungsquerschnitt $\sigma(\theta)$ wird angegeben. Wenn für die Halbwertsbreite der Nucleonendichteverteilungsfunktion der Wert 10^{-14} cm angenommen wird u. die Kopplungskonstanten mit der Bedingung starker Kopplung verträglich sind, so liegt $\sigma(\theta)$ in der Größenordnung von 10^{-28} cm². (Physic. Rev. [2] **85.** 748. 15/2. 1952; Bull. Amer. physic. Soc. **26.** Nr. 7. 14. 30/11. 1951. A & M College of Texas.) WEIGEL. 90

W. B. Cheston, *Die Wechselwirkung geladener π-Mesonen mit Deuteronen.* (Sitzungsbericht.) Kurze Wiedergabe der C. **1953.** 3 referierten Arbeit. (Physic. Rev. [2] **85.** 718. 15/2. 1952; Bull. Amer. physic. Soc. **26.** Nr. 6. 22. 24/10. 1951. Univ. of Rochester.) WIEDEMANN. 90

H. L. Anderson, E. Fermi, D. E. Nagle und **G. B. Yodh,** *Totale Wirkungsquerschnitte von Deuterium für positive und negative Pionen.* Der Durchgang von geladenen Pionen (π-Mesonen) durch H_2O u. D_2O wird mit Scintillationszählern gemessen. Zunächst wird die Differenz der Wirkungsquerschnitte von D_2 u. H_2 für den Fall bestimmt, daß keine Umwandlungen auftreten, welche ionisierende Teilchen in den Aufnahmewinkel des letzten Zählers streuen. Die beobachteten Werte werden korr. u. die Querschnitte σ_D von D_2 bestimmt. Innerhalb der experimentellen Fehlergrenzen sind die erhaltenen Werte für Pionen beiderlei Vorzeichens gleich; ebenso ist die Summe $\sigma_H(\pi^+) + \sigma_H(\pi^-)$ nicht sehr verschieden von σ_D. (Physic. Rev. [2] **86.** 413. 1/5. 1952. Chicago, Ill., Univ., Inst. for Nucl. Stud.) WERNER SCHULZ. 90

P. R. Tunnicliffe und **A. G. Ward,** *Die von Protonen, Deuteronen und α-Teilchen niedriger Energie in verschiedenen Gasen hervorgerufene relative Ionisation.* Zur Best. des mittleren, für die Erzeugung eines Ionenpaares durch Protonen, Deuteronen oder α-Teilchen aufgewendeten Energiebetrages wurden mit monoenerget. Neutronen aus der Rk. ^{7}*Li* (p, n) ^{7}*Be*, zu der 2,5 MeV-Protonen benutzt wurden, Rückstoßprotonen, -deuteronen u. -α-Teilchen in einem gasgefüllten Proportionalzähler erzeugt u. die Stoßgrößen in einem 30-Kanal-Stoßanalysator gemessen. Die maximalen Stoßgrößen wurden mit den bekannten Verhältnissen der Rückstoßenergien verglichen. Aus den Ergebnissen für Protonen u. Deuteronen läßt sich im Energiebereich von 200—550 keV die Proportionalität der Ionisation mit der Energie innerhalb 1% entnehmen. Die im Energiebereich von 200—400 keV in *Ar* durch Protonen hervorgerufene totale Ionisation ist um ca. 8% größer als die von α-Teilchen gleicher Energie erzeugte. (Proc. physic. Soc., Sect. A **65.** 233—40. 1/4. 1952. Harwell, Didcot, Berks, A. E. Res. Establ.) CONRAD. 90

Norman F. Ramsey, *Die Verwendung von HD für Versuche über das Verhältnis der magnetischen Momente von Proton und Deuteron.* Durch Unters. der Proton- u. Deuteronresonanzen im HD-Mol. kann die Ungenauigkeit in den Messungen des Verhältnisses der magnet. Momente von H u. D infolge der unsicheren magnet. Abschirmungskorrekturen durch die Nullpunktsschwingung überwunden werden. (Physic. Rev. [2] **85.** 688. 15/2. 1952. Cambridge, Mass., Harvard Univ.) H. HAUSWALD. 95

C. D. Jeffries, H. Loeliger und **H. H. Staub,** *Die magnetische Kernresonanz von Titan und Arsen.* Im Anschluß an die C. **1952.** 5363 referierte Arbeit wird das Verhältnis der Resonanzfrequenz zu der von Protonen in H_2O in demselben Magnetfeld für Ti zu $0{,}05638 \pm 0{,}00001$ u. für As zu $0{,}17129 \pm 0{,}00003$ bestimmt. (Physic. Rev. [2] **85.** 478—79. 1/2. 1952. Zürich, Univ., Physik. Inst.) H. HAUSWALD. 95

Robert Stump und **Sherman Frankel,** *Messungen der β-γ-Winkelbeziehung.* (Sitzungsbericht.) Die Messung der β-γ-Winkelbeziehung bei ^{198}Au u. ^{86}Rb wurde in Verbindung mit Messungen an ^{95}Nb u. ^{13}·Cs durchgeführt. Die Isotropie bei ^{95}Nb ist in Übereinstimmung mit dem erlaubten Verlauf der β-Spektren. Die Verteilungsfunktion für ^{86}Rb läßt sich durch $W(\theta) = 1 + R/Q \cos^2\theta$ darstellen. Folgende R/Q-Werte werden erhalten: ^{86}Rb $0{,}057 \pm 0{,}01$, ^{134}Cs $0{,}0016 \pm 0{,}006$, ^{198}Au $-0{,}005 \pm 0{,}02$, ^{95}Nb $0{,}0034 \pm 0{,}02$. Die Ergebnisse für ^{86}Rb sind in Übereinstimmung mit neuen Ergebnissen von DEUTSCH. (Physic. Rev. [2] **79.** 243. 1/7.; Bull. Amer. physic. Soc. **25.** Nr. 3. 52. 27/4. 1950. Univ. of Illinois.) v. HARLEM. 95

J. T. Dewan, T. P. Pepper, K. W. Allen und **E. Almqvist,** *α-Teilchen aus den* (^{7}*Li* + *T*)*-Reaktionen.* Die Energieverteilung der α-Teilchen beim Beschuß von ^{7}Li mit 240 keV-Tritonen gemäß ^{7}Li + T → ^{6}*He* + ^{4}He + 9,79 MeV (1) u. ^{7}Li + T → ^{4}He + ^{4}He + n + n + 8,85 MeV (2) wird mit einem magnet. Analysator u. einem Proportionalzähler unter 90° zum einfallenden Strahl gemessen. Bei 5,95 MeV wird eine α-Teilchengruppe gemäß der Rk. ^{7}Li (t, α) ^{6}He beobachtet u. daraus im Vgl. mit den α-Teilchen nahezu gleicher Energie von ^{242}*Cm* der Q-Wert von $9{,}79 \pm 0{,}03$ MeV in Rk. (1) berechnet. Bei $4{,}91 \pm 0{,}02$ MeV wird eine neue angeregte α-Gruppe hoher Intensität gemäß der Rk.

^{7}Li (t, α) ^{6}He* (Q = 8,08 ± 0,03 MeV) gefunden, die unter Aussendung von 1 α u. 2 n in den 1,71 ± 0,01 MeV tieferen Grundzustand übergeht. (Physic. Rev. [2] **86.** 416—17. 1/5. 1952. Chalk River, Ontario, Can., Nat. Res. Counc., A. E. P.) Werner Schulz. 103

J. W. Butler, *Neutronen aus dem Deuteronenbeschuß von* ^{19}F. (Sitzungsbericht.) Vf. sucht nach Neutronenschwellenwerten bei der Rk. ^{19}F (d, n) ^{20}*Ne*. Zwischen 0,5 u. 2 MeV wurden keine Schwellenwerte beobachtet; jedoch scheint in ^{20}Ne bei 11,5 MeV ein Niveau zu existieren, das eine Schwelle bei ca. 0,8 MeV liefern sollte. Die Anregungsfunktion für die genannte Rk. wurde bei einem Winkel von 0° aufgenommen. Sie steigt stetig von 0,5 bis 2 MeV an u. zeigt ein ähnliches Verh. wie die mit dem Schwellenzähler erhaltene. (Physic. Rev. [2] **85.** 743. 15/2. 1952; Bull. Amer. physic. Soc. **26.** Nr. 7. 9. 30/11. 1951. Naval Res. Labor.) Weigel. 103

Hubert Garrigue, *Untersuchungen über die Radioaktivität der freien Luft.* Frühere Unterss. über die Radioaktivität der freien atmosphär. Luft (vgl. C. **1951.** II. 773 u. **1952.** 5528) wurden durch Messungen im Flugzeug u. auf einer hochgelegenen Bergstation (1460 m) erweitert. Die früher bereits festgestellte, aber nicht identifizierte radioakt. Substanz A wurde erneut nachgewiesen, u. zwar als ein Komplex aus zwei Partnern A u. A′. Der Nachw. ist erschwert durch die gleichzeitig stets vorhandenen Verunreinigungen der Luft an Rn u. Thoron. Die mögliche Herkunft der Spuren aus der Explosion von Atombomben wird in Erwägung gezogen. Eine eindeutige Identifikation ist nicht möglich, die Halbwertszeit der komplexen akt. Substanz beträgt 20—30 Stunden. (C. R. hebd. Séances Acad. Sci. **233.** 860—62. 15/10. 1951.) Reusse. 103

O. Wernholm, *Die Konstruktion von Synchrotronmagneten.* In einem zur Injektion der Teilchen als Betatron arbeitenden Synchrotron werden durch die den magnet. Fluß für den Betatronbetrieb modifizierenden Eisenstäbe Feldunregelmäßigkeiten hervorgerufen, die auf $^1/_7$ red. werden konnten. (J. sci. Instruments **29.** 166—67. Mai 1952. Stockholm, Royal Inst. of Technol., Dep. of Electronics.) H. Hauswald. 112

David C. de Packh, *Optische Fokussierung bei Beschleunigern mit konstantem Radius.* Die Berechnungen der opt. Fokussierung ergeben, daß keine adiabat. Veränderung der Oscillationsamplitude mit der Teilchenbeschleunigung vorhanden ist, falls die Linsenfelder konstant sind. Vorläufige Unterss. von 12 Linsen in einem Beschleuniger kleiner Apertur liefern eine sehr gute Fokussierung. (Physic. Rev. [2] **86.** 433—34. 1/5. 1952. Washington, D. C., Nav. Res. Labor., Nucl. Div.) G. Schmidt. 112

Stanley L. Whitcher, *Energieabsorption durch von außen bestrahlte Flüssigkeiten.* 1. Mitt. Vf. beschreibt 2 Methoden, die eine experimentelle Best. des Energiegeh. bei Bestrahlung einer Flüssigkeitsprobe gestatten. Die erste Meth. erfordert eine Integration der durchschnittlichen Intensität über das bestrahlte Vol., bei der 2. Meth. werden Mittelwerte der Intensität über die obere u. untere Tangentialfläche der Fl. benötigt. Die Energieabsorption ergibt sich aus der Differenz. Die Intensitätsverteilung innerhalb der Fl., die Heterogenität des γ-Bündels, die Absorption durch den Behälter sowie das Auftreten eines elektron. Gleichgewichtes, wenn das Verhältnis der Anzahl der Sekundärelektronen zur Anzahl der Quanten einen konstanten Wert erreicht, werden diskutiert. Die Theorie der Fingerhutkammer wird für den Spezialfall des Einschlusses von Luft u. festen Körpern zwischen 2 Flächen der Kammer entwickelt. Zahlenwerte (effektive Ordnungszahl u. Anzahl der Elektronen pro cm^3) werden für Pyrexglas u. W. angegeben. (Nucleonics **10.** Nr. 4. 47—51. April 1952. Los Angeles, Calif., Univ., A. E. P., School of Med.) G. Schmidt. 112

John N. Harris und **Arthur I. Berman,** *Präzisionsmessung der Materialgleichförmigkeit aus der Durchlässigkeit für γ-Strahlen.* (Sitzungsbericht.) Mit einem Scintillationszähler wurde die Gleichförmigkeit des Prod. von D. u. Dicke an Substanzen mit konstantem Massenabsorptionskoeff. durch Messung der Durchlässigkeit für ^{60}Co-γ-Strahlen geprüft. Bei der optimalen Bedingung, daß die mittlere Weglänge der Strahlung in dem Material gleich der Dicke ist, betrug die Genauigkeit 0,01%. (Physic. Rev. [2] **85.** 765. 15/2. 1952; Bull. Amer. physic. Soc. **26.** Nr. 8. 17. 27/12. 1951. Los Alamos Scientif. Labor.) H. Hauswald. 112

Joan M. Freeman, *Magnetische Analysatoren für Kernzertrümmerungsuntersuchungen.* Vf. beschreibt ein 90°-Spektrometer mit 17 cm Krümmungsradius u. einem Scintillationszähler als Detektor für α-Teilchen bis 2,8 MeV u. gibt das damit aufgenommene α-Spektr. der Rk. ^{19}F (p, α) ^{16}O* wieder. Das 180° doppelt fokussierende Spektrometer mit 30 cm Krümmungsradius zeichnet sich durch die Konstruktion des Magneten aus. Vf. erwartet von dem Gerät einen ausnutzbaren Raumwinkel von $^1/_{800}$ u. für α-Teilchen bis zu 5 MeV bei einem Targetdurchmesser von 1 cm eine Energieauflösung von 3%. (Atomics **3.** 117—25. Mai 1952. Harwell, A. E. R. E.) H. Hauswald. 112

Fielding Brown, R. R. Rau und **George T. Reynolds,** *Eine Kombination von Nebel- und Ionenkammer mit zylindrischer Geometrie.* (Sitzungsbericht.) Die Kammer enthält 3 konzentr. Elektroden: einen ca. 6 mm dicken Eisenstab u. je ein Glasrohr mit ca. 8 cm u. 20 cm Durchmesser, beide elektr. leitend gemacht. Das äußere Glasrohr dient als Kammerwand, das innere als Sammelelektrode mit einer Spannung von + 1400 V für Elektronen. Auf diese Weise können stark ionisierende Ereignisse, wie z. B. Sterne, zur Auslösung verwendet u. photographiert werden. Ferner kann ihre Impulsgröße registriert werden. (Physic. Rev. [2] **85.** 712. 15/2. 1952; Bull. Amer. physic. Soc. **26.** Nr. 6. 16. 24/10. 1951. Princeton Univ.) POLLERMANN. 112

Richard L. Lander und **C. E. Nielsen,** *Streuung von Licht an kleinen Tröpfchen.* (Sitzungsbericht.) In einer kontinuierlichen Nebelkammer werden kleine Tröpfchen erzeugt, u. es wird die Winkelverteilung des an ihnen gestreuten Lichtes mit Photozelle u. Galvanometer bestimmt. Die Meßergebnisse stimmen mit photograph. gewonnenen Ergebnissen für Winkel zwischen 20 u. 100° überein. Zwischen 100 u. 147° ergeben sich wesentlich höhere Intensitäten. (Physic. Rev. [2] **85.** 712. 15/2. 1952; Bull. Amer. physic. Soc. **26.** Nr. 6. 16. 24/10. 1951. Ohio State Univ.) POLLERMANN. 112

A₂. Optisches Verhalten der Materie.

E. Margaret Burbidge, G. R. Burbidge und **S. K. Wang,** *Schnelle Wechsel der Linienintensitäten im Spektrum von γ-Cassiopeiae.* (Vgl. C. **1951.** II. 3125.) Die Äquivalentbreiten von H_γ, H_δ, H_ε, H_ζ, der Blendlinien O II 4416, 4318 sowie von He I 4471, 4026, 4388, 4144, 4009, 3927 werden angegeben, sie lassen hinsichtlich H u. He I einen zeitlichen Gang der Intensität erkennen. Die stärkste Abnahme der Intensität zeigt H , während die prozentuale Abnahme der Singulettlinien von He I bzgl. der mittleren prozentualen Abnahmen unbedeutend ist. Vff. führen das beobachtete Phänomen auf fackelähnliche Ausbrüche zurück. Die Radialgeschwindigkeiten werden angegeben. Es wurden noch folgende Elemente im Spektr. festgestellt: *Si* IV, *N* III, N II, *S* III, Si III, *C* II u. wahrscheinlich S II. (Astrophysic. J. **115.** 66—70. Jan. 1952. London, Univ., Observ.) F. W. KRÜGER. 113

Leo Goldberg, Robert R. McMath, Orren C. Mohler und **A. Keith Pierce,** *Die Häufigkeit von CO in der Sonne und in der Erdatmosphäre.* Es wird eine kurze Übersicht über den opt. Nachw. u. die Häufigkeitsbest. von CO auf der Sonne gegeben. Die Temp. u. die Häufigkeit betragen T = 4300° K u. N = 1,1·10¹⁹ Moll./cm² oberhalb der Sonnenoberfläche, bestimmt aus dem kontinuierlichen Absorptionskoeff. bei λ = 23500. Die Temp. ist in guter Übereinstimmung mit anderen Bestimmungen, u. da dieser Wert annähernd der der Grenztemp. der Sonne ist, ergibt sich ein neuer Beweis dafür, daß CO in einer sehr kleinen opt. Tiefe in der Sonnenatmosphäre konz. ist. Die Häufigkeit des CO ist im Vgl. zu anderen auf der Sonne vorhandenen Moll. sehr hoch, wie folgende Zusammenstellung zeigt: CO: log N = 19,1; CN: 16,3; CH: 17,3; C_2: 15,0; NH: 17,0; OH: 17,5. Die große Häufigkeit des CO ist nicht unerwartet, da es ein relativ hohes Dissoziationspotential von 9,6 eV besitzt. Im zweiten Teil der Arbeit wird eine Übersicht über die Häufigkeit des CO in der Erdatmosphäre gegeben, wobei sich für verschied. Orte sehr verschied. Werte ergeben; man muß daraus vorläufig schließen, daß CO in der Erdatmosphäre in sehr eigentümlicher Weise lokalisiert ist. (Physic. Rev. [2] **85.** 481—82. 1/2. 1952. Lake Angelus, Pontiac, Mich., Univ. of Michigan, McMath. Obs.) V. HARLEM. 113

Willis E. Lamb jr. und **Robert C. Retherford,** *Feinstruktur des Wasserstoffatoms.* 4. Mitt. (3. vgl. C. **1952.** 7448.) In den ersten 3 Mitteilungen wurde über Verss. u. die theoret. Grundlage für genaue Messungen der Feinstruktur von H u. D berichtet. In vorliegender Mitt. werden nun eine Analyse der Messungen u. folgende Ergebnisse gebracht: Für H beträgt die Verschiebung $2^2 S_{1/2} - 2^2 P_{1/2}$ 1058,27 MHz u. für D 1059,71 MHz bei einer Fehlergrenze von ± 1,0 MHz. Zwischen den beiden Werten von H u. D besteht eine Differenz von 1,44 MHz, die durch red. Masseneffekte u. die endliche Ausdehnung des Deuterons zu erklären ist. Mittels einer Formel für die Dublettaufspaltung wird der Wert der Feinstrukturkonstante berechnet. Es wird gefunden, daß 1/α = 137,033 (Fehlergrenze ± 0,006) mit dem Wert 1/α = 137,0429 ± 0,0009, der aus der Hyperfeinaufspaltung des Grundzustandes des Wasserstoffs hergeleitet worden ist, nicht übereinstimmt. (Physic. Rev. [2] **86.** 1014—22. 15/6. 1952. New York, N. Y., Columbia Univ., Radiat. Labor.) D. HAHN. 118

P. Brix, H. v. Buttlar, F. G. Houtermans und **H. Kopfermann,** *Die Isotopieverschiebung zwischen RaD und den stabilen Bleiisotopen.* Durch Vgl. findet man, daß die Isotopieverschiebungskonstanten in den Atomspektren der schweren Elemente unterhalb der Neutronenzahl N = 82 extrem klein, oberhalb N = 82 sehr groß sind. Vff. untersuchen die Verhältnisse in der Umgebung der dritten „mag. Zahl" N = 126. Sie benutzen zur Unters. ein RaD-Präp., das aus Ra-Emanation, die an 1 kg Aktivkohle adsorbiert ist, gewonnen u. nahezu frei von inakt. Pb ist. Die interferometr. Unterss. ergeben, daß die Kohleprobe durch zehnmal so viel inakt. Pb wie RaD verunreinigt ist. Vff. berechnen aus den Abständen der einzelnen Pb-Komponenten die relative Isotopieverschiebung zu $1,5 \pm 0,1$. Es tritt also, wie erwartet, ein Sprung in der Isotopieverschiebung bei N = 126 auf. (Nachr. Akad. Wiss. Göttingen, math.-physik. Kl. IIa, math.-physik.-chem. Abt. **1951.** Nr. 7. 1—2. Göttingen.) D. HAHN. 118

H. Lund und **L. Ward,** *Das spektrale Emissionsvermögen von Eisen, Nickel und Kobalt.* Das spektrale Emissionsvermögen von Fe, Ni u. Co wurde durch direkten Vgl. der Oberflächen- u. Schwarzen-Körper-Strahlung bei Tempp. zwischen 1000 u. 1300° in einem Wellenlängenbereich von 1,0—2,6 μ mit einem Quarzspektrometer u. einer PbS-Zelle als Empfänger gemessen. Der Verlauf der Temperaturkoeffizienten des Emissionsvermögens, bezogen auf 1000°, zeigt für Ni ein stetiges Ansteigen, für Fe einen X-Punkt bei 1,6 μ u. für Co einen X-Punkt bei 1,4 μ u. Anomalien beim CURIE-Punkt (~ 1150°). Für Fe–Ni-Legierungen mit Intervallen von 10% in der Zus. ergaben sich bei 1000° Kurven gleicher Form mit einem Maximum des Emissionsvermögens bei ~ 60% Ni. (Proc. physic. Soc., Sect. B **65.** 535—40. 1/7. 1952. South West Essex Techn. Coll.) EICHHOFF. 118

L. Genzel, *Durchlässigkeit von Wasser im nahen Ultrarot.* Mit Hilfe des von CURCIO u. PETTY (C. **1952.** 2961) gemessenen Extinktionskoeff. von reinstem H_2O im kurzwelligen Ultrarot wird die Durchlässigkeit verschied. H_2O-Schichtdicken von 10 cm bis zu 0,01 cm für den Wellenlängenbereich von 0,7—2,5 μ berechnet. (Optik **9.** 143. 1952. Frankfurt/M., Univ., Phys. Inst.) LINDBERG. 122

J. J. Loferski und **P. H. Miller jr.,** *Infraroteigenschaften von Tellur.* Unters. der Infrarotdurchlässigkeit von ca. 99,9% reinen Te-Kristallen. Die Absorptionskante wurde bei 4,2 μ gefunden. Ein 0,067 cm dicker Kristall, der bei Zimmertemp. geringe Photoleitfähigkeit zeigte, läßt im Bereich von 4,5—10 μ annähernd konstant 25% der einfallenden Energie durch. Für 10^{-4} Watt Einfallsenergie war bei 2,0 μ $\Delta I \sim 3 \cdot 10^{-8}$ A bei einem Dunkelstrom von $15 \cdot 10^{-3}$ A. (Physic. Rev. [3] **83.** 876. 15/8; Bull. Amer. physic. Soc. **26.** Nr. 4. 12. 14/6. 1951. Pennsylvania Univ.) LINDBERG. 122

R. T. Lagemann und **T. G. Miller,** *Thalliumbromidjodid (KRS-5) als Infrarotpolarisator.* KRS-5 ist wegen seines hohen Brechungsindex (n = 2,63 für Na-Licht) u. wegen seiner guten Durchlässigkeit für einen großen Wellenlängenbereich gut als Polarisator geeignet. Ein Satz aus 1, 2 oder 3 Platten von 1—5 μ Dicke gab eine einige % niedrigere Durchlässigkeit als AgCl-Platten, aber stärkere Polarisation. KRS-5-Platten verfärben sich nicht, absorbieren nicht unter Einw. kurzwelligen Lichtes, ätzen nicht Metalle, sind aber etwas teurer u. in größeren Platten leichter zerbrechlich als AgCl. Da die Durchlässigkeit weiter ins Infrarot reicht, ist es bis zu 40 μ als Polarisator geeignet. (J. opt. Soc. America **41.** 1063—64. Dez. 1951. Atlanta, Ga., Emory Univ.) LINDBERG. 122

J. Chapelle, *Über die Rayleigh-Streuung durch Kristalle.* Die sich für *NaCl*-Kristalle ergebenden Unterschiede zwischen den experimentellen Werten der RAYLEIGH-Streuung u. den aus der Theorie der Molekularstreuung folgenden Werten werden darauf zurückgeführt, daß eine Lichtstreuung durch Reflexion an Kristallfehlern auftritt. Möglicherweise können durch Vgl. dieser beiden Streuanteile Schlüsse auf den mittleren Abstand der Kristallfehler gezogen werden. (Boll. sci. Fac. Chim. ind., Bologna **10.** 33—34. 1952.) RUDOLPH. 122

Karl Przibram, *Die Bestrahlungsfarben des Steinsalzes in der Natur.* Übersicht über die Beschaffenheit der Färbungen des natürlichen Steinsalzes als Folge radioakt. Bestrahlung nach den heutigen Vorstellungen. Danach sind die gelben bzw. die violetten u. blauen strahlengefärbten Steinsalzmodifikationen durch F-Zentren- bzw. M- u. R-Zentrenbldg. zu erklären. Gleichzeitig ist Kolloidbldg. in einigen Fällen anzunehmen. Als natürliche verfärbende Strahlungsquellen sind der U- u. Ra-Geh. des Steinsalzes, sein K-Geh. u. die abgeklungene Aktivität radioakt. Tiefengewässer anzusehen. Alle natürlichen Steinsalzfärbungen können so als Folge der Einw. radioakt. Strahlung erklärt werden. (Geochim. cosmochim. Acta [London] **1.** 299—311. 1951. Wien, Univ., II. Physikal. Inst.) RUDOLPH. 125

M. L. Katz, *Luminescenz der atomaren und Ionenzentren des Silbers in NaCl–Ag-Phosphoren.* Die *NaCl–Ag-Phosphore* (I) zeigen bei Röntgenbestrahlung starke orange Fluorescenz (Maximum bei 630 mμ), angeregt durch UV-Licht der Hg-Quarzlampe (Filter FS–4). Bei 200—250° ist die Fluorescenz gelb-grün. Das Anregungsspektr. erstreckt sich von 240—380 mμ mit Maxima bei 275 u. 340 mμ. Außer dem kurzzeitigen Leuchten tritt ein Dauernachleuchten auf: Blau mit Maximum bei 450 mμ u. UV bei 230—260 mμ mit Maximum bei 248 mμ. Die blaue u. UV-Luminescenz sind durch das Leuchten von Ag^+ bedingt, die orange u. gelb-grüne Fluorescenz durch atomare Ag-Zentren, die durch

Einw. der Röntgenstrahlen entstehen. Das Vorhandensein von 2 verschied. Leuchtzentren wird dadurch bestätigt, daß ohne Röntgenbestrahlung in I eine blaue Fluorescenz durch 200—250 mμ bewirkt wird, daß mit zunehmender Dauer der Röntgenbestrahlung sowohl die Lichtsummen der blauen u. UV-Luminescenz als auch die Intensität der orangen Fluorescenz bis zur Sättigung zunehmen. Hierbei nimmt die Bildungsgeschwindigkeit der Ionenzentren ab, die der atomaren Zentren zu. I wird durch Röntgenstrahlen viel schwächer gefärbt als nichtaktivierte NaCl-Kristalle. Aus der Abhängigkeit der F-Zentren von der Aktivatorkonz. folgt, daß der Elektroneneinfang nur an einem solchen Ag-Ion erfolgt, das einer Halogenleerstelle benachbart ist. Das Vorhandensein von 2 Luminescenzbanden der Ag-Ionen wird damit erklärt, daß das angeregte Ion nicht nur in den Grundzustand $4\,d^{10}$ ($4\,d^9\,5\,p\,{}^3P, {}^1P \rightarrow 4\,d^{10}\,S_0$) übergeht, sondern auch in den wenig stabilen Zustand $4\,d^9\,4\,s$ ($4\,d^9\,5\,p\,{}^3P, {}^1P \rightarrow 4\,d^9\,4\,s\,{}^3D, {}^1D$). Nach vorläufigen Verss. entstehen ähnliche atomare Zentren unter der Einw. von Röntgenstrahlen auch bei Aktivierung der *Erdalkalihalogenidphosphore* durch Cu, Cd, Pb, Tl u. a. Schwermetalle. (Доклады Академии Наук СССР [Ber. Akad. Wiss. UdSSR] [N. S.] **85.** 539—42. 21/7. 1952.) LEBTAG. 125

T. Ss. Dobroljubskaja, *Phosphore auf der Basis von mit Mangan aktiviertem Magnesiumarsenat.* Die Phosphore $n\,MgO \cdot As_2O_5 \cdot 0{,}02\,Mn$ (I, n = 1—40) zeigen bei Anregung mit λ 3650 Å ein intensives rotes Leuchten, dessen Intensität vom MnO-Geh. abhängig ist. Bei n = 15—40 bleibt die Helligkeit mit dem Wert 50 prakt. konstant. Das Luminescenzspektr. besteht aus einer schmalen mittleren Bande u. je 2 verwaschenen Banden zu beiden Seiten. Bei Zimmertemp. liegen die Maxima bei 623, 629, 640, 650, 657 mμ. Bei 200° verschwinden die kurzwelligen Banden. Die mittlere Bande wird hierbei in drei schmale Banden aufgespalten. Beim F. von Luft werden alle Banden verwaschen, bei erhöhter Temp. nach dem langwelligen Teil verschoben. Das Luminescenzspektr. von I verhält sich ähnlich dem Spektr. von Mg-Germanat, das mit Mn aktiviert wurde. I wird durch alle UV-Linien von Hg bis zu den kürzesten Wellen angeregt. Mit kontinuierlichem Spektr. erstreckt sich die Anregung bis 470 mμ. (Доклады Академии Наук СССР [Ber. Akad. Wiss. UdSSR] [N. S.] **85.** 537—38. 21/7. 1952. Physikal. Lebedew-Inst. der Akad. der Wiss. der UdSSR.) LEBTAG. 125

A_3. Elektrizität. Magnetismus. Elektrochemie.

M. Schönberg, *Ionisationsverlust bei relativistischen Energien und Polarisationseffekten.* (Vgl. C. **1952.** 7608.) Um die unbefriedigenden Schlußfolgerungen der gegenwärtigen, von FERMI ausgehenden Theorie des Ionisationsverlustes von Teilchen bei relativist. Energien in bezug auf die Emission der ČERENKOV-Banden zu umgehen, werden neue Berechnungen des Ionisationsverlustes angestellt, wobei der Raum um das betreffende Teilchen in einen nahen Bezirk, in dem quantentheoret. Beziehungen angewendet werden, u. einen entfernteren, für den die MAXWELLschen Gleichungen gelten, unterteilt wird. Das Anwachsen des Verlustes im relativist. Bereich wird nunmehr auf Ionisation u. Anregung zurückgeführt, während bei der bisherigen Theorie alles der ČERENKOV-Strahlung zugeschrieben wurde. (Nuovo Cimento [9] **9.** 372—75. April 1952. Brüssel, Univ. Libre, Centre de Phys. Nucl.) CONRAD. 131

N. Atchuta Ramaiah, *Untersuchung des Joshi-Effektes in H_2O- und D_2O-Dampf.* Mitt. der Ergebnisse von zahlreichen Versuchsanordnungen zur quantitativen Ausmessung des JOSHI-Effekts in H_2O-Dampf. Die Ergebnisse stehen in Einklang mit der von JOSHI vertretenen Auffassung, wonach bei von außen einfallendem Licht Photoelektronen an einer aus Ionen, Elektronen u. angeregten Moll. bestehenden Schicht ausgelöst werden. Messungen in H_2O- u. D_2O-Dampf hatten gleiche Ergebnisse. (J. physic. Chem. **56.** 218—19. Febr. 1952. Benares, Indien, Benares Hindu Univ., Dep. of Chem.) PIEPLOW. 131

Atchuta Ramaiah, *Ein Sorptionsmechanismus zur Klärung des Einflusses der Alterung auf den negativen Joshi-Effekt.* Nach der Theorie von JOSHI ist der negative Effekt $-\Delta\,i$ abhängig von der Bldg. einer Adsorptionsschicht auf der Elektrode. Das Auftreten dieses Effektes für Wasserdampf in einem Ozonisator aus Glas wurde für die folgenden Fälle untersucht: Waschen mit Säure, ohne jede Vorbehandlung. Die Bldg. folgt dem Gesetz $S = kt^{1/m}$ (S absorbierte Menge, m u. k Konstanten). Man erhält Gerade, wenn in den Fällen von H_2O, Cl_2, J_2 u. O_2 log ($-\Delta\,i$) als Funktion von log t aufgetragen wird. Für den nichtbehandelten Ozonisator schneiden die Geraden die Ordinate. Der Wert der Schnittpunkte, der als die Adsorption vor der Entladung ausgelegt werden kann, verringert sich, wenn die Oberfläche frei von Alkali ist. Bei dem mit Säure behandelten Ozonisator ist eine gewisse Alterung für eine Belegung u. für die Beobachtung des $-\Delta\,i$-Effektes notwendig. (J. Chim. physique Physico-Chim. biol. **49.** 327—30. Mai 1952. Benares, Indien, Benares Hindu Univ.) J. FISCHER. 131

M. Menes und **L. H. Fisher,** *Aufbauzeiten bei Corona mit positiver Spitze in Luft.* (Vgl. C. **1952.** 965.) Die Aufbauzeiten bei Coronaentladungen zwischen positiver Spitze u. negativer Platte nehmen mit kleiner werdendem Druck zu u. variieren im Gegensatz zum homogenen Feld sehr wenig mit der Höhe der Überspannung. Die Zeiten liegen etwa bei 10^{-7} sec für 1,5 cm Elektrodenabstand u. 500 mm Hg Druck. Im stationären Betrieb ist im allg. nur ein Glimmen an der Spitze zu erkennen, während im Impulsbetrieb fadenförmige „streamers" erscheinen. (Physic. Rev. [2] **86.** 134. 1/4. 1952. New York, N. Y., New York Univ., Coll. of Engng.) PIEPLOW. 131

E. B. Armstrong, K. G. Emeleus und **T. R. Neill,** *Niederfrequenzstörungen in gasförmigen Leitern.* Sehr eingehende Unterss. über Schwingungen positiver Ionen im Plasma, über das Rauschen durch Raumladungsstörungen, über plötzliche Ausbrüche starker Ionisierungen aus der Anodennähe u. über eine Art Funkeleffekt sehr dicht an der Anode deuten darauf hin, daß schwingungslose Gasentladungen bei niedrigem Druck nur sehr bedingt erzeugt werden können. Allenfalls läßt sich die Erregung diskreter Niederfrequenzen verhindern, nicht aber das der Gastemp. entsprechende Rauschen. Es ist auch möglich, daß sich in einer Gasentladung ähnliche Vorgänge abspielen wie in turbulenten Strömungen, die bekanntlich auch von niederfrequenten Störungen begleitet sind. (Proc. Roy. Irish Acad., Sect. A **54.** 291—310. Dez. 1951. Belfast, Queen's Univ., Phys. Dep.) PIEPLOW. 131

W. Heywang, *Zur wirksamen Feldstärke im kubischen Gitter.* Berechnung des durch das innere Feld induzierten Gesamtdipolmomentes eines Teilchens, das kub. symm. von Dipolen umgeben ist. (Z. Naturforsch. **6a.** 219—20. April 1951. Siemens & Halske A. G., Werkstoff-Hauptlabor.) FUCHS. 132

Izumi Higuti und **Michie Shimizu,** *Untersuchungen über die dielektrische Eigenschaft von Substanzen im sorbierten Zustand.* 4. Mitt. *Gefrierphänomen von an Silicagel sorbiertem o-Nitrophenol.* (3. vgl. Sci. Rep. Tôhoku Imp. Univ., Ser. I **32.** [1949.] 174.) Die aus Kapazitätsmessungen im Wechselstromkreis erhaltene dielektr. Polarisation des Sorbats wird bei Tempp. von 10—110° u. bei verschied. Sorbatgeh. des Sorbens bestimmt. Aus diesen Messungen (Knicke der Meßkurven) lassen sich die verschied. Sorptionszustände des Sorbates, Adsorption, capillare Kondensation u. gefrorener Zustand in den capillaren Poren trennen. Ein 1. den Übergang vom adsorbierten in den fl. Zustand anzeigender Knickpunkt tritt bei 30° für einen Sorbatgeh. von ca. 0,72 g/g auf. Diese krit. Werte weichen von den theoret. (0,448 g/g) stark ab, jedoch ist die Best. aus den Meßkurven nicht sehr genau. Die krit. Grenze für den Beginn des Einfrierens liegt für 20° bei einem Sorbatgeh. von 0,8 g/g (Radius der capillaren Poren 64,4 Å). Die Best. des Radius der Poren, in denen das Sorbat bei gegebener Temp. einzufrieren beginnt, bestätigt die Theorie der Gefrierpunktserniedrigung der dispersen Flüssigkeit. (J. physic. Chem. **56.** 198—201. Febr. 1952. Sendai, Japan, Tôhoku Univ., Fac. of Sci., Chemic. Inst.) WERNER SCHULZ. 132

Roland W. Schmitt, *Adiabatische thermische Änderungen in keramischem Bariumtitanat bei tiefen Temperaturen.* (Vgl. C. **1952.** 2467.) Beim Anlegen eines elektr. Feldes der Stärke E an eine keram. $BaTiO_3$-Probe tritt eine Temperaturerhöhung ΔT auf, deren Größe von der Höhe der Temp. (Verss. bei 2,75 u. 4,3° K) u. von E (2400—9000 V/cm) abhängt. Wegen der Temperaturabhängigkeit der DK. ändert sich somit auch diese beim Anlegen des elektr. Feldes. Das Verhältnis der ΔT-Werte bei 2,75 u. 4,3° beträgt durchweg $(4,3/2,75)^2$. Die Verss. zeigen, daß es sich hierbei um einen thermodynam. irreversiblen Polarisationsprozeß handelt. (Physic. Rev. [2] **85.** 1—4. 1/1. 1952. Houston, Tex., Rice Inst.) FUCHS. 132

Je. D. Dewja'kowa, Ju. P. Masslakowetz, L. Ss. Stilbanss und **T. Ss. Stawitzkaja,** *Über die Temperaturabhängigkeit der Beweglichkeit der Elektrizitätsträger in Halbleitern.* Für Substanzen mit Atomgitter gilt theoret. (vgl. DAWYDOW u. SCHMUSCHKEWITSCH, C. **1941.** II. 581) für die Beweglichkeit der Träger $u = A \cdot T^{-3/2}$ u. für Substanzen mit Ionengitter oberhalb der DEBYE-Temp. $u = A \cdot T^{-1/2}$. Für *PbSe*, das eine Zwischenstellung zwischen Atom- u. Ionengitter einnimmt, finden Vff. jedoch experimentell $u = A \cdot T^{-3}$, weswegen sie eine grundlegende Revision der Theorie für notwendig halten. (Доклады Академии Наук СССР [Ber. Akad. Wiss. UdSSR] [N. S.] **84.** 681—82. 1/6. 1952.) AMBERGER. 135

C. C. Eaglesfield und **P. E. Douglas,** *Eine Methode zur Messung des Grenzflächenwiderstandes und der Kapazität von Oxydkathoden.* Der Übergangswiderstand an der Grenzfläche Metall–Oxydschicht von Oxydkathoden steigt im Laufe der Zeit an infolge einer chem. Umsetzung der Oxydschicht mit gewissen Verunreinigungen (z. B. Si) des Grundmaterials. Vff. beschreiben eine App. zur Messung dieses Widerstandes u. der Kapazität der Grenzschicht. (Brit. J. appl. Physics **2.** 318—20. Nov. 1951. Ilminster, Somerset., Standard Telephones and Cables Ltd.) Fuchs. 135

N. A. Tolstoi und **P. P. Feofilow,** *Kinetik der Photoleitfähigkeit und Kinetik der Phosphorescenz.* Zusammenfassung über die von Vff. in den letzten 3 Jahren durchgeführten Arbeiten (vgl. C. **1951.** I. 1418 u. früher). (Известия Академии Наук СССР, Серия Физическая [Nachr. Akad. Wiss. UdSSR, physik. Ser.] **16.** 59—69. Jan./Febr. 1952.) Kirschstein. 135

Vladimir Schwetzoff und **Simone Robin,** *Spektralkennlinien von Antimon–Cäsium-Photokathoden im Ultraviolett bis 1500* Å. Nach Ansicht der Vff. beruhen die unterschiedlichen Werte für das Empfindlichkeitsmaximum von Photokathoden, wie schon Görlich, Jares, Sommer u. Chlebnikow angeben, auf einer Verunreinigung der Substanzen. Daher wird bei der Herst. der Zellen auf eine Sensibilisierung durch O_2 verzichtet u. gezeigt, daß bei einer reinen Sb–Cs-Kathode die Kennlinie einen stetigen Verlauf mit einem Maximum bei 3350 Å hat. Nach kürzeren Wellenlängen hin ist ein stärkerer Kurvenabfall zu bemerken. Die Zelle spricht noch auf UV-Strahlung bis 1500 Å an. (C. R. hebd. Séances Acad. Sci. **233.** 475—78. 6/8. 1951.) Surawski. 135

Henry B. De Vore und **John W. Dewdney,** *Lichtelektrische Leitfähigkeit und Emission von Bariumoxyd.* An BaO-Überzügen auf Ni werden Lichtreflexion, lichtelektr. Leitfähigkeit, Photoemission u. Absorption bei verschied. Tempp. untersucht. Das Ergebnis der Messung wird in einer Reihe von Kurvenbildern mitgeteilt. Bei der Aktivierung des BaO werden Änderungen beobachtet. Die Ergebnisse der Unterss. werden in einem Energiestufendiagramm des BaO zusammengefaßt. (Physic. Rev. [2] **83.** 805—11. 15/8. 1951. Princeton, N. J., Radio Corp. of America, RCA Labor. Div.) K. L. Wolf. 135

P. W. Meikljar, *Die Trägheit der photoelektrischen Prozesse in Silberhalogenidsalzen.* Bei der Belichtung von AgCl- u. AgBr-Kristallen zeigte es sich, daß der Photostrom exponentiell bis zum stationären Wert zunimmt u. nach Abschalten der Belichtung nach einem hyperbol. Gesetz abnimmt. Die stationäre Photoleitfähigkeit $\Delta\sigma_0$ ist bei geringer Beleuchtungsstärke (E) proportional E u. bei sehr großem E proportional $\sqrt{E}$. Auch der Verlauf der Zu- u. Abnahme von $\Delta\sigma$ hängt von E ab, der Abfall von $\Delta\sigma$ außerdem noch davon, ob $\Delta\sigma_0$ schon erreicht war oder nicht; im letzteren Falle erfolgt die Abnahme schneller. Daraus folgt, daß die „tiefen" Haftniveaus, aus denen die Elektronen schwer wieder herausgelöst werden können, zuletzt besetzt werden. (Журнал Экспериментальной и Теоретической Физики [J. exp. theoret. Physik] **21.** 42—50. Jan. 1951.) Kirschstein. 135

W. Je. Laschkarew und **G. A. Fedoruss,** *Einige Besonderheiten der Photoleitfähigkeit von CdS-Einkristallen.* Mit einer neuen Variante der Kondensatormeth. wurde festgestellt, daß in CdS gemischte Leitung vorliegt, bei der Elektronenleitung überwiegt. Die Stromstärke ist bei schwacher Belichtung $\sim L^{3/2}$, bei starker $\sim L$. Die Relaxationszeit des Photostroms ist um so größer, je lichtempfindlicher die Kristalle waren. Wahrscheinlich nimmt die Lichtempfindlichkeit unter der Einw. des Lichts zu. Die Ausbeute des Photostroms ist bei Dauerbelichtung proportional $\sqrt{L/(L + B)}$. Diese Beobachtungen werden erklärt erstens durch die Annahme von Einfangniveaus, die im Dunkeln frei u. bei Belichtung schwach besetzt sind u. auf denen Elektronen zu photoakt. Zentren werden, u. von Haftniveaus für Löcher, die bei Belichtung fast besetzt sind. Zweitens wird in Abwandlung der Frenkelschen Hypothese angenommen, daß die durch Absorption in der Eigenbande entstandenen Excitonen nicht infolge von Wärmebewegung, sondern beim Auftreffen auf ein lokales Niveau in ein Elektron u. ein Loch dissoziieren; ist das Niveau frei, geht das Loch in die untere Zone, ist es besetzt, so wird das Loch festgehalten, während das Elektron in die obere Zone geht. Für den Diffusionskoeff. u. die Vernichtungsdauer der Excitonen muß man große Werte annehmen. (Известия Академии Наук СССР, Серия Физическая [Nachr. Akad. Wiss. UdSSR, physik. Ser.] **16.** 81—92. Jan./Febr. 1952. Inst. für Physik der Akad. der Wiss. der UkrSSR.) Kirschstein. 135

N. Schaetti und **W. Baumgartner,** *Hochvakuumphotozellen und Sekundärelektronenvervielfacher.* Überblick über die heutigen Hochvakuumphotozellen (äußerer lichtelektr. Effekt), über die Verstärkung der Photoströme mit Hilfe von Sekundärelektronenvervielfachern u. über die Anwendungen auf dem Gebiete der chem. Untersuchungstechnik. (Chimia [Zürich] **5.** 228—36. 15/10. 1951. Zürich, ETH, Inst. für techn. Phys.) W. E. Reichardt. 135

Isolde Dietrich, *Messung des Widerstandes dünner isolierender Schichten zwischen Goldkontakten im Bereich des Tunneleffektes.* Messungen des spezif. Hautwiderstandes am Kontakt in Abhängigkeit von der Dicke der (unzusammendrückbaren) TiO_2-Zwischenschicht zeigten bei Vgl. mit den aus dem spezif. Widerstand der Zwischenschicht berechneten Kurven, daß bis zu einer Schichtdicke von ca. 100 Å der Widerstandsverlauf durch den Tunneleffekt bestimmt ist. Die Kontakte selbst bestanden aus Au. (Z. Physik **132**. 231—38. 1952. München, Univ., Physikal. Inst.) SPEER. 135

J.-P. Borel, *Änderung der elektrischen Eigenschaften lückenhafter Schichten in Abhängigkeit von der Temperatur.* Auf eine Quarzplatte werden im Abstand von 0,02 cm 2 Ag-Streifen, die als Elektroden dienen, im Vakuum aufgedampft. Zwischen ihnen liegen auf gleiche Weise erzeugte Ag-Schichten von 4—12 mμ Dicke, deren elektr. Widerstände in Abhängigkeit von der Temp. gemessen werden. Diese Schichten sind lückenhaft u. gehorchen nicht dem OHMschen Gesetz. Die Widerstandsmessung erfolgt als Strommessung bei konstanter Spannung (15 V). Vf. stellt bei Schichtdicken unter 10 mμ eine irreversible Zunahme des Widerstandes R mit steigender Temp. fest, was wahrscheinlich durch eine allmähliche Strukturänderung bedingt ist. Erst nach 5—10 Std. erreicht R einen Grenzwert. Bei Schichtdicken von 11—12 mμ ist dagegen eine reversible Temperaturabhängigkeit des Widerstandes zu beobachten. (C. R. hebd. Séances Acad. Sci. **233**. 296—97. 23/7. 1951.) SURAWSKI. 136

Aaron Wexler und **William S. Corak,** *Supraleitfähigkeit von Vanadium.* Von mehreren *V*-Proben mit verschied. N_2–O_2-Geh. wurde die Supraleitfähigkeit zwischen 2,1 u. 5,1° K bestimmt. Probe **I** enthält 0,038 Gew.-% O_2 + 0,021% N_2 (massenspektrometr. Bestimmungen), entsprechend **II** 0,044 + 0,032%, **III** 0,075 + 0,106 u. **IV** 0,15 + 0,189. Die Härte (in kg/mm²) beträgt 65 (I), 113 (II), 185 (III) u. 343 (IV). Die Gitterkonstanten wurden durch Röntgenanalyse bestimmt zu 3,0282 ± 0,0001 Å (I), 3,0303 ± 0,0006 (II), 3,034 ± 0,001 (**III**) u. 3,038 ± 0,002 (**IV**); die Breite der Streustrahlung nimmt in der Reihenfolge I—IV zu. Daraus folgt, daß N_2 u. O_2 in Zwischenräumen des V-Gitters eingebaut werden u. dadurch innere Spannungen verursachen. Die Supraleitungseigg. dieser Proben ändern sich als Folge der Spannungen sehr stark mit dem N_2–O_2-Gehalt. Die Spannungen wirken sich genau so aus wie die Ggw. von „harten" Supraleitern. Die Übergangstemp. von reinem V wurde zu 5,13° K ermittelt (vgl. hierzu C. **1951**. I. 2124), ferner ergibt sich (dH_c/dT) bei T_c zu 436 ± 20 Oersted/Grad u. die SOMMERFELD-Konstante γ zu $15 \cdot 10^{-4}$ cal pro Mol·Grad². Zum Schluß geben Vff. eine Zusammenstellung von γ-Werten verschied. Metalle (Literaturdaten). (Physic. Rev. [2] **85**. 85—90. 1/1. 1952. East Pittsburgh, Pa., Westinghouse Res. Labor.) FUCHS. 136

R. W. Long und **I. A. Robertson,** *Verringerung des Temperaturkoeffizienten des magnetischen Moments für einen Stabmagneten.* (Sitzungsbericht.) Ein Stabmagnet mit einem magnet. Moment von 925 cgs-Einheiten, $^3/_{16}$ in. Durchmesser u. $2^1/_2$ in. Länge zeigte bei n. Stabilisierung im Temperaturbereich von 10—35° eine 25 mal größere Schwankung im magnet. Moment als der gleiche Magnet bei Temperaturkompensierung. Dieser Effekt kann noch verbessert werden. (Physic. Rev. [2] **85**. 746—47. 15/2. 1952; Bull. Amer. physic. Soc. **26**. Nr. 7. 12—13. 30/11. 1951. Houston.) LEVI. 137

Armin Mayer und **Eckhart Vogt,** *Magnetische Messungen an Eisenamalgam zur Frage: Ferromagnetismus und Korngröße.* Frisch hergestelltes Eisenamalgam besitzt eine sehr niedrige Koerzitivkraft H_c von ca. 20 Oe u. eine sehr kleine Sättigungsmagnetisierung. H_c steigt mit wachsender Alterung auf 950 Oe an u. fällt dann mit weiterer Lagerungszeit wieder ab, wobei mit wachsender Temp. der geschilderte Verlauf beschleunigt wird. Im Sinne der NÉELschen Theorie des Feinstpulver-Dauermagneten wird durch parallel vorgenommene Röntgen-Korngrößenbestimmungen gezeigt, daß die Abnahme der H_c-Werte nach langen Alterungszeiten durch Kornvergröberungen zustande kommt. Der Abfall der Koerzitivkraft zu kurzen Lagerzeiten hin hängt mit dem Verschwinden des Ferromagnetismus bei sehr kleinen Korngrößen zusammen. Bei der Probe mit einer Koerzitivkraft von 20 Oe wird die Korngröße zu 30 Å abgeschätzt. Die Ergebnisse lassen eine Abnahme der CURIE-Temp. mit abnehmender Korngröße in dem Korngrößenbereich unterhalb 300 Å erkennen. (Z. Naturforsch. **7a**. 334—40. Mai 1952. Marburg, Univ., Physikal. Inst.) FAHLENBRACH. 137

Je. F. Kuritzyna, *Temperaturabhängigkeit der magnetischen Viscosität von Eisen-Nickel-Legierungen.* Vf. untersucht die Temperaturabhängigkeit der magnet. Viscosität von Fe–Ni-Legierungen mit 35, 50 u. 78,5% Ni. Der Maximalwert $\tau = A \cdot \chi_d/T$ nimmt für *Invar* mit der Temp. stark zu u. ändert sich nur wenig bei *Permalloy* u. *Hypernik.* Der Koeff. A als Funktion der magnet. Feldstärke ist für Invar konstant gleich 4,6 bei T = 80°K, ≈20 bei 293° K u. mit starker Streuung ≈40 bei 448° K. (Доклады Академии Наук СССР [Ber. Akad. Wiss. UdSSR] [N. S.] **84**. 687—88. 1/6. 1952. Moskau, Lomonossow-Univ., Wiss. Forschungsinst. für Physik.) AMBERGER. 137

R. S. Weisz, *Auftreten von Ferromagnetismus in Spinellen.* Das Auftreten von Ferromagnetismus in den inversen Spinellen ist bedingt durch die verschied. Größe der Superaustauschenergie für die drei Kation–Anion–Kation-Wechselwirkungen. Sei $Me_{(4)}$

das Symbol für ein von 4 O-Ionen umgebenes Kation u. $Me_{(6)}$ das für ein von 6 O-Ionen umgebenes Kation, so ist die Superaustauschenergie für die Anordnung $Me_{(4)}$–O–$Me_{(6)}$ 10^7 mal größer als für die Anordnung $Me_{(6)}$–O–$Me_{(6)}$ u. 10^9 mal größer als für $Me_{(4)}$–O–$Me_{(4)}$. Eine Antiparallelausrichtung der unpaarigen Elektronenspins des $Me_{(4)}$ zu der des $Me_{(6)}$ ist dadurch (in Übereinstimmung mit der Hypothese von NÉEL) bevorzugt. Die CURIE-Temp. einer Reihe von Spinellen (durchgeführt für *Mn-, Fe-, Co-, Cu-, Mg-, Ni*-Spinelle der allg. Formel $Me^{II}Fe_2O_4$, $Li_{1/2}Fe_{21/2}O_4$, γ-Fe_2O_3) kann allein aus der Superaustauschenergie der $Me_{(4)}$–O–$Me_{(6)}$-Wechselwrkg. berechnet werden. Die Übereinstimmung mit den experimentell gefundenen CURIE-Tempp. ist gut (Abweichungen $\pm 11\%$). Das Nichtauftreten von Ferromagnetismus in den n. Spinellen ist im wesentlichen bedingt durch den größeren Abstand (geringere Überlappung) in der Anordnung $Me_{(4)}$–O–$Me_{(6)}$ im Vgl. zu den entsprechenden Abständen bei den inversen Spinellen. Antiferromagnetismus tritt bei den Oxyden der Zus. MeO u. Me_2O_3 auf, da hier gleiche Anzahl von unpaarigen Elektronenspins vorhanden sind, welche sich antiparallel ausrichten. Für diese Stoffe (durchgeführt für *MnO, FeO, CoO*, V_2O_3, Cr_2O_3, Fe_2O_3) lassen sich die CURIE-Tempp. aus der gleichen Formel für die Superaustauschenergie, wie vorher angewendet, ableiten. (Ceram. Age **59.** Nr. 4. 35—38. April 1952. Princeton, N. J., Radio Corp. of America, RCA Labors. Div.) V. HARLEM. 137

Eberhard Both, *Entwicklung und Anwendung von magnetischen Ferriten.* Übersicht über die magnet. Eigg. (Permeabilitäts-Temperaturkurve verschied. Ni- u. Ni–Zn-Ferrite, B/H-Kurven von Ferritkernen im Vgl. mit lamellierten Metall- u. Pulverkernen, Frequenzabhängigkeit der Verluste von Ferriten im Vgl. zu kornorientiertem Si-Eisen) u. über die techn. Anwendung u. Bedeutung der magnet. Ferrite. (Ceram. Age **59.** Nr. 4. 39—45. April 1952. Fort Monmouth, N. J., Signal Corps Engng. Labors.) V. HARLEM. 137

Warren E. Henry, *Spinparamagnetismus von Cr^{3+} bei der Temperatur des flüssigen Heliums und hohen Magnetfeldern.* Die relativen magnet. Momente einer sphär. Probe von $KCr(SO_4)_2 \cdot 12H_2O$ wurden mit einem Doppelspulensyst. bei der Temp. des fl. He u. Feldstärken bis zu 50 kGauß gemessen. Sie sind auf 0,2% reproduzierbar. Die Momente als Funktion von H/T (H = Feldstärke, T = absol. Temp.) sind wiedergegeben. Die Kurve wird am besten durch das BRILLOUIN-Modell u. die Formel $M = N \cdot \mu_B\{2(S + 1) \coth [(2S + 1)\mu_B H/kT] - \coth(\mu_B H/kT)\}$ befriedigt mit N = Gesamtzahl der Ionen, μ_B = BOHRsches Magneton, S = Spin = 3/2. (Physic. Rev. [2] **85.** 487. 1/2. 1952. Washington, D. C., Naval Res. Labor.) WIEDEMANN. 137

Julian Eisenstein, *Größen- und thermische Leitfähigkeitseffekte bei der paramagnetischen Relaxation.* Verallgemeinerung der thermodynam. Theorie der paramagnet. Relaxation von CASIMIR-DU PRÉ (Physica **5.** [1938.] 507) durch Berücksichtigung der therm. Leitfähigkeit des paramagnet. Salzes (sphär. Probe in einem konstanten Temperaturbad). Die Wechselstromsusceptibiltät enthält von der Größe u. therm. Leitfähigkeit der Probe abhängige Terme. Vgl. mit Meßwerten an *K-Cr-Alaun.* (Physic. Rev. [2] **84.** 548—50. 1/11. 1951. Madison, Wis., Univ.) KÖHN. 137

D. A. MacInnes und **Margaret Oakley Dayhoff,** *Eine Untersuchung von Jodid–Jod-Lösungen mit Hilfe der EMK-Zentrifuge.* Vff. berichten über Untersuchungen der Potentiale an 2 verschied. Radien eines Zentrifugalfeldes durch Beobachtung einer galvan. Zelle mit 2 Jodid-Jod-Elektroden unter Verwendung von KJ- u. NaJ-Lsgg. mit wechselndem Zusatz von Jod. Durch Extrapolation lassen sich die Überführungszahlen des Na u. K in guter Übereinstimmung mit früheren Werten erhalten. Die Resultate sprechen, unterstützt durch Leitfähigkeitsmessungen, für die Ggw. von J_3^--Ionenkomplexen. Für die NaJ-J_2-Lsgg. ergeben sich dabei geringe Abweichungen von der Theorie. Es wird über einige Verbesserungen der EMK.-Zentrifuge berichtet (C. **1950.** II. 620). Als galvan. Zelle wird eine Konstruktion benutzt, die die Ansammlung suspendierter Teilchen an den Elektroden vermeidet. (J. chem. Physics **20.** 1034—38. Juni 1952. New York, N. Y., Rockefeller Inst. for Med. Res., Labor.) NIEMITZ. 138

H. Spandau und **V. Gutmann,** *Protonenfreie ionisierende anorganische Lösungsmittel.* Nach einer kurzen Einteilung u. Übersicht über die charakterist. Eigg. der protonenhaltigen u. der protonenfreien wasserähnlichen Lösungsmittel wird über die letzteren eine zusammenfassende Darst. gegeben. Behandelt werden im einzelnen: SO_2, N_2O_4, $NOCl$, $COCl_2$, $SeOCl_2$, $SOCl_2$, J_2, BF_3, JF_5, JCl, JBr, AsF_3, $AsCl_3$ u. $HgBr_2$. — Umfangreiches Literaturverzeichnis. (Angew. Chem. **64.** 93—103. 21/2. 1952. Braunschweig, TH, Anorg.-Chem. Inst., u. Wien, TH, Inst. für allg. Chemie.) NIEMITZ. 139

A. Riad Tourky und **E. M. Khairy,** *Untersuchungen an einigen Metallelektroden.* 9. Mitt. *Die Temperaturkoeffizienten der Kupfer- und Antimonelektroden in Lösungen, die anfangs frei von Metallionen sind. Die Art der Oxydation dieser Metalle.* (8. vgl. C. **1949.** E. 19.) Die Prüfung der Temperaturkoeffizienten von Cu- u. Sb-Elektroden in gepufferten

Lsgg., die anfangs frei von Metallionen sind, mit u. ohne Luftberührung ergibt für Cu sehr kleine Koeffizienten zwischen 20 u. 47° mit Ausnahme in Lsgg. von $p_H \geqq 7$, in welchen er 3,7 mV/°C ist. Ohne Lufteinfl. ist er $-1 \pm 0,05$ mV/°C. Die Potentiale entsprechen dem thermodynam. Wert der Kette Cu–Cu_2O. Auf Grund des letzten Wertes ergibt sich für die Standardentropie $S^0_{Cu^+}$ ein Wert von 11 ± 1 cal/°C/g-Ion. Massive u. plattierte Sb-Elektroden geben in beiden Fällen gleiche E_0–Temperaturdiagramme, die durch Minima u. Maxima zwischen 20 u. 60° charakterisiert sind. Die Minima bei ca. 40° entsprechen bei Abwesenheit von O_2 dem thermodynam. Wert von E'_0(Sb–Sb_2O_3). Die Temperaturkoeffizienten wechseln u. sind gewöhnlich hoch. Die Ergebnisse werden im Sinne der Gitterdefekte diskutiert. (J. chem. Soc. [London] **1952.** 2626—33. Juli. Kairo, Fouad I. Univ., Fac. of Sci., Giza.) J. FISCHER. 140

W. E. Danforth, *Elektrolyse von Thoriumoxyd.* Die Elektrolyse von ThO_2-Kristallen wird bei hohen Tempp. im Vakuumofen untersucht. Bei einer Stromdichte von 100 mA/cm² (50 V/cm) u. einer Temp. von 1300° wird an dem ursprünglich roten Kristall ein von der Kathode zur Anode mit einer Geschwindigkeit von ca. 1 mm/Sek. fortschreitendes Dunkelwerden beobachtet, u. es bildet sich eine schwarze metall. Oberfläche (wohl Th). Die die Schwärzung verursachenden Teilchen sind, wie Polarität des Effektes beweist, elektr. geladen, scheinen aber an der Kristalloberfläche neutralisiert zu werden. Der elektrolysierte Th-Anteil scheint nicht geringer als 10^{-2} zu sein u. wird durch 0,35 Coulomb hervorgerufen. Daraus wird für den elektrolysierenden Stromanteil die Größenordnung 10^{-2} ermittelt. Die Diskrepanz, die sich beim Vgl. mit pulverförmigem ThO_2 ergibt, das als Kathodenmaterial verwendet wird u. bei dem der elektrolysierende Stromanteil nur ca. 10^{-6} beträgt, kann möglicherweise darauf zurückgeführt werden, daß die Elektronenleitfähigkeit in der aktivierten Kathode u. die Oberfläche im Pulverzustand größer ist als beim Kristall. Es wird aber auch die Leitfähigkeit der M. der Teilchen, die größere Elektronenbeweglichkeit an der Oberfläche u. ein verwickelter Elektronenleitungsmechanismus durch Wanderung des metall. Th an die Oberfläche als mögliche Ursache angesehen. (Physic. Rev. [2] **86.** 416. 1/5. 1952. Swarthmore, Pa., Franklin Inst., Bartol Res. Foundation.) WERNER SCHULZ. 141

Paolo Silvestroni, *Elektrische Depolarisation fester, in der Polarographie verwendbarer Elektroden.* Die Verwendung fester Elektroden zur Polarographie wird dadurch ermöglicht, daß diese abwechselnd eine bestimmte Zeitlang mit dem Polarographen u. dann mit einer entgegengerichteten EMK. zwecks Depolarisierung verbunden sind. Eine zu kurze Zeit für die Depolarisation macht diese ungenügend, eine zu lange verkürzt die Elektrolysendauer, so daß keine Proportionalität zwischen Wellenhöhe u. Konz. möglich ist. Am Beispiel der Polarographie von $TlNO_3$ (I) in 0,25 n KNO_3-Lsg. als Grundelektrolyt bei 20° mit Pt-Elektroden u. einer depolarisierenden EMK. von 0,55 V wurde gefunden: Die Reproduzierbarkeit der Bestimmungen leidet bei zu schneller Folge (10 Min. Abstand) infolge Erhöhung des polarograph. Potentials bis zur H_2-Entw., kann aber auch dann noch erreicht werden, wenn man nach jeder Best. die Elektrode mit Filtrierpapier abwischt. Für jede Serie benutzt man zweckmäßig dieselbe Elektrode, da der Diffusionsstrom direkt proportional der Elektrodenoberfläche ist. Doch je kleiner diese ist, desto deutlicher läßt sich die Wellenhöhe ablesen, von 0,1 cm² an abwärts. Der Einfl. der Art u. Konz. des Grundelektrolyten ist äußerst gering, ähnlich wie bei der Hg-Tropfelektrode. Proportionalität zwischen Wellenhöhe u. Konz. wird bis zu ca. $1,7 \cdot 10^{-3}$ n Lsgg. von I, *$CuCl_2$* u. *$Pb(NO_3)_2$* in 0,25 n KNO_3-Lsg. gefunden. Mit der depolarisierenden EMK. von 0,50—0,65 V erhält man die gleichen Wellenhöhen u. Halbwellenpotentiale, während beide bei Unter- oder Überschreitung dieser EMK.-Werte kleiner werden, vor allem die Wellenhöhe bei Annäherung an das Halbwellenpotential $-0,853$ V des Tl. Man muß also die depolarisierende EMK. um 0,2—0,35 V niedriger als das Halbwellenpotential des zu bestimmenden Kations halten, um reproduzierbare Werte zu gewinnen. Demgemäß wurde die Anwendung von ca. 0,05 V bei Cu u. von ca. 0,35 V bei Pb als passend gefunden. In allen drei Fällen sind die an der depolarisierten Elektrode gemessenen Halbwellenpotentiale negativer als die an der n. festen Mikroelektrode gemessenen (für Tl unter sonst gleichen Bedingungen $-0,776$ V). Das beschriebene Verf. erlaubt schnelle, photograph. aufzuzeichnende Messungen mit gegenüber der Tropfelektrode 20 fach höherem Diffusionsstrom u. bei höheren positiven Potentialen, als bei dieser möglich ist. (Ricerca sci. **22.** 993—1004. Mai 1952. Roma, Centro Studio Chim. gener.) METZENER. 142

A$_4$. Thermodynamik. Thermochemie.

Richard C. Pinkerton, *Eine Methode nach Jacobi zur schnellen Bestimmung thermodynamischer Ableitungen ohne Verwendung von Tabellen.* Vf. gibt ein mathemat. Verf. an, nach dem es leicht möglich ist, ohne Benutzung von Tabellen die ersten partiellen Ableitungen in der Thermodynamik schnell zu berechnen, die sich aus den Fundamentalgrößen P, T,

V u. S ableiten. (J. physic. Chem. **56.** 799—800. Juni 1952. Ames, Iowa, Iowa State Coll., Inst. for Atomic Res. and Dep. of Chem.) ROEDER. 146

H. H. Reamer und **B. H. Sage**, *Volumetrisches Verhalten von Stickstoffdioxyd in der flüssigen Phase.* (Vgl. C. **1951.** I. 2696.) Es wurden die spezif. Voll. des fl. NO_2 bei Tempp. zwischen 70 u. 310° F u. bei Drucken bis zu 6000 lbs./sq. in. absol. bestimmt. Die Versuchsergebnisse werden tabellar. u. graph. in Temp./Druck- u. spezif. Vol./Druck-Diagrammen mitgeteilt. Das krit. spezif. Vol. des NO_2 wurde zu 0,02910 cubic feet/lb. bestimmt. (Ind. Engng. Chem. **44.** 185—87. Jan. 1952. Pasadena, Calif., California Inst. of Technol.) MOSLÉ. 148

W. L. Robb und **H. G. Drickamer**, *Diffusion in CO_2 bei Drucken bis zu 150 Atmosphären.* Die Diffusionskoeffizienten D des Syst. CO_2—$^{14}CO_2$ wurden im Druckbereich von 9,7—150 at u. im Temperaturbereich von 0—45° untersucht. Die Dichten lagen zwischen 0,0147 u. 1,00. Bis zu 0,067 war Übereinstimmung mit den theoret. Werten nach ENSKOG u. CHAPMAN. Von 0,067—0,70 liegen die gemessenen D-Werte höher, was gegebenenfalls auf einen durch die Orientierung der nichtsphär. Moll. red. Wirkungsquerschnitt zurückzuführen ist. Bei höheren Dichten, für die die Theorie nicht mehr gilt, liegen die gemessenen D unter den theoretischen. Bei Dichten über 0,65 ergab sich kein meßbares dD/dt, was durch zunehmende Orientierung bei niedrigen Tempp. u. im fl. Zustand erklärt werden kann. Die Ergebnisse zeigen, daß bei großen Dichten die Diffusion nichtsphär. Moll. nicht durch eine einfache Theorie zu erklären ist. (J. chem. Physics **19.** 1504—08. Dez. 1951. Urbana, Ill., Univ. of Illinois, Dep. of Chem.) LINDBERG. 149

L. S. Brooks, *Die Dampfdrucke von Tellur und Selen.* Vf. mißt mittels eines BOURDON-Messers aus Quarz die Dampfdrucke von Te u. Se. Es ergibt sich für Te: $\log p = 7{,}5999 \pm 0{,}0136 - (5960{,}2 \pm 14{,}5)/T$ (p = mm Dampfdruck, T = abs. Temp.); Kp. 989,8 ± 3,8° u. die latente Verdampfungswärme $L_v = 27{,}26 \pm 0{,}07$ kcal/Mol. — Für Se: $\log p = 8{,}0886 \pm 0{,}0048 - (4989{,}5 \pm 4{,}5)/T$; Kp. 684,9 ± 1,0° u. $L_v = 22{,}82 \pm 0{,}02$. Vf. vergleicht seine Ergebnisse mit denen anderer Autoren u. macht nähere Angaben über die Versuchsausführung. (J. Amer. chem. Soc. **74.** 227—29. Jan. 1952. Miamisburg, O., A. E. C. Installation, Mound Labor.) FREIWALD. 150

Otto Emersleben, *Über die Abhängigkeit der Lösungswärme eines Ionenkristalls von seiner Kornfeinheit.* Vf. berechnet aus früher abgeleiteten Formeln (C. **1952.** 650. 1133) die Änderung der Lösungswärme Q′ von Ionenkristallen der Kantenlänge l (in Mikron) u. erhält $Q' \cdot l = b_2 \cdot 16{,}6$ cal. Der die Oberflächenenergie berücksichtigende Faktor b_2 hängt nur vom Gittertyp ab, solange l genügend groß gegenüber der Gitterkonstanten ist; für den NaCl-Typ gilt $16{,}6 \cdot b_2 = 13{,}0$. Die Messungen von LIPSELT, JOHNSON u. MAASS an NaCl werden diskutiert; die Übereinstimmung ist befriedigend. Der Einfl. der Kanten- u. Eckenenergie wird diskutiert. Vf. deutet seine Reihenentw. der Gitterenergie als Superposition von Volum-, Flächen-, Kanten- u. Eckenenergie u. führt ein Endlichkeitsglied ein, das den Einfl. von Größe u. Lage der Flächen u. Kanten erfassen soll. (Z. physik. Chem. **200.** 1—19. Juli 1952. Berlin-Zehlendorf.) WITTIG. 155

Hartwell F. Calcote und **Robert N. Pease**, *Elektrische Eigenschaften von Flammen. Brennerflammen in longitudinalen elektrischen Feldern.* Vff. untersuchen die Eigg. (Flammenbild, Auslöschen, Totraum u. Flammendruck) von Flammen, bei denen in Strömungsrichtung ein elektr. Feld vorhanden war. Bei den an Bunsenbrennern durchgeführten Verss. zeigte es sich, daß die Flammenstabilität stark vom elektr. Feld u. seiner Polarität abhängt. So ergab sich bei einem Gasstrom von 66 cm³/Sek. ohne elektr. Feld als Stabilitätsbereich 2,58—4,43% *n-Butan* (bezogen auf Luft), mit elektr. Feld (8000 V, Brenner negativer Pol) 2,10—5,40%, d. h. der Bereich vergrößerte sich um 80%. Bei einer Stromstärke von 150 cm³/Sek. wurden sogar 200% beobachtet. An Hand von Flammenphotographien erklären Vff. die Einflüsse des elektr. Feldes auf das Verh. der Ionen u zeigen, daß das Prod. der Ionenkonz. (in Ionen/cm³)·Flammendicke (in cm) ca. 10^{10} ist. Die Größe des Totraums über der Flamme (= Bereich ohne Leuchterscheinung) u. die Stabilitätsgrenzen der Gaskonz. zeigen keine lineare Abhängigkeit von der angelegten Spannung, sondern nehmen nach Erreichen eines optimalen Spannungsbetrages wieder ab. (Ind. Engng. Chem. **43.** 2726—31. 10/12. 1951. Princeton, N. J., Univ.) ROEDER. 158

Frank R. Caldwell, Herbert P. Broida und **Jerome J. Dover**, *Verbrennung in Bunsenflammen.* Als „wahre Verbrennungsgeschwindigkeit" v_1 wird die Geschwindigkeit bezeichnet, mit der eine Flamme in einer brennbaren Mischung fortschreitet u. diese dabei, gemessen relativ zum unverbrannten Gas in Richtung senkrecht zur Flammenoberfläche, verändert. Die „augenscheinliche Flammengeschwindigkeit" v_2 ist die Geschwindigkeit, mit der sich eine Flamme im Raum durch ein explosives Gemisch bewegt. v_2 kann unmittelbar gemessen werden, v_1 ergibt sich aus v_2, wenn die Geschwindigkeiten der unverbrannten Gase bekannt sind. Zur Best. von v_1 u. v_2 entwickelten Vff. ein ausführlich beschriebenes Gerät, mit dem die Vorgänge an Bunsenbrennerflammen beobachtet werden konnten. Vff. untersuchten den Einfl. des Verhältnisses CH_4/Luft auf v_1, ebenso den des Druckes, der Temp., den von anwesendem Wasserdampf, der Gasströmungsgeschwindigkeit, der Form der Flammenspitze u. deren Temp. auf v_1. Bestimmt wurden ferner die Mengen an auftretenden intermediären Moll., wie *OH* u. *CH*, ferner die Menge an C_2. Einige vorläufige Ergebnisse der Unters. von *Acetylen*-Flammen werden mitgeteilt. Die Ermittlung der Tempp. aus der Linienumkehr u. die Rotationstemp. des OH wird beschrieben. In Tabellen werden einige Werte für v_1 u. v_2 mitgeteilt. (Ind. Engng. Chem. **43**. 2731—39. 10/12. 1951. Washington, D. C., Nat. Bur. of Standards.) ROEDER. 158

A_5. Grenzschichtforschung. Kolloidchemie.

R. A. Robinson und **C. L. Chia**, *Die Diffusion von Calciumchlorid in wässeriger Lösung bei 25°*. (Vgl. STOKES, C. **1950**. II. 2166 u. 2588.) Mit Hilfe der Meth. der porösen Diaphragma-Zelle wurden bei 25° u. p_H 6,5 die integralen Diffusionskoeffizienten an 0,05 bis 1,0 mol. $CaCl_2$-Lsgg. bestimmt. Aus diesen wurden die differentialen Diffusionskoeffizienten berechnet u. den direkt nach der ONSAGER-FUOSSschen Gleichung erhaltenen gegenübergestellt, die höhere Werte ergeben. Die Hydratationszahlen liegen zwischen 18 (1,0 mol. $CaCl_2$-Lsg.) u. 32 (0,1 mol. $CaCl_2$-Lsg.). (J. Amer. chem. Soc. **74**. 2776—77. 5/6. 1952. Singapore, Univ. of Malaya, Dep. of Chem.) MOSLÉ. 171

R. N. Thompson, *Eine Erklärung der „Tackypyknose"*. Mit „Tackypyknose" ist eine von VAN WAZER bei Kaolinsuspensionen beobachtete Viscositätsanomalie bezeichnet worden. Es wird gezeigt, daß die Verdrillung, wie man sie im Gleichgewicht mit einem Viscosimeter nach MACMICHAEL sowie HAGAN bei einem thixotropen Syst. mißt, von der Schergeschwindigkeit abhängt sowie von der Größe der Thixotropie bei dieser Schergeschwindigkeit. Für jede Schergeschwindigkeit existiert eine bestimmte Gleichgewichtsverdrillung, u. diese Verdrillungswerte nähern sich nur einander, wenn sich der Unterschied zwischen den Schergeschwindigkeiten dem Werte 0 nähert. „Tackypyknose" ist in Wirklichkeit nur ein durch die Thixotropie bedingter Abschnitt auf der Hysteresisschleife. (J. physic. Chem. **56**. 766—67. Juni 1952. Pittsburgh, Pa., Calgon Inc.) HENTSCHEL. 172

K. Hauffe und **H. J. Engell**, *Zum Mechanismus der Chemisorption vom Standpunkt der Fehlordnungstheorie*. Die Adsorption an halbleitenden Oxyden (die Unters. beschränkt sich auf den Fall der Adsorption von O_2 an ZnO) bei höheren Tempp. verläuft unter Beteiligung der Elektronen des Festkörpers. Dementsprechend bestehen Zusammenhänge zwischen Adsorptionseigg. u. elektron. Struktur des Adsorbens. Letztere ist wiederum durch die im Festkörper vorhandene Fehlordnung maßgeblich beeinflußt. Es wird gezeigt, daß durch Verschiebung von Elektronen zwischen Adsorbens u. Adsorbat im Festkörper eine Randschicht im Sinne von SCHOTTKY u. MOTT entsteht, u. der Einfl. der in dieser Randschicht auftretenden Raumladung auf elektr. Leitfähigkeit u. Adsorptionseigg. des Halbleiters wird qualitativ u. zum Teil quantitativ behandelt. (Z. Elektrochem., Ber. Bunsenges. physik. Chem. **56**. 366—73. 1952. Greifswald, Univ., Physikal.-Chem. Inst.) HENTSCHEL. 176

N. Cabrera, *Bemerkung über die Struktur der Oberflächen und ihre Adsorption, als kooperatives Problem betrachtet*. Es wird gezeigt, daß die Adsorption eines monomol. Films auf einer Kristalloberfläche zu einem Schmelzvorgang an der Oberfläche bei einer Übergangstemp. T_0 führen kann, die merklich unterhalb der Schmelztemp. für den Kristall selbst liegt. Dieser Vorgang müßte zu einem ausgesprochenen Minimum der Adsorptionswärme bei T_0 führen, auch müßte sich eine deutliche Änderung in der Oberflächenspannung zeigen. Experimentelle Beweise hierfür stehen noch aus. (Z. Elektrochem., Ber. Bunsenges. physik. Chem. **56**. 294—96. 1952. Sèvres, Bureau Internat. Poids et Mesures.) HENTSCHEL. 176

F. C. Tompkins, *Sorption von Gasen an Metallfilmen*. Es wird auf den Unterschied in der Adsorption von Gasen an reinen u. techn. (Katalysatoren) Metalloberflächen hingewiesen. Zur Herst. eines sauberen Metallfilms ist die Meth. der Zerstäubung dünner Drähte weniger geeignet als das Aufdampfen im Hochvakuum. Die Theorie von BEECK (Advances in Catalysis. Vol. 2. 1950) wird krit. besprochen. Aus den Verss. des Vf. über die Sorption von H_2 u. *CO* an *Fe*-Oberflächen geht hervor, daß ca. 80% rasch u. mit einer sehr kleinen Aktivierungsenergie adsorbiert werden. Für die langsame Sorption der restlichen 20% wird eine Erklärung in Anschluß an die Theorie von HALSEY (C. **1951**. II. 645) gegeben. (Z. Elektrochem., Ber. Bunsenges. physik. Chem. **56**. 360—63. 1952. London, Imper. Coll. Sci., Techn. Inst.) HENTSCHEL. 176

Edouard Calvet, *Thermokinetische Untersuchung der Adsorption: Lösliche Körper und makromolekulare Stoffe*. (Vgl. C. **1951**. II. 2988.) Das früher beschriebene Mikrocalorimeter eignet sich bes. zur Aufnahme des zeitlichen Verlaufs der Adsorptions-, Benetzungs- u. Lösungswärme bei lösl. u. unlösl. Stoffen. So lassen sich z. B. aus den Kurven, in denen die Wärmeentw. in Abhängigkeit von der Zeit aufgetragen ist, für die Adsorption des *Wasser*-Dampfs durch *Anatas, Hydrargyllit* u. *Böhmit* die Knickstellen bei n. Bedeckung entnehmen u. daraus die spezif. Oberflächen der Mineralpulver berechnen. Durch vorsichtige Dosierung der benetzenden Fl. läßt sich auch das allmähliche Überziehen der Teilchen der adsorbierenden Schicht mit dem monomol. Film verfolgen. Auch auf lösl. Stoffe, z. B. das Syst. *Harnstoff–W.*, ist die Meth. anwendbar u. gibt in diesem Fall einen Hinweis für die im Gitter des Harnstoffs vorhandenen Kanäle. Bei sehr lösl. Stoffen ist der Nachw. einer vorangehenden Adsorption schwierig. Für quellfähige u. gelatinierende Systeme zeigen die Kurven der Wärmeentw. in Abhängigkeit von der Zahl der absorbierten Moll. ebenso wie bei den lösl. Stoffen ein Maximum u. erlauben, den Verlauf der Quellung u. Solvatation zu untersuchen. (J. Polymer Sci. **8.** 163—71. Febr. 1952.) HENTSCHEL. 176

T. Schönfeld und **E. Broda**, *Ionenadsorption an Papier- und Glasoberflächen.* Vff. untersuchen die Ionenadsorption an Papier- u. Glasoberflächen mit Hilfe radioakt. Indicatoren. Für die Verss. wird ungeleimte, ligninfreie Papierfaser sowie aus einem Natronglas stammende Glaswolle u. als Indicatoren *ThB* u. ^{86}*Rb* verwendet. Der Mechanismus der Aufnahme besteht in einer Ionenaustauschadsorption. Bei Papier wirken Carboxylgruppen, bei Glas Kieselsäure austauschend. Anionen (Phosphorsäure) werden nicht aufgenommen. Die Konzentrationsabhängigkeit der Aufnahme von Kationen entspricht einer LANGMUIR-Isotherme. Die Aufnahme von Pb u. Rb durch Papier ist streng reversibel, bei der Adsorption u. Desorption von Pb durch Glas kann keine Gleichgewichtseinstellung beobachtet werden. Die Aufnahmekapazität von Papier u. Glas wird bestimmt. — Kationen lassen sich je nach ihrer verdrängenden Wrkg. in einer Reihe anordnen, die für Papier mit der Verdrängungsreihe ident. ist, die an Kunstharzaustauschern, welche nur durch Carboxylgruppen wirken, beobachtet wurde. Nicht säurebehandeltes Papier liegt in der Calciumform vor u. kann durch Behandeln mit konz. Alkalisalzlsgg. in die stärker adsorbierenden Alkaliformen umgewandelt werden. Die starke Adsorbierbarkeit von H-Ionen erklärt, warum die Adsorption von Metallionen aus sauren Lsgg. weitgehend unterdrückt ist. Die Adsorptionserscheinungen an Papier u. Glas machen sich bereits im Konzentrationsbereich von $\sim 10^{-5}$ Mol/Liter bemerkbar u. müssen daher bei mikrochem. Arbeiten berücksichtigt werden. Durch Einhaltung geeigneter Arbeitsbedingungen kann die Adsorption unterdrückt werden. Andererseits läßt sich die Adsorption von Radioelementen zur Kennzeichnung der Zustände von Oberflächen verwenden. (Mikrochem. verein. Mikrochim. Acta **36/37.** 537—52. 1951. Wien, Univ., I. Chem. Labor.) GEDSCHOLD. 176

J. E. Salmon und **H. R. Tietze**, *Die Trennung von vier- und fünfwertigem Vanadium von Phosphorsäure durch Ionenaustauschharze. Einige Beobachtungen über die Reduktion von fünfwertigem Vanadium durch Ionenaustauschharze.* Vff. beschreiben die Trennung des V^{4+} u. V^{5+} von H_3PO_4 durch die Ionenaustauscher *Zeo Karb 215, 216* u. *225 (H)* sowie *Amberlite IR-120.* Dabei konnte eine quantitative Red. des $V^{5+} \rightarrow V^{4+}$ durch Zeo Karb 215 u. 216 u. Amberlite IR-120 festgestellt werden, während durch Zeo Karb 225 (H) nur teilweise Red. stattfand. Die Red. tritt nicht an der Oberfläche des Austauschers, sondern nach erfolgter Adsorption ein. Beim Zeo Karb 215 (Phenolsulfonsäure) u. Zeo Karb 216 (Carboxylsäure, Typ mit Phenol- u. SO_3H-Gruppen) sind für die Austauschkapazität nur die stark sauren Gruppen (z. B. SO_3H^-) maßgebend. Die erst beim Waschen mit W. dissoziierenden phenol. OH-Gruppen bewirken dann die Red. des adsorbierten V^{5+}. Das unterschiedliche Verh. anderer Austauscher wird diskutiert. (J. chem. Soc. [London] **1952.** 2324—26. Juni. London, Battersea Polytechn.) PLUST. 176

F. Marcel Devienne, Condensation et absorption des molécules sur une surface en atmosphère raréfiée. Paris: Gauthier-Villars. (88 S.) fr. 1000,—.

A₆. Strukturforschung.

P. Schagen, H. Bruining und **J. C. Francken**, *Ein einfaches elektrostatisches elektronenoptisches System mit nur einer Spannung.* Ein einfaches, in Bildzerlegerröhren u. Bildwandlern verwendbares elektronenopt. Syst. wird beschrieben. Es besteht aus zwei konzentr. Kugelflächen, deren äußere als Kathode, die innere als Anode dient. Die Anodenkugel enthält ein kreisförmiges Loch. Die Elektronenbahnen in diesem Syst. sowie die chromat. Aberration werden berechnet u. der Einfl. des Anodenlochs abgeschätzt. Man erhält ein umgekehrtes Bild der Kathode in einem Abstand gleich $6\,(n-1)\,R_a(n-4)$ hinter dem Loch in der Anodenkugel mit einer Vergrößerung gleich $3/(n-4)$, wobei n das Verhältnis des Kathoden- zum Anodenradius ist. Prakt. ausgeführte Systeme nach diesem Modell erlaubten die Erzeugung von gut aufgelösten u. verzeichnungsfreien

Kathodenabbildungen. (Philips Res. Rep. **7.** 119—30. April 1952. Eindhoven, Philips Res. Labors.) LENZ. 181

M. Schiekel, *Elektronenoptische Geschwindigkeitsfilter.* Die Elektronen, die am Objekt durch unelast. Streuung Geschwindigkeitsverluste erlitten haben u. wegen des Farbfehlers der abbildenden Linsen den Bildkontrast beeinträchtigen, sollen mit Hilfe einer elektrostat. Einzellinse ausgefiltert werden. Vf. untersucht mit Hilfe der Integrieranlage IPM-OTT rechner., ob eine solche zur Filterung verwandte Linse noch brauchbare Abbildungseigg. besitzen kann. Es zeigt sich, daß das Auflösungsvermögen einer solchen Linse wesentlich durch den durch die therm. Breite der Energieverteilung bedingten chromat. Fehler begrenzt wird. Die Filterlinse, deren opt. Auflösungsvermögen 110 Å beträgt, kann als Projektiv verwandt werden, wobei die durch das Objektiv erzielte Vorvergrößerung dazu dient, den aufzulösenden Bereich bis auf die Auflösungsgrenze des Filters zu vergrößern. (Optik **9.** 145—53. 1952. Darmstadt, TH, Inst. für theoret. Physik.) LENZ. 181

P. A. Sturrock, *Die Abbildungseigenschaften von Elektronenstrahlen in beliebigen statischen elektro-magnetischen Feldern.* Theoret. Unterss. der Abbildungseigg. beliebiger elektr.-magnet. Felder. In einem durch die (im allg. Fall gekrümmte) Strahlachse, ihre Normale u. Binormale gebildeten Koordinatensyst. wird das Variationsprinzip der Elektronenoptik in Tensorform ausgedrückt. Das Syst. der zwei Differentialgleichungen für die achsennahen Bahnen wird als „orthogonal" bezeichnet, wenn eine Trennung der beiden die Abweichung von der Strahlachse beschreibenden Variablen möglich ist. Die hierfür notwendige Bedingung wird aufgestellt. Für die Berechnung der Bildfehler 2. Ordnung u. den Farbfehler nullter u. 1. Ordnung werden Rechenvorschriften gegeben. Als Beispiel werden die Abbildungseigg. eines schraubenförmigen Strahls im elektrostat. Felde eines Paars koaxialer zylindr. Elektroden berechnet. Die Ergebnisse dieser Berechnung sind bzgl. des Farbfehlers in teilweisem Widerspruch zu den von GABOR bei der Unters. desselben Beispiels (C. **1952.** 2134) erhaltenen Ergebnissen. (Philos. Trans. Roy. Soc. London, Ser. A **245.** 155—87. 19/8. 1952. Paris, Univ., Labor. de Radioélectricité.) LENZ. 181

Giovanna Oliva, *Die Elektronenbeugung in ihren Anwendungen.* App.; Prüf- u. Herstellungsmethoden für die zu untersuchenden Präpp.; Einfl. der Dicke des Präp.; Unters. der Oberflächenstruktur u. dünner Schichten mineral. Verbb.; Unters. des Einfl. von therm. u. mechan. Behandlung von Metallen; Unters. chem. Einww. auf Metalle; Unters. von Struktur, Orientierung u. Entw. metall. Ndd.; Unters. der Struktur u. katalyt. Wirksamkeit von Pt-Niederschlägen. (Chimica [Milano] **6.** 71—77. März 1951.) R. K. MÜLLER. 181

Jordano Maniero, *Das Elektronenmikroskop als neues Hilfsmittel der Geologie.* Als Anwendungsbeispiele werden die Unterss. von Tonen u. Diatomeen erwähnt. (An. Acad. brasil. Ci. **29.** 135—38. 31/3. 1951. São Paulo, Inst. Adolfo Lutz.) R. K. MÜLLER. 181

Persio de Souza Santos und **Helena Brandao Lopes,** *Eine Methode, um Kristalle zu präparieren, die Veränderungen durch Elektronenbeschuß im Elektronenmikroskop erleiden.* Vff. präparieren NaCl durch Hinzufügen von 100 ml Formalin u. 0,6 g $CaCl_2$ zu einem Liter wss. Lösung. Formalin bringt die fl. Einschlüsse hervor, die nötig sind, um Veränderungen in NaCl-Kristall zu beobachten. $CaCl_2$, das die Fähigkeit hat, die NaCl-Schichten gleichmäßig u. dicker zu machen, hält die fl. Einschlüsse im Vakuum des Elektronenmikroskops bei. Im Elektronenstrahl verlieren die Kristalle vom Rande her zur Mitte hin ihre Undurchsichtigkeit. Bei höherer Intensität ist der Kristall von Teilchen umgeben, die wahrscheinlich von ihm ausgestoßen werden. Die ursprüngliche Form des Kristalls bleibt im allg. erhalten; um ihn herum ist nach Veränderung eine dichte äußere Umhüllung zu erkennen. (Nature [London] **169.** 498—99. 22/3. 1952. São Paulo, Univ., u. Escola Politecnica, Electron Microscope Sect.) FAHNENBROOK. 181

C. H. Townes und **B. P. Dailey,** *Kernquadrupoleffekte und Elektronenstruktur von Molekülen im festen Zustand.* (Vgl. C. **1952.** 4101.) Aus dem Vgl. mit Meßwerten in Gasen werden Beziehungen zur mol. Struktur im festen Zustand gewonnen. Für die Unters. intermol. Wechselwirkungen im festen Zustand erweist sich kristallines J_2 als bes. aufschlußreich. Hier zeigen die Kernquadrupoleffekte u. der kristallin. Aufbau 2 kovalente intermol. Bindungen für jedes Atom des Mol. (Abstand je 3,54 Å, Bindungsanteil je 9%) mit Wirkungsrichtungen in 105° 25′ u. 169° 7′ zur Richtung der mol. Hauptbindung (deren Abstand 2,70 Å), wobei alle Bindungskräfte in einer Ebene liegen. Die intermol. Bindungen sind stärker als die den VAN DER WAALS-Kräften (minimaler Abstand 2mal VAN DER WAALS-Radius = 2·2,15 Å) entsprechenden. (J. chem. Physics **20.** 35—40. Jan. 1952. New York, N. Y., Columbia Univ., Columbia Radiat. Labor.) WERNER SCHULZ. 182

Walter Graham und **Louis H. Lund**, *Kleinwinkelröntgenstreuung von Argon.* Eine Wechselbeziehungsfunktion, wie sie Debye im Falle der Lichtstreuung eingeführt hatte, benutzten Vff. zur Charakterisierung der Inhomogenitäten in fl. *Ar* für diejenigen Fälle, die starke Kleinwinkelröntgenstreuung zeigten. Diese Meth. zur Charakterisierung der Inhomogenitäten wurde mit der Meth. verglichen, die die Inhomogenitäten als Tröpfchen charakterisierten. Die Wechselbeziehungsfunktionen für mehrere Punkte des P—T-Diagramms von Ar sind graph. wiedergegeben. (J. chem. Physics **19.** 1380—82. Nov. 1951. Rolla, Mo., School of Min. and Metallurgy.) Gottfried. 182

P. Hartman und **W. G. Perdok**, *Eine Theorie der Kristallmorphologie.* Die äußere Gestalt eines Kristalls ist durch eine Reihe period. Bindungsketten bedingt. Von diesen Ketten sind diejenigen die wichtigsten, die die stärksten Bindungen enthalten. Das bedeutet aber nicht immer, daß in diesen Ketten auch die kürzesten Abstände zwischen den Bausteinen gefunden werden. Isolierte Bindungen, die keine Ketten bilden, üben keinen Einfl. auf die Entw. des Kristalläußeren aus. (Proc., Kon. nederl. Akad. Wetensch., Ser. B **60.** 134—39. März/April 1952. Groningen, Univ., Kristallografisch Inst.) Plieth. 190

Otto Emersleben, *Die elektrostatische Gitterenergie endlicher Stücke heteropolarer Kristalle.* Die bisherige Meth., die Gitterenergie eines neutralen Ionenkristalls mittels seiner Madelung-Konstante zu bestimmen, wird durch Einführung der asymptot. Abhängigkeit dieser Gitterenergie für endliche Gitterstücke von der Anzahl der das Gitter bildenden Ionenpaare verfeinert. Die Darst. dieser asymptot. Abhängigkeit durch numer. Koeffizienten wird für einfache lineare Gitter sowie für quadrat. Stücke ebener u. für würfelförmige Stücke räumlicher Gitter gezeigt. Diese Entw. läßt sich beim räumlichen Gitter als Volumen-, Flächen-, Kanten- u. Eckenenergie sowie ein weiteres für große N verschwindendes Zusatzglied veranschaulichen. (Z. physik. Chem. **199.** 170—90. Jan. 1952. Berlin-Zehlendorf.) Levi. 190

Takehiko Oguchi, *Die Theorie des Rotationsphasenübergangs in anisotropen Molekülkristallen.* Theoret. Abhandlung. (J. chem. Physics **19.** 1321—22. Okt. 1951. Tokyo, Inst. of Technol.) Gottfried. 190

K. V. Gow und **B. Chalmers**, *Die Herstellung von Ein- und Bikristallen mit bestimmter kristallographischer Orientierung aus hochschmelzenden Metallen.* Der Horizontalofen wird mittels zweier Graphitstäbe mit wassergekühlten Stromzuführungen geheizt (bis 1600°) u. enthält das Metall (erprobt an *Cu* u. *Ni*) in einem Trog mit den Innenmaßen 20×2,5×1 cm (aus Graphit bzw. Al_2O_3). Als Schutzgas dient Ar. Ein Keim wird in die Schmelze getaucht oder durch Eintauchen einer gekühlten Quarzspitze erzeugt u. wächst infolge Stromdrosselung nach der Ofenmitte zu. Aus 2 Keimen entsteht ein „Bikristall" mit einer einzigen Korngrenze. Fertige Einkristallstäbe lassen sich verspannungsfrei zerschneiden, wenn man sie bis auf die Schnittstelle mit einem Schutzanstrich versieht u. als Anode in 10%ig. H_2SO_4 verwendet. (Brit. J. appl. Physics **2.** 300—03. Okt. 1951. Toronto, Univ., Dep. of Metallurg. Engng.) Teltow. 190

L. C. Tsien, *Die Herstellung von Aluminiumeinkristalldrähten mit einem verschiebbaren Ofen.* Die ca. 2 mm starken Drähte wurden zunächst einer kurzen Voranlassung unterworfen, um Spannungshärtung zu entfernen. Sie wurden dann um 0,5—5% gezogen u. in Quarzrohre gebracht, die ihrerseits in den Ofen gelegt wurden, wobei die Quarzrohre relativ zu dem Tisch festlagen. Nach Anheizen des Ofens wurde die Temp. innerhalb 9 Std. auf 640° gebracht. Der Ofen wurde nun langsam über das Quarzrohr bewegt (2 cm/Std.). Der zu Beginn entlang des Drahtes auftretende Temperaturgradient war zuerst klein u. erreichte ein Maximum von 25—35°/cm nach 3—4 Stunden. Hierauf nahm der Temperaturgradient wieder allmählich ab, während die Temp. der Probe gleichmäßig am Ende der Behandlung bei 640° lag. Es gelang, nach diesem Verf. größere einkristalline Al-Drahtstücke zu züchten. Die Abhängigkeit der Ergebnisse von der Temp. der Voranlassung u. dem Grad der Dehnung wird diskutiert. (Science Rec. [Shanghai] **4.** 125—32. Juni 1951. Academia Sinica, Inst. of Applied Phys. [Orig.: engl.]) Gottfried. 190

I. A. Lesskowitsch, *Der Einfluß des Drucks auf die Phasenumwandlung von Ammoniumnitrat.* Bei Unterss. an mit 5000 kg/cm² gepreßten zylindr. Tabletten von NH_4NO_3 (D. 1,725—1,728) zeigt die Ausdehnungskurve (Volumdifferenz Δ V — t) 2 durch ein steiles Kurvenstück verbundene Knickpunkte bei ca. 32 u. 37°, die dem Beginn u. Ende des polymorphen Übergangs von der β- in die γ-Phase mit einer Δ V von 6,5% bei n. Druck entsprechen. Die bei konstantem Vol. beobachtete Drucksteigerung weist ein scharfes Maximum bei 50° auf mit 875 kg/cm²; zwischen 43° (400 kg/cm²) u. 50° steigt der Druck steil an, beim Erhitzen über 50° geht die γ-Phase unter Druckabnahme wieder in die β-Phase über, bei ca. 52° erreicht der Druck wieder die extrapolierte Kurve der Druckzunahme zwischen 20 u. 43°. Die Best. der Kompressibilität der β-Phase (bei 25°)

u. der γ-Phase (bei 50°) zwischen 100 u. 5000 kg/cm² ergibt im ersteren Falle eine lineare Druck–ΔV-Beziehung, während im letzteren Falle zwischen 875 u. 1200 kg/cm² sich die γ–β-Umwandlung in einem steilen Kurvenverlauf äußert, oberhalb 1200 kg/cm² entspricht die Kurve etwa der bei 25°. Es wird darauf hingewiesen, daß allg. bei Stoffen, die in verschied. Kristallformen auftreten, die Änderung des Mol.-Vol. bei der Unters. des therm. Verh. zu berücksichtigen ist. (Доклады Академии Наук СССР [Ber. Akad. Wiss. UdSSR] [N. S.] **85.** 595—98. 21/7. 1952.) R. K. MÜLLER. 190

J. L. Hoard, S. Geller und **W. M. Cashin,** *Strukturen von molekularen Additionsverbindungen.* 3. Mitt. *Ammoniak–Bortrifluorid,* H_3N–BF_3. (2. vgl. C. **1952.** 3946.) Die Mol.-Verb. H_3N–BF_3 wurde nach der Vorschrift von LAUBENGAYER u. CONDIKE (J. Amer. chem. Soc. **70.** [1948.] 2274) dargestellt u. aus wss. Lsg. umkristallisiert. WEISSENBERG-Aufnahmen ergaben rhomb. Symmetrie u. die Zelldimensionen a = 8,22 ± 0,03 Å; b = 8,11 ± 0,03 Å; c = 9,31 ± 0,03 Å; Z = 8; Raumgruppe D_{2h}^{15} — Pbca. Sämtliche Atome liegen in der allgemeinsten Punktlage. PATTERSON- u. FOURIER-Projektionen lieferten die folgenden Parameter: F_I (x =) 0,078; (y =) —0,040; (z =) 0,167; F_{II} 0,305; 0,094; 0,093; F_{III} 0,188; 0,156; 0,308; N 0,238; 0,241; 0,095; B 0,160; 0,105; 0,169. Mit Hilfe dieser Parameter errechneten sich die folgenden Molekulardimensionen: B—N = 1,60 Å; B—F_I = 1,36 Å; B—F_{II} = 1,39 Å; B—F_{III} = 1,38 Å; F_I—F_{II} = 2,26 Å; F_{II}—F_{III} = 2,28 Å; F_I—F_{III} = 2,26 Å; N—F_I = 2,37 Å; N—F_{II} = 2,44 Å; N—F_{III} = 2,40 Å; ∢ F_I—B—N = 106°; ∢ F_{II}—B—N = 109°; ∢ F_{III}—B—N = 107°; ∢ F_I—B—F_{II} = 111°; ∢ F_{II}—B—F_{III} = 111° u. ∢ F_I—B—F_{III} = 111°. Aus den Abständen zwischen einem N-Atom u. den benachbarten F-Atomen von benachbarten Moll. folgt, daß stark lokalisierte H-Bindungen in der Mol.-Verb. nicht gebildet werden. Angenäherte H-Parameter werden angegeben. (Acta crystallogr. [London] **4.** 396—98. Sept. 1951. Ithaca, N. Y., Cornell Univ., Baker Labor. of Chem.) GOTTFRIED. 195

S. Geller und **J. L. Hoard,** *Strukturen von molekularen Additionsverbindungen.* 4. Mitt. *Trimethylamin–Bortrifluorid,* $(H_3C)_3N$–BF_3. (3. vgl. vorst. Ref.) Gute Kristalle der Mol.-Verb. $(H_3C)_3N$–BF_3 wurden durch mehrfache Sublimation bei red. Druck erhalten. Die durchscheinenden, weichen u. farblosen Kristalle zeigten einen positiven pyroelektr. Effekt. WEISSENBERG-Aufnahmen ergaben eine hexagonale Zelle mit a = 9,34 ± 0,02 Å; c = 6,10 ± 0,02 Å u. Z = 3. Die Aufnahmen lassen sich jedoch auch durch eine rhomboedr. Zelle mit a = 5,76 Å; α = 108° 16′ u. Z = 1 deuten. Raumgruppe ist C_{3v}^5—R 3 m. PATTERSON- u. FOURIER-Projektionen ergaben die folgenden orthohexagonalen Atomkoordinaten: z_B = 0,010; z_N = 0,270; x_F = —0,080; z_F = —0,073; x_C = 0,090; z_C = 0,334. Innerhalb der Mol.-Verb. errechneten sich die folgenden Atomabstände u. Winkel: B—N = 1,585 Å; B—F = 1,39 Å; C—N = 1,50 Å; F—F = 2,24 Å; N—F = 2,46 Å; C—B = 2,45 Å; ∢ F—B—F = 107°; ∢ N—B—F = 112°; ∢ C—N—C = 114° u. ∢ C—N—B = 105°. — Für die CH_3-Gruppen innerhalb des Mol. sind mit der Symmetrie zwei Orientierungen vereinbar, u. zwar kann die Ebene, die durch 6 H-Atome geht u. senkrecht zu der dreizähligen Achse angeordnet ist, entweder zu dem Schwerpunktszentrum hin oder von ihm weg gelagert sein. Die erste Orientierung wird als die wahrscheinlichere angesehen. (Acta crystallogr. [London] **4.** 399—405. Sept. 1951.) GOTTFRIED. 195

J. L. Hoard, S. Geller und **T. B. Owen,** *Strukturen von molekularen Additionsverbindungen.* 5. Mitt. *Vergleich von vier verwandten Strukturen.* (4. vgl. vorst. Ref.) Es werden die Strukturen der folgenden Additionsverbb. miteinander verglichen: $CH_3 \cdot NH_2$–BF_3 (I), $CH_3 \cdot CN$–BF_3 (II), NH_3–BF_3 u. $(CH_3)_3N$–BF_3. Für die beiden ersten Verbb. wurden genauere Parameter bestimmt. I krist. in der monoklinen Raumgruppe P 2_1/m mit Z = 2. Für diese Verb. werden die folgenden neuen Parameter angegeben: F (x =) 0,172; (z =) —0,193; B 0,131; 0,051; N —0,180; 0,152; C —0,254; 0,416. **II** krist. rhomb. in der Raumgruppe P n m a mit Z = 4. Die neuen Parameter sind: F (x =) 0,270; (z =) 0,473; B 0,392; 0,358; N 0,571; 0,461; C_{CN} 0,696; 0,529; C_{CH_3} 0,859; 0,616. Tabellar. sind zum Vgl. die Atomabstände u. Winkel der 4 Verbb. zusammengestellt. Das sehr unstabile **II** enthält gegenüber den drei anderen Verbb. deutlich längere B—N- u. kürzere B—F-Abstände. (Acta crystallogr. [London] **4.** 405—07. Sept. 1951.) GOTTFRIED. 195

P. Vousden, *Die Struktur der ferroelektrischen Niobate und Tantalate.* Vf. gibt vorläufige Mitteilungen über die Strukturen der Ferroelektrika $KTaO_3$, $KNbO_3$, $NaTaO_3$ u. $NaNbO_3$. Danach ist $KTaO_3$ bei Zimmertemp. kub., während die anderen Verbb. orthorhomb. Symmetrie haben. Bei höheren Tempp. bilden $NaNbO_3$ u. $KNbO_3$ tetragonale u. kub. Phasen ähnlich $BaTiO_3$, aber $NaNbO_3$ hat bis zu —173° keine rhomboedr. Phase. $NaNbO_3$ krist. in der Raumgruppe P 2 2_1 2 mit den Zelldimensionen 5,6 · 16,5 · 5,6 Å u. Z = 8. Aus der Best. der meisten der 26 Parameter der Struktur ergibt sich, daß die

Nb-Ionen um ca. 0,1 Å entlang der orthorhomb. Achse verschoben sind, wie auch Packungsbetrachtungen zeigen. Merkwürdigerweise ergibt die Struktur, daß das orthorhomb. $NaNbO_3$ unpolar gebaut ist. Vermutlich erlaubt die durch die Ferroelektrizität hervorgerufene orthorhomb. Verzerrung Ionenverschiebungen, die die durch die kleinen Na-Ionen hervorgerufenen Abweichungen vermindern. Es kann gezeigt werden, daß diese Anordnung unpolar ist. (Acta crystallogr. [London] **4.** 68. Jan. 1951. Bristol, Royal Fort, H. H. Wills Phys. Labor.) B. REUTER. 195

Gen Shirane und **Sadao Hoshino,** *Kristallstruktur der ferroelektrischen Phase im Ba oder Ti enthaltenden $PbZrO_3$.* In Fortführung der C. **1952.** 7289 beschriebenen Verss. zur Best. der Umwandlungspunkte von $(Pb_{92,5}-Ba_{7,5})\cdot ZrO_3$ (I) wurde mit Cu-Kα-Strahlung die Kristallstruktur von I in den einzelnen Temperaturbereichen untersucht. Unterhalb 175° liegt I in der tetragonalen Form mit $c/a < 1$ vor; bei 175° erfolgt der Übergang zum rhomboedr. Gitter u. unmittelbar oberhalb dieser Temp. in das kub. Gitter. $Pb(Zr_{95}-Ti_5)O_3$ liegt bei 200° in der rhomboedr. Struktur vor. (Physic. Rev. [2] **86.** 248—49. 15/4. 1952. Oh-okayama, Tokyo, Inst. of Technol.) FUCHS. 195

P. M. de Wolff, *Die Kristallstruktur von Artinit, $Mg_2(OH)_2CO_3\cdot 3H_2O$.* Mit Hilfe einer Reihe bereits bekannter Annahmen wird die Struktur des Artinits bestimmt. Raumgruppe C 2/m mit a = 16,56, b = 3,15, c = 6,22 Å, β = 99° 9′. Beobachtete u. berechnete Intensitäten sind in guter Übereinstimmung für folgende Parameter (Reihenfolge x, y, z): Mg 0,064, 0,250, 0,139; OH —0,019, 0,750, 0,175; H_2O_{II} 0,146, 0,750, 0,067; ½ ($O_I + H_2O_I$) 0,114, 0,250, 0,466; ½ O_{II} 0,194, 0,583, 0,689; ½ O_{II} 0,194, —0,083, 0,689; ½ C 0,167, 0,250, 0,611. Die Struktur zeigt Bänder von zwei Reihen Oktaedern, bei denen die CO_3-Ionen solche Sauerstoffatome gemeinsam haben, die nur einen Mg-Nachbarn besitzen. Die Parameter gelten für die durchschnittliche Struktur unter Annahme der geringsten Oktaederverzerrung u. rechter Winkel zwischen C—O_I u. [0 1 0]. (Acta crystallogr. [Copenhagen] **5.** 286—87. März 1952. Delft, TH, TNO, Techn. phys. Dienst.) HILLER. 195

T. Ito und **Y. Takéuchi,** *Die Kristallstruktur von Axinit.* Axinit ist triklin, Raumgruppe P $\bar{1}$ mit a = 7,148, b = 9,156, c = 8,960 Å, α = 88° 04′, β = 81° 36′, γ = 77° 42′, Z = 2. Formel: $H(Fe, Mn)Ca_2Al_2BSi_4O_{16}$, $D._{röntg}$ 3,31. Die 26 Parameter werden für eine transformierte, größere Zelle angegeben, die der Strukturbest. zugrunde gelegt wurde. Die Struktur setzt sich zusammen aus Si_4O_{12}- u. BO_3-Gruppen, die durch Fe, Al u. Ca zusammengehalten werden. Die Si_4O_{12}-Gruppen liegen parallel zueinander u. mit der Ringebene fast parallel (0 1 0). Sie werden verbunden durch Doppeloktaeder, die eine gemeinsame O—O- bzw. O—OH-Kante besitzen. Die Fe-Atome liegen in der Mitte von O—OH-Doppeloktaedern, ebenso die Hälfte der Al-Atome in solchen von O. Die andere Hälfte der Al-Atome besetzen die Mitten von Tetraedern, die aus 3 O u. 1 OH gebildet werden. Jedes Ca ist unregelmäßig von 10 O umgeben, von denen 5 keine Bindung mit ihm betätigen. (Acta crystallogr. [Copenhagen] **5.** 202—08. März 1952. Tokio, Univ., Mineralog. Inst.) HILLER. 195

R. I. Garrod und **C. S. Rann,** *Vorläufige Röntgenuntersuchungen an Krokydolith und Amosit.* Krokydolith u. Amosit sind monoklin. Krokydolith hat die Zelldimensionen a = 9,65, b = 18,3, c = 5,30 Å, $\beta \approx 70°$, Amosit a = 9,89, b = 18,26, c = 5,30 Å, β = 70°. Beide gehören zur Gruppe der monoklinen Amphibole, Raumgruppe I 2/m. Amosit enthält in der Elementarzelle 2 Einheiten $(Ca\,Na\,Mn\,FeMg)_{6,09}\,(SiAl)_{7,99}\,O_{22}(OH)_2$. (Acta crystallogr. [Copenhagen] **5.** 285. März 1952. Victoria, Australien, Defence Res. Labors.) HILLER. 195

T. Ito, N. Morimoto und **R. Sadanaga,** *Die Kristallstruktur von Milarit.* Milarit, $K_2\,Ca_4\,Be_4\,Al_2\,Si_{24}\,O_{60}\cdot H_2O$, ist hexagonal, Raumgruppe D_{6h}^2—C6/mcc mit a = 10,54, c = 13,96 Å, Z = 1. Parameter [Reihenfolge x/a, y/b (b = a), z/c]: Be, Si 0,745, 0,076, 0,111; Be, Al, Si ½, 0, ¼; K 0, 0, ¼; Ca ⅔, ⅓, ¼; O_I 0,703, 0,091, 0; O_{II} 0,916, 0,199, 0,128; O_{III} 0,653, 0,120, 0,185; H_2O 0, 0, 0. Die Struktur ist zusammengesetzt aus doppelten hexagonalen Ringen, $(Be_{0,1}\,Si_{0,9})_{12}O_{30}$, die zusammengehalten werden durch $(Be_{0,27}\cdot Al_{0,33}\,Si_{0,4})$ einerseits u. durch K u. Ca andererseits. Sie kann auch aufgefaßt werden als dreidimensionales Netzwerk, $(Be_{0,27}\,Al_{0,33}\,Si_{0,4})_6\,(Be_{0,1}\,Si_{0,9})_{24}O_{60}$, aus verknüpften Be, Al, Si-O- u. Be, Si-O-Tetraedern mit eingelagerten K- u. Ca-Atomen. K ist von 12 O, die zu je 6 zu einem Doppelring gehören, Ca von 6 O, von denen je 1 zu 6 benachbarten Ringen gehört, umgeben. H_2O liegt in den Ringen, füllt jedoch nur die Hälfte des Raumes. O liegt entweder zwischen 2 $(Be_{0,1}Si_{0,9})$ u. 1 K oder zwischen 1 $(Be_{01}Si_{0,9})$, 1 $(Be_{0,27}Al_{0,33}Si_{0,4})$ u. 1 Ca. (Acta crystallogr. [Copenhagen] **5.** 209—13. März 1952. Tokio, Univ., Mineralog. Inst.) HILLER. 195

E. N. da C. Andrade und **C. Henderson,** *Mechanisches Verhalten von Einkristallen bestimmter flächenzentriert kubischer Metalle.* Die Spannungs-Abgleitungs-Beziehung wurde über den ganzen Bereich bis zum Bruch für *Ni*, *Ag* u. *Au* aufgenommen. Bes. die schwachen Abgleitungen wurden untersucht; dabei zeigten sich gewisse Anfangsunbestimmtheiten, die auf metastabile Bedingungen zurückzuführen sein dürften. Für reine Metalle wurde ein Bereich des leichten Gleitens bei tiefen Tempp. gefunden. Dieser tritt jedoch nicht bei Ni auf. Es wurde die Änderung der Verfestigung mit der Temp. bei konstanter Abgleitung untersucht. Bei mäßiger Abgleitung wird die Verfestigung bei tiefer Temp. durch Temperaturerhöhung vergrößert u. bei hoher Temp. verkleinert. Es wird deshalb geschlossen, daß in Metallen mit sehr geringen Verunreinigungen die Abgleitung durch die Eröffnung von Gleitebenen u. durch das Fortschreiten der Gleitung in den eröffneten Ebenen beeinflußt wird. Beide Vorgänge werden durch Temperaturerhöhung verschieden beeinflußt. — Die Oberflächenverunreinigung vonSilbereinkristallen hebt die krit. Schubspannung etwas, hat aber nach ca. 20% Abgleitung einen erheblich höheren Einfluß. Mit der Oberflächenverunreinigung lassen sich einige früher beobachtete Abnormitäten erklären. Ferner wird der Asterismus studiert; die Kubikwurzel der Bruchspannung aller Metalleinkristalle hängt linear mit der Temp. zusammen. (Philos. Trans. Roy. Soc. London, Ser. A **244.** 177—203. 5/12. 1951.) SCHUBERT. 200

L. A. Glikman und **T. N. Sneshkowa,** *Über die Entstehung von Restspannungen bei der elektrolytischen Sättigung der Stahloberfläche mit Wasserstoff.* Die Unters. wurde an dünnen Blechproben aus hochchromhaltigem, nichtrostendem Stahl durchgeführt, die einseitig kathod. mit H_2 gesätt. wurden. Die hierbei entstehenden Restspannungen wurden durch Messen der Krümmungspfeilhöhe, ihre Tiefenwrkg. durch allmähliches Abbeizen der hydrierten Oberflächenschicht bestimmt. Es wird festgestellt, daß es sich um Druckspannungen in Höhe bis zu 6—7 kg/mm^2 handelt, die sich in der Hauptsache in einer Schicht von 0,03—0,04 mm Dicke konzentrieren. Mit dem Entweichen des H_2 beim Erwärmen auf 200—300^0 verschwinden auch die Spannungen. Ihre Entstehung wird als Ergebnis einer ungleichmäßigen H_2-Aufnahme durch die Metalloberfläche, mit bevorzugter Anreicherung an den Korngrenzen, gedeutet. (Журнал Технической Физики [J. techn. Physik] **22.** 1104—08. Juli 1952.) EHMCKE. 200

Ryukiti Robert Hasiguti und **Tosiro Owadano,** *Formeln für Kriechkurven von Metallen.* Vff. schlagen an Stelle der bekannten Zeit–Spannungs-Kurven des metall. Kriechens von ANDRADE nach ausgedehnten Verss. an polykristallinem *Al* u. Einkristallen von Al eine neue Zeit–Spannungs-Gleichung vor. Die neue Gleichung stimmt mit den experimentellen Ergebnissen von ANDRADE an polykristallinen Proben gut überein, noch besser jedoch bei großen Spannungen von Einkristallen. (Nature [London] **168.** 706. 20/10. 1951. Tokyo, Univ., Fac. of Engng., Dep. of Metallurgy.) GOTTFRIED. 200

O. Föppl, *Die klassische Elastizitätstheorie gilt nicht für den gekoppelten Spannungszustand.* $\sigma_0\sigma_r = f(x, y, z)$. (Mitt. Wöhler-Inst. Braunschweig **1951.** Nr. 47. 1—54. Braunschweig, Wöhler-Inst.) GOTTFRIED. 200

A$_7$. Gleichgewichte. Kinetik.

G. Carrière, *Ammonolyse.* Für die Dissoziation, die manche Salze (Nitrate, Nitrite, Jodide. Cyanide, Rhodanide, Acetate) in fl. NH_3 als Lösungsm. erleiden, wird entsprechend der in wss. Lsgg. auftretenden, als Hydrolyse bezeichneten Spaltung, der Begriff Ammonolyse vorgeschlagen u. an mehreren Beispielen erläutert. (Chem. pharmac. Techniek **7.** 277—78. 1/7. 1952.) WESLY. 221

R. K. Warner, *Die Verteilung von Uranylnitrat zwischen organischen Lösungsmitteln und Wasser.* Vf. bestimmt die Gleichgewichtsverteilung des $UO_2(NO_3)_2$ (**I**) zwischen W. u. folgenden Lösungsmitteln bei 20^0: *Diäthyl-* (**II**), *Äthyl-n-propyl-*, *Äthyl-n-butyl-*, *Diisopropyl-*, *Di-n-butyl-*, *Di-n-hexyl-*, *Diäthylenglykoldibutyl-* (**III**, *Dibutylcarbitol*) u. *2.2'-Dichloräthyläther*, ferner *Methyläthyl-* (**IV**), *Methylisobutyl-* (**V**), *Methyl-n-amyl-* u. *Diisobutylketon*, sowie *Cyclohexanon* (**VI**), *n-Butanol* (**VII**), *n-Pentanol*, *n-Hexanol*, *Methylisobutylcarbinol*, *Phenylcellosolve* u. *Dibutylcellosolve*. Die in Form von Verteilungskurven wiedergegebenen Resultate zeigen die Änderung des Verteilungskoeff. in Abhängigkeit von der Konz. der wss. **I**-Lsg. u. lassen die verschieden gute Extraktionswrkg. der Lösungsmittel für reine wss. **I**-Lsgg. ohne Zusatz anorgan. Nitrate oder von HNO_3 als aussalzende Agentien erkennen. Außerdem wurde der Einfl. der Sättigung der wss. Phase mit NH_4NO_3 auf die Verteilung des **I** zwischen den Systemen **II** u. W. bzw. **IV** u. W. untersucht, ebenso der Einfl. der Ggw. des inerten Lösungsm. Bzl. auf die Verteilung des **I** zwischen **V** u. W. bei konstanter Gleichgewichtskonz. an wss. **I**-Lösung. Vf. zeigt, daß die Extraktion um so vorteilhafter ist, je kleiner das Mol.-Gew. des Lösungsm. bzw. der ster. Hinderungseffekt der am akt. O-Atom des Lösungsm. hängenden Gruppen innerhalb einer homologen Reihe ist. Von den untersuchten Systemen zeigen **II**—**VII** die besten Extraktionseigenschaften. Jedoch muß **II** trotz einiger weniger guten Eigg. auf Grund einiger qualitativer

Auswahlteste, seiner Stabilität, seiner Verfügbarkeit u. seiner Kosten als das bevorzugte Lösungsm. für die Flüssig-flüssig-Extraktion zur Abtrennung u. Reinigung des **I** angesehen werden. Die bei **II** bekannte aussalzende Wrkg. des NH_4NO_3 wurde auch bei **IV** bestätigt, u. zwar bes. bei kleinen wss. **I**-Konzz., wo die Konz. in der Ketonphase die der Ae.-Phase weit übersteigt. (Austral. J. appl. Sci. **3.** 156—72. Juni 1952. Sydney, Broadway, N. S. W., Univ. of Technol., School of Chem. Engng.) NIEMITZ. 221

Marcel Borrel und **René A. Pâris,** *Fällungsbereiche und Löslichkeitsprodukte einiger Metalloxinate und -methyloxinate.* Vff. untersuchen potentiometr. die Neutralisation 0,1 mol. Lsgg. von *8-Oxychinolin* (**I**), *2-Methyl-8-oxychinolin* (**II**) u. *Chinolin* (**III**) in 0,2 nHCl, auch in Ggw. von Mg^{2+}, Mn^{2+}, Cd^{2+}, Co^{2+}, Ni^{2+}, Zn^{2+}, Cu^{2+}, Al^{3+} u. Tl^{3+}, mit 0,1nNaOH unter Verwendung einer Glaselektrode. Je 10 ml der 0,1 mol. Lsgg. von **I, II** u. **III** in 0,2 nHCl werden allein bzw. mit 10 ml 0,1 n Lsgg. der Metallsulfate versetzt, titriert u. aus dem p_H-Verlauf die Punkte beginnender u. beendeter Fällung bestimmt. Unter Gleichsetzung von Aktivitäten u. Konzz. ergibt sich die Basizitätskonstante $pK_1 = 5{,}05$ (**I**); 5,65 (**II**), 4,95 (**III**) u. die Aciditätskonstante $pK_2 = 9{,}85$ (**I**); 10,15 (**II**). Schließlich werden die Löslichkeitsprodd. S für die Metalloxinate u. -methyloxinate berechnet. Sie betragen für $Mg\text{-}I_2 = 6{,}8 \cdot 10^{-12}$; $Mn\text{-}I_2 = 1{,}6 \cdot 10^{-18}$; $Mn\text{-}II_2 = 4{,}5 \cdot 10^{-19}$; $Cd\text{-}I_2 = 10^{-19}$; $Cd\text{-}II_2 = 2{,}5 \cdot 10^{-20}$; $Co\text{-}I_2 = 2{,}5 \cdot 10^{-22}$; $Co\text{-}II_2 = 1{,}4 \cdot 10^{-22}$; $Ni\text{-}I_2 = 5{,}6 \cdot 10^{-23}$; $Ni\text{-}II_2 = 6{,}3 \cdot 10^{-21}$; $Zn\text{-}I_2 = 3{,}2 \cdot 10^{-26}$; $Zn\text{-}II_2 = 10^{-26}$; $Cu\text{-}I_2 = 5 \cdot 10^{-29}$; $Cu\text{-}II_2 = 4 \cdot 10^{-26}$; $Al\text{-}I_3 = 5 \cdot 10^{-31}$; $Tl\text{-}I_3 = 6{,}3 \cdot 10^{-38}$. Die Ergebnisse werden krit. diskutiert. (Analytica chim. Acta [Amsterdam] **6.** 389—99. Mai 1952. Lyon, Fac. des Sci., Labor. de Chim. Min., Facc. Libres, Labor. de Chim. Ind.) WEITBRECHT. 224

F. S. Dainton, *Atome und Radikale in wässerigen Medien.* Die Ggw. von $(2sa_1)^2$ u. $(2xb_1)^2$ Nichtbindungs-Elektronen im H_2O-Mol. hat u. a. die große Fähigkeit des fl. W. zur Folge, Solvate zu bilden, u. im Zusammenhang damit ist sie bestimmend für die Chemie der Atome u. Radikale im wss. Medium. Vf. gibt einen Überblick über die neueren Arbeiten zu diesem Thema. Es werden Methoden zum Nachw. von Radikalen erörtert, bes. die Polymerisationsmeth., die aus dem Ablauf der Polymerisation der Radikale Rückschlüsse auf deren Konz., örtliche Verteilung u. sonstige Eigg. zieht, wird ausführlich behandelt. Ferner werden präparative Methoden zur Darst. von Radikalen, ausgehend von Moll. bzw. Ionen, besprochen, wobei der besonderen Rolle des W. bei diesen Rkk. spezielle Aufmerksamkeit gewidmet wird. Im Zusammenhang mit der Chemie der Radikale werden auch enzymat. Rkk. im wss. Medium behandelt. Schließlich werden die Eigg. freier Radikale in wss. Lsg., bes. die durch sie bewirkten Oxydations- u. Reduktions-Rkk., erörtert. (J. chem. Soc. [London] **1952.** 1533—46. April.) LEVI. 224

N. Uri, *Anorganische freie Radikale in Lösung.* Übersicht über die Chemie der freien anorgan. Radikale in Lösung. Im einzelnen werden behandelt: Der HABER-WEISS-Mechanismus der katalyt. Zers. des H_2O_2, Modifikation des HABER-WEISS-Schemas u. Unters. der Eigg. der OH- u. HO_2-Radikale, Energieverhältnisse anorgan. freier Radikale (OH, HO_2 u. O_2^-), Reaktionswärmen, Energieverhältnisse der Radikal-Ionen-Übertragungs-Rk., Metallionen einschließende Ionen-Rkk., Ionen-Paar-Komplexbldg., die katalyt. Zers. des H_2O_2 durch Fe^{2+}- u. F^{3+}-Ionen unter Berücksichtigung der neuesten Energiedaten, der Übergangszustand u. seine Bedeutung für die Kinetik der Rkk. freier Radikale, Katalyse u. Beschleuniger, Initial-Rk. der Polymerisation von Vinylverbb., Oxydation durch FENTONs Reagens, photochem. Bldg. von Atomen u. freien Radikalen u. ihre Folge-Rkk. (Bindungsbrechungs-Rkk., photochem. ausgelöste Elektronenübertragungs-Rkk., das Lösungsm. als Elektronenacceptor, Elektronenübertragungs-Rkk. in Ionenpaaren, Polymerisation von Vinylverbb., Oxydation organ. Substrate, die Photooxydation des W., Komplexionen als Elektronenacceptor, Photokatalyse in photochem. ausgelösten Elektronenübertragungs-Rkk., photochem. wirksame Farbstoffe u. das Uranyl-Ion), die Bedeutung der Rkk. freier Radikale für den Fortschritt der Photosynth. (therm. Cellular-Rkk. [Gleichgewicht $H + H^+{}_{(aq)} \rightleftharpoons H_2^+{}_{(aq)}$], Red. durch das OH-Radikal, Bldg. von freien Radikalen als Begleiterscheinung der Oxydation durch Co^{3+} oder Ce^{4+}-Ion, Ketten-Rkk. des O_3 in wss. Lsg., Hydroperoxyde u. Persulfate, Redoxaktivierung, Prozeß der aerob. Oxydation, Cellularradikale, positive Ionen als instabile Zwischenprodd., Potentialwalleffekte) u. anorgan. freie Radikale in der Strahlungschemie mit Polymerisation von Vinylverbb., Hydroxylierung von Benzolderivv. u. Oxydation durch Elektronenübertragung. — 347 Literaturangaben. (Chem. Reviews **50.** 375—454. Juni 1952. Manchester, Univ., Chem. Dep.) NIEMITZ. 225

John O. Edwards, *Geschwindigkeitsgesetze und Mechanismen von Oxyanionreaktionen mit Basen.* Übersicht über die Geschwindigkeitsgesetze u. Mechanismen der Rkk. von O-haltigen Anionen (Oxyanionen) mit Basen. Im einzelnen werden behandelt: Typen der Geschwindigkeitsgleichungen u. die entsprechenden Mechanismen (1., 2., 3.

u. 4. Ordnung), Anzeichen für die Existenz von instabilen Zwischenprodd. (Klassifizierung der verschied. Typen der instabilen Zwischenprodd. u. die entsprechenden Beweise für ihr Auftreten, elektrophile u. Acceptor-Zwischenprodd., der Donator-Acceptor-Komplex) u. Diskussion gewisser Rkk.: O-Austausch in Oxyanionen, Zers. von Hypohalogeniten (Salze der unterchlorigen usw. Säure) u. die umgekehrte Rk., Halogenat (Salze der Chlor- usw. Säure)-Oxydation des Sulfit-Ions, Chromsäure-Rkk. u. allg. Säurekatalyse, Rk. der salpetrigen Säure mit N-Basen u. anderen Donatoren, Oxydation des Thiosulfat-Ions, das Geschwindigkeitsgesetz 1. Ordnung der Rkk. der unterhalogenigen Säure (unterchlorige usw. Säure) u. andere Reaktionen. — 199 Literaturangaben. (Chem. Reviews **50**. 455—82. Juni 1952. Ithaca, N. Y., Cornell Univ., Dep. of Chem.) NIEMITZ. 225

N. Konopik und **K. Szlaczka**, *Über die Reduktion As(III)-haltiger Lösungen mit Natriumamalgam.* Vff. untersuchten die Red. von As(III)-Lsgg. mit Na-Amalgam in alkal. Lösung. Jeweils 10 ml alkal. As(III)-Lsg. wurden im Thermostaten mit 5 ml 0,6% ig. Na-Amalgam versetzt, der entwickelte H_3As durch einen CO_2- oder N_2-Strom in Bromwasser geleitet u. das abgeschiedene As durch CCl_4 von der Amalgamfläche getrennt. Die As-Best. erfolgte amperometrisch. Verss. wurden mit 0,5—10 Grammatom As(III)/L·10^2, einem Anfangs-p_H von 8,5—14,3, bei Zimmertemp. u. 60° durchgeführt. Die Ausbeute verschiebt sich mit steigender Temp. zugunsten der As-Fällung. Während der Rk. nimmt der p_H-Wert zu u. liegt nach Beendigung der Rk. über 14. Bei einem Anfangs-p_H bis 13 überwiegt bei der Red. anteilmäßig H_3As, bei 14,3 werden nur 23% des verbrauchten As(III) als H_3As erhalten. Nach 30 Min. sind bei p_H 14,3 68% des eingesetzten As(III) zu metall. As reduziert. Die Rk. spielt sich in den ersten Min. ab. Nach 10 Min. beträgt die As(III)-Konz. nur noch 2,5% der angesetzen Menge. Die H_3As/Zeit-Kurve steigt in den ersten 6 Min. steil an, während die As/Zeit-Kurve in den ersten Min. ein Maximum durchläuft. Die Diskussion des Reaktionsmechanismus führte zu der Annahme, daß bei konstantem p_H, konstanter Amalgamoberfläche u. überschüssigem Amalgam die Red. des As(III) zu As die Primär-Rk. sein dürfte. Nach kurzer Induktionszeit setzt dann die H_3As-Bldg. in dem Maße ein, wie überspannter H entwickelt wird. Die Ausbeute an H_3As ist also stark von der H-Entw. abhängig, die bei Na-Amalgam in alkal. Lsg. gering ist. (Mh. Chem. **83**. 290—301. 1952. Wien, Univ., I. Chem. Labor.) MOSLÉ. 225

K. Schäfer, *Energieübertragungsmechanismus und Reaktionsgeschwindigkeit an metallischen Oberflächen.* Zur Unters. der Energieübertragung von den Kristallgitterschwingungen auf an der Oberfläche adsorbierte Moll. werden Messungen der Wärmeübertragung zwischen einer warmen u. einer kalten Wand durch ein dazwischen befindliches Gas durchgeführt u. die Ergebnisse in Form des therm. Akkomodationskoeff. erfaßt. Die für C_2H_6 an metall. Oberflächen der Legierungsreihe *Cu–Pt* bei Tempp. zwischen 0 u. 105° gemessenen pauschalen Akkomodationskoeffizienten werden in Analogie zu früheren Unterss. auf die Freiheitsgrade der Translation–Rotation u. die der Schwingung aufgeteilt, wobei auch noch eine Unterteilung in gewisse Typen von Normalschwingungen möglich ist. Gleichzeitig mit dem Akkomodationskoeff. wird die bei höheren Tempp. einsetzende Zers. des C_2H_6 in H_2 u. C_2H_4 verfolgt u. dabei eine weitgehende Parallelität zwischen der Zersetzungsgeschwindigkeit u. dem partiellen Akkomodationskoeff. derjenigen Normalschwingung beobachtet, die modellmäßig für eine direkte Zers. des C_2H_6 verantwortlich sein dürfte. Eine bes. hohe Zersetzungsgeschwindigkeit wird dann erreicht, wenn diese eine Normalschwingung gut akkomodiert u. die anderen sehr viel schlechter, was sich theoret. leicht erklären läßt. (Z. Elektrochem., Ber. Bunsenges. physik. Chem. **56**. 398—403. 1952. Heidelberg, Univ., Physikal.-Chem. Inst.) LEVI. 225

Anders Nielsen und **Hans Bohlbro**, *Untersuchung über Oberflächeneigenschaften reduzierter Eisenkatalysatoren für die Ammoniaksynthese und Zusammenhang mitKristallgröße und Aktivität für die Umwandlung bei hohem Druck.* An 2 techn., mit K_2O, CaO u. Al_2O_3 aktivierten Eisenkontakten für die NH_3-Synth. „KM I" u. „KM II" (aus den geschmolzenen Oxyden) werden die Lebensdauer, gemessen an der Aktivitätsabnahme während kürzerer Versuchsdauer bei einer 100° über der n. Betriebstemp. liegenden Temp. („Thermoresistenz"), die Kristallgröße aus dem Röntgendiagramm u. die Adsorption von N_2, Ar u. CO bestimmt. Der aktivere Kontakt KM II (Umwandlung 25,6% NH_3 im umgesetzten Gas gegen 23,8 für KM I) verliert nach dem 1. Thermoresistenzvers. (17 Std.) seine Aktivität etwas, behält aber den nun erreichten Wert (23,6%) bei weiterem Sintern, während KM I in seiner Aktivität nicht beeinträchtigt wird. Vergleicht man die Aktivität u. die Oberfläche, so findet man, daß die Geschwindigkeitskonstante mindestens in gleichem Maße abnimmt wie die Oberfläche. Die Kristallgrößenbest. aus der Linienverbreiterung im Röntgendiagramm läßt bei dem red. KM II-Kontakt auf sehr kleine Kristalle schließen, u. die lineare Dimension der Kristallite wurde zu 360 Å bestimmt. Dieser Wert entspricht einer Oberfläche von 21 m^2/g, während sich aus der N_2-Adsorption

8 m^2/g ergeben; danach ist ca. $^1/_3$ der Oberfläche dem Gas ausgesetzt, u. $^2/_3$ sind Grenzflächenschichten, die die Kristallite verbinden. KM II hat eine kleinere Oberfläche u. eine kleinere verfügbare Fe-Oberfläche (gemessen an der Chemisorption von CO bei -78^0) als KM I, trotz seiner größeren Aktivität. Die verfügbare Fe-Oberfläche beider Kontakte beträgt annähernd 7% der Gesamtoberfläche; das entspricht qualitativ der gefundenen CO_2-Chemisorption bei Zimmertemperatur. Im Druckbereich $1 \cdot 10^{-4}$ bis $50 \cdot 10^{-4}$ mm werden bei 79,8, 86,7 u. 90,3° K die Adsorptionsisothermen für N_2 an einer KM I-Probe (Umsetzung 22,1% NH_3 bei 330 at, 450°) bestimmt. Auf den 3 Isothermen erscheint ein linearer, annähernd vertikaler Abschnitt, je nach der Temp. bei verschied. Drucken; er dürfte durch eine Phasenumwandlung 1. Ordnung des adsorbierten N_2 entstanden sein, da Chemisorption u. Capillarkondensation als weitere in Betracht kommende Ursachen auszuschließen sind. Auf der Isotherme bei 78,5% K ist der der Umwandlung entsprechende Kurventeil vertikal innerhalb der Fehlergrenzen. Aus den 3 Isothermen wird die Adsorptionswärme bei einer Oberflächenbedeckung unterhalb u. oberhalb des Phasenumwandlungs-Intervalls bestimmt u. für Adsorption an der Phase mit höchster Mol.-Fläche zu 1720 cal/Mol, für Adsorption an der kondensierten 2-dimensionalen Phase zu 3100 bzw. 2730 cal/Mol (79,8—86,7° bzw. 86,7—90,3° K) gefunden, letztere Werte einer Bedeckung von 5% einer BET-Monoschicht entsprechend. Die vertikalen Teile der Isothermen erscheinen bei niedriger Oberflächenbedeckung, vielleicht weil die Phasenumwandlung nur an der Fe-Oberfläche erfolgt. Die berechneten isoster. Adsorptionswärmewerte sind von der für die VAN DER WAALSsche Adsorption charakterist. Größenordnung; der niedrige Wert für die Oberflächenbedeckung unterhalb des Umwandlungsbereichs wird hervorgehoben. Die Differenz der Werte zwischen der Adsorption an den Phasen höherer u. niedrigerer Mol.-Fläche ist von gleicher Größenordnung wie die Verflüssigungswärme des N_2, was dafür spricht, daß im ersteren Fall Kräfte zwischen Adsorbat u. Adsorbens, im Phasenumwandlungsbereich dagegen Adsorbat–Adsorbat-Kräfte wirksam sind. Eine meßbare Chemisorption von CO bei -183^0 konnte nicht festgestellt werden. Der bei tiefer Temp. adsorbierte N_2 wird bei -78^0 leicht abgegeben, was als ein weiteres Anzeichen dafür, daß der N_2 physikal. gebunden ist, aufgefaßt wird. (J. Amer. chem. Soc. **74**. 963—66. 20/2. 1952. Hellerup, Dänemark, Haldor Topste-Forschungslabor.) V. DECHEND. 227

C. S. Rohrer, R. C. Christena und **O. W. Brown**, *Die katalytische Aktivität einiger reduzierter Vanadatsalze.* (Vgl. C. **1951**. II. 1256.) Vff. untersuchen *Ni*, *Cu* u. *Pb* als Vertreter je einer Gruppe von hochakt., mittelmäßigen u. wenig wirksamen Hydrierungskatalysatoren in Form ihrer red. Vanadate sowie red. CuO u. V_2O_5 auf ihre katalyt. Wirksamkeit gegenüber der Red. von *1-Nitronaphthalin* zu *Naphthylamin.* Mit Cu wird die höchste Ausbeute an Amin erzielt, während mit red. Ni-Vanadat sogar der Ring red. u. zum Teil *Naphthalin* gebildet wird. Mit red. Cu- u. Pb-Vanadat entsteht als Nebenprod. *1.2.5.6-Dibenzophenazin.* Für alle Katalysatoren werden die optimalen Reaktionsbedingungen (Temp., Menge von Substrat u. H_2) angegeben. Die Tempp. der höchsten Aktivität gegenüber der Red. der Nitrogruppe liegen bei allen drei red. Vanadaten zwischen dem Temperaturoptimum für das red. Oxyd des Kations u. dem für red. V_2O_5. (J. physic. Chem. **56**. 662—64. Mai 1952. Bloomington, Ind., Univ., Dep. of Chem.) SARRY. 227

B. Anorganische Chemie.

V. Gutmann, *Komplexe Chloride.* 3. Mitt. *Chlorotellurite.* (2. vgl. C. **1952**. 5862.) Es wurden Unterss. über die Bildungsmöglichkeiten der Chlorotellurite durch Umsetzungen in wasserfreiem *$AsCl_3$* durchgeführt. *$TeCl_4$* löst sich leicht in $AsCl_3$ zu einer blaßgelben Lsg. auf. Beim Entfernen des Lösungsm. im Vakuum bleibt reines $TeCl_4$ u. nicht eine Verb. mit $AsCl_3$ zurück. Mit steigendem Zusatz von $TeCl_4$ nimmt jedoch die elektr. Leitfähigkeit der Lsg. zu. Eine 0,05 mol. Lsg. erhöht die Leitfähigkeit des reinen Lösungsm. um ca. 3 Größenordnungen. Die relativ hohe Leitfähigkeit der Lsg. wird dem salzartigen Charakter von $TeCl_4$ zugeschrieben, der in W. wegen der eintretenden Rk. mit dem Lösungsm. nicht ersichtlich werden kann. Bei Zugabe von *Tetramethylammoniumchlorid* (I) zu einer Lsg. von $TeCl_4$ in $AsCl_3$ färbt sich die Lsg. sofort kanariengelb. Die Unters. der Leitfähigkeitsänderung ergab zunächst ein Ansteigen der spezif. Leitfähigkeit. Beim Überschreiten des Verhältnisses $[(CH_3)_4N]Cl:TeCl_4 = 1:1$ tritt ein Knickpunkt auf. Bei weiterer Zugabe von I bleibt die Leitfähigkeit beinahe konstant. Nach erfolgter Bldg. eines Zwischenprod. entsteht das nur mäßig dissoziierte *Tetramethylammoniumhexachlorotellurit.* Nach Beendigung der Bldg. dieses Salzes tritt ein steiler Leitfähigkeitsanstieg auf, den Vf. mit dem Vorhandensein des stark dissoziierten solvobas. *Tetramethylammoniumtetrachloroarsenits* (II) erklärt. Beim Zusammenbringen von I u. $TeCl_4$ im Molverhältnis 1:1 in $AsCl_3$ fallen beim Einengen der Lsg. im Vakuum gelbe

Kristalle der Zus. $[(CH_3)_4N]Cl \cdot TeCl_4 \cdot AsCl_3$ aus. Das Leitfähigkeitsdiagramm läßt eine Umsetzung zu einem Prod. erkennen, dessen Dissoziation geringer als die von **II** ist. Die Verss. lassen jedoch offen, ob es sich um die Bldg. von $[(CH_3)_4N][TeCl_5]AsCl_3$ (**III**) oder $[(CH_3)_4N][AsCl_2][TeCl_6]$ handelt. In beiden Fällen reagiert $TeCl_4$ als Ansolvosäure u. $[(CH_3)_4N]AsCl_4$ fungiert als Solvobase. Für die Annahme einer Solvosäure, dem Dichloroarseniumhexachlorotellurit, spricht noch das Leitvermögen u. die hellgelbe Farbe der Lösung. Vf. ist jedoch der Ansicht, daß die Bldg. von **III**, das die solvosaure Gruppe $[AsCl_2^+]$ enthält, als 1. Stufe der Solvoneutralisation aufzufassen ist. Dafür spricht auch der Fortgang der Solvoneutralisation bei weiterer Zugabe der Ansolvobase. In der 2. Neutralisationsstufe entsteht ein nur geringe Mengen As enthaltendes Hexachlorotellurit. Es konnte jedoch nicht entschieden werden, ob dieser As-Geh. auf Absorption des Lösungsm. oder auf einem solvolyt. Gleichgewicht beruht. Die gleiche Deutung wird nun auch, entgegen der früher vermuteten Solvolyse, für die entsprechenden Sn-Verbb. gegeben (l. c.), zumal inzwischen die analoge Verb. $[(CH_3)_4N][AsCl_2][SnCl_6]$ in reinem Zustand isoliert werden konnte. (Mh. Chem. **83**. 159—63. 15/2. 1952. Wien, TH, Inst. für Allg. Chemie.) E. JAHN. 247

W. F. Bradley und **R. E. Grim**, *Thermische Effekte von Ton und verwandten Materialien bei hohen Temperaturen.* Verschied. Tone, Tonmineralien u. damit zusammenhängende Silicate wurden therm., opt. u. röntgenograph. untersucht. Die beobachteten therm. Effekte werden gedeutet. Die Unters. mit Thermodifferentialanalyse wurde bis 1300° ausgedehnt. Endotherme Effekte bis zu 900—1000° sind normalerweise auf die Austreibung von flüchtigen Substanzen zurückzuführen. Mäßige exotherme Effekte ergeben, wenn sie unmittelbar auf einen endothermen Effekt folgen, eine raschere Angleichung der Temp. der Probe an die der Vergleichssubstanz. Scharf ausgebildete exotherme Effekte zeigen die Bldg. neuer Phasen an. (Amer. Mineralogist **36**. 182—201. März/April 1951. Urbana, Ill., State Geol. Survey.) W. FABER. 294

R. C. Vickery, *Lanthanidenkomplexe mit Äthylendiamintetraessigsäure.* 2. Mitt. (1. vgl. C. **1952**. 2636.) Komplexe der NH_4^+-Salze der *Äthylendiamin-N.N.N'.N'-tetraessigsäure* (**I**) mit einigen Seltenen Erden (*Pr, Nd, Sm, Gd, Dy, Er, Yb*) sowie von Nd mit *Nitrilotriessigsäure* (**II**) werden spektrophotometr. untersucht. Die Absorptionsspektren 0,1 mol. Lsgg. der angegebenen Lanthaniden (Pr, Nd, Sm u. Gd als *Chloride*, Dy, Er u. Yb als *Perchlorate*) mit u. ohne Zusatz einer 0,1 mol. NH_4-**I**-Lsg. sind wiedergegeben. Der „innere" STARK-Effekt, welcher eine Aufspaltung des Absorptionsspektr. bewirkt, tritt nur beim Nd u. Er auf u. ist auch in dem Syst. $NdCl_3$ + **II** deutlich. Vff. diskutiert als mögliche Begründung für das Auftreten dieses Effektes die Elektronenkonfiguration sowie den Paramagnetismus der Seltenen Erden. Der Einfl. von *Dioxan* als Lösungsm. auf das Absorptionsspektr. wird beim Nd gezeigt; hier ist ebenfalls eine Bandenaufspaltung sichtbar. (J. chem. Soc. [London] **1952**. 421—25. Febr. Melbourne, Commonwealth Sci. and Ind. Res. Organization, Div. of Ind. Chem.) SPARMANN. 303

S. M. Mehta und **R. P. Poncha**, *Verhalten von Lösungen von Doppelsulfaten von Titan und einem zweiwertigen Metall in Gegenwart von Wasserstoffperoxyd.* Vff. behandeln Lsgg. von $RSO_4 \cdot Ti(SO_4)_2$ (R = *Mn, Cu, Cd, Zn, Mg, Co*) mit H_2O_2. Dabei entstehen ölige Fll., die die Verb. $RSO_4 \cdot TiO_2SO_4$ enthalten. Die Öle enthalten etwas W., welches auch nicht bei Aufbewahren über P_2O_5, H_2SO_4, $CaCl_2$ oder NaOH entfernt werden konnte, sind unbeständig u. verlieren beim Stehen O_2. Beim Erhitzen auf 200—230° geben sie feste Rückstände mit der Formel $RSO_4 \cdot TiOSO_4$. Die Rückstände sind hygroskop. u. in verd. Mineralsäuren löslich. Die Mn-Verb. ist gelb, die Co-Verb. hellrosa u. die restlichen sind weiß. (J. Amer. chem. Soc. **74**. 3469—70. 20/7. 1952. Bombay, Royal Inst. of Sci., Dep. of Chem.) J. MATTNER. 321

Sol Wexler, *Probentemperatur bei der Schleppdestillation im Lichtbogen.* Nach SCRIBNER u. MULLIN (J. Res. nat. Bur. Standards **37**. [1946.] 379) läßt sich im Lichtbogen aus U_3O_8 durch Zusatz von 2% Ga_2O_3 als Trägerdampf die Abtrennung der Verunreinigungen erleichtern. Bei 10 A ist in einem Durchgang jedoch auch die Dest. der leicht verdampfbaren Oxyde in den Lichtbogen nicht vollständig. Selbst bei mehrfachem Durchgang u. neuem Trägermaterial werden noch Spektrallinien von Verunreinigungen beobachtet. Dies beruht darauf, daß die mit einer Pt–PtRh-Thermoelementanordnung gemessenen Tempp. von U_3O_8-Proben im Lichtbogen von 10,5 A nicht bei 2000° liegen, wie es SCRIBNER u. MULLIN auf Grund von Pyrometermessungen angaben, sondern je nach dem Zusatz bei 1400° (mit 2% Ga_2O_3 oder 4% *AgCl*), 1250° (mit 6% *CdO* oder 5% BaF_2) oder 1100° ohne Zusatz. Die reinen Zusätze haben folgende Kpp.: Ga_2O_3 ca. 1800°, AgCl 1564°, BaF_2 2750°, CdO 1385°. Durch die Ggw. des Trägers kann also die Temp. der U_3O_8-Probe um ca. 200—300° erhöht werden. Diese Tempp. wurden größenordnungsmäßig auch mit einer Pyrometeranordnung, wenn auch auf Grund der Einstellungsschwierigkeiten weniger genau, gefunden. (Analytic. Chem. **23.** 1166—67. Aug. 1951. Los Alamos, N. Mex., Los Alamos Sci. Labor.) STAGE. 339

Duncan Taylor, *Das System $MnSO_4$-H_2SO_4-H_2O.* Das Syst. wurde bei 0, 20, 25, 45, 65 u. 95,7° untersucht u. die Ergebnisse tabellar. u. graph. mitgeteilt. Als Bodenkörper können $MnSO_4, 5H_2O$ (I), $MnSO_4, H_2O$, $MnSO_4 \cdot H_2SO_4, H_2O$, $MnSO_4 \cdot 3H_2SO_4$ (II) u. $MnSO_4 \cdot H_2SO_4$ (III) auftreten. Die mkr. Eigg. der Verbb. werden angegeben. I existiert im Gleichgewicht mit der gesätt. Lsg. nicht oberhalb von 24,5°, während III erst ab ca. 65° u. II bis zu ca. 65° bei hohen H_2SO_4-Konzz. stabil sind. Aus der Lage der univarianten Kurven kann geschlossen werden, ob n. oder saure Sulfate vorliegen u. ob sie Kristallwasser enthalten oder nicht. (J. chem. Soc. [London] **1952.** 2370—75. Juni. Edinburgh, Univ.) MOSLÉ. 350

Suzanne Tribalat und **Jacqueline Beydon,** *Isolierung von Technetium. Tc* entsteht durch Neutronenbombardement von *Mo.* Das Ion TcO_4^- geht, wie MnO_4^- u. ReO_4^-, mit $(C_6H_5)_4As^+$ in ein Salz, das mit Chlf. extrahierbar ist, über. Das Tc enthaltende Mo-Oxyd wird mit Soda in Ggw. von Persulfat gelöst u. eine verd. Lsg. von $(C_6H_5)_4AsCl$ zugesetzt. Dann wird 5 Min. mit dem gleichen Vol. Chlf. gerührt. Aus dem Chlf. kann Tc isoliert werden. Die Gleichgewichtskonstante K' für das Gleichgewicht $TcO_4^- + (C_6H_5)_4As^+ \rightleftharpoons (C_6H_5)_4AsTcO_4$ (in Chlf.) beträgt etwa $3 \cdot 10^{-7}$. Auch aus *U*, welches mit Neutronen bestrahlt wurde, konnte Tc isoliert werden. Es konnte die gleiche Meth. angewendet werden, nur mußte eine geringe Menge anwesenden Jods nach Persulfatzusatz (um Jodid zu oxydieren) durch Extraktion mit Toluol aus saurer Lsg. entfernt werden. (Analytica chim. Acta [Amsterdam] **6.** 96—97. Jan. 1952. Paris, Fac. des Sci., Labor. de Chim. Phys., u. Labor. du Commissariat à l'Énergie Atomique.) R. MATTNER. 351

Je. I. Donzowa, *Untersuchung des Oxydations-(Rost)-Prozesses des Eisens mit Hilfe der Isotopenmethode.* Zum Nachw. der Verteilung des Luft-O_2 bei der Oxydation von Fe wurde die Fe-Oxydation bei Zimmertemp. in einem bestimmten Vol. W. bei Luftzutritt durchgeführt, die 93 γ überschüssiges ^{18}O enthielt. Es zeigte sich, daß der während der Fe-Oxydation gebundene markierte O_2 der Gasphase sich, bedingt durch den Isotopenaustausch zwischen W. u. prim. Oxydationsprodd. (Hydroxyde), gleichmäßig auf die Korrosionsprodd. u. W. verteilte. Die Versuchswerte für die Isotopenzus. des O_2 aus W. nach dem Vers. u. aus den Korrosionsprodd. decken sich mit den errechneten Werten, wenn der Austauschkoeff. für den Austausch aller O-Atome von $Fe(OH)_3$ (I) gleich 1 gesetzt wird. Die Verss. mit frischem I u. W. mit überschüssiger D. in bezug auf O gleich +233,5 γ zeigten, daß sich bei Zimmertemp. in weniger als 5 Tagen ein Gleichgewicht der O-Isotopen beim Verteilungskoeff. 1 einstellt. Zwischen W. u. den Endprodd. der Oxydation erfolgt bei 100° in 22 Std. ein Isotopenaustausch von nur 6,3%. Aus den Versuchsergebnissen schließt Vf., daß bei der Sedimentbldg. von Fe-Oxyden in großem Überschuß von W. u. in Ggw. von Luft-O_2 jener Sauerstoff angereichert wird, der isotop. dem von W. entspricht. Dies wird durch die früher (C. **1950.** II. 1330) ermittelte Isotopenzus. der sedimentären Fe-Oxyde bestätigt. (Доклады Академии Наук СССР [Ber. Akad. Wiss. UdSSR] [N. S.] **85.** 165—67. 1/7. 1952. Vernadsky-Inst. für Geochem. u. analyt. Chem. der Akad. der Wiss. der UdSSR.) LEBTAG. 354

Edwin Roedder, *Entmischung bei tiefer Temperatur in der flüssigen Phase des Systems K_2O–FeO–Al_2O_3–SiO_2.* Vf. findet in dem Syst. K_2O–FeO–Al_2O_3–SiO_2 einen Raum der Nichtmischbarkeit im fl. Zustand bis herab zu 1100° u. einem Geh. von K_2O + Al_2O_3 von 16%. Er gibt ein vorläufiges Zustandsdiagramm des Syst. Fayalit–Leucit–SiO_2, dessen Fläche den Raum der Nichtmischbarkeit in dem untersuchten Syst. schneidet. (Amer. Mineralogist **36.** 282—86. März/April 1951. Salt Lake City, Utah, Univ., Dep. of Mineral.) W. FABER. 354

J. E. Salmon, *Über Komplexe aus dreiwertigem Eisen und Orthophosphorsäure. Untersuchungen mit Ionenaustauschharzen.* Vff. verwendeten als Kationenaustauscher *Permutit Zeo Karb 225* (SO_3H-haltige, netzförmig verknüpfte Polystyrole), als Anionenaustauscher *Amberlite I. R. A. 400* (monofunktionell u. stark bas.). Die zu untersuchenden Lsgg. wurden durch Verdünnen einer Lsg., die bei 80° an tert. Fe-Phosphat oder Fe_2O_3 u. H_3PO_4 gesätt. war, erhalten. Zeo Karb 225 absorbierte nur das einfache Fe-Ion, während durch die Absorption des Anionenaustauschers das Vorhandensein eines Komplexes mit 3 PO_4^{3-} auf 1 Fe^{3+} sichergestellt wurde. Gestützt wurde dieser Befund durch Unters. des stabilen, wie des metastabilen Zustandes des Syst. Fe_2O_3–P_2O_5–H_2O. Die Phosphatgruppe im Komplex ist 2wertig. Eine Entscheidung, ob dem in Lsg. vorhandenen Komplex die Formel $H_3[Fe(HPO_4)_3]$ oder $H_6[Fe(PO_4)_3]$ zukommt, konnte nicht getroffen werden. Die Annahme des Vorliegens von Komplexen mit geringerer Anzahl Phosphatgruppen ist unsicher. (J. chem. Soc. [London] **1952.** 2316—2323. Juni. Battersea, Polytechn.) PLUST. 354

I. M. Kolthoff und **Clemens Auerbach**, *Untersuchungen am System Eisen-Äthylendiamintetraacetat.* Vff. untersuchten das Syst. Fe–Äthylendiamintetraacetat polarograph. im p_H-Bereich 1—11. Bis p_H 9 werden Wellen erhalten, die einer reversiblen Red. des Fe^{3+}-Komplexes zum Fe^{2+}-Zustand entsprechen; in stärker alkal. Lsg. verläuft die Rk. irreversibel. Der Fe^{2+}-Komplex liefert unter sauberen Bedingungen reversible anod. Wellen. Die Diffusionsströme sind proportional der Konz. des Komplexes. Das Halbwellenpotential des Syst. ist konstant u. liegt im p_H-Bereich 3,5—6,5 bei —0,13 V; außerhalb dieses p_H-Bereiches ist es p_H-abhängig. Die Stabilitätskonstante des Fe^{3+}-Komplexes ergibt sich aus einer spektrophotometr. Analyse ihres Dissoziationsgleichgewichts in 0,6—1 mol. $HClO_4$ zu ca. $5 \cdot 10^{23}$. Die Ergebnisse werden diskutiert u. mit anderen aus der Literatur verglichen. (J. Amer. chem. Soc. **74.** 1452—56. 20/3. 1952. Minneapolis, Minn., Univ., School of Chem.) NIEMITZ. 354

C. Mineralogische und geologische Chemie.

Eugene Rabinowitch, *Der Energievorrat der Welt und seine Verwertung.* Übersicht über Art, Entstehung, Größe u. Ausnutzung der auf der Erde verfügbaren Energiequellen (Brennstoffe, Wasserkraft, Kernenergie, Sonnenenergie). (Proc. Amer. Acad. Arts Sci. **79.** 296—312. Juli 1951. Univ. of Illinois.) WESLY. 378

J. D. Love, *Petrographie als ein Hilfsmittel bei der zeitlichen Festlegung tertiärer vulkanischer Gesteine.* Auf Grund petrograph.-geolog. Unterss. werden tertiäre Ergußgesteine in Wyoming zeitlich festgelegt. (Amer. Mineralogist **36.** 319—20. März/April 1951. Laramie, Wyo., Univ. of Wyoming.) W. FABER. 378

J. Hospers, *Remanenter Magnetismus von Gesteinen und die Geschichte des erdmagnetischen Feldes.* Da die permanente Polarisation, die ein Eruptivgestein bei Abkühlung durch den CURIE-Punkt im erdmagnet. Feld erwirbt, beträchtlich größer ist als bei Behandlung bei Raumtemp., erhält man aus der gegenwärtigen Polarisationsrichtung Aufschluß über die Richtung des erdmagnet. Feldes zur Zeit der Verfestigung des Gesteins. Aus Messungen des Vf. an Proben aus isländ. Lavaströmen geht hervor, daß das Erdfeld zur Zeit der Eruptionen (Tertiär) umgekehrt war. Die mittlere Intensität der permanenten Polarisation ist $4,8 \cdot 10^{-3}$ cgs-Einheiten, die Susceptibilität von der Größenordnung 10^{-3} cgs-Einheiten. (Nature [London] **168.** 1111—12. 29/12. 1951. Cambridge, Univ., Dep. of Geodesy and Geophys.) KÖHN. 378

George W. Bain, *Das Alter des „unterkretazischen" Uraninits von Bisbee, Arizona.* Uraninit von Bisbee ist das älteste Mineral der Lagerstätte. Isotopenunterss. ergaben ein Alter von 104 Millionen Jahren. Das entspricht dem Ende der unterkretaz. Periode, wo Orogenese, Vulkanismus u. Erzbringung stattfand. Der Sacramento-Porphyr scheint vorher intrudiert worden zu sein u. seine Sericitisierung scheint in der angegebenen Mineralisationsperiode geschehen zu sein. (Econ. Geol. **47.** 305—15. Mai 1952. Amherst, Mass., Coll.) HILLER. 378

Paul F. Kerr und **J. Laurence Kulp**, *Präkambrischer Uraninit, Sunshine Mine, Idaho.* An Uraninit aus der Sunshine Mine, Coeur d'Alene district, Idaho (I), wird durch Isotopenberechnung das Alter festgestellt. Entgegen der geolog. Ansicht, daß das Erz mesozoisch oder später gebildet sei, wird ein Alter von 750 Millionen Jahren berechnet. Danach müßte das Erz aus dem späteren Präkambrium stammen. Gleichzeitig wird Uraninit von Martin Lake (nördlich von Lake Athabasca, Canada) (II) u. von Caribon Mine (bei Nederland, Colorado) (III) untersucht. **II** wird nach dem geolog. Befund für präkambr., **III** für tertiär gehalten. Als Alter ergibt sich für **II** 890 Millionen Jahre, für **III** 23 Millionen Jahre. Analyse (**I, II, III**): U_3O_8 26,9, 67,5, 40,77; Th u. S. E. —, —, 1,7 (kein Th); SiO_2 18,2, 0,42, —; PbO 4,0, 7,96, 4,15; Al_2O_3 4,4, —, —; Fe_2O_3 —, 0,94, —; Fe 13,1, —, 3,5; CaO 0,8, 12,7, —; MnO —, 0,85, —; Mn 1,0, —, —; CuO —, —, 0,55; Cu 7,7, —, —; Ag 1,0, —, —; Sb 2,6, —, —; H_2O 1,1, 0,62, 5,3; CO_2 6,8, 4,68, 0,22; S 9,0, 0,01, 8,3; V_2O_5 —, 0,3, —; NiO —, —, 0,34; ZnO —, —, 1,22%. (Science [Washington] **115.** 86—88. 25/1. 1952. New York, N. Y., Columbia Univ., Dep. of Geol.) HILLER. 380

W. A. Oesterling, *Geologie und wirtschaftliche Bedeutung der Hutson-Zinkgrube, Salem, Kentucky. Ihre Beziehung zum Illinois-Kentucky-Flußspat-Distrikt.* Die Zinkblendebldg. der Hutson-Zinkgrube ist älter als die Calcit–Fluorit–Sulfid-Bildung. Geologie, Entw. u. Paragenese der Lagerstätte werden ausführlich behandelt. (Econ. Geol. **47.** 316—38. Mai 1952. Rosiclare, Ill., Alcoa Mining Co.) HILLER. 384

Pentti Eskola, *Rund um Pitkäranta.* Beschreibung der Gneißdome, der Granite u. der zugehörigen Kontaktzonen u. Pegmatite. Die Erzlagerstätten von Pitkäranta liefern Fe-, Zn-, Cu-, Sn-, u. in geringeren Mengen Pb-, W- u. As-Erze. Die Hauptmineralien sind

Magnetit, Kupferkies, Zinkblende u. *Kassiterit.* Ausführliche Behandlung der Stratigraphie der Gesteine. (Suomalaisen Tiedeakatemian Toimituksia [Ann. Acad. Sci. fennicae] der Gesteine. (Suomalaisen Tiedeakatemian Toimituksia [Ann. Acad. Sci. fennicae] Ser. A III **1951.** Nr. 27. 1—90. — 6 Tafeln.) Ensslin. 384

H. J. Rösler, *Das Kieselgur von Klieken bei Coswig (Anhalt).* Stratigraph. Unters. über das Kieselgurvork. von Klieken, dessen Schichtenfolge auf seinen Mineralbestand untersucht wurde. (Bergakademie [Freiberg] **3.** 9—14. Jan./Febr. 1951.) Ensslin. 384

Marius Dalloni, *Über den Ursprung der Phosphorite im Tal von Chelif (Algerien).* Die Auffassung, daß die P-Lager durch Auslaugung der unter ihnen befindlichen Miocänkalke entstanden sind, wird bestritten, da diese Schichten bei weitem nicht reich genug an P sind. Es wird vielmehr angenommen, daß Knochenanreicherungen von Vertebraten der Lieferant des P gewesen sind. (C. R. somm. Séances Soc. géol. France **1952.** 79—81.) Zedlitz. 384

Duncan McConnell, *Die Natur von Phosphatgesteinen, Nadeln und Verwachsungen.* Die Phosphate können in ihrer Zus. in weiten Grenzen zwischen Phosphorit u. Apatit schwanken, außerdem sind sie in der Lage, $CaCO_3$ in ihr Mol. aufzunehmen. Ca kann teilweise durch K, Na, Mn, Mg, Sr u. Ba, u. P durch Si, S, V, Cr u. wahrscheinlich Al ersetzt werden. Beschreibung der Röntgenaufnahmen verschied. Phosphate. (J. Washington Acad. Sci. **42.** 36—38. Febr. 1952. Columbus, O., Ohio State Univ.) Ensslin. 384

Ss. I. Wolfkowitsch, L. B. Grinschpan und **A. B. Schechter,** *Elektronenmikroskopische Untersuchung von natürlichen Phosphaten.* Untersucht wurden: *Karatau-Phosphorit* (I), *Aktjubinsk-Phosphorit* (II), *Wjatka-Phosphorit* (III), *estn. Phosphorit* (IV) u. flotierter *Chibinsk-Apatit* (V). **I** u. **II** enthalten vorwiegend Teilchen der Korngröße $\sim 1-2\,\mu$. **III** enthält mehr Teilchen $< 1\,\mu$ als **I** u. **II.** Noch stärker vertreten sind diese Teilchen in **IV.** Alle untersuchten Phosphorite sind porös, feinkrist., weisen Teilchen von Netz- u. Zellenstruktur u. flockenartige Einschlüsse auf. Hieraus erklärt sich die im Vgl. zu **V** raschere u. vollständigere Zers. durch H_2SO_4 bei der Anreicherung. Die halbdurchsichtigen, nichtkrist. flockenartigen Einschlüsse sind wahrscheinlich organ. Natur. Im Gegensatz zu den Phosphoriten besteht **V** aus ziemlich großen Kristallteilchen, deren Dicke ca. 200 Å beträgt. Die **V**-Teilchen weisen eine flache Blätterform auf. Im Gegensatz zu den Phosphoriten enthält das **V**-Konzentrat keine mikroporösen Teilchen u. flockenartigen Einschlüsse. Nach Ansicht der Vff. zeigt die elektronenmkr. Unters. die Mangelhaftigkeit der bisherigen techn. Best. der Dispersität u. Oberflächenstruktur von Phosphaten. (Доклады Академии Наук СССР [Ber. Akad. Wiss. UdSSR] [N. S.] **85.** 137—39. 1/7. 1952. Wiss. Ssamoilow-Inst. für Düngemittel, Insektofungicide, u. Inst. für physik. Chemie der Akad. der Wiss. der UdSSR.) Lebtag. 384

Zb. L. Sujkowski, *Durchschnittliche chemische Zusammensetzung der Sedimentgesteine.* Wenn man die mittlere chem. Zus. der Eruptivgesteine mit jener der Sedimente vergleicht, so stößt man im Haushalte der festen Erdkruste auf Abweichungen, die über der Fehlergrenze zu liegen scheinen. Es wird daher der Vers. einer Deutung unternommen in der Weise, daß angenommen werden könnte, das ursprüngliche Sima habe nicht die gleiche Zus. gehabt wie die späteren Eruptiva; dadurch ließe sich die Diskrepanz ausgleichen. (Amer. J. Sci. **250.** 360—74. Mai 1952. London.) Zedlitz. 385

Friedrich von Raupach, *Die rezente Sedimentation im Schwarzen Meer, im Kaspi und im Aral und ihre Gesetzmäßigkeiten.* Vf. untersucht die gegenwärtige Sedimentation, wobei sich weitgehende Übereinstimmungen der 3 Meere zeigen. Das ist die Folge des im ariden Klima eine ausschlaggebende Rolle spielenden hydrodynam. Faktors der Becken. Die früheren Vgll. mit den Sedimenten des Schwarzen Meeres müssen neu geprüft werden, weil die Bedeutung der H_2S-Vergiftung des Tiefenwassers im Schwarzen Meer für die Sedimentbldg. überschätzt worden ist. Im Gegensatz zu den meisten uns in ihrer Sedimentbldg. bekannten Meeren der Vorzeit bleibt bei den behandelten Meeren die Sedimentation weit hinter der Senkung zurück. (Geologie **1.** 78—132. März 1952.) Hiller. 385

A. W. Ssidorenko, *Über pseudohydrothermale Prozesse in Gebieten mit Wüstenklima.* In den Wüsten Karakum u. Kisylkum wurden keine pseudohydrothermalen Abscheidungen gefunden u. keine Bedingungen für ihre Entstehung festgestellt. Die etwas erhöhte Temp. der Grund- u. Oberflächenwässer in der Wüste führt nur zur erhöhten Löslichkeit der Salze. Der von Fersman vorgeschlagene Begriff „pseudohydrothermaler Prozeß" ist deshalb abzulehnen. (Доклады Академии Наук СССР [Ber. Akad. Wiss. UdSSR] [N. S.] **84.** 1197—99. 21/6. 1952.) Lebtag. 393

Ss. S. Ssaidakowski, W. G. Tkatschuk und **Ss. M. Zwik,** *Über die Bildungsbedingungen von unterirdischen Wässern vom Chlorid–Alkali–Calcium-Typ.* Aus Untersuchungsergebnissen von Bodenwässern u. Bodenproben aus verschied. Bohrtiefen in

den Vorkarpathen ziehen Vff. den vorläufigen Schluß, daß vielfach auftretendes $CaCl_2$ das Reaktionsprod. von in den Wässern gelöstem NaCl u. im Boden enthaltenem Ca ist. Bei genügender NaCl-Konz. können diese Rkk. in allen Bodentiefen auftreten, doch steigern sie sich im allg. in den tieferen Lagen, in denen der Wasserwechsel träger vonstatten geht. (Доклады Академии Наук СССР [Ber. Akad. Wiss. UdSSR] [N. S.] **80.** 791—92. 11/10. 1951. Lwow, Inst. für Bodenschätze der Akad. der Wiss. der UkrSSR.)
v. MICKWITZ. 393

E. P. Henderson und **Stuart H. Perry,** *Eine erneute Untersuchung des Meteoriten von Social Circle, Georgia.* Eine erneute chem. Analyse des Meteoriten von Social Circle lieferte die Werte: Fe 91,83(%); Ni 7,44; Co 0,38; P Spur; Σ 99,65; D. 7,81; 7,89. Der Meteorit, obwohl durchweg körnig, zeigt noch die Umrisse der oktaedr. Struktur. Die *Kamazit*-Banden haben eine Breite zwischen 0,3 u. 0,5 mm; sie sind durch lange feine *Taenit*-Lamellen getrennt, der Kamazit ist jedoch gleichförmig körnig. Die *Plessit*-Gebiete sind verändert u. zeigen körnige Struktur. Kleine Einschlüsse von *Schreibersit* u. *Troilit* konnten festgestellt werden. Die körnige Struktur des Meteoriten ist wahrscheinlich bedingt durch erneutes Erhitzen, nachdem sich die oktaedr. Struktur gebildet hatte; die Erhitzung fand jedoch statt, ehe der Meteorit in die Erdatmosphäre eintrat. (Amer. Mineralogist **36.** 603—08. Juli/Aug. 1951. Washington, D. C., U. S. Nat. Museum.)
GOTTFRIED. 397

Cyril S. Fox, Subsurface geological methods, 2nd ed. Edited by **L. W. Le Roy.** Golden, Colorado, U. S. A.: Colorado School of Mines, Department of Publications. 1950. (1156 S.).

D. Organische Chemie.

D_1. Allgemeine und theoretische organische Chemie.

H. Schüler und **L. Reinebeck,** *Über ein Spektrum im Sichtbaren, beobachtet bei Acetylen, Äthylen und aromatischen Molekülen.* (*Träger C_2H_x; $x = 1$, 2 oder 3*). In einer bes. konstruierten Glimmentladungsröhre wurden bereits (C. **1952.** 4110) die Spektren verschied. organ. Substanzen mittels der Meth. der Variation der Elektronengeschwindigkeiten untersucht. Dabei wurde bei Bzl. u. Naphthalin ein gemeinsames Spektr., „T-Spektrum“, beobachtet (vgl. C. **1952.** 3301). Dieses T-Spektr. wurde später auch bei C_2H_2 u. C_2H_4 festgestellt. Daraus folgerte man, daß der Träger des Spektr. die Strukturform C_2H_x ($x = 0$—4) besitzt. In einer Tabelle sind die untersuchten Substanzen bei der Glimmentladung in verschied. Edelgasen aufgeführt (*Bzl., Toluol, Benzonitril, Diphenyl, Diphenylmethan, Dibenzyl, Styrol, ω-Bromstyrol, Stilben, Phenylacetylen, Acetylen, Äthylen, Cyclohexen, Cyclohexan, n-Hexan, Naphthalin, Anthracen, Pyridin, Chlorbenzol, Anilin, Phenol*) u. angegeben, ob das T-Spektr. bei ihnen auftritt oder fehlt. Aus diesen Unterss. folgt, daß C_2 ($x = 0$) u. C_2H_4 ($x = 4$) nicht möglich sind. Wahrscheinlich läßt sich das T-Spektr. einem Übergang von Acetylen oder einem der Radikale C_2H oder C_2H_3 zuordnen. Aufgenommen wurde das T-Spektr. mit einem Drei-Prismenspektrographen. (Z. Naturforsch. **7a.** 285—89. März/April 1952. Hechingen, Max-Planck-Ges., Forschungsstelle für Spektroskopie.)
D. HAHN. D 118

J. Hires und **M. Gábor,** *Spektroskopische Untersuchung der Flavonoide und einiger Indenochromenderivate.* Es wurden die Absorptionsspektren einiger Flavonide (*Rutin, Quercetin, Hesperidin*) u. einiger Indenochromenderivv. (*Hämatoxylin, Brasilin, Hämatein, Brasilein*) aufgenommen u. die Kurven mit den zum Teil bekannten verglichen. Die Absorptionskurven der Indenochromenderivv. weisen bei ungefähr 290 mμ ein Maximum u. bei ca. 260 mμ ein Minimum auf. Spektroskop. Unterss. wurden auch zum Nachw. der Umwandlung des Hämateins u. Hämatoxylins im tier. Organismus verwendet. (Magyar Kémiai Folyóirat [Ung. Z. Chem.] **58.** 48—50. Febr. 1952. Szeged, Ungarn, Tudományegyetem Általános Kémiai Intézete.)
PLANK. D 118

D. C. McKean, H. J. Callomon und **H. W. Thompson,** *Intensitäten der Schwingungsbanden von Carbonylsulfid und Schwefelkohlenstoff.* Vff. nehmen Bezug auf eine Arbeit von ROBINSON (C. **1952.** 4886) über die Intensitäten der infraroten Absorptionsbanden von CS_2 u. *Carbonylsulfid* (I) u. teilen mit, daß ihre Ergebnisse mit CS_2 mit denen von ROBINSON substantiell übereinstimmen, daß aber bei I eine Diskrepanz zwischen den beiden Resultaten besteht. Die Intensitäten für die Banden bei 2064 cm^{-1} u. 859 cm^{-1} waren $12900 \cdot 10^{10}$ u. $350 \cdot 10^{10}$ Schwingungen pro cm, während ROBINSON $7900 \cdot 10^{10}$ bzw. $110 \cdot 10^{10}$ findet. Vff. nehmen an, daß diese Diskrepanzen dadurch zu erklären sind, daß der von ROBINSON angenommene Druck infolge der Ggw. von Verunreinigungen zu hoch lag. (J. chem. Physics **20.** 520. März 1952. Oxford, England, Phys. Chem. Labor.)
GOTTFRIED. D 120

A. W. Korschunow, *Spektren der Kombinationsstreuung kleiner Frequenzen einiger organischer Kristalle.* Die Unters. der RAMAN-Spektren von Kristallen organ. Verbb. im

Bereich kleiner Frequenzen ergab für *$CHBr_3$* bei -5^0: Linien bei 16, 64 u. 79 cm^{-1}, eine helle Bande bei 32—52 cm^{-1}; bei -35^0: Linien bei 11, 28 u. 37 (hellste) cm^{-1}; für *Acenaphthen* 9 Linien bei 26,8—123 cm^{-1}, bei 77 u. 84 cm^{-1} die hellsten. Die Linie bei 62 cm^{-1} hängt in ihrer Intensität sehr von der Richtung des einfallenden Lichts ab u. verschwindet bei gewissen Orientierungen ganz. Bei Zimmertemp. tritt ein Fluorescenzspektr. auf, das von demjenigen der fl. Verb. verschieden ist. *1.3.5-Trichlorbenzol*: 8 Linien bei 13—98 cm^{-1}, die hellste bei 46,5 cm^{-1}. *o-Chlornitrobenzol*: 3 Linien bei 19, 32 u. 45,3 (hellste) cm^{-1}; helle Bande (aus mehreren Linien) bei 67—88 cm^{-1}. *p-Bromtoluol*: 3 Linien bei 31 (hellste) bis 81,6 cm^{-1}; bei 110 cm^{-1} eine breite Linie (Bande aus mehreren Linien?). *1.3.5-Xylenol*: 7 Linien bei 30,2 (hellste) bis 176 cm^{-1}. (Доклады Академии Наук СССР [Ber. Akad. Wiss. UdSSR] [N. S.] **86.** 271—72. 11/9. 1952. Leningrad, Univ., Physikal. Shdanow-Inst.) R. KNOBLOCH. D 120

Thomas L. Weatherly und **Dudley Williams**, *Das Mikrowellenabsorptionsspektrum von Acetondampf.* Es wurde das Mikrowellenspektr. von *Aceton*-Dampf zwischen 18000 u. 30000 MHz untersucht. Die 4 stärksten in dem Spektr. beobachteten Linien haben die Frequenzen (in MHz): 26661,5; 28340,0; 28622,3 u. 30070. Ohne Erfolg war der Vers., die beobachteten Linien als Übergänge zwischen den Rotationsenergieniveaus eines asymm. Scheitelmol. zu deuten. Der Asymmetrieparameter K ist 0,4 für das Acetonmol., wenn die interatomaren Abstände u. Valenzwinkel ähnliche Werte haben wie in verwandten Molekülen. Unter der Annahme von $K = 0,4$ müßte das Spektr. zwischen 18000 u. 30000 MHz 23 Linien für Rotationsübergänge haben mit $J < 6$. Die Energieniveaubesetzung u. die Übergangswahrscheinlichkeit sind derart, daß man relativ starke Linien in diesem Gebiet bis $J = 30$ erwarten könnte. Es gelang nicht, die beobachteten starken Linien zu identifizieren. (J. chem. Physics **20.** 755. April 1952. Columbus, O., State Univ., Dep. of Phys. and Astronomy.) GOTTFRIED. D 121

T. S. Narasimhamurty, *Der Maxwell-Effekt in einigen einfachen organischen Flüssigkeiten: Vergleich zwischen Theorie und Experiment.* Betrachtung der Unterss. des MAXWELL-Effektes durch BUCHHEIM, STUART u. MENZ (Z. Physik **112.** [1939.] 7. 407) nach der Theorie über die mechan. hervorgerufene Doppelbrechung von Fll. von RAMAN u. KRISHNAN (1928). Bei den meisten der untersuchten Fll., *p-Xylol, Mesitylen, m-Xylol, Chlorbenzol, o-Xylol, Toluol, Bzl., Heptylalkohol, CCl_4* u. *Cyclohexan*, wurde das Verhältnis von theoret. zu gemessenem Wert zu 2/3 gefunden. Diese Diskrepanz kann weder Turbulenz noch Temperaturerhöhung zugeschrieben werden. Die Grundzüge der Theorie werden trotzdem als richtig betrachtet. (Proc. Indian Acad. Sci., Sect. A **35.** 126—28. März 1952. Hyderabad, Osmania Univ., Phys. Labor.) LINDBERG. D 122

Kurt H. Stern, Frank Healey jr. und **Arthur E. Martell**, *Die Abstände der Ladungsschwerpunkte von Ionenpaaren in Lösung in den isomeren Dichloräthanen.* Die starken Unterschiede zwischen gemessenen u. nach der Gleichung von BJERRUM berechneten Dissoziationskonstanten von Elektrolyten in Lsg. in isomeren Dichloräthanen ist nach DENISON u. RAMSEY (J. chem. Physics **18.** [1950.] 770) auf das Vorhandensein einer effektiven DK., die von der makroskop. stark abweicht, zurückzuführen. Unter Benutzung bekannter Dissoziationskonstanten berechnen Vff. die Abstände a der Ladungsschwerpunkte der Ionen verschied. Salze in *Äthylidenchlorid* (**I**). Unter der Annahme, daß diese a-Werte, die mit Hilfe der makroskop. DK. berechnet wurden, denen in *Äthylenchlorid* (**II**) entsprechen, wird die effektive DK. von **II** berechnet. In Übereinstimmung mit den Werten von DENISON u. RAMSEY ergibt sich der durchschnittliche Wert der DK. zu 11,8. Mit diesem Wert werden neue a-Werte für Salze in **II** ermittelt. Mit steigender Länge der Alkylkette nimmt auch der Abstand der Ladungsschwerpunkte von Pikraten in **I** u. **II** u. von Nitraten in **II** zu. Untersucht wurden die *Tetramethyl-, -äthyl-, -propyl-, -butyl-, -amyl-* u. *-isoamylammoniumsalze.* (J. chem. Physics **19.** 1114—17. Sept. 1951. Worchester, Mass., Clark Univ., Dep. of Chem.) WOELK. D 132

C. M. French, *Die diamagnetische Susceptibilität einiger Acetoacetate.* (Vgl. FRENCH u. TREW, C. **1952.** 27.) Die Inkremente der diamagnet. Susceptibilität zwischen aufeinanderfolgenden Gliedern einer homologen Reihe von Acetessigestern (*Acetessigsäuremethyl-* u. *-äthylester, Methyl-, Äthyl-, Diäthyl-* u. *n-Propylacetessigsäureäthylester*) weichen in einigen Fällen bedeutend von dem Wert für einfache Reihen ab. Das wird zum Teil der verschied. Lage des Tautomeriegleichgewichts bei den einzelnen Estern u. den unterschiedlichen Beiträgen der verschied. tautomeren Strukturen zugeschrieben, aber auch die Größe der die Methylen-H-Atome ersetzenden Gruppen kann das CH_2-Inkrement beeinflussen. Vgl. mit Ergebnissen von ANGUS u. HILL (C. **1944.** I. 4). (Trans. Faraday Soc. **48.** 216—19. März 1952. London, Queen Mary Coll., Dep. of Chem.) KÖHN. D 137

H. Irving und **C. F. Bell**, *Untersuchungen mit Dithizon.* 4. Mitt. *Die Dissoziationskonstante von Dithizon.* (3. vgl. IRVING u. Mitarbeiter, C. **1952.** 7944.) Zur Best. sehr kleiner Verteilungskoeffizienten benutzen Vff. das Verf. der „Austauschextraktion" in modifizierter Form u. entwickeln dazu einen geeigneten hahnlosen App., mit dem die Verteilung von *Dithizon* (I) zwischen wss. Pufferlsgg. von bestimmtem p_H sowie konstanter Ionenstärke 0,14, durch Zugabe von $NaNO_3$ eingestellt, u. den organ. Lösungsmitteln *Bzl.*, *CCl_4*, *Chlf.* u. *Cyclohexan* gemessen wird. Die Gleichgewichte werden von beiden Seiten erreicht. Die Best. der Konzz. an I erfolgt absorptiometr. bei 620 mμ. Ferner werden die Werte für $p_{H^{1/2}}$ ermittelt. Aus den bestimmten Verteilungskoeffizienten u. $p_{H^{1/2}}$-Werten errechnet sich für die an organ. Lösungsm. gesätt. wss. Phase pK_I (= — log K) zu 4,5 ± 0,3. Die Abweichung des mit Chlf. ermittelten Wertes wird diskutiert. (J. chem. Soc. [London] **1952**. 1216—20. April. Oxford, Inorg. Chem. Labor.) WEITBRECHT. D 139

H. H. Reamer, F. T. Selleck, B. H. Sage und **W. N. Lacey,** *Phasengleichgewichte in Kohlenwasserstoffsystemen. Volumetrisches Verhalten des Systems Stickstoff–Äthan.* (Vgl. SAGE u. LACEY, C. **1941**. II. 2897.) *Äthan* (I)–*N_2*-Gemische mit 0,2733, 0,5244 u. 0,7318 Mol N_2 werden bei Tempp. zwischen 40—460° F u. Drucken bis zu 10000 lbs./sq. in. absol. untersucht (genaue Versuchsbeschreibung). Die Abhängigkeiten des Kompressibilitätsfaktors vom Druck u. vom Molenbruch N_2 werden graph. wiedergegeben, sowie die Abhängigkeit des partiellen Kompressibilitätsfaktors ($Z_k = P V/R T_k$) vom Molenbruch N_2 u. I je bei 100 u. 280° F. Die Molal-Voll. bei verschied. Drucken werden tabellar. mitgeteilt. Auffallend ist das komplexe Verh. des I. (Ind. Engng. Chem. **44**. 198—201. Jan. 1952. Pasadena, Calif., California Inst. of Technol.) MOSLÉ. D 148

Andrew Van Hook und **Edward J. Kilmartin,** *Die Oberflächenenergie von Rohrzucker.* Messungen der Oberflächenspannung von festem Rohrzucker nach 8 verschied. Methoden geben Werte, die zwischen 20—700 erg/cm² liegen, mit einem (unbereinigten) Mittelwert von 224. Auch die Messungen der Grenzflächenenergie Kristall–gesätt. Lsg. zeigen ebensoweit auseinanderliegende Werte, ergeben aber als Mittel nur 84 erg/cm². Der Unterschied von 140 erg/cm² liegt noch innerhalb des Bereichs für die Oberflächenspannung gesätt. Lösungen. (Z. Elektrochem., Ber. Bunsenges. physik. Chem. **56**. 302—05. 1952. Worcester, Mass., Coll. Holy Cross.) HENTSCHEL. D 166

Milton Tamres, *Aromatische Verbindungen als Donator-Molekeln bei H-Bindung.* Durch Messung der Mischungswärmen mit *Chlf.* oder *CCl_4* u. der Frequenzverschiebung der OD-Bande im Infrarotspektr. von Mischungen mit *Methanol-d* werden einige substituierte Benzole u. Naphthaline (untersucht *1.2-Dichlorbenzol, Chlor-, Brombenzol, α-Chlornaphthalin, o-Bromtoluol, Bzl., Toluol, α-Methylnaphthalin, m-, o-, p-Xylol* u. *Mesitylen*) bzgl. ihrer Funktion als Donatormol. in H-Brücken untersucht. Die Ergebnisse zeigen, daß aromat. Verbb. mit Moll. wie $CHCl_3$ u. Methanol-d H-Brücken zu bilden vermögen. Die Bindung findet im Verhältnis 1 : 1 statt, in der angegebenen Folge steigt das Bindungsvermögen. Halogensubstitution verringert die Donatortendenz, während Methylierung das H-Bindungsvermögen stärkt. Bei mehrfacher Methylierung treten anscheinend bei der H-Brückenbldg. mit $CHCl_3$ u. $CHBr_3$ ster. Hinderungen auf. (J. Amer. chem. Soc. **74**. 3375—78. 5/7. 1952. Urbana, Ill., Univ., Chem. Labor.) W. KAUFMANN. D 182

San-ichiro Mizushima, Takehiko Shimanouchi, Kenji Kuratani und **Tatsuo Miyazawa,** *Die Entropiedifferenz zwischen Rotationsisomeren.* RAMAN- u. Infrarotuntersuchungen ergaben, daß *Äthylenchlorhydrin* als Dampf u. als Fl. in zwei rotationsisomeren Formen (trans- u. gauche-Form) auftritt, während im festen Zustand nur eine Form existiert. Die Energiedifferenz der beiden gasförmigen Isomeren ist 950 ± 20 cal/Mol. Durch Vgl. je einer für ein Isomeres charakterist. Bande mit einer für beide gemeinsamen Bande zwischen 127 u. 255° ergibt sich die Entropiedifferenz zu 3,7 ± 0,4 cal/Mol. Diese Entropiedifferenz wird auf die Verschiedenheit der Rotationsschwingungen infolge einer innermol. H-Brückenbindung bei der gauche-Form zurückgeführt. (J. Amer. chem. Soc. **74**. 1378—79. 20/3. 1952. Tokio, Univ., Chem. Labor.) v. BOGDANDY. D 184

T. K. Bierlein und **E. C. Lingafelter,** *Die Kristallstruktur von Acetoxim.* SCHWENK- u. WEISSENBERG-Aufnahmen an Acetoxim, $CH_3 \cdot C(=NOH) \cdot CH_3$, ergaben eine hexagonale Zelle mit den Dimensionen a = 10,61 Å; c = 7,02 Å. Raumgruppe ist C 6_3/m; z = 6. PATTERSON- u. FOURIER-Synthesen führten auf eine Struktur, die aus Schichten von ebenen Trimeren besteht, die intermol. OH···N-Wasserstoffbindungen haben. Es wurden die folgenden Parameter gefunden: O (x =) 0,432; (y =) 0,245; (z =) 0,25; N 0,474; 0,143; 0,25; C_1 0,362; 0,013; 0,25; C_2 0,203; 0,963; 0,25; C_3 0,403; 0,892; 0,25. — Die gefundene Anordnung der Moll. in dem kristallinen Acetoxim steht in befriedigender Übereinstimmung mit den Eigg. der Substanz. Für den hohen Dampfdruck spricht das Auftreten cycl. Trimerer, mit nur VAN DER WAALSschen Kräften zwischen den Trimeren. Diese Trimere existieren wahrscheinlich im Gleichgewicht mit Dimeren u. Monomeren im fl. Zustand, in dem in den konzentriertesten Lsgg. eine Assoziation nahe 3 beobachtet wurde. Der O—H···N-Wasserstoffbindungsabstand von 2,78 Å deutet auf eine ziemlich starke H-Bindung hin. Der mittlere intramol. C—C-Abstand beträgt 1,52 Å, der Abstand N—O 1,36 Å u. der Abstand C—N 1,29 Å. (Acta crystallogr. [London] **4**. 450—53. Sept. 1951. Seattle, Wash., Univ. of Washington, Dep. of Chem. and Chem. Engng.)

GOTTFRIED. D 195

C. Holstead und **Alex. H. Lamberton**, *Nitramine und Nitramide*. 3. Mitt. *Die Bildung von Salpetersäure bei der Einwirkung von Schwefelsäure*. (2. vgl. BARROTT, C. **1952**. 2814.) Die Bldg. von HNO_3 beim Eintragen verschied. N-Nitroverbb. in H_2SO_4 wird an der Nitrierung von Acetanilid (**II**) zu *p-Nitroacetanilid* (**I**) gemessen. *Nitroguanidin, Äthylnitroguanidin, Nitroharnstoff, Nitrourethan* u. einige sek. Nitramide gaben gute Ausbeuten an **I**, manchmal sogar bessere als KNO_3. Da dabei *Guanidin, Urethan* bzw. *N-Alkylurethane* isoliert werden konnten, scheint eine einfache Denitrierung vorzugehen. Aus *Äthylendinitroharnstoff* werden beide Nitrogruppen abgespalten. *N-Nitrotoluol-p-sulfonamide* liefern nur wenig **I**, wahrscheinlich tritt Hydrolyse nach $CH_3 \cdot C_6H_4SO_2 \cdot NR \cdot NO_2 + H_2O \rightarrow CH_3 \cdot C_6H_4SO_2 \cdot NHR + HNO_3$ (a) u. $CH_3 \cdot C_6H_4SO_2 \cdot NR \cdot NO_2 + H_2O \rightarrow CH_3 \cdot C_6H_4SO_3H + RNHNO_2$ (b) ein; die nach a frei werdende HNO_3 nitriert die nach b gebildete *Toluol-p-sulfonsäure* (**XII**) zu *o-Nitrotoluol-p-sulfonsäure* (**XIII**). Mit Ausnahme von *Dicyclohexylnitramin* (**III**) liefern die einfachen sek. Nitramine kein **I**; in 95%ig. H_2SO_4 sind sie beständig, unter schärferen Bedingungen werden sie zers., ohne daß sich **I** bildet, **II** wurde dagegen unverändert zurückgewonnen, hatte sich also nicht zers. u. hätte beim Auftreten von HNO_3 nitriert werden müssen. Einw. von H_2SO_4 allein auf **III** gab *Dicyclohexylnitrosamin* (**XVI**) u. aus dem HNO_2-haltigen Filtrat *Cyclohexylamin* u. *Cyclohexanon*, auch das beständigere *Dimethylnitramin* bildet HNO_2, HCHO u. Methylamin. Von den Aminomethylnitraminen u. Methylenpolynitraminen lieferte nur *Cyclonit* **I** in beträchtlicher Menge, in den meisten Fällen entstanden Kondensationsprodd. aus **II** u. Bruchstücken der zugefügten Nitramine, so wurden *Bis-[p-acetamidophenyl]-methan* (**IV**) u. *Bis-[p-acetamidobenzyl]-nitramin* (**V**) isoliert. *Äthylendinitramin* wird durch H_2SO_4 unter NO-Entw. sofort zersetzt.

Versuche: *Bis-[p-acetamidophenyl]-methan* (**IV**), $C_{17}H_{18}O_2N_2$, F. 233° (A.), durch portionsweise Zugabe von 0,1 g Paraformaldehyd zu 2,7 g **II** in konz. H_2SO_4 bei 25° u. Eingießen in Eis + W.; 0,1 g (Ausbeute). — *Bis-[p-acetamidobenzyl]-nitramin* (**V**), $C_{18}H_{20}O_4N_4$, F. 236°, durch portionsweise Zugabe von 1 g 1.7-Diacetoxy-2.4.6-trinitro-2.4.6-triazaheptan (**VI**; B. S. X.) zu 2,7 g **II** bei 25° u. Eingießen in Eis + W.; aus A. 0,6 g Nadeln. — *Bis-[p-aminobenzyl]-nitramin*, $C_{14}H_{16}O_2N_4$, F. 157°, durch 1 std. Kochen von 0,5 g **V** mit konz. HCl u. A. als *Dihydrochlorid* ($C_{14}H_{18}O_2N_4Cl_2$, zers. sich beim Erhitzen, ohne zu schm.; 0,35 g), daraus das Amin mit NaOH; aus A. Platten, die an der Luft braun werden. — *Bis-[p-acetamidobenzyl]-amin*, durch 2½ std. Kochen von **V** mit Eisessig u. Zn-Staub, Filtration, Verdünnen mit W., Alkalisieren mit NaOH u. Extraktion mit Chlf. als glasige M. (F. 50—60°), die in das *Hydrochlorid*, $C_{18}H_{22}O_2N_3Cl$, übergeführt wurde, Nadeln, die beim Erhitzen verkohlen. — *Bis-[p-aminobenzyl]-amin*, F. 105° (Cyclohexan), durch 2½ std. Kochen von **V** mit Sn u. konz. HCl, Alkalisieren mit wss. NaOH u. Ae.-Extraktion; *Trihydrochlorid*, $C_{14}H_{20}N_3Cl_3$. — *N-Isopropylnitrourethan* (**VII**), $C_6H_{12}O_4N_2$, Kp.$_{11}$ 84—85°, durch Eintropfen von 9 ml Isopropylurethan (**VIII**) bei —5° in 98%ig. HNO_3, Eingießen in wss. Na_2CO_3 u. Ae.-Extraktion; 10,5 g. — *N-Carbäthoxynitraminoessigsäureäthylester* (**IX**), $C_7H_{12}O_6N_2$, Kp.$_{14}$ 148—149°, nach HANTZSCH u. METCALFE [1896]. *N.N'-Bis-[toluol-p-sulfonyl]-äthylendinitramin* (**X**), $C_{16}H_{18}O_8N_4S_2$, F. 176° (Zers.), durch Eintropfen von 6 g N.N'-Bis-[toluol-p-sulfonyl]-äthylendiamin in 26 ml 70%ig. HNO_3 u. 9 ml konz. H_2SO_4 bei 0° u. Eingießen in Eis + W.; aus feuchtem Aceton 4,5 g Nadeln. — *2.7-Dicyan-2.7-dimethyl-3.6-diazaoctan*, F. 56° (Cyclohexan), durch Eintropfen von 3 ml Äthylendiamin in 8,5 ml Acetoncyanhydrin < 60° u. Abkühlen auf 0°; 6 g. — *2.7-Dicyan-2.7-dimethyl-3.6-dinitro-3.6-diazaoctan* (**XI**), $C_{10}H_{16}O_4N_6$, F. 212° (Zers.), durch Eintragen von 10 g vorst. Verb. in 48 ml Acetanhydrid, 1,5 ml Acetylchlorid u. 7,3 ml 100%ig. HNO_3 bei —50°, 10 Min. Stehen bei 0° u. 24 Std. bei 25° u. Eingießen in W.; aus Nitromethan 6,8 g prismat. Platten. — Die Einw. der Nitramine u. Nitramide auf **II** in a) 95,2 gew.-%ig. H_2SO_4, b) 99,7 gew.-%ig. H_2SO_4 wurde durch Eintragen von 0,02 Äquivalenten (bezogen auf NO_2-Gruppen) während 20 Min. bei 25° untersucht, nach weiteren 20 Min. wurde auf Eis u. W. gegossen u. **I** (F. > 208°) aus A. krist.; unverändertes **II** wurde durch Verdünnen mit W. bei a) bzw. durch Ae.-Extraktion bei b) isoliert. Die Beständigkeit von **I** gegenüber H_2SO_4 unter den angegebenen Bedingungen wurde geprüft, **I** wurde zu 86 bzw. 67—79% zurückgewonnen. Es ergaben: *KNO_3*, a) 72% **I**; b) 44—45% **I**. *Nitroguanidin*, a) 73% **I** u. 50% *Guanidin*. *N-Äthyl-N'-nitroguanidin*, a) 76% **I**; b) 44—51% **I**. *N-Nitro-N'-guanylharnstoff*, a) 66% **I**; b) 41 bis 53% **I**. *Nitroharnstoff*, a) 60% **I**; b) 41—52% **I**. *Nitrourethan*, a) 81% **I** u. 33% *Urethan* (F. 45—48°); b) 43—55% **I**. *N-Methyl-N-nitrourethan*, a) 79% **I** u. 39% *N-Methylurethan*

(Kp.$_{17}$ 67°). **VII**, a) 72% **I** u. 76% **VIII** (Kp.$_{12}$ 71°). **IX**, a) 78% **I**. *N.N'-Dicarbäthoxyäthylendinitramin*, a) 70% **I**; b) 41—55% **I**. *N.N'-Dicarbomethoxytrimethylendinitramin*, a) 78% **I**. *3-Nitrotetrahydrooxazolon-(2)*, a) 79% **I**. *Äthylendinitroharnstoff* (*Tetrahydro-2-keto-1.3-dinitroglyoxalin*), a) 76% **I**. *N-Nitrotoluol-p-sulfonamid*, a) 39% **I**, **II**, 33% *Toluol-p-sulfonamid* (**XIV**), 30% **XII** u. 1% **XIII**; b) 42% **I**, 35% **XIV**, 15% **XII** u. 9% **XIII**. *N-Methyl-N-nitrotoluol-p-sulfonamid*, a) 15% **I**, **II**, 19% *N-Methyltoluol-p-sulfonamid* (**XV**), 50% **XII** u. 5% **XIII**; b) 18% **I**, 24% **XV**, 34% **XII** u. 8% **XIII**. **X**, a) 1% **I**, **II**, 70% **XII** u. 2% **XIII**; b) 4% **I**, 61% **XII** u. 3% **XIII**. *N.N'-Diacetyläthylendinitramin*, a) kein **I**, nur **II**; b) kein **I**, 71% CH_3COOH. *Dimethylnitramin*, a) u. b) **II** u. 28 bzw. 20% unverändertes Ausgangsmaterial, das nach 15std. Stehen bei 25° nicht mehr erhalten wurde. *N.N'-Dimethyläthylendinitramin*, a) **II** u. 80% Ausgangsmaterial, nach 1½ Std. bei 50° noch 44%, nach 70 Std. bei 25° noch 38% Nitramin. *N-Nitromorpholin*, a) **II** u. unverändertes Ausgangsmaterial, das nach 15 Std. bei 25° nicht mehr erhalten wurde. **III**, a) 7% **I** u. 10% **XVI** (F. 102°); b) 12% **I** u. 13% **XVI**. *Bis-[cyanmethyl]-nitramin*, a) **II** u. 14% *Bis-[carbamylmethyl]-nitramin*, $C_4H_8O_4N_4$, F. 224° (Zers.), aus W. Platten. **XI**, a) **II** u. 66% *N.N'-Bis-[2-carbamylpropyl-(2)]-äthylen-bis-nitramin*, $C_{10}H_{20}O_6N_6$, F. 278° (Zers.), aus W. Prismen. **V**, b) 57% unverändertes **V**. *Methylendinitramin*, a) kein **I**, 0,05 g **IV** u. 0,09 g **V**. *N.N'-Diacetylmethylendinitramin*, a) kein **I**, 0,1 g **IV** u. 0,05 g **V**. *N.N'-Bis-[morpholinomethyl]-äthylendinitramin*, a) kein **I**, **II** u. 0,04 g **IV**. *D. P. T.*, a) kein **I**, 0,18 g **V**; b) 13% **I**. **VI**, a) kein **I**, 0,65 g **V**; b) kein **I**, 0,2 g **V**. *Bis-[3.6-dinitro-1.3.6-triazacycloheptyl-(1)]-methan*, a) 1% **I** u. **II**; b) 22% **I**. *Cyclonit*, a) 30% **I**; b) 45% **I**. *Homocyclonit*, a) kein **I**, 0,05 g **IV** u. 0,37 g **V**; b) 14% **I**. *H. M. X.*, a) 1% **I** u. 0,04 g **V**; b) 18% **I** u. 0,1 g **V**. — Die Behandlung einiger Nitramine u. Nitramide mit H_2SO_4 allein zeigte, daß **II** keinen wesentlichen Einfl. auf die Denitrierung ausübt. (J. chem. Soc. [London] **1952**. 1886—94. Mai. Sheffield, Univ.) Spaeth. D 221

K. U. Ingold und **J. F. Stubbs**, *Die Kinetik der thermischen Zersetzung von Olefinen*. 1. Mitt. *Propylen*. (Vgl. C. **1950**. I. 854. II. 2778.) Es wird die therm. Zers. von *Propylen* in CO_2 bei Drucken zwischen 50 u. 500 mm Hg u. Tempp. zwischen 570 u. 650° untersucht. Der Verlauf der Rk. wurde an Hand der Druckänderungen verfolgt, die, wie die Gasanalyse zeigte, ein direktes Maß für die Konzentrationsänderungen für die 1. Hälfte der Rk. darstellen. Die Reaktionskurven zeigen bei relativ niedrigen Tempp. zuerst einen Druckabfall, wahrscheinlich infolge Polymerisation, um dann 1. Ordnung zu werden u. bei niedrigen Drucken in Rkk. 2. Ordnung überzugehen. Als Endprodd. treten in erster Linie auf CH_4, C_2H_4 u. H_2 (Verhältnis $CH_4 : C_2H_4 \sim 2:1$), daneben ein kondensierbares Intermediärprod. u. Kohlenstoff. Die Aktivierungsenergie beträgt 57,1 kcal/Mol. Das Intermediärprod. enthält einen KW-stoff mit 6 oder 7 u. einen mit 10 oder 12 Kohlenstoffatomen. C- u. H-Konz. des Gases nimmt zu Beginn der Rk. infolge Bldg. dieses Prod. ab, um gegen Ende wieder anzusteigen. Der Einfl. von NO auf die Rk. wurde geprüft. Weniger als 2% scheinen die Rk. zu verzögern, während größere Mengen infolge Oxydation beschleunigend wirken. — Es wird folgender Reaktionsmechanismus angenommen. 1. $I \rightarrow CH_4 + C_2H_2^*$; 2. $C_2H_2^* + I \rightarrow CH_3 \cdot CH_2 \cdot CH{=}C{=}CH_2$ oder $CH_3 \cdot CH{=}CH \cdot CH{=}CH_2$, letztere gehen in $CH_3 \cdot C{\equiv}CH + C_2H_4$ über. $CH_3 \cdot C{\equiv}CH + I \rightarrow CH_3 \cdot CH_2 \cdot CH{=}C{=}CH \cdot CH_3$ oder $CH_2{=}C{=}C{=}CH \cdot CH_3$ (**II**) + CH_4; prim. Gesamt-Rk. ist dann $3\,I \rightarrow 2\,CH_4 + C_2H_4 + II$. (J. chem. Soc. [London] **1951**. 1749—55. Juli. Oxford, Univ., Physikal. chem. Labor.) Kleinwächter. D 225

M. J. Molera und **F. J. Stubbs**, *Die Kinetik der thermischen Zersetzung von Olefinen* 2. Mitt. (1. vgl. vorst. Ref.) Es wird die Kinetik der therm. Zers. von *Buten-(1)* (**I**), *Buten-(2)* (**II**), *Isobuten* (**III**), *Penten-(1)* (**IV**), *Hexen-(1)* (**V**), *2-Methylbuten-(1)* (**VI**), *3-Methylbuten-(1)* (**VII**), *Hepten-(1)* (**VIII**) bei Drucken zwischen 20 u. 520 mm Hg u. Tempp. zwischen 470 u. 630° untersucht. Die Rkk. wurden an Hand der Druckänderungen verfolgt, die Reaktionsprodd. chem. u. massenspektroskop. bestimmt. Es ergeben sich Δ p-Zeitkurven, die bei Benutzung einer empir. Beziehung $x = m \cdot \Delta p$ zwischen Konz. x an Olefin u. Druck mit m zwischen 1 u. 2 einer Rk. 1. Ordnung, bei niedrigen Drucken einer Rk. 2. Ordnung entsprechen. — Der Einfl. von zugesetzten Gasen auf die Rk. wurde untersucht. *NO* wirkt beschleunigend auf die Zers. von **I**, **II**, **III** u. **VII**, Äthylen leicht verzögernd bei **II**, **V**, **VI**, **VII**, Propylen leicht verzögernd bei **V**, **VI**; **VII**, **I** ist bei **V**, **VII** u. **VIII** ohne Einfluß. — Die Aktivierungsenergien betragen bei 100 mm Hg Anfangsdruck bei **I** 66,4 (kcal/Mol), **II** 57,4; **III** 53,3; **IV** 53,1; **V** 53,3; **VI** 62,8; **VII** 65,0; **VIII** 49,0; bei 300 mm Hg Anfangsdruck bei **II** 55,6; **IV** 54,6; **VI** 61,5 u. **VII** 61,8. Als Reaktionsprodd. entstehen vor allem CH_4, H_2, C_3H_6 u. C_2H_4 u. in geringen Mengen Isobutan u. **III**. — Die ungesätt. KW-stoffe bis zu 3 C-Atomen zers. sich langsamer als die entsprechenden gesätt., die mit mehr C-Atomen schneller. Ein möglicher Grund dafür ist, daß die ungesätt. KW-stoffe mit 2 u. 3 C-Atomen keine Einfachbindung in β-Stellung zur Doppelbindung enthalten, für deren Spaltung eine im Vgl. zur gewöhnlichen Einfachbindung kleinere

Aktivierungsenergie in der Start-Rk. erforderlich ist. Eine Methylgruppe in 2-Stellung verzögert die Rk. stark, in der 3-Stellung nur wenig. Die Zers. erfolgt analog der Zers. von Propylen über mehrere Stufen, für die höheren KW-stoffe liegen jedoch zu wenig Versuchsergebnisse vor, um einen genauen Reaktionsmechanismus festzulegen. Für **III** wird auf Grund der Rk.-Zeit-Kurven u. des Verhältnisses an Endprodd. prim. eine Bldg. von Methyl- u. Propylradikalen angenommen, die dann mit weiterem **III** reagieren. NO zeigt auf diese Rk. keinen Einfl., weil **III** vermutlich schneller mit den Radikalen reagiert. — Bei der Zers. von *Äthylen* tritt zu Beginn der Rk. ein Druckabfall auf, dann wird für jede Temp. u. jeden Druck die Rk. 2. Ordnung. Die Aktivierungsenergie hängt vom Anfangsdruck ab u. beträgt bei 500 mm Hg 57,8; bei 400 mm Hg 62,4; bei 300 mm Hg 64,5; bei 200 mm Hg 68,3 u. bei 100 mm Hg 70,6 kcal/Mol. NO vermindert die Polymerisationsgeschwindigkeit; bei tiefen Tempp. erfolgt prim. Polymerisation. (J. chem. Soc. [London] **1952**. 381—91. Febr.) KLEINWÄCHTER. D 225

J. B. Culbertson, *Faktoren, die die Geschwindigkeit der Hydrolyse von Ketiminen beeinflussen.* Zur Unters. der Substituenteneinflüsse wird die Geschwindigkeit der Hydrolyse einer Reihe als Hydrochloride vorliegender substituierter Diphenylketimine in die entsprechenden Ketone + NH_4Cl in verd. (0,01 mol.) wss. Lsgg. gemessen. Die Herst. der Verbb. erfolgt nach bekannten Methoden. Je nach der Hydrolysegeschwindigkeit werden die Messungen bei 0 oder 25° u. in einem Fall (2.6-Dimethyldiphenylketimin) bei 100° durchgeführt. Messungen des Temperaturkoeff. bei 4 der Verbb. ergeben im Mittel eine 4fache Erhöhung der Geschwindigkeit bei Steigerung der Temp. von 0 auf 25°. Unter Annahme des gleichen Temperaturkoeff. werden die übrigen Messungen, soweit erforderlich, zum Vgl. auf 25° umgerechnet. Die wss. Lsgg. der Hydrochloride hatten anfängliche p_H-Werte zwischen 3,5 u. 5,3, die im Laufe der Hydrolyse auf ca. 5,6 absanken. Erhöhung der H^+-Ionenkonz. durch HCl-Zusatz setzt die Hydrolysegeschwindigkeit herab, jedoch, wie in einigen Fällen nachgeprüft wird, nicht in so starkem Maße, daß durch die Schwankungen der p_H-Werte in den Verss. die Reihenfolge der Hydrolysegeschwindigkeiten geändert werden könnte. Es werden die folgenden Halbwertszeiten für die Hydrolyse bei 25° erhalten: Unsubstituiertes *Diphenylketiminhydrochlorid* 9,0; *2-Methyl-* 165; *4-Methyl-* 20,5; *2-Chlor-* 23,9; *3-Chlor-* 1,8; *2-Oxy-* 57,8; *3-Oxy-* 5,5; *4-Oxy-* 99; *2-Methoxy-* 47; *3-Methoxy-* 11; *2.4-Dimethyl-* 198; *2.5-Dimethyl-* 187; *3.5-Dimethyl-* 13,9; *2.6-Dimethyl-* 8670 bei 100°; *2.4-Dioxy-* 1444; *2-Methoxy-4-oxy-* 900; *2.4-Dimethoxy-* 478; *2.4.6-Trioxy-* 8450; *2.4-Dioxy-6-methyldiphenylketiminhydrochlorid* 3466 Minuten. Die UV-Absorptionsspektren der Ketiminhydrochloride u. ihre Basenstärken werden gemessen; weitere Literaturdaten über die Hydrolysegeschwindigkeit substituierter Diphenylketiminhydrochloride werden mit herangezogen. Die Verss. werden eingehend diskutiert. Es scheinen sich 2 Typen von Substituenteneinflüssen zu äußern: 1. Ketimin–Enamin-Tautomerie u. bzw. oder Resonanz zwischen diesen beiden Formen, u. 2. ster. Hinderung bei o-Substitution u. bes. bei o.o'-Disubstitution. 2 weitere Faktoren, die von früheren Autoren diskutiert wurden, nämlich relative Negativität der an die Carbiminogruppe geknüpften Radikale u. Basenstärke der freien Ketimine, sind dagegen ohne klar erkennbaren Einfluß. (J. Amer. chem. Soc. **73**. 4818—23. Okt. 1951. Mt. Vernon, I., Cornell Coll., Dep. of Chem.) REITZ. D 225

Albert L. Henne und **Ralph L. Pelley,** *Acidität trifluorierter Alkohole und Verseifungsgeschwindigkeiten ihrer Acetate. 2.2.2-Trifluoräthylalkohol* (**I**), *2.2-Difluoräthylalkohol* (**II**), *1.1.1-Trifluorpropanol-(2)* (**III**), *1.1-Dimethyl-2.2.2-trifluoräthylalkohol* (**IV**) u. *3.3.3-Trifluorpropylalkohol* (**V**) wurden dargestellt u. ihr Dissoziationsgrad sowie die Kinetik der Verseifung ihrer Acetate bei 25° in einem Aceton–W.-Gemisch mit 50 Gew.-% Aceton bestimmt. — Die pK-Werte bei 25° ergeben sich zu: **I** 4,0, **III** 2,5, **IV** $6,3\cdot10^{-12}$. Damit steht fest, daß die trifluorierten Alkohole 10^4mal saurer sind als Alkohol. — Die alkal. Hydrolyse ist 2. Ordnung, die Geschwindigkeitskonstanten ergeben sich bei **I** zu 0,6, bei **IV** zu 0,155 Liter/Mol·Sekunde. Die saure Hydrolyse verläuft pseudomonomol.; die Geschwindigkeitskonstanten ergeben sich zu **I** 1,4, **II** 2,9, **III** 1,2, **V** $2,6\cdot10^{-6}$ sec^{-1}. Alle Reaktionsgeschwindigkeiten sind kleiner als bei unfluorierten Alkoholen. Die Aktivierungsenergien werden durch elektronenanziehende Gruppen auf der Säureseite vermindert.

Versuche: *Difluoressigsäure* (**VII**), Kp. 134°, n_D^{20} 1,3428, aus Tetrafluoräthylen u. wasserfreiem NH_3 bei Trockeneistemp. über *2.4.6-Tris-[difluormethyl]-triazin* u. dessen Zers. mit NaOH, 80% (Ausbeute), oder aus Tetrafluoräthylen u. Na-Äthylat in A. bei 55° im Rohr über β-Difluordiäthyläther (Kp. 54°) u. dessen Oxydation mit HNO_3; 50%. — **I**, aus **VII** über ihr Säurechlorid (aus **VII** u. Benzoylchlorid) u. dessen Red. mit $LiAlH_4$ in wasserfreiem Ae. (69%). — *Trifluoraceton* (**VIII**), Kp. 20—21°, durch Kondensation von Trifluoressigsäureäthylester mit Essigester u. anschließender Ketonspaltung mit 25%ig.

H_2SO_4, 83%. **III**, Kp. 77°, aus **VIII** mit $LiAlH_4$, 83%. Die Darst. der Ester erfolgt mit Acetylchlorid: *Essigsäure-[2.2.2-Trifluoräthyl]-ester*, Kp. 78°, n_D^{20} 1,3202, *Essigsäure-[2.2-difluoräthyl]-ester*, Kp. 106—106,5°, *Essigsäure-[3.3.3-trifluorpropyl]-ester*, Kp. 112,8—113°, n_D^{20} 1,3410, D^{20}_4 1,219. *Essigsäure-[2.2.2-trifluor-1-methyläthyl]-ester*, Kp. 85,6°, *Essigsäure-[1.1-dimethyl-2.2.2-trifluoräthyl]-ester*, Kp. 94—95°, n_D^{25} 1,3424, D^{25}_4 1,14. (J. Amer. chem. Soc. **74**. 1426—28. 20/3. 1952. Columbus, O., Ohio State Univ., Dep. of Chem.) KLEINWÄCHTER. D 225

R. Thomas Myers, A. R. Collett und **C. L. Lazzell**, *Die Verseifungsgeschwindigkeit von Acetaten ungesättigter Alkohole.* Untersucht wurden die Acetate von 10 Alkoholen mit gesätt., Äthylen- u. Acetylenbindungen in Nachbarschaft zu prim., sek. u. tert. Alkoholgruppen — *Äthylacetat* ($Kp._{730}$ 75,7—75,9°; n_D^{25} 1,3701, D^{25}_4 0,8942), *Essigsäure-n-propyl-* ($Kp._{742}$ 101,0; n_D^{25} 1,3822; D^{25}_4 0,8833), *-allyl-* ($Kp._{736}$ 102,9—103,7°; n_D^{25} 1,4009; D^{25}_4 0,9222), *-2-propinyl-* ($Kp._{738}$ 122,4—123,6°; n_D^{25} 1,4151; D^{25}_4 0,9943), *-sek.-butyl-* ($Kp._{747}$ 111,3—111,9°; n_D^{25} 1,3863; D^{25}_4 0,8647), *-buten-(3)-yl-(2)-* ($Kp._{727}$ 111,7°; n_D^{25} 1,4016; D^{25}_4 0,8939), *-butin-(3)-yl-(2)-* ($Kp._{738}$ 124,4—125,4°; n_D^{25} 1,4112; D^{25}_4 0,9437), *-3-methylpentyl-(3)-* ($Kp._{744}$ 142,0—143,5°; n_D^{25} 1,4070; D^{25}_4 0,8768), *-3-methylpenten-(1)-yl-(3)-* (**IIa**) u. *-3-methylpentin-(1)-yl-(3)-ester* (**Ia**). — Die Verseifungsgeschwindigkeit v mit 0,01nNaOH wurde bei 25° nach der Leitfähigkeitsmeth. gemessen. v sinkt in der Reihe der Ester prim. > sek. > tert. Alkohole, die Äthinylgruppe vergrößert v stärker als die Vinylgruppe, der relative Einfl. der Doppel- bzw. Dreifachbindung fällt von Estern tert. Alkohole zu denen prim. ab. Grund für dieses Verh. wird in der Verringerung der ster. Abschirmung der OH-Gruppe u. der verschied. Möglichkeit zur Ausbldg. von Chelatstrukturen gesehen. Neu hergestellt wurden *3-Methylpentin-(1)-ol-(3)* (**I**)-*acetat* (**Ia**), $Kp._{739}$ 151,4—152,4°, n_D^{25} 1,4238, D^{25}_4 0,8334 u. *3-Methylpenten-(1)-ol-(3)* (**II**)-*acetat* (**IIa**), $Kp._{730}$ 146,9°. **II** wurde dargestellt durch Red. von **I** mit verkupfertem Zn-Staub, $Kp._{730}$ 115,4—115,5°, n_D^{25} 1,4262, D^{25}_4 0,8334. Die Veresterung von **I** mit Essigsäure war sehr schwierig, das Endprod. enthielt stets gebundenes Cl. 3-Methylpentanol-(3) wurde erhalten durch vollkommene Red. von **I** mit RANEY-Ni. (J. physic. Chem. **56**. 461—63. April 1952. Morgantown, W. Va., Univ., Chem. Dep.) BOYE. D 225

Jack A. Snyder und **Karl Paul Link**, *Saure und alkalische Hydrolysengeschwindigkeiten und Aktivierungswärmen einiger o- und p-Nitrophenylglykoside.* Die saure u. alkal. Hydrolyse von *o-* (**I**) u. *p-Nitrophenyl-β-D-glucopyranosid* (**II**), *o-* (**III**) u. *p-Nitrophenyl-β-D-galaktopyranosid* (**IV**), *o-* (**V**) u. *p-Nitrophenyl-α-L-arabinopyranosid* (**VI**) wurde colorimetr. durch Best. der zugrunde liegenden Phenole untersucht (Absorptionsmaximum 420 mμ). Die Geschwindigkeitskonstanten 1. Ordnung ($k \cdot 10^4$, min^{-1}) für saure Hydrolyse bei 65 u. 85°, für alkal. Hydrolyse bei 45 u. 65° u. die Aktivierungswärmen ΔH in cal/Mol in 0,1n Säure u. 0,1n Lauge sind: **I** 1,41 ± 0,032; 10,5 ± 0,22; 47,3 ± 0,70; 362 ± 8,5; 24200; 21800; **II** 0,42 ± 0,011; 3,51 ± 0,062; 7,40 ± 0,35; 82,0 ± 2,4; 25500; 25800; **III** 3,23 ± 0,027; 26,8 ± 0,58; 98,6 ± 0,72; 6,34 ± 6,5; 25500; 19900; **IV** 0,90 ± 0,020; 8,73 ± 0,22; 7,32 ± 0,24; 82,8 ± 0,84; 27400; 25900; **V** 14,7 ± 0,20; 123 ± 1,6; 928 ± 46; 5240 ± 13; 25500; 18500. **VI** 3,88 ± 0,053; 42,1 ± 0,98; 42,1 ± 0,43; 423 ± 3,8; 28700; 24700. ΔH ist bei den o-Verbb. in alkal. Lsg. wesentlich niedriger als in saurer, bei den p-Verbb. dagegen in beiden Fällen ungefähr gleich groß, die Hydrolyse erfolgt bei den o-Verbb. schneller.

Versuche: *o-Nitrophenyl-α-L-arabinopyranosid* (**V**), $C_{11}H_{13}O_7N$, F. 139—139,5° (A.), aus o-Nitrophenol u. Triacetyl-β-L-arabinosylbromid in Aceton–wss. NaOH, $[\alpha]_D^{25}$ —48,9 (c = 0,2660, W.). — *p-Nitrophenyl-α-L-arabinopyranosid* (**VI**), $C_{11}H_{13}O_7N$, F. 201 bis 202°, analog **V** mit p-Nitrophenol. $[\alpha]_D^{25}$ —22,4 (c = 0,2460, W.). (J. Amer. chem. Soc. **74**. 1883—84. 20/4. 1952. Madison, Wis., Univ., Dep. of Biochem.)

KLEINWÄCHTER. D 225

Adolphe Chapiro, *Messung der Anzahl der freien Radikale, die sich in organischen Flüssigkeiten unter der Einwirkung von γ-Strahlen bilden.* Auf Lsgg. von *1.1-Diphenyl-2-pikrylhydrazyl* (**I**) in verschied. organ. Lösungsmitteln ließ Vf. γ-Strahlen einwirken. Unter der Annahme, daß jedes gebildete Radikal mit einem **I**-Radikal reagiert, kann man aus der Abnahme der **I**-Konz. die Zahl der durch die γ-Strahlen gebildeten Radikale berechnen. Die **I**-Konzz. wurden photocolorimetr. im grünen Hg-Licht bestimmt. Die nach dieser Meth. gefundene Zahl an freien Radikalen stimmt mit der früher (J. Chim. physique Physico-Chim. biol. **47**. [1950.] 747 u. 764) aus Polymerisationsverss. ermittelten im allg. überein. Bei schlechten Lösungsmitteln für Polystyrol ist die Übereinstimmung weniger gut infolge der Ausfällung des Polymeren, hier dürften die mit **I** ermittelten Werte vorzuziehen sein. (C. R. hebd. Séances Acad. Sci. **233**. 792—94. 8/10. 1951.)

LANTZSCH. D 226

G. C. Bond und **J. Sheridan**, *Untersuchungen zur heterogenen Katalyse.* 1. Mitt. *Die Hydrierung von Methylacetylen.* Vff. untersuchten die katalyt. Hydrierung von *Methyl-*

acetylen (I) mit H_2 an Ni (0—133°), Pd (78—198°) u. Pt (65—181°). Die Drucke von I u. H_2 wurden von 50—400 mm Hg variiert. Bei der Hydrierung von I entsteht hauptsächlich Propylen; daneben wurden auch hydrierte Polymere der Zus. $(C_3H_{4,7})_n$, sowie geringe Mengen an Propan erhalten. Die Rk. verläuft nach der 1. Ordnung in bezug auf H_2 u. nach der nullten Ordnung bzgl. I. Die Gesamtaktivierungsenergien ergeben sich zu 14,2 kcal/Mol für Ni, 16,5 (Pd) u. 17,3 (Pt). Die Aktivierungsenergien der Hydrierungs- u. Hydropolymerisierungs-Rkk. sind bei Pd prakt. gleichgroß, betragen bei Ni aber 14 bzw. 16 kcal/Mol. Daraus folgt, daß die Polymerisation durch die Bldg. von zwei I-Schichten, einer unteren durch Chemisorption am Metall entstandenen u. einer darüber liegenden, durch VAN DER WAALSsche Kräfte gebundenen, zustande kommt. (Trans. Faraday Soc. **48.** 651—58. Juli 1952. Birmingham, Univ., Dep. of Chem.) FUCHS. D 227

G. C. Bond und **J. Sheridan,** *Untersuchungen zur heterogenen Katalyse.* 2. Mitt. *Die Hydrierung von Allen.* (1. vgl. vorst. Ref.) Die Hydrierung von *Allen* (I) mit H_2 wurde unter Verwendung von Ni (0—114°), Pd (89—197°) u. Pt (48—173°) ausgeführt. Zu Beginn der Rk. entsteht vor allem Propylen (II), das aber zu Propan weiterhydriert wird; daneben entstehen auch hydrierte Polymere. I wird stärker an den Katalysatoren adsorbiert als II. Eine Isomerisation von I zu Methylacetylen wurde nicht beobachtet. Die Hydrierungs- u. Polymerisations-Rkk. sind von 1. Ordnung bzgl. H_2 u. von nullter Ordnung bzgl. I. Die Anfangsaktivierungsenergien ergeben sich zu 12,9 kcal/Mol für Ni, 12,3 (Pd) u. 17,1 (Pt) (Werte gültig für alle Rkk.). I wird teils chem., teils durch VAN DER WAALSsche Kräfte adsorbiert (vgl. l. c.), wodurch die Polymerisations-Rkk. zustande kommen. (Trans. Faraday Soc. **48.** 658—63. Juli 1952.) FUCHS. D. 227

G. C. Bond und **J. Sheridan,** *Untersuchungen zur heterogenen Katalyse.* 3. Mitt. *Die Hydrierung von Kohlenwasserstoffgemischen.* (2. vgl. vorst. Ref.) Zwischen 50 u. 90° wurde die Hydrierung verschied. Gemische aus H_2, *Propylen* (I), *Methylacetylen* (II), *Allen* (III) u. *Acetylen* (IV) an Ni, Pd u. Pt untersucht. Die Hydrierung von II u. III wird durch den Zusatz von I nicht merklich beeinflußt. Mischungen aus H_2, II u. IV bzw. aus H_2, III u. IV werden gleichzeitig hydriert, ein Zeichen, daß diese Substanzen etwa gleich stark adsorbiert werden. I u. Äthylen dagegen werden nicht so stark adsorbiert. Auf dieser Basis können die experimentellen Daten gut verstanden werden. (Trans. Faraday Soc. **48.** 664—68. Juli 1952.) FUCHS. D 227

D_2. Präparative organische Chemie. Naturstoffe.

Kingsley M. Mann und **Robert F. Nystrom,** *Synthese von $^{14}C_{(2.3)}$-Butadien.* Für das eingehende Studium von Polymerisations-Rkk. u. der DIELS-ALDER-Synth. dient als Ausgangsmaterial *$^{14}C_{(2.3)}$-Butadien* (I). Dieses wird von Vff. mit einer Gesamtausbeute von 49% dargestellt aus $^{14}CO_2$ über in den CH_2-Gruppen markierte *Bernsteinsäure* (II) (4 Stufen, 89% Ausbeute) durch Modifizierung der von KUSHNER u. WEINHOUSE (C. **1950.** II. 1222) entwickelten Meth., Veresterung von II mit A., Red. des II-Esters mit $LiAlH_4$ zu *$^{14}C_{(2.3)}$-Butandiol-(1.4)* (III), Überführung des Diols in das *$^{14}C_{(2.3)}$-1.4-Dibrombutan* (IV), Rk. des letzteren mit Trimethylamin zum *diquartären Salz* (V) u. dessen Erhitzen mit Ag_2O. *$^{14}C_{(1.4)}$-Butadien* kann analog dargestellt werden aus in den COOH-Gruppen markierter *Bernsteinsäure.*

Versuche: *$^{14}C_{(2.3)}$-Tetramethylen-bis-[trimethylammoniumbromid]* (V), aus II (spezif. Radioaktivität [Akt.] in Mikrocurie ^{14}C je Millimol: 1,63) in Bzl. u. bei 10° mit mit trockenem HCl-Gas gesätt. absol. A. (15 Std. am Rückfluß); danach Abdest. von A. u. gebildetem W. bei n. Druck u. des Bzl. bei Zimmertemp. im Vakuum; Red. des entstandenen II-*Esters* in absol. Ae. mit $LiAlH_4$ (1 Std. am Rückfluß), Zers. des überschüssigen $LiAlH_4$ mit W., Zugabe von 6n HCl bis zur klaren Lsg., 74std. Extraktion des *$^{14}C_{(2.3)}$-Butandiols-(1.4)* (III) mit Ae. u. Abdampfen des Ae. im N_2-Strom; nach Zugabe von W. erfolgt bei 10° Sättigung mit gasförmigem HBr; danach 2 Std. auf 90—95° erhitzen unter weiterem Durchleiten von HBr, wobei sich das spezif. schwere *$^{14}C_{(2.3)}$-1.4-Dibrombutan* (IV) abscheidet. Nach dem Abkühlen wird IV aus dem Gemisch mit Ae. extrahiert u. nach Waschen ($NaHCO_3$), Trocknen ($CaSO_4$) u. Abtreiben des Ae. bei 60° unter Feuchtigkeitsausschluß mit bei 10° mit trockenem Trimethylamin gesätt. absol. A. 1 Std. erhitzt, nach dem Abkühlen absol. Ae. zugesetzt u. über Nacht bei 4° belassen; 65% (Ausbeute) (bezogen auf II); Akt. 1,64. — *$^{14}C_{(2.3)}$-Butadien* (I), aus V in W. u. Ag_2O unter kräftigem Rühren, Abfiltrieren, Zers. der quartären Base durch Kochen der wss. Lsg. im He-Strom (Absorption des dabei frei werdenden *Trimethylamins* durch 3n H_2SO_4) u. Auffangen des I in mit fl. N_2 gekühlter Vorlage. Trocknung durch Vakuumdest. bei 10^{-4} mm; 84% (bezogen auf V) bzw. 49% (bezogen auf $^{14}CO_2$); Dampfdruck 9,65 cm Hg bei —46° (zum Vgl. nicht markiertes [99 Mol-% ig.] Butadien: 9,50 cm); Akt. 1,64. Rk. von I mit Maleinsäureanhydrid gibt *$^{14}C_{(4.5)}$-cis-Δ^4-Tetrahydrophthalsäureanhydrid,* Akt. 1,65. Ozonisierung von

I gibt $^{14}C_{(1.2)}$-*Glyoxal* als *2.4-Dinitrophenylosazon*, F. 320—322° (Zers.); Akt. 1,64. — $^{14}C_{(1.2)}$-*Äthylen* (Zwischenprod. bei der Synth. von II), Akt. 1,63. (J. Amer. chem. Soc. **73.** 5894—95. Dez. 1951. Urbana, Ill., Univ. of Illinois, Dep. of Chem.) KLASSKE. 520

William E. Truce, G. H. Birum und **E. T. McBee,** *Chlorierung des Dimethylsulfids und einiger Derivate mit Sulfuryl- und Thionylchlorid.* Vff. fanden in *Sulfurylchlorid* (I) u. *Thionylchlorid* (II) neue Chlorierungsmittel für Alkylsulfide. Sämtliche 9 möglichen Chlorierungsprodd. des *Dimethylsulfids* (III) werden dargestellt durch Chlorierung von III u. *Trithian* (IV) mit I. Die chlorierende Wrkg. von II ist geringer, es gibt in guten Ausbeuten *Mono-* (IX), *Di-* u. *Trichlordimethylsulfid* u. in fast quantitativer Ausbeute *α.α'-Dichlordimethylsulfid* (V) aus IV. V wird mittels I in *α.α.α'-Trichlordimethylsulfid* übergeführt u. gibt schließlich in 81%ig. Ausbeute *α.α.α.α'-Tetrachlordimethylsulfid* (VI) u. 3% *α.α.α'.α'-Tetrachlordimethylsulfid.* Bei der Chlorierung von III werden erst die drei H-Atome des einen C-Atoms durch Cl ersetzt, bevor die zweite Methylgruppe angegriffen wird. Chlorierung von III mittels I führt zu VI, weitere Chlorierung verläuft sehr langsam u. gibt hauptsächlich unter Aufspaltung der C—S-Bindung *Perchlormethylmercaptan.* Kleine Mengen von *Pentachlor* (VII)- u. *Hexachlordimethylsulfid* (VIII) werden bei Verwendung von 3,5 Mol oder mehr I erhalten. II wurde zur Einführung von 1, 2 u. 3 Cl-Atomen in die Methylgruppe des tert.-Butylmethylsulfids (X) verwendet. Ein ionogener Reaktionsmechanismus wurde wahrscheinlich gemacht. Mittels CrO_3 in Eisessig wurden sämtliche Chlorsulfide in die entsprechenden Sulfone übergeführt. α.α.α-Trichlordimethylsulfid reagiert mit SbF_3 in Ggw. von SbF_5 unter Bldg. von *α.α.α-Trifluordimethylsulfid* u. *α-Chlor-α.α-difluordimethylsulfid.* VI gibt in analoger Rk. *α-Chlor-α'.α'.α'-trifluordimethylsulfid* u. *α.α'-Dichlor-α.α'-difluordimethylsulfid.* VII gibt *Pentafluordimethylsulfid.* Dagegen gibt VIII nur *Trichlorfluormethan* u. *Dichlorfluormethan.* Die Sulfone der Fluordimethylsulfide wurden ebenfalls dargestellt.

Versuche: *Monochlordimethylsulfid* (IX), $Kp._{750}$ 107,1°. a) III u. II werden bei 20° 1,5 Std. gerührt, dann auf 95° erhitzt, bis kein HCl u. SO_2 mehr entweicht, u. fraktioniert dest.; 75% (Ausbeute); daneben 12% *α.α-Dichlordimethylsulfid*; b) III wird mit 1,2 Mol I bei —75° behandelt u. bis zur Beendigung der HCl- u. SO_2-Entw. erwärmt; n_D^{20} 1,4967; 45%. — *α.α'-Dichlordimethylsulfid* (V), $C_2H_4Cl_2S$, F. —37,5°, $Kp._{747}$ 156 bis 156,5°, $Kp._{10}$ 46,2°, aus IV (1,45 Mol) u. II (4,35 Mol) bei Zimmertemp. mit anschließendem 32std. Kochen, n_D^{20} 1,5322, $D.^{20}_4$ 1,4103; 97,5%. — *α.α-Dichlordimethylsulfid,* $C_2H_4Cl_2S$, F. —36°, $Kp._{742}$ 137°, $Kp._{50}$ 60,1°. a) Zu 0,86 Mol III werden 1,88 Mol II unter Kühlung zugetropft u. die Temp. während 4 Std. auf 95° gesteigert; 77%; neben 3% IX; b) aus III u. I; n_D^{20} 1,5159, $D.^{20}_4$ 1,3702; 30%. — *α.α.α'-Trichlordimethylsulfid,* $C_2H_3Cl_3S$, F. —110°, $Kp._{753}$ 177,2°, $Kp._5$ 41,5°, aus V u. I, analog vorst. Verb.; n_D^{20} 1,5395, $D.^{20}_4$ 1,5258; 78%. — *α.α.α-Trichlordimethylsulfid,* $C_2H_3Cl_3S$, F. —5°, $Kp._{750}$ 146°, $Kp._{50}$ 67,7°. a) 1,61 Mol III u. 5,65 Mol I werden nach Stehen über Nacht bei Zimmertemp. 5 Std. auf 95° erhitzt, n_D^{20} 1,5219, $D.^{20}_4$ 1,4907; 76,5%; daneben 18,2% VI; b) 1 Mol III u. 6 Mol II werden 100 Std. am Rückfluß erhitzt; 89%. — *α.α.α.α'-Tetrachlordimethylsulfid* (VI), $C_2H_2Cl_4S$, F. —15°, $Kp._{744}$ 188,7°, $Kp._4$ 55,4°, a) aus 1,61 Mol III u. 7,1 Mol I analog vorst. Verb., n_D^{20} 1,5457, $D.^{20}_4$ 1,6322; 72,4%; daneben ein Gemisch von 22,8% VII u. VIII; b) aus 1 Mol V u. 3,2 Mol I; 81%. — *α.α.α'.α'-Tetrachlordimethylsulfid,* $C_2H_2Cl_4S$, $Kp._{746}$ 187—188°, $Kp._{10}$ 62—64°, aus 1 Mol V u. 2 oder 3 Mol I, n_D^{20} 1,5368, $D.^{20}_4$ 1,5906; 3%. — *Pentachlordimethylsulfid* (VII), C_2HCl_5S, F. —36°, $Kp._{751}$ 203,5°. $Kp._4$ 57,8°. 1 Mol III u. 10 Mol I werden 7 Tage auf 95° erhitzt, n_D^{20} 1,5439, $D.^{20}_4$ 1,6733; 5%; neben *Hexachlordimethylsulfid* (VIII), C_2Cl_6S, F. 10°, $Kp._{732}$ 219—220°, $Kp._{1,5}$ 60,8°, n_D^{20} 1,5560, $D.^{20}_4$ 1,7433; 2%. — *tert.-Butylmonochlormethylsulfid,* $C_5H_{11}ClS$, $Kp._{18}$ 48—49°, aus tert.-Butylmethylsulfid (X) u. II unter Kühlung, dann bis zur Beendigung der HCl- u. SO_2-Entw. auf 80° erhitzen; n_D^{20} 1,4816; 16%; neben *tert.-Butyldichlormethylsulfid,* $C_5H_{10}Cl_2S$, $Kp._2$ 46—47°, n_D^{20} 1,5056, $D.^{20}_4$ 1,2132; 33%. — *tert.-Butyltrichlormethylsulfid,* $C_5H_9Cl_3S$, F. 53,5—54,5°, $Kp._{11}$ 90,2°. 0,96 Mol X werden unter Kühlung mit 3,38 Mol II versetzt, dann bis zur Beendigung der HCl- u. SO_2-Entw. auf 95° erhitzt; 46%; oder aus den beiden vorst. Verbb. mit II. — *α.α.α-Trifluordimethylsulfid,* $Kp._{750}$ 11,5—11,7°, durch Erhitzen von 46 g α.α.α-Trichlordimethylsulfid, 150 g SbF_3 u. 2 g SbF_5 auf dem Wasserbad u. Auffangen des Reaktionsprod. in einer Kühlfalle; 73%. — *α-Chlor-α.α-difluordimethylsulfid,* $C_2H_3ClF_2S$, F. —100,2°, $Kp._{755}$ 56,3°, aus 98 g α.α.α-Trichlordimethylsulfid u. 320 g SbF_3 bei 140°, n_D^{20} 1,3926, $D.^{20}_4$ 1,298; 32,4%; neben 37,8% der vorst. Verbindung. — *α'-Chlor-α.α.α-trifluordimethylsulfid,* $C_2H_2ClF_3S$, $Kp._{740}$ 63,5°, a) aus 478 g VI, 850 g SbF_3 u. 25 g SbF_5 bei 20°, n_D^{20} 1,3818, $D.^{20}_4$ 1,4122; 66%; b) aus α.α.α-Trifluordimethylsulfid u. Cl_2 bei 190° im Bombenrohr. — *α.α'-Dichlor-α.α-difluordimethylsulfid,* $C_2H_2Cl_2F_2S$, $Kp._{740}$ 105,7°, analog vorst. Verb., n_D^{20} 1,4408, $D.^{20}_4$ 1,510; 9%; Rk. mit mehr SbF_3 u. SbF_5 ergibt vorst. Verbindung. — *Pentafluordimethylsulfid,* $Kp._{760}$ 0,8—1,3°, aus 30 g **VII**, 76 g **VI**, 250 g SbF_3 u. 20 g SbF_5; 45%. — Zur Oxydation der Sulfide zu Sulfonen wird 1 Teil des Sulfids in Eisessig unter Rühren u. Kühlung zu 2,5 Teilen CrO_3 in Eisessig gegeben, das Gemisch auf 95° erhitzt, in Eiswasser gegossen, mit NaOH neutralisiert, filtriert (bei den fl. Sulfonen mit Chlf. extrahieren) u. aus PAe. umkristallisiert. Folgende Sulfone wurden erhalten: *Monochlordimethyl-*, $C_2H_5O_2ClS$, F. 57,2—58,2°; 37%. — *α.α-Dichlordimethyl-*, $C_2H_4O_2Cl_2S$, F. 72—73,3°; 56%. — *α.α'-Dichlordimethyl-*, $C_2H_4O_2Cl_2S$, F. 69,4—70,5°; 36%. — *α.α.α'-Trichlordimethyl-*, $C_2H_3O_2Cl_3S$, F. —35°, Kp.₂ 96°, n_D^{20} 1,5303, $D.^{20}_4$ 1,7010; 67%. — *α.α.α-Trichlordimethyl-*, $C_2H_3O_2Cl_3S$, F. 173,8 bis 174,2°; 62%. — *α.α.α.α'-Tetrachlordimethyl-*, $C_2H_2O_2Cl_4S$, F. 49,8—50°; 66%. — *α.α.α'.α'-Tetrachlordimethyl-*, $C_2H_2O_2Cl_4S$, F. 103,8—104,5°. —*Pentachlordimethyl-*, $C_2H\cdot O_2Cl_5S$, F. 36,2—36,4°; 13%. — *Hexachlordimethyl-* $C_2O_2Cl_6S$, F. 35,7—36°; 36%. — *tert.-Butyltrichlormethyl-*, $C_5H_9O_2Cl_3S$, F. 130,2—130,8°; 17%. — *α.α.α-Trifluordimethyl-*, $C_2H_3O_2F_3S$, F. 14°, $Kp._{737}$ 128,9°, n_D^{20} 1,3486, $D.^{20}_4$ 1,5141; 46%. — *α-Chlor-α.α-difluordimethyl-*, $C_2H_3O_2ClF_2S$, F. 21—21,6°, $Kp._{760}$ 165,1°, n_D^{20} 1,4050, $D.^{20}_4$ 1,5685; 62%. — *α'-Chlor-α.α.α-trifluordimethyl-*, $C_2H_2O_2ClF_3S$, F. —90°, $Kp._{751}$ 139,9°, n_D^{20} 1,3859, $D.^{20}_4$ 1,6533: 46%. (J. Amer. chem. Soc. **74**. 3594—99. 20/7. 1952. Lafayette, Ind., Purdue Univ., Chem. Dep.) ULRICH. 600

W. W. Feofilaktow und **T. N. Iwanowa**, *Einwirkung von aromatischen Diazoverbindungen auf Alkylacetessigester als Methode zur Darstellung von Arylhydrazonen, α-Ketosäuren, α-Aminosäuren und Indolderivaten.* 12. Mitt. *Synthese von dl-Methionin.* (11. vgl. C. **1952.** 1011.) Die verhältnismäßig einfache Synth. des *dl-Methionins* (**I**) geht vom *β-Chloräthylmethylsulfid* (**II**) aus, welches mit Na-Acetessigester leicht *γ-Methylmercapto-α-acetobuttersäureäthylester* (**III**) bildet. **III** liefert mit Benzoldiazoniumchlorid nach Verseifen *γ-Methylmercapto-α-ketobuttersäurephenylhydrazon* (**IV**), das bei Red. mit Zn + Eisessig in **I** übergeht.

V e r s u c h e: *β-Chloräthylmethylsulfid* (**II**), Kp.₃₀ 55—57°; nach KIRNER (J. Amer. chem. Soc. **50.** [1928.] 2446) aus *β*-Oxyäthylmethylsulfid u. Thionylchlorid in Chlf.; n_D^{20} 1,4908; 78% (Ausbeute). — *γ-Methylmercapto-α-acetobuttersäureäthylester* (**III**), $C_9H_{16}O_3S$, Kp.₃₀ 164—166°; aus Natracetessigester (2,3 g Na, 40 cm³ A., 14 g Acetessigester) u. 11,05 g **II** durch 3std. Sieden; Fl. mit Knoblauchgeruch; mit $FeCl_3$ intensive blauviolette Färbung; $D.^{20}_4$ 1,0697; n_D^{20} 1,4768; Mol.-Refr. ($[MR]_D$) 53,85; 54%. — *γ-Methylmercapto-α-ketobuttersäure. Phenylhydrazon* (**IV**), $C_{11}H_{14}O_2N_2S$, F. 96—97°; durch gemeinsame Zugabe einer Lsg. von Benzoldiazoniumchlorid (aus 2,3 g Anilinhydrochlorid) u. einer Lsg. von 4,08 g **III** in Na-Äthylatlsg. (0,46 g Na, 24 cm³ A.) unter Eiskühlung u. starkem Rühren zu einer Lsg. von 4,4 g Na-Acetat in 10 cm³ W. u. Verseifen des erhaltenen Esters mit alkoh. KOH; aus wss. A. orangefarbene Tafeln; 73%. *Äthylesterphenylhydrazon*, $C_{13}H_{18}O_2N_2S$, F. 91—92°; aus wss. A. gelbe Nadeln. — *dl-Methionin* (**I**), $C_5H_{11}\cdot O_2NS$, F. 269—270° (Zers., im zugeschmolzenen Röhrchen); durch Red. von 2,38 g rohem **IV** mit 4 g Zn in 24 cm³ Eisessig; aus W. + A. 6eckige Tafeln; 49%. (Журнал Общей Химии [J. allg. Chem.] **21.** (**83.**) 1684—89. Sept. 1951. Moskau, Landw. Timirjasew-Akad., Lehrstuhl für organ. Chemie.) v. WILPERT. 950

Oskar Süs, *Über eine neue Peptidsynthese.* Acylierte Aminocarbonsäuren reagieren mit Aminocarbonsäureestern in inerten Lösungsmitteln in Ggw. von PCl_3 unter Bldg. acylierter Dipeptidester. In entsprechender Weise sind auch Acylpeptide der Rk. mit Aminocarbonsäureestern zugänglich. Vf. zieht einen Reaktionsmechanismus in Erwägung, bei dem 2 Mol Aminocarbonsäureester mit PCl_3 unter Bldg. von Phosphor-azo-Verbb. [ROOC—CH(R_1)—N=P—NH—CH(R_1)—COOR] reagieren könnten. Aus der Umsetzung letztgenannter Verb. mit 2 Mol Acylaminosäure würde dann der acylierte Dipeptidester entstehen.

V e r s u c h e (mit **H. Hoffmann**): Die Rk. der acylierten Aminosäuren mit den verschied. Aminosäureestern erfolgt in Dioxan u./oder Bzl.; bei Zugabe des PCl_3 tritt Temperaturerhöhung auf. Durch mehrstd. Stehenlassen bei gewöhnlicher Temp. oder kürzeres Erhitzen am Rückfluß wird die Rk. beendet. Die Verseifung der entstandenen Ester zu den freien Säuren wurde mit n bis 2n NaOH vorgenommen. — *Phenacetylglycylglycinäthylester*, $C_{14}H_{18}O_4N_2$, F. 125—126° (W. oder Essigester/PAe.), aus Phenacetylglycin (**I**) u. Glycinäthylester (**IV**). *Freie Säure* (**II**), $C_{12}H_{14}O_4N_2$, F. 174—175° (A.). — *Phenacetyldiglycylglycinäthylester*, $C_{16}H_{21}O_5N_3$, F. 209—210° (W.), aus **II** u. **IV**. *Freie Säure* (**III**), $C_{14}H_{17}O_5N_3$, F. 206—207° (W.). — *Phenacetyltriglycylglycinäthylester*, $C_{18}H_{24}O_6N_4$, F. 235 bis 237° (W.), aus **III** u. **IV**. *Freie Säure*, $C_{16}H_{20}O_6N_4$, F. 237—240° (unter Schwärzung; W.). — *Phenacetylglycyl-dl-α-alaninäthylester*, $C_{15}H_{20}O_4N_2$, F. 128—129° (W.), aus **I** u. dl-α-Alaninäthylester (**V**). *Freie Säure*, $C_{13}H_{16}O_4N_2$, F. 202—203° (A.). — *Phenacetylglycyl-dl-valinäthylester*, aus **I** u. dl-Valinäthylester, wurde roh verseift zur *freien Säure*, $C_{15}H_{20}O_4N_2$, F. 140—141° (W.). — *Phenacetylglycyl-dl-methioninäthylester*, $C_{17}H_{24}O_4N_2S$,

F. 108—109° (W.), aus **I** u. dl-Methioninäthylester (**VIII**), *Freie Säure* (**VII**), $C_{15}H_{20}O_4N_2S$, F. 153—155° (A.). — *Phenacetylglycylsarkosinäthylester*, $C_{15}H_{20}O_4N_2$, F. 79—81° (W.), aus **I** u. Sarkosinäthylester. *Freie Säure*, $C_{13}H_{16}O_4N_2$, F. 118—119° (W.). — *Phenacetyldiglycyl-dl-α-alaninäthylester*, $C_{17}H_{23}O_5N_3$, F. 148—149° (W.), aus **II** u. **V**. — *Phenacetylglycyl-dl-methionyl-dl-α-alaninäthylester*, $C_{20}H_{29}O_5N_3S$, F. 134—136° (W.), aus **VII** u. **V**. *Freie Säure*, $C_{18}H_{25}O_5N_3S$, F. 168—171° (W.); die Zus. wurde durch Papierchromatographie des Säurehydrolysats bestätigt. — *Benzoylglycylglycinäthylester*, $C_{13}H_{16}O_4N_2$, F. 119—120° (W.), aus Hippursäure (**VI**) u. **IV**. *Freie Säure*, $C_{11}H_{12}O_4N_2$, F. 207—208°. — *Benzoylglycyl-dl-α-alaninäthylester*, $C_{14}H_{18}O_4N_2$, F. 121—124°, aus **VI** u. **V**. *Freie Säure*, $C_{12}H_{14}O_4N_2$, F. 201—203°. — *Benzoylglycyl-dl-methioninäthylester*, $C_{16}H_{22}O_4N_2S$, F. 104 bis 105°, aus **VI** u. **VIII**. *Freie Säure*, $C_{14}H_{18}O_4N_2S$, F. 176—177° (A.). — *N-Carbobenzoxyglycylglycinäthylester*, $C_{14}H_{18}O_5N_2$, F. 82,5—83° (aus Essigester mit PAe. gefällt), aus N-Carbobenzoxyglycin u. **IV**. *Freie Säure* (**IX**), $C_{12}H_{14}O_5N_2$, F. 178—179°. — *N-Carbobenzoxydiglycylglycinäthylester*, $C_{16}H_{21}O_6N_3$, F. 165,5—166° (W.), aus **IX** u. **IV**. — *N-Carbobenzoxy-β-alanylglycinäthylester*, $C_{15}H_{20}O_5N_2$, F. 101—102° (W.), aus N-Carbobenzoxy-β-alanin u. **IV**. *Freie Säure*, $C_{13}H_{16}O_5N_2$, F. 140,5—141° (W.). (Liebigs Ann. Chem. **572**. 96—105. 10/4. 1951. Wiesbaden, Kalle & Co., Hauptlabor.) HEYNS. 950

B. A. Arbusow und **S. G. Issajewa**, *Gewinnung von Estern der Orthotitansäure durch Umesterung*. Durch Umesterung des Orthotitansäuretetraäthylesters (**I**) (aus $TiCl_4$ u. Alkoholat in absol. A. unter Feuchtigkeitsausschluß in 70%ig. Ausbeute, Kp.$_{11}$ 149—151°) wurden der *n-Butyl-*, *n-Hexyl-*, *n-Octyl-* u. *n-Nonylester* der *Orthotitansäure* in guter Ausbeute erhalten.

V e r s u c h e: *Orthotitansäuretetraalkylester*. Alkyl = *n-Butyl*, $C_{16}H_{36}O_4Ti$, Kp.$_{6,5}$ 166°. Ein Gemisch aus 10,6 g **I** u. 21 g n-Butylalkohol wurde langsam erwärmt u. nach Dest. des A. u. überschüssigen Butanols im Vakuum dest.; D^{20}_0 1,0051; n_D^{20} 1,4925; 76% (Ausbeute). Alkyl = *n-Hexyl*, $C_{24}H_{52}O_4Ti$, Kp.$_2$ 201—204°; D^{20}_0 0,9573; n_D^{20} 1,4830; 85,9%. Alkyl = *n-Octyl*, $C_{32}H_{68}O_4Ti$, Kp.$_2$ 255—258°; D^{20}_0 0,9339; n_D^{20} 1,4810; 84,1%. Alkyl = *n-Nonyl*, $C_{36}H_{76}O_4Ti$, Kp.$_{1,5}$ 264—265°; D^{20}_0 0,9241; n_D^{20} 1,4785; 77,9%. (Журнал Общей Химии [J. allg. Chem.] **22**. (**84**.) 566—67. April 1952. Kasan, Univ., Wiss. Butlerow-Forschungsinst.) H. FRÖHLICH. 980

A. N. Nessmejanow, E. M. Brainina und **R. Ch. Freidlina**, *Untersuchung der Hydrolyse und Polykondensation von Äthylorthotitanat*. Bei dem Vers., nach dem Schema $n(RO)_4Ti + (n-1)H_2O = (RO)_{2n+2}Ti_nO_{n-1} + (2n-2)ROH$ aus Tetraäthylorthotitanat (**I**) das einfachste Polytitanoxan (n = 2) zu gewinnen, wurde nicht dieses, sondern das folgende Glied der Reihe (n = 3) erhalten. *Oktaäthoxytrititanoxan* (**II**), $(C_2H_5O)_3\cdot TiOTi(OC_2H_5)_2OTi(OC_2H_5)_3$, F. 90—100° (der F. ist hier u. bei den nachst. Prodd. in geschlossener Capillare bestimmt worden); aus **I** u. W. im mol. Verhältnis 2:1 durch Erhitzen in absol. A.; aus absol. A. Kristalle; Mol.-Gew. (kryoskop. in Bzl.) 519, 524; ist nur in genügend verd. Lsg. (0,1 Mol-%) nicht assoziiert; 70—75% (Ausbeute) auf W. bezogen. Die nachst. Prodd. sind nicht Glieder der eingangs angegebenen Reihe. *Polykondensationsprod.*, Verhältnis der C_2H_5O-Gruppen:Ti = 9:5, F. 165—170°; bildet sich beim Erhitzen vorst. Verb. im Vakuum, wobei außer **I** wahrscheinlich auch A. u. C_2H_4 abgespalten werden; die Best. des Mol.-Gew. (769, 757) ergab einen mittleren Kondensationsgrad von 5. *Polykondensationsprod.*, Verhältnis C_2H_5O:Ti = 14:8, F. 150—160°; bildet sich neben **II** beim Erhitzen von **I** in alkoh. Lsg. mit W. im Verhältnis 1:1; Mol.-Gew. 1190, 1254; Kondensationsgrad 8; enthält wahrscheinlich die Gruppen TiO, TiOH oder TiOOH. Amorphes *Polykondensationsprod.*, F. 185—190°; durch Erhitzen von **II** in alkoh. Lsg. mit W. im Verhältnis 2:1; C_2H_5O 52,15, 52,42%; Ti 34,16, 34,06%; enthält die Gruppen TiO, TiOH oder TiOOH. Alle Polykondensationsprodd. sind feuchtigkeitsempfindlich. (Доклады Академии Наук СССР [Ber. Akad. Wiss. UdSSR] [N. S.] **85**. 571—73. 21/7. 1952. Inst. für organ. Chem. der Akad. der Wiss. der UdSSR.) WÖRFFEL. 980

Elemér Vinkler und **Ferenc Klivényi**, *Thermische Zersetzung eines Säureamidthioäthers*. In Analogie zum Ringschluß bei der Papaverinsynth. nach PICTET u. GAMS wurde versucht, aus N-[Phenylmercaptomethyl]-anissäureamid (**I**) die entsprechende heterocycl. Verb. darzustellen. Die Verss., den Ringschluß durch wasserentziehende Mittel zu erreichen, blieben ohne Erfolg. Erhitzen im Vakuum führte zur therm. Zers. in Thiophenol u. Anissäureamid.

V e r s u c h e: *S-Phenylthioglykolsäurechlorid* (**II**), Kp.$_{22}$ 145—146°; man läßt zu 0,03 Mol Phenylthioglykolsäure 3 cm³ $SOCl_2$ zutropfen u. erhitzt 1 Std. auf 80°; gelbe, stechend riechende Fl., 88,5% (Ausbeute). — *S-Phenylmercaptomethylisocyanat* (**III**), Kp.$_5$ 105—106°; zu 10 g **II** in 20 cm³ Toluol wurden 5 g frisch aktiviertes NaN_3 gegeben, ohne daß die Temp. 50° überstieg; nach beendeter Gasentw. wurde 1½ Std. gekocht;

stechend riechende Fl.; 83 %. — *symm.-Bis-[phenylmercaptomethyl]-carbamid*, F. 125—126°; nach einigen Wochen aus **III** gebildete Kristalle. — *N-[Phenylmercaptomethyl]-N'-phenylcarbamid*, F. 107—108°; man gibt zu 1,7 g frisch dest., auf 0° gekühltem **III** 1 g Anilin; aus A. zuerst Nadeln, welche sich spontan in hexagonale Prismen umwandeln. — *N-[Phenylmercaptomethyl]-thiocarbaminsäurephenylester*, F. 75—77°; das Gemisch aus 1,6 g **III** u. 1,1 g Thiophenol wurde im Rohr 18 Std. auf 170° erhitzt; aus A. Kristalle.— *N.N'.N''-Tris-[phenylmercaptomethyl]-biuret*, F. 124—126°; 4 g **III** wurden mit 20 cm³ 10%ig. NaOH unter stetigem Ersetzen des W. bis zum Verschwinden des NH_3-Geruchs dest.; aus dem Destillat mit p-Nitrobenzoylchlorid *p-Nitrobenzamid*, F. 194—195°; der Rückstand wurde mit HCl angesäuert u. mit Wasserdampf abgetrieben; Extraktion des Destillates mit Ae. u. ½ std. Erhitzen des von Ae. befreiten Extraktes mit verd. HNO_3 auf dem Wasserbad liefert *Diphenylsulfid*; der nicht flüchtige Rückstand enthält das Biuretderiv.; aus A. Nadeln. — *N-[Phenylmercaptomethyl]-anissäureamid* (**I**), F. 120 bis 121°; aus p-Anisyl-MgBr u. **III** unter Eiskühlung; nach Verlangsamung der Rk. wurde das Gemisch bis zum Ausbleiben der GILMAN-Rk. gekocht; Zers. mit HCl in Chlf.; aus CH_3OH Nadeln; therm. Zers. beim Erhitzen auf 280° bei 30 mm Druck unter Bldg. von *Thiophenol* u. *Anissäureamid*. (Magyar Kémiai Folyóirat [Ung. Z. Chem.] **57**. 161—63. 1951. Szeged, Univ., Pharmazeut. Inst.) PLANK. 1090

G. S. Misra und **J. S. Shukla**, *Cyanäthylierung von einigen Arylacetonitrilen.* Nach dem Verf. von BRUSON u. RIENER (C. **1945**. I. 765) wurden o-Chlor-, m-Chlor-, m- u. p-Brom-, m- u. p-Methylphenylacetonitril mit Acrylonitril dicyanäthyliert; die Kondensation geht schlecht mit o-Brom- u. o-Methylphenylacetonitril. Bei der Verseifung zu substituierten Pimelinsäuren mit konz. H_2SO_4, Eisessig u. W. liefern die hergestellten Halogenverbb. krist. Prodd., während die Methylverbb. verharzten.

Versuche: *γ-Cyan-γ-[p-bromphenyl]-pimelonitril*, $C_{14}H_{12}N_3Br$, F. 132°, durch tropfenweise Zugabe von Acrylonitril in tert.-Butanol zu p-Bromphenylacetonitril in tert.-Butanol u. 30%ig. methanol. KOH unter Rühren bei 10—25° u. Ansäuern mit verd. HCl nach 2 Std.; aus verd. A. Kristalle; 84% (Ausbeute). — Analog. nachst. *Pimelonitrile*: *γ-Cyan-γ-[p-methylphenyl]*, $C_{15}H_{15}N_3$, F. 104°; 95%. — *γ-Cyan-γ-[m-methylphenyl]* $C_{15}H_{15}N_3$, F. 67—68°; 88%. — *γ-Cyan-γ-[m-chlorphenyl]*, $C_{14}H_{12}N_3Cl$, F. 80°; 64%. — *γ-Cyan-γ-[o-chlorphenyl]*, F. 73°; 47%. — *γ-Cyan-γ-[m-bromphenyl]*, F. 83°; 89%. — *γ-[p-Bromphenyl]-γ-carboxypimelinsäure*, $C_{14}H_{15}O_6Br$, F. 140—141°; 73%. — *γ-[m-Bromphenyl]-γ-carboxypimelinsäure*, F. 188—189°; 63%. — *γ-[o-Chlorphenyl]-γ-carboxypimelinsäure*, $C_{14}H_{15}O_6Cl$, F. 215—216° (Nitromethan); 65,5%. — *γ-[m-Chlorphenyl]-γ-carboxypimelinsäure*, F. 202—203°; 82%. (J. Indian chem. Soc. **29**. 201—02. März 1952. Lucknow, Univ., Chem. Dep.) BARCHET. 1230

Wilhelm Treibs und **Helmut Röhnert**, *Über die Phenylhydrazin-p-sulfonsäure und ihre analytische Verwendung zur Herausarbeitung von Ketonen. Phenylhydrazin-p-sulfonsäure* (**I**) in gepufferter wss. alkoh. Lsg. gibt mit aliphat. u. isocycl. Ketonen in 70—100% ig. Ausbeute Kondensationsprodd., die leicht spaltbar u. geeignet sind, aus natürlichen Gemischen die Ketone zu isolieren. Auch das Pb-Salz von **I** läßt sich mit aliphat. u. aromat. Ketonen kondensieren. Das Pb-Salz von Benzalacetonphenylhydrazon-p-sulfonsäure gibt beim Vers. der Spaltung mit Mineralsäuren *3-Methyl-1.5-diphenyl-Δ²-pyrazolin*. Mesityloxyd u. einige α.β-ungesätt. aromat. Ketone lassen sich auch über die Pb-Salze spontan in *Pyrazolinsulfonsäuren* überführen.

Versuche: Pfefferminzöl wurde mit **I** u. CH_3COONa in 50%ig. alkoh. Lsg. 2 Std. erhitzt. Spaltung des Kondensationsprod. erfolgte durch 1std. Erhitzen mit verd. H_2SO_4; Ausbeute 27,87% Keton (*Semicarbazon*, F. 184°) = 98,8% der durch Oximtitration nach STILLMANN-RIED ermittelten *Menthon*-Menge. — Analog wurden auch aus Kümmelöl 78,9% der analyt. bestimmten *Carvon*-Menge (*Semicarbazon*, F. 162°) isoliert. — Das *Pb-Salz* von **I** wurde mit überschüssigem Keton in alkoh. Lsg. erhitzt, der Überschuß an Keton ausgeäthert u. die wss. Lsg. der empfindlichen aliphat. u. hydroaromat. Verbb. im Vakuum, der beständigeren aromat. unter n. Druck eingeengt. Die Kondensationsprodd. der aliphat. u. isocycl. Ketone wurden aus A.-Ae., die der aromat. aus W. umkrist.: *Methyläthylketonphenylhydrazon-p-sulfonsaures Blei*, $C_{20}H_{26}O_6N_4S_2Pb + 2H_2O$. — *Diäthylketonphenylhydrazon-p-sulfonsaures Blei*, $C_{22}H_{30}O_6N_4S_2Pb + 3H_2O$. — *Cyclohexanonphenylhydrazon-p-sulfonsaures Blei*, $C_{24}H_{30}O_6N_4S_2Pb + 1H_2O$, schwach gelbbraun. — *Isophoronphenylhydrazon-p-sulfonsaures Blei*, $C_{30}H_{38}O_6N_4S_2Pb$, schwach braun. — *Acetophenonphenylhydrazon-p-sulfonsaures Blei*, $C_{28}H_{26}O_6N_4S_2Pb + 3H_2O$, aus W. Nadeln. — *Methylacetophenonphenylhydrazon-p-sulfonsaures Blei*, $C_{30}H_{30}O_6N_4S_2Pb + 2H_2O$, aus W. feinkörniges Salz. — *Benzalacetonphenylhydrazon-p-sulfonsaures Blei*, $C_{32}H_{30}O_6N_4S_2Pb$, aus Wasser. — *3.5.5-Trimethyl-1-[p-sulfophenyl]-Δ²-pyrazolin*, $C_{12}H_{16}O_3N_2S$, kleine Nadeln, Zers. bei 230°, aus dem *Pb-Salz* ($C_{24}H_{30}O_6N_4S_2Pb + 1H_2O$, nadelförmige Kristalle) durch Behandeln mit H_2S. — *3.5-Diphenyl-1-[p-sulfophenyl]-Δ²-pyrazolin*, $C_{21}H_{18}O_3N_2S + 3H_2O$, Schuppen aus W., in A. blaue Fluorescenz, Zers. bei 216—218°, aus dem *Pb-Salz*, $C_{42}H_{34}O_6N_4S_2Pb + 2H_2O$. — *5-Phenyl-3-styryl-1-[p-sulfophenyl]-Δ²-pyrazolin*, $C_{23}H_{20}O_3 \cdot N_2S + 2\frac{1}{2}H_2O$, gelbliche Schuppen, Zers. bei 255—258°, in A. grüne Fluorescenz. — *3-Phenyl-5-[2-oxyphenyl]-1-[p-sulfophenyl]-Δ²-pyrazolin*, $C_{21}H_{18}O_4N_2S + \frac{1}{2}H_2O$, Zers. bei 235°, in A. blaue Fluorescenz. — *3-Phenyl-5-[2-oxy-3-methoxyphenyl]-1-[p-sulfophenyl]-Δ²-pyrazolin*, $C_{22}H_{20}O_5N_2S + 2H_2O$, blättchenförmige Kristalle, Zers. bei 200 bis 205°, in A. blaue Fluorescenz, aus dem *Pb-Salz*, $C_{44}H_{38}O_{10}N_4S_2Pb + 5H_2O$. — *3-Phenyl-5-[2-methoxyphenyl]-1-[p-sulfophenyl]-Δ²-pyrazolin*, gelbbraune Kristalle, Zers. bei 230°, blaue Fluorescenz in A., aus dem *Pb-Salz*, $C_{44}H_{38}O_8N_4S_2Pb + 5H_2O$. — *3-Phenyl-5-[4-oxyphenyl]-1-[p-sulfophenyl]-Δ²-pyrazolin*, $C_{21}H_{18}O_4N_2S$, hellgelbe blättchenförmige Kristalle, Zers. bei 170°, blaue Flourescenz in A., aus dem *Pb-Salz*, $C_{42}H_{34}O_8N_4S_2Pb + 4H_2O$. (Chem. Ber. **84**. 433—38. 1951. Leipzig, Univ., Chem. Labor.) FAASS. 1310

Joseph D. Park, Robert D. Englert und **John S. Meek**, *Einige neue substituierte Amide. N-Äthyl-p-äthoxyacetanilid* (I), $C_{12}H_{17}O_2N$, Kp.₁ 137—149°, n_D^{20} 1,5231, $D.^{20}_{20}$ 1,0531, Mol.-Refr. 60,03, hellgelbe Fl. mit grüner Fluorescenz, wurde aus p-Phenetidin u. C_2H_5Br durch Kochen in Bzl. u. anschließendes Acetylieren mit geringem Überschuß an Essigsäureanhydrid erhalten; 61,4% (Ausbeute). — *N-Äthyl-o-äthoxyacetanilid* (II), $C_{12}H_{17}O_2N$, Kp.₁ 134—139°, n_D^{20} 1,5193, $D.^{20}_{20}$ 1,0435, Mol.-Refr. 60,24; analoge Darst.; 52,5%. — *N-Äthylphenoxyacetanilid* (III), $C_{16}H_{17}O_2N$, F. 58,5° (Ae.–PAe.), aus N-Äthylanilin u. Phenoxyacetylchlorid in Pyridin; 54,9%. — Analog *N-Isoamylphenoxyacetanilid*, $C_{19}H_{23}O_2N$, F. 66,5—67,5° (Ae.–PAe.); 52,2%. — *N-Äthyltrifluoracetanilid* (V), $C_{10}H_{10} \cdot ONF_3$, Kp.₃ 80—82°, n_D^{20} 1,4680, $D.^{20}_{20}$ 1,2227, Mol.-Refr. 49,14, aus Trifluoracetylchlorid u. Äthylanilin in Ggw. von Pyridin; 48,8%. — *N-Isoamyl-N-phenylcarbaminsäureäthylester* (IV), $C_{14}H_{21}O_2N$, Kp.₁,₅ 130—134°, n_D^{20} 1,4971, $D.^{20}_{20}$ 0,9898, Mol.-Refr. 69,49, nach der Meth. von HARTMAN u. BRETHEN (Org. Syntheses 2. [1943.] 278) 65,2%. — Infrarotabsorptionsspektr. von **I, II, V** u. **IV** vgl. Original. — Die Substanzen zeigten keine besondere insekticide Wrkg. gegenüber *Periplancta americana*. **III** war für einen Testvers. zu wenig löslich. (J. Amer. chem. Soc. **73**. 5898—99. Dez. 1951. Boulder, Col., Univ., Chem. Found. Labor. u. Chem. Dep.) FAASS. 1320

E. M. Bamdass, Je. I. Winogradowa, D. P. Witkowski, A. Ss. Chochlow, Ju. B. Schwetzow und **L. A. Schtschukina**, *Synthese und Eigenschaften von α-Dichloracetylamino-β-oxy-p-nitropropiophenon.* Aus α-Amino-p-nitroacetophenon-Hydrochlorid (I) u. Dichloracetylchlorid (II) wurde *α-Dichloracetylamino-p-nitroacetophenon* (III) erhalten. Die Oxymethylierung mit CH_2O in wss.-alkoh. Lsg. in Ggw. von Na-Acetat führte zu *α-Dichloracetylamino-β-oxy-p-nitropropiophenon* (IV). Diese Verb. ist unbeständig in Ggw. von Laugen u. wird durch ammoniakal. Ag-Lsg. zu *p-Nitrobenzoesäure* oxydiert. Mit Al-Isopropylat erfolgte Red. zu *dl-trans-1-[p-Nitrophenyl]-2-dichloracetylaminopropandiol-(1.3)*. Aus rac., rechts- u. linksdrehendem **IV** wurde durch Erwärmen mit verd. Essigsäure opt.-inakt. *2-Dichlormethyl-4-[p-nitrobenzoyl]-oxazolin* erhalten.

Versuche: *α-Dichloracetylamino-p-nitroacetophenon* (III), $C_{10}H_8O_4N_2Cl_2$, F. 148 bis 149°. 78 g **I** werden mit 106 g **II** unter langsamem Anwärmen 1 Std. auf 120° erhitzt; die Reaktionsmasse wird in W. gegossen; Kristalle aus A.; 83% (Ausbeute). — *α-Dichloracetylamino-β-oxy-p-nitropropiophenon* (IV), $C_{11}H_{10}O_5N_2Cl_2$, F. 124—125°. Man rührt ein Gemenge von 38 g **III**, 23,6 cm³ 31%ig. Formalin-Lsg., 12 g Na-Acetat u. 35 cm³ A. 2½ Std. bei 32—35°; Kristalle aus A. oder Bzl.; 74%. *p-Nitrophenylhydrazon*, $C_{17}H_{15}O_6 \cdot N_5Cl_2$, F. 175—177°. — *dl-trans-1-[p-Nitrophenyl]-2-dichloracetylaminopropandiol-(1.3)*, F. 151—152°. 13,3 g **IV** werden mit 20 g Al-Isopropylat in absol. Isopropylalkohol 7 Std. auf 60—65° erwärmt; Kristalle aus Isoamylalkohol; 46,6%. — *2-Dichlormethyl-4-[p-nitrobenzoyl]-oxazolin*, $C_{11}H_8O_4N_2Cl_2$, F. 115—116°; aus **IV** durch 1 std. Erwärmen mit 50%ig. Essigsäure auf dem Wasserbad; Kristalle aus 60%ig. Essigsäure. (Доклады Академии Наук СССР [Ber. Akad. Wiss. UdSSR] [N. S.] **79**. 601—03. 1/8. 1951. Inst. für biol. u. med. Chem. der Akad. der Med. Wiss. der UdSSR.) WÖRFFEL. 1340

Jozsef Kovács, *Über die Reaktion der Dibromide des Styrols und einiger Styrolderivate mit Natriumjodid.* (Vgl. auch C. **1951**. II. 811.) Es wurde beobachtet, daß einige der vorst. genannten Dibromide mit NaJ in Aceton nicht bloß unter Regenerierung der Doppelbindung reagieren, sondern auch dimere Verbb. liefern. So entstanden aus den Dibromiden des 3.4-Dibenzyloxy-, 3.4-Diäthoxy-, 2.4.5-Trimethoxy- u. 3.4-Dimethoxypropenylbenzols neben den bromfreien Styrolderivv. auch dimere Verbb., während aus den Dibromiden des Styrols, Stilbens, Zimtalkohols, Cinnamylmethyläthers, Anethols, Isosafrols, Isoeugenolbenzyläthers u. der Zimtsäure immer nur die bromfreien Verbb. erhalten wurden. (Magyar Kémiai Folyóirat [Ung. Z. Chem.] **56**. 392—95. 1950. Budapest, Univ., Inst. für organ. Chem.) PLANK. 1460

A. F. Plate und **R. I. Ssaweljewa**, *Alkylierung von Methylcyclopenten-(1) nach der Methode von Butlerow-Eltekow.* 1-Methylcyclopenten-(1) (I) wird beim Erhitzen mit CH_3J in Ggw. von PbO im Autoklaven nach BUTLEROW-ELTEKOW zu *1.2-Dimethylcyclopenten-(1)* methyliert. Beim Überleiten von CH_3J u. I unter n. Druck über PbO bei 260 u. 270° tritt keine Methylierung ein; bei 270° zers. sich CH_3J bereits. Werden I u. CH_3J im Autoklaven ohne PbO 5½ Std. auf 185—195° oder 5 Std. auf 220—240° oder mit unzureichender PbO-Menge erhitzt, so werden HJ, J_2, C, sehr uneinheitliche Fll., die nicht näher untersucht wurden, im letzteren Falle auch komplizierte Jodide, gebildet. Es tritt unter den Reaktionsbedingungen offenbar CH_3J-Zerfall unter Bldg. von CH_4, PbJ_2 u. C ein; diese Prodd. wurden in der Tat aus CH_3J u. PbO ohne I im Autoklaven bei 200° erhalten.

Versuche: Mit konz. HNO_3 behandelter Asbest wird mit gesätt. $Pb(NO_3)_2$-Lsg. getränkt, auf dem Wasserbad getrocknet u. ausgeglüht. 28,4 g I, 50 g CH_3J u. 117 g PbO/Asbest (87 g PbO enthaltend) wurden im Drehautoklaven 5 Std. auf 170° (Maximaldruck 30 at) erhitzt. Die Fraktion $Kp._{746}$ 101—105°; $D.^{20}_4$ 0,7954; n_D^{20} 1,4429 entspricht *1.2-Dimethylcyclopenten-(1)*; 1,3 g (Ausbeute) neben viel unverändertem I. — 32,9 g I, 71 g CH_3J u. 154 g PbO/Asbest (124 g PbO) 8 Std. bei 220—240° (55 at) ergaben 1,3 g, $Kp._{745}$ 104,1 bis 105,1°; $D.^{20}_4$ 0,7961; n_D^{20} 1,4429, außerdem 1,3 g, $Kp._{750}$ 105—108°; $D.^{20}_4$ 0,7867; n_D^{20} 1,4350 [vielleicht *2.3.3-Trimethylcyclopenten-(1)*] u. andere tiefer u. höhersd. Produkte. (Доклады Академии Наук СССР [Ber. Akad. Wiss. UdSSR] [N. S.] **82**. 919—22. 21/2. 1952. Moskau, Lomonossow-Univ., Zelinsky-Labor. für organ. Chem.) QUECK. 1810

Felix Bergmann, Shalom Israelashvili und **Dov Gottlieb**, *Nichtkatalysierte Reaktionen von Olefinen mit Acylchloriden.* 1. Mitt. *Reaktionen von 1.1-Diphenyläthylen.* Vff. erhitzen 1.1-Diphenyläthylen mit Benzoylchlorid auf 190—200° u. erhalten nach 30 std. Rk. unter HCl-Abspaltung in 50%ig. Ausbeute *1-Benzoyl-2.2-diphenyläthylen.* Analoge Prodd. entstehen bei Verwendung von Cinnamoyl- u. Fumaroylchlorid. Gleiche Rk. mit Phenylacetylchlorid liefert dagegen *1.4-Diphenylnaphthalin* (III) u. *Phenylessigsäure-[1.4.4-triphenylbutadienyl-(2)]-ester* (II). II wurde durch Verwandlung mittels alkoh. KOH in *Benzyl-2.2-diphenylvinylketon* (I) u. durch sein dem *1.4.4-Triphenylbutadien* ähnliches UV-Spektr. nachgewiesen. Im Infrarot zeigt eine Bande bei 1764 cm^{-1} das Vorhandensein einer $\alpha.\beta$-Vinylestergruppierung an. In dem Infrarotspektr. von I weist neben einer CO-Bande bei 1694 cm^{-1} eine OH-Bande bei 3390 cm^{-1} auf das Vorliegen einer Enolform (ca. 10%) hin. Bei sofortiger Entfernung der sich bildenden HCl aus dem Reaktionsgemisch oder durch Erhöhung des Anteils des Säurechlorids wird die Ausbeute zugunsten von II verschoben. Verwendung von β-Phenylpropionsäure zur Rk. liefert als einziges Prod. *Indanon-(1)*. Verss. mit einer Anzahl gesätt. Fettsäurechloride verliefen negativ.

Versuche: *1-Benzoyl-2.2-diphenyläthylen*, $C_{21}H_{16}O$, F. 88—89°, durch 30 std. Erhitzen von 1.1-Diphenyläthylen u. Benzoylchlorid auf 190—200° unter Einleiten von N_2; citronengelbe Kristalle aus Propanol; 46% (Ausbeute). *Oxim*, F. 142°; gelbe Prismen aus Alkohol. Als flüchtiger Bestandteil HCl (65%) u. aus der Mutterlauge *Dimerisationsprod.* von *1.1-Diphenyläthylen* (vgl. Liebigs Ann. Chem. **480**. [1930.] 49), F. 118°. — *1.1.5-Triphenylpentadienon-(3)*, $C_{23}H_{18}O$, F. 88°, analog mit Cinnamoylchlorid (16 Std. bei 165—170°); gelbbraune Prismen aus A.; 20%; ergibt mit 2.4-Dinitrophenylhydrazin Rotfärbung in Lsg., aber keine Kristalle. — *4-Keto-6.6-diphenylhexadien-(2.5)-säure*, $C_{18}H_{14}O_3$, F. 128°, analog mit Fumaroylchlorid (22 Std. in Xylol), Abdampfen im Vakuum, Aufnehmen in Ae. u. Ausschütteln mit Soda; gelbe Nadeln aus Essigsäure; 22%; gibt keine Ketoreaktionen. — *[1.4.4-Triphenylbutadienyl-(2)]-phenylacetat* (II), $C_{30}H_{24}O_2$, analog mit Phenylacetylchlorid (4 Std. bei 190°), als ätherunlösl. Anteil; Prismen aus A.; 27% (bezogen auf das Säurechlorid); H_2SO_4-Lsg. blaugrün. Aus dem ätherlösl. Teil *1.4-Diphenylnaphthalin* (III), $C_{22}H_{16}$, $Kp._3$ 275°, F. 136—137°; Prismen aus A.; 1,5 g (aus 30 g Säurechlorid), 8 std. Erhitzen wie vorst. ohne Einleiten von N_2 liefert 60% III; bei Überschuß von Säurechlorid entsteht III in 3,5%ig. Ausbeute. — *Benzyl-2.2-diphenylvinylketon* (I), $C_{22}H_{18}O$, $Kp._1$ 183—185°, F. 44°, durch Verseifung von 2,5 g II in n. alkoh. KOH; Nadeln; 1,7 g; H_2SO_4-Lsg. grünblau. *Semicarbazon*, $C_{23}H_{21}ON_3$, F. 166°; prismat. Nadeln aus Alkohol. *2.4-Dinitrophenylhydrazon*, $C_{28}H_{22}O_4N_4$, aus verd. Essigsäure in orangefarbenen Nadeln, F. 74°, u. aus Eisessig in roten Nadeln, F. 156°. — *1.1.4-Triphenylbutan*, $C_{22}H_{22}$, F. 78—79°, durch Hydrierung von II mit RANEY-Ni bei 19° (1½ Std.); glänzende Schuppen aus Alkohol. — *1.1.4-Triphenylbutadien*, $C_{22}H_{18}$, F. 101—102°, durch 5 std. Erhitzen von Diphenylacrylaldehyd, Phenylessigsäure u. PbO in Acetanhydrid auf 180° u. Gießen in sd. Essigsäure; Nadeln aus A.; 55%; H_2SO_4-Lsg. gelb. (J. chem. Soc. [London] **1952**. 2522—25. Juli. Jerusalem, Univ., Dep. of organ. Chem., u. Hadassah Med. School, Dep. of Pharmacol.) LEHWALD. 2210

Friedrich Weygand und **Karl-Dieter Kirchner**, *Methylierung von Stilböstrol mit Diazomethan in Gegenwart von* ^{14}*C-Methanol.* Nachprüfung der Stilböstrolmethylierung mit Diazomethan in Ggw. von CH_3OH nach SCHÖNBERG u. MUSTAFA (C. **1946.** I. 1226) mit ^{14}C-Methanol ergab, daß CH_3OH im Methylierungsprod. nicht erscheint. Der aus 0,4 g Stilböstrol mit 6 g ^{14}C-Methanol u. 50 cm^3 äther. Diazomethanlsg. in 81%ig. Ausbeute erhaltene *Stilböstroldimethyläther* (I) zeigt nach dreimaligem Umkristallisieren aus A. (F. 121—122°) keine Radioaktivität. Ein weiterer Vers. zeigte, daß kein Austausch zwischen **I** u. ^{14}C-Methanol erfolgt. (Angew. Chem. **64.** 203. 7/4. 1952. Heidelberg, Univ., Chem. Inst.) WUNDERLICH. 2260

William G. Dauben, Claude F. Hiskey und **Merrill A. Muhs,** *Die Reaktion von α-Halogenketonen mit Basen. 1.1-Diphenyl-3-chlor-* (**IV**) oder *1.1-Diphenyl-3-brompropanon* (**III**) liefert mit Diäthylamin (I) in Ae. unter den Bedingungen von MAY u. MOSETTIG (C. **1949.** II. 654.) nur *1.1-Diphenyl-3-diäthylaminopropanon-(2)*. Umlagerung fand bei Rk. der Halogenmethylketone mit Na-Methylat (II) in CH_3OH oder Ae. unter Bldg. von *Methyl-3.3-diphenylpropionat* statt. 4.4'-Dimethoxybenzhydrylchlormethylketon reagierte mit **I** oder **II** in Ae. oder CH_3OH nur unter Polymerisation. 4.4'-Dinitrobenzhydrylchlormethylketon lieferte dagegen in Ggw. von methanol. NaOH *4.4'-Dinitrodiphenylmethan.* Zum Vgl. wurde ein an der Carbonylgruppe mit ^{14}C markiertes 9-[ω-Bromaceto]-9.10-dihydroanthracen mit **I** zur Rk. gebracht u. an der Carboxylgruppe markiertes *N.N-Diäthyl-9.10-dihydroanthryl-(9)-acetamid* erhalten. Im Gegensatz zu den Angaben von MADELUNG u. OBERWEGNER (Liebigs Ann. Chem. **490.** [1931.] 201) wurde beim Umsatz von *Desylchlorid* mit methanol. **II** nur *Benzoinmethyläther* (**V**) isoliert; bei den von den genannten Autoren beschriebenen Verbb. 1-Methoxy-1.2-diphenyloxiran u. Phenylacetylenepoxyd scheint es sich um **V** verschiedenen Reinheitsgrades zu handeln.

Versuche (FF. korr.): *1.1-Diphenyl-3-brompropanon* (**III**), $C_{15}H_{13}OBr$, F. 66—67°, durch Zutropfen von Diphenylacetylchlorid in absol. Ae. zu CH_2N_2 in Ae., ½ std. Stehen unter Kühlung, 1 std. Stehen bei Raumtemp., Abdest. des Ae., Aufnehmen in Ae. u. Zutropfen von 48%ig. HBr in Ae.; aus CH_3OH; 67% (Ausbeute). — *1.1-Diphenyl-3-chlorpropanon* (**IV**), $C_{15}H_{13}OCl$, F. 70—71° (CH_3OH); 62%. — *1.1-Diphenyl-3-diäthylaminopropanonhydrochlorid,* $C_{19}H_{24}ONCl$, F. 182—186°, durch 1 std. Schütteln von **III** u. **I** in Ae., 72 std. Stehen, Verdünnen mit PAe., Eiskühlung u. Einleiten von HCl in das Filtrat; Nadeln aus Ae.-A.; 35%; oder aus **IV**; 16%. — *Methyl-3.3-diphenylpropionat,* F. 43—45°, $Kp._5$ 168—170°, a) durch Zutropfen von **IV** zu **II** in sd. CH_3OH, 1 std. Kochen, Einengen im Vakuum, Verdünnen mit W. u. Ae. u. Aufarbeitung der äther. Schicht; 77%. Aus der wss. Lsg. durch Ansäuern die *freie Säure,* F. 154—155° (wss. CH_3OH); 3,5%; wurde auch durch Verseifung des Esters mit KOH erhalten. Aus **III** wurden 71% Ester u. 5,6% Säure erhalten. b) Durch Zugabe von **IV** zu einer Suspension von **II** in Ae. u. 3 std. Kochen; 43% Ester u. 7% Säure. Aus **III** 31% Ester. — *4.4'-Dimethoxybenzhydrylchlormethylketon,* $C_{17}H_{17}O_3Cl$, F. 69,3—70,3°, aus Di-p-anisylacetylchlorid u. CH_2N_2, dann HCl; aus CH_3OH; 82,5%. — *4.4'-Dinitrobenzhydrylchlormethylketon,* $C_{15}H_{11}O_5N_2Cl$, F. 130,6—132,5° (CH_3OH), aus 4.4'-Dinitrodiphenylacetylchlorid in Methylenchlorid u. CH_2N_2 u. Rk. mit HCl; 80%. — *4.4'-Dinitrodiphenylmethan,* $C_{13}H_{10}O_4N_2$, F. 187,4—188,4° (Essigester), durch ½ std. Kochen der vorst. Verb. mit **II** in CH_3OH, Einengen u. Verdünnen mit W.; 71,7%. — *$Cu^{14}CN$,* aus $Na^{14}CN$, $CuSO_4$ u. Na-Metabisulfit; 79,6%. — *9-^{14}C-Cyananthracen,* aus $Cu^{14}CN$ u. 9-Bromanthracen, F. 172—173°; 92,4%. — *9.10-Dihydro-9-anthryl-$^{14}C_{(COOH)}$-essigsäure,* F. 171—172°, aus der vorst. Verb. nach MAY u. MOSETTIG (l. c.); 12,4%. 1 std. Kochen von Cu-Chromitkatalysator mit der vorst. Verb. u. Chinolin unter Einleiten von N_2 u. Sammeln des entwickelten CO_2, Verdünnen mit 3n HCl, Extraktion des Nd. mit Bzl., Eindampfen der benzol. Lsg. u. Behandlung des Rückstandes mit verd. Sodalsg. lieferte einen Nd., aus dem inakt. *9-Methylanthracen,* F. 75—77° (wss. CH_3OH), erhalten wurde. Aus der Sodalsg. wurde unverändertes Ausgangsmaterial zurückgewonnen. — Durch Zutropfen von Desylchlorid in CH_3OH zu Na in CH_3OH, 3 std. Stehen, Verdünnen mit W. u. Extraktion mit Ae. wurde *Benzoinmethyläther* (**V**), $Kp._{9,5}$ 179,5—180,5°, n_D^{26} 1,5790, F. 46,4—47,7° (PAe.); 56%, erhalten. (J. Amer. chem. Soc. **74.** 2082—84. 20/4. 1952. Berkeley, Calif., Univ. of California, Chem. Labor.) HORST BAGANZ. 2360

László Szekeres, *Über die Chemie der stickstoffhaltigen 3.4-Bis-[p-oxyphenyl]-n-hexanderivate.* Im Laufe der Verss., das natürliche Östron zu ersetzen, zeigte es sich, daß die Derivv. des 3.4-Diphenylhexans biol. wirksame Verbb. sind. Vf. untersuchte die Stickstoffderivv. u. stellte das *rac.*- (**I**) u. *Meso-3.4-bis-[p-methoxy-m-acetamidophenyl]-n-hexan* (**II**) auf zwei verschied. Wegen her.

Versuche: *dl-3.4-Bis-[p-oxy-m-nitrophenyl]-n-hexan,* $C_{18}H_{20}O_6N_2$, F. 226—228; durch Nitrierung nach SCHULTZ (Ber. dtsch. chem. Ges. **40.** 4324) aus dl-3.4-Bis-[p-oxyphenyl]-n-hexan; gelbe Kristalle. — *dl-3.4-Bis-[p-methoxy-m-nitrophenyl]-n-hexan* (**III**, *Methylester der Oxo-aci-nitroform*), $C_{20}H_{24}O_6N_2$, F. 104—106,5°; aus voriger Verb. u. Dimethylsulfat in methanol. KOH; aus A. gelbe Kristalle. — *dl-3.4-Bis-[p-methoxy-m-nitro-*

phenyl]-n-hexan (Methoxynitroform), $C_{20}H_{24}O_6N_2$, F. 107—108°; aus 3.4-Bis-[p-methoxyphenyl]-n-hexan durch Nitrierung in Eisessig; aus A. Kristalle. — *dl-3.4-Bis-[p-methoxy-m-aminophenyl]-n-hexan*, $C_{20}H_{28}O_2N_2$, F. 113—115,5°; durch Hydrierung von **III** in Ggw. von Pd-Kohle; aus A. Kristalle. — *dl-3.4-Bis-[p-methoxy-m-acetamidophenyl]-n-hexan* (**I**), $C_{24}H_{32}O_4N_2$, F. 152—153°; aus vorst. Verb. mit $(CH_3CO)_2O$ in Bzl.; aus A. + Ae. Kristalle. Mit Propionsäureanhydrid entsteht *dl-3.4-Bis-[p-methoxy-m-propionamidophenyl]-n-hexan*, F. 106—108°; Kristalle. — *p-Methoxy-m-acetamidobenzoesäure*, F. 264—266°; aus **I** durch Kochen mit $KMnO_4$ u. $MgSO_4$; aus CH_3OH gelbliche Kristalle. — *Meso-3.4-bis-[p-oxy-m-nitrophenyl]-n-hexan*, $C_{18}H_{20}O_6N_2$, F. 226—228°; durch Nitrieren von Mesohexöstrol unterhalb 15°; gelbe Kristalle. — *Meso-3.4-bis-[p-oxy-m-aminophenyl]-n-hexan* (**IV**); $C_{18}H_{24}O_2N_2$, F. 255—260°; aus vorst. Verb. durch Hydrierung; blaßviolette Kristalle. — *Meso-3.4-bis-[p-formyloxy-m-formylaminophenyl]-n-hexan*, $C_{22}H_{24}O_6N_2$, F. 193° (Zers.); aus **IV** u. Ameisensäure in A.–Bzl. unter Kühlung; aus A.–Ameisensäure Kristalle. — *Meso-3.4-bis-[p-acetoxy-m-acetamidophenyl]-n-hexan*, $C_{26}H_{32}O_6N_2$, F. 278—282°; aus **IV** in Essigester durch Kochen mit $(CH_3CO)_2O$; blaßviolette Kristalle; bleibt im Gegensatz zu **III** in NH_3 unverändert, verbraucht kein $KMnO_4$ u. ist erst nach langem Kochen in 2n NaOH löslich. — *Meso-3.4-bis-[p-methoxy-m-nitrophenyl]-n-hexan*, $C_{20}H_{24}O_6N_2$, F. 198—199°; aus Hexöstroldimethyläther durch Nitrierung; aus Aceton gelbliche Kristalle. — *Meso-3.4-bis-[p-methoxy-m-aminophenyl]-n-hexan*, $C_{20}H_{28}O_2N_2$, F. 197—200°; aus Vorst. durch Hydrierung in Ggw. von Pd-Kohle; aus A. schwach rosafarbene Kristalle. — *Meso-3.4-bis-[p-methoxy-m-acetamidophenyl]-n-hexan* (**II**), $C_{24}H_{32}O_4N_2$, F. 246—248°; aus A. Kristalle. — *m-Nitro-p-methoxypropiophenon* (**V**), $C_{10}H_{11}O_4N$, F. 99—101°; durch Nitrierung von p-Methoxypropiophenon unterhalb 0°; aus A. gelbe Kristalle. — *m-Nitro-p-methoxypropiophenonazin*, $C_{20}H_{22}O_6N_4$, F. 203—204°; aus vorst. Verb. u. Hydrazinacetat; aus Bzl. orangegelbe Kristalle. — *p-Methoxy-m-aminopropiophenon*, $C_{10}H_{13}O_2N$, F. 107—109°; durch Red. von **V** mit $SnCl_2$; aus A. blaßgelbe Kristalle. — *p-Methoxy-m-aminopropiophenonazin*, $C_{20}H_{26}O_2N_4$, F. 147—148°; aus A. gelbe Nadeln. — *p-Methoxy-m-acetamidopropiophenon*, $C_{12}H_{15}O_3N$, F. 134—138°; durch 10std. Acetylierung bei Zimmertemp.; aus Bzl. Nadeln. — *p-Methoxy-m-acetamidopropiophenonazin*, $C_{24}H_{30}O_4N_4$, F. 204,5—205,5°; aus A. Kristalle. — *symm.-Bis-[äthyl-p-methoxy-m-acetamidophenylmethyl]-hydrazin*, $C_{24}H_{34}O_4N_4$, durch Hydrierung voriger Verb. in Ggw. von Pd-Kohle in A.; gelbes Öl; an der Luft dunkelnd. — *α.α'-Bis-[p-methoxy-m-acetamidophenyl]-α.α'-azopropan*, $C_{24}H_{32}O_4N_4$, Zers. bei 165°; aus Vorst. durch Oxydation mit J_2 in Alkohol. — *rac.-* (**I**) u. *Meso-3.4-bis-[p-methoxy-m-acetamidophenyl]-n-hexan* (**II**), $C_{24}H_{32}O_4N_2$, aus der Azoverb. durch Erhitzen auf 170°, bis die Schmelze glasartig ist; aus A. **II**, aus dem gekühlten Filtrat **I**. (Magyar Kémiai Folyóirat [Ung. Z. Chem.] **56**. 114—20. 1950. Szeged, Univ., Organ. Chem. Inst.) PLANK. 2520

Oliver Grummitt und Helen Leaver, *Thermische Dissoziation von 3-Phenyldihydrothiophen-1-dioxyd.* Die therm. Zers. von *3-Phenyldihydrothiophen-1-dioxyd* (*2-Phenylbutadien-(1.3)-sulfon*; **I**) erfordert etwas höhere Tempp. als die früher (C. **1951**. II. 3305) untersuchte Zers. von Isopren- u. bes. Butadiensulfon; gleiche Zersetzungsgeschwindigkeit ($k = 15{,}8 \cdot 10^{-3}$ Min.$^{-1}$) tritt bei 150,4, 131,2 bzw. 124,7° ein; die 3-Phenylgruppe übt also einen noch größeren stabilisierenden Einfl. aus als die 3-Methylgruppe. — Das zur Darst. von **I** benötigte *2-Phenylbutadien-(1.3)* (**II**) läßt sich am bequemsten nach PRICE u. Mitarbeitern (C. **1950**. II. 760) darstellen; bei der Darst. nach BACKER u. STRATING (Recueil Trav. chim. Pays-Bas **53**. [1934.] 525) zeigte es sich, daß das intermediäre Methyläthylphenylcarbinol besser mit H_3PO_4 als mit Al_2O_3 dehydratisiert wird, u. daß das intermediäre Phenylbrombuten nicht durch geschmolzenes KOH bei 180° oder $NaNH_2$ dehydrobromiert werden kann.

Versuche: *2-Phenyl-4-acetoxybuten-(1)*, Kp.$_{15}$ 149—154°, durch Kondensation von α-Methylstyrol (Kp.$_{27}$ 69—71°, n_D^{21} 1,5368) mit Formaldehyd u. Essigsäure; n_D^{25} 1,5221; 57,5% (Ausbeute). — *2-Phenylbutadien-(1.3)* (**II**), Kp.$_{15}$ 55—64°, durch Pyrolyse vorst. Verb. bei 500—550°; n_D^{20} 1,5489; 34%. *Maleinsäureanhydridaddukt*, F. 105—105,2°. — *2-Phenylbutadien-(1.3)-sulfon* (I), F. 131,3—131,8° [korr.; A.-W. (1 : 1)], durch 36std. Stehen von fl. SO_2, **II** u. Phenyl-β-naphthylamin in der Druckflasche bei Raumtemp. u. 15std. Erwärmen auf dem Dampfbad; 49%. — *Methyläthylphenylcarbinol*, Kp.$_4$ 85,5 bis 87,8°, aus Acetophenon u. C_2H_5MgBr; n_D^{25} 1,5173, D^{21}_4 0,9844. — *2-Phenylbuten-(2)*, Kp.$_{4-5}$ 60,2—66°, durch Eintropfen vorst. Verb. in 85%ig. H_3PO_4 bei 205—210°, weiteres 1std. Erwärmen u. Dest.; 81%. *Dibromid*, $C_{10}H_{12}Br_2$; 97%; daraus durch Abspaltung von HBr mit alkoh. KOH rohes *Phenylbrombuten* ($C_{10}H_{11}Br$, n_D^{25} 1,5454; 89%), aus dem weder mit geschmolzenem KOH noch mit $NaNH_2$ weiter HBr abgespalten werden konnte. (J. Amer. chem. Soc. **74**. 1595—97. 20/3. 1952. Cleveland, O., Western Reserve Univ., Morley Chem. Labor.) SPAETH. 3071

P. A. Petjunin und **I. Ss. Berdinski**, *N-Arylamide von Oxycarbonsäuren und ihre Umwandlung in heterocyclische Verbindungen. 8. Mitt. Intramolekulare Kondensation der Arylamide von Di-m-tolylglykolsäure.* (7. vgl. C. **1952**. 6524.) Durch intramol. Kondensation des Anilids der Di-m-tolylglykolsäure mittels H_2SO_4 wurde *3.3-Di-m-tolyloxindol* erhalten. Analog verhielten sich das p-Phenetidid u. das o-Anisidid. Das *β*-Naphthylamid lieferte *3.3-Di-m-tolyl-4.5-benzooxindol.*

Versuche: *Arylamide der Di-m-tolylglykolsäure. Anilid* (I), $C_{22}H_{21}O_2N$, F. 138,5 bis 139,5°; aus Oxalsäureäthylesteranilid (II) u. m-Tolyl-MgBr (III) in Ae.; aus verd. A. Nadeln; 66,5% (Ausbeute, auf **II** bezogen). *p-Phenetidid* (**IV**), $C_{24}H_{25}O_3N \cdot H_2O$, F. 126 bis 127°, wasserfrei 142°; aus Oxalsäureäthylester-p-phenetidid u. **III**; aus wss. A. Plättchen; 80,6%. *o-Anisidid* (**V**), $C_{23}H_{23}O_3N$, F. 165°; aus Oxalsäureäthylester-o-anisidid u. **III**, aus A. Prismen; 78%. *β-Naphthylamid* (**VI**), $C_{26}H_{23}O_2N$, F. 178—179°; aus Oxalsäureäthylester-*β*-naphthylamid u. **III**; Nadeln aus Eisessig; 76,2%. — *3.3-Di-m-tolyloxindol* (*m-Toluisatin*), $C_{22}H_{19}ON$, F. 188,5°; aus **I** in Eisessig + konz. H_2SO_4 bei Zimmertemp.; Nadeln aus verd. Essigsäure; 100%. — *3.3-Di-m-tolyl-5-äthoxyoxindol*, $C_{24}H_{23}O_2N$, F. 220°; aus **IV**; aus A. Nadeln; 90%. — *3.3-Di-m-tolyl-7-methoxyoxindol*, $C_{23}H_{21}O_2N$, F. 213°; aus **V**; Nadeln aus Essigsäure; 90,4%. — *3.3-Di-m-tolyl-4.5-benzooxindol* (*3.3-Di-m-tolyl-β-naphthoxindol*), $C_{26}H_{21}ON$, F. 179° (nach Trocknen bei 100—110°, sonst unter vorherigem Erweichen bei 148—150°); aus **VI**, Nadeln aus A.; 94,7%. (Журнал Общей Химии [J. allg. Chem.] **21**. (**83**.) 2016—18. Nov. 1951. Molotow, Pharmazeut. Inst., Labor. für organ. Chem.) QUECK. 3081

P. A. Petjunin und **I. Ss. Berdinski**, *N-Arylamide von Oxycarbonsäuren und ihre Umwandlung in heterocyclische Verbindungen. 9. Mitt. Intramolekulare Kondensation der Arylamide von Di-o-tolylglykolsäure.* (8. vgl. vorst. Ref.) Durch intramol. Kondensation des Anilids der Di-o-tolylglykolsäure (**I**) wurde *3.3-Di-o-tolyloxindol* erhalten. Andere Arylamide von **I** reagierten analog. Die Kondensation kann mit den Rohprodd. der Arylamide, deren Lsg. in Eisessig nur mit Tierkohle entfärbt zu werden braucht, durchgeführt werden.

Versuche: Durch Einw. von o-Tolyl-MgJ auf Oxalsäureäthylesterarylamide in Ae. wurden nachst. *Arylamide der Di-o-tolylglykolsäure* (I) erhalten. *Anilid* (**II**), $C_{22}H_{21}O_2N$, F. 133°: krist. schwer; die Kristallisation wird durch Behandeln mit Wasserdampf beschleunigt; aus A. Nadeln; 73,3% (Ausbeute). *p-Toluidid* (**III**), $C_{23}H_{23}O_2N$, F. 138,5°; linsenförmige Kristalle aus A.; 93,6%. *p-Phenetidid* (**IV**), $C_{24}H_{25}O_3N$, F. 151,5°; Pyramiden aus A.; 76,3%. *β-Naphthylamid* (**V**), $C_{26}H_{23}O_2N$, F. 137—138°; Stäbchen aus Eisessig; 89,5%. — *3.3-Di-o-tolyloxindol* (*o-Toluisatin*), $C_{22}H_{19}ON$, F. 306°; aus **II** in Eisessig durch Zutropfen von konz. H_2SO_4; Stäbchen aus Eisessig; 95,7%. — *3.3-Di-o-tolyl-5-methyloxindol*, $C_{23}H_{21}ON$, F. 296—297°; aus **III**; Nadeln aus Eisessig; 96,8%. — *3.3-Di-o-tolyl-5-äthoxyoxindol*, $C_{24}H_{23}O_2N$, F. 285°; aus **IV**; Plättchen aus $C_2H_4Cl_2$; 91,5%. — *3.3-Di-o-tolyl-4.5-benzooxindol* (*3.3-Di-o-tolyl-β-naphthoxindol*), $C_{26}H_{21}ON$, F. 300°; aus **V**; Nadeln aus Essigsäure; 92,6%. — *3.3-Di-o-tolyl-6.7-benzooxindol* (*3.3-Di-o-tolyl-α-naphthoxindol*), $C_{26}H_{21}ON$, F. 259°; durch Einw. von konz. H_2SO_4 auf das in Eisessig gelöste Reaktionsprod. von o-Tolyl-MgJ mit Oxalsäureäthylester-*α*-naphthylamid (**VI**); Nadeln aus Essigsäure; 73,5% auf **VI** bezogen. (Журнал Общей Химии [J. allg. Chem.] **21**. (**83**.) 2019—22. Nov. 1951.) QUECK. 3081

P. A. Petjunin, *N-Arylamide von Oxycarbonsäuren und ihre Umwandlung in heterocyclische Verbindungen. 10. Mitt. Über das Gleichgewicht zwischen Carbonium- und Esterform in den farbigen Lösungen der Arylamide von Oxycarbonsäuren in Schwefelsäure.* (9. vgl. vorst. Ref.) Bei Einw. von konz. H_2SO_4 auf Diaryloxycarbonsäurearylamide $ArNHCOC(OH)Ar_2$ bilden sich die Ester $ArNHCOC(OSO_3H)Ar_2$, die teilweise in die Ionen $ArNHCOC^+Ar_2$ u. HSO_3O^- dissoziiert sind. Die dabei auftretende Halochromie ist auf das Carboniumion als den Farbträger zurückzuführen. Die am N haftende Arylgruppe ist mit dem Carbonium-C nicht durch eine Konjugation verbunden u. trägt zur Basizität nichts bei. *Bis-[4-methoxyphenyl]-glykolsäureanilid* bildet das Farbsalz schon mit 42%ig. H_2SO_4; in diesem ist eine längere, beim Carbonium-C beginnende, beim O der CH_3O-Gruppe endende Konjugationskette vorhanden. Bei dem Übergang der Ester in die entsprechenden Oxindole verschwindet die Halochromie. Um einen Anhalt über die Lage des Gleichgewichts zwischen der Esterform u. ihren Ionen zu gewinnen, stützt sich Vf. auf die Feststellung von HANTZSCH (Ber. dtsch. chem. Ges. **54**. [1921.] 2597), daß bei dem Gleichgewicht Ar_3CX (Pseudosalz, farblos) $\rightleftharpoons [A_3C]^+ X^-$ (echtes Salz, farbig) die Phenyle im farbigem Salz sich nicht bromieren, nitrieren usw. lassen, u. zeigt zunächst am Beispiel von *Benzilsäure-β-naphthylamid*, daß die Rk. mit überschüssigem Br_2 in Eisessig prakt. in 3 Min. beendet ist u. zu $C_{10}H_6BrNHCOC(OH)(C_6H_5)_2$ führt. Zur Best. des Gleichgewichts in Ggw. von H_2SO_4 zwischen Esterform u. ihren Ionen wurde das *β-Naphthylamid* von *Bis-[4-methoxyphenyl]-glykolsäure* (**I**), das sich ebenso schnell bromieren läßt u.

in der kurzen Reaktionszeit nur in geringem, zu vernachlässigendem Ausmaß in das Naphthoxindolderiv. übergeht, gewählt; es handelt sich dann nur um das Gleichgewicht zwischen I, dem Schwefelsäureester (II) u. dem Farbsalz (III), von denen nur I u. II mit Br_2 reagieren. Die Verss. ergaben, daß mit Erhöhung der H_2SO_4-Konz. ständiges Ansteigen der III-Menge bis zu 40,59%, auf I bezogen, erfolgt. In dieser Periode steigt die II-Menge an, bis alles I in II umgewandelt ist; parallel damit geht die Erhöhung der III-Menge; über die Einzelmengen von I u. II kann dagegen nichts ausgesagt werden. Weitere Konzentrationserhöhung der H_2SO_4 führt zur Abnahme der III-Menge, da die Dissoziation zurückgedrängt wird. (Völlige Unterdrückung der Dissoziation bis zur Farblosigkeit läßt sich durch Zusatz von absol. Ae. erreichen.)

Versuche: Zu 10 cm³ einer Lsg. von I (bei den nachst. angegebenen Bestimmungen a—d 0,08187 g, bei e—g 0,1028 g) in Eisessig wurde eine bestimmte Menge H_2SO_4 (D. 1,81), dann 0,05n Br_2-Lsg. in Eisessig, nach 3 Min. 10%ig. KJ-Lsg. zugesetzt u. unverbrauchtes Halogen zurücktitriert. In einem Parallelvers. ohne I wurde das aus KJ durch H_2SO_4 gebildete J_2 bestimmt, das in Abzug gebracht wurde. a) Bei 8 Mol H_2SO_4 (pro Mol I) betrug die III-Menge 18,52%, auf I bezogen, b) bei 16 Mol 22,47%; c) 24 Mol 34,26%; d) 32 Mol 40,59%; e) 35 Mol 37,45%; f) 42 Mol 34,34%; g) 49 Mol 21,75%. (Журнал Общей Химии [J. allg. Chem.] **21.** (**83.**) 2193—96. Dez. 1951.) QUECK. 3081

P. A. Petjunin, *N-Arylamide von Oxycarbonsäuren und ihre Umwandlung in heterocyclische Verbindungen.* 11. Mitt. *Intramolekulare Kondensation der Arylamide von 2.2'-Dimethoxydiphenylglykolsäure.* (10. vgl. vorst. Ref.) Aus Arylamiden der Bis-[2-methoxyphenyl]-glykolsäure wurden durch intramol. Kondensation *Oxindolderivv.* gewonnen. Die als Zwischenprodd. anzunehmenden Farbsalze sind grün u. bilden sich bereits mit 70%ig. H_2SO_4. Von den Verbb. ArNHCOC(OH)Ar'$_2$ mit Ar' = C_6H_5, p-$CH_3C_6H_4$ u. o-$CH_3OC_6H_4$ haben die letzteren die höhere Basizität, u. die Kationen ihrer halochromen Salze zeigen Farbvertiefung, doch nimmt die Geschwindigkeit der intramol. Kondensation nicht wesentlich ab. Diese wird vielmehr durch die Struktur der Kationen bestimmt. Im Vgl. zu den Di-p-anisylverbb. (Ar' = p-$CH_3OC_6H_4$) sind die Di-o-anisylverbb. schwächer bas., u. die Kondensationsgeschwindigkeit ist höher. Infolge des ster. Effekts der CH_3O-Gruppe in o-Stellung liegen Benzolring, das Carbinol-C-Atom (im Farbsalz das Carbonium-C) u. O der CH_3O-Gruppe nicht in einer Ebene. Die für das Eintreten der Kondensation entscheidende Struktur mit Elektronenlücke am Carbonium-C ist bevorzugt u. die Oxoniumstruktur weniger ausgeprägt.

Versuche: Folgende *Arylamide der Bis-[2-methoxyphenyl]-glykolsäure* wurden aus o-Anisyl-MgJ u. den entsprechenden N-arylsubstituierten Oxamidsäureestern in Ae. erhalten. *Anilid* (I), $C_{22}H_{21}O_4N$, F. 142°; aus verd. A. Nadeln; 67,2% (Ausbeute). *p-Toluidid* (II), $C_{23}H_{23}O_4N$, F. 153°; aus verd. A. Nadeln; 57,7%. *o-Anisidid* (III), $C_{23}H_{23}O_5N$, F. 151—152°; aus verd. A. Kristalle; 62%. *p-Phenetidid* (IV), $C_{24}H_{25}O_5N$, F. 178—179°; Rosetten aus verd. Essigsäure; 79,2%. *α-Naphthylamid* (V), $C_{26}H_{23}O_4N$, F. 157—158°; aus wenig Bzl. feine Kristalle; 49%. *β-Naphthylamid* (VI), $C_{26}H_{23}O_4N$, F. 172—173°; Prismen aus verd. Essigsäure; 62,7%. — *3.3-Bis-[2'-methoxyphenyl]-oxindol*, $C_{22}H_{19}O_3N$, F. 196°; aus I (0,5 g) in Eisessig (5 cm³) auf Zusatz von 75%ig. H_2SO_4 (5 cm³); man läßt bis zur Entfärbung der grünen Lsg. einwirken; Rhomben aus verd. Essigsäure; 84%. — *3.3-Bis-[2'-methoxyphenyl]-5-methyloxindol*, $C_{23}H_{21}O_3N$, F. 219—220°; aus II in Eisessig + konz. H_2SO_4; Nadeln aus verd. Essigsäure; 87,7%. — *3.3-Bis-[2'-methoxyphenyl]-7-methoxyoxindol*, $C_{23}H_{21}O_4N$, F. 230—231°; aus III in Eisessig + 75%ig. H_2SO_4 analog Vorst.; durch Parallelogramme begrenzte Tafeln; 87%. — *3.3-Bis-[2'-methoxyphenyl]-5-äthoxyoxindol*, $C_{24}H_{23}O_4N$, F. 208,5—209,5°; aus IV in Eisessig + konz. H_2SO_4; 6eckige Plättchen aus verd. Essigsäure; 100%. — *3.3-Bis-[2'-methoxyphenyl]-6.7-benzooxindol* (*3.3-Bis-[2'-methoxyphenyl]-α-naphthoxindol*), $C_{26}H_{21}O_3N$, F. 263°; aus V; Nadeln aus verd. Essigsäure; 100%. — *3.3-Bis-[2'-methoxyphenyl]-4.5-benzooxindol* (*3.3-Bis-[2'-methoxyphenyl]-β-naphthoxindol*), $C_{26}H_{21}O_3N$, F. 301—303° (Zers.); aus VI; Drusen aus verd. Essigsäure; 83,6%. (Журнал Общей Химии [J. allg. Chem.] **22.** (**84.**) 190—95. Febr. 1952.) WÖRFFEL. 3081

P. A. Petjunin, *N-Arylamide von Oxycarbonsäuren und ihre Umwandlung in heterocyclische Verbindungen.* 12. Mitt. *Intramolekulare Kondensation der Arylamide von 4.4'-Dimethoxydiphenylglykolsäure.* (11. vgl. vorst. Ref.) Die intramol. Kondensation von Arylamiden der Bis-[4-methoxyphenyl]-glykolsäure zu *Oxindolderivv.* konnte mit konz. oder 60%ig. H_2SO_4, konz. HCl u. konz. H_3PO_4 erreicht werden. Die Rk. verläuft also unabhängig von der Natur des Anions in den intermediär gebildeten Farbsalzen, deren Lsgg. in konz. H_2SO_4 blau bis violett, in H_3PO_4 oder HCl himbeerfarben sind. Bei dem m-Bromanilid der Bis-[4-methoxyphenyl]-glykolsäure bildet sich von den 2 möglichen Isomeren, *3.3-Bis-[4'-methoxyphenyl]-4- bzw. -6-bromoxindol*, das 2. in weitaus überwiegender Menge. Die 6-Stellung des Br in diesem ließ sich durch Oxydation zu „*6-Bromdianisolisatosäureanhydrid*" (*Lacton des 4.4'-Dimethoxy-4''-brom-2''-carboxyamino-triphenylcarbinols*) nach INAGAKI (vgl. C. **1939**. I. 3890) beweisen.

Versuche: *Oxalsäureäthylester-m-bromanilid*, $C_{10}H_{10}O_3NBr$, F. 127°; durch Erhitzen von 13 g m-Bromanilin mit 17 g Oxalester; aus A. Prismen; 12 g (Ausbeute). — Folgende *Arylamide der Bis-[4-methoxyphenyl]-glykolsäure* wurden aus p-Methoxyphenyl-MgJ u. den entsprechenden N-arylsubstituierten Oxamidsäureestern in Ae. erhalten. *m-Bromanilid* (I), $C_{22}H_{20}O_4NBr$, F. 149,5°; aus A. Nadeln; 68,4%. *Anilid* (II), $C_{22}H_{21}O_4N$, F. 110,5—111,5°; aus Bzl. Plättchen. *o-Anisidid* (III), $C_{23}H_{23}O_5N$, F. 162—162,5°; aus A. Nadeln; 51%. *p-Phenetidid* (IV), $C_{24}H_{25}O_5N$, F. 131°; aus A. linsenförmige Kristalle; 53,5%. *α-Naphthylamid* (V), $C_{26}H_{23}O_4N$, F. 177—178°; aus Toluol Nadeln; 70,3%. *β-Naphthylamid* (VI), $C_{26}H_{23}O_4N$, F. 144,5—145,5°; aus A. Prismen; 72,8%. — *3.3-Bis-[4'-methoxyphenyl]-oxindol*, $C_{22}H_{19}O_3N$, F. 156—157°; 0,15 g II in 5 cm^3 Essigsäure werden 5 bis 10 Min. mit 1 cm^3 75%ig. H_2SO_4 auf 60—70° erwärmt; aus Ae. Plättchen. *Ätherat*, F. 69°. — *3.3-Bis-[4'-methoxyphenyl]-5-äthoxyoxindol*, $C_{24}H_{23}O_4N$, F. 179—180°; aus IV in Eisessig + 60%ig. H_2SO_4; aus A. feine Nadeln; 81,6%. — *3.3-Bis-[4'-methoxyphenyl]-7-methoxyindol*, $C_{23}H_{21}O_4N$, F. 212—213°; aus III; aus A. feinkrist. Pulver; 84,2%. — *3.3-Bis-[4'-methoxyphenyl]-4-bromoxindol*, $C_{22}H_{18}O_3NBr$, F. 209—211°; aus I in Eisessig + konz. H_2SO_4; aus A. Nadeln; 1,3%, neben *3.3-Bis-[4'-methoxyphenyl]-6-bromoxindol*, F. 193—194°; aus Bzl. Nadeln; 75,6%. Die Trennung erfolgt durch Kristallisation aus A., in dem erstgenannte Verb. schwerer lösl. ist. — „*6-Bromdianisolisatosäureanhydrid*", F. 201—202°; aus letztgenannter Verb. mit CrO_3 in Essigsäure; blaßgelbe Prismen aus Eisessig; 67,5%. — *3.3-Bis-[4'-methoxyphenyl]-6.7-benzooxindol* (*3.3-Bis-[4'-methoxyphenyl]-α-naphthoxindol*), $C_{26}H_{21}O_3N$, F. 199—201°; aus V in Eisessig in Ggw. von wenig 60%ig. H_2SO_4, 3—5 Min. bei 70—80°; aus A. linsenförmige Kristalle; 93,5%. — *3.3-Bis-[4'-methoxyphenyl]-4.5-benzooxindol* (*3.3-Bis-[4'-methoxyphenyl]-β-naphthoxindol*), $C_{26}H_{21}O_3N$, F. 270°; aus VI in Eisessig in Ggw. von 60%ig. H_2SO_4, konz. HCl oder konz. H_3PO_4, 10 Min. bei 70—80°; Sternchen aus verd. Essigsäure; 75%. (Журнал Общей Химии [J. allg. Chem.] **22**. (**84**.) 296—302. Febr. 1952.) WÖRFFEL. 3081

P. A. Petjunin, *N-Arylamide von Oxycarbonsäuren und ihre Umwandlung in heterocyclische Verbindungen*. 13. Mitt. *Anwendung verschiedener Dehydratationsmittel zur intramolekularen Kondensation von Arylamiden der α-Oxycarbonsäuren*. (12. vgl. vorst. Ref.) Zur Umwandlung der Arylamide von α-Oxycarbonsäuren in *Indolderivv.* wurden $AlCl_3$, $ZnCl_2$, $POCl_3$, HSO_3Cl, $(CH_3CO)_2O$ u. CH_3COCl auf Brauchbarkeit als Kondensationsmittel geprüft. $AlCl_3$ u. HSO_3Cl schieden aus, weil sie Verharzung oder andere Zers. hervorriefen. $(CH_3CO)_2O$ u. CH_3COCl waren unwirksam. Für die Verss. mit $POCl_3$ wurden Verbb. vom Typus $ArNHCOC(OH)Ar'_2$ ($Ar = C_6H_5$ u. β-$C_{10}H_7$; $Ar' = C_6H_5$ u. p-$CH_3OC_6H_4$) benutzt. Hat die Verb. genügende Basizität (Auftreten von Halochromie mit HCl oder H_3PO_4), so dissoziiert das zunächst entstehende Diarylchloracetylarylamid $ArNHCOCClAr'_2 \rightarrow [ArNHCOCAr_2]^+Cl^-$ unter Bldg. eines roten Kations, worauf Ringschließung erfolgt. Im anderen Falle bleibt die Ringschließung aus. (Mit konz. H_2SO_4 zeigen alle Arylamide Halochromie u. die entsprechenden Indolderivv. entstehen.) $ZnCl_2$ ist brauchbar, aber weniger geeignet als die gewöhnlich angewendete konz. H_2SO_4, da die Reaktionstemp. höher., Reaktionsdauer länger, das Prod. weniger rein u. die Ausbeute geringer ist.

Versuche: *3.3-Diphenyl-5-methyloxindol*, $C_{21}H_{17}ON$, F. 198°. 0,5 g Benzilsäure-p-toluidid wurden mit 0,5 g $ZnCl_2$ 1 Std. auf 180—190° erhitzt; die Schmelze wurde mit heißem 75%ig. A. ausgezogen u. der Rückstand aus Toluol krist.; 85% (Ausbeute). — Analog wurden mit $ZnCl_2$ als Kondensationsmittel nachst. Verbb. hergestellt. *3.3-Diphenyl-5-äthoxyoxindol*, F. 250°. *3.3-Diphenyl-7-methoxyoxindol*, F. 270°. *5-Brom-3.3-diphenyloxindol*, F. 284°. *3.3-Diphenyl-6.7-benzooxindol*, F. 253°. *3.3-Diphenyl-4.5-benzooxindol*, F. 266°. *3.3-Diphenyloxindol*, F. 225°. *3.3-Di-p-tolyloxindol*, F. 200°. *3.3-Di-p-tolyl-6.7-benzooxindol*, F. 220°. *3.3-Di-p-tolyl-4.5-benzooxindol*, F. 246,5°. — *3.3-Bis-[4'-methoxyphenyl]-4.5-benzooxindol* (*3.3-Bis-[4'-methoxyphenyl]-β-naphthoxindol*), F. 270°. 0,8 g Bis-[4-methoxyphenyl]-glykolsäure-β-naphthylamid wurden mit 0,5 cm^3 $POCl_3$ in 12 cm^3 Toluol 10—15 Min. auf dem Wasserbad erhitzt; der Nd. wurde aus Essigsäure umkrist.; 59%. *Anilid der Diphenylchloressigsäure*, $C_{20}H_{16}ONCl$, F. 88°; aus dem Anilid der Benzilsäure durch Erwärmen mit $POCl_3$ bis zur Lsg.; Nadeln aus Bzl.; 70%. Das entsprechende Indolderiv. entsteht hierbei nicht. — *β-Naphthylamid der Diphenylchloressigsäure*, $C_{24}H_{18}ONCl$, F. 109°; analog Vorst.; aus Bzn. Nadeln; 27%. (Журнал Общей Химии [J. allg. Chem.] **22**. (**84**.) 697—99. April 1952.) R. KNOBLOCH. 3081

P. A. Petjunin, *N-Arylamide von Oxycarbonsäuren und ihre Umwandlung in heterocyclische Verbindungen*. 14. Mitt. *Grenzen der intramolekularen Kondensation von Arylamiden der Oxycarbonsäuren*. (13. vgl. vorst. Ref.) Bei Arylamiden von α-Oxycarbon-

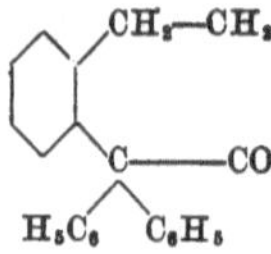
I

säuren kann aus dem Auftreten einer Färbung mit konz. H_2SO_4 auf eine intramol. Kondensation geschlossen werden. So wurde aus dem α- u. β-Phenyläthylamid der Benzilsäure, deren Lsgg. in konz. H_2SO_4 dunkelbraun bzw. dunkelrot sind, *1-Methyl-4.4-diphenyl-3-oxo-1.2.3.4-tetrahydroisochinolin* bzw. *1.1-Diphenyl-2-oxohomotetrahydroisochinolin* (I) erhalten. Bei Ausbleiben der Färbung erfolgt keine Heteroringbildung. Beispiele hierfür sind die Anilide von Glykol-, Diisoamylglykol- u. Phenylglykolsäure u. Dibenzylglykolsäure-o-anisidid.

Versuche: *Oxalsäureäthylester-α-phenyläthylamid* (**II**), $C_{12}H_{15}O_3N$, F. 51,5°, Kp.$_{21}$ 213—215°. Aus 16 g α-Phenyläthylamin (aus Acetophenon u. NH_4-Formiat) u. 24 g Oxalester. Man erwärmt bis zur neutralen Rk., gießt in 50 ml A., filtriert den Nd. von *Oxalsäure-bis-α-phenyläthylamid* (Nadeln aus Toluol, F. 195°; 2 g) ab u. dest. das in A. Gelöste im Vakuum; 10,5 g (Ausbeute). — *Oxalsäureäthylester-β-phenyläthylamid* (**III**), $C_{12}H_{15}O_3N$, F. 68°; aus β-Phenyläthylamin in alkal. Lsg. analog Vorst.; Nadeln aus Bzl; 54,8%. Daneben wenig *Oxalsäure-bis-β-phenyläthylamid*, $C_{18}H_{20}O_2N_2$, F. 186°; aus A. Nadeln. — *Dibenzylglykolsäure-o-anisidid*, $C_{23}H_{23}O_3N$, F. 150—151°; aus Oxalsäureäthylester-o-anisidid u. Benzyl-MgCl in Ae.; aus A. Kristallpulver; 55%. — *Benzilsäure-α-phenyläthylamid* (**IV**), $C_{22}H_{21}O_2N$, F. 149,5—150,5°; aus **II** u. C_6H_5MgBr in Ae.; aus A. Nadeln; 58,3%. — *Benzilsäure-β-phenyläthylamid* (**V**), $C_{22}H_{21}O_2N$, F. 139°; aus **III** u. C_6H_5MgJ in Ae.; aus A. Plättchen; 65,7%. — *1-Methyl-4.4-diphenyl-3-oxo-1.2.3.4-tetrahydroisochinolin*, $C_{22}H_{19}ON$, F. 272°; aus 3 g **IV** in 30 ml Eisessig + 15 ml konz. H_2SO_4; man läßt bis zum Verschwinden der rotbraunen Färbung einwirken; Stäbchen aus verd. Essigsäure; 91,6%. — *Lactam der Diphenyl-o-β-aminoäthylphenylessigsäure* (*1.1-Diphenyl-2-oxohomotetrahydroisochinolin*) (**I**), $C_{22}H_{19}ON$, F. 187—189°; aus **V** analog Vorst., aber bei 50—60°; aus A. feine Nadeln; 84,6%. (Журнал Общей Химии [J. allg. Chem.] **22.** (**84.**) 700—02. April 1952.) H. Fröhlich. 3081

B. N. Feitelson, P. Mamalis, R. J. Moualim, V. Petrow, O. Stephenson und **B. Sturgeon,** *Einige Benzimidazolderivate.* Zur Unters. auf ihre biol. Eigg. stellten Vff. zunächst aus o-Phenylendiamin u. den entsprechenden dibas. Säuren in 4n HCl nach Shriner u. Upson (J. Amer. chem. Soc. **63.** [1941.] 2277) *Polymethylen-bis-[benzimidazol-(2)]*-Derivv. dar. Nitrierung lieferte *Polymethylen-bis-[5-nitrobenzimidazol-(2)]*-Derivv., die zu den entsprechenden *5-Amino*-Derivv. red. wurden. Der Konstitutionsbeweis der letzteren ließ sich durch anderweitige Synth. von *Tetra-* u. *pentamethylen-bis-[5-aminobenzimidazol-(2)]* aus Adipo- bzw. pimelo-bis-[2.4-dinitroanilid] durch Red. u. Ringschluß erbringen. (Widerspruch zum Vers.-Teil; der Referent). Verss., durch Sandmeyer-Rk. die entsprechenden *Polymethylen-bis-[5-cyanbenzimidazole-(2)]* darzustellen, schlugen fehl; ein versuchter anderer Weg — Kondensation einer dibas. Säure mit 4-Cyanphenylendiamin-(1.2), der mit Adipinsäure *Tetramethylen-bis-[5-cyanbenzimidazol-(2)]* u. mit Sebacinsäure *Oktamethylen-bis-[5-cyanbenzimidazol-(2)]* lieferte — war wegen seiner geringen Ausbeuten nicht befriedigend. — Zur Unters. auf ihre trypanocide Wrkg. stellten Vff. nach Phillips (J. chem. Soc. [London] **1929.** 2820) *2-Methyl-1-phenylbenzimidazol* dar. Analog entstand *5-Amino-1-[p-aminophenyl]-2-methylbenzimidazol*, dessen *Methojodid* keine Wrkg. zeigte. Das entsprechende *Diacetylderiv.* ließ sich nicht quaternisieren. Durch Rk. von N-Methyl-o-phenylendiamin mit den entsprechenden Aldehyden entstanden *1-Methyl-2-phenylbenzimidazole.* Das entsprechende *5-Nitro-2-[p-nitrophenyl]*-Deriv. ließ sich nach Red. u. Acetylierung ebenfalls nicht quaternisieren. Aus 2-Aminodiphenylamin u. den entsprechenden Acylchloriden entstand eine Anzahl 1-Phenyl-2-[substituierte phenyl]-benzimidazole. Eine weitere Gruppe *2-Arylbenzimidazole* wurde aus den 5-Jod- u. 3.5-Di-jodphenylendiaminen durch Rk. mit den entsprechenden substituierten Benzaldehyden gewonnen. — Ferner wurde zur Unters. auf ihre tumorchemotherapeut. Wrkg. aus den verschied. o-Nitroanilinen nach Standardmethoden eine Anzahl von *Mono-* u. *Dihalobenzimidazolen* dargestellt. N-Substituierte Trichlorphenylendiamine-(1.2) ließen sich nicht wie vorst. in Benzimidazole verwandeln. Behandlung von N-[2-Oxyäthyl]-phenylendiamin mit Glykolsäure lieferte *1-[2-Oxyäthyl]-2-[oxymethyl]-benzimidazol*, dessen OH-Gruppen mittels $SOCl_2$ durch Halogen ersetzt wurden. Entsprechend wurden einige analoge *Mono-* u. *Dihaloderivv.* synthetisiert. — Schließlich wurden zur Unters. auf ihre antispasmod. Wrkg. einige *1-[2.3-Dioxypropyl]-benzimidazole* dargestellt. Hierbei wurde *5.6-Dichlor-1-[2.3-dioxypropyl]-3-methylbenzimidazoliumchlorid* besser aus dem Benzimidazol durch Erhitzen mit α-Chlorhydrin als durch direkte Quaternisierung gewonnen. Rk. von 5.6-Dichlor-1-methylbenzimidazol mit Dekamethylendibromid lieferte ein dem „*Dekamethoniumjodid*" ähnlich paralysierend wirkendes Arzneimittel.

Versuche: *Dekamethylen-bis-[benzimidazol-(2)]*, $C_{24}H_{30}N_4$, F. 288—289°, durch 5std. Erhitzen von Dekamethylendicarbonsäure-(1.10) u. o-Phenylendiamin in 4n HCl auf

135°; Nadeln aus Alkohol. *Dihydrochlorid*, F. 261—263°. — *Dekamethylen-bis-[5-nitrobenzimidazol-(2)]-dihydrat*, durch 2std. Behandlung von vorst. Verb. in konz. H_2SO_4 bei 0° mit KNO_3, Gießen in Eiswasser u. Zers. des entstandenen *Sulfats* (F. 255—256°). — Analog nachst. *Polymethylen-bis-[5-nitrobenzimidazole-(2)]*: *Äthylen*, $C_{16}H_{12}O_4N_6 \cdot 2H_2O$, Nadeln, F. 289—290°; 77% (Ausbeute). — *Trimethylen*, $C_{17}H_{14}O_4N_6$, Plättchen, F. 165°; 69%. — *Tetramethylen*, $C_{18}H_{16}O_4N_6$, F. 263°; Rosetten; 80%. — *Pentamethylen*, $C_{19}H_{18} \cdot O_4N_6 \cdot 2H_2O$, F. 208°; Nadeln aus wss. 2-Methoxyäthanol; 87%. — *Hexamethylen*, $C_{20}H_{20} \cdot O_4N_6 \cdot 2H_2O$, F. 248—249°, Nadeln; 78%. — *Oktamethylen*, $C_{22}H_{24}O_4N_6$, F. 136°; Nadeln; 93%. — Die *Tetrahydrochloride* nachst. *Polymethylen-bis-[5-aminobenzimidazole-(2)]*, durch Red. der vorst. Verbb. in 2-Methoxyäthanol bei Zimmetemp. mit RANEY-Ni u. Behandeln mit konz. HCl: *Äthylen*, $C_{16}H_{20}N_6Cl_4$, F. 345°; 85%. — *Trimethylen*, $C_{17}H_{22} \cdot N_6Cl_4$, F. >300°; 81%. — *Tetramethylen*, $C_{18}H_{24}N_6Cl_4$, F. >300°; 86%. — *Pentamethylen*, $C_{19}H_{26}N_6Cl_4$, F. >300°; 62%. — *Hexamethylen*, $C_{20}H_{28}N_6Cl_4$, F. >345°; 73%. — *Oktamethylen*, $C_{22}H_{32}N_6Cl_4$, F. 324—325°; 86%. — *Fumaro-bis-o-nitroanilid*, $C_{16}H_{12}O_6N_4$, F. 283°, durch Sieden einer Mischung von o-Nitroanilin u. Fumaroylchlorid in trockenem Bzl. bis zur Beendigung der HCl-Entw.; Nadeln aus Dioxan; 83%. — *Äthylen-bis-[benzimidazol-(2)]-dihydrochlorid*, als *Dihydrat*, $C_{16}H_{14}N_4 \cdot 2HCl \cdot 2H_2O$, F. >330°, durch Red. vorst. Verb. wie oben in Dioxan u. 2std. Sieden mit 5n-alkoh. HCl; Nadeln (A.). — *Adipo-bis-[4-cyan-2-nitranilid]*, $C_{20}H_{16}O_6N_6$, F. 221—222°, durch 1std. Erhitzen des Säurechlorids u. Cyannitranilins auf 190°; Nadeln aus 2-Äthoxyäthanol. — *Tetramethylen-bis-[5-cyanbenzimidazol-(2)]*, als *Dihydrochlorid*, $C_{20}H_{16}N_6 \cdot 2HCl$, F. 203°, durch Red. vorst. Verb. wie oben; bräunliche Kristalle. *Dihydrat*, F. 260—261°. — *Oktamethylen-bis-[5-cyanbenzimidazol-(2)]*, $C_{24}H_{24}N_6$, F. 145°; Nadeln aus A.; 42%. — *Pimelo-bis-[2.4-dinitroanilid]*, $C_{19}H_{18}O_{10}N_6$, F. 188°, durch 1std. Erhitzen von Pimeloylchlorid u. Dinitroanilin auf 170—180°; gelbe Nadeln aus 2-Äthoxyäthanol; 55%; ließ sich nicht wie vorst. in ein Benzimidazol verwandeln. — *2-Methyl-5-nitro-1-phenylbenzimidazol-methomethylsulfat*, $C_{16}H_{17}O_6N_3S$, F. 210° (Zers.). *Methochlorid*, $C_{15}H_{14}O_2N_3Cl \cdot 3H_2O$, F. 182° (Zers.); Nadeln aus 5n HCl. — *5-Amino-2-methyl-1-phenylbenzimidazol-methochloridhydrochlorid*, als *Trihydrat*, $C_{15}H_{17}N_3Cl_2 \cdot 3H_2O$, F. 190° (Zers.); Nadeln aus HCl. — *2.4'-Bis-[acetamido]-4-nitrodiphenylamin*, $C_{16}H_{16}O_4N_4$, F. 236°; gelbe Nadeln (A.). — *1-[p-Aminophenyl]-2-methyl-5-nitrobenzimidazol*, $C_{14}H_{12}O_2N_4$, F. 190°; durch Sieden vorst. Verb. mit HCl; Nadeln aus A.; 66%. *Acetylderiv.*, $C_{16}H_{14}O_3N_4$, F. 198°; Nadeln aus Alkohol. — *5-Amino-1-[p-aminophenyl]-2-methylbenzimidazol*, $C_{14}H_{14}N_4$, F. 230°, durch Red. vorst. Verb.; Nadeln (A.). *Diacetylderiv.*, $C_{18}H_{18}O_2N_4$, Nadeln aus A., F. 220°. — *1-[p-Aminophenyl]-2-methyl-5-nitrobenzimidazol-methochloridhydrochlorid*, als *Tetrahydrat*, $C_{15}H_{16}O_2N_4Cl_2 \cdot 4H_2O$, F. >300°; aus W. hygroskop. Nadeln. — *5-Amino-1-[p-aminophenyl]-2-methylbenzimidazol-methochloriddihydrochlorid*, als *Pentahydrat*, $C_{15}H_{17}N_4Cl \cdot 2HCl \cdot 5H_2O$, Zers. bei 200°; aus W. hygroskop. Nadeln. — *5-Amino-1-[p-chlorphenyl]-2-methylbenzimidazol*, $C_{14}H_{12}N_3Cl$, F. 170°, durch Red. des 5-Nitroderiv.; aus A. Nadeln. — *2-[p-Acetamidophenyl]-benzimidazol*, $C_{15}H_{13}ON_3 \cdot H_2O$, F. 309°; hellgelbe Nadeln aus A.; läßt sich nicht quaternisieren. — *1-Methyl-2-[p-nitrophenyl]-benzimidazolmethojodid*, $C_{15}H_{14}O_2N_3J$, F. 297° (Zers.), als leichter lösl. Komponente bei Erhitzen des Benzimidazols mit CH_3J in Methanol 3 Std. auf 120° u. Zufügen von sd. W.; gelbe Nadeln. *Methoperjodid*, $C_{15}H_{14}O_2N_3J_3$, F. 182°, als schwerlösl. Nd. bei vorst. Rk.; braune Platten aus Glykol. — *1-Methyl-5-nitro-2-[p-nitrophenyl]-benzimidazol-methomethylsulfat*, $C_{16}H_{16} \cdot O_8N_4S$, F. 280°, Prismen aus Essigester. *Methobromid*, $C_{15}H_{13}O_4N_4Br$, F. 255°; gelbe Nadeln. *Methochlorid*, $C_{15}H_{13}O_4N_4Cl$, F. 242° (Zers.); aus A. + Ae. Nadeln. — *5-Acetamido-2-[p-acetamidophenyl]-1-methylbenzimidazol*, als *Hemihydrat*, $C_{18}H_{18}O_2N_4 \cdot \frac{1}{2}H_2O$, F. 264 bis 265°, durch Red. u. Acetylierung der entsprechenden Dinitroverb.; Plättchen aus Methanol. — *5-Amino-2-[p-aminophenyl]-benzimidazoltrihydrochlorid*, $C_{13}H_{12}N_4 \cdot 3HCl$, F. >320°, durch Red. der Dinitroverb. in methanol. HCl mit $SnCl_2$; glänzende Plättchen. — *5-Acetamido-2-[p-acetamidophenyl]-benzimidazol*, als *Hemihydrat*, $C_{17}H_{16}O_2N_4 \cdot \frac{1}{2}H_2O$, F. 358°, aus 6,5 g vorst. Verb. in Acetanhydrid; 6,5 g; ein Methomethylsulfat ließ sich nicht darstellen; *5-Amino-2-[p-aminophenyl]-1-phenylbenzimidazol*, $C_{19}H_{16}N_4$, Nadeln aus A., F. 265°. *Diacetylderiv.*, $C_{23}H_{20}O_2N_4$, Plättchen aus A., F. 207°. *Methochloriddihydrochlorid*, als *Pentahydrat*, $C_{20}H_{19}N_4Cl \cdot 2HCl \cdot 5H_2O$, F. 210° (Zers.); aus A. + Ae. gelbe, hygroskop. Kristalle. — *5-Nitro-1-[p-nitrobenzyl]-2-[p-nitrophenyl]-benzimidazol*, $C_{20}H_{13}O_6N_5$, F. 256 bis 258°, durch 5std. Sieden von 20 g Nitrobenzaldehyd u. 20 g 4-Nitrophenylendiamin-(1.2) in Eisessig, nach Abdest. des Eisessigs u. Abfiltrieren des beim Abkühlen ausfallenden *5-Nitro-2-[p-nitrophenyl]-benzimidazols* (F. 340°) Verdünnen mit W.; hellorangegelbe Nadeln; 11 g. — *2-[p-Diäthylaminophenyl]-benzimidazol*, $C_{17}H_{19}N_3$, F. 232°; lederfarbene Nadeln aus PAe.–Essigester. — *2-[p-Dimethylaminophenyl]-1-methyl-5-nitrobenzimidazol-hydrochlorid*, $C_{16}H_{16}O_2N_4$, HCl, F. 259° (Eisessig). — *2-[p-Diäthylaminophenyl]-1-methyl-5-nitrobenzimidazolhydrochlorid*, $C_{18}H_{21}O_2N_4Cl$, F. 250° (Essigsäure). — *5-Jod-phenylendiamin-(1.2)*, $C_6H_7N_2J$, F. 73°, durch Red. von 5-Jod-2-nitranilin; glänzende Plättchen aus Alkohol. — *3.5-Dijodphenylendiamin*, $C_6H_6N_2J_2$, F. 112°; aus A. Nadeln. — *5-Jod-2-ketobenzimidazolin*, $C_7H_5ON_2J$, F. 250°, durch 3 std. Erhitzen von 4-Jodphenylendiamin-(1.2) u. Carbonylchlorid in Toluol auf dem Wasserbad. — *5.7-Dijod-2-ketobenzimidazolin*, $C_7H_4ON_2J_2$, F. 230°. — *Dekamethylen-bis-[5.6-dichlor-3-methyl-1-benzimidazolium]-dibromid*, $C_{26}H_{32}N_4Cl_4Br_2$, F. 232° (Zers.), durch $^3/_4$ std. Erhitzen von Dekamethylendibromid u. 5.6-Dichlor-1-methylbenzimidazol auf 160°; Prismen (A.). — Analog wurden erhalten: Benzimidazole: *5-Jod-2-methyl-*, $C_8H_7N_2J$, F. 220°; gelbe Nadeln. — *5.7-Dijod-2-methyl-*, $C_8H_6N_2J_2$, F. 257°; cremefarbene Nadeln. — *2-[p-Oxy-m-jodphenyl]-*, $C_{13}H_9ON_2J$, F. 248°. — *2-[p-Oxy-m-jodphenyl]-1-methyl-5-nitro-*, $C_{14}H_{10}O_3N_3J$, F. 232°. — *2-[p-Oxy-m-jodphenyl]-5-jod-*, $C_{13}H_8ON_2J_2$, F. 187°. — *2-[p-Oxy-m-jodphenyl]-5.7-dijod-*, $C_{13}H_7ON_2J_3$, F. 190°; hellgelbe Nadeln. — *5.7-Dijod-2-[p-nitrophenyl]-*, $C_{13}H_7O_2N_3J_2$, F. 295°; gelbe Nadeln. — *2-[p-Aminophenyl]-5.7-dijod-*, $C_{13}H_9N_3J_2$, F. 143°; Nadeln. — *2-[4-Oxy-3.5-dijodphenyl]-*, $C_{13}H_8ON_2J_2$, F. 193°; schwachbraune Nadeln. — *2-[4-Oxy-3.5-dijodphenyl]-5.7-dijod-*, $C_{13}H_6ON_2J_4$, F. 193°; schwachgelbe Nadeln. — *2-[p-Oxyphenyl]-5.7-dijod-*, $C_{13}H_8ON_2J_2$, F. 230°; cremfarbene Nadeln. — *2-[4-Oxy-3.5-dijodphenyl]-5-jod-*, $C_{13}H_7 \cdot ON_2J_3$, F. 200°; schwachgelbe Nadeln. — *4-[p-Dimethylaminophenyl]-5.7-dijod-*, $C_{15}H_{13}N_3J_2$, F. 158°; schwachgelbe Nadeln. — *1-[p-Jodphenyl]-2-methyl-5-nitro-*, als *Hydrochlorid*, $C_{14}H_{10}O_2N_3J \cdot HCl$, F. 216°; gelbe Nadeln. — *1-[2-Chloräthyl]-2-chlormethylbenzimidazol-hydrochlorid*, $C_{10}H_{10}N_2Cl_2 \cdot HCl$, F. 176—177° (Zers.); Nadeln (PAe. + A.). Nachst. substituierte Derivv. hiervon: *5-Chlor-*, $C_{10}H_9N_2Cl_3 \cdot HCl$, F. 194° (Zers.); Nadeln (A.). — *5-Chlor-6-methyl-*, $C_{11}H_{11}N_2Cl_3 \cdot HCl$, F. 204—209° (Zers.); Nadeln (A.). — *6-Chlor-*, $C_{10}H_9N_2Cl_3 \cdot HCl$, F. >290°; Nadeln (PAe. + A.). — *5.6-Dichlor-*, $C_{10}H_8N_2Cl_4 \cdot HCl$, F. 190—192° (Zers.); Nadeln aus PAe. + Alkohol. — *5.7-Dichlor-*, $C_{10}H_8N_2Cl_4 \cdot HCl \cdot H_2O$, F. 182—183°; Nadeln (A.). — *5-Brom-*, $C_{10}H_9N_2Cl_2Br$, F. 188—190° (Zers.); Nadeln (A.). — Benzimidazolhydrochloride: *5-Chlor-2-chlormethyl-1-methyl-*, $C_9H_8N_2Cl_2 \cdot HCl$, Blättchen aus A., F. 301—302° (Zers.). — *5-Chlor-1-[2-chloräthyl]-*, $C_9H_8N_2Cl_2 \cdot HCl$, Nadeln aus A. + PAe., F. 174—175°. — *5-Chlor-1-[2-chloräthyl]-6-methyl-*, $C_{10}H_{10}N_2Cl_2 \cdot HCl$, Prismen aus A. + Ae., F. 180—181°. — *6-Chlor-2-chlormethyl-1-methyl-*, $C_9H_8N_2Cl_2 \cdot HCl$, cremefarbene Prismen aus A., F. 315—317° (Zers.). — *6-Chlor-1-[2-chloräthyl]-*, $C_9H_8N_2Cl_2 \cdot HCl \cdot 1/2\,H_2O$, Prismen aus A. + PAe., F. 197—198°. — *5.7-Dichlor-1-[2-chloräthyl]-*, $C_9H_7N_2Cl_3 \cdot HCl$, Nadeln aus PAe. + A., F. 202—204°. — N-substituierte Aniline: *4-Chlor-2-nitraniline*: *n-Butyl-*, $C_{10}H_{13}O_2N_2Cl \cdot H_2O$, F. 30—31°; aus A. orangefarbene Prismen. — *Benzyl-*, $C_{13}H_{11}O_2N_2Cl$, F. 68°; aus PAe. orangefarbene Nadeln. — *2'-Oxyäthyl-*, $C_8H_9O_3N_2Cl$, F. 104—105°, aus A. orangefarbene Nadeln. — *4-Chlor-5-methyl-2-nitroaniline*: *Äthyl-*, $C_9H_{11}O_2N_2Cl \cdot H_2O$, F. 125—126°; aus A. orangefarbene Nadeln. — *n-Propyl-*, $C_{10}H_{13}O_2N_2Cl$, F. 67—68°; aus A. orangefarbene Nadeln. — *Isopropyl-*, $C_{10}H_{13} \cdot O_2N_2Cl$, F. 90—92°; aus A. orangefarbene Nadeln. — *n-Butyl-*, $C_{11}H_{15}O_2N_2Cl$, F. 42—43°; aus A. orangefarbene Blättchen. — *Benzyl-*, $C_{14}H_{13}O_2N_2Cl$, F. 110—111°; orangefarbene Nadeln. — *2'-Oxyäthyl-*, $C_9H_{11}O_3N_2Cl$, F. 171—172°; zinnoberrote Nadeln aus 2-Äthoxyäthanol. — *2'-Oxy-n-propyl-*, $C_{10}H_{13}O_3N_2Cl$, H_2O, F. 137—138°; aus A. orangefarbene Nadeln. — *2'.3'-Dioxy-n-propyl-*, $C_{10}H_{13}O_4N_2Cl$, F. 166°; aus A. orangefarbene Nadeln. — *5-Chlor-2-nitraniline*: *n-Butyl-*, $C_{10}H_{13}O_2N_2Cl$, F. 28°, aus A. orangegelbe Nadeln. — *Isopropyl-*, $C_9H_{11}O_2N_2Cl$, F. 43—44°; aus A. orangefarbene Plättchen. — *Benzyl-*, $C_{13}H_{11}O_2 \cdot N_2Cl$, F. 100—101°; orangefarbene Nadeln. — *2'-Oxyäthyl-*, $C_8H_9O_3N_2Cl$, F. 114—115°; rote Plättchen. — *2'.3'-Dioxy-n-propyl-*, $C_9H_{11}O_4N_2Cl$, F. 155—156°; goldfarbene Blätter. — *5-Chlor-6-methyl-2-nitroaniline*: *Äthyl-*, $C_9H_{11}O_2N_2Cl$, F. 58—59°; orangefarbene Nadeln. — *Benzyl-*, $C_{14}H_{13}O_2N_2Cl$, F. 54°; orangefarbene Prismen. — *2'-Oxyäthyl-*, $C_9H_{11}O_3N_2Cl$, F. 75°; gelbe Nadeln aus A. + Petroläther. — *4.5-Dichlor-2-nitraniline*: *Methyl-*, $C_7H_6O_2 \cdot N_2Cl_2$, F. 148°; orangefarbene Nadeln. — *Äthyl-*, $C_8H_8O_2N_2Cl_2$, F. 120°; orangefarbene Nadeln. — *n-Propyl-*, $C_9H_{10}O_2N_2Cl_2$, F. 84—85°; orangefarbene Nadeln. — *Benzyl-*, $C_{13}H_{10}O_2N_2Cl_2$, F. 104°; gelbe Nadeln. — *Phenyl-*, $C_{12}H_8O_2N_2Cl_2$, F. 96°; orangefarbene Plättchen. — *2'.3'-Dioxy-n-propyl-*, $C_9H_{10}O_4N_2Cl_2$, F. 142°; gelbe Plättchen. — *4.5.6-Trichlor-2-nitraniline*: *Methyl-*, $C_7H_5O_2N_2Cl_3$, F. 72—73°; orangegelbe Nadeln. — *Benzyl-*, $C_{13}H_9O_2N_2Cl_3$, F. 65—66°; orangerote Nadeln. — *2'-Oxyäthyl-*, $C_8H_7O_3N_2Cl_3$, F. 104—105°; gelbe Nadeln. — *4-Brom-2-nitraniline*: *Äthyl-*, $C_8H_9O_2N_2Br$, F. 92°; orangefarbene Nadeln. — *n-Propyl-*, $C_9H_{11}O_2N_2Br$, F. 41°; rote Prismen. — *Isopropyl-*, $C_9H_{11}O_2N_2Br$, F. 98°; orangefarbene Nadeln. — *Benzyl-*, $C_{13}H_{11}O_2N_2Br$, F. 94°; orangerote Blättchen. — *2'-Oxyäthyl-*, $C_8H_9O_3N_2Br$, F. 90—91°; gelbe Nadeln. — *2'.3'-Dioxy-n-propyl-*, $C_9H_{11}O_4 \cdot N_2Br$, F. 102—103°; orangerote Nadeln. — Benzimidazole (soweit nicht vermerkt Rekristallisationsmittel A.): *5-Chlorbenzimidazole*: *1-Methyl-*, als *Hydrochlorid*, $C_8H_7N_2Cl \cdot HCl$, F. 243—245°; aus A. + Ae. Nadeln. — *1.2-Dimethyl-*, als *Hydrochlorid*, $C_9H_9N_2Cl \cdot HCl$, F. 277°; Nadeln. — *1-n-Butyl-*, als *Pikrat*, $C_{11}H_{13}N_2Cl \cdot C_6H_3O_7N_3$, F. 185—186°; gelbe Nadeln aus 2-Äthoxyäthanol. — *2-Oxymethyl-*, $C_8H_7ON_2Cl$, F. 210°; graue Nadeln. — *1-Methyl-2-oxymethyl-*, $C_9H_9ON_2Cl$, F. 181—182°; Blättchen. — *1-[2-Oxyäthyl]-*, $C_9H_9 \cdot$

$ON_2Cl \cdot H_2O$, F. 83—84°; Nadeln. — *1-[2-Oxyäthyl]-2-oxymethyl-*, $C_{10}H_{11}O_2N_2Cl$, F. 150—151°, Nadeln. — *5-Chlor-6-methylbenzimidazole*: *1-Methyl-*, $C_9H_9N_2Cl \cdot \frac{1}{2} H_2O$, F. 114—115°; Nadeln. *Hydrochlorid*, F. 255—260°; prismat. Nadeln. *Pikrat*, F. 274—275° (Zers.); gelbe Nadeln aus 2-Äthoxyäthanol. *Methojodid*, $C_{10}H_{12}N_2ClJ \cdot H_2O$, F. 255° (Zers.); prismat. Nadeln. *Methochlorid*, $C_{10}H_{12}N_2Cl_2 \cdot H_2O$, F. 220—221° (Zers.); Nadeln. — *1-Äthyl-*, $C_{10}H_{11}N_2Cl$, F. 87°; cremefarbene Nadeln (PAe.). — *1-n-Propyl-*, $C_{11}H_{13}N_2Cl$, F. 63—64°; aus PAe. Plättchen. *Hydrochlorid*, F. 93—94°; aus PAe. prismat. Nadeln. *Pikrat*, F. 198°; gelbe Nadeln aus 2-Äthoxyäthanol. — *1-Isopropyl-*, als *Pikrat*, $C_{11}H_{13}N_2Cl \cdot C_6H_3O_7N_3$, F. 257°; gelbe Blättchen aus 2-Äthoxyäthanol. — *1-n-Butyl-*, als *Pikrat*, $C_{12}H_{15}N_2Cl \cdot C_6H_3O_7N_3$, F. 197—199°; gelbe Nadeln aus 2-Äthoxyäthanol. — *1-Benzyl-*, $C_{15}H_{13}N_2Cl$, F. 155—156°; Nadeln. — *1-[2-Oxyäthyl]-*, $C_{10}H_{11}ON_2Cl$, F. 155—156°; Nadeln. — *1-[2-Oxyäthyl]-2-oxymethyl-*, $C_{11} \cdot H_{13}O_2N_2Cl$, F. 149—151°; Nadeln. — *1-[2.3-Dioxypropyl]-*, $C_{11}H_{13}O_2N_2Cl$, F. 140°; Prismen (A. + PAe.). *3-Methojodid*, $C_{12}H_{16}O_2N_2ClJ$, F. 188°; Prismen. *3-Methochlorid*, $C_{12}H_{16} \cdot O_2N_2Cl_2$, F. 239°; Nadeln. — *3-[2.3-Dioxypropyl]-*, als *1-Methochlorid*, $C_{12}H_{16}O_2N_2Cl_2 \cdot H_2O$, F. 236—237° (Zers.); Nadeln (A. + Ae.). — *6-Chlorbenzimidazole*: *1.2-Dimethyl-*, $C_9H_9N_2Cl$, F. 158°; Nadeln (Bzl.-PAe.). — *1-Äthyl-*, als *Hydrochlorid*, $C_9H_9N_2Cl \cdot HCl$, F. 211—213°; Prismen (A. + Ae.). *Pikrat*, F. 236—237°; gelbe Nadeln aus 2-Äthoxyäthanol. — *1-Isopropyl-*, als *Hydrochlorid*, $C_{10}H_{11}N_2Cl \cdot HCl \cdot H_2O$, F. 194—196°; Nadeln (A. + Ae.). *Pikrat*, F. 211°; gelbe Nadeln aus 2-Äthoxyäthanol. — *1-n-Butyl-*, als *Hydrochlorid*, $C_{11}H_{13}N_2Cl \cdot HCl \cdot H_2O$, F. 178—179°; Nadeln aus Aceton. *Pikrat*, F. 147°; gelbe Nadeln. — *1-Benzyl-*, $C_{14}H_{11}N_2Cl$, F. 137—138°; Nadeln. — *1-Methyl-2-oxymethyl-*, $C_9H_9ON_2Cl$, F. 180—182°; Prismen. — *1-[2-Oxyäthyl]-*, $C_9H_9ON_2Cl$, F. 146°; Nadeln. — *1-[2-Oxyäthyl]-2-methyl-*, $C_{10}H_{11}ON_2Cl$, F. 171°; Nadeln. — *1-[2.3-Dioxypropyl]-*, $C_{10}H_{11}O_2N_2Cl$, F. 156 bis 157°; Nadeln (A. + PAe.). *3-Methojodid*, $C_{11}H_{14}O_2N_2ClJ$, F. 172—173°; Nadeln (A. + PAe.). — *1-[2-Oxyäthyl]-2-oxymethyl-*, $C_{10}H_{11}O_2N_2Cl \cdot H_2O$, F. 178—179°; Nadeln. — *6-Chlor-7-methylbenzimidazole*: *1-Äthyl-*, als *Hydrochlorid*, $C_{10}H_{11}N_2Cl \cdot HCl$, F. 264°; Nadeln (A. + Ae.). *Pikrat*, F. 211—212°; gelbe Nadeln aus 2-Äthoxyäthanol. — *1-[2-Oxyäthyl]-*, $C_{10}H_{11}ON_2Cl$, F. 186—187°; cremefarbene Nadeln (A.). *Hydrochlorid*, F. 255°; Nadeln (A. + Ae.). — *5.6-Dichlorbenzimidazole*: *1-Methyl-*, $C_8H_6N_2Cl_2$, F. 174°; Prismen (Bzl.). *Methojodid*, $C_9H_9N_2Cl_2J$, F. >270°; Prismen aus (A. + Ae.). — *1.2-Dimethyl-*, $C_9H_8N_9Cl_2$, F. 200°; Nadeln (Bzl.). *Pikrat*, F. 268°; citronengelbe Nadeln aus 2-Äthoxyäthanol. — *1-Äthyl-*, $C_9H_8N_2Cl_2$, F. 117—118°; Plättchen. — *1-Benzyl-*, $C_{14}H_{10}N_2Cl_2$, F. 144°; Nadeln (Bzl. + PAe.). — *1-Phenyl-*, $C_{13}H_8N_2Cl_2$, F. 131—132°; Nadeln (Bzl.). — *2-Oxymethyl-*, $C_8H_6ON_2Cl_2$, F. 278° (Zers.); Nadeln (A. + PAe.). — *2-Oxymethyl-1-methyl-*, $C_9H_8ON_2Cl_2$, F. 195°; Nadeln. — *1-[2-Oxyäthyl]-*, $C_9H_8ON_2Cl_2$, F. 162°; Prismen (PAe. + A.). — *1-[2.3-Dioxypropyl]-*, $C_{10}H_{10}O_2N_2Cl_2$, F. 152—153°; Nadeln (Bzl.). *3-Methojodid*, $C_{11}H_{13}O_2N_2Cl_2J$, F. 216°; Pfeile. *3-Methochlorid*, $C_{11}H_{13}O_2N_2Cl_3$, F. 245—246°; Nadeln. — *1-[2-Oxyäthyl]-2-oxymethyl-*, $C_{10}H_{10}O_2N_2Cl_2 \cdot H_2O$, F. 168°; Nadeln. — *5.7-Dichlorbenzimidazole*: *1-Methyl-*, $C_8H_6N_2Cl_2 \cdot \frac{1}{2} H_2O$, F. 137—138°; cremefarbene Nadeln (Bzl. + PAe.). — *2-Methyl-*, $C_8H_6N_2Cl_2$, F. 218—219°; Nadeln. *Hydrochlorid*, F. 300° (Zers.); Plättchen. *Pikrat*, F. 262° (Zers.); gelbe Nadeln. — *2-Oxymethyl-*, $C_8H_6ON_2Cl_2$, F. 210°; cremefarbene Nadeln. — *1-[2-Oxyäthyl]-*, $C_9H_8ON_2Cl_2$, F. 152—153°; Nadeln. — *1-[2.3-Dioxypropyl]-*, als *Pikrat*, $C_{10}H_{10}O_2N_2Cl_2 \cdot C_6H_3O_7N_3$, F. 180°; gelbe Nadeln. — *1-[2-Oxyäthyl]-2-oxymethyl-*, $C_{10}H_{10}O_2N_2Cl_2$, F. 177—178°; Nadeln. — *5-Brombenzimidazole*: *1-Methyl-*, $C_8H_7N_2Br$, F. 86—87°; glänzende Plättchen (PAe.). *Pikrat*, F. 264° (Zers.); citronenfarbene Nadeln aus 2-Äthoxyäthanol. — *1.2-Dimethyl-*, $C_9H_9N_2Br$, F. 137—138°; Prismen (Bzl.) — *1-Äthyl-*, $C_9H_9N_2Br$, F. 55°; Nadeln (PAe.). — *1-Benzyl-*, $C_{14}H_{11}N_2Br$, F. 112°; Nadeln (Bzl.). — *1-[2-Oxyäthyl]-*, $C_9H_9ON_2Br$, F. 92°; Plättchen (Bzl. + PAe.). — *1-[2.3-Dioxypropyl]-*, $C_{10}H_{11}O_2N_2Br$, F. 140°; Prismen (A. + PAe.). *Pikrat*, F. 131°; gelbe Nadeln. — *1-[2-Oxyäthyl]-2-oxymethyl-*, $C_{10}H_{11}O_2N_2Br$, F. 144°; Nadeln (A. + PAe.). (J. chem. Soc. [London] **1952.** 2389—98. Juni. British Drug House, Chem. Res. Labor.) LEHWALD. 3122

Fr. Zuber und **E. Sorkin**, *Über die Herstellung einiger N-substituierter Rhodaninderivate.* Aus DL-Phenylalanin (**I**) wurde mit CS_2 u. Chloressigsäure *DL-α-[Rhodanin-N]-β-phenylpropionsäure* (**II**) dargestellt. Die entsprechenden Rhodaninderivv. aus DL-Tyrosin, DL-Valin, p-Aminobenzoesäure u. p-Aminosalicylsäure konnten nicht krist. erhalten werden, wohl aber deren Ester. Mit DL-Norleucin wurde das gesuchte Rhodaninderiv. überhaupt nicht erhalten, DL-Leucin gab eine Verb., die ihrer Zus. nach den entsprechenden ringoffenen Ester darstellt. **II** zeigte an *Leuconostoc mesenteroides* etwa $^1/_4$ der Wirksamkeit des L-Phenylalanins. *DL-α-[Rhodanin-N]-β-[p-oxyphenyl]-propionsäureäthylester* (**III**) bewirkte auch in hohen Konzz. keine Wachstumshemmung bei *E. coli.*

V e r s u c h e (FF. korr.): *DL-α-[Rhodanin-N]-β-phenylpropionsäure* (**II**), $C_{12}H_{11}O_3NS_2$, F. 170—173° (Bzl.-PAe.), durch Neutralisation von 8,2 g **I** mit wss. KOH, Schütteln über Nacht mit 4 g CS_2, 10std. Stehen mit 5 g Chloressigsäure u. wss. Sodalsg., Ansäuern mit CH_3COOH u. Extraktion mit Ae.; sublimiert im Hochvakuum bei 170°; 6,5 g (Ausbeute). —

DL-α-*[Rhodanin-N]-β-[p-oxyphenyl]-propionsäureäthylester* (**III**), $C_{14}H_{15}O_4NS_2$, F. 135° (A.), aus 9 g DL-Tyrosin wie vorst.; von den durch Ansäuern mit 5n HCl erhaltenen 10,2 g Öl wurden 5 g mit absol. A. unter Einleiten von trockenem HCl 8 Std. gekocht; 1,62 g. — DL-α-*[Rhodanin-N]-isovaleriansäureäthylester*, $C_{10}H_{15}O_3NS_2$, F. 50—53°, wie vorst. aus 10 g DL-Valin; nach Hochvakuumsublimation bei 50° (Bad) aus A.-W. Kristalle; 2,5 g. — *N-[α-Carbäthoxyisoamyl]-carbäthoxymethyldithiocarbaminat* (?), $C_{13}H_{23}O_4NS_2$, F. 66—67°, an Stelle des erwarteten DL-α-[Rhodanin-N]-isocapronsäureäthylesters aus 13,1 g DL-Leucin; aus PAe. 7,2 g Kristalle. — *p-[Rhodanin-N]-benzoesäureäthylester*, $C_{12}H_{11}O_3NS_2$, F. 122° (A.), aus p-Aminobenzoesäure wie **III**; 19,8%; die intermediäre *freie Säure* (F. 120 bis 130°; 54%) konnte nicht analysenrein gewonnen werden. — *p-[Rhodanin-N]-salicylsäureäthylester*, $C_{12}H_{11}O_4NS_2$, F. 161—163° (A.-W.), aus 20 g p-Aminosalicylsäure wie **III**; 1,1 g. (Helv. chim. Acta **35**. 1744—47. 1/8. 1952. Basel, Univ., Anst. für anorgan. Chemie.)

Spaeth. 3142

M. V. Kowjalgi und B. H. Iyer, *Clemmensen-Reduktion und Salpetersäureoxydation einiger Aldimethone.* Im Gegensatz zu anderen Autoren stellten Dey u. Linstead (J. chem. Soc. [London] **1935**. 1063) bei der Clemmensen (CL.)-Red. von Methon (**V**) eine Ringverengung zum Cyclopentanring fest. Vff. untersuchten nun die Verhältnisse bei Aldimethonen (d. h. Kondensationsprodd. von Aldehyden mit **V** [5.5-Dimethyldihydroresorcin]), bei denen die reaktionsfähige Methylengruppe des **V** durch Verbindung mit einem Aldehydmol. festgelegt ist. Die Aldimethone vom Typ **A** mit Formaldehyd (R = H) (**I**), Acetaldehyd (R = CH_3) (**II**), n-Butyraldehyd (R = C_3H_7), Crotonaldehyd (R = C_3H_5) u. Benzaldehyd (R = C_6H_5) ergaben bei der CL.-Red. die entsprechenden *Oktahydroxanthene* vom Typ **B**. Eine Ringverengung trat also nicht ein. Augenscheinlich wird vor der Red. erst unter Wasseraustritt der Xanthenring geschlossen; denn **I** konnte durch Erhitzen mit HCl in das Anhydrid übergeführt werden, aus dem bei der CL.-Red. dasselbe Xanthenderiv. **III** erhalten wurde wie bei der direkten Red. von **I**. Beim Crotonaldimethon wurde die exocycl. Doppelbindung mithydriert, so daß dasselbe Xanthen entstand wie aus n-Butyraldimethon. Die Oxydation von **I** u. **II** mit verd. HNO_3 ergab nur β.β-Dimethylglutarsäure (**IV**), die von Benzaldimethon jedoch ein Gemisch aus **IV** u. Nitrobenzoesäuren, woraus folgt, daß während der Oxydation auch Nitrierung des aromat. Ringes stattgefunden hat.

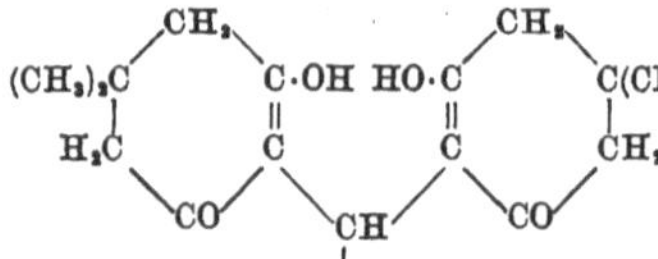
A

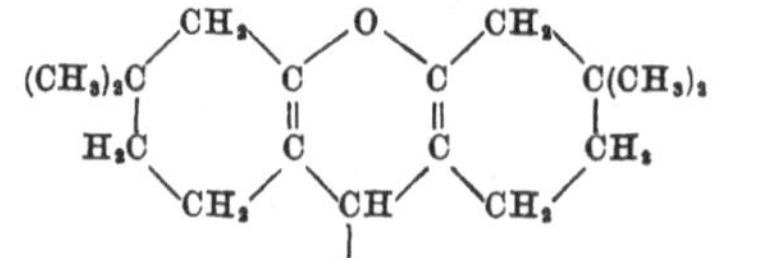
B

Versuche: *3.3.6.6-Tetramethyl-1.2.3.4.5.6.7.8-oktahydroxanthen* (**III**), $C_{17}H_{26}O$, Kp.$_6$ 128—130°, durch 18 std. Kochen von Formaldimethon (**I**) mit amalgamiertem Zn u. konz. HCl, n_D^{24} 1,484. — *Anhydrid des Formaldimethons*, F. 170° (A.), durch 1 std. Kochen von **I** mit konz. HCl; gab durch Red. wie vorst. **III**. — *3.3.6.6.9-Pentamethyl-1.2.3.4.5.-6.7.8-oktahydroxanthen*, $C_{18}H_{28}O$, Kp. 80—82°, aus Acetaldimethon (**II**) analog **III**. — *3.3.6.6-Tetramethyl-9-propyl-1.2.3.4.5.6.7.8-oktahydroxanthen*, $C_{20}H_{32}O$, Kp.$_6$ 184°, durch 20 std. Red. von Butyraldimethon oder 24 std. Red. von Crotonaldimethon analog **III**. — *3.3.6.6-Tetramethyl-9-phenyl-1.2.3.4.5.6.7.8-oktahydroxanthen*, $C_{23}H_{30}O$, Kp.$_{60}$ 220°, durch 30 std. Red. von Benzaldimethon analog **III**. — Durch 1 std. Kochen von **I** oder **II** mit der 6fachen Gewichtsmenge verd. HNO_3 (1:2) entstand *β.β-Dimethylglutarsäure* (**IV**), F. 100 bis 101°, mit Benzaldimethon ein schwer trennbares Gemisch aus **IV** u. Nitrobenzoesäuren. (J. Indian Inst. Sci. **34**. 5—9. Jan. 1952. Bangalore, Indian Inst. of Sci., Dep. of Organ. Chem.)

G. Drechsler. 3211

Carl Tabb Bahner, William Kenneth Easley, Betty Gay Walden, Harold D. Lyons und George E. Biggerstaff, *p-Fluorphenacylbromidsalze.* Zwecks Unters. der Beziehungen zwischen Struktur u. biol. Aktivität u. zum Vgl. mit früher dargestellten Verbb. (vgl. C. **1951**. II. 2881 u. J. Amer. chem. Soc. **73**. [1951.] 3499) wurden im Prinzip nach denselben Methoden die p-Fluorphenacylbromidsalze der nachst. Basen dargestellt. Die in Chlf. unlösl. heterocycl. Basen wurden mit p-Fluorphenacylbromid in Aceton oder A. umgesetzt. — *γ-Picolinverb.*, $C_{14}H_{13}ONBrF$, F. 165—168°. — *2.6-Lutidinverb.*, $C_{15}H_{15}ON \cdot BrF$, F. 248°. — *4-n-Amylpyridinverb.*, $C_{18}H_{21}ONBrF$, F. 181°. — *2-n-Hexylpyridinverb.*, $C_{19}H_{23}ONBrF$, F. 180°. — *2-Propanolpyridinverb.*, $C_{16}H_{17}O_2NBrF$, F. 163°. — *3-Oxypyridinverb.*, $C_{13}H_{11}O_2NBrF$, F. 223°. — *3-Aminopyridinverb.*, $C_{13}H_{12}ON_2BrF$, F. 200 bis 202°. — *3-Acetaminopyridinverb.*, $C_{15}H_{14}O_2N_2BrF$, F. 177—179°. — *3-Acetylpyridinverb.*, $C_{15}H_{13}O_2NBrF$, F. 172—173°. — *3-Cyanpyridinverb.*, $C_{14}H_{10}ON_2BrF$, F. 212°. — *Nicotin-*

säureäthylesterverb., $C_{16}H_{15}O_3NBrF$, F. 90°. — *Nicotinamidverb.*, $C_{14}H_{12}O_2N_2BrF$, F. 226 bis 228°. — *Chinolinverb.*, $C_{17}H_{13}ONBrF$, F. 235°. *Analoge Jodverb.*, $C_{17}H_{13}ONJF$, F. 190 bis 191°. — *Isochinolinverb.*, $C_{17}H_{13}ONBrF$, F. 202°. — *3-Methylisochinolinverb.*, $C_{18}H_{15}\cdot ONBrF$, F. 135—136°. — *2-Chlorpyrazinverb.* (wahrscheinlich das 3-Chlorpyraziniumsalz), $C_{12}H_9ON_2ClBrF$, F. 183°. (J. Amer. chem. Soc. **74**. 3960. 5/8. 1952. Jefferson City, Tenn., Carson-Newman Coll.) FORCHE. 3231

R. C. Schreyer, *3.3-Dialkylpiperidine.* Vf. stellt aus 2.2-Dialkyl-4-cyanbutyraldehyden, die ihrerseits aus Aldehyden [Isobutyraldehyd (**III**), 2-Methylbutyraldehyd (**IV**) u. Cyclohexanaldehyd (**V**)] u. Acrylonitril (**I**) entstehen, durch reduktive Aminierung *3.3-Dialkylpiperidine* dar. Die Rk. von **I** mit **V** war im Gegensatz zu den Rkk. mit **III** u. **IV** nicht exotherm. Als neues Spiranderiv. wurde aus *1-[2'-Cyanäthyl]-cyclohexanaldehyd* (**II**) *2-Azaspiro-[5.5]-hendecan* erhalten.

Versuche: *2-Äthyl-2-methyl-4-cyanbutyraldehyd* (**VI**), $C_8H_{13}ON$, $Kp._{0,3-0,35}$ 66 bis 70°, aus 86 g **IV** u. 159 g **I** bei Zugabe von 5 g 50% ig. NaOH innerhalb 1 Std. bei 35—50° (kühlen) u. neutralisieren mit 25% ig. H_2SO_4; n_D^{25} 1,4441; 43 g (Ausbeute). — *1-[2'-Cyanäthyl]-cyclohexanaldehyd* (**II**), $C_{10}H_{15}ON$, $Kp._1$ 103—105°, aus 106 g **I** u. 102 g **V** mit 2 g 50% ig. NaOH beim Kochen (30 Min.); n_D^{26} 1,4750; 51 g. — *3.3-Dimethylpiperidin*, $C_7H_{15}N$, $Kp._{33}$ 45—46°, aus 55 g 2.2-Dimethyl-4-cyanbutyraldehyd ($Kp._{0,6}$ 59—60°, n_D^{23} 1,4355), 119 g NH_3 u. 15 g RANEY-Ni bei 100—110°/700 at; n_D^{25} 1,4470; 12,5 g. — *3-Äthyl-3-methylpiperidin*, $C_8H_{17}N$, $Kp._{25}$ 67—69°, aus 50 g **VI**, 102 g NH_3 u. 15 g RANEY-Ni wie vorst.; n_D^{25} 1,4565; 9 g. — *2-Azaspiro-[5.5]-hendecan*, $C_{10}H_{19}N$, $Kp._{10}$ 91—93°, aus 50 g **II**, 119 g NH_3 u. 15 g RANEY-Ni bei 120—129°/700 at; n_D^{25} 1,4891; 17 g. (J. Amer. chem. Soc. **74**. 3194. 20/6. 1952. Wilmington, Del., E. I. du Pont de Nemours & Co., Polychem. Dep., Experiment. Stat.) GOEBEL. 3231

William B. Wheatley und **Lee C. Cheney**, *Alkylierung mit γ-Dialkylaminoneopentylchloriden.* Unter passenden experimentellen Bedingungen gehen auch *Neopentylhalogenide* mit einer Geschwindigkeit gleicher Größenordnung wie andere prim. Alkylhalogenide Substitutions-Rkk. ein. Es müssen nicht unbedingt dabei Umlagerungen eintreten. Alkylierung ohne Umlagerung tritt bes. dann ein, wenn eine zweite funktionelle Gruppe, z. B. OH, Halogen oder NH_2, im Mol. anwesend ist. *Neopentylalkohole*, wie *Pentaglykol*, *Pentaglycerin* u. *Pentaerythrit* verhalten sich ähnlich. Sie reagieren schnell u. ohne Umlagerung mit PBr_3. — Vff. stellen fest, daß bei der Alkylierung mit *γ-Dialkylaminoneopentylchloriden* ebenfalls keine Umlagerung eintritt. *γ-[Piperidyl-(1)]-neopentylchlorid* (**I**) reagiert mit Na-Benzylat unter Bldg. eines bas. Äthers, $C_5H_{10}N\cdot CH_2\cdot C(CH_3)_2\cdot CH_2OCH_2\cdot C_6H_5$ (**II**), der ident. ist mit dem Prod., das aus *γ-[Piperidyl-(1)]-neopentylalkohol* (**III**) durch Behandeln mit NaH u. dann mit Benzylchlorid (**IV**) erhalten werden kann. Das aus **I** hergestellte **II** kann mit Na in fl. NH_3 zu **III** gespalten werden. Es ist also das ursprüngliche C-Skelett beibehalten worden. Vff. halten im Verlauf der Alkylierung die Entstehung des Ions **V** für wahrscheinlich.

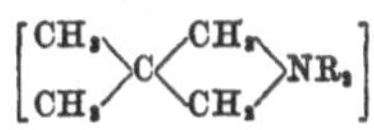

Versuche (FF. korr.): *γ-[Piperidyl-(1)]-neopentylbenzyläther* (**II**), $C_{17}H_{27}ON$, $Kp._2$ 124—127°, aus **I**-Hydrochlorid in Toluol durch Rk. mit 56% ig. KOH, Zugabe der Toluollsg. zu dem aus NaH u. Benzylalkohol in Toluol unter N_2 hergestellten Na-Benzylat, mehrstd. Kochen u. Zugabe von W.; n_D^{25} 1,4996; 79% (Ausbeute). *Flavianat*, $C_{27}H_{33}O_9N_3S$, aus den Komponenten in Isopropanol; F. 116,0—117,5° (Essigester). **II** entsteht auch aus **III** u. NaH in Toluol durch 2 std. Kochen unter N_2, Addition von **IV**, mehrstd. Kochen u. Zugabe von W.; 83%. — Nach Rk. von **II** in fl. NH_3 + Ae. mit Na, späterer Zugabe von NH_4Cl + Ae., Erwärmen auf Zimmertemp. u. Addition von W. entsteht *γ-[Piperidyl-(1)]-neopentylalkohol* (**III**), $Kp._8$ 94—98°; n_D^{25} 1,4640; 87%. *Hydrochlorid*, F. 208,0—209,5°. (J. Amer. chem. Soc. **74**. 1359—61. 5/3. 1952. Syracuse, N. Y., Bristol Labors., Inc., Res. Div.) J. MATTNER. 3231

Robert D. Gano, **R. L. McKee** und **J. W. Ager jr.**, *Guanidinderivate aus N-Cyantetrahydrochinolinen.* Vff. haben *N-Cyano-1.2.3.4-tetrahydrochinolin* (**I**) u. seine *6-Methoxy-* u. *6-Chlorderivv.* (**II**) dargestellt aus BrCN (**III**) u. den entsprechenden Tetrahydrochinolinen; ihre Umsetzung mit aromat. Aminhydrochloriden lieferte Guanidine. $CH_3NH_2\cdot HCl$ reagierte nicht beim Kochen mit **I** mit oder ohne Lösungsm.; ebenso konnte **II** mit $(C_2H_5)_2NH$ oder dessen Hydrochlorid nicht zum Alkylderiv. umgesetzt werden. Dagegen entstand aus 6-Chlortetrahydrochinolinhydrochlorid u. Diäthylcyanamid in geringer Ausbeute *1-Diäthylguanyl-6-chlortetrahydrochinolin.*

Versuche: *1-Cyan-6-methoxy-1.2.3.4-tetrahydrochinolin*, $C_{11}H_{12}ON_2$, F. 44—47°, $Kp._{4,0-4,5}$ 177—182°, aus 0,49 Mol Bromcyan (**III**) in Bzl. u. 0,98 Mol Thallin bei 25°, nach 12 std. Stehen vom Thallinhydrobromid abfiltrieren, Filtrat fraktionieren; hellgelbes Öl, das erstarrt; 79% (Ausbeute). — *1-Cyan-1.2.3.4-tetrahydrochinolin* (**I**), $Kp._7$ 153,5—154,5°, aus **III** u. Tetrahydrochinolin (**IV**); 90%. — *1-Cyan-6-chlor-1.2.3.4-tetrahydrochinolin* (**II**), $C_{10}H_9N_2Cl$, F. 54—55°, Kp.$_2$ 155°, aus *6-Chlor-1.2.3.4-tetrahydrochinolin* (**V**) (dargestellt aus **IV** durch Acetylierung, Chlorierung mit SO_2Cl_2 in CCl_4, dann saure Hydrolyse; F. 41°; Kp.$_3$ 125—127°; *Hydrochlorid*, Zers. bei 195°; *Pikrat*, F. 151,5—152,5°) mit **III**; 44%. — *1-[p-Nitrophenylguanyl]-1.2.3.4-tetrahydrochinolin*, $C_{16}H_{16}O_2N_4$, F. 187,5—188,5°, aus je 0,082 Mol **I** u. p-Nitroanilinhydrochlorid bei 200°; orangegelber Nd. aus Dioxan durch Fällen mit W.; 6,3 g. — *1-[p-Methoxyphenylguanyl]-1.2.3.4-tetrahydrochinolinhydrochlorid*, $C_{17}H_{20}ON_3Cl$, F. 185—186°; aus **I** u. p-Anisidin·HCl; Kristalle aus der äther. Lsg. der Base mit HCl-Gas; 15%. — *Bis-[1.2.3.4-tetrahydrochinolyl-(1)]-ketimin*, $C_{19}H_{21}N_3$, F. 146,5 bis 147,5°, aus **I** u. **IV**-Hydrobromid bei 160°; mikrokristallines Pulver aus A./PAe.; 57%. — *Bis-[6-methoxy-1.2.3.4-tetrahydrochinolyl-(1)]-ketimin*, $C_{21}H_{25}O_2N_3$; F. 143,5—143,8° (A./W.); aus Thallin·HBr u. N-Cyanthallin; Pulver; 23%. — *1-[p-Nitrophenylguanyl]-6-methoxy-1.2.3.4-tetrahydrochinolin*, $C_{17}H_{18}O_3N_4$, F. 132,5—134°; aus p-Nitranilin·HCl u. N-Cyanthallin; aus A. dunkelrote Kristalle; 23%. — *1-[p-Chlorphenylguanyl]-6-methoxy-1.2.3.4-tetrahydrochinolin*, $C_{17}H_{18}ON_3Cl$, F. 135,5—136,5°; aus p-Chloranilin·HCl u. N-Cyanthallin; Kristalle aus Essigester; 17,5%. — *1-Diäthylguanyl-6-chlortetrahydrochinolinhydrochlorid*, $C_{14}H_{21}N_3Cl_2$, F. 207—210°; aus 6 g **V**·HCl u. Diäthylcyanamid bei 165° (exotherme Rk.); Kristalle aus Essigester; 1 g. (J. Amer. chem. Soc. **74**. 3176—77. 20/6. 1952. Chapel Hill, Univ. of North Carolina, Venable Chem. Labor.) Goebel. 3231

Peter B. Russell und **Norman Whittaker**, *α-Aryl-β-alkyloxyacrylnitrile*. Die Darst. von 2.4-Diamino-5-arylpyrimidinen gelang im kleinen durch Methylierung von *α-Acylarylacetonitrilen* (**I**) mit CH_2N_2 u. Kondensation der erhaltenen *α-Aryl-β-alkoxyacrylonitrile* (**II**) mit Guanidin (**III**) (vgl. C. **1952**. 2171). Auf der Suche nach einer geeigneten Methylierungsmeth., die es gestattete, große Mengen **II** zu erhalten, wurde beobachtet, daß diese Verbb. in guten Ausbeuten aus **I** u. Orthocarbonsäureestern dargestellt werden können. Äthylorthosilicat reagierte dagegen nicht in dieser Weise. Obwohl **II** als cis–trans-Isomere vorkommen können, gelang es stets nur die eine Form zu isolieren, sofern es sich um krist. Reaktionsprodd. handelte. Während die Orthoester eine hohe Ausbeute an krist. Verbb. lieferten, wurde mit CH_2N_2 eine geringere Menge derartiger Verbb. u. eine große Menge öliger Substanz erhalten. Bei der Rk. von *α-Aryl-β-äthoxy-β-alkylacrylonitril* mit **III** trat gelegentlich neben dem in 6-Stellung substituierten Pyrimidin eine in dieser Stellung unsubstituierte Verb. auf. Bei der Rk. von **I** mit Orthoestern, die das gleiche Acylradikal besitzen, wurden die besten Ausbeuten an **II** u. die reinsten Pyrimidine erhalten. ω-Cyanacetophenon lieferte mit Äthylorthoformiat ein öliges Prod., das nach Rk. mit **III** *2-Amino-5-cyan-4-phenylpyrimidin* ergab. Es wird angenommen, daß die leichte Alkylierbarkeit der **I** auf ihrer hohen Tendenz zu Enolisieren beruht. Der Angriff des Orthoesters erfolgt wahrscheinlich am substituierten α-C-Atom. Um so erstaunlicher ist es, daß ω-Cyanacetophenon eine Ausnahme macht, obwohl es eine gleich große Tendenz zu enolisieren aufweist.

V e r s u c h e: *α-[p-Chlorphenyl]-β-äthoxyacrylonitril*, $C_{11}H_{10}ONCl$, Kp.$_{0,04}$ 132—133°, durch Kochen von 20 g α-Formyl-p-chlorphenylacetonitril mit 40 ml Äthylorthoformiat unter Abfangen des gebildeten A. u. Äthylformiats (Gesamtmenge 12 g), Entfernung des überschüssigen Orthoesters im Vakuum u. Dest.; 74% (Ausbeute); mit Äthylorthoacetat 78%. — *α-[2.4-Dichlorphenyl]-β-methoxyacrylonitril*, $C_{10}H_7ONCl_2$, F. 106°, aus 10 g α-Formyl-2.4-dichlorphenylacetonitril u. 25 ml Methylorthoacetat, Nadeln aus A.; 78%. — Ebenso wurden nachst. *α-Aryl-β-alkoxyacrylnitrile* der Formel ArC(CN)=C(OR')R dargestellt: $Ar = 4\text{-}ClC_6H_4$, $R = CH_3$, $R' = C_2H_5$, $C_{12}H_{12}ONCl$, Kp.$_{0,04}$ 128—130°, F. 115 bis 116°, Äthylorthoformiat (angewandter Orthoester); 61%; Äthylorthoacetat; 70%. — $Ar = 4\text{-}ClC_6H_4$, $R = R' = C_2H_5$, $C_{13}H_{14}ONCl$, sd. bei 135—140° Badtemp. u. 0,05 mm, Äthylorthopropylat; 81%. — $Ar = 3.4\text{-}Cl_2C_6H_3$, $R = R' = CH_3$, $C_{11}H_9ONCl_2$, F. 71—72°, Methylorthoacetat; 90%. — $Ar = 3.4\text{-}Cl_2C_6H_3$, $R = CH_3$, $R' = C_2H_5$, $C_{12}H_{11}ONCl_2$, F. 92°, Äthylorthoformiat; 75%. — $Ar = 3.4\text{-}Cl_2C_6H_3$, $R = C_3H_7$, $R' = C_2H_5$, $C_{14}H_{15}\cdot ONCl_2$, F. 98—99°, Äthylorthoformiat; 81%. — $Ar = 4\text{-}ClC_6H_4$, $R = CH_2OCH_3$, $R' = C_2H_5$, $C_{13}H_{14}O_2NCl$, F. 53—54°, Äthylorthoformiat; 78%. — $Ar = R = C_6H_5$, $R' = CH_3$, $C_{16}H_{13}ON$, F. 105—106°, Methylorthopropylat; 80%. — $Ar = 3.4\text{-}Cl_2C_6H_3$, $R = C_6H_5$, $R' = CH_3$, $C_{16}H_{11}ONCl_2$, F. 87°, Methylorthobutylat; 91%. — $Ar = 3.4\text{-}Cl_2C_6H_3$, $R = C_4\cdot H_3O(\alpha)$, $R' = CH_3$, $C_{14}H_9O_2NCl_2$, F. 75°, Methylorthobutylat; 87%. — *2.4-Diamino-5-[m-chlorphenyl]-pyrimidin*, F. 207°, durch Umsetzung von 9 g α-Formyl-m-chlorphenylacetonitril u. 20 ml n-Butylorthoformiat, wie vorher angegeben, Zugabe von 4,7 g **III**, 1,2 g Na u. 50 ml A. zum Rückstand u. 5 std. Kochen; 6 g. — *2.4-Diamino-5-[p-tolyl]-6-methylpyrimidin*, F. 241—242°, durch Rk. von 15 g α-Acetyl-p-tolylacetonitril u. 30 ml Methylorthoacetat u. Kondensation des Reaktionsprod. mit 9,5 g **III** in 200 ml A. durch 4 std. Kochen; 12 g. — *2-Amino-5-cyan-4-phenylpyrimidin*, $C_{11}H_8N_4$, F. 222—223°, durch

Umsetzung von 5 g ω-Cyanacetophenon mit 15 ml Äthylorthoformiat in der üblichen Weise, Aufnehmen in A., Erhitzen mit **III** auf dem Dampfbad u. Waschen des Nd. mit W., verd. CH_3COOH u. NH_4OH, Nadeln aus A.; 4,3 g; λ_{max} 255 mμ, ε = 23,100; λ_{min} 293 mμ, ε = 3,200; λ_{max} 315 mμ, ε = 3,700 (in A.). — *α.β-Diphenyl-β-methoxyacrylonitril*, $C_{16}H_{13}$·ON, F. 105—106°, a) durch Rk. von Cyandesoxybenzoin (**V**) in Ae. mit CH_2N_2, Entfernung des Ae. nach Stehen über Nacht, Aufnehmen in wenig Ae. u. Zugabe von Ligroin, Prismen; daneben etwas öliger Rückstand; b) durch Erhitzen von **V** mit Methylorthopropionat unter Entfernung der flüchtigen Bestandteile, 1 std. Erhitzen auf 160—180° u. Entfernung des überschüssigen Esters im Vakuum; 81%; c) durch Lösen von **V** in A., Behandeln mit Na-Äthylat, 6 std. Erhitzen mit CH_3J, Eingießen in W. u. Ausziehen mit Ae.; das zurückbleibende Öl krist. zum Teil. — *α-[α-Furoyl]-phenylacetonitril*, $C_{13}H_9O_2N$, F. 92—93°, durch Zugabe von 42 g Äthyl-α-furoat u. 36 g Phenylacetonitril zu 6,9 g Na in A., 6 std. Erhitzen auf dem Dampfbad, Gießen in W., Extraktion mit Ae., Ansäuern der wss. Schicht u. Aufnehmen in Ae.; Prismen aus Ae.-Ligroin; 31 g. — *α-[α-Furoyl]-3.4-dichlorphenylacetonitril*, $C_{13}H_7O_2NCl_2$, F. 95—96°, aus 3.4-Dichlorphenylacetonitril, Kristalle aus Bzl.-Ligroin. — *α-Phenyl-β-[α-furyl]-β-methoxyacrylonitril*, $C_{14}H_{11}O_2N$, sd. bei 200—210° Badtemp. u. 0,05 mm, durch Rk. des entsprechenden Ketonitrils mit Methylorthopropionat, gelbes Öl; 80%. — *3.4-Dichlorcyandesoxybenzoin* (*α-Benzoyl-3.4-dichlorphenylacetonitril*), $C_{15}H_9ONCl_2$, F. 139°, durch Zugabe von Äthylbenzoat (30 g) u. 37 g 3.4-Dichlorphenylacetonitril in Ae. zu Na-Äthylat (aus 4,6 g Na) in Ae. u. Aufarbeitung nach 2 std. Stehen, Nadeln aus Ae.-Ligroin. — *2.4-Diamino-5-[p-chlorphenyl]-pyrimidin*, F. 194—195°, durch 3,5 std. Kochen von α-Propionyl-[p-chlorphenyl]-acetonitril (107 g) mit 214 ml Äthylorthoformiat, Entfernung des überschüssigen Esters im Vakuum, 24 std. Kochen des Rückstands mit **III**, Abtrennen des *2.4-Diamino-5-[p-chlorphenyl]-6-äthylpyrimidins* (**IV**) (F. 234,5—236°, 38 g) nach 48 std. Stehen, Eindampfen der Mutterlauge im Vakuum, Rühren des Rückstands mit W. u. HCl (p_H 5), Filtration der heißen Lsg., Zugabe von NaOH, Behandlung des Nd. mit Aceton, Ausziehen mit heißem W. u. Extraktion mit wenig heißem Bzl.; aus A.; 8,8 g; daneben als Rückstand **IV**. — *2.4-Diamino-5-[p-bromphenyl]-6-äthylpyrimidin*, F. 213—214°, durch Rk. von 15 g α-Propionyl-[p-bromphenyl]-acetonitril mit 30 ml Äthylorthoformiat, Erhitzen mit **III** in A., Verdünnen mit W., Zugabe von NaOH u. Kristallisation aus wss. A.; 8 g. Durch Stehen der Mutterlauge wurde *2.4-Diamino-5-[p-bromphenyl]-pyrimidin*, F. 204—205° (wss. A.); 0,9 g, erhalten. (J. Amer. chem. Soc. **74.** 1310—13. 5/3. 1952. Tuckahoe, N. Y., Wellcome Res. Labors.)

HORST BAGANZ. 3272

E. W. Putnam und **W. Z. Hassid**, *Isolierung und Reinigung radioaktiver Zucker mittels Papierchromatographie.* 5 g Blätter von Canna indica wurden nach 24 std. Verweilen in W. im Dunkeln für 22 Std. in einer hellen Kammer in $^{14}CO_2$-Atmosphäre gebracht, die aus 1,0 g $BaCO_3$ der Aktivität 29,3 mC gewonnen wurde (vgl. C. **1949.** II. 544). Die Blattsubstanz wurde zerkleinert u. 24 Std. mit 80%ig. A. extrahiert. Durch Reinigung über zwei hintereinander folgende Ionenaustauschersäulen Duolit C 3 u. A 3 u. wiederholte Papierchromatographie mit verschied. Lösungsmitteln u. Eluieren konnten Vff. schließlich 72,4 mg *Glucose* mit der Aktivität 85 μC/mg, 70,2 mg *Saccharose* mit 120 μC/mg u. 61,2 mg *Fructose* mit 95 μC/mg in den Reinheitsgraden von 99,8, 99,5 bzw. 97,8% gewinnen. Es wurden somit 70% ^{14}C in die drei Zucker eingebaut. (J. biol. Chemistry **196.** 749—52. Juni 1952. Berkeley, Calif., Univ., Coll. of Agricult., Div. of Plant Biochem.)

ENDRASS. 3400

C. O. Chichester, F. H. Stadtman und **G. Mackinney**, *Über die Produkte der Maillardreaktion.* (Vgl. STADMAN, CHICHESTER u. MACKINNEY, J. Amer. chem. Soc. **74.** [1952.] 3194.) Vff. berichten über weitere Unterss. der *Glucose-Glycin-Reaktion.* Einige der zahlreichen Reaktionsprodd. wurden durch Chromatographie getrennt u. ihre Beziehung zu den ursprünglichen Reagentien durch Radiographietechnik bestimmt. Die Rk. zwischen Glucose u. Glycin ist komplex u. umfaßt die Bldg. zahlreicher Verbb. (mehr als 24). Andere Verbb. werden durch schwache Ninhydrin- oder m-Phenylendiamin-Rkk. angezeigt, können aber radiograph. nicht festgestellt werden. Einige Verbb. werden noch weiter untersucht. Die Analyse der Dialyserückstände ergab, daß bei niedriger Temp. mehr C von dem Glycincarboxyl-C in braunes Pigment übergeführt wird als bei höherer Temperatur. Das stimmt mit der Tatsache überein, daß bei niedriger Temp. mehr Pigment pro Millimol CO_2 des Glycinmol. produziert wird. (J. Amer. chem. Soc. **74.** 3418—20. 5/7. 1952. Berkeley, Calif., Univ., Div. of Food Technol.) AMELUNG. 3400

A. Stoll, B. Becker und **E. Jucker**, *Synthese des Äpfelsäuredialdehyds und des 3.6-Dioxytropans.* 1. Mitt. *über Alkaloidsynthesen.* Durch Umsatz von *2.5-Dialkoxy-* u. *2.5-Diacyloxydihydrofuran* mit HOCl oder HOBr bzw. mit tert.-Butylhypochlorit wurden die entsprechenden Derivv. des *3-Oxy-4-halogentetrahydrofurans* hergestellt. Die Red.

des *2.5-Diäthoxy-3-oxy-4-bromtetrahydrofurans* (I) führte zum *2.5-Diäthoxy-3-oxytetrahydrofuran* (II), dessen saure Hydrolyse den bisher unbekannten *Äpfelsäuredialdehyd* (III) lieferte. Kondensation von III mit Methylamin u. Acetondicarbonsäure führte zum *6-Oxytropinon* (IV), dessen katalyt. Red. das *3.6-Dioxytropan* ergab.

Versuche: *2.5-Diäthoxy-3-oxy-4-chlortetrahydrofuran*, $C_8H_{15}O_4Cl$, $Kp._{0,3}$ 94—96°, a) aus 20 g 2.5-Diäthoxy-2.5-dihydrofuran (V) u. 200 cm³ HOCl, Sättigen mit NaCl u. Ausschütteln mit Chlf.; 12 g (Ausbeute); b) aus V u. tert.-Butylchlorit in Eisessig, Öl; 70%. — Analog nachst. *Tetrahydrofurane*: *2.5-Diacetoxy-3-oxy-4-chlor-*, $C_8H_{11}O_6Cl$, aus Diacetoxydihydrofuran; 97%. *2.5-Diisopropoxy-3-oxy-4-chlor-*, $Kp._{0,2}$ 82—86°; aus Diisopropoxydihydrofuran, Öl. *2.5-Diäthoxy-3-oxy-4-brom-* (I), $Kp._{0,6}$ 84—88°, durch 12std. Stehenlassen einer Lsg. von V mit HOBr, Einstellen mit Pottasche auf p_H 7, Sättigen mit NaCl u. Extrahieren mit Chlf.; gelbliches Öl. — *2.5-Diäthoxy-3-oxytetrahydrofuran* (II), $Kp._{12}$ 94 bis 102°, durch Hydrierung von I mit RANEY-Ni in Methanol unter Zutropfen von methanol. KOH innerhalb 2—3 Std.; 60%. — *Äpfelsäuredialdehyd* (III), durch Hydrolyse von II mit 0,1nHCl u. 30 Min. Erwärmen auf 75° entstand schwach salzsaure Lsg. von III. *Bis-p-nitrophenylhydrazon*, $C_{16}H_{16}O_5N_6$, F. 199—200°; orangefarbene Prismen. — *6-Oxytropinon* (IV), $C_8H_{13}O_2N$, $Kp._{0,5}$ 110—120°, F. 123°, durch Zugabe einer schwach salzsauren Lsg. von III zu einer wss. Lsg. von Acetondicarbonsäure, Methylaminhydrochlorid u. Na-Acetat. 3 Tage bei 25° u. p_H 4 Stehenlassen, Anstieg auf p_H 4,7. Mit Pottasche alkal. machen, mit NaCl sättigen u. 20 Std. mit Chlf. extrahieren. Reinigung durch Dest., Sublimation im Hochvakuum (100°) oder Umkristallisation aus A./Ae., in der Kälte erstarrendes Öl; 35—55%. *Pikrat*, F. 199—201°, feine Nädelchen. — *6-Acetoxytropinon*, $C_{10}H_{15}O_3N$, $Kp._{0,05}$ 105—110°, F. 51—52° (Ae./PAe.). *Pikrat*, F. 159—160°. — *3.6-Dioxytropan*, $C_8H_{15}O_2N$, F. 179—180°; durch Hydrierung von IV mit RANEY-Ni in absol. A. bei 40° u. 60 at.; Konzentrieren der Lsg. u. Fällen mit Aceton, derbe Platten, Reinigung durch Sublimation; 80%. *Pikrat*, F. 248° (Zers.), aus W. flache Prismen. (Helv. chim. Acta **35.** 1263—69. 16/6. 1952. Basel, Pharmazeut.-Chem. Labor. Sandoz.) FRANCK. 3500

Arthur Stoll, *Neuere chemische Untersuchungen über die Mutterkornalkaloide.* Zusammenfassende Übersicht, vor allem über die Arbeiten des Vf., mit 34 Literaturangaben. (Farmaco [Pavia] **6.** 475—94. Juli/Aug. 1951.) IPPEN. 3500

Arthur Stoll, *Über die Struktur der Mutterkornalkaloide.* Kurze Übersicht über Geschichte u. Pharmakologie der Mutterkornalkaloide u. ausführliche Besprechung der neuesten Forschungen, die zur vollständigen Aufklärung ihrer Konst. geführt haben. — Etwa 50 Literaturangaben. (Österr. Chemiker-Ztg. **53.** 73—78. April. 101—08. Mai 1952. Basel.) BOIT. 3500

Donna B. Cosulich, Barbara Roth, James M. Smith jr., Martin E. Hultquist und **Robert P. Parker**, *Die Chemie des Leucovorins.* Auf Grund des chem. Verh. von *Leucovorin* (I), einem *Pteroylglutaminsäure* (II)-Deriv. mit dem *L. citrovorum*-Faktor (III) ähnlichen biol. Eigg., u. von verwandten Formyltetrahydropteridinen wird I die Konst. einer *5-Formyl-5.6.7.8-tetrahydropteroylglutaminsäure*, *N-[4-({2-Amino-4-oxy-5-formyl-5.6.7.8-tetrahydropyrimido-⟨4.5 : b⟩-pyrazinyl-(6)}-methyl)-aminobenzoyl]-glutaminsäure*, erteilt. I wird durch katalyt. Red. von II oder *10-Formylpteroylglutaminsäure* (IV) in Ameisensäure bei 0—30° mit Pt-Kontakt u. Erhitzen bei p_H 10—12 erhalten.

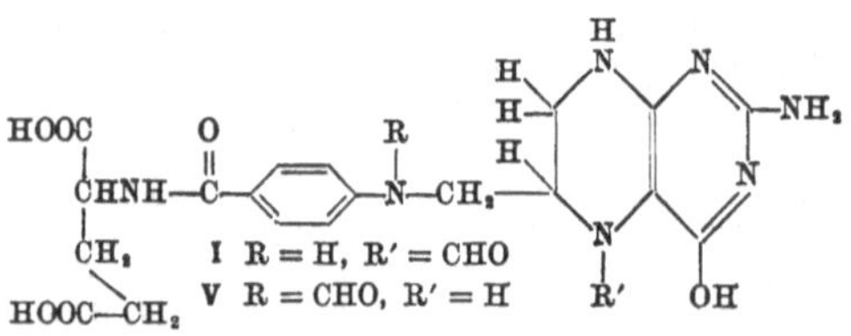

Die III-Aktivität des rohen Hydrierungsprod. ist sehr gering u. erreicht erst beim Erhitzen in alkal. Lsg. ein Maximum; eine 10-Stellung der CHO-Gruppe ist also unwahrscheinlich, da IV unter diesen Bedingungen leicht hydrolyt. gespalten wird. Die Lage der aufgenommenen 4 H-Atome in I ist durch Unters. des Verlaufs der Red. von Pteridinen an der Hg-Tropfelektrode u. Vgl. mit Dihydro- u. Tetrahydropteridinen sowie dem Dihydro- u. Tetrahydroderiv. von II, in denen der Pyrazinring hydriert vorliegt, gesichert. Es ist möglich, polarograph. zwischen II, IV u. dem *Dihydro-* sowie *Tetrahydroderiv. von* II durch das Potential bei p_H 9 zu unterscheiden. Pyrimidinring u. p-Aminobenzoylglutaminsäure erleiden unter den gleichen Bedingungen keine polarograph. Reduktion. Während I bei p_H 9 polarograph. inert u. in neutraler oder schwach alkal. Lsg. beständig ist, wird das rohe, nicht alkal. erhitzte II- oder IV-Hydrierungsprod., das bei p_H 9 im Polarogramm die typ. Tetrahydropteridinwelle gibt u. demnach *10-Formyl-5.6.7.8-tetrahydropteroylglutaminsäure* (V) darstellt, leicht oxydiert. Die 5-Stellung der CHO-Gruppe von I wird durch verschied. Befunde gestützt. Oxydation von I mit alkal. $KMnO_4$ gibt keine definierten Prodd., während nach vorangegangener Säurehydrolyse *2-Amino-4-oxypteridin-6-carbon-*

säure, jedoch keine 2-Amino-4-oxypteridin-6.7-dicarbonsäure entsteht, so daß die Ausbldg. einer neuen C—C-Bindung an $C_{(7)}$ in I unwahrscheinlich ist. *2-Amino-4-oxy-6-methylpteridin* (**VI**), als Modellsubstanz für **I**, wird in Ameisensäure mit Pt-Kontakt zum Tetrahydropteridin hydriert u. dieses bei Raumtemp. nach Zusatz von Acetanhydrid in *2-Amino-4-oxy-5-formyl-6-methyl-5.6.7.8-tetrahydropteridin* (**VII**), das ähnliche chem. Eigg. wie **I** besitzt, übergeführt. **VII** ist wie **I** gegen 0,1nNaOH stabil u. säureempfindlich u. reagiert erst nach Säurehydrolyse mit 1 Mol HNO_2, d. h. die Einführung einer Formylgruppe in $N_{(5)}$ (oder $N_{(8)}$)-Stellung stabilisiert den Tetrahydropteridinring. Der Vgl. der UV-Spektren von **I**, **II**, **VI** u. **VII** spricht ebenfalls für eine 5-Formyltetrahydropteridin-Struktur von **I** u. **VII**. Die Absorption der Pteridine bei 255—260 u. 365 mμ ist bei den red. u. formylierten Derivv. nicht mehr vorhanden, dafür eine neue starke Absorption bei 277—282 mμ. *2.4-Diamino-5-formamidopyrimidin* ist gegen 0,1nNaOH stabil u. reagiert in der Kälte nicht mit HNO_2, jedoch nach Säurehydrolyse mit 1 Mol, d. h. die NH_2-Gruppen in 2- u. 4-Stellung sind einer Formylierung oder Nitrosierung nicht zugänglich, wodurch auch eine Reaktionsträgheit der $N_{(8)}$-Stellung des Tetrahydropteridinkerns wahrscheinlich gemacht wird. Die Annahme der CHO-Gruppe an $N_{(5)}$ wird ferner durch Synth. von *2-Amino-4-oxy-5-formyl-6.7-diphenyl-8-äthyl-5.6.7.8-tetrahydropteridin* (**VIII**) aus *2-Amino-4-oxy-6.7-diphenyl-8-äthyl-7.8-dihydropteridin* (**VIIIa**) durch Red. in Ameisensäure u. Formylierung in Ggw. von Acetanhydrid gestützt. **VIII** verhält sich polarograph. sowie gegen Alkali u. HNO_2 ähnlich wie **I**. **IV** reagiert nicht mit HNO_2; **I** nimmt in verd. HCl suspendiert 1 Mol unter Bldg. einer *Mononitroso*-Verb. auf, wobei anscheinend $N_{(10)}$ als sek. Amin reagiert. Wird **I** in verd. HCl gelöst, so erfolgt nach kurzem Stehen keine Rk. mit HNO_2 mehr, da Bldg. eines *Imidazolinium*-Salzes (**IX**) unter Beteiligung von $N_{(5)}$ u. $N_{(10)}$ eingetreten ist. Hydrierung von *10-Methylpteroylglutaminsäure* (**Xa**) in Ameisensäure u. Formylierung der Tetrahydroverb. in Ggw. von Acetanhydrid führt zum *10-Methyl*-Analogen (**X**) von **I**. **X** besitzt die gleiche alkalistabile, säurestabile CHO-Gruppe u. zeigt das gleiche polarograph. Verh. wie **I**. Während **X** bei rascher Titration mit HNO_2 nicht reagiert, erfolgt Umsetzung nach kurzem Stehen in Mineralsäure. Da *2-Amino-4-methyl-5-formyl-6.7-diphenyl-5.6.7.8-tetrahydropteridin* (**XVI**) ebenfalls eine alkalistabile u. durch Säure abspaltbare CHO-Gruppe besitzt, kann die Alkalistabilität dieser Gruppe in 5-Formyltetrahydropteridinen nicht durch H-Brückenbldg. zwischen CHO- u. OH-Gruppe in 4-Stellung erklärt werden.

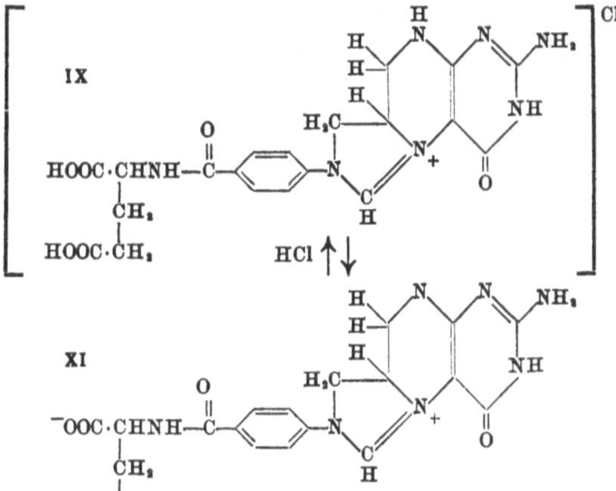

Bei p_H 1,3 bildet **I** in HCl *Isoleucovorinchlorid* (**IX**), das bei drast. Säurehydrolyse Ameisensäure gibt, nicht mit HNO_2 reagiert u. die Konst. eines *Imidazoliniumchlorids* besitzt. Aus **IX** entsteht in sd. W. *Anhydroleucovorin-A* (**XI**), ein *Imidazoliniumderiv.* von **I** vom Betaintyp. Für das quaternäre N-Atom in **IX** u. **XI** besteht Resonanzmöglichkeit zwischen $N_{(5)}$ u. $N_{(10)}$. Erhitzen von **XI** in W. oder p_H 4-Puffer führt zum isomeren *Anhydroleucovorin B* (**XII**), das ebenfalls einen Imidazoliniumring enthält. Polarograph. zeigen **IX**, **XI** u. **XII** bei p_H 9 die typ. Tetrahydropteridinwelle. Bei anaerobem Erhitzen (95°) in 0,1nNaOH werden sie in **I** umgewandelt. Sie besitzen keine **III**-Aktivität, jedoch **II**-ähnliche Wrkg. gegenüber *S. faecalis R.* u. *L. casei*. Mit verd. HNO_3 entsteht aus **I** *Isoleucovorinnitrat* (**XIII**, analog **IX**), das ebenfalls in **XI** u. **XII** übergeführt werden kann. Unter bestimmten Bedingungen gibt **I** mit HNO_3 **I**-*Nitrat* (**XIV**), das biol., im UV-Spektr. u. polarograph. das Verh. von **I** zeigt.

V e r s u c h e: Ba-Salz von **I** 5 Std. mit 0,1nHCl bei Raumtemp. hydrolysieren, mit NaOH n-alkal. stellen, bei 95° mit $KMnO_4$-Lsg. oxydieren, aus Filtrat bei p_H 2,5—3,0 *2-Amino-4-oxypteridin-6-carbonsäure*; 68,1% (Ausbeute). — *2-Amino-4-oxy-5-formyl-6-methyl-5.6.7.8-tetrahydropteridin* (**VII**), $C_8H_{11}O_2N_5 \cdot \frac{1}{2} H_2O$, F. 282—286° (Zers.), lange Nadeln (W.), durch Hydrierung von **VI** in 98—100%ig. HCOOH mit PtO_2/H_2 (41 lbs.) u. anschließend Stehenlassen mit Acetanhydrid über Nacht. — *2-Amino-4-oxy-5-formyl-6.7-diphenyl-8-äthyltetrahydropteridin* (**VIII**), $C_{21}H_{21}O_2N_5 \cdot \frac{1}{2} H_2O$, F. 248—249° (Zers.), Nadeln (50%ig. A), aus **VIIIa** in 98—100%ig. HCOOH mit PtO_2/H_2 u. anschließend

24std. Stehenlassen mit Acetanhydrid. Bei Einw. von n-HCl bei 0° auf eine Lsg. von **VIII** in 90%ig. A. u. sofort folgende Titration mit 0,01n $NaNO_2$ prakt. kein Verbrauch; nach 1std. Säurehydrolyse bei ca. 100° Verbrauch von ca. 1 Mol $NaNO_2$, durch Ansäuern des Reaktionsgemisches (p_H 3) **VIIIa** (77,4%), d. h. die HNO_2-Wrkg. auf Tetrahydropteridine ist oxydativ. — *10-Nitrosoleucovorin*, $C_{20}H_{22}O_8N_8 \cdot 2\,H_2O$, F. 240—245° (Zers.), längliche Plättchen (W.), Brechungsindices: α 1,492 ± 0,004, β 1,720 ± 0,005, λ_{max} 278 mμ (0,1n-NaCl), 282 mμ (0,1n HCl), λ_{min} 246 mμ (0,1n NaOH), 242 mμ (0,1n HCl), **III**-akt., zur Darst. Ba-**I** bei 0° mit n-HCl versetzen, sofort $NaNO_2$-Lsg. zugeben, nach 15—20 Min. p_H 3 einstellen, wobei die Nitrosoverb. ausfällt. — *5-Formyl-10-methyltetrahydropteroylglutaminsäure* (**X**), *Ca-Salz*, $C_{21}H_{23}O_7N_7Ca \cdot 4{,}5\,H_2O$, Rosetten (W. + A.). **Xa** in 98—100%ig. HCOOH bei 0° mit PtO_2/H_2 hydrieren, 24 Std. mit Acetanhydrid unter N_2 stehenlassen, filtrieren, mit Ae. fällen, Nd. in n-NaOH lösen, bei p_H 7,5 $CaCl_2$-Lsg. zugeben, mit Magnesol (synthet. Mg-Silicat) entfärben, aus Filtrat mit A. Ca-**X** fällen, weitere Reinigung von Ca-**X** durch chromatograph. Adsorption an Magnesol; freie **X** aus wss. Ca-**X**-Lsg. durch Ansäuern auf p_H 3,48. — *2-Amino-4-methyl-6.7-diphenylpteridin* (**XV**), $C_{19}H_{15}N_5$, F. 283 bis 285°, gelbe Prismen (A.), aus 2.4.5-Triamino-6-methylpyrimidin u. Benzil in A. durch 14std. Kochen. *2-Amino-4-methyl-5-formyl-6.7-diphenyltetrahydropteridin* (**XVI**), $C_{20}H_{19}ON_5 \cdot \frac{1}{2}\,H_2O$, F. 253,5—262,5° (Zers.), hellgelbe Platten (verd. Aceton): **XV** in 98—100%ig. HCOOH mit PtO_2/H_2, 24 Std. mit Acetanhydrid unter N_2 stehenlassen, aus konz. Filtrat nach Verdünnen mit W. u. p_H-Einstellung auf p_H 5 beim Abkühlen **XVI**. — *Isoleucovorinchlorid* (**IX**)-Präpp.: **A**, $C_{20}H_{22}O_6N_7Cl \cdot 2\,H_2O$, gelbliche Nadeln, aus Ba-**I** in 0,5n HCl (2—3 Tage); **B**, Nadeln, aus Ca-**I** in stark verd. HCl (p_H 1,62) (24 Std.); Reinigung von **A** oder **B** durch mehrmaliges Lösen in konz. HCl, Entfärben mit Kohle, Verdünnen mit W., Kühlen, Nd. von **IX** mit n-HCl u. Aceton waschen; $C_{20}H_{22}O_6N_7Cl \cdot HCl$, F. 250—251°, brotförmige Kristalle; daraus durch Waschen mit 0,1 u. 0,01n HCl, Aceton reines **IX**, $C_{20}H_{22}O_6N_7Cl$. Nach der kristallograph. u. röntgenograph. (Pulverdiagramme) Unters. waren die verschied. **IX**-Präpp. prakt. identisch. Die **III**-Aktivität betrug nur 0,2%. Bzgl. Aufhebung der Aminopterintoxizität bei *S. faecalis R.* war **IX** 3mal wirksamer als **II**. Aus **IX** entsteht durch 1std. Erhitzen in verd. NaOH unter N_2 wieder **I**. — *Anhydroleucovorin-A* (**XI**), $C_{20}H_{21}O_6N_7 \cdot 4\,H_2O$, F. 250—257° (Zers.), haarähnliche gelbe Kristalle, aus **IX** durch Lösen in sd. W. (End-p_H 2), Entfärben mit Kohle, Umlösen des Kristallisats aus heißer 0,01n HCl. **I**-Aktivität 0,0024 mg/mg, 3fache Wrkg. von **II** bzgl. Aufhebung der Aminopterintoxizität (*S. faecalis*). Die Einführung einer weiteren CHO-Gruppe gelang nicht. — *Anhydroleucovorin-B* (**XII**), $C_{20}H_{21}O_6N_7 \cdot \frac{1}{2}\,H_2O$, F. nicht $< 330°$, tafelförmige Kristalle, extrem schwerlösl. in W. oder 0,01n HCl; UV-Spektr. in 0,1n HCl ähnlich dem von **IX**, bei p_H 4 sehr von diesem verschieden; Pulverdiagramme von **XI** u. **XII** sehr verschieden; **I**-Aktivität von **XII** 0,0163 mg/mg; keine Formylierung von **XII** mit HCOOH–Acetanhydrid. — *Isoleucovorinnitrat* (**XIII**), $C_{20}H_{22}O_9N_8 \cdot H_2O$, F. 194,5—197° (Zers.), hellgelbe, spitze Nadeln (0,5n HNO_2), aus Ca-**I** in W. u. 0,5n HNO_3; UV-Spektr. in 0,1n HNO_3 entsprach dem von **IX** in 0,1n HCl; Umwandlung von **XIII** in **XI** durch Lösen in sd. 0,01n HNO_3, in **XII** durch kurzes Erhitzen in p_H 4-Puffer. — *Leucovorinnitrat* (**XIV**), $C_{20}H_{23}O_7N_7 \cdot 2\,HNO_3 \cdot H_2O$: **I** in W. unter NH_3-Zusatz lösen u. 5n HNO_3 zusetzen, weißer Nd. von **XIV**; biol. Aktivität wie **I**. — **XIV**-*Hydrolyseprod.* (**XVII**), $C_{20}H_{22}O_9N_8$, gelbe mkr. Nadeln; durch Stehenlassen von **XIII** in W. bei Raumtemp. (End-p_H 1,75); prakt. keine **I**-Aktivität (0,0098 mg/mg); kristallograph. mit **XI** ident.; Pulverdiagramme von **XIII** vollkommen, von **XI** teilweise verschieden; bei 2maligem Umkristallisieren von **XVII** aus W. entsteht **XII**. Vielleicht ist **XVII** unreines **XI**. — *Prod.* aus **I** u. SO_2 (**XVIII**), $C_{20}H_{22}O.N_7 \cdot 0{,}5\,SO_3$ (schwankende Zus. der Präpp.), Zers. bei ca. 248°, hellgelbe haarähnliche Nadeln, aus Mischung von **I** u. W. durch Einleiten von SO_2 bis zur Sättigung (ca. 2n), wobei **I** in Lsg. geht; **XVIII** ist **III**-inakt.; UV-Spektr. ähnlich dem anderer Säureumwandlungsprodd. von **I**; kristallograph. mit **XI** ident., Pulverdiagramme fast mit denen von **XVII** ident.; **XVIII** ist vielleicht unreines **XI**. (J. Amer. chem. Soc. **74**. 3252—63. 5/7. 1952. Bound Brook, N. J., American Cyanamid Co., Calco Chem. Div., Pharmaceut. Res. Sect.) K. MAIER. 3550

L. Ruzicka, B. Bischof, E. C. Taylor, A. Meyer und **O. Jeger**, *Zur Kenntnis der Triterpene.* 157. Mitt. *Über Zusammenhänge zwischen Gypsogenin, Hederagenin und Quillajasäure.* (156. vgl. C. **1952**. 3010.) *α-Boswellinsäure* (**I**) u. die *Sojasapogenole A* (**II**), *B* (**III**) u. *C* (**IV**) bilden innerhalb der pentacycl. Triterpene der *β*-Amyrin–Oleanolsäure-Gruppe eine bes. Gruppe gegenüber dem *Gypsogenin* (**V**) u. *Hederagenin* (**VI**), da nach früheren Arbeiten **I–IV** einerseits u. **V–VI** andererseits sich in der räumlichen Lage der außer der OH-Gruppe an $C_{(2)}$ vorliegenden weiteren O-Funktion an $C_{(23)}$ bzw. $C_{(24)}$ unterscheiden. Vorläufig wird (ohne Berücksichtigung der räumlichen Lage in bezug auf die CH_3-Gruppe an der Verknüpfungsstelle der Ringe A u. B) die O-Funktion in **I—IV** mit $C_{(24)}$ u. in **V** u. **VI** mit $C_{(23)}$ bezeichnet. Vff. beschreiben die Überführung von **VII** in *Hedera-*

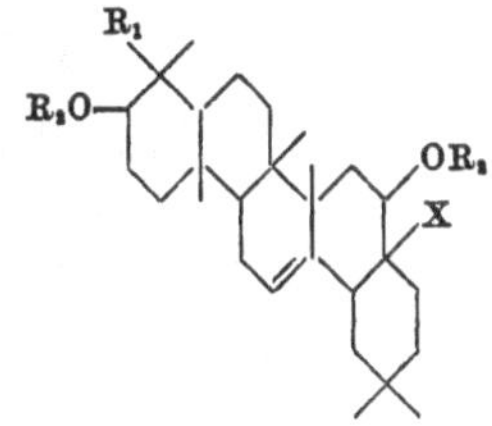

VII $R_1 = CHO$; $R_2 = H$; $X = COOH$
VIII $R_1 = CHO$; $R_2 = CH_3CO$; $X = COOH$
IX $R_1 = CH_2OH$; $R_2 = CH_3CO$; $X = COOH$
X $R_1 = CH_2OCOCH_3$; $R_2 = CH_3CO$; $X = COOH$
XI $R_1 = CH_2OCOCH_3$; $R_2 = CH_3CO$; $X = COCl$
XII $R_1 = CH_2OCOCH_3$; $R_2 = CH_3CO$; $X = CHO$
XIII $R_1 = CH_2OH$; $R_2 = H$; $X = CH_3$
XIV $R_1 = CH_2OCOCH_3$ $R_2 = CH_3CO$; $X = CH_3$

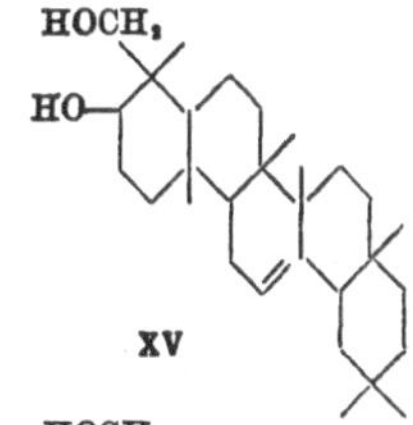

XV

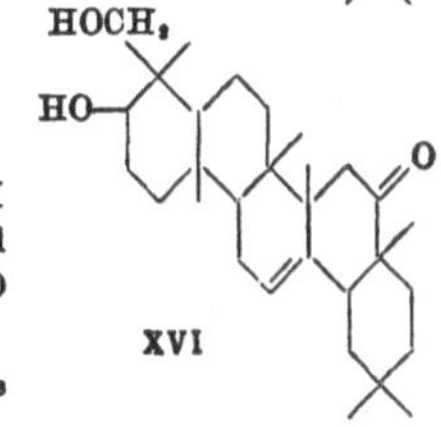

XVI

diol (**XV**) u. beweisen damit, daß **VII** in die gleiche Gruppe gehört wie **V** u. **VI**, die O-Funktion an $C_{(1)}$ also in **V**, **VI** u. **VII** die gleiche Konfiguration hat. Aus der Diacetylverb. (**VIII**) von **VII** wurde über die Dihydroverb. **IX**, deren Triacetat (**X**), das *Triacetyldihydroquillajasäurechlorid* (**XI**) u. den *Triacetyldihydroquillajaaldehyd* (**XII**) durch dessen Umsetzung nach WOLFF-KISHNER unter gleichzeitiger Verseifung der Acetoxyreste *$\Delta^{12,13}$-2.16.23-Trioxyoleanen* (**XIII**) gewonnen. Das Acetonderiv. von **XIII** wird mit CrO_3 an $C_{(16)}$ zum Keton oxydiert, die Isopropylidengruppe entfernt u. das *$\Delta^{12,13}$-2.23-Dioxy-16-oxooleanen* (**XVI**) nach WOLFF-KISHNER zu *$\Delta^{12,13}$-2.23-Dioxyoleanen* (**XV**) reduziert. Die CH_2OH-Gruppe in **VI** entspricht also der CHO-Gruppe in **VII**; in **V** u. **VII** ist die Konfiguration an $C_{(1)}$ ident., u. **VII** ist demnach ein *16-Oxygypsogenin*.

Versuche (FF. korr., opt. Drehungen in Chlf. im Rohr von 1 dm Länge): *Diacetylquillajasäure* (**VIII**), $C_{34}H_{50}O_7$, F. unscharf 180—187° (Zers.), aus 10 g Quillajasäure (**VII**) durch 2std. Kochen mit Eisessig, CH_3COONa u. Acetanhydrid, Eingießen in W. u. Aufnehmen in Ae.-Chlf.; Kristallisation aus Aceton–W. oder Eisessig–W.; das Kristalllösungsm. kann nicht vollständig entfernt werden; $(\alpha)_D$ +4° (c = 1,22); 8 g (Ausbeute). — *Diacetyldihydroquillajasäure* (**IX**), $C_{34}H_{52}O_7$, F. unscharf 180°, aus 10 g **VIII** durch 40std. Hydrierung in A. + Eisessig in Ggw. von Pt-Katalysator; aus Aceton–W. derbe Prismen; $(\alpha)_D$ −5° (c = 1,21); 9 g. — Die *Triacetyldihydroquillajasäure* (**X**) wurde aus **IX** mit Acetanhydrid + Pyridin nur amorph erhalten. — *Triacetyldihydroquillajasäurechlorid* (**XI**), $C_{36}H_{53}O_7Cl$, F. 128—134° (CH_2Cl_2-PAe.), aus vorst. Triacetat durch 24std. Stehen mit $SOCl_2$, A. u. etwas Pyridin, Aufnehmen in Ae. u. Waschen; $[\alpha]_D$ −6° (c = 1,15). — *Triacetyldihydroquillajaaldehyd* (**XII**), $C_{36}H_{54}O_7$, F. 203—204° (CH_2Cl_2-PAe.), aus 1,1 g **XI** durch Red. mit 7%ig. Pd–$BaCO_3$-Katalysator u. H_2 nach ROSENMUND in sd. Xylol, Chromatographie an Al_2O_3 u. Eluierung mit PAe.–Bzl. (1 : 1) u. Bzl.; $[\alpha]_D$ −6° (c = 0,89); 840 mg. *Oxim*, $C_{36}H_{55}O_7N$, F. 206—207°, aus **XII**, $NH_2OH \cdot HCl$ u. CH_3COOK in CH_3OH + Dioxan; aus Aceton–W. Prismen; $[\alpha]_D$ −4° (c = 1,18). — *$\Delta^{12,13}$-2.16.23-Trioxyoleanen* (**XIII**), $C_{30}H_{50}O_3$, F. 254—255°, aus **XII**, $N_2H_4 \cdot H_2O$ u. $NaOC_2H_5$ durch mehrstd. Erhitzen auf 200°; aus Aceton–W. Nadeln; $[\alpha]_D$ +59° (c = 0,89). — *$\Delta^{12,13}$-2.16.23-Triacetoxyoleanen* (**XIV**), $C_{36}H_{56}O_6$, durch Acetylierung von **XIII** mit Acetanhydrid in Pyridin bei 90°, Eindampfen, Chromatographieren in PAe.–Bzl. (4 : 1) u. Eluieren mit dem gleichen Gemisch; amorph; $[\alpha]_D$ −6° (c = 0,89). — **XIII**-*Acetonderiv.*, $C_{33}H_{54}O_3$, F. 182—191° (CH_3OH), aus **XIII**, Aceton u. Ae. durch Zugabe von wenig konz. H_2SO_4, mehrstd. Rk. u. Ausschütteln der äther. Lsg. mit 2n Sodalsg.; $[\alpha]_D$ +39° (c = 1,61). — *$\Delta^{12,13}$-2.23-Dioxy-16-oxooleanenacetonderiv.*, $C_{33}H_{52}O_3$, F. 177—183° (CH_3OH), durch $^3/_4$std. Rk. von vorst. Verb. mit CrO_3 in Aceton u. Aufarbeitung des Neutralteils; $[\alpha]_D$ +18° (c = 0,77; 1,26). — *$\Delta^{12,13}$-2.23-Dioxy-16-oxooleanen* (**XVI**), $C_{30}H_{48}O_3$, F. 259—260° (CH_2Cl_2–CH_3OH), aus vorst. Verb. in Methanol durch 2std. Kochen mit halbkonz. H_2SO_4; $[\alpha]_D$ +32° (c = 1,22). — *Hederadiol* (*$\Delta^{12,13}$-2.23-Dioxyoleanen*) (**XV**), $C_{30}H_{50}O_2$, F. 265—266° (CH_2Cl–CH_3OH), aus 320 mg **XVI** durch 10minütiges Kochen mit $N_2H_4 \cdot H_2O$ in A., Zugabe von C_2H_5ONa, mehrstd. Erhitzen auf 230—240° im Rohr, Chromatographie der 0,29 g Neutralprodd. an Al_2O_3, Eluierung mit PAe.–Bzl. (10 : 1, dann 3 : 1, dann 1 : 1), Bzl. u. dann Eluierung von **XV** mit Bzl.–Ae. (10 : 1 u. 1 : 1); $[\alpha]_D$ +90° (c = 0,726); 105 mg. *Dibenzoat*, F. 187—188° (Chlf.-CH_3OH); $[\alpha]_D$ +126° (c = 0,979). (Collect. Trav. chim. Tchécoslov. **15**. 893—99. 1950. Zürich, ETH, Organ.-chem. Labor.)

NITZSCHKE. 3600

A. Brossi, B. Bischof, O. Jeger und **L. Ruzicka**, *Zur Kenntnis der Triterpene. 158. Mitt. Zur Konstitution der Chinovasäure.* (157. vgl. vorst. Ref.) Die Unterss. der Vff. über die *Chinovasäure* bringen eine fast vollständige Sicherung der bereits früher zur Diskussion gestellten Konst. **I**. — Die aus **I** von verschied. Autoren früher erhaltene *Novasäure* (**II**) hat nicht das unveränderte C-Gerüst, sondern entsteht aus **I** unter Verengerung des Ringes A. — Aus dem aus *Novachinon* (**III**) erhaltenen Anhydrid der Dioxytetracarbonsäure **IV** hatten RUZICKA u. ANNER (C. **1943.** II. 1458) bei der therm. Zers. als saure Anteile 2 isomere ungesätt. Dicarbonsäuren $C_{14}H_{20}O_4$ erhalten, die ein ident. Anhydrid (**VIII**) bilden. Vff. beweisen für das Dehydrierungsprod. dieses Anhydrides durch unabhängige Synth. die Konst. eines *1.2-Dimethylnaphthalin-7.8-dicarbonsäureanhydrids* (**VII**); die beiden durch Pyrolyse erhaltenen Säuren $C_{14}H_{20}O_4$ haben also die Konst. **V** bzw. **VI** u. unterscheiden sich durch räumliche Lage einer der beiden COOH-Gruppen; die Lage der Doppelbindung ist noch nicht bewiesen. — Bei der Synth. von **VII** wird *5-Keto-1.2-dimethyl-5.6.7.8-tetrahydronaphthalin-7.8-dicarbonsäuredimethylester* (**XII**) in 2 stereoisomeren Formen erhalten, die sich nur durch die räumliche Lage der Carbomethoxygruppen unterscheiden, denn sie geben nach CLEMMENSEN-Red. u. Verseifung (die Prodd. wurden nicht isoliert) dasselbe **VII**. — Mit der Synth. von **VII** u. früheren Ergebnissen ist die Lage von 28 der 30 C-Atome in **I** bewiesen; die beiden fehlenden C-Atome sind in der Formel als CH_3 in 5- u. in 9-Stellung angenommen. **I** hat somit die gleiche Anordnung des C-Gerüstes wie die Vertreter der α-Amyrin–Urolsäure-Gruppe. — Daß der Übergang von **I** mit H_2SO_4 oder $ZnCl_2$ zu **II** unter Ringverengerung verläuft, geht daraus hervor, daß bei der Pyrolyse von **IV** 2 isomere bicycl. ungesätt. Ketone $C_{14}H_{20}O$ [$C_{14}H_{22}O$(?); der Referent] entstehen, von denen jenes, welches mit GIRARD-Reagens reagiert, mit CH_3MgJ zu einem tert. Carbinol umgesetzt u. letzteres zu einem bicycl. KW-stoff $C_{14}H_{20}$ dehydriert wurde, in dem nur ein Ring aromatisiert wurde. Die beiden Pyrolyseketone werden daher die Konst. **IX** u. **X** u. der KW-stoff $C_{14}H_{20}$ die Konst. **XI** haben, wofür auch das Infrarotspektr. spricht, das von dem des 1.2-Dimethyl-5.6.7.8-tetrahydronaphthalins sehr verschieden ist. Ein Reaktionsmechanismus für den Übergang von **I** in **II** wird vorgeschlagen; der Lactonring in **II** kann auch 5gliedrig sein. — Es werden auch die Infrarotspektren von synthet. u. dem aus **I** gewonnenen **VII** angegeben u. verglichen.

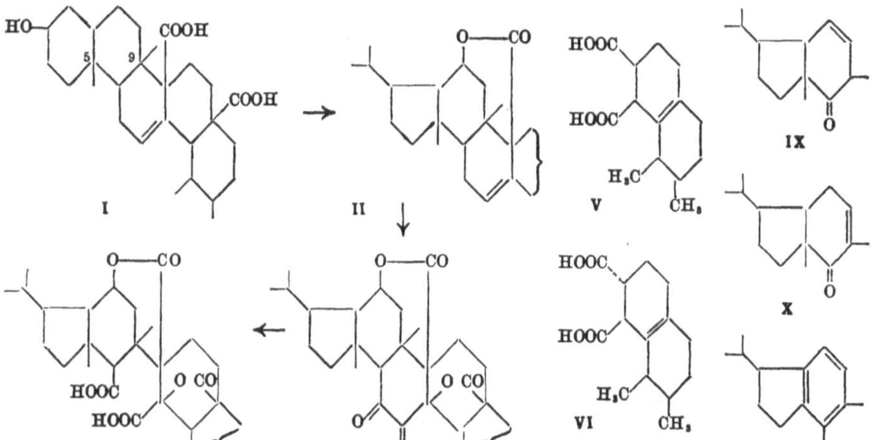

V e r s u c h e (FF. korr.) (unter Mitarbeit von **A. Zürcher**): *α-[2.3-Dimethylcyclohexyliden]-tricarballylsäuretrimethylester*, $C_{17}H_{26}O_6$, Kp.$_{0,1}$ 138—150°, aus 4,2 g K in absol. tert.-Butanol durch Zugeben von 12 g 1.2-Dimethylcyclohexanon-(3) u. 35 g Tricarballylsäuretrimethylester unter N_2, 2½ std. Erhitzen, Addition von verd. H_2SO_4 (Congo), Einengen im Vakuum, Ausäthern, Abtrennen der neutralen Prodd. mit 2n $NaHCO_3$ u. Verestern der erhaltenen 25,5 g Säure mit CH_2N_2; n_D^{20} 1,478; 15 g (Ausbeute). — *α-[2.3-Dimethylphenyl-(1)]-tricarballylsäuretrimethylester* (*Stereoisomerengemisch*), $C_{17}H_{22}O_6$, Kp.$_{0,1}$ 145—155°, aus 21,78 g vorst. Verb. durch 2½ std. Erhitzen mit 7 g 10%ig. Pd-Kohle auf 250—260° unter N_2 u. Extrahieren mit Ae.; n_D^{20} 1,501; 16,2 g. — *5-Keto-1.2-dimethyl-5.6.7.8-tetrahydronaphthalin-7.8-dicarbonsäuredimethylester* (**XIIa**), $C_{16}H_{18}O_5$, F. 117—118° (CH_3OH), aus 20,4 g des vorst. Isomerengemisches durch kurzes Aufkochen mit KOH in CH_3OH, 12 std. Rk. bei n. Temp., Aufarbeiten zu dem in verd. Sodalsg. lösl. Dimethylester (18,7 g), Erwärmen von 15 g mit verd. H_2SO_4 auf dem Wasserbad, Gießen auf Eis, Ausäthern, Versetzen mit CH_2N_2 (13,1 g Neutralprod.) u. Behandeln mit GIRARD-Reagens T; 700 mg. *2.4-Dinitrophenylhydrazon*, $C_{22}H_{22}O_8N_4$, F. 242—243° (Chlf.–CH_3OH). Fraktionierte Kristallisation der Neutralteile der Cyclisation, die mit GIRARD-Reagens nicht umgesetzt wurden, aus CH_3OH lieferten neben weiterer Menge **XIIa** das *Stereoisomere* **XIIb**, $C_{16}H_{18}O_5$, F. 100—101°, das mit **XIIa** einen Misch-F. von 80—85° zeigte.

2.4-Dinitrophenylhydrazon, $C_{22}H_{22}O_8N_4$, F. 218—219° (Chlf.-CH_3OH). — *1.2-Dimethyl-5.6.7.8-tetrahydronaphthalin-7.8-dicarbonsäureanhydrid*, $C_{14}H_{14}O_3$, Kp.$_{0,09}$ 167—175° (Badtemp.), aus 400 mg **XIIa** in einer Mischung von Toluol u. wss. HCl u. amalgamiertem Zn durch 24std. Erhitzen, Aufnehmen in Ae., Verseifen des nach Beseitigung des Ae. erhaltenen Rückstandes mit 2%ig. methanol. KOH u. kurzes Kochen der Säuren mit Acetanhydrid; dickes fluorescierendes Öl; n_D^{20} 1,556; 310 mg. — *1.2-Dimethylnaphthalin-7.8-dicarbonsäureanhydrid* (**VII**), $C_{14}H_{10}O_3$, F. 166—167°, aus 200 mg vorst. Verb. durch 2½std. Erhitzen mit 10%ig. Pd-Kohle auf 300°, Extrahieren mit Ae. u. Sublimation bei 155° Blocktemp. im Hochvakuum; hellgelbe kleine Nadeln; 150 mg. Ebenso wie aus **XIIa** entsteht **VII** aus **XIIb** in gleicher Ausbeute. — Die UV-Absorptionsmaxima aller Verbb. werden angegeben. (Helv. chim. Acta **34**. 244—53. 1/2. 1951.) NITZSCHKE. 3600

R. T. Arnold, E. Koller und **O. Jeger**, *Zur Kenntnis der Triterpene.* 159. Mitt. *Über Abbaureaktionen an der Carboxylgruppe der Elemadienolsäure* (158. vgl. vorst. Ref.) Vff. machen wahrscheinlich, daß die COOH-Gruppe der zweifach ungesätt., tetracycl. Oxytriterpensäure *Elemadienolsäure* (**I**) sek. gebunden ist, obwohl die Ester sich ähnlich reaktionsträge verhalten wie die der tert. Triterpensäure Oleanolsäure u. schwer verseifbar sind. — *Elemensäurechlorid* (**II**) kann mit $LiAlH_4$ zum entsprechenden prim. Alkohol red. werden, dessen Benzoat (**IV**) beim Erhitzen auf 330° den KW-stoff **III** liefert, dessen beide Doppelbindungen nicht konjugiert sind, wie das UV-Spektr. ergibt, u. der nach dem Infrarotspektr. die für Methylengruppen charakterist. Banden zeigt, die in den Spektren der Elemensäure u. **I** fehlen. Da bei der therm. Zers. von Benzoaten Umlagerungen nicht zu erwarten sind, muß **IV** die Gruppierung $H\overset{|}{\underset{|}{C}}CH_2COC_6H_5$ enthalten u. demnach **I** eine sek. gebundene COOH-Gruppe. — **I** läßt sich nach BARBIER-WIELAND nicht abbauen, u. auch die Pyrolyse des *Acetylelemenolsäurechlorids* (**V**) gelang nicht. Wohl

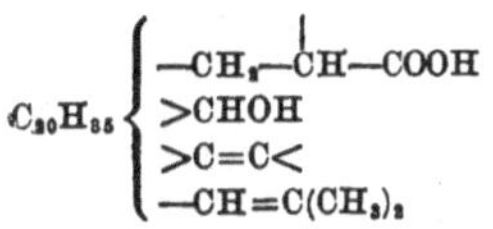
I

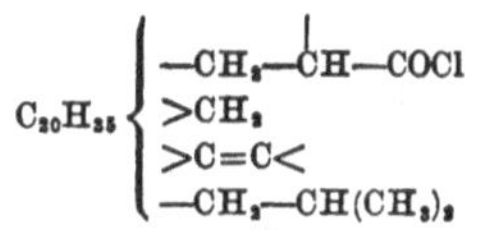
II

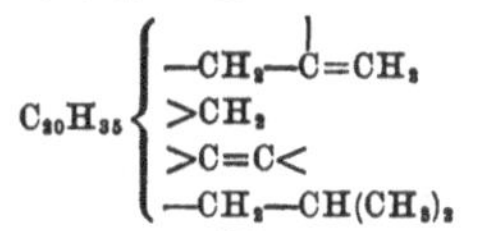
III

aber ließ sich **V** über das Azid oder Hydrazid zum entsprechenden Amin, dem *Acetoxynorelemenylamin* (**VII**), abbauen. Dieses läßt sich am besten über das *Phenylthioharnstoffderiv.* durch dessen Pyrolyse zum *Acetoxynorelemadien* (**VI**) desaminieren.

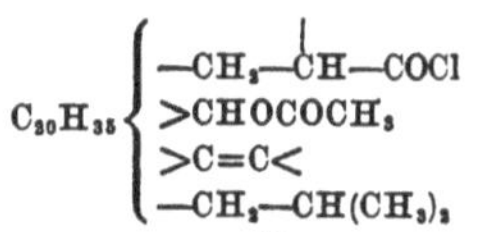
V

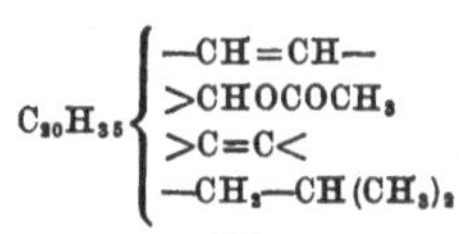
VI

Nach dem UV-Spektr. ist in **VI** die eingeführte Doppelbindung mit der reaktionsträgen ringständigen Doppelbindung der Elemenolsäure nicht konjugiert; nach dem Infrarotspektr. liegt die neue Doppelbindung in der Gruppierung RCH=CHR. Also liegt die COOH-Gruppe von **I** wahrscheinlich in der Gruppierung $-CH_2\underset{|}{C}H-COOH$ vor.

Versuche (FF. korr., $[\alpha]_D$ in Chlf.): Nach 15std. Kochen von 1,3 g Elemensäurechlorid (**II**) mit 2 g $LiAlH_4$ in Ae., Zusetzen von 50%ig. Essigsäure, Aufarbeitung, Chromatographie u. Eluierung mit Bzl.-PAe. (1 : 1) wurde der entsprechende *prim. Alkohol*, $C_{30}H_{52}O$, erhalten; Öl; $[\alpha]_D$ — 11° (c = 0,86); 1,1 g (Ausbeute). *Benzoat* (**IV**), $C_{37}H_{56}O_2$, aus 500 mg Alkohol in Chlf. durch 16std. Rk. mit Pyridin + C_6H_5COCl bei n. Temp., Chromatographie des Rohprod. u. Eluierung mit PAe.; krist. nicht; $[\alpha]_D$ + 15° (c = 1,17); 450 mg. — Nach ½std. Erhitzen von 300 mg **IV** auf 330° (Badtemp.), 3std. Kochen mit Bzl. + 10%ig. methanol. KOH, Aufarbeitung, Chromatographie u. Eluierung mit PAe. wurde der *KW-stoff* **III**, $C_{30}H_{50}$, erhalten; $[\alpha]_D$ + 1° (c = 0,86); 75 mg. — *Acetylelemenolsäurechlorid* (**V**) (unter Mitarbeit von **A. Hiestand**), $C_{32}H_{51}O_3Cl$, F. 178—179°, aus Acetylelemenolsäure durch 2std. Erhitzen mit $SOCl_2$ + PAe.; aus Aceton Nadeln. — *Acetoxynorelemenylamin* (**VII**), $C_{31}H_{53}O_2N$, F. 148—149° (PAe.), aus 7 g **V** in Aceton durch langsame Zugabe von 3,5 g NaN_3 in W., Gießen auf Eiswasser nach 1 Std., Ausäthern, Aufarbeiten, 2std. Erwärmen des rohen *Azids* in wss. Essigsäure auf 80—90°, Einengen im Vakuum, Ausäthern, Chromatographie u. Eluieren mit PAe.-Bzl. (1 : 1); $[\alpha]_D$ —45° (c = 1,05); 3,6 g. — Nach Zugabe von Hydrazinhydrat zu **V** in Ae. u. 20std. Rk. entsteht das *Säurehydrazid*, $C_{32}H_{54}O_3N_2$, F. 247—249° unter Zers. (A.); $[\alpha]_D$ — 33° (c = 0,72). — Nach Zugabe von $NaNO_2$ in W. zu 1 g vorst. Verb. in Eisessig bei 10°, Zugabe von W. nach 1 Std., Lösen des Nd. in 90%ig. Essigsäure, 2std. Erhitzen auf 80°, Chromatographie des Rohprod. u. Eluierung mit Bzl.-PAe. (1 : 1) wurde ebenfalls **VII** erhalten; 480 mg. *Acetylderiv.*, $C_{33}H_{55}O_3N$, F. 222—223° (Ae.-Aceton); $[\alpha]_D$ —40° (c = 1,10).

Phenylthioharnstoffderiv., $C_{38}H_{58}O_2N_2S$, F. 195—196°, aus **VII** in absol. Bzl. durch Zugabe von C_6H_5NCS in Bzl. in der Siedehitze, Vakuumverdampfen nach 2 Std. u. Zugabe von wenig A.; aus Chlf.-CH_3OH Nadeln; $[\alpha]_D$ +8° (c = 0,72). — *Acetoxynorelemadien* (**VI**), $C_{31}H_{50}O_2$, F. 108—109°, aus 5 g vorst. Deriv. in Anilin durch 5std. Erhitzen auf 250° im Rohr, Ausäthern, Aufarbeiten unter Eiskühlung, Chromatographie des Öls, Eluierung mit PAe.-Bzl. (3 : 1), erneute Chromatographie u. Eluierung zunächst mit PAe., dann mit PAe.-Bzl. (9 : 1); aus der letzteren Lsg. wurden die zwischen 92 u. 104° schm. Kristalle vereinigt; aus Ae.-A. Nadeln; $[\alpha]_D$ −4° (c = 0,95); 1370 mg; daneben noch 540 mg unreinere Anteile. (Helv. chim. Acta **34**. 555—60. 15/3. 1951.) NITZSCHKE. 3600

Armin Meyer, O. Jeger, V. Prelog und **L. Ruzicka**, *Zur Kenntnis der Triterpene. 160. Mitt. Zur Konstitution des Ringes C der pentacyclischen Triterpene.* (159. vgl. vorst. Ref.) Vff. diskutieren die Zuverlässigkeit von 2 für die Konstitutionsermittlung der *pentacycl. Triterpene* bes. wichtigen, früher durchgeführten Reaktionsfolgen, welche die Pyrolyse eines Triterpenabbauprod. einschließen, bei der eine Umlagerung des C-Gerüstes stattfinden könnte, u. kommen nach allen bisherigen Ergebnissen zu dem Schluß, daß nur noch zu entscheiden ist, ob $C_{(26)}$ am Ringglied $C_{(9)}$ als CH_3-Gruppe vorhanden ist oder aber als Glied des Ringes C, der dann ein 7gliedriger Ring wäre u. bei der Dehydrierung in einen 6gliedrigen übergehen müßte, wofür es Beispiele gibt. Vff. zeigen, daß die genaue Lage der Infrarotabsorptionsbande der CO-Gruppe nicht nur allg. bei cycl. Ketonen (was bekannt war), sondern auch bei Triterpenketonen von der Ringgröße abhängig ist. Es werden die Lagen der CO-Absorptionsbande für *β-Amyron*, *Lupanon-(4)*, *$\Delta^{2,3}$-2-Oxy-7-ketooleanen-28-säuremethylester*, *$\Delta^{12,13}$-2-Acetoxy-16-ketooleanen*, *Trisnorlupanon* u. einer in einer früheren Mitt. (vgl. C. **1939**. I. 671) als „*Methylester der Ketosäure X*" bezeichneten Substanz angegeben; Verbb. mit der CO-Gruppe in einem Fünfring weisen eine Absorptionsbande bei etwas oberhalb 1730 cm^{-1} auf, solche mit der CO-Gruppe) in einem Sechsring eine Bande bei ca. 1705 ± 10 cm^{-1}. Daraufhin wurden aus je einem Keton der *β*- u. *α*-Amyrinreihe (**I**, **II**) über die Dicarbonsäuren **III** bzw. **IV** durch Erhitzen von deren Anhydriden die C-Norketone **V** bzw. **VI** dargestellt; **I** u. **III** zeigen die für 6gliedrige Ringketone charakterist. Absorptionsbande, **V** u. **VI** die für 5gliedrige. Damit ist gezeigt, daß bei pentacycl. Triterpenen (wie bisher angenommen) der Ring C 6gliedrig ist.

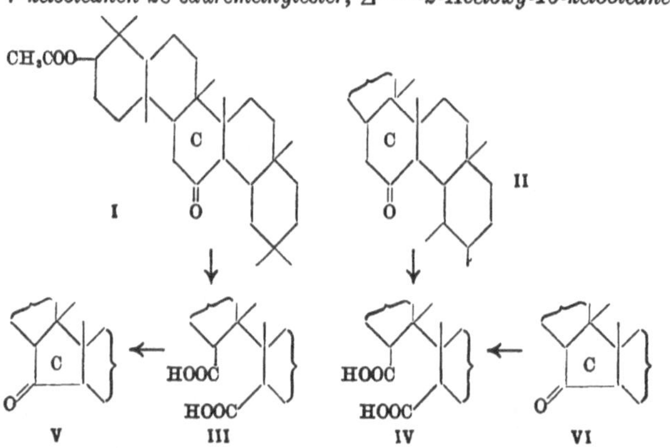

V e r s u c h e (FF. korr.): *Acetoxydicarbonsäure* **III**, $C_{32}H_{52}O_6$, F. 300—301° (Zers.), aus 5,2 g 2-Acetoxy-12-oxooleanan (**I**) durch 16—20std. Rk. in rauchender HNO_3 + Eisessig (1 : 1) bei 0°, 1std. Erwärmen auf 50°, Eingießen in W. u. Aufnehmen des Nd. in Ae.; Kristallisation aus CH_2Cl_2-Ae.-PAe.; $[\alpha]_D$ +39° (c = 0,76, Pyridin); 4,66 g (Ausbeute) roh, daneben 1,12 g neutrale Oxydationsprodukte. *Anhydrid*, $C_{32}H_{50}O_5$, F. 317—318°, aus 2,2 g **III** durch 3std. Rk. mit Acetanhydrid bei 100° u. Abfiltrieren; Blättchen; $[\alpha]_D$ −27° (c = 0,79, Chlf.); 1,43 g roh. — *C-Norketon* **V**, $C_{31}H_{50}O_3$, F. 269,5—270,5° (CH_2Cl_2-CH_3OH), aus 60 g vorst. Verb. durch Verteilung auf 107 Röhrchen, Erhitzen auf 150°, Zuschmelzen im Hochvakuum, ½std. Rk. bei 290°, Extrahieren mit Chlf., Verseifen durch 3std. Kochen mit 5%ig. methanol. KOH + etwas Bzl. u. Acetylieren; $[\alpha]_D$ +87° (c = 1,04, Chlf.); 6,4 g. — *C-Norketon* **VI**, $C_{31}H_{50}O_3$, F. 197,5—199° (CH_2Cl_2-CH_3OH), aus 1,5 g Anhydrid $C_{32}H_{50}O_5$ der Acetoxydicarbonsäure **IV** wie bei **V**; $[\alpha]_D$ +94° (c = 1,09, Chlf.). (Helv. chim. Acta **34**. 747—55. 15/3. 1951.) NITZSCHKE. 3600

Hubert Vanderhaeghe, E. R. Katzenellenbogen, Konrad Dobriner und **T. F. Gallagher**, *Darstellung von Δ^{20}-Enolacetaten aus 20-Ketosteroiden.* Bei der Behandlung von 3α.13α-Diacetoxypregnan-20-on, 3β-Acetoxy-Δ^5-pregnen-20-on u. 3β-Acetoxyallopregnan-20-on (**I**) mit Isopropenylacetat in Ggw. von H_2SO_4 werden die entsprechenden Δ^{20}-20-Enolacetate (**II**, **III**, **IV**) gebildet. Zum Beweis der Lage der Doppelbindung wird angegeben, daß **II**, **III** u. **IV** im Gegensatz zu den entsprechenden cis- u. trans-$\Delta^{7,20}$-Enolacetaten mit Tetranitromethan keine Rk. geben. Die Ozonolyse von **IV** gibt vorwiegend *3β-Oxyalloätiansäure*. Wird **IV** bromiert u. nach Behandlung mit CH_3COOK red., ergibt sich ein

Gemisch von I u. *3β.21-Diacetoxyallopregnan-20-on.* Letztere Verb. wird auch erhalten bei der Oxydation von **IV** mit Benzopersäure u. anschließender Hydrolyse neben *3β-Acetoxy-17α-oxyallopregnan-20-on* u. einer weiteren Verb., die wahrscheinlich *20.21-Epoxyallopregnan-3β.20-diol* ist. Die ausführlichen Unterss. der Infrarotabsorptionsspektren bestätigen obige Ergebnisse.

Versuche (FF. korr., opt. Drehungen in Chlf.): *Δ^{20}-Pregnen-3α.12α.20-trioltriacetat* (**II**), $C_{27}H_{40}O_6$, F. 131—132°, aus 2,1 g 3α.12α-Diacetoxypregnan-20-on in Isopropenylacetat u. H_2SO_4, 3 Std. am Rückfluß; Nadeln aus A., $[\alpha]_D^{23}$ +106°; 300 mg (Ausbeute). **II** gibt mit $C(NO_2)_4$ keine Färbung. **II** entsteht auch neben etwas $\Delta^{17,20}$-Isomerem mit p-Toluolsulfonsäure statt H_2SO_4. Spaltet bei Hydrolyse mit wss. methanol. NaOH erst 2, dann 3 CH_3COO ab. Wird nicht verändert beim Kochen mit Acetanhydrid oder Erhitzen auf 170°. Geht beim Kochen mit Acetanhydrid u. p-Toluolsulfonsäure irreversibel in das $\Delta^{17,20}$-Isomere, F. 170—172°, über. — *$\Delta^{5,20}$-Pregnadien-3β.20-dioldiacetat* (**III**), $C_{25}H_{36}O_4$, F. 125—126°, aus 1 g 3β-Acetoxy-Δ^5-pregnen-20-on wie **II**; Plättchen aus Methanol u. PAe., $[\alpha]_D^{27}$ —47°; 382 mg; daneben etwas $\Delta^{17,20}$-Isomeres. **III** gibt beim Erhitzen mit p-Toluolsulfonsäure in Acetanhydrid ein Isomerengemisch mit ca. 25% *cis-$\Delta^{17,20}$-Isomerem,* F. 148—149°. — *Δ^{20}-Allopregnen-3β.20-dioldiacetat* (**IV**), $C_{25}H_{38}O_4$, F. 88—89°, aus 1 g **I** wie **II**; Nadeln aus wss. A.; 800 mg. Werden 450 mg **IV** in Methanol–Essigester bei —30° mit Ozon behandelt u. mit Pd/$BaCO_3$ unter H_2 geschüttelt, ergeben sich 45 mg *3β-Oxyalloätiansäure,* F. 246—247° (*Acetatmethylester,* F. 145—149°) neben 42 mg *3β-Oxyallopregnanon-(20),* F. 190—195°. **IV** gibt nach Bromierung in CCl_4, Behandlung mit CH_3COOK u. Red. mit Zn/Essigsäure ein Prod., F. 145—147°, aus etwa gleichen Teilen **I** u. *3β.21-Diacetoxyallopregnan-20-on.* Bei Behandlung von 400 mg rohem **IV** mit Benzopersäure in Bzl. ergeben sich 51 mg unreines *3β-Acetoxy-17α-oxyallopregnanon,* F. 183—186°, 62 mg *3β.21-Diacetoxyallopregnan-20-on,* F. 150—152°, u. 145 mg eines nicht näher untersuchten Prod. vom F. 120—125°. (J. Amer. chem. Soc. **74.** 2810—13. 5/6. 1952. New York, N. Y., Sloan-Kettering Inst. for Cancer Res.) H.-J. KOCH. 3700

Elise Elisberg, Hubert Vanderhaeghe und **T. F. Gallagher,** *Darstellung von 3α-Oxyätiocholan-17-on durch partielle Reduktion mit Natriumborhydrid.* Die partielle Red. von Ätiocholan-3.17-dion (**II**) mit $NaBH_4$ ergibt 69% *3α-Oxyätiocholan-17-on* (**I**) neben 17% *3β-Deriv.* (**Ia**). Ähnlich wird Androstan-3.17-dion zu *Isoandrosteron* red., doch bleiben dabei über 30% des $C_{(3)}$–CO unangegriffen. **I** wird auch mit 50% Gesamtausbeute dargestellt aus 17β-Acetoxyätiocholan-3-on durch Red. mit $NaBH_4$, Überführung in den Tetrahydropyranyläther, von dem wegen des Auftretens eines neuen Asymmetriezentrums im Tetrahydropyranring zwei Epimere entstanden, alkal. Hydrolyse der 17β-Acetoxygruppe, CrO_3-Oxydation u. saure Hydrolyse der Äthergruppe.

Versuche (FF. korr.): *17β-Acetoxyätiocholan-3α-* u. *-3β-ol,* $C_{21}H_{34}O_3$, F. 175 bis 176° (Aceton–PAe.) bzw. F. 140,5—142,5°, aus 17β-Acetoxyätiocholan-3-on u. $NaBH_4$ in Methanol. *3α-Deriv.,* $[\alpha]_D^{27}$ +17° (Chlf.); 80% (Ausbeute). *3β-Deriv.,* Prismen aus Essigester, krist. aus Aceton–PAe. als Solvat, F. 102—104°, $[\alpha]_D^{24}$ +9° (Chlf.); 15%. — *17β-Oxyätiocholan-3α-yl-[tetrahydropyranyl-(2)]-äther,* $C_{24}H_{40}O_3$, aus vorst. 3α-Verb. u. Dihydropyran mit HCl, anschließende Hydrolyse mit 1,7n KOH u. Chromatographie an Al_2O_3, aus den ersten Eluaten Nadeln aus PAe., F. 140—144°, $[\alpha]_D^{24}$ —22° (Chlf.); aus den späteren Eluaten *Diastereomeres,* Prismen aus PAe., F. 140—143°, $[\alpha]_D^{26}$ +96°; zusammen 94%. — *3α-Oxyätiocholan-17-on* (**I**), F. 140—146°, aus vorst. Verbb. mit CrO_3 in Essigsäure; 71%. Daneben *Ätiocholan-3α.17β-diol,* F. 215—228°, u. **II**. — **I** u. *3β-Oxyätiocholan-17-on* (**Ia**), F. 151—152° bzw. F. 151—153°, aus **II** u. $NaBH_4$, a) in Methanol, 69% **I**, 17% **Ia**, daneben *3α.17β-Diol;* b) in Pyridin, 25% **I**, 42% **II**. — *Isoandrosteron,* F. 172—174°, aus Androstan-3.17-dion wie vorstehend. a) 45%, daneben 30% Ausgangsmaterial, u. 5% *Androstan-3β.17β-diol,* F. 161—163°; b) 55%, daneben 4% *Androsteron.* (J. Amer. chem. Soc. **74.** 2814—16. 5/6. 1952. New York, N. Y., Sloan-Kettering Inst. for Cancer Res.) H.-J. KOCH. 3700

B. Belleau und **T. F. Gallagher,** *Oxydation von Enoläthern der 20-Ketosteroide durch Benzopersäure.* Bei der Behandlung von 3α-Acetoxypregnan-11.20-dion (**I**) mit Äthylorthoformiat u. anschließendem Kochen mit Xylol ergibt sich ein amorphes Gemisch (**A**) der Δ^{17}- u. Δ^{20}-20-Enoläther, wobei die 11-Ketogruppe erhalten bleibt. Dieses Gemisch gibt nach Behandlung mit $LiAlH_4$ u. Benzopersäure *3α.11β-Dioxyätiocholan-17-on* (**II**) u., nach Hydrolyse, *3α.11β-Dioxyätiansäure,* deren Konst. durch verschied. Rkk. bewiesen wird. Ebenso werden 2 andere 20-Ketosteroide in die entsprechenden 17-Ketosteroide u. Äthylätianate übergeführt. Für diese Rkk. wird ein Reaktionsmechanismus vorgeschlagen.

Versuche (FF. korr.): *$\Delta^{17,20}$- u. $\Delta^{20,21}$-20-Enoläthyläther des 3α-Oxypregnan-11.20-dions* (**A**), aus **I** u. Äthylorthoformiat in A. mit H_2SO_4 3 Std. am Rückfluß u. 3std.

Kochen in Xylol; öliges Prod. nach Chromatographie. — *3α.11β-Dioxypregnan-20-on*, F. 221—223°, aus **A** u. $LiAlH_4$ in Ae., 3 Std. am Rückfluß u. Hydrolyse mit alkoh. HCl; Prismen aus Essigester. *3-Acetat*, F. 180—182°, Prismen aus Ae.-PAe., $[\alpha]^{25}$ +149° (Aceton). — *3α.11β-Dioxyätiocholan-17-on* (**II**), $C_{19}H_{30}O_3$, F. 237—239°, u. *Äthyl-3α.11β-dioxyätianat* (**III**), $C_{22}H_{36}O_4$, F. 201—202°, aus **A** u. $LiAlH_4$ wie vorst. Verb. u. anschließende Behandlung mit Benzopersäure in Bzl.; **II**, Nadeln aus Essigester, $[\alpha]_D^{17}$ +96° (Chlf.); *3-Acetat*, F. 237—239°, Nadeln aus Aceton, $[\alpha]_D^{25}$ +107° (Chlf.). **III**, feine Nadeln aus Essigester, $[\alpha]_D^{25}$ +75° (Chlf.); *3-Acetat*, $C_{24}H_{38}O_5$, F. 190—191°, Nadeln aus Aceton, $[\alpha]_D^{28}$ +86° (Chlf.). — *3α.11β-Dioxyätiansäure*, $C_{20}H_{32}O_4$, F. 254—255° (Essigester), aus **III** durch alkal. Hydrolyse; kein reines Prod., $[\alpha]_D^{25}$ +51° (Aceton), gibt bei Veresterung mit Diazoäthan wieder **III**. — *Äthyl-3α-acetoxy-11-ketoätianat* (**IV**), $C_{24}H_{36}O_5$, F. 120 bis 120,5° (Methanol), aus **III** u. CrO_3/Essigsäure; $[\alpha]_D^{26}$ +88° (Chlf.). — *3α-Oxyätiocholan-11.17-dion*, F. 186—187° (Nadeln aus Essigester), u. **IV**, aus **A** u. Benzopersäure in Benzol. — *3α-Oxy-11-ketoätiansäure*, $C_{20}H_{30}O_4$, F. 290—292° (A.), aus **IV** durch alkal. Hydrolyse, $[\alpha]_D^{25}$ +80° (A.). *Acetatmethylester*, F. 149—151°, Prismen aus Methanol. — *Isoandrosteron*, F. 172—173° (Essigester; 28%), u. *Äthyl-3β-oxyalloätianat* (**V**), $C_{22}H_{36}O_3$, F. 132 bis 133°, aus dem 20-Enoläther (aus 3β-Oxyallopregnan-20-on wie **A**) u. Benzopersäure in Bzl.; **V**, sehr feine Nadeln aus PAe., $[\alpha]_D^{25}$ +44° (Chlf.); 23%. — *3β-Oxyalloätiansäure*, F. 249—250°, aus **V** durch alkal. Hydrolyse; Nadeln aus A., $[\alpha]_D^{25}$ +39° (A.). *Methylesteracetat*, F. 149—150°, Blättchen aus Methanol, $[\alpha]_D^{20}$ +40° (Chlf.). (J. Amer. chem. Soc. **74**. 2816—19. 5/6. 1952. New York, N. Y., Sloan-Kettering Inst. for Cancer Res.)

H.-J. KOCH. 3700

F. D. Gunstone und **R. M. Heggie**, *Versuche zur Synthese von Santonin.* 1. Mitt. *Die Darstellung des Lactons von α-[2-Oxy-3-ketocyclohexyl]-propionsäure.* 1.2-Dibromcyclohexan oder 3-Bromcyclohexen wird mit Methylmalonsäurediäthylester bei Ggw. von Na-Alkoholat zu *α-Cyclohexen-(2)-yl-α-methylmalonsäurediäthylester* (**I**) kondensiert, der zur entsprechenden Säure verseift wurde, deren von MOUSSERON u. WINTERNITZ (Bull. Soc. chim. France, Mèm. **13**. [1946.] 604) angegebene Daten nicht richtig sein können. **I** wird mit Perameisensäure zu *α-[2.3-Dioxycyclohexyl]-α-methylmalonsäurediäthylester* oder einem teilweise formylierten Deriv. oxydiert (das Prod. wurde nicht isoliert); Verseifung u. Decarboxylierung gibt *α-[2.3-Dioxycyclohexyl]-propionsäure-γ-lacton.* Durch CrO_3-Oxydation entsteht hieraus *α-[2-Oxy-3-ketocyclohexyl]-propionsäurelacton* (**II**). Dieses stellt eine stabile Verb. mit definiertem F. dar, kann im Gegensatz zu den Angaben von PARANJAPE u. Mitarbeitern (Proc. Indian Acad. Sci., Sect. A **19**. [1944.] 381; Nature [London] **153**. [1944.] 317) im Vakuum unzers. dest. werden, liefert die üblichen Nachweis-Rkk. für Ketogruppen u. für die Lactongruppierung. Die Red. zu α-[2-Oxycyclohexyl]-propionsäurelacton gelang ebensowenig wie die Decarboxylierung zu 3-Äthylcyclohexen-(2)-on. Die Tatsache, daß **II** sich (obwohl es kein Benzylidenderiv. gibt) bromieren läßt, wobei es gleichzeitig enthydrobromiert wird, spricht dafür, daß es sich um ein γ- u. nicht um ein δ-Lacton handelt. Diese Ansicht wird auch durch die Bldg. eines kristallinen *Enolacetats* bei Erhitzen mit Acetanhydrid u. p-Toluolsulfonsäure bestätigt.

Versuche (Absorptionsspektren in A.): *α-Cyclohexen-(2)-yl-α-methylmalonsäurediäthylester* (**I**), $Kp._{12}$ 144—150°, $Kp._{16}$ 156—160°, a) durch Zufügen von 3-Bromcyclohexen zu Na-Methylmalonsäurediäthylester (**III**) in A. u. ½—1std. Sieden; 73% (Ausbeute); b) durch 12std. Sieden von 1.2-Dibromcyclohexan u. **III**; n_D^{17} 1,4670; 64%. — *Cyclohexen-(2)-ylmethylmalonsäure*, $C_{10}H_{14}O_4$, F. 158° unter Zers. (Bzl.). — *α-Cyclohexenyl-(2)-ylpropionamid*, F. 129—134°, durch Decarboxylieren vorst. Säure zu *α-Cyclohexen-(2)-ylpropionsäure* ($Kp._{10}$ 140—147°; $n_D^{18,5}$ 1,4831; 91%) durch Pyrolyse bei 165—170° (½ Std.), Verwandeln in das *Säurechlorid* mittels $SOCl_2$ u. Rk. mit NH_4OH. — *5-Cyclohexen-(2')-yl-5-methylbarbitursäure*, $C_{11}H_{14}O_3N_2$, F. 208°, durch Rk. der Na-Verb. von **I** mit Harnstoff in A. (7std. Kochen) u. Zufügen von heißer HCl; aus A. Nadeln. — *Cyclohexen-(1)-ylmethylmalonsäure*, F. 150—152° (Zers.), aus Cyclohexen-(1)-ylmalonsäurediäthylester über α-Cyclohexen-(1)-yl-α-methylmalonsäurediäthylester. — *α-Cyclohexen-(1)-ylpropionamid*, F. 89—90°, durch Decarboxylieren vorst. Verb. bei 170° u. Aminieren des Säurechlorids. — *5-Cyclohexen-(1')-yl-5-methylbarbitursäure*, $C_{11}H_{14}O_3N_2$, Nadeln aus W., F. 190—194°. — *α-[2.3-Dioxycyclohexyl]-propionsäure-γ-lacton*, $C_9H_{14}O_3$, $Kp._1$ 154—156°, durch 16std. Stehen von **I** in 98—100%ig. HCOOH u. 30%ig. H_2O_2 bei 40—45°, Abblasen mit Wasserdampf, Verseifen des Rückstandes mit 3n methanol. KOH, Abdampfen des A., Vermischen mit HCl, Eindampfen u. kontinuierliche Extraktion mit Aceton; 66%; wird in der Kälte fest u. schm. bei Zimmertemperatur. *3.5-Dinitrobenzoat*, $C_{16}H_{16}O_8N_2$, Plättchen aus Methanol, F. 184—185°. — *α-[2-Oxy-3-ketocyclohexyl]-propionsäurelacton* (**II**), $C_9H_{12}O_3$, Prismen aus Ae. oder A., F. 86—87°, durch langsames Zufügen von vorst. Verb. in Eisessig zu CrO_3 in wss. Essigsäure bei 10—15°; nach 10tägigem Stehen Verdünnen mit W., 36std. Ätherextraktion u. Dest. nach Abdampfen des Ae.; 30%. *2.4-Dinitrophenylhydrazon*, $C_{15}H_{16}O_6N_4$, gelbe Plättchen aus Essigsäure, F. 168—170°. *Semicarbazon*, $C_{10}H_{15}O_3N_3$, Prismen aus A., F. 195—197° (Zers.). — *2.4-Dinitrophenylhydrazon*, aus rohem, fl. **II**, $C_{15}H_{16}O_6N_4$, F. 206—210°. *Semicarbazon*, F. 202 bis 203°. — Red. von 2 g **II** nach HUANG-MINLON (C. **1948**. I. 48) liefert *unbekannte Verb.*, Kp.$_8$ 135—145° (Badtemp.); n_D^{20} 1,4760; 0,43 g. — Red. von 2 g **II** liefert nach CLEMMENSEN eine *unbekannte Verb.*, Kp.$_8$ 140—150° (Badtemp.); 0,47 g; wird durch $KMnO_4$ in Alkali zu *Verb.* $C_{17}H_{30}O_4$ oxydiert, F. 59—60°; 0,21 g. — Erhitzen von 1 g **II** mit HBr + Essigsäure liefert 0,61 g einer *festen M.* vom F. 128—130° (Bzl.-Leichtbenzin). — Erhitzen von 1 g **II** mit äthanol. H_2SO_4 ergibt 0,037 g einer Fl. vom Kp.$_{15}$ 140—155° (Bad); gibt gelbes *2.4-Dinitrophenylhydrazon*. **II** gibt kein Benzylidenderiv.; mit C_6H_5CHO in Ggw. von Piperidinacetat entsteht nach 24 std. Kochen *2.6-Dibenzylidencyclohexanon*; 33%. — *Unbekannte Verb.*, Kp.$_{0,15}$ 120—140° (Bad), durch Kochen von 1 g **II** in CCl_4 mit 1,25 g N-Bromsuccinimid (es entwickelt sich HBr), Eindampfen im Vakuum, Kochen des Rückstands mit Pyridin u. Aufnehmen in Chlf.; 0,61 g; gibt kein 2.4-Dinitrophenylhydrazon; löst sich in Alkali mit roter u. in Bicarbonat mit gelber Farbe; gibt unbestimmten Azotest mit Anilin u. braune Fällung mit $FeCl_3$; λ_{max} 278 mμ (log ε = 3,25), λ_{min} 253 mμ (log ε = 3,10). — **II**-*Enolacetat* (*α-[3-Acetoxy-2-oxycyclohexen-(3)-yl]-propionsäurelacton*), $C_{11}H_{14}O_4$, F. 124—126° (Leichtbenzin), durch 1½ std. Sieden von **II** mit p-Toluolsulfonsäure u. Acetanhydrid, langsames Abdampfen des Essigsäureanhydrids, Schütteln mit W. u. Extrahieren mit Chlf.; 63%. (J. chem. Soc. [London] **1952**. 1354—58. April. Glasgow, Univ.) LEHWALD. 3950

F. D. Gunstone und **R. M. Heggie**, *Versuche zur Synthese von Santonin. 2. Mitt. Darstellung von Verbindungen, die das im Santonin vorhandene Dienonsystem enthalten.* (1. vgl. vorst. Ref.) Propionylchlorid kondensiert sich mit Äthylen bei Ggw. von $AlCl_3$ in Chlf. zu *1-Chlorpentanon-(3)*, das mit Diäthylamin u. dann CH_3J *1-Diäthylaminopentanon-(3)-methojodid* bildet. Kondensation mit 2-Methylcyclohexanon (**IV**) liefert hieraus *2.3.4.5.6.7.8.10-Oktahydro-2-keto-1.10-dimethylnaphthalin* (**I**). Verss., durch Bromierung u. HBr-Abspaltung in **I** bei $C_{(3)}$—$C_{(4)}$ eine Doppelbindung einzuführen, schlugen fehl; es bildete sich statt dessen die Doppelbindung zwischen $C_{(7)}$—$C_{(8)}$ aus (nachgewiesen durch UV-Spektr.). — Katalyt. Hydrierung von Santonin mit Pd-Kohle ergab nicht, wie BARGELLINI (1912) angab, Dihydro-, sondern *Tetrahydro-* u. mit RANEY-Ni, *Hexahydrosantonin*. Red. von **I**, zuerst zur Reinigung mit RANEY-Ni, dann mit Pd-Kohle liefert *2-Keto-1.10-dimethyldekalin* (**II**). Durch CLEMMENSEN-Red. entsteht hieraus *cis-1.10-Dimethyldekalin*. Auch bei **II** ist es nicht möglich, bei $C_{(3)}$—$C_{(4)}$ eine Doppelbindung einzuführen, sondern es bildet sich ein Gemisch verschied. Verbindungen. Dagegen läßt sich 2-Keto-10-methyldekalin (**III**) durch Bromierung u. HBr-Abspaltung glatt in das erwünschte *2.5.6.7.8.10-Hexahydro-2-keto-10-methylnaphthalin* (**V**) verwandeln. Durch Säureumlagerung entsteht hieraus *5.6.7.8-Tetrahydro-4-methylnaphthol-(1)*. Äthyläthinylketon kondensiert sich mit **IV** in Ggw. von $NaNH_2$ zu *2.5.6.7.8.10-Hexahydro-2-keto-1.10-dimethylnaphthalin*, nachgewiesen durch das UV-Spektr. u. durch Hydrierung zu **III**.

Versuche: *1-Chlorpentanon-(3)*, Kp.$_3$ 43—47°, durch Rk. von Propionylchlorid u. Äthylen in Chlf. in Ggw. von $AlCl_3$; n_D^{15} 1,4461; 48% (Ausbeute); daraus *1-Carbamyl-3-äthylpyrazolin*, F. 94°. *Pikrat*, F. 132—134°. — *1-Diäthylaminopentanon-(3)*, Kp.$_{17}$ 85—89°, aus vorst. Verb. u. Diäthylamin; n_D^{16} 1,4441; 80%. *Semicarbazon*, F. 97 bis 99°. *Pikrat*, F. 76—78°. Das *Methojodid*, in 92%ig. Ausbeute erhalten, wurde unrein verarbeitet. — *2.3.4.5.6.7.8.10-Oktahydro-2-keto-1.10-dimethylnaphthalin* (**I**), Kp.$_1$ 99—100°, durch 4 std. Rühren von **IV**, $NaNH_2$ u. Ae. bei Raumtemp. im N_2-Strom, langsames Zufügen vorst. Methojodids in A., 4 std. Rühren bei Zimmertemp. u. 2 Std. unter Sieden; nach Zufügen von verd. HCl Ausäthern, Reinigen durch 30 Min. langes Rühren mit RANEY-Ni in A. u. Dest.; n_D^{20} 1,5260; λ_{max} 248 mμ (log ε = 4,14; A.); 46%. *2.4-Dinitrophenylhydrazon*, $C_{18}H_{22}O_4N_4$, scharlachrote Plättchen aus A., F. 198—199°; λ_{max} 260 u. 394 mμ (log ε = 4,28 u. 4,47; Chlf.). *Semicarbazon*, $C_{13}H_{21}ON_3$, F. 203—204°, Prismen aus A.; λ_{max} 271 mμ (log ε = 4,47; A.). — *2.3.4.5.6.10-Hexahydro-2-keto-1.10-dimethylnaphthalin*, Kp.$_1$ 106—108°, Kp.$_{1,5}$ 118—126°, a) durch 30 Min. Sieden vorst. Verb. u. N-Bromsuccinimid in CCl_4, Filtrieren in der Kälte u. 2 std. Sieden mit Pyridin; 58%; b) durch Zufügen von Br_2 in CCl_4 zu einer gekühlten Lsg. vorst. Verb. in CCl_4 u. Dest. nach 5—6 std. Stehen bei Zimmertemp.; n_D^{20} 1,5590; 58%. *2.4-Dinitrophenylhydrazon*, $C_{18}H_{20}O_4N_4$, dunkelrote Plättchen aus Essigsäure, F. 216°; λ_{max} 251, 261, 311 u. 407 mμ (log ε = 4,22, 4,22, 4,19 u. 4,53; Chlf.). *Semicarbazon*, $C_{13}H_{19}ON_3$, F. 216—217°; λ_{max} 300 mμ (log ε = 4,54; A.). — *2-Keto-1.10-dimethyldekalin* (**II**), Kp.$_{0,5}$ 76—78°, durch Hydrierung von **I** in A. mit Pd-Kohle u. Dest.; n_D^{19} 1,4945; 85%. *2.4-Dinitrophenylhydrazon*, $C_{18}H_{24}O_4N_4$, gelbe Kristalle, F. 186° (A.). *Semicarbazon*, $C_{13}H_{23}ON_3$, Plättchen aus A., F. 189—190°. — *cis-1.10-Dimethyldekalin*, $C_{12}H_{22}$, Kp.$_{12}$ 85—90° (Bad), durch 30 std. Sieden vorst. Verb. mit Zn + konz. HCl in Toluol, Verdünnen u. Extrahieren;

n_D^{20} 1,4848. — *trans-1.10-Dimethyldekalin*, $Kp._{11}$ 76—78° (Badtemp.), durch 2tägiges Stehen vorst. Verb. mit $AlCl_3$ im Exsiccator, Verdünnen mit HCl, Extrahieren, Dest. u. Wiederholung der $AlCl_3$-Behandlung; n_D^{18} 1,4690; 0,63 g aus 1 g der cis-Verbindung. — Bromierung u. Enthydrobromierung von **II** a) durch Kochen von **II** u. N-Bromsuccinimid in CCl_4, Filtrieren, Abdampfen u. Kochen des Rückstandes in Pyridin oder Chinolin oder b) durch Bromieren mit Br_2 u. HBr-Abspaltung wie vorst. (Ergebnisse s. Tabelle im Original). — *2.3.4.5.6.7.8.10-Oktahydro-2-keto-10-methylnaphthalin*, $Kp._{0,2}$ 72—74°, aus 1-Diäthylaminobutanon-(3), $NaNH_2$ u. **IV** wie oben; n_D^{19} 1,5154; 25%. — *2-Keto-10-methyldekalin* (**III**), $Kp._{1,5}$ 86—90°, durch Red. vorst. Verb. mit Pd-Kohle; n_D^{15} 1,4922; 89%. Daneben *kristallines Isomeres*, F. 47—48°. **III**-*2.4-Dinitrophenylhydrazon*, F. 113—116°. — *2.5.6.7.8.10-Hexahydro-2-keto-10-methylnaphthalin* (**V**), $Kp._{ca. 0,9}$ 100—110°, durch Erwärmen vorst. Verb. (fl. Prod.) in Eisessig mit Br_2 auf 50°, nach 3std. Stehen bei Zimmertemp. Kochen des Abdampfrückstandes in Kollidin u. Extrahieren; n_D^{16} 1,5507; λ_{max} 243 mμ (log ε = 3,89; A.); 34,5%; katalyt. Hydrierung liefert **III**; 82%. — *5.6.7.8-Tetrahydro-4-methylnaphthol-(1)*, F. 87,8—88,5°, aus **V** durch Überführen in das *Acetat* (F. 80 bis 81°; 36%) nach WOODWARD u. SINGH (C. **1951**. I. 2569) u. dann in das *Tetralol*. — *2-Formyl-2-methylcyclohexanon*, $Kp._{<1}$ 29—31°, durch 30std. Umsetzung von 2-Formylcyclohexanon mit Na in Bzl. in das Na-Deriv. u. 12std. Erhitzen der Verb. in Bzl. mit CH_3J bei 95—100° in einer Stahlbombe; $n_D^{17,5}$ 1,4728; 36%. — *Äthyläthinylketon*, Kp. 105 bis 107°, durch Rk. von Propionaldehyd mit Na-Acetylid zu *Äthyläthinylcarbinol* [*Pentin-(1)-ol-(3)*] (Kp. 126—129°; n_D^{18} 1,4344; 45%; *3.5-Dinitrobenzoat*, F. 87°) u. Oxydation; n_D^{19} 1,4188; 45%. *2.4-Dinitrophenylhydrazon*, $C_{11}H_{10}O_4N_4$, gelbe Plättchen aus A., F. 149 bis 150,5°. *p-Nitrophenylhydrazon*, $C_{11}H_{11}O_2N_3$, gelbe Nadeln aus verd. Methanol, F. 97 bis 97,5°. — *2.5.6.7.8.10-Hexahydro-2-keto-1.10-dimethylnaphthalin*, $Kp._1$ 108—110°, durch langsames Zufügen vorst. Verb. zu **IV** u. $NaNH_2$ in Ae. unter Rühren bei 0°, nach 6std. Stehen bei Raumtemp. Zers. mit 2nHCl, Extrahieren u. Dest.; n_D^{20} 1,5322; 5%. *2.4-Dinitrophenylhydrazon*, $C_{18}H_{20}O_4N_4$, rote Plättchen aus Butanol, F. 238—239°. — *ar.-Tetralol-(2)* (unter Mitarbeit von **J. R. Davidson**), $Kp._8$ 150—160° (Badtemp.), F. 59,5 bis 60° (PAe.); durch Bromieren von Dekalon-(2) in Eisessig u. Enthydrobromieren durch Kochen in Kollidin. *Benzoat*, F. 93—94°. (J. chem. Soc. [London] **1952**. 1437—42. April.) LEHWALD. 3950

D₃. Makromolekulare Chemie.

A. Odera, *Chemie der Polymeren*. Übersicht über die Veröffentlichungen betreffs polymerer Stoffe in japan. Zeitschriften (Theoret. u. Experimentelles über physikal. Eigg., Löslichkeit u. Kondensations-Rkk.). (Kagaku [Science] **21**. 460—65. Sept. 1951. [Orig.: japan.]) SCHULER. 4000

G. Smets und **L. Oosterbosch**, *Polymerisation des Methylisopropenylketons*. (Vgl. SMETS u. DE HAES, Bull. Soc. chim. belges **59**. [1950.] 13.) Die bereits früher beobachtete Widerstandsfähigkeit β-substituierter Allylderivv. hinsichtlich der Polymerisation unter Einfl. von Katalysatoren von Radikalcharakter, wie sie z. B. beim *α-Methylstyrol* (**I**) besteht, u. die auf der Bldg. relativ stabiler Allylradikale durch Kettentransfer u. dadurch bedingten Kettenabbruch beruht, wird bei *Methylisopropenylketon* (**II**) untersucht. Bei **I** ist die Polymerisationsgeschwindigkeit der Katalysatormenge proportional u. 0. Ordnung hinsichtlich der Monomerenkonz., die Mol.-Geww. der Polymeren sind gering. Im Gegensatz dazu verhält sich *Methylmethacrylat* (**III**) bei der Polymerisation n., die Polymerisationsgeschwindigkeit ist der Quadratwurzel der Katalysatormenge proportional u. 1. Ordnung hinsichtlich der Monomerenkonz., die höheren Mol.-Geww. deuten auf geringeren Kettentransfer hin, da die Carbomethoxygruppe die Doppelbindung reaktiver macht u. die Labilität der H-Atome in der Methylgruppe vermindert. Unters. des Einfl. der Katalysatorkonz. (Benzoylperoxyd) auf die Blockpolymerisation von **II** bei 75° ergab wie bei **III**, daß die Polymerisationsgeschwindigkeit der Monomerenkonz. proportional ist. Es resultieren aber Prodd. vom Mol.-Gew. ∼1500, während aus **III** Prodd. vom Mol.-Gew. ∼200000 resultieren, was auf verstärktes Vork. von Kettentransfer-Rkk. bei **II** gegenüber **III** zurückgeführt wird. Die Differenz zwischen den Aktivierungsenergien der Kettentransfer-Rk. u. der Additions-Rk. beträgt 5 kcal für **II**, 5,6 kcal für **III**. Bei **II** treten also zahlreiche Kettentransfer-Rkk. auf, die Reaktivität des Monomeren ist jedoch noch auf Grund der in Konjugation zur Doppelbindung stehenden Carbonylgruppe hoch genug, um die n. Beziehung der Polymerisationsgeschwindigkeit zur Quadratwurzel der Katalysatorkonz. zu wahren. Unters. von Mischpolymerisaten aus **II** u. **III** (75°, in Bzl.) im Verhältnis 1 : 4 u. 4 : 1 zeigte den verringernden Einfl. von **II** auf die Reaktionsgeschwindigkeit u. den Polymerisationsgrad der Endprodukte. (Bull. Soc. chim. belges **61**. 139—48. 15/5. 1952. Leuven, Univ., Labor. voor Macromol. Scheikunde.) RUSKE. 4010

G. Smets und **M. Claesen**, *Verzweigte Mischpolymerisate.* Vff. untersuchten die Entstehung verzweigter Makromoll. durch Kettenübertragungs-Rkk. zwischen monomeren Radikalen u. Makromoll. bzw. zwischen Monomeren u. Makroradikalen. Mit Benzoylperoxyd als Katalysator (0,5% bezogen auf das Monomere) wurden die Vinylverbb. *Vinylacetat* (**I**), *Vinylchlorid, Methacrylsäuremethylester* (**II**), *Styrol* u. *p-Chlorstyrol* in Ggw. von 25% u. mehr eines andersartigen Polymeren [*Polymethacrylsäuremethylester* (**III**), *Polystyrol* (**IV**), *Polyvinylacetat* (**V**), *Polyvinylchlorid* (**VI**), *Polyacrylsäuremethylester* (**VII**)] polymerisiert u. die verzweigten Mischpolymerisate von den einheitlichen (zugesetzten) Polymeren auf Grund verschied. Löslichkeit abgetrennt. Die entstandenen Mischpolymerisate wurden chem. u. durch Ultrarotanalyse untersucht. **III** reagiert mit sämtlichen untersuchten Monomeren, also unabhängig von der Art des Monomeren. **VII** verhält sich wahrscheinlich entsprechend. Bei **IV** ist das addierende Monomere von ausschlaggebender Bedeutung (**II** wird anpolymerisiert, **I** dagegen nicht). **II** reagiert nicht mit **V** (u. wahrscheinlich auch nicht mit **VI**), dagegen gut mit **IV**. Bei der Unters. der Rk. von **I** mit **III** bei 75, 85 bzw. 95° wurde gefunden, daß der Verzweigungsgrad sehr stark von der Temp. abhängt u. 15, 32 bzw. 53% **I** erreicht. Die verzweigten Mischpolymerisate wurden durch ihr Löslichkeits-, osmot. u. viscosimetr. Verh. charakterisiert. Die Werte der Huggins-Konstanten k′ u. des Parameters μ sind bei einer Mischung aus beiden Polymeren (einem echten Mischpolymerisat u. einem verzweigten Mischpolymerisat) mit gleichem Mol.-Gew. u. gleichem **I**-Anteil sehr verschieden. Aus den Befunden wird gefolgert, daß die Bldg. dieser verzweigten Mischpolymerisate durch Entstehung eines Makroradikals aus dem ursprünglich anwesenden Polymerisat ausgelöst wird. Die dabei stattfindende Kettenübertragungs-Rk. steht in engem Zusammenhang zu den Befunden beim Abbau u. kann auf Grund der Depolymerisationstheorie gedeutet werden. Diese Rk. wird ferner durch den Unterschied in der Reaktionsfähigkeit u. der Polarität zwischen dem polymeren Radikal u. dem zugesetzten Monomeren beeinflußt. (J. Polymer Sci. **8.** 289—311. März 1952. Louvain, Belgien, Univ., Labor. Chim. Macromol.) Schäff. 4010

Gyula Gróh und **J. Nyilasi**, *Mikrobiologische Untersuchung der Proteinracemisierung.* 1. Mitt. *Messung der Racemisierungsgeschwindigkeit der einzelnen Aminosäuren* (Vorl. Mitt.) Zur Best., welche Aminosäuren u. in welchem Grade sie bei der Behandlung der Proteine mit Lauge enolisiert bzw. racemisiert werden, benutzten Vff. statt der langwierigen Meth. Dakins ein mikrobiol. Verf., da Bakterien nur die *l*-Konfiguration der Aminosäuren angreifen, u. somit die vollkommene Lösung des Problems möglich wird. Modellverss. mit Gelatine erwiesen, daß *Arginin* in zwei Stufen, *Lysin* u. *Valin* nur teilweise enolisieren, letzteres sehr rasch. Die Auswertung der Ergebnisse wird nach Abschluß der Verss. erfolgen. (Magyar Kémiai Folyóirat [Ung. Z. Chem.] **56.** 400—01. 1950. Budapest, Univ., Inst. für allg. Chem.) Plank. 4070

Gyula Gróh und **J. Nyilasi**, *Zersetzung des Arginins bei der alkalischen Hydrolyse der Gelatine.* Es wird der Verlauf der Hydrolyse von Gelatine in nNaOH bei 100° u. in der Kälte untersucht (bis zu 312 Std. Einw.), indem in bestimmten Zeitabschnitten der NH_3- bzw. Amino-N-Geh. bestimmt wird. Vff. stellen fest, daß aus dem Arginin der Gelatine in frisch bereiteten Lsgg. bei 100° zuerst Carbamid abgespalten wird, das bei der weiteren Hydrolyse weiter zers. wird. In der Kälte erfolgt die Zers. des Arginins über Citrullin, dessen Bldg. durch die bei der Einw. der kalten Lauge erfolgende Enolisation ermöglicht wird. Aus dem Amino-N-Geh. der Destillationsrückstände wird geschlossen, daß Urease auf die enolisierten Peptidbindungen des Arginins spaltend wirkt. (Magyar Kémiai Folyóirat [Ung. Z. Chem.] **56.** 444—47. 1950. Budapest, Univ., Inst. für allg. Chem.) Plank. 4070

Lászó Szalay und **Gyula Grasselly**, *Über die Struktur der Gelatine.* Vff. untersuchten 0,1—0,3 mm dicke feste, trockene Gelatineschichten röntgenograph. u. mikroskopisch. Sie stellten fest, daß Gelatine nur im erstarrten Zustande kristalline Struktur aufweist. Nach der Verfestigung hat die ganze Platte anisotropen Charakter. Die Kristalle sind zweifellos biaxial, gehören also dem rhomb., monoklinen oder triklinen Syst. an u. haben opt. negativen Charakter. Die Achsenfläche der Kristalle ist senkrecht zur Fläche der Gelatineschicht, ebenso die Richtung der größten Elastizität. (Magyar Kémiai Folyóirat [Ung. Z. Chem.] **56.** 325—27. 1950. Szeged, Univ., Inst. für exp. Physik.) Plank. 4070

Zoltán Körös, *Über die freien Aminogruppen des Gliadins.* Die bisherigen Unterss. zeigten, daß im *Gliadin* keine methylierbaren Aminogruppen vorhanden sind; die Zahl der freien Aminogruppen an den Enden der Peptidketten ist noch unbekannt. Um dies zu entscheiden, wandte Vf. die Dinitrofluorbenzol-Meth. Sangers an, wobei an den freien Aminogruppen Dinitrophenylaminosäuren entstehen, die chromatograph. getrennt u. deren Menge photometr. bestimmt werden kann. Im Hydrolysat des Dinitrophenylgliadins wurde Bis-[dinitrophenyl]-histidin festgestellt. In geringer Menge wurden ferner

Bis-[dinitrophenyl]-cystin u. Dinitroanilin nachgewiesen, ersteres bildete sich wahrscheinlich aus dem bei der Rk. mit Dinitrofluorbenzol entstandenen Cystin, letzteres durch Rk. von Dinitrofluorbenzol mit in der alkal. Lsg. gebildetem NH_3. Vf. ermittelte chromatograph., daß 1 Mol Gliadin 3,3 Mol Histidin enthält; nach VAN SLYKE wurde ein Verhältnis 1 : 3 ermittelt. Daraus folgt, daß die α-Aminogruppen des Histidins im Gliadin frei sind. Die 3 Histidinmoll. sind also mit ihren COOH-Gruppen an die Peptidkette gebunden. Das Mol.-Gew. des Gliadins wurde mit 27500 ermittelt. (Magyar Kémiai Folyóirat [Ung. Z. Chem.] **56.** 131—36. 1950. Budapest, Univ., Inst. für allg. Chem.) PLANK. 4070

Gyula Gróh und **J. Nyilasi**, *Die katalytische Wirkung des „Ergon"-Glases bei der alkalischen Hydrolyse des Gliadins.* Es wurde schon früher beobachtet, daß beim Messen der Hydrolysegeschwindigkeit anscheinend unbegründete Abweichungen auftreten. Die Annahme, daß dies die Folge einer katalyt. Wrkg. der Glasgefäße sei, schien wahrscheinlich, da Spuren von Fe u. As die Hydrolysegeschwindigkeit beschleunigen. Vff. stellten Verss. in „Ergon"-Glaskolben bzw. Quarzkolben an u. konnten nachweisen, daß neue Kolben die Rk. stärker beschleunigen als gebrauchte u. dieser unliebsame Einfl. vollständig ausblieb, wenn die Hydrolyse in vorher 20 Std. lang mit konz. H_2SO_4 auf 100° erwärmten Glaskolben durchgeführt wurde. (Magyar Kémiai Folyóirat [Ung. Z. Chem.] **57.** 10—11. 1951. Budapest, Univ.) PLANK. 4070

János Nyilasi, *Untersuchungen über die Herkunft des bei der alkalischen Hydrolyse des Zeins gebildeten Ammoniaks.* Bei der Hydrolyse des Zeins in nNaOH bei 100° entstehen aus 1 g Zein in 4 Std. 36,0 mg NH_3-N, u. diese Menge bleibt auch nach 24std. Hydrolyse unverändert. Bei der alkal. Hydrolyse müssen auch noch andere Aminosäuren zers. werden, da Zein weniger Säureamid-N (29,92 mg/g) enthält, als dem obigen Wert entspricht. Arginin wird während der Hydrolyse nicht zersetzt. Bestimmungen nach REES ergeben, daß der NH_3-Überschuß aus der Zers. von Serin u. Threonin stammt, welche bei der alkal. Hydrolyse eine Umwandlung erleiden, wodurch sie gegen die HCl-Hydrolyse empfindlicher werden. Zur Erklärung dieser durch Verss. bestätigten Annahme nimmt Vf. an, daß diese Umwandlung infolge Enolisation der Peptidbindungen eintritt. (Magyar Kémiai Folyóirat [Ung. Z. Chem.] **56.** 259—62. Juli 1950. Budapest, Univ., Inst. für allg. Chem.) PLANK. 4070

Hans G. Boman, *Beziehungen zwischen Konzentration und Sedimentation bei verschiedenen Präparaten von Rinder-Kohlenoxydhämoglobin.* Es wird an sechs verschied. Präpp. von *Rinder-Kohlenoxydhämoglobin*, die alle nach dem gleichen Verf. hergestellt wurden, geprüft, ob eine streng lineare Beziehung zwischen Konz. (innerhalb 2—7%) u. Sedimentationsgeschwindigkeit besteht. Dabei scheinen die Unterschiede in den Neigungen der Geraden größer zu sein als man auf Grund der experimentellen Fehler erwarten kann. Dies deutet auf eine Veränderung des Hämoglobins im Laufe der Präparation hin. Auch eine geringe Veränderung im Laufe der zweimonatigen Aufbewahrung konnte festgestellt werden. Für beide Fälle läßt sich als mögliche Erklärung angeben, daß die Hydratationshülle um das Hämoglobinmol. nicht unverändert bleibt. (Acta chem. scand. **5.** 1311—17. 1951. Upsala, Inst. für physikal. Chemie.) HENTSCHEL. 4070

Nils Ellfolk und **Artturi I. Virtanen**, *Das Molekulargewicht von Leghämoglobin.* Das untersuchte Oxydationsprod. *Leghämiglobin* (I) wurde nach der von VIRTANEN u. Mitarbeitern (Acta chem. scand. **1.** [1947.] 90) angegebenen Meth. hergestellt; der Fe^{III}-Geh. von I beträgt 0,26—0,27% (Vorliegen des Fe als Fe^{III} UV-spektroskop. nachgewiesen). I läßt sich durch Elektrophorese in 2 Komponenten zerlegen. Von I wurden bei 20° die Diffusionskonstante, die Sedimentationskonstante u. das Mol.-Gew. M (osmot.) bestimmt zu $9{,}08 \cdot 10^{-7}$ cgs-Einheiten bzw. $1{,}9 \cdot 10^{-13}$ bzw. 20000. Das M der bei der Elektrophorese schneller wandernden u. in höherer Konz. vorhandenen Komponente ergab sich zu 17000 mit einem Fe^{III}-Geh. von 0,35%; es wird angenommen, daß diese Komponente das reine I darstellt. — Die von KEILIN u. HARTREE (vgl. C. **1952.** 2533) vorgeschlagene Nomenklatur für I wird wegen ihrer Schwerfälligkeit abgelehnt. (Acta chem. scand. **6.** 411—20. 1952. Helsinki, Labor. of the Found. for Chem. Res., Biochem. Inst.) FUCHS. 4070

E. Biologische Chemie. Physiologie. Medizin.

E_1. Allgemeine Biologie und Biochemie.

Max Hamburgh, *Mißbildungen bei Mäuseembryonen durch Trypanblau.* Vor u. nach der Befruchtung wurden ♀ Mäusen 0,25—0,5 cm³ einer 0,5%ig. Trypanblaulsg. injiziert. 68 von 118 danach geborenen Mäusen zeigten Abnormitäten. Je nach dem Zeitpunkt der Injektion lagen Veränderungen am vorderen oder hinteren Achselskelett vor: Mißbildungen am Schwanz, nicht geschlossene Spalten am Kopf u. ähnliches. Die Mißbildungen wurden schon 12 Tage nach der Befruchtung makroskop. sichtbar zu einer Zeit, an der Wachstum u. Differenzierung die höchste Aktivität zeigen. Es scheint eine Korrelation zwischen Mißbldg. u. Geschlechtsbest. vorzuliegen, ebenso scheint der Farbstoff einen Einfl. auf die Geschlechtsbest. auszuüben. (Nature [London] **169.** 27. 5/1. 1952. New York, Columbia Univ., Dep. of Zool.) LÜPNITZ. 4130

B. I. Balinsky, *Über die Entwicklungsprozesse in Brustdrüsen und anderen epidermalen Strukturen.* Histochem. Unterss., Best. der Mitosezahlen u. Kultivierungsverss. in vitro von Brustdrüsen u. Haarfollikeln bei Mäusen u. Kaninchen. Im ersten Stadium der Entw. (Verdickung der Epidermis) fehlt *alkal. Phosphatase*; der Geh. an *Ribonucleinsäure* ist gering. Erst in späteren Stadien erhöht sich der Geh. an diesen 2 Stoffen. (Trans. Roy. Soc. Edinburgh **62.** 1—32. 1952. Edinburgh, Inst. of Animal Genetics, Animal Breeding and Res. Organization.) REISS. 4150

Harlan I. Firminger und **Ambadas S. Mulay,** *Histochemische und morphologische Differenzierung induzierter Lebertumoren bei Ratten.* Morphologie u. Histochemie von mit *p-Dimethylaminoazobenzol* bzw. mit *p-Dimethylaminobenzolazo-α-naphthalin* erzeugten Lebertumoren (Hepatom, Adenocarcinom, gemischte Tumoren) bei Ratten. Entscheidend für das Auftreten bestimmter Tumortypen ist das Cancerogen. (J. nat. Cancer Inst. **13.** 19—34. Aug. 1952. Bethesda, Md., Nat. Cancer Inst., Labor. of Pathol.) REISS. 4160

Ambadas S. Mulay und **Harlan I. Firminger,** *Vergleich von mit p-Dimethylaminobenzolazo-α-naphthalin erzeugten Lebertumoren bei Ratten mit durch p-Dimethylaminoazobenzol erzeugten.* (Vgl. vorst. Ref.) Erzeugung von Lebertumoren entweder mit *p-Dimethylaminoazobenzol* (I) oder mit *p-Dimethylaminobenzolazo-α-naphthalin* (II). Die Induktionsperiode liegt bei den mit I gefütterten Tieren bei 5½ Monaten, bei den mit II behandelten bei 11 Monaten. Die Zahl der Tumortiere, bezogen auf die Zahl der die Induktionsperiode überlebenden Ratten, liegt, unabhängig vom Cancerogen, bei 85%. Mit I behandelte Ratten entwickeln überwiegend Cholangiohepatome, mit II gefütterte Hepatome. II bewirkt zusätzlich Schädigungen des Vormagens u. teilweise fibröse Tumoren im dermalen u. subcutanen Gewebe. (J. nat. Cancer Inst. **13.** 35—56. Aug. 1952. Bethesda, Md., Nat. Cancer Inst., Labor. of Pathol.) REISS. 4160

Ambadas S. Mulay und **Harlan I. Firminger,** *Präcanceröse und canceröse Schädigungen des Vormagens und dermal-subcutane Tumoren in mit p-Dimethylaminobenzolazo-α-naphthalin gefütterten Ratten.* (Vgl. vorst. Ref.) An Ratten verfüttertes *p-Dimethylaminobenzolazo-α-naphthalin* (I) verursacht in 70% der Fälle Schädigungen des Vormagens (präcanceröse Stadien u. squamöse Zellcarcinome). Bei 10% der mit I behandelten Tiere treten außerdem dermal-subcutane Fibrome u. Fibroadenome auf. (J. nat. Cancer Inst. **13.** 57—72. Aug. 1952. Bethesda, Md., Nat. Cancer Inst., Labor. of Pathol.) REISS. 4160

Miyoshi Ikawa, J. B. Koepfli, Seeley G. Mudd und **Carl Niemann,** *Ein Hämorrhagie und Regression eines experimentellen Mäusetumors bewirkender Stoff aus E. coli.* 1. Mitt. *Isolierung und Eigenschaften.* Vff. isolieren aus E. coli-Kulturen ein Polysaccharid (I), das eine Peptid- u. eine Phosphatidkomponente enthält (Eindampfen im Vakuum, Dialyse, Fällung mit A.). Diese Substanz erzeugt Hämorrhagie u. Regression des experimentellen Mäusesarkoms 180. Durch Behandlung mit Trichloressigsäure kann aus I der Peptidanteil entfernt werden. (J. nat. Cancer Inst. **13.** 157—66. Aug. 1952. Pasadena, Calif., Inst. of Technol., Gates and Crellin Labor. of Chem.) REISS. 4160

Morris Belkin und **Dorothea B. Fitzgerald,** *Tumorschädigende Wirkung von pflanzlichen Stoffen.* 1. Mitt. *Pflanzen mit abführender Wirkung.* Vff. untersuchen die tumorschädigende Wrkg. 32 verschied. Pflanzen (wss. Suspension, Olivenölsuspension, A.-Extrakt, Säureextrakt) an Mäusen mit intramuskulär implantiertem Sarkom 37, einem Adenocarcinom, einem Lymphosarkom u. einem Melanom nach einmaliger subcutaner Injektion. Den größten Effekt gegenüber Sarkom 37 weisen auf: Bryonia alba u. dioica, Citrullus colocynthis, Ecballium elaterium, Rhamnus cathartica, Rheum officinale, Rumex crispus u. Sonchus oleraceus; das Lymphosarkom sowie das Adenocarcinom werden von Bryonia ebenfalls geschädigt, das Melanom von Bryonia u. Colocynth. (J. nat. Cancer Inst. **13.** 139—56. Aug. 1952. Bethesda, Md., Nat. Cancer Inst., Labor. of Chem. Pharmacol.) REISS. 4160

A. Leroi und **R. von May,** *Viscum album-Behandlung bei Blasentumoren.* Vff. berichten über die Behandlung von 6 Blasencarcinomen mit *Iscador,* einem injizierbaren Viscum album-Präparat. Vff. beschreiben eine deutliche u. auffallende Besserung des Allgemeinzustandes u. geben an, auch eine vorübergehende Rückbldg. der Blasentumoren für mehrere Jahre beobachtet zu haben. Es wird ausgeführt, daß die Mistelpräpp. je nach Art ihres Wirtes (Eiche, Apfelbaum oder Kiefer) verschied. Wrkg. haben. (Hippokrates **23.** 209—16. 30/4. 1952. Arlesheim, Klin.-Therapeut. Inst.) GUMMEL. 4160

F. v. Fischer und **W. Minder**, *Die Radium-Moulagebehandlung der geschwulstartigen Hämangiome.* Die Grundlagen der radioakt. Moulagetherapie dermatolog. Erkrankungen werden theoret. behandelt. Für die prakt. Anwendung haben Vff. als Grundsubstanz thermoplast. Abdruckmassen, wie sie in der Dentaltechnik verwendet werden, mit eingeschmolzenen Präpp. benutzt, die in W. von 55° plast. werden. Nach Auflegen auf die Haut u. Fixierung mit Heftpflaster erstarren die Moulagen. Über 74 Fälle tumorähnlicher Hämangiome u. ihre erfolgreiche Moulagebehandlung wird eingehend berichtet. (Radiol. clin. [Basel] **21.** 116—43. März 1952.) REUSSE. 4160

René Huguenin und **René Saracino**, *Das Syndrom „Leukopenie–Strahlenresistenz“.* Die klin. Beobachtung, daß dem Auftreten einer Strahlenresistenz bei der Röntgen- oder Radiumbehandlung der Tumoren oft eine Leukopenie kurz vorangeht oder nachfolgt, wird neben dem von SCHWARZSCHILD modifizierten Gesetz von BUNSEN-ROSCOE mit dem Nucleinproteinstoffwechsel in Beziehung gebracht. Es scheint, daß die Strahlensensibilität der Zellen ihrem Geh. an Thymonucleinsäure entspricht. Die an Thymonucleinsäure reichsten Tumorzellen u. die Leukocyten, deren Reichtum daran gleichfalls bekannt ist, verschwinden im Laufe der Bestrahlung als erste. Das Auftreten der Leukopenie ist demnach von prakt. Bedeutung, zumal gezeigt wird, daß die Zufuhr von leukopoet. Stoffen das Auftreten der Leukopenie verzögern u. die anfängliche Strahlenempfindlichkeit offenbar verlängern kann. (Bull. Assoc. franç. Étude Cancer **43.** (**39.**) 63—73. 1952.) GUMMEL. 4160

E_2. Enzymologie. Gärung.

Tage Astrup und **Norma Alkjaersig**, *Die Klassifizierung proteolytischer Enzyme durch ihre Inhibitoren.* Vff. schlagen vor, die proteolyt. Enzyme auf Grund ihres Verh. gegen verschied. Inhibitoren einzuteilen. (Nature [London] **169.** 314—16. 23/2. 1952. Kopenhagen, Carlsberg-Stiftung, Biol. Inst.) KOCH. 4200

Ed. H. Fischer und **J. Fellig**, *Speichelamylase-Inhibition.* Vff. untersuchen den Einfl. von *Tryptophan, Prolin, Nicotinsäure, β-Indolessigsäure, β-Indolpropionsäure, α-Naphthylessigsäure* u. *1.4-Dichlorphenoxyessigsäure* auf die amylolyt. Aktivität von menschlichem Speichel u. krist. menschlicher Speichel-*α-Amylase* nach verschied. Methoden. Im Gegensatz zu einigen Befunden der Literatur kann keinerlei inhibierende Wrkg. dieser Substanzen festgestellt werden. (Science [Washington] **115.** 684—85. 20/6. 1952. Geneva, Univ., Dep. of Organic Chem.) REISS. 4210

A. Douglas McLaren, *Einige Beobachtungen über ein Trypsin–Trypsininhibitor-System.* Die Rk. zwischen *Trypsin* (I) u. dem aus Sojabohnen gewonnenen *Trypsininhibitor* (II) von KUNITZ findet innerhalb einiger Sek. statt. Hierbei reagiert 1 Mol **II** mit 1 Mol **I**, wobei eine kleine, aber meßbare Volumenausdehnung eintritt. Wahrscheinlich beruht die Rk. auf einer Salzbldg. zwischen negativen u. positiven Ionenpaaren der beiden Molekülarten. Der Komplex war innerhalb eines p_H-Bereiches von 4—10 stabil u. dissoziierte bei p_H-Werten unter 3, bzw. wurde er gar nicht gebildet. Ggw. von **II** inaktivierte sowohl die denaturierende Wrkg. von **I** gegenüber *Lactoglobulin* als auch die hydrolyt. Wirkung. (C. R. Trav. Lab. Carlsberg, Sér. chim. **28.** 175—88. 1952.) v. PECHMANN. 4210

S. R. Freiberg, *Wirkungen eines exogenen Wachstumsregulators auf die proteolytischen Fermente der Sojabohnenpflanzen.* Best. der *Proteinase-* u. *Polypeptidase*-Aktivität in Blättern, Stengeln u. Wurzeln von Sojabohnenpflanzen 1—5 Tage nach 24std. Kultivierung in einer *2.4-Dichlorphenoxyessigsäure* (I) enthaltenden Nährlösung. Die Aktivitäten beider Fermente sind in den Blättern der mit **I** behandelten Pflanzen gegenüber denen der Kontrollen erniedrigt, in den Stengeln u. Wurzeln dagegen erhöht. (Science [Washington] **115.** 674—75. 20/6. 1952. New Brunswick, N. J., Rutgers Univ., Dep. of Plant Physiol.) REISS. 4210

J. Pace und **E. E. McDermott**, *Methioninsulfoximin und einige Glutamin betreffende Enzymsysteme. Methioninsulfoximin* (I) ist für zahlreiche Organismen giftig. Diese Wrkg. kann in manchen Fällen nach HEATHCOT u. PACE (C. **1951.** I. 2449) durch *L-Glutamin* aufgehoben werden. Vff. zeigen, daß bei Extrakten aus Acetonpulver von Schafshirn die Synth. von Glutamin aus Glutaminat sowie (wesentlich stärker) die Wrkg. der *Glutamyltranspherase* (II) durch **I** gehemmt wird. Für die Wrkg. auf **II** wird die Bldg. von *Glutaminhydroxamsäure* aus L-Glutamin in Ggw. von Hydroxylamin bei p_H 5,5 (Acetatpuffer; 37°; 55°) verfolgt. Die Rk. kann völlig gehemmt werden, wenn die mol. Konz. an **I** so hoch wie die Konz. von Glutamin ist. (Nature [London] **169.** 415—16. 8/3. 1952. St. Albans, Herts., Cereals Res., Stat. of Brit. Flour Millers.) HESSE. 4210

M. Webb, *Verwendung von Inhibitoren der Desoxyribonuclease bei der Isolierung von Desoxyribonucleinsäuren.* Bei der Isolierung von Desoxyribonucleinsäuren aus tier. Geweben werden in gepufferter Lsg. (p_H 7) geringe Mengen von Arsenat, Citrat oder Borat verwendet. Damit soll die enzymat. Depolymerisierung während der Extraktion des Desoxyribonucleohistons vermieden werden; stillschweigend wird angenommen, daß die *Desoxyribonucleasen* (I) der verschied. Gewebe dieselbe Empfindlichkeit haben, wie sie für I des Pankreas bereits nachgewiesen ist. Diese Annahme ist irrig. Im Gegensatz zu den I des Pankreas werden die I von Kalbthymus, Mäusetumor oder Rattenembryo durch die genannten Verbb. nicht gehemmt, sondern sogar aktiviert. Das beobachtete Ausbleiben der Depolymerisierung beruht nur auf der Einstellung eines für die I ungünstigen p_H (7—7,5). — Die I sind auf das Cytoplasma der Zellen beschränkt u. sind mit Partikeln, wahrscheinlich den Mitochondrien, assoziiert. (Nature [London] **169.** 417. 8/3. 1952. Cambridge, Strangeways Res. Labor.) HESSE. 4210

R. G. Chitre und **Shanta Kelkar,** *Die Hemmung der Thiaminase durch kleinste Mengen Acetaldehyd.* Die Hemmung des in Serum u. Leber befindlichen Cocarboxylase-Pyruvat-Syst. durch *Thiaminase* (I) (aus Horpedon nehercus), gemessen an der im WARBURG-App. beobachteten CO_2-Bldg., tritt nicht auf, wenn I erst 90 Min. nach Versuchsbeginn zugesetzt wird. Vff. konnten zeigen, daß die Aufhebung der inhibitor. I-Wrkg. durch zwischenzeitlich gebildete kleinste *Acetaldehyd*-Mengen hervorgerufen wird. (Current Sci. **21.** 219—20. Aug. 1952. Bombay, Seth G. S. Med. Coll., Dep. of Physiol.) KRUSEN. 4210

R. G. Moores, Dorothy M. Greninger und **I. I. Rusoff,** *Kakaooxydase.* Da die oxydativen Enzym-Rkk. bei der Fermentierung der *Kakaobohne* (I) von entscheidender Bedeutung für die Güte der Kakaoprodd. sind, untersuchten Vff. die Eigg. der in I vorhandenen *Kakaooxydase* (II). Die Fermentaktivität wurde nach der indirekten *Ascorbinsäure*(III)-*Brenzcatechin*(IV)-Meth. von SREERANGACHAR (Biochem. J. **37.** [1943.] 667) bestimmt. Hierbei enthalten die Bestimmungsansätze außer dem Fermentmaterial, Citrat-Phosphat-Pufferlsg. p_H 5 u. **IV** oder anderen Phenolen als Substrat noch **III.** Nach 10 Min. langem Durchleiten von Luft bei 40° wird die Abnahme von III durch Titration mit Indophenollsg. in Ggw. von H_3PO_4 bestimmt. Die durch die oxydierten Substrate hervorgerufene Zerstörung von III ist ein Maß für die II-Aktivität. — 2—3 Tage nach der Ernte wurden die I in der Kälte den Schoten entnommen, zusammen mit 50%ig. Aceton zerkleinert, noch mehrmals mit dieser Lsg. extrahiert, mit reinem Aceton getrocknet u. dann mit PAe. entfettet. Bei —20° ist das Fermentpulver stabil. Durch Extraktion mit einer Pufferlsg. aus 0,1 mol. Citronensäurelsg., die mit 0,2 mol. Na_2HPO_4-Lsg. auf p_H 7 eingestellt worden war, konnten dem Pulver 77% der Gesamtaktivität entzogen werden. Fällung mit Ammoniumsulfat (80%ig. Sättigung) u. Dialyse bewirkten 4fache Fermentanreicherung. Gegenüber *Kaffeesäure, Hydrokaffeesäure* u. *Chlorogensäure* als Substrat war **II** 4mal aktiver als gegen **IV.** *p-Kresol* (**V**) wurde schneller als m- oder o-**V** oxydiert. Durch feuchte Wärme wurde **II** schnell inaktiviert. Bei Ggw. von 50% W. u. 60° wurde 87% der Aktivität innerhalb 4 Std., bei 44° innerhalb 64 Std. die gesamte Wirksamkeit eines rohen **II**-Präp. zerstört. Ggw. von H_2S u. NaCN inaktivierten das Ferment völlig. (J. Amer. chem. Soc. **74.** 928—30. 20/2. 1952. Hoboken, N. J., Gen. Food Corp., Centrallabor.) v. PECHMANN. 4210

A. W. Kotelnikowa, *Zur Frage der Lagerbeständigkeit von Präparaten der Adenosintriphosphorsäure.* Es wurden zwei Präpp. von *Adenosintriphosphorsäure* (I) untersucht, die 18 u. 46 Monate im Exsiccator über wasserentziehenden Mitteln aufbewahrt worden waren. Die Abspaltung von anorgan. Pyrophosphat betrug ca. 0,13% an labilem P/Monat, während BAILEY (vgl. C. **1949.** E. 432) 1%/Monat gefunden hatte. An feuchter Luft erfolgt die Zers. bedeutend rascher. Ba-Salze von I können 1 Jahr lang im Exsiccator aufbewahrt werden, ohne merklich an Wrkg. einzubüßen. — Die Best. der Zers. konnte nicht nach chem. Verff. erfolgen, da I den Rückstand ($Mn_2P_2O_7$) auflöst. Nur die enzymat. Best. mit Pyrophosphatase aus Hefe nach BAILEY-WEBB (Biochem. J. **38.** [1944.] 394) ermöglichte den Nachw. der geringen Pyrophosphatmengen. (Биохимия [Biochimia] **16.** 150—55. März/April 1951. Moskau, Labor. für physiol. Chem. der Akad. der Wiss. der UdSSR.) v. WILPERT. 4210

E_3. Mikrobiologie. Bakteriologie. Immunologie.

I. C. Gunsalus, M. I. Dolin und **Lena Struglia,** *Brenztraubensäure-Stoffwechsel.* 3. Mitt. *Eine manometrische Bestimmung des Pyruvatoxydationsfaktors.* (1. u. 2. vgl. O'KANE u. GUNSALUS, J. Bacteriol. **54.** [1947.] 20; **56.** [1948.] 499). Bei Streptococcus faecalis ist ein nicht identifizierter u. nicht durch bekannte Vitamine oder Coenzyme ersetzbarer Nährstoff nachgewiesen worden, der vorläufig als *Pyruvatoxydationsfaktor* (I) bezeichnet wird. Die Zellen enthalten *Brenztraubensäuredehydrase* (II). Den auf synthet. Medium oder auf Hefeextrakt enthaltendem Medium gewachsenen Zellen fehlen: Thiamin,

Riboflavin, Adenosin, Glutaminat u. $Mg^{\cdot\cdot}$. Bei der manometr. Best. (WARBURG-App.; p_H 6,5) müssen diese Stoffe zugesetzt werden. I wirkt spezif. in einer der Stufen des Syst. der II, wobei Adenosin, Glutaminat u. Riboflavin durch Aktivierung des H-Transportsyst. zu wirken scheinen. (J. biol. Chemistry **194.** 849—57. Febr. 1952. Bloomington, Ind., Indiana Univ., u. Urbana, Ill., Univ. of Illinois.) HESSE. 4320

I. C. Gunsalus, Lena Struglia und **D. J. O'Kane,** *Brenztraubensäure-Stoffwechsel. 4. Mitt. Vorkommen, Eigenschaften und teilweise Reinigung des Pyruvatoxydationsfaktors.* (3. vgl. vorst. Ref.) Der *Pyruvatoxydationsfaktor* (I) kann aus verschied. Zellextrakten, vornehmlich von Hefe u. Leber, vor allem nach saurer Hydrolyse erhalten werden. Er liegt in mindestens 5 verschied. Formen vor: 1. gebunden; 2. in W. lösl., aber in organ. Lösungsmitteln unlösl.; 3. „schwache Säure"; 4. „starke Säure" u. 5. „neutrale Form", wobei 3.—5. nur in organ. Lösungsmitteln (Butyl- u. Amylalkohol, Äthylacetat, $CHCl_3$), nicht aber in W. lösl. sind. Die Form 3 konnte durch Säurebehandlung, chromatograph. Adsorption an Kohle u. W., Aluminiumhydroxyd u. geeignete Elutionen auf das 10000-fache gereinigt werden. (J. biol. Chemistry **194.** 859—69. Febr. 1952.) HESSE. 4320

D. Szafarz, *Beziehungen zwischen der Proteinsynthese und ihrer intracellulären Lokalisation bei „Polytomella coeca".* Wurde *Polytomella coeca* auf Acetat mit ^{14}C markierter COOH-Gruppe als alleiniger C-Quelle kultiviert, so zeigten alle C-haltigen Bestandteile u. selbst Proteine der durch fraktioniertes Zentrifugieren gewonnenen verschied. cytoplasmat. Fraktionen die gleiche spezif. Radioaktivität. Nach Erschöpfung des Hauptteils des markierten Acetats wurde durch Zugabe von nicht markiertem Acetat eine plötzliche Protein–Synthese-Beschleunigung u. Verminderung der spezif. Radioaktivität hervorgerufen, die um so deutlicher war, je schneller die Vermehrung erfolgte. Die kleinsten Granula der Ribonucleoproteinfraktionen zeigten bereits nach 1 Std. die stärkste Abnahme (ca. 50%). Das spricht dafür, daß sich ihre M. schneller als die der anderen Fraktionen unter den physiol. Versuchsbedingungen vermehrte. (Arch. int. Physiol. **60.** 196—97. Juni 1952. Bruxelles, Univ. Libre, Labor. de Physiol. animale.) ITZEROTT. 4320

H. Jeener und **R. Jeener,** *Cytochemische Beobachtungen an „Thermobacterium acidophilus" R 26 nach der Wachstumshemmung durch Desoxyribonucleoside oder Uracil.* Beim Fehlen des zum Wachstum von Thermobacterium acidophilus R 26 notwendigen *Desoxyribonucleosids* (I) hören die Vermehrung der Nucleoiden u. die Zellteilung auf. Es tritt eine Verlängerung der Zellen mit Zunahme des Cytoplasmavol. auf, ohne daß der Geh. an Ribonucleinsäure verändert wird. Wird das gleichfalls benötigte *Uracil* (II) im Nährmilieu fortgelassen, so tritt nur Wachstumsstillstand ein. I ist somit in erster Linie zum Aufbau der Nucleoiden notwendig, während II für die Ribonucleinsäuresynth. u. gleichzeitig für die Synth. von Protein in Nucleoiden u. Cytoplasma erforderlich ist. (Arch. int. Physiol. **60.** 194—95. Juni 1952. Bruxelles, Univ. Libre, Labor. de Physiol. animale.) ITZEROTT. 4320

David Gale und **Sanford Elberg,** *Verstärkung einer bakteriellen Infektion durch homologes Magenschleimhautmucin.* Unterss. an mit *Salmonella typhi* infizierten Mäusen zeigten, daß homologes *Mucin* (I) ebenfalls eine Verstärkung einer bakteriellen Infektion bewirkte, wie dies von Magenschleimhaut-I des Schweins bekannt ist. Mäuse-I wurde analog nach BENOICH, KABAT u. BEZER (J. exp. Medicine **83.** [1946.] 485) hergestellt. 2000 Mäusemagen lieferten 2,5 g I (4,1% des Trockengewichts). Mäuse-I ist hitzelabiler als Schweine-I. (Proc. Soc. exp. Biol. Med. **79.** 72—73. Jan. 1952. Berkeley, Univ. of Calif., Dep. of Bacteriol.) K. MAIER. 4325

Sumio Umesawa, *Neuere Entwicklung auf dem Gebiete der Antibiotica.* Übersicht über Penicilline, Streptomycine, Terramycin, Chloramphenicol, Bacitracin, neuere Antibiotica (wie Viomycin, Grifolin usw.) u. einem Nachtrag über Fungicide, wie Fungistatin, Netropsin usw. — 48 Literaturzitate. (Chem. and chem. Ind. [Kagaku to Kogyo] **5.** 58—63. Febr. 1952. [Orig.: japan.]) SCHULER. 4340

James M. Murphy, Ortha M. Stuart und **F. I. Reed,** *Auswertung des „Camp"-Testes zur Identifizierung von Streptococcus agalactiae bei Routine-Mastitis-Untersuchungen.* Definition u. Diskussion des „*Camp*"-Testes als Routinemethode. Die Anwesenheit von 0,1% *Äsculin* im Blut-Agar vergrößert die Intensität der „*Camp*"-Rk., beeinflußt aber das Wachstum der Streptokokken nicht wesentlich. Die zusätzliche Hinzufügung von *Ferricitrat* beeinflußt weder das Wachstum der Streptokokken noch die Intensität der „*Camp*"-Reaktion. (Cornell Veterinarian **42.** 133—47. Jan. 1952. Ithaca, New York, State Veterinary Coll.) DOSSMANN. 4350

Irwin H. Lepow und **Louis Pillemer,** *Untersuchungen zur Reinigung des Diphtherietoxins.* Unter verschied. Bedingungen wurden gereinigte Fraktionen von Di-Toxin elektrophoret. untersucht u. der L_f/mg-N-Wert jeder Fraktion mit der Wirkungsstärke des

Toxins in Beziehung gesetzt. Ein Minimumwert von 2400—2600 L_f/mg N für elektrophoret. einheitliches Di-Toxin wurde berechnet. Mit der quantitativen Flockungs-Rk. wurde ein immunchem. Wert für das Di-Toxin in der Gegend von 2500 L_f/mg N errechnet. Die Präcipitinogentiter der verschied. gereinigten Di-Toxinfraktionen gegen ein Kanin-Antiserum wurden verglichen u. dabei gefunden, daß sich die Fraktionen der L_f/mg-N-Werte, die sich der elektrophoret. Homogenität näherten, in ihren Präcipitinogentitern, abhängig von den Bedingungen bei der Fraktion, erheblich unterschieden. (J. Immunology **69.** 1—12. Juli 1952.) ZELLER. 4370

A. J. Blumberg und **John B. Loefer**, *Wirkung von Neomycin auf 2 Arten frei lebender Protozoen.* Das verwendete *Neomycin* (I; MERCK & CO., Rahway, N. J.) enthielt 240 E./mg. Beschreibung der Untersuchungsmeth.; die Nährbrühe bestand aus 2% *Bacto Casitone* u. 0,25% *Bacto-Hefe-Extrakt.* Untersucht wurden die Änderungen in der Zellenzahl von Tetrahymena (a) sowie die grünen u. farblosen Stämme von Euglena (b) gracilis var. bacillaris bei verschied. I-Konzentrationen. Die Vermehrung von (a) wurde mit 25 bis 250 E./ml gehemmt, in einem Medium mit 25 E./ml überstieg nach einer Inkubationszeit von 72 Std. die Zellzahl die der Kontrollen um 71%. In I-haltigen Medien scheint Abnahme der großen Organismen Zunahme ihrer Zahl zu bedingen. Das Wachstum der Ciliata ohne I war größer als bei Kulturen mit I. Bei 250 E./ml betrug der Unterschied in der durchschnittlichen Länge ca. 100%. In Kulturen mit 400 E./ml oder mehr I waren mehr Ciliata enthalten als bei den Kontrollen. Die farblosen Flagellaten waren empfindlicher als (a). Verhinderung der Vermehrung trat bei I-Spiegeln von 50 E./ml auf, bei 400 E./ml betrug die Inhibierung nach 210 Std. 99%. Zwischen grünen u. farblosen b-Stämmen war kein signifikanter Unterschied festzustellen. Vgl. der inhibierenden Wrkg. von I mit Literaturangaben über *Actidione, Bacitracin, Chloromycetin* u. *Penicillin.* (Physiol. Zoöl. **25.** 276—82. Juli 1952. San Antonio, Tex., Southwest Foundation for Res. and Education, u. Trinity Univ.) DOSSMANN. 4380

E_4. Pflanzenchemie. Pflanzenphysiologie. Pflanzenpathologie.

S. J. Singer, Luther Eggman, Jean M. Campbell und **Sam G. Wildman**, *Die Proteine grüner Blätter.* 4. Mitt. *Über ein höhermolekulares Protein, welches einen großen Teil des Cytoplasmas bildet.* (3. vgl. WILDMAN u. Mitarbeiter, J. biol. Chemistry **180.** [1949.] 985.) Die lösl. Proteine stellen nach früheren Arbeiten in den Blättern von Spinat u. Tabak ca. 30% der Gesamtsubstanz dar, d. h. ca. 10% der Trockensubstanz. Mehrere Pflanzenarten, die mit Elektrophorese u. Ultrazentrifuge, womit bessere Ergebnisse erzielt wurden, auf die Trennbarkeit ihrer lösl. Cytoplasmaproteine hin untersucht wurden, zeigten, daß ein wahrscheinlich homogenes Protein mit höherem Mol.-Gew. 32—50% der Gesamtplasmaproteine ausmacht. Aufarbeitung der Blätter u. Untersuchungsmethoden werden beschrieben. (J. biol. Chemistry **197.** 233—39. Juli 1952.) KORTE. 4420

K. Scharrer und **R. Bürke**, *Beeinflussung des Carotingehaltes der Pflanzen durch Mineraldüngung. Vorläufige Mitteilung.* Mit der Meth. nach FUJITA, NARITA u. AJISAKA (Biochem. Z. **308.** [1941.] 420) durchgeführte *Carotin*(I)-Bestimmungen an unterschiedlich ernährten Pflanzen zeigen, daß durch Gaben von *N* u. *P* auch über das Ertragsoptimum hinaus eine deutliche Steigerung des I-Geh. erreicht wurde. (Naturwissenschaften **39.** 238—39. Mai 1952. Gießen, Justus-Liebig-Hochschule, Agrikulturchem. Inst.) KRUSEN. 4425

M. Z. Condon, F. R. Andrews und **A. M. Altschul**, *Die Messung der Oxydations-Reduktions-Potentiale von Baumwollsamenhomogenaten.* Beschreibung einer Meth. zur Messung der Redoxpotentiale von Baumwollsamenhomogenaten. Es wird bes. auf die Notwendigkeit sorgfältiger Konstruktion u. Reinigung der Pt-Elektroden sowie der Herst. der Homogenate unter gereinigtem N hingewiesen. Die Elektroden blieben bei Verwendung ruhender Samen für 20 Verss. sensitiv, waren bei Verwendung 5 Tage alter Keimlinge jedoch schon nach einem Vers. „vergiftet". Die Potential-Zeit-Kurven variierten bei Behandlung mit Gemisch von Propylenglykoldipropionat u. 1.3-Dimethyl-4.6-bis-[chlormethyl]-benzol (1,5 g/kg Samen bei 100° F), Keimungsdauer u. Alter der Samen. Die Differenzen konnten noch nicht geklärt werden. (Plant Physiol. **27.** 500—06. Juli 1952. New Orleans, La., Southern Reg. Res. Labor., USDA Bureau of Agric. and Ind. Chem.) RANG. 4450

Karl Egle, *Über die Wirkung von Vitamin C auf die Kohlensäureassimilation und die Atmung submerser Wasserpflanzen.* Zur Klärung der Frage, ob das in den Pflanzen enthaltene *Vitamin C* (I) in die Stoffwechselprozesse eingreift, oder ob es ein für den Ablauf des Stoffwechsels bedeutungsloses Prod. (funktionsloses Überschußvitamin) darstellt, wurde die Beeinflussung der Photosynth. u. der Atmung durch zusätzliche Gabe von I (in Form von *Cebion*-Lsg.) zu dem wss. Medium der Versuchspflanzen (Wassermoos *Fontinalis antipyretica, Callitriche stagnalis* sowie *Helodea densa* u. *H. canadensis*) mittels Messung des CO_2-Umsatzes mit einem Ultrarotabsorptionsschreiber untersucht. **I**-Gaben erhöhen die Assimilation u. die Atmung, u. zwar um so mehr, je stärker die Konz. der Lsg. ist. Während die Assimilationserhöhung nach 24 Std. wieder abklingt, bleibt die (beträchtliche) Zunahme der Atmung über 48 Std. erhalten. Eine Zunahme der Assimilations- u. Atmungswerte tritt aber auch dann ein, wenn statt **I** *Essigsäure* (**II**) dem Medium zugesetzt wird; allerdings betragen die Werte in der **II**-Lsg. nach 48 Std. nur noch die Hälfte des Ausgangswertes. Ähnliches Verh. zeigte sich bei Zugabe von anderen Säuren (*Salz-* oder *Weinsäure*). Wird jedoch gleichzeitig mit **I** NaOH gegeben, so daß sich das p_H des Mediums nicht ändert, dann tritt keine Erhöhung der Assimilation u. der Atmung ein. Aus diesen Befunden wird gefolgert, daß die Assimilations- u. Atmungssteigerung nicht die Folge einer spezif. **I**-Wrkg. ist, sondern daß sie durch das veränderte p_H u. die damit im Zusammenhang stehende Verschiebung des Carbonat–CO_2-Gleichgewichts im wss. Medium bedingt ist. — Durch Zusatz von **II** bzw. Weinsäure oder Salzsäure zum wss. Medium schlug die Farbe der Versuchspflanzen in einen olivgrünen Farbton um, während die Pflanzen in den **I**-Lsgg. auch bei langer Versuchsdauer ihre anfängliche grüne Farbe behielten. Wurden Pflanzen aus den **I**-Lsgg. in frisches W. gebracht, so ging ihre Farbe ebenfalls nach Olivgrün über. Dieser Farbumschlag wird mit einer Umwandlung eines Teils der Chlorophyllmoll. in *Phäophytine* erklärt, während sich das Chlorophyll gegenüber **I** als sehr stabil erweist. (Beitr. Biol. Pflanzen **28**. 145—59. 1951. Heidelberg, Univ., Botan. Inst.) KLESSE. 4460

Karl Egle und **Walter Schenk**, *Untersuchungen über die Reassimilation der Atmungskohlensäure bei der Photosynthese der Pflanzen.* Nach einem histor. Überblick über die bisherige Behandlung der Frage, ob grüne Pflanzen auch im Licht CO_2 ausscheiden können (d. h. ob auch im Licht die im Lauf der Dissimilation produzierte CO_2-Menge die CO_2-Absorption im Verlauf der Photosynth. unter Umständen übertreffen kann), u. einer Diskussion über die Bedeutung der Spaltöffnungen für den Gaswechsel der Pflanzen wird über Verss. an stomatafreien Thallophyten berichtet, deren CO_2-Produktion in einer Assimilationskammer mit Hilfe eines Ultrarotabsorptionsschreibers gemessen wurde. Der Photosyntheseprozeß setzt schon bei geringsten CO_2-Konzz. ein, eine bestimmte Mindestkonz. von CO_2-Moll. ist demnach nicht nötig. Die photosynthet. Leistung beim CO_2-Partialdruck der atmosphär. Luft ist von der CO_2-Verarmung in der Umgebung des assimilierenden Gewebes abhängig. — Außerdem werden grundsätzliche Fragen über die Ermittlung des CO_2-Umsatzes bei Landpflanzen diskutiert. — Zahlreiche Literaturstellen. (Beitr. Biol. Pflanzen **29**. 75—105. 1952. Frankfurt/M., Univ., Botan. Inst.) KLESSE. 4460

L. W. Poel, *Fixierung von Kohlendioxyd durch Gerstenwurzeln.* Wurzeln von jungen Gerstenkeimlingen werden in Phosphatpuffer (p_H 5,6) $^{14}CO_2$ (Darbietung aus $NaH^{14}CO_3$) ausgesetzt u. der aufgearbeitete alkoh. Wurzelextrakt papierchromatograph. u. radioautograph. analysiert. Ergebnisse: 1. Unter anaerob. Bedingungen wurde die ^{14}C-Aufnahme zu einem sehr niedrigen, vom Wirkungsgrad der O_2-Verdrängung abhängigen Wert reduziert. 2. In vor der Darbietung von ^{14}C für 24 Std. in Nährlsg. kultivierten Wurzeln wurde nur ca. $^1/_5$ soviel ^{14}C inkorporiert wie bei Kultivierung in Wasser. 3. Nach 10 Min. nahm die ^{14}C-Aufnahme schnell ab, zwischen 30—60 Min. erfolgte nur langsame Fixierung. 4. Die hauptsächlichen nicht flüchtigen, in 80%ig. A. lösl. radioakt. Verbb. waren: Äpfel-, Citronen- (oder Isocitronen-), Asparagin- u. Glutaminsäure, Asparagin, Glutamin, Serin u. Tyrosin, mit Spuren von α-Ketoglutarsäure, Alanin u. einigen nicht determinierten Verbindungen. Außerdem waren (noch zu prüfende) unlösl. Prodd. radioaktiv. (Nature [London] **169**. 501—02. 22/3. 1952. Berkeley, Calif., Univ. of California, Radiation Labor.) RANG. 4460

Wolfram Heumann, *Die asymbiontische Stickstoffbindung durch Rhizobium leguminosarum (Pisum) auf Blutnährböden.* Von 5 Stämmen von Rhizobium leguminosarum, die auf einem 15% menschliches Blut enthaltenden Möhrenagar kultiviert wurden, zeigten 2 Stämme Bakteroidenbldg. u. nach 10—14 Tagen eine N_2-Bindung von 0,353 bzw. 0,552‰, bezogen auf das Nährbodengewicht. Bei Verwendung von defibriniertem Blut wurden von einem Stamm nach 6 Tagen schon 0,92‰ N_2 gebunden. Durch Zusatz von 0,1 mg/ml *Viktoriablau* zum Nährboden wird die N_2-Assimilation, nicht aber das Wachstum unterbunden. (Naturwissenschaften **39**. 239. Mai 1952. Braunschweig, TH., Botan. Inst.) KRUSEN. 4470

F. Laibach und **F. J. Kribben**, *Die Bedeutung des Wuchsstoffs für die Bildung und Geschlechtsbestimmung der Blüten.* Es wird untersucht, ob die Bldg. u. das Geschlecht der Blüten von höheren Pflanzen in Beziehung zu dem das Wachstum steuernden bekannten *Wuchsstoff* (**I**) stehen. Die Blütenbldg. ist abhängig von einer bestimmten **I**-Konz.

im Blatt; wenn diese erreicht ist, wird dem Vegetationspunkt der entsprechenden Achselknospe ein Blühimpuls übermittelt. Die Erreichung dieser notwendigen I-Konz. hängt ab von seiner Bldg. sowie seiner Ableitung u. seinem Verbrauch für Wachstum u. Wurzelbldg. usw. Es wird zwischen „freiem" u. „gebundenem" I unterschieden, deren Bldg. von Belichtung u. Temp. abhängig ist. Die Bldg. der ♀ u. ♂ Blüten (untersucht an Gurke u. Kürbis) hängt von der I-Konz. in den Blattachseln ab. ♀ Blüten verlangen zu ihrer Entstehung mehr I als ♂, d. h. die I-Konz. muß eine gewisse Mindesthöhe erreicht haben, wenn eine ♀ Blüte gebildet werden soll. — Sehr zahlreiche Literaturangaben. (Beitr. Biol. Pflanzen **28.** 131—44. 1951. Limburg/Lahn, Biol. Forschungsinst.) KLESSE. 4485

F. Laibach, *Wuchsstoff und Blütenbildung.* Zur Ausbldg. von ♀ Blüten u. ♀ Blütenteilen ist ein höherer Wuchsstoffspiegel erforderlich als zur Bldg. von ♂ Blüten u. ♂ Blütenteilen. Die Bldg. vegetativer Organe setzt einen noch höheren Wuchsstoffgeh. voraus. Vom entwicklungsphysiol. Standpunkt aus betrachtet, tragen daher die ♀ Blüten einen mehr vegetativen Charakter als die ♂. (Beitr. Biol. Pflanzen **29.** 129—41. 1952. Limburg/Lahn, Biol. Forschungsinst.) KLESSE. 4485

E_5. Tierchemie. Tierphysiologie. Tierpathologie.

Robert Stumper, *Quantitative Bestimmung der Ameisensäuresekretion durch Ameisen.* Die Unters. von 24 Formica (F.)-Arten zeigte, daß die Ameisensäure (I)-Sekretion der ♀, absol. gesehen, ident. oder noch höher als die der Arbeiterinnen war, während die ♂ überhaupt keine I sezernierten (alkal. Rk. des Körperextraktes!). Ferner wurde beobachtet, daß die F.-Arten, die sich mit den Greifwerkzeugen verteidigen, nur wenig I sezernieren (ca. 0,03 mg pro Tier, entsprechend 0,5% pro Tier) im Gegensatz zu denen, die sich mittels ihrer Säuresekretion wehren, so z. B. Formica rufa u. Formica prat., die 2 mg I pro Tier u. 20% I, bezogen auf das Körpergewicht, enthalten. — Die übrigen untersuchten Arten reihen sich bzgl. ihres II-Geh. zwischen diese beiden Extreme ein. Auf die komplexen u. varianten Beziehungen zwischen dem Polymorphismus der Arbeiterinnen der gleichen Art u. der I-Produktion wird hingewiesen. (C. R. hebd. Séances Acad. Sci. **234.** 149—52. 2/1. 1952.) LIPPOLD. 4555

Werner Teichmann, *Über Eiweiß- und Schleimgehalt des menschlichen Magensaftes.* Unterss. an 78 Patienten ergaben nur geringe Zusammenhänge zwischen Mucin- u. Proteingeh. des Magensaftes. Während eine isolierte Mucinvermehrung selten vorkommt, tritt kombinierte Erhöhung beider Stoffe bes. bei schweren klin. Zuständen, wie Gastroenteritis, Hepatitis u. Cholecystopathie, auf. — 34 Literaturangaben. (Z. ges. inn. Med. Grenzgebiete **7.** 908—11. 1/10. 1952. Leipzig, Krankenhaus St. Jacob.) KRUSEN. 4555

E. Lieschke, *Neue Ergebnisse der Hormon- und Organforschung.* Vf. referiert zusammenfassend über Eigg. u. Wrkg. von *Vitamin* B_{12}, *Leberextrakten, Heparin, Dicumarol, Cortison* u. *ACTH* u. gibt Hinweise für deren Indikation. Andeutungen über die Hormonbehandlung des Krebses. (Chem. Techn. **3.** 327—28. Nov. 1951. Dresden.) LOCH. 4558

Hans Hosemann, *Probleme der modernen Fluorbehandlung.* Ausführliche Diskussion der mit der Fluortherapie zusammenhängenden Fragen. Vf. fordert, die Therapie den zuerst festzustellenden Ursachen des Fluor anzupassen, u. empfiehlt *Ichthöstren,* ein Ölschieferpräp., das pro Zäpfchen 2,8 I.E. *Östradiol* enthält. — 39 Literaturangaben. (Dtsch. med. Wschr. **77.** 677—83. 23/5. 1952. Göttingen, Univ., Frauenklinik.) KRUSEN. 4559

J. W. Bastian und **M. X. Zarrow,** *Versagen von Nembutal beim Blockieren der Ovulation bei der Henne.* Legende Hennen wurden 2 u. 12 Std. lang mit Nembutal (I) narkotisiert, um die n. Abgabe von Luteinisierungshormon zu unterbinden. Ovulation kam bei mehr als 80% der Tiere trotz der Länge der Anästhesie vor. Weiter wurden Hennen 1,5—6 Std. lang mit I narkotisiert u. die Ovulation durch *Progesteron* (II)-Injektion auszulösen versucht. Ovulation kam bei einer Anästhesie von 1,5 Std. in 100%, von 3 Std. in 80% u. von 6 Std. in 77%, bei den nur mit II behandelten Kontrollen in 83% der Fälle vor. Die I-Anästhesie vermag also nicht die Abgabe von Luteinisierungshormon bei der Henne zu verhindern. (Proc. Soc. exp. Biol. Med. **79.** 249—51. Febr. 1952. Lafayette, Ind., Purdue Univ., Dep. of Biol. Sci.) BÖHM. 4559

G. Cavina, E. Cingolani, M. Galamini Ligori, A. Mariani und **G. Pruner,** *Bestimmung der corticotropen Wirkung eines Harnextraktes adrenektomierter Ratten durch den Ascorbinsäuretest.* Unter Anwendung der Meth. der Variation des Ascorbinsäuregeh. der Nebennieren wird gezeigt, daß gereinigte Extrakte aus dem Urin adrenektomierter Ratten corticotrope Wrkg. besitzen; die Wrkg. von 2,5 mg dieser Extrakte entspricht etwa dem von 1 γ des ARMOUR-Standards. (Rend. Ist. super. Sanità **15.** 332—36. 1952. Rom, Inst. Superiore di Sanità, Labor. di Biol.) K. F. MÜLLER. 4560

K. A. C. Elliott und **S. Yrarrazaval**, *Ein Effekt von Adrenalektomie und Cortison auf die Gewebspermeabilität in vitro.* Nach dem früher beschriebenen Verf. von ELLIOTT (Proc. Soc. exp. Biol. Med. **63.** [1946.] 234) wurde die Gewichtszunahme von Leberschnitten n. u. adrenalektomierter Ratten in isoton. Glucoselsgg. unter der Einw. von *Cortison* (I) bzw. *Desoxycorticosteron* (II) bestimmt. Es wurde gefunden, daß die Gewichtszunahmen bei adrenalektomierten Tieren allein schon ca. 2mal so groß wie bei n. Tieren waren, u. daß dieser Effekt durch I umgekehrt wurde. Bei einigen Verss. zur Prüfung der Wrkg. von I auf n. Leberschnitte u. von II auf solche von nebennierenlosen Tieren wurde keine einwandfreie Wrkg. festgestellt. Vff. schließen, daß anscheinend I auf die Regulation der Permeabilität der Zellmembranen oder einiger anderer Gewebsstrukturen einwirkt. (Nature [London] **169.** 416—17. 8/3. 1952. Montreal, Can., McGill Univ., Dep. of Neurol. and Neurosurg., u. Montreal, Neurol. Inst.) VINCKE. 4560

J. V. Aveling und **F. Harwood Stevenson**, *Behandlung von temporärer Arteriitis mit ACTH.* Bericht über einen Fall, bei dem durch 10 mg *ACTH* in Abständen von 6 Std. innerhalb 3 Tagen Besserung des bedrohlichen Zustandes u. Schmerzfreiheit erreicht wurden. 3mal täglich 7,5 mg *ACTH* waren erforderlich, um einen Rückfall zu verhindern. Nach 4 Wochen konnte die Therapie ohne Rückfall beendet werden. (Lancet **263.** 610. 27/9. 1952. London, Bushey and District Hosp.) KRUSEN. 4560

Charles Le Roy Steinberg und **Andries I. Roodenburg**, *Corticotropin (ACTH) in der Behandlung von akuter subacromialer Bursitis.* Durch Behandlung mit *ACTH* in verschied. Dosen konnten Vff. in 5 Fällen akuter u. 1 Fall chron. subacromialer Bursitis Schmerzfreiheit u. Beweglichkeit des Schultergelenkes erzielen. *Hydrocortison* war weniger wirksam. Es wird folgende Dosierung empfohlen: am 1. Tag 2mal 50, am 2. u. 3. Tag 1mal 50 USP-Einheiten. *ACTH* erwies sich als wirksamer als Röntgentherapie. (J. Amer. med. Assoc. **149.** 1458—60. 16/8. 1952. Rochester, N. Y., General Hosp.) KRUSEN. 4560

Lincoln D. Clark, Walter Bauer und **Stanley Cobb**, *Vorläufige Beobachtungen über Geistesstörungen bei Patienten unter Cortison- und ACTH-Therapie.* Ausführliche Wiedergabe der Krankengeschichten von 10 Patienten, die meist an rheumat. Arthritis litten u. deshalb mit *ACTH* (I) u./oder *Cortison* (II) behandelt wurden. Bei 4 von ihnen entwickelten sich während dieser Therapie leichte u. bei 6 schwere Geistesstörungen. Die ersten 4 Patienten erhielten in 8—119 Tagen 0,78—12,9 g I. Von den letzten 6 erhielt die erste, an Lupus erythematosus leidende 23jährige Patientin in fünf 15—160 Tage dauernden Perioden 1,28—8,94 g I (insgesamt 20,92 g!) injiziert. Für ihre eigentliche Erkrankung war die I-Zufuhr nutzlos; sie starb nach Beendigung der I-Applikation in geistesgestörtem Zustand. Von den verbleibenden 5 Patienten erhielten 3 in 77—122 Tagen 4,60—13,22 g I u. zwei in 12—14 Tagen 2,78—3,23 g II. — Vff. glauben, daß zwischen Schwere oder Dauer der Psychosen u. der Gesamt- oder der täglich applizierten I-Dosis kein Zusammenhang besteht. Mit Ausnahme der fünften Patientin erfolgte bei allen Kranken völlige Wiederherstellung. — Bei einer an Arthritis leidenden Patientin löste übrigens auch die vor Beginn der I-Zufuhr 1 Monat lang (erfolglos) durchgeführte Behandlung mit 100 mg *Desoxycorticosteronglucosid*/Tag eine Psychose aus, während andererseits bei 2 weiteren Patienten, die durch I-Zufuhr psychot. geworden waren, nach Abklingen der geistigen Störungen seither 18 Wochen bzw. 10 Monate lang zur Behandlung ihrer Arthritis II ohne Komplikationen verabfolgt wurde. (New England J. Med. **246.** 205—16. 7/2. 1952. Boston. Massachusetts Gen. Hosp., u. Harvard Med. School, Dep. of Med. and Psych.) VINCKE. 4560

C. Cavallero, A. Di Marco und **G. Sala**, *ACTH, Cortison, ACE und DCA bei der experimentellen Pneumokokkeninfektion der Maus.* Die mit Pneumokokken infizierten Mäuse zeigten bei Behandlung mit *Cortison* u. *ACTH* eine höhere Sterblichkeit, desgleichen wenn Cortison mit ACTH u. *ACE* (Nebennierenrindenextrakt) zusammen gegeben wurde. (Arch. int. Pharmacodynam. Thérap. **89.** 82—88. Febr. 1952. Mailand, Univ., Anat. Pathol. Inst., u. Farmitalia Res. Labors.) ITZEROTT. 4560

V. Srinivasan, *Klinische Untersuchung über Adrenochrom.* Während durch täglich 1 mg *Adrenochrom* (I) an 2 Versuchspersonen keine Wirkungen erzielt wurden, konnte nach 4mal 1,5 mg I in Abständen von 5 Std. ein Anstieg der urinalen *17-Ketosteroid*-Ausscheidung auf das 2—3fache des n. Wertes u. eine Erhöhung des *Harnsäure/Kreatinin*-Quotienten bewirkt werden. I hat also eine cortisonähnliche Wrkg., die klin. zu überprüfen empfohlen wird. (Lancet **263.** 684—85. 4/10. 1952. Madras.) KRUSEN. 4561

Robert Beckmann, *Neuere pathogenetische Betrachtungen über die Dystrophia musculorum progressiva Erb, unter besonderer Berücksichtigung der Ausscheidung an Gesamt-neutral-C-17-Ketosteroiden.* Vf. teilt die Untersuchungsergebnisse von 17 Patienten mit progressiver Muskeldystrophie (D. m. p.) mit. Bei allen Patienten findet sich ein verminderter Vitamin-E-Geh. des Blutes. Vermutlich verursacht der gesunkene Serum-

Tocopherol-Spiegel eine Nebenniereninsuffizienz, die eine verminderte C-17-Ketosteroidausscheidung zur Folge hat, wie bei 11 Patienten bestätigt wurde. Wird bei Patienten mit D.m.p. durch Tocopherolacetat (Ephynal)-Inosit-Behandlung der Serum-Tocopherol-Spiegel n., so steigt die C-17-Ketosteroidausscheidung auf physiol. Werte. Vf. erörert ferner das neuere Schrifttum über Ätiologie u. Pathogenese der D.m.p. — Zahlreiche Literaturangaben. (Klin. Wschr. **30.** 465—69. 15/5. 1952. Münster, Univ., Kinderklinik, u. Hamburg, Univ., Chem.-Physiol. Inst., u. Neurol. Klinik.) H.-J. KOCH. 4561

F. Mackenzie Shattock und **Lorna P. Micklem,** *Eine Untersuchung über die Reaktion der Nebenniere auf Elektroschock und Insulinhypoglykämie bei Geisteskranken.* Best. der Eosinophilen im Blut. Abnahme 2—3 Std. nach Elektroschock auf 50%, 7 Std. nach Insulinschock ebenfalls. Nach wiederholten Schocks Verschiebung innerhalb des weißen Blutbildes. (J. Mental Sci. **98.** 287—93. April 1952. Arlesey, Beds, Three Counties Hosp.) P. G. SCHEURLEN. 4561

Christiane Dosne de Pasqualini, *Die Wirkung von Corticotrophin, Cortison und Desoxycorticosteron auf den hämorrhagischen Schock.* Nach einer standardisierten Meth. des Vf. wird beim Meerschweinchen ein hämorrhag. Schock erzeugt. Die Wrkg. von 7 Substanzen oder deren Kombinationen auf das Überleben der Tiere wird untersucht. Normalerweise gehen 98% innerhalb 24 Std. ein. Die angewandten Mittel sind: 1. *ACTH* intraperitoneal, 4 mg; 2. *Desoxycorticosteronacetat* (Subcutantablette); 3. *Desoxycorticosteronglucosid* intraarteriell, 10 mg; 4. *ACTH*, 10 mg, + *Desoxycorticosteronacetat*; 5. *Corticotrophin* intraperitoneal; 6. *ACTH*, 10 mg, intraperitoneal; 7. *Desoxycorticosterongluconat*, 10 mg, + Vitamin C, 150 mg, intraarteriell. Ergebnis: Die Verabreichungen 1—5 erwiesen sich als wenig oder gar nicht wirksam. 6 bewirkte bei 60% der Versuchstiere Überleben. Am besten war 7, da alle Tiere am Leben blieben. Vf. führt dies vor allem auf Vitamin C zurück, wie er in früheren Verss. schon zeigen konnte. (C. R. Séances Soc. Biol. Filiales **146.** 139—42. Jan. 1952.) BERGER. 4561

Evan K. Perkins und **Jack T. Turpin,** *Cortison in der Behandlung von Friedländers Pneumonie.* Bericht über einen Fall, der nach erfolgloser Sulfadiazin- u. Penicillinmedikation in moribundem Zustand 2 Tage lang 2mal täglich 50 mg *Cortison* (I) intramuskulär erhielt. Bereits 4 Std. nach der ersten I-Injektion trat dramat. Besserung ein, die zur Heilung führte. (U. S. Armed. Forces med. J. **3.** 1363—65. Sept. 1952. Fairchild, Wash., U. S. Air Force Hosp.) KRUSEN. 4561

Otto A. Wurl, James O. Gillespie und **William R. Beisel,** *Behandlung der Malaria mit Cortison.* Bericht über 6 Fälle von Malaria, die 3—6 Tage lang in Abständen von 8 Std. je 100 mg *Cortison* intramuskulär erhielten. In 1 Fall wurde Heilung, in 1 Fall Besserung der klin. Symptome u. in den restlichen 4 Fällen kein Effekt erzielt. (U. S. Armed Forces med. J. **3.** 1347—52. Sept. 1952. San Francisco, Calif., Letterman Army Hosp.) KRUSEN. 4561

Labe C. Scheinberg, *Tetanusbehandlung mit Cortison.* Bericht über einen Fall von Tetanus, der 10 Tage nach einer Tetanusantitoxin-Injektion auftrat. Desensibilierung mit Pferdeserum führte zu einem schweren anaphylakt. Schock, der mit insgesamt 750 mg *Cortison* (I) intramuskulär in Dosen von 100 mg alle 4 Std. behandelt wurde. Während der I-Therapie, die zur Besserung führte, traten psychot. Erscheinungen auf, die nach Absetzen von I verschwanden. (U. S. Armed Forces med. J. **3.** 1377—81. Sept. 1952. Barksdale, La., U. S. Air Force Hosp.) KRUSEN. 4561

Eugene F. Traut, *Thyreoiditis im Verlaufe der Behandlung mit Cortison.* Vf. berichtet über einen Patienten mit schwerer rheumat. Arthritis, der im Verlauf der Cortisontherapie Zeichen einer Thyreoiditis aufwies. (J. Amer. med. Assoc. **149.** 832—33. 28/6. 1952.) SCHÜMANN. 4561

Paul Mandel, Liba Mandel und **Monique Jacob,** *Wirkung des Thyroxins auf die rückläufige renale Hypertrophie, die am Ende ihrer Entwicklung angelangt ist.* Verss. an Ratten gleichen Geschlechts, die einer einseitigen Nephrektomie unterzogen u. in den darauffolgenden 15 Tagen mit 1 mg Thyroxin (I)/Tag behandelt worden waren, zeigten bei der Unters. (75 Tage nach dem Eingriff) im Bereich der Niere eine Vermehrung des Proteinstickstoffes der Pentosenuclein- u. der Desoxypentosenucleinsäure um 70—100% gegenüber 35—50% bei den Kontrollen. Es wird daraus geschlossen, daß die Verabreichung von I im Verlaufe einer rückläufigen renalen Hypertonie im Sinne eines Gewinnes an Cytoplasma- u. Kernsubstanz wirkt. (C. R. hebd. Séances Acad. Sci. **234.** 147—49. 2/1. 1952.) LIPPOLD. 4562

Samuel M. Greenberg, *Die protektive Wirkung des Nahrungsfettes auf mit Schilddrüse gefütterte junge Ratten.* Die wachstumsverzögernde Wrkg. einer fettfreien, 0,05% Schilddrüsenpulver enthaltenden Diät auf Ratten wird durch *Vitamin* B_{12} beeinflußt, durch tägliche Zulagen von 50 mg *Linoleat* oder 500 mg *Baumwollsamenöl* jedoch deutlich vermindert. Die durch Schilddrüsenzufütterung bewirkte Herzvergrößerung wird durch essentielle Fettsäuren nicht beeinflußt. (J. Nutrit. **47.** 31—39. 10/5. 1952. Los Angeles, Univ. of South California, Dep. of Biochem. and Nutr.) KRUSEN. 4562

P. G. Dalgleish, *Polyarteriitis nodosa nach Thiouracil.* Besprechung eines tödlich verlaufenen Falles, bei dem Polyarteriitis nodosa während *Thiouracil* (I)-Therapie der Thyreotoxikose auftrat. I wurde 4,5 Monate eingenommen; Auftreten von Ausschlag, geschwollenen Beinen u. Fieber; Nachlassen der Symptome nach Absetzen von I, Wiederaufnahme der I-Verabreichung nach 14 Tagen bedingte erneutes Auftreten der Erscheinungen in gesteigerter Form. Fälle aus der Literatur werden zum Vgl. herangezogen. (Lancet **263.** 319—20. 16/8. 1952. Bristol, Univ.) DOSSMANN. 4562

R. Frercks, *Ein Beitrag zur Frage der Kreatinurie bei Diabetikern.* An Hand ausgewählter Literatur u. eines Falles einer 23jährigen Diabetikerin vermittelt Vf. einen Einblick in das ursächliche Stoffwechselgeschehen, das möglicherweise zur Kreatinurie führt u. wertet diese prognost. bei Diabetikern u. in therapeut. Hinsicht bei schwer beeinflußbaren Stoffwechsellagen aus. (Münchener med. Wschr. **94.** 1170—71. 6/6. 1952. Alfeld/Leine, Städt. Krankenhaus.) DUCHO. 4564

Maurice Uzan und Abderahmane Dziri, *Einfluß eines Extraktes von Corchorus olitorius auf den Zuckerstoffwechsel.* Aus den Blättern von *Corchorus olitorius*, einer in der tunes. Volksmedizin bei Diabeteskranken benutzten Heilpflanze, wurde ein Extrakt hergestellt; nach der ersten Analyse enthält er kein N, wahrscheinlich S u. Spuren von Zn. Im Tiervers. wurde mit diesem Extrakt Senkung der Glykämie erreicht; er unterstützt die Wrkg. von *Insulin* u. *Amylase* u. wirkt dem *Alloxan*-Effekt entgegen. (Semaine Hôpitaux Paris **28.** 2533. 26/30. 8. 1952. Tunis, Inst. des Hautes Etudes, Labor. de Physiol.) DOSSMANN. 4564

J. Cosma, *Modifikationen der antithyreoiden Wirkung von Thymusextrakten von röntgenbestrahlten Meerschweinchen.* An Hand der bisher veröffentlichten Beobachtungen über den Einfl. von Röntgenstrahlen auf das Verh. der Thymusdrüsen wird die Annahme entwickelt, daß prim. eine verminderte hormonale Funktion der Drüse bewirkt wird. Die Thymus von röntgenbestrahlten Meerschweinchen (100—400 r) wurde extrahiert, nach BEZSSONOFF u. COMSA präpariert, u. 10 g des Extraktes anderen Tieren injiziert. Dabei zeigte sich, daß die antithyreoide Wrkg. merklich verringert ist. Es wird eine quadrat. Gleichung zwischen der Wrkg. des Extraktes u. der Zeit nach der Bestrahlung empir. ermittelt. Nach ca. 20 Std. wird der Bestrahlungseinfl. unmeßbar. (Experientia [Basel] **8.** 267—68. 15/7. 1952. Strasbourg, Univ., Clin. infantile, u. Centre régional anticancereux.) REUSSE. 4566

R. Boller und I. Leodolter, *Die Acetylcholin-Stoßtherapie bei Gastroptosen, resezierten Magen und Duodenaldivertikeln.* Bericht über gute Erfolge in 110 Fällen mit Gastroptose, reseziertem Magen u. Duodenaldivertikel nach *Acetylcholin* (I)-Behandlung; 16 Fälle sprachen nicht an. Die Patienten erhielten subcutan 3—4 Tage 2—3mal täglich 0,2 I, anschließend vormittags 1 Injektion von 0,2 I u. abends ein Zäpfchen zu 0,3 I über 8 Tage. Dann Unterbrechung der I-Kur, im Bedarfsfalle Wiederaufnahme nach 14 Tagen. (Med. Klin. **47.** 1315—18. Wien, 3/10. 1952. Allg. Krankenhaus.) DOSSMANN. 4569

John W. Harman, *Einfluß des Futters auf die Stabilität von Rattenerythrocyten.* In Verss. an Albinoratten demonstriert Vf. die Abhängigkeit der Erythrocytenstabilität vom Futter. Diese Änderungen spiegeln sich sowohl in der osmot. Stabilität als auch im Hämolysegrad in Ggw. von Alloxan wider, wogegen die Konzz. der Erythrocyten u. des Hämoglobins keine Änderungen aufweisen. (Proc. Soc. exp. Biol. Med. **79.** 301—03. Febr. 1952. Madison, Univ. of Wisconsin, Med. School, Dep. of Pathol.) NEHRING. 4573

Gunnar Ågren, *Die Aminosäurezusammensetzung eines „Makroglobulins".* Es wurde die Zus. eines bei einigen Patienten im Plasma in größerer Konz. vorkommenden *Globulins* (I) (vgl. WALDENSTRÖM, Acta med. scand. **117.** [1944.] 216) mit Mol.-Gew. von ca. 1000000 untersucht. Das Säurehydrolysat wurde papierchromatograph. analysiert, die Konzz. von 18 *Aminosäuren* (II) mikrobiol. bestimmt u. mit dem II-Geh. von γ-I u. anderen Proteinen verglichen. *Prolin, Serin* u. *Threonin* sind in großer Menge vorhanden; Oxyprolin fehlt. (Acta Soc. med. Upsaliensis **57.** 223—26. 20/6. 1952. Upsala, Univ., Dep. of Med. Chem.) v. PECHMANN. 4574

Johs. Glavind, *Der Stand der Vitaminforschung 1952.* Vgl. auch C. **1952.** 5286. Der kurze Übersichtsbericht behandelt Chemie, Vork., Darst., physiol. Verh., Spezifität u. Einheiten der B-Vitamine (B_1, B_2, *Nicotinsäure* u. *-amid*, B_6, *Pantothensäure, Biotin, p-Aminobenzoesäure, Folsäure*, B_{12}) u. von Ernährungsfaktoren mit vitaminähnlichem Charakter (*Cholin, Inosit, essentielle Fettsäuren*). (Ingeniøren **61.** 545—53. 6/9. 1952. Danmarks tekniske Højskole.) K. F. MÜLLER. 4587

Winifred C. Bessey und **Ella Woods**, *Wirkung der Zubereitungsmethode auf die Verfügbarkeit von Thiamin in Erbsensuppe (split-pea soup).* Unterschiede in der Verfügbarkeit von *Thiamin* (I) in nach 2 verschied. Kochmethoden zubereiteter Erbsensuppe konnten bei Verabreichung an Ratten als Zusatz zur I-Mangelnahrung weder an der therapeut. Wrkg. (Behebung neuropatholog. Symptome) noch an der Gewichtsentw. festgestellt werden. — Unveröffentlichte Analysen von Trockenerbsen durch PORTER u. HARVEY mittels der Thiochrommeth. nach CONNER u. STRAUB (vgl. Ind. Engng. Chem., analyt. Edit. **13.** [1941.] 380) zeigten, daß 1,5 Std. lang brodelnde (Bläschenbldg. unter der Oberfläche) Suppe durchschnittlich mehr I enthält als ebensolang stark kochende. Der Unterschied zwischen 2,5 Std. lang brodelnder u. 1,5 Std. lang kochender Suppe war dagegen geringfügig. (J. Amer. dietet. Assoc. **28.** 235—37. März 1952. Moscow, Idaho, Agric. Exp. Stat.) RANG. 4587

Carey D. Miller, Adelia Bauer und **Helen Denning**, *Taro als Quelle für Thiamin, Riboflavin und Niacin.* Bei drei verschied., gekochten Tarosorten wurde festgestellt, daß der Geh. an *Thiamin* zu 35—75%, der von *Riboflavin* u. *Niacin* zu 91—98% trotz Hitzebehandlung erhalten bleibt. Bei einem täglichen Verbrauch von über 2000 g Taronahrung (entsprechend 2400 Calorien) mit insgesamt 1,6 mg *Thiamin*, 0,56 mg Riboflavin u. 10 mg Niacin wird der physiol. Bedarf an diesen Stoffen vollkommen gedeckt. (J. Amer. dietet. Assoc. **28.** 435—38. Mai 1952. Honolulu, Univ. of Hawaii, Exp. Stat., Foods and Nutrit. Dep., Hawaii Agricult.) C. VOGEL. 4587

R. Angelico und **M. Quintiliani**, *Der hämatologische Zustand von Pantothensäuremangelratten.* Der hämatolog. Zustand von fünfmonatigen Rattenalbinos, die mit einer synthet., pantothensäurefreien Diät ernährt wurden, weist gegenüber dem von Kontrolltieren, deren Diät *Pantothensäure* (I) enthielt, keine Veränderungen auf. Damit ist die Bedeutung der I für die Blutbldg. der Ratte nicht bestätigt. (Rend. Ist. super. Sanità **15.** 323—31. 1952. Roma, Inst. Superiore di Sanità, Labor. di Biol.) K. F. MÜLLER. 4587

José Chabás López, *Historisch-chemische Übersicht über Biotin.* Übersicht über die Forschungsergebnisse, Isolierung u. Eigg. von Biotin in den Jahren 1901—1945. (Clin. y Lab. **54.** (37.) 32—36. Juli 1952.) ALTPETER. 4587

Tr. Baumgärtel und **D. Zahn**, *Darmbakteriologische Untersuchungen über den intestinalen Abbau der Folsäure.* Durch eine anaerobe Kultur von Bac. coli u. Bac. putrificus in einer *Cystin* u. *Folsäure* (I) enthaltenden Peptonbouillon wird I unter H_2S-Entw. u. Abspaltung eines Pteridinteilstückes mit positiver Murexid-Rk. hydriert. Das an der citronengelben Färbung der Bouillon erkenntliche Pteridinderiv. konnte auch auf chem. Wege durch alkal. Hydrolyse von I dargestellt werden. (Klin. Wschr. **30.** 565—66. 15/6. 1952. München, Labor. für Coli-Forschung.) KRUSEN. 4587

Harold G. Petering, *Folsäureantagonisten.* Der Übersichtsbericht behandelt die Chemie der Verbb. mit Folsäurewrkg. u. der *Folsäureantagonisten* u. die grundlegenden Tatsachen u. Theorien über die Wirkungen der Folsäureantagonisten, soweit sie den tier. Stoffwechsel betreffen. — 104 Literaturangaben. (Physiol. Rev. **32.** 197—213. April 1952. Kalamzoo, Mich., Upjohn Co., Res. Labors.) K. F. MÜLLER. 4587

B. Stanley Cohen, Leo M. Meyer und **Robert Fadem**, *Gegenüber Vitamin B_{12} refraktäre Sprue; zufriedenstellende Wirkung von Folsäure.* Bericht über einen Fall von makrocyt. Anämie u. Sprue, der nach erfolgloser *Vitamin-B_{12}*-Therapie in einer Dosierung von peroral 600 γ bzw. intramuskulär 20 γ täglich durch Medikation von täglich 70 mg, später 20 mg *Folsäure* geheilt wurde. (Ann. intern. Med. **36.** 1533—37. Juni 1952. Bronx, N. Y., Veterans Hosp.) KRUSEN. 4587

St. Wolfram, *Vitaminbehandlung nässender Ekzeme.* Bericht über erfolgreiche Behandlung von 22 Fällen mit dem *Vitamin-D_2*-Präp. *Vi-De* (I; WANDER). 1 Ampulle I enthält $6 \cdot 10^5$ E. I in alkoh. Lösung. Verabreichung peroral, zu Beginn jeden 2. Tag 3mal $1,2 \cdot 10^6$ E., dann $6 \cdot 10^5$ E. jeden 2. Tag. Insgesamt wurden nicht mehr als 12mal $6 \cdot 10^5$ E. verabreicht. In der Regel läßt das Nässen nach 3 Doppeldosen nach. Wahrscheinlich wirkt I als Katalysator bei dem Heilungsprozeß. Während der Behandlung ist Kontrolle des *Ca*-Spiegels u. der Nierenfunktion notwendig. (Wiener med. Wschr. **102.** 639—40. 16/8. 1952. Linz, Allg. öffentliches Krankenhaus.) DOSSMANN. 4587

J. Fielding, *Calciferol bei Lungentuberkulose.* (Vgl. auch C. **1952.** 4965.) Vf. weist darauf hin, daß *Calciferol* die einzige bekannte Substanz ohne antibakterielle Wrkg. ist, die die Heilung von tuberkulösen Lungenläsionen fördert. (Lancet **263.** 685. 4/10. 1952. New Delhi.) KRUSEN. 4587

Beulah D. Westerman, Faith Roach und **Miriam Stone**, *Verbesserung des Nährwertes von Mehl.* 5. Mitt. *Die Wirkung von entfetteten Weizenkeimen.* (4. vgl. C. **1952.** 711.) Bei Ratten, die eine der menschlichen Nahrung ähnliche Diät (48% der Calorien = Mehl) erhielten, wurden durch Zulage von 2—6% entfetteten Weizenkeimen Wachstumssteigerung, verbesserte Fertilität u. Lactation u. gesteigerter Vitamingeh. der Leber, bes. an *Thiamin* u. *Pantothensäure*, erzielt. (J. Nutrit. **47.** 147—58. 10/5. 1952. Manhattan, Kans., State Coll., Agric. Exp. Stat., Dep. of Foods and Nutrit.) KRUSEN. 4587

Stephan Hansen, *Kritisches zur Vitamin-T-Behandlung.* Nach Zusammenstellung der von anderen Autoren mit *Vitamin T* (I) gemachten Erfahrungen berichtet Vf. über Erfahrungen an 38 atroph. u. dystroph. Kindern u. Säuglingen. In 6 Fällen wurde eine deutliche Gewichtszunahme erzielt. Eine Beeinflussung des Blutbildes konnte in keinem Fall beobachtet werden. Die Verträglichkeit war gut. Vf. hält die generelle Anwendung von I für verfrüht, so lange keine spezif. I-Mangelerscheinungen bekannt sind. (Dtsch. Gesundheitswes. **7.** 1103—06. 28/8. 1952. Rostock, Univ., Kinderklinik.) KRUSEN. 4587

G. Borgatti und **D. Jasonni,** *Eigentümliches Verhalten der weißen Ratte bei gleichzeitigem Vitamin- und Salzmangel.* Im Gegensatz zu den Beobachtungen anderer Autoren fanden Vff., daß bei weißen Ratten durch Entzug des Salzzusatzes (Na, K, Mg, Ca, Fe, Cu, Mn, Zn, Cl, PO_4) bei einer salzarmen, vitaminfreien Diät [57(%) Getreidestärke, 25 techn. reines Casein, 15,5 Olivenöl, 2,5 Koriander] keine Verstärkung der avitaminot. Erscheinungen auftrat. Wenn bei zwei Monate alten Tieren Salze u. Vitamine gleichzeitig entzogen werden, ist sogar eine längere Überlebenszeit zu beobachten, als wenn nur die Vitamine entzogen werden. Abschließend versuchen Vff., die entgegengesetzten Ergebnisse anderer Autoren u. ihre eigenen Beobachtungen zu erklären. (Arch. Scienze biol. **36.** 319—34. Mai/Juni 1952. Bologna, Univ., Ist. di Fisiolog. degli Animali domestici.) IPPEN. 4587

H. J. Almquist und **J. B. Merritt,** *Wirkung von rohem Sojabohnenmehl auf das Kükenwachstum.* Vff. verfüttern an junge Küken wechselnde Mengen an rohem u. gekochtem Sojabohnenmehl (I) als einzige Proteinquelle. Die durch das rohe I bewirkte Wachstumshinderung war bereits annähernd voll ausgeprägt, wenn $^1/_4$ des Eiweißes des Futters mit einem Geh. von 20 bzw. 30% Eiweiß als rohes I gegeben wurde. Die erhaltenen Ergebnisse lassen sich durch die Ggw. eines *Trypsininhibitors* im rohen I erklären, der das Trypsin inaktiviert, auf das übrige proteolyt. Syst. im Verdauungstrakt jedoch nur schwach einwirkt. Die weiteren geringen Wachstumshinderungen bei steigenden Mengen von rohem I sind nach Ansicht der Vff. anderer Natur u. rühren vermutlich von einer allg. verschlechterten Ausnutzbarkeit der Nährstoffe des rohen I her. (Proc. Soc. exp. Biol. Med. **79.** 277—79. Febr. 1952. Modesto, Calif., Grange Co.) NEHRING. 4589

L. C. Snook, *Kobalt als Mittel gegen die Auszehrungskrankheit.* Wiederkäuer müssen in der Nahrung mindestens $1:10^7$ Co erhalten, um Auszehrung (wasting disease) zu verhindern. Die Viehweiden an der Küste von Westaustralien ermangeln des Co. Der Mangel an Co wird behoben durch Darreichung von Co-haltigem Fe-Erz (*Limonit*) als Leckmittel, Zugabe von Co-Chlorid zum Trinkwasser oder Bodendüngung mit Co-Salzen. Zweckmäßig ist die Verfütterung von Limonit, das mit NaCl vermischt ist (*Denmark Lick*). (J. Agric. Western Australia [3] **1.** 270—72. März/April 1952.) SCHEIFELE. 4589

G. Ludany, G. Sütö-Nagy, J. Cservény und **L. Csüsz,** *Die Wirkung von intravenös verabfolgtem $CaCl_2$ auf die Zuckerresorption aus dem Darm.* An Hunden wurde durch intravenös gegebenes $CaCl_2$ die Glucoseresorption aus dem Darm um 14—42% (Mittel 21,8%) herabgesetzt, die Xyloseresorption wurde dadurch geringer beeinflußt (Mittelwert 7,2%). Da auf intravenös gegebenes $CaCl_2$ sehr bald im Serum ein Anstieg des anorgan. P-Geh. um 12,3—60% stattfindet, so ist die verminderte Zuckerresorption wohl einmal der Phosphorylierungshemmung, andererseits der Herabsetzung der Zellpermeabilität zuzuschreiben u. durch zentral ausgelöste sympath. Reize zu erklären. (Arch. int. Pharmacodynam. Thérap. **89.** 48—54. Febr. 1952. Kolozsvar, Univ., Physiol. Inst., u. Budapest, Univ., II. Chir. Klinik.) ITZEROTT. 4594

Wulf Lübken, *Untersuchungen über Glykogenbildung und deren Beeinflussung an Leberschnitten von Ratten.* In Leberschnitten von Ratten werden der *Glykogen* (I)-Aufbau u. seine Beeinflussung studiert. I-Aufbau aus *Glucose* (II) erfolgt bereits bei einer II-Konz. von 0,1%, also dem physiol. Blutzuckerniveau, in meßbarer Höhe. Der Ansatz bleibt bis zu ca. 0,75% II gleich, Erhöhung auf 0,5% bedingt eine erhebliche, offenbar optimale Steigerung, da Erhöhung auf 1% II keine meßbare Vermehrung der Synth. mit sich bringt. *Strophanthin* fördert den I-Ansatz aus II, während es gleichzeitig den I-Abbau in Leberschnitten n. ernährter Ratten vermindert. Aus *DL-Alanin* (III) wird I aufgebaut, *Insulin* hemmt, *Desoxycorticosteronglucosid* fördert diesen Vorgang. Bei der I-Synth. aus III kommt von den verwendeten Hormonen (Insulin u. Percorten) nur das als erstes dem Leberschnitt zugegebene zur Wrkg., während das später hinzukommende Hormon wirkungslos bleibt. (Naunyn-Schmiedebergs Arch. exp. Pathol. Pharmakol. **214.** 253—61. 1952. Frankfurt/M., Univ., Inst. für vegetat. Physiol.) KÖNIGSDORF. 4596

James Foulks, Paul Brazeau, Ethol S. Koelle und **Alfred Gilman** (mit techn. Assistenz von **Gene Senger**), *Renale Thiosulfatsekretion beim Hund.* Beschreibung der Arbeitsweise u. der Methoden zur Best. von *Kreatinin* (**I**), *p-Aminohippurat* u. *Thiosulfat* (**II**). Vff. beobachteten, daß bei ♀ Hunden, bei denen normalerweise die **II** - u. **I**-Clearence gleich sind, unter ständigen *Cortison* (**III**)- u. *Testosteron* (**IV**)-Gaben die **II**-Sekretion anstieg. Renotroph. Wrkg. von **III** u. **IV**. *Carinamid* drückt den renalen tubulären Transport von **II** merklich herab. Dies beweist, daß **II** durch die Nierentubuli sowohl reabsorbiert als auch sezerniert werden kann. *Benemid, 2.4-Dinitrophenol, Dehydracetat, Mercupurin* oder der gleichzeitige renale tubuläre Transport von organ. Anionen können den tubulären sekretor. Transport des **II** nicht herabsetzen. Die Bedeutung dieser Befunde wird erörtert. Die Tatsache, daß tubulärer Transport des Ions vorkommen kann, untersagt seine Verwendung zur genauen Messung der Größe der Glomerulusfiltration. (Amer. J. Physiol. **168.** 77—84. 1/1. 1952. New York City, Columbia Univ., Coll. of Phys. and Surg., Dep. of Pharmacol.) BÖHM. 4597

Joseph Greenberg, Irving L. Schwartz, Morton Spinner, Lawrence Silver und **Nina Starr,** *Umfang der Verteilung von p-Aminohippurat und Kreatinin beim Hund.* Vff. untersuchten den Umfang der Verteilung von *p-Aminohippurat* (**I**) u. *Kreatinin* (**II**) bei ♀ Hunden. Nach einer einzigen Injektion von 1,85—3,82 mg **I** intravenös bei 4 Hunden mit n. Nierenfunktion wurden 97% oder mehr des zugeführten **I** innerhalb 4 Std. ausgeschieden. Je 5—10 mg **II** 4 Hunden injiziert ergaben in 24 Std. 95,8% Ausscheidung durch die Nieren. Der Umfang der Verteilung von **I**, errechnet durch Dividieren des wiedergefundenen Betrages im Urin nach Aufhören der Infusion durch die ins Gleichgewicht gebrachte Konz. im Serum, beträgt durchschnittlich 30,7% des Körpergewichtes. Für **II** ergaben sich 48,5%. Diese Werte sind bedeutend höher als der Umfang der Verteilung von *Inulin,* die gleichzeitig oder in nachfolgenden Unterss. bestimmt wurde. (Amer. J. Physiol. **168.** 86—91. 1/1. 1952. New York City, Dep. of Physiol., u. New York, Univ., Coll. of Med.) BÖHM. 4597

Helmut Wick, *Über die Änderung der Lungenelastizität durch Kohlensäure.* An Verss. an Hunde-, Kaninchen- u. Meerschweinchenlungen mit wechselnden CO_2-Konzz. wird die reversible elast. Dehnbarkeit des Lungengewebes gezeigt, wobei erhöhte CO_2-Spannungen Abnahme der Dehnbarkeit u. Zunahme des Elastizitätsmoduls, verminderte CO_2-Konz. erhöhte elast. Dehnbarkeit u. Abnahme des Elastizitätsmoduls bedingen. Der Effekt wird durch Verminderung der Oberflächenspannung der Alveolaroberfläche unter dem Einfl. des CO_2 erklärt, wodurch es zur Erweiterung der Alveolen kommt. (Arch. int. Pharmacodynam. Thérap. **89.** 21—27. Febr. 1952. Ingelheim/Rhein, C. H. Boehringer Sohn, Pharmakol. Labor.) ITZEROTT. 4597

Helmut Wick, *Die Wirkung der Kohlensäure auf die Lungenalveolen.* Die Alveolarerweiterung durch CO_2 in überlebenden Lungen ist ein von der CO_2-Wrkg. auf die Tracheobronchialmuskulatur völlig verschied. Vorgang, der von den Atemgasen nur für CO_2 festzustellen ist. Es lassen sich in vitro Zunahmen von 500—700% des Lungenvol. beobachten. (Arch. int. Pharmacodynam. Thérap. **89.** 40—47. Febr. 1952. Ingelheim/Rhein, C. H. Boehringer Sohn, Pharmakol. Labor.) ITZEROTT. 4597

John E. French, *Histologische Untersuchung von Herzschädigungen durch Kaliummangel bei Ratten.* Nach langsamem Proteinentzug erhielten Ratten Überangebot an Nahrung, worin K durch Na ersetzt worden war. Die dadurch hervorgerufenen Herzmuskeldegenerationsherde wurden bei einem Teil der Ratten, die nach K-Entzug täglich 200 mg KCl erhielten, eingeschränkt. (A. M. A. Arch. Pathol. **53.** 485—96. Juni 1952. Chicago, Ill., Univ., Dep. of Med. and Pathol.) DUCHO. 4597

Victor A. Najjar (ed.), Carbohydrate metabolism; a symposium on the clinical and biochemical aspects of carbohydrate utilization in health and disease. Baltimore: Johns Hopkins. 1952. (144 S. m. Diagr.) $ 4,—.

E_6. Pharmakologie. Therapie. Toxikologie. Hygiene.

W. Minder, *Über den gegenwärtigen Stand der Anwendung radioaktiver Stoffe in der Medizin.* Zusammenfassender Bericht über ausgewählte Kapitel der Radium- u. Isotopentherapie sowie über die Leistungsfähigkeit der Indicatormethoden. (Radiol. clin. [Basel] **21.** 79—89. März 1952. Bern.) REUSSE. 4601

R. Seyss, *Röntgenbestrahlung der Kobaltpolycythämie als Modellversuch.* Zur Klärung von Fragen im Zusammenhang mit der Strahlentherapie der *Polycythämie* hat Vf. Albino-Ratten Injektionen von $CoCl_2$ (5 mg pro kg Gewicht u. Tag in wss. Lsg.) verabfolgt, die eine Erythrocyten- u. Leukocytensteigerung hervorriefen. Die injizierten Tiere erhielten dann Bestrahlungen mit Röntgenstrahlen (180 kV, 4 mA, Filter: 0,5 mm Cu + 1,0 mm Al, Dosisleistung 20 r/Min.). Die Bestrahlung erfolgte teils als Totalbehandlung, teils speziell auf die Hypophyse. Die erste erwies sich dabei als überlegen. Bei der letzteren kommt es zunächst zu einer neurohormonalen Anregung (Stimulationswrkg.), bei fortgesetzter Bestrahlung zu einer Phase mit herabgesetzten neurohormonalen Wirkungen (Sedativwrkg.). Es wurden durchweg Kleinstdosen von 1—5 r angewandt. (Wiener Z. inn. Med. Grenzgebiete **33.** 107—11. März 1952. Wien, Wilhelminenspital, Röntgeninst.) REUSSE. 4601

J. Vögtlin und **W. Minder,** *Über Thorotrastschäden nach Bronchographie, retrograder Pyelographie, Salpingographie und Arteriographie.* Nach einer allg. Diskussion des Problems der *Thorotrast*-Schädigung werden 4 Fälle eingehend beschrieben, bei denen einwandfrei nach Jahren (bis zu 18 Jahren) radioakt. Spuren nachgewiesen werden konnten, wobei es zu Plattenepithel-Carcinomen, entzündlichen Affektionen u. Granulomen am Ablagerungsort u. hämatogener Verschleppung in das reticuloendotheliale Syst. gekommen ist. — Literatur. (Radiol. clin. [Basel] **21.** 96—115. März 1952. Bern, Radiuminst., u. Univ., Patholog. Inst.) REUSSE. 4601

J. D. Dow, *Venographische Diagnose bei varicösen Venen.* Vf. berichtet über mehrere Fälle von varicösen Venen am Unterschenkel, die nach Ligatur rezidivierten. Er zeigt an Hand von Venographien, daß diese die Möglichkeit eröffnen, die Ursachen der Rezidiverscheinung zu diagnostizieren. Als Kontrastmittel wurde 35%ig. *Diodone* angewandt. (Brit. J. Radiol. **25.** 382—86. Juli 1952. Glasgow, Western Infirmary.) REUSSE. 4601

H. Lieb und **H. Spitzy,** *Chemische Studien über das Jodmilieu von Bad Hall.* Unter Angabe der verwendeten Untersuchungsmeth. wird nach kurzer Übersicht über die topograph. u. geolog. Verhältnisse des Gebietes um Bad Hall über eingehende Unterss. des J-Geh. der Oberflächen- u. Trinkwässer, der Luft im Freien u. in Innenräumen, der Ndd. u. der Nahrungsmittel berichtet. Aus den Ergebnissen berechnet Vf., daß in Bad Hall nach Abdeckung des täglichen J-Bedarfes (100 γ J nach FELLENBERG) zusätzlich ca. 230 γ J täglich allein aus dem Milieu aufgenommen werden. (Arch. physik. Therap. **4.** 275—94. Juli/Aug. 1952.) HALLER. 4603

G. Schindewolf und **R. Weigmann,** *Über die Wirkung des Kohlendioxyds auf die Thermoreceptoren der Haut.* Mit einer von TALAGA (Diss. Göttingen [1949]) beschriebenen Meth. konnten Vff. unter Anwendung kleinflächiger Thermoden auf den Handrücken von Versuchspersonen feststellen, daß durch trockenes u. in W. gelöstes CO_2 eine Anlähmung der Kaltreceptoren u. eine Erregbarkeitssteigerung der Warmreceptoren bewirkt wird. Durch diese Verschiebung des „Indifferenzbereiches" in das Gebiet niedrigerer Reizschwellentempp. läßt sich die im kühlen CO_2-Bad auftretende Warmempfindung erklären. (Klin. Wschr. **30.** 547—51. 15/6. 1952. Göttingen, Univ., Pharmakol. Inst.) KRUSEN. 4606

F. Zeller, *Zur Behandlung der Hauttuberkulose mit p-Aminosalicylsäure.* Vf. behandelte 32 Patienten mit Hauttuberkulose mit *PAS* in Tagesdosen von 7,2—11,6 g bei Gesamtmengen von 500—2400 g. Trotz der in 27 Fällen zusätzlich vorgenommenen lokalen *PAS*-Therapie kam es nur in 3 Fällen zu klin. Besserung. Zusätzliche UV-Bestrahlung führte in 5 weiteren Fällen zur Besserung. Bei 19 Patienten zeigten sich Unverträglichkeitserscheinungen, größtenteils von geringem Ausmaß. Demnach ist *PAS* nicht als ein sicheres Lupus-Therapeuticum anzusprechen. (Z. Haut- u. Geschlechtskrankh. **13.** 207—11. 1/10. 1952. Gießen, Albert-Jerionek-Krankenhaus.) KRUSEN. 4610

Wilhelm Kniest, *Schwere allergische Reaktionen gegen p-Aminosalicylsäure.* Bericht über 2 Fälle von lebensbedrohenden *PAS*-Allergien, die erst nach 3—4 wöchiger Medikation auftraten. Symptome waren Temperaturanstieg u. Exantheme. Wiederaufnahme der *PAS*-Therapie nach einer Erholungspause führten zu schwersten anaphylakt. Rkk. mit Leukocytose. Die *PAS*-Allergie wurde durch die Läppchenprobe bestätigt. Es wird eine exakte Allergieanamnese gefordert. (Dtsch. med. Wschr. **77.** 676—77. 23/5. 1952. Jena, Univ., Kinderklinik.) KRUSEN. 4610

L. Bernstock und **A. Freedmann,** *Antithyreoide Wirkung von PAS.* Die unter *PAS*-Therapie beobachtete Erhöhung des Serum-*Cholesterin*-Spiegels wird von Vff. wegen der Ähnlichkeit mit den nach *Cortison*- bzw. *ACTH*-Medikation beobachteten Erscheinungen auf einen durch *PAS* verursachten Hypothyreoidismus zurückgeführt. (Lancet **263.** 685. 4/10. 1952. London, Hackney Hosp.) KRUSEN. 4610

O. Hückstädt, *Erfahrungen in der Behandlung mit Protocid.* Bericht über Ergebnisse mit dem Kombinationspräp. *Protocid* (**I**; SCHERING, Berlin) in 75 Fällen. Dosierung bei oraler Verabreichung im Durchschnitt 40 g in 7 Tagen, beginnend mit 8 g bei abnehmenden Gaben. Säuglinge erhielten 0,3 g/kg. Verträglichkeit von **I** war besser als bei anderen *Sulfonamiden*, Nur in 1 Fall eine Überempfindlichkeits-Rk., auch intravenöse **I**-Verabreichung ist ohne Nebenwirkungen möglich. (Dtsch. med. Wschr. **77.** 107—08. 25/1. 1952. Kiel, Städt. Krankenanstalt.) DOSSMANN. 4610

C. Levaditi, A. Vaisman und **A. Hamelin,** *Experimentelle Wismuttherapie der Syphilis und die Reaktion von Nelson und Mayer.* Die Rk. von NELSON u. MAYER beruht auf der Messung der Serum-Immobilisine gegen Treponema pallidum. Diese Rk. wurde an mit Lues infizierten Kaninchen, die mit *Wismut* (**I**) behandelt wurden, untersucht. Es ergab sich, daß nach Infektion der Kaninchen eine deutliche Steigerung der Immobilisine im Serum auftritt. Die Therapie mit **I** bewirkt nicht nur eine klin. u. mikrobiol. Heilung sondern auch ein Negativwerden der Rk. von NELSON u. MAYER. **I** verhindert nicht die lokale Gewebsimmunität, wie sich bei dem Vers. der Reinfektion zeigte. Daraus ist zu schließen, daß die beiden Rkk. (Gewebs- u. Serumimmunität) voneinander unabhängig zu sein scheinen. (Bull. Acad. nat. Méd. **136.** 367—72. 24/6. 1952. Institut Alfred Fournier.) BERGER. 4610

F. Gilligsberger, W. Kerschner und **J. Monauni,** *Moderne Antibiotica.* Es werden nach Literaturangaben u. eigenen Erfahrungen die Wirkungsbreiten von *Penicillin, Streptomycin, Aureomycin, Chloromycetin* u. *Terramycin* für *Aktinomyces, Treponema, Leptospiren, grampositive* u. *gramnegative* Keime, *Rickettsien* u. *Viren* zusammengestellt; für die betreffenden Infektionskrankheiten wird das Mittel der Wahl herausgehoben u. der zu erwartende Erfolg angegeben. (Wiener med. Wschr. **102.** 619—21. 16/8. 1952. Linz, Allg. öffentliches Krankenhaus.) DOSSMANN. 4611

Lucien Delcambe, *Fraktionierung von Iturin. Iturin,* ein von einem Bacillus subtilus gebildetes Antibioticum, läßt sich in 3 akt. Fraktionen trennen, die sich bzgl. ihrer Löslichkeit in *Aceton* u. *Bzl.* unterscheiden, verschied. Spektra ergeben u. sich bei Behandlung im Autoklaven verschieden verhalten. (C. R. Séances Soc. Biol. Filiales **146.** 789—92. Mai 1952. Liège, Labor. de Microbiol. gén. du C. R. P. A.) DOSSMANN. 4611

P. L. Deshmukh, *Erfahrungen mit ungewöhnlich niedrigen Dosen Streptomycin.* Vf. ist der Meinung, daß *Streptomycin* (**I**) im allg. in viel zu hohen Dosen angewendet wird, denn es soll ja im Serum u. in der Zelle nicht wie ein Desinfektionsmittel wirken, sondern die Aktivität der Abwehrkräfte anregen u. unterstützen. Nach weiterer eingehender Darlegung seiner Theorien u. Erfahrungen berichtet Vf. von 5 Fällen mit Verdacht auf abdominelle Tuberkulose, die anderweitig schon längere Zeit mit verschied. Mitteln behandelt worden waren. Alle erhielten **I** in kleinsten Dosen täglich intramuskulär (0,5 cm^3 einer Lsg. von 1 g **I** auf 20 cm^3 Aqua destill.). Die Gesamtzahl der Injektionen betrug 25—30 je nach der Rk. der Krankheit. Es zeigte sich, daß nur frische Tuberkulosen des Bauchraumes reagierten, während alte fortgeschrittene Formen auch auf große Dosen **I** nicht reagierten. Über den Wirkungsmechanismus so kleiner **I**-Mengen können nur Vermutungen angestellt werden. (Indian med. Gaz. **87.** 195—98. Mai 1952. Poona, Indien, Med. Coll.) BERGER. 4611

Ihsan Hilmi Alantar, *Ergebnisse der Behandlung der tuberkulösen Meningitis mit Streptomycin.* An 111 Fällen von tuberkulöser Meningitis konnten Vff. beobachten, daß die *Streptomycin* (**I**)-Therapie in einem sehr frühen Stadium der Krankheit einsetzen muß, um zufriedenstellende Ergebnisse zu liefern. **I** muß sowohl lokal als auch generell verabreicht u. in der Dosierung individuell angepaßt werden. Vff. konnten im allg. mit fortgesetzter, regelmäßiger Verabreichung von insgesamt 70—100 g **I** eine dauerhafte Heilung erzielen, wenngleich einige Fälle sogar nach insgesamt mehr als 200 g **I** schwere Rückfälle aufwiesen. 11,7% der 85 ausreichend behandelten Fälle wurden geheilt. — 21 Literaturangaben. (Semaine Hôpitaux Paris **28.** 2398—2406. 10—14/8. 1952.) KRUSEN. 4611

Münir Ahmet Sarpejener, *Beweismaterial dafür, daß die lokal mit Streptomycin behandelten Fälle von osteo-artikulärer Tuberkulose nicht in Gips gelegt zu werden brauchen.* An über 1000 Fällen von osteo-artikulärer Tuberkulose konnte Vf. beobachten, daß lokale Behandlung mit *Streptomycin* (**I**) zur Inaktivierung der Bacillen u. nach 3—4 Monaten zur Regenerierung der Knochen führt. Er schließt daraus, daß die bei diesen Fällen sonst üblichen großen Operationen, wie Resektion u. extra-artikuläre Arthrodese, nicht mehr erforderlich sind. Beschreibung von 4 typ. Fällen, die ohne Fixierung in Gips nach lokaler Injektion von 40—150 g **I** (1 g pro Tag) bis zu einem gleichen oder höheren Grade geheilt werden konnten, als dies durch Operation möglich gewesen wäre. (Semaine Hôpitaux Paris **28.** 2408—11. 10/14. 8. 1952. Istanbul, Clin. chirurg. infant. et orthopéd.) KRUSEN. 4611

T. Lloyd Jones, *Streptomycin und andere Mittel bei infektiöser atrophischer Schweinerhinitis.* Eine intramuskuläre Injektion von 100 μg *Streptomycin* 3 mal während des 1. Monats nach der Geburt red. sichtlich das Auftreten der Rhinitis, aber es gelang nicht, die Krankheit völlig zu kontrollieren. Serumbehandlung erwies sich als erfolglos. (J. Amer. veterin. med. Assoc. **121.** 192—94. Sept. 1952. Guelph, Ontario, Can.) DOSSMANN. 4611

Charles Ferguson, C. Dudley Miller und **Raymond W. Herrmann,** *Lokale Anwendung von Antibioticis bei chronischer Urethritis.* Bericht über 963 Fälle mit unspezif. Urethritis.

Davon wurden 871 lokal mit wss. *Terramycin* (I)-Lsg. behandelt. Am günstigsten erwies sich eine 2,5% ig. Lsg. von I-Pulver, wie es für intravenöse Verabreichung verwendet wird. Die Patienten erhielten 1—11 Installationen von 10 cm³ dieser Lsg.; 75% der Fälle sprachen auf 3 Installationen an, nur 2,8% waren nicht zu beeinflussen. Vf. berichtet weiter über die gleiche Behandlung bei 49 bzw. 32 Fällen mit 0,1- bzw. 0,2% ig. *Neomycin*; dabei 18,4 bzw. 6,25% Versager, diese reagierten auf I. Auch *Aureomycin* war bei einigen Fällen erfolgreich. (Military Surgeon **111.** 174—78. Sept. 1952. U. S. Public Health Serv. Hosp.) DOSSMANN. 4611

M. Janbon und **L. Bertrand,** *Terramycin. Allgemeines.* Übersichtliche Zusammenfassung der wesentlichsten Veröffentlichungen, die zum Verständnis der Wirkungsweise von *Terramycin* (I) beigetragen haben, mit 36 Literaturangaben; besprochen werden die Chemie, das bakterielle Wirkungsspektr., die I-Wirkungen in vitro u. in vivo sowie die möglichen Indikationen. (Montpellier méd. [3] **41/42.** (**95.**) 271—80. Mai 1952.) DOSSMANN. 4611

M. Janbon, L. Bertrand und **J. Salvaing,** *Praktische Terramycinindikationen.* Die Indikationen für *Terramycin* (I) ergeben sich aus der Wrkg. auf die verschied. Bakterien. Der große Vorteil von I liegt in der spontanen Wrkg. bei einer Reihe von Krankheiten, bei denen andere Antibiotica mehr elektiv wirken. — 59 Literaturangaben. (Montpellier méd. [3] **41/42.** (**95.**) 324—43. Mai 1952.) DOSSMANN. 4611

M. Janbon, L. Bertrand und **J. Salvaing,** *Klinische Anwendung von Terramycin. Ergebnisse bei 200 Fällen.* Vff. wandten *Terramycin* (I; CHAS. PFIZER & Co., New York) fast ausschließlich oral als I-Chlorhydrat an in Kapseln zu 0,25 oder 0,50 g; Erwachsene erhielten 2—3 g in 24 Std. in 4 Gaben, Kinder bekamen 0,025—0,05 g/kg gleichfalls in 4 täglichen Gaben. Untersucht wurden Infektionen durch Staphylo-, Strepto-, Pneumo- u. Gonokokken, Brucellaarten, Haemophilus pertussis, Salmonella, Enterobakterien, ferner Leptospirosen, Rickettsiosen, Viruskrankheiten u. intestinale Amöbiasis. Die Erfolge waren verschieden, teilweise paradox, die Versager werden damit erklärt, daß anatom. Hindernisse, wie geschlossene Cavernen, schlecht durchblutete Gewebe usw., die Durchdringung mit I vereiteln. Auf die ständig wachsende Resistenz gewisser Mikrobenstämme wird hingewiesen, sie muß in jedem Fall bestimmt werden. (Montpellier méd. [3] **41/42.** (**95.**) 281—99. Mai 1952.) DOSSMANN. 4611

M. Janbon, L. Bertrand, J. Roux und **J. Salvaing,** *Die fäkale Flora im Verlauf der Terramycinbehandlung.* Unterss. an 30 Patienten über Änderungen der Darmflora (Proteus u. Colibacillen) während *Terramycin* (I)-Therapie. Durch I hervorgerufene Verdauungsstörungen können auf Störung des Gleichgewichts dieser Bakterien zurückgeführt werden. Sie sind nicht ernster Natur u. nur vorübergehend, selbst bei fortgesetzter I-Therapie. Absetzen von I ist nur beim Auftreten I-resistenter Staphylokokken erforderlich, deren Nachw. im Rachen u. Stuhl versucht werden muß. — 32 Literaturangaben. (Montpellier méd. [3] **41/42.** (**95.**) 312—23. Mai 1952.) DOSSMANN. 4611

M. Janbon, L. Bertrand, J. Salvaing und **R. Labauge,** *Choleraartiges Syndrom durch Terramycin.* Trotz der im allg. guten Verträglichkeit von *Terramycin* (I) wurden in 9 von 200 Fällen (vgl. vorst. Ref.) choleraartige Nebenwirkungen festgestellt. Die Erscheinungen beruhten auf dem Verschwinden der coliformen Bakterien, auf starker Vermehrung von Proteus u. manchmal im Auftreten von pathogenen I-resistenten Stämmen von Staphylococcus aureus. Daher ist für den Erfolg der I-Therapie die Unters. der fäkalen Flora vor, während u. nach I-Behandlung notwendig. (Montpellier méd. [3] **41/42.** (**95.**) 300—11. Mai 1952.) DOSSMANN. 4611

E. Randolph Trice und **June Carol Shafer,** *Topische Chloramphenicol (Chloromycetin)-Therapie pyogener Dermatosen.* Von 86 Patienten mit verschied. pyogenen Dermatosen, die mit einer 2% *Chloramphenicol* (I) enthaltenden Salbe behandelt wurden, konnten 32 geheilt u. 43 gebessert werden. Allerg. Erscheinungen wurden nicht beobachtet. I-Therapie ist derjenigen mit anderen lokal anwendbaren antibiot. Substanzen gleichwertig. (J. Amer. med. Assoc. **149.** 1469—70. 16/8. 1952. Washington, D. C., Walter Reed Army Hosp.; Arlington, Va., Georgetown Univ., Med. School, Derm. and Syph. Dep.) KRUSEN. 4611

Raoul Dana, Albert Sebag, Gilbert Borsoni und **Paul Zirah,** *Dreißig Fälle mit Typhus bei Kindern. Behandlung mit Chloromycetin und anderen Antibioticis. Zwischenfälle, Verluste, pathogene Eigenschaften.* Einteilung der Fälle in 3 Gruppen: a) ohne *Chloromycetin* (I), b) mit I-Initialdosis von 1,5—3 g, anschließend 3 g pro die, c) I-Behandlung mit progressiven kleinen Dosen, beginnend mit 0,5 g in 24 Stunden. Mit I werden nach c) bemerkenswerte Erfolge erzielt, b)-Behandlung befriedigte nicht. In einzelnen Fällen traten Nebenwirkungen auf, wie zunehmende Azotämie mit Nierenschädigung, Hyperpyrexie, Gehirnschäden, Diarrhöe, die zur Absetzung von I führten. In schweren Fällen kommt man mit alleiniger I-Therapie nicht zum Ziel. Gute Erfolge durch Kombination mit anderen

Antibioticis u. Bluttransfusionen. (Semaine Hôpitaux Paris **28.** 2519—22. 26/30. 8. 1952. Tunis, Hôp. de la Libération.) DOSSMANN. 4611

Lincoln E. Wilson, M. S. Harris, H. H. Henstell, O. O. Witherbee und **Julius Kahn,** *Aplastische Anämie nach langdauernder Behandlung mit Chloramphenicol.* Es werden 2 Fälle, der eine davon mit tödlichem Ausgang, nach langdauernder Behandlung mit *Chloramphenicol* (I) beschrieben. Die verabreichte Menge betrug ½ Jahr lang 2mal wöchentlich 1 g. Der erste Fall zeigte unstillbares Nasenbluten als Symptom u. verlief trotz ausreichender Therapie, u. a. mit Bluttransfusionen, tödlich. Der zweite Fall, eine Frau, hatte auch Nasenbluten, daneben Blutaustritt aus den Gefäßen ins Gewebe u. überstarke Regelblutungen. Die Behandlung erfolgte mit einer Anfangsdosis von 200 mg *Cortison* intramuskulär u. folgender täglicher Verabreichung von 50 mg per os. Innerhalb von 2 Monaten besserte sich der Zustand wesentlich. Auch bei einigen anderen nicht so auffällig verlaufenden Fällen zeigte sich eine verstärkte Blutungsbereitschaft. Vff. empfehlen zur Vermeidung schwererer Störungen die laufende Kontrolle des Blutes bei jeder Behandlung mit I. Bes. ist zu achten auf: 1. unerklärlichen Anstieg der weißen oder roten Blutzellen, 2. Anstieg der Eosinophilen, 3. Verminderung der Granulocyten, 4. Verminderung der Thrombocyten u. 5. Abnahme der roten Blutkörperchen. (J. Amer. med. Assoc. **149.** 231—34. 17/5. 1952. Los Angeles, County Hosp., u. Cedars of Lebanon Hosp., u. Univ. of Southern California, Med. School.) BERGER. 4611

Margaret Hasselmann-Kahlert, *Beobachtungen über die Aureomycin-Behandlung bei Keuchhusten.* Beobachtungen an 47 Epidemiefällen, von denen 40 *Aureomycin* (I) erhielten. Als beste Dosierung wird 25 mg/kg in Gelatinekapseln während durchschnittlich 5 Tagen angegeben. I als Pulver in Zucker gegeben zwingt zur Steigerung der Dosis auf 50 mg/kg, um dieselben Ergebnisse wie bei Verabreichung von Gelatinekapseln zu erreichen. Bei genügend hohen Dosen (26 Fälle) sofort nach Stellung der Diagnose hörten die Anfälle nach 4—10 Tagen auf. Bei ungenügender Anfangsdosis oder bei verspätetem Therapiebeginn hielten die Hustenanfälle über 2—3 Wochen an. (Antibiotics and Chemotherapy **2.** 159—62. März 1952. Erlangen, Univ., Dermatol. u. Venerol. Klinik u. Poliklinik.) ZELLER. 4611

R. Love, John Hemphill jr., Murray S. Cooper, G. C. de Mello und **John C. Goebel,** *Epididymitis bei einem Hund durch Brucella abortus und Behandlung mit Aureomycin.* Bei dem besprochenen Fall handelte es sich um eine Brucellosis-Infektion durch Kühe. Nach Operation trat bei dem Hund ein Rückfall ein. *Aureomycin* (I), ca. 50 mg/kg, wurde oral in Kapseln in geteilten Dosen 3mal täglich 3 Tage lang verabreicht. Nach 12 Tagen war der Hund augenscheinlich wieder normal. Das günstige Ergebnis mit I entspricht durchaus den I-Erfolgen bei Brucella-Infektionen in der Humanmedizin. (Cornell Veterinarian **42.** 36—41. Jan. 1952. New York, N. Y., American Cyanamid. Co., Pearl River, Lederle Labor. Div., u. New City, New York.) DOSSMANN. 4611

Thomas H. Height und **Maxwell Finland,** *Laboratoriums- und Klinikuntersuchungen über Erythromycin. Erythromycin = Ilotycin* (I; ELI LILLY & Co.) wurde von Streptomyces erythreus isoliert, die empir. Formel wird mit $C_{34-36}H_{60-65}O_{11-14}N$ angegeben. Mol.-Gew. ca. 725. Sterile I-Lsgg. in Nährbrühe behalten ihre Aktivität unvermindert über 8 Wochen in Konzz. von 2—2000 μg/cm³. Bei Zimmertemp. geringe Verminderung in der 1. Woche, aber nicht in den darauffolgenden 7 Wochen, bei 37° fällt die Wirksamkeit der Lsgg. nach 4 Tagen ab. I bes. wirksam in mäßig alkal. Medium. Testung von 920 Bakterienstämmen, die von Patienten mit verschiedensten Infektionen isoliert waren, auf I-Empfindlichkeit. Pneumokokken u. hämolyt. Streptokokken Gruppe A waren am empfindlichsten, coliforme Bacillen, Proteus u. Pyocyaneus waren I-resistent. Klin. Unters. an 41 Patienten mit verschied. Infektionen. Totaldosis lag zwischen 1 u. 17 g. 31 gute, 4 mittelmäßige Erfolge, 6 Versager. I-Wrkg. mit der des *Penicillin* (II) vergleichbar. I ist unter Umständen wirksam gegen II-resistente Staphylokokken, bei Gonorrhöe ist I dem II unterlegen. Bei oraler Therapie wurden keine tox. Wirkungen beobachtet. (New England J. Med. **247.** 227—32. 14/8. 1952. Boston, Mass., City Hosp., u. Harvard Med. School, Dep. of Med.) DOSSMANN. 4611

Humphrey Osmond und **John Smythlies,** *Schizophrenie — ein weiterer Schritt vorwärts. Mezcalin* (I; *3.4.5-Trimethoxyphenyläthylamin*) ruft von allen Pharmacis bei Versuchspersonen die den Symptomen akuter oder subakuter Schizophrenie ähnlichsten Erscheinungen hervor. Bisher besteht kein sicherer Anhalt, in welcher Weise u. ob überhaupt Stoffwechseldysfunktionen für Genese u. Verlauf der Schizophrenie maßgebend sind. Vff. diskutieren die für weitere Forschungen fruchtbare Hypothese, daß I oder ihm nahe verwandte Substanzen aus Entgleisungen des Adrenalinstoffwechsels entstehen könnten. Nach ihrer Ansicht wird *Adrenalin* aus dem nicht N-methylierten Noradrenalin gebildet.

Eine Stoffwechselentgleisung könnte bewirken, daß an den phenol. Hydroxylgruppen methyliert würde. Tatsächlich erweist sich dieses so gebildete *3.4-Dimethoxyphenyläthylamin* im Tiervers. als ein Mittel, das der menschlichen Katatonie ähnliche Zustände hervorzurufen vermag. Ob u. wie solche Stoffwechselabweichungen im menschlichen Organismus möglich wären, bleibt noch unbekannt. Auch wird angenommen, daß nicht **I** selbst, sondern ein verwandtes Stoffwechselprod. den psychot. Prozeß bedingen könnte. (J. Mental Sci. **98.** 309—15. April 1952. Queen Square, Nat. Hosp.) P. G. SCHEURLEN. 4620

Harry Grundfest, David Nachmansohn, C. Y. Kao und **Robert Chambers,** *Art der Blockierung der axonalen Aktivität durch Curare und durch Acetylcholinesterase-Hemmstoffe.* Geringe Mengen (10^{-4}—12 mm³, meistens 0,5—5 mm³) von *Prostigmin* (**I**), *Eserin* (**II**), *Stilbamidin* (**III**) oder *Curare* (**IV**) wurden in den Achsenzylinderfortsatz des Ganglions von *Loligo pealii* (Tintenfisch) injiziert. Die Verbb., deren hemmende Wrkg. auf Acetylcholinesterase bekannt ist, blockieren die Aktivität des Axons. Wenn sie jedoch nicht direkt in die Ganglien injiziert werden, sind **I** u. **IV** ohne Wrkg., weil diese nicht in die Zelle eindringen können. Da **III** u. **IV** trotz vergleichsweise geringer Hemmwrkg. auf Acetylcholinesterase in vivo sogar in geringeren Konzz. aktiver sind als **I** u. **II**, wird angenommen, daß diese beiden Verbb. sich kompetitiv mit dem „Rezeptorprotein" verbinden, welches auch der Angriffsort für Acetylcholin ist. (Nature [London] **169.** 190. 2/2. 1952. Columbia, Univ., Coll. of Phys. and Surg., Dep. of Neurol.; New York, State Univ., Coll. of Med. at New York City, u. Washington, Square Coll., Dep. of Biol.) LÜPNITZ. 4620

Adrian Cowan, *Xylocain in der Zahnchirurgie.* Ausführlicher Bericht über die Anwendung von *Xylocain* (*ω-Diäthylamino-2.6-dimethylacetanilid*) zur Lokalanästhesie in 200 Fällen. Bei Verwendung der 2%ig. Lsg. („*Xylotox*") mit Zusatz von 1:80000 *Adrenalin* wurden im Mittel 1,0 ml (0,25—2,0 ml) benötigt. Damit wurde schnell einsetzende, lang anhaltende Anästhesie erzielt mit guter Vasokonstriktion trotz des geringen Adrenalinzusatzes. Die Ausdehnung der Anästhesie war größer als bei *Procain*, Nebenwirkungen fehlten völlig. Vf. empfiehlt *Xylocain* daher als bes. günstiges Anästheticum. (Irish. J. med. Sci. **6.** 160—72. April 1952.) DAUTZENBERG. 4621

Paul Hauser, *Zur Indikation und Methodik der Analgesie mit Trichloran* (*Merck*) *in der Zahn- und Kieferheilkunde.* Darst. der Vorzüge der Analgesie mit *Trichloran* (*Trichloräthylen*) für die zahnärztliche Praxis u. Besprechung der Indikationen u. Technik der Anwendung durch den Patienten selbst, mittels eines geeigneten Inhalators. (Dtsch. zahnärztl. Z. **7.** 646—55. 1/6. 1952. Frankfurt/M., Univ., Zahnärztl. Inst., Chirurg. Abt.) DAUTZENBERG. 4621

J. Holtorff, *Vorläufige Mitteilung unserer Erfahrungen in der Anwendung des Trichloräthylenpräparates „Chlorylen" für die Inhalationsanalgesie in der Geburtshilfe.* Bei 200 Geburten wurde *Chlorylen* (PHARMA VVB SCHERING, Berlin-Adlershof) zur Inhalationsanalgesie angewendet. Die dabei gesammelten Erfahrungen entsprechen durchaus denen, die mit bereits bekannten u. erprobten Trichloräthylenpräpp. gemacht wurden. In 21% der Fälle war die Schmerzausschaltung unzureichend. Die Gründe dafür werden diskutiert. (Dtsch. Gesundheitswes. **7.** 1038—43. 14/8. 1952. Dresden-Friedrichstadt, Stadtkrankenhaus, Frauenklinik.) DAUTZENBERG. 4621

S. Surányi und **T. Kovács,** *Über die uterotonische Wirkung des intravenös gegebenen Novocains.* Intravenös gegebenes *Novocain* bewirkte am Uterus in situ bei Katzen, Hunden u. Kaninchen Erhöhung des Tonus u. Wehenanregung. Durch unterschwellige Dosen wurde der Uterus für Hypophysenhinterlappenhormone sensibilisiert. Die Wrkg. auf den Blutdruck besteht bei kleinen Dosen in einer Erhöhung, bei größeren Dosen in einer lang anhaltenden Senkung nach kurzer Erhöhung. Dadurch wird die blutdrucksteigernde Wrkg. des Hypophysenhinterlappenextraktes aufgehoben. An 20 Gebärenden wurden diese tierexperimentellen Befunde bestätigt unter Anwendung von 0,05—0,2 g *Novocain* intravenös. (Zbl. Gynäkol. **74.** 1450—58. 1952. Debrecen, Ungarn, Univ., Frauenklinik.) DAUTZENBERG. 4621

A. Rössner, *Über die Behandlung der Pleuritis exsudativa mit Irgapyrin.* Die Behandlung von mehr als 30 Fällen von Pleuritis exsudativa mit *Irgapyrin* (*Butazolidin* u. *Dimethylaminophenyldimethylpyrazolon*; GEIGY, Basel) zeigten vor allem den guten analget. u. antipyret. Effekt des Mittels. In einzelnen Fällen schien die Resorption des Ergusses begünstigt zu werden. Bei tumorbedingten Ergüssen wurde erwartungsgemäß lediglich eine analget. Wrkg. festgestellt. (Die Medizinische **1952.** 829—30. 14/6. Heidenheim, Kreiskrankenhaus.) DAUTZENBERG. 4621

R. A. Peebles Brown und **J. P. Currie,** *Butazolidin.* Von 280 Patienten, denen *Butazolidin* (**I**) appliziert wurde, traten nur bei 7 Nebenerscheinungen (Ausschlag, Ödeme, Albuminurie) auf, die bei 5 trotz fortgesetzter **I**-Therapie wieder verschwanden. (Lancet **263.** 682. 4/10. 1952. Glasgow, Royal Infirmary.) KRUSEN. 4621

Geoffrey E. Loxton, David Le Vay und **Peter Wilson,** *Butazolidin.* (Vgl. vorst. Ref.) Bei der Behandlung von 50 Fällen rheumat. Arthritis mit täglich 400 bzw. 800 mg *Butazolidin,* die bei 46 Patienten zu deutlicher Besserung führte, traten in 10 Fällen Nebenerscheinungen, wie Hauteruptionen u. Ödeme, auf, die in 4 Fällen zum Abbruch der Therapie zwangen. (Lancet **263.** 682. 4/10. 1952. London, Brook Gen. Hosp.) KRUSEN. 4621

J. E. Reid und **D. W. Neill,** *Succinylcholin.* Bei 2 Patienten mit einem Blut-*Cholinesterase* (I)-Geh. von 91 bzw. 94 Einheiten wurde durch Applikation von 50 bzw. 75 mg *Succinylcholin* in Kombination mit 450 mg *Thiopentone* zwecks Narkoseeinleitung eine 75 Min. dauernde Apnoe hervorgerufen. 5 weitere Personen mit 113—125 I-Einheiten zeigten diese Rk. nicht. (Lancet **263.** 639—40. 27/9. 1952. Belfast, Royal Victoria Hosp.) KRUSEN. 4621

F. T. Evans, P. W. S. Gray, H. Lehmann und **E. Silk,** *Succinylcholin.* Durch intravenöse Zufuhr von *Pseudocholinesterase* (I) kann die durch therapeut. Verabreichung von 10 mg *Succinylcholin* (II) hervorgerufene Apnoe unterdrückt werden. Es wird darauf hingewiesen, daß der Plasma-I-Geh. maßgebend für die Rk. auf II ist. (Lancet **263.** 682—83. 4/10. 1952. London, St. Bartholomew's Hosp.) KRUSEN. 4621

John K. McKechnie, *Die Herzwirkung von Antihistaminen. Ein Überblick über die Literatur mit einer vorläufigen Beschreibung eines Falles.* Eingehender Überblick über die Literatur mit Beschreibung der Veränderungen der Herztätigkeit eines Patienten (Silico-Tuberkulose, Arteriosklerose mit Extrasystolen) nach *Procainamid, Benadryl, Chinidin, Antistin* u. *Pethedin.* (South African med. J. **26.** 609—13. 26/7. 1952. Johannesburg, S. A., Springkell Sanatorium.) HOHENSEE. 4625

L. Donatelli und **L. Beani,** *Elektrocardiogrammänderungen durch synthetische Antihistamine.* Die Vff. untersuchten das Elektrocardiogramm (EKG.) von Kaninchen, denen intravenös 0,1—1 u. 5 mg pro kg Körpergewicht verschied. Antihistamine (I) (*Neoantergan, Fargan* [*Phenergan*], *Benzoxale* [*Pyribenzamin*], *Histadyl* [*Thenylene*], *Allergina* [*Benadryl*], *Thephorin, Dimetina* [*Antergan*], *Antadril* u. *Antistin*) verabreicht wurden. Schon in therapeut. Dosen, bes. aber in höheren Dosen, zeigten die Tiere erhebliche Veränderungen im EKG., die bei den verschied. Präpp. unterschiedlich waren. Auch deutliche individuelle Unterschiede waren vorhanden, jedoch waren bei der Mehrzahl der Tiere die EKG.-Veränderungen deutlich ausgeprägt. (Arch. Scienze biol. **36.** 256—71. Mai/Juni 1952. Napoli, Univ., Ist. di Farmacolog.) IPPEN. 4625

Horst Wiesner, *Das Thiantan des Deutschen Hydrierwerkes Rodleben VEB als Prophylakticum bei der postoperativen Pneumonie.* Vf. verabreichte in 218 Fällen von Laparotomien prophylakt. gegen postoperative Pneumonie *Thiantan* (I; *N-Diäthylaminoäthylphenothiazinhydrochlorid*; DEUTSCHES HYDRIERWERK RODLEBEN VEB). Es wurden am Operationstag 1 Ampulle (= 50 mg I), an den nächsten beiden Tagen je 2 Ampullen u. am 4. Tag 1 Ampulle verabreicht. Die durch Lungenkomplikationen hervorgerufenen Todesfälle betrugen 2,86% der gesamten postoperativen Todesfälle, gegenüber 9,09% in einem früheren Zeitraum ohne I-Prophylaxe. Nebenerscheinungen traten nicht auf. (Dtsch. Gesundheitswes. **7.** 1108—11. 28/8. 1952. Magdeburg, Krankenhaus Altstadt.) KRUSEN. 4625

K. H. Ginzel, H. Klupp, H. Stormann und **G. Werner,** *Die Ausschaltung des Patellarsehnenreflexes durch muskellähmende Substanzen.* Das Verh. des monosynapt. Patellarsehnenreflexes unter der Einw. verschied. Muskelrelaxantia wurde an der mit Chloralose narkotisierten Katze untersucht. Dabei wurden folgende Verbb. geprüft: *d-Tubocurarin* (I), *Dekamethonium* (II), *Flaxedil* (III), die *Bischolinester* der *Bernsteinsäure, Adipinsäure* u. *Octylendicarbonsäure,* sowie *Butylen-, Hexylen-* u. *Hydrochinonbischolinäther,* ferner *Hexylen-bis-(triäthylcholin)-äther.* I u. III, die die Ansprechbarkeit eines Muskels auf tetan. Reize eher lähmen als auf Einzelreize, heben den Patellarsehnenreflex in atemmuskellähmenden Dosen auf, während die Empfindlichkeit des Musc. gastrocnemius bzw. quadriceps für indirekte Einzelreize kaum herabgesetzt wird. Dagegen wird durch II, sowie ähnlich durch die *Bischolinäther* der Patellarsehnenreflex in Dosen aufgehoben, die die Atemmuskulatur u. indirekte Muskelerregbarkeit noch nicht beeinflussen. Dieser Effekt kann nicht durch neuromuskuläre Leitungsunterbrechung erklärt werden. Vff. vermuten eine Wrkg. von II u. den *Bischolinäthern* auf die Dehnungsreceptoren der Muskelspindeln. Die untersuchten *Bischolinester* zeigten keinen Wirkungsunterschied auf den Patellarsehnenreflex u. die indirekte Erregbarkeit des Muskels. (Arzneimittel-Forsch. **2.** 271—74. Juni 1952. Wien, Univ., Pharmakol. Inst.) DAUTZENBERG. 4628

L. Barth und **W. Bosse,** *HL 8562 (Bis-trimethylammoniumdecandibromid) als Muskelrelaxans in der Narkosepraxis.* Bei 45 Patienten wurde das Versuchspräp. *HL 8562* (*Bis-trimethylammoniumdecandibromid*), das unter dem Namen *Dekacuran* (DEUTSCHE

HYDRIERWERKE RODLEBEN VEB) im Handel erscheint, als Muskelrelaxans erprobt. Die Beobachtungen bestätigen die Gleichwertigkeit des Präp. mit ausländ. Dekamethoniumpräparaten. Auffällig waren in 14 Fällen nach der Operation auftretende heftige Schweißausbrüche, die aber von den Vff. wegen Fehlens sonstiger Symptome als harmlos angesehen werden. Auf die Kumulationsneigung wird bes. hingewiesen. (Dtsch. Gesundheitswes. **7.** 1043—47. 14/8. 1952. Berlin, Deutsche Akad. der Wissensch., Inst. für Med. u. Biol., Geschwulstklinik.) DAUTZENBERG. 4628

Paul-Albrecht Rabe, *Erfahrungen mit den neuen Muskelrelaxantien Succinyl-Asta und Retensin.* Kurzer Bericht über gute Erfahrungen mit *Succinyl-Asta* (**I**) (*Bischolinsuccinatdijodid*) u. *Retensin* (**II**) (*1.2.3-Tris-[β-triäthylaminoäthoxy]-benzoltrijodid*). Während **I** infolge der schnellen Spaltung im Organismus durch Esterasen in Cholin u. Bernsteinsäure ein ausgesprochen kurzwirkendes Relaxans ist, dauert die Wrkg. von **II**, dessen Wirkungsmechanismus dem von Curare entspricht, 30—50 Min. an. *Physostigmin* wirkt bei **II** als Antidot. (Die Medizinische **1952.** 1233—34. 27/9. Bremen-Blumenthal, Krankenhaus.) DAUTZENBERG. 4628

K.-J. Siems und **E.-A. Baenge,** *Wehenauslösung durch Depotstrychnin in Tierexperiment und Klinik.* Vff. untersuchten die Wrkg. von *Invocan forte* (0,005 g *Strychnin* u. 0,05 g *Strychninoxyd* als Laktate in 1 ml wss. Lsg.) u. *Movellan* (1%ig. Lsg. von *strychninsaurem Natrium*) auf den schwangeren Kaninchenuterus, teilweise nach Freilegung. Beide Präpp. haben ähnliche Depotwirkung. Sie lösten intensive Wehentätigkeit schon vor Beendigung der n. Tragezeit aus u. führten in den letzten Tagen vor dem Wurftermin bei genügend hoher Dosierung zu Frühwürfen. Schädigung der Muttertiere u. der Jungen wurden nicht beobachtet, wenn diese beim Wurf genügende Reife hatten. — Bei klin. Anwendung der Depotstrychnine zur Geburtseinleitung oder bei Wehenschwäche in mehr als 100 Fällen wurden dementsprechend gute Erfahrungen gemacht. (Zbl. Gynäkol. **74.** 1521—26. 1952. Lübeck, Städt. Frauenklinik.) DAUTZENBERG. 4628

U. Ströder und **E. Koppermann,** *Der Einfluß hydrierter Mutterkornalkaloide auf das Steh-Elektrokardiogramm unter besonderer Berücksichtigung der Hämodynamik.* (Z. Kreislaufforsch. **41.** 21—30. Jan. 1952. Frankfurt/M., Univ., I. Med. Klinik.) HOHENSEE. 4628

Carl von Haller, *Zur Klinik und Therapie der posttraumatischen Darmlähmung.* Nach Besprechung der Ursachen der postoperativen u. postperitonit. Darmatonie wird auf die Zusammenhänge zwischen Eiweißstoffwechsel u. Peristaltik hingewiesen. Zur Therapie werden je nach Sachlage empfohlen: *Prostigmin, Tonephin* (Vasopressin), *Morphium, hyperton. NaCl-Lsg., Nebennierenrindenhormone,* O_2-Beatmung, Periduralanästhesie, Magenspülungen u. Wärmeapplikation. Glucoseinjektionen sind zu vermeiden. (Münchener med. Wschr. **94.** 1599—1608. 8/8. 1952. Frankfurt/M., St. Markus-Krankenhaus.) KRUSEN. 4628

Ignacio de Gispert, *Myasthenische Augenmuskellähmung.* Übersicht über Erscheinungsformen der Krankheit, Ursachen, Behandlung z. B. mit *Prostigminhydrobromid, K-Salzen, Ephedrin, Guanidin-HCl, Diisopropylfluorphosphat, Tetraäthylpyrophosphat.* (Clin. y. Lab. **54.** (**37.**) 41—51. Juli 1952. Barcelona, Univ.) ALTPETER. 4628

Hellmuth Reebstein, *Die Behandlung des myokardgeschädigten Herzens mit intravenösen Novocaingaben.* Die Behandlung von über 50 Fällen von Herzmuskelerkrankungen mit *Novocain* (**I**)-Präpp. neben den üblichen Herzmitteln führte meist zu schneller Beseitigung der subjektiven Beschwerden. — 55 Literaturangaben. (Münchener med. Wschr. **94.** 1614—20. 8/8. 1952. Konstanz, Städt. Krankenhaus.) KRUSEN. 4630

H. Kleinsorge und **H.-H. Wittig,** *Einfluß von Tetraäthylammoniumbromid auf Herz und Kreislauf. Tetraäthylammoniumbromid* (**I**) wurde intravenös herz- u. kreislaufgesunden Versuchspersonen verabreicht, wobei im Elektrokardiogramm eine Sinusfrequenzsteigerung sichtbar wurde, die als Folge gegenregulator. Sympathicuseinflüsse angesehen wird. Bei Patienten mit patholog. verändertem Elektrokardiogramm konnten durch **I** in einem Teil der Fälle funktionell-nervös bedingte von organ. Erkrankungen unterschieden werden. Vff. empfehlen **I** daher als differentialdiagnost. Hilfsmittel. (Z. ges. inn. Med. Grenzgebiete **7.** 727—36. 15/8. 1952. Jena, Univ., Med. Poliklinik.) DAUTZENBERG. 4630

Gustav Buhr, *Effortil als Prophylakticum narkosebedingter Kreislaufzentralisationszustände.* Unterss. an 20 kreislaufgesunden Patienten zeigten, daß intramuskuläre Verabreichung von 0,01 g (1 ml) *Effortil* (C. H. BOEHRINGER SOHN, Ingelheim/Rh.) 15 Min. vor Beginn der *Evipan-Natrium*-Narkose die hierbei häufig sich ausbildende Kreislaufzentralisation (Verminderung des Schlag- u. Minutenvol. u. der Blutdruckamplitude; Steigerung des peripheren Gefäßwiderstandes) verhindern kann. (Z. Kreislaufforsch. **41.** 693—701. Sept. 1952. Bremen-Blumenthal, Krankenhaus.) DAUTZENBERG. 4630

Glyn Davies, B. A. Wales und **A. Spencer Paterson,** *Die Anwendung von „Etamon" bei hohem Blutdruck während elektrischer Behandlung des Gehirns. Etamon* ist *Tetraäthylammoniumchlorid* (I) u. wirkt auf die Synapsen des vegetativen Nervensystems. Es wurde bei Patienten, die der Elektronarkose unterzogen wurden u. die an agitierter Melancholie bzw. an Schizophrenie erkrankt waren, angewandt, wobei gelegentlich Atropin, Curare u. andere blutdrucksenkende Substanzen vor I gegeben wurde. Durchschnittlich sank nach I der Druck bei den Hypertonikern bis zu 100 mm systol. u. 30 mm diastol., ohne daß Unverträglichkeitserscheinungen beobachtet worden wären. Der Effekt hält ca. 30 Min. an. (J. Mental Sci. **98.** 306—08. April 1952. Queen Square, Nat. Hosp.) P. G. SCHEURLEN. 4630

Renzo Benigni, *Über die blutdrucksenkende Wirkung von Veratrum viride.* Ausführliche Übersicht über Chemie, Pharmakologie u. therapeut. Verwendung von Veratrum viride unter besonderer Berücksichtigung seiner blutdrucksenkenden Wirkung. — 26 Literaturangaben. (Fitoterapia [N. S.] **23.** 277—90. April/Juni 1952. Milano, Dr. Inverni & Della Beffa SpA., Labor. scientif.) IPPEN. 4630

Heinz Kalweit, *Klinische Erfahrungen mit Noradrenalin bei der Periduralanästhesie.* Bei Anwendung von *Aktamin* (*l-Noradrenalin*; SCHERING AG., Berlin) während Operationen in Periduralanästhesie in 50 Fällen wurden folgende Erfahrungen gemacht: Die intravenöse Dauertropfinfusion erlaubt jede beliebige Steuerung des Blutdrucks bei größter Schonung des Herzens. Subcutane Infusionen sind nicht ausreichend wirksam, subcutane Injektionen im Beginn der Anästhesie zeigen keinen Vorteil vor anderen Kreislaufmitteln. Zusatz zur Anästhesielsg. statt Suprarenin kompensiert weitgehend den Blutdruckabfall durch die Periduralanästhesie (maximaler Blutdruckabfall innerhalb $2^1/_2$ Std. ca. 15%) u. verzögert ausreichend die Resorption des Anästheticums. Diese Meth. wird vom Vf. zur routinemäßigen Anwendung empfohlen. (Dtsch. med. Wschr. **77.** 953—56. 1/8. 1952. Berlin, St.-Hedwig-Krankenhaus.) DAUTZENBERG. 4630

H. Baufeld und **H. Fischer,** *Klinische Anwendung von Noradrenalin.* Vff. erprobten *Noradrenalin* „JENAPHARM" (rac. u. *l*-Form) u. bestätigen auf Grund ihrer Beobachtungen die bekannten Eigg. des *Noradrenalins* u. seine Überlegenheit über andere Kreislaufmittel beim Kollaps. Zum Vgl. wurden *Sympatol* (*p-Oxyphenyläthanolmethylamin*) u. *Veritol* (*p-Oxyphenylisopropylmethylamin*) herangezogen. (Dtsch. Gesundheitswes. **7.** 1047—49. 14/8. 1952. Erfurt, Med. Klinik.) DAUTZENBERG. 4630

H. Gigglberger und **F. Kleibel,** *Beeinflussung erhöhter Capillarbrüchigkeit bei Hypertonie und hämorrhagischen Diathesen durch Roßkastanienextrakt.* Es wird über Erfolge bei 76 Patienten mit patholog. erniedrigter Capillarresistenz verschied. Genese, die mit „*Venostasin*" behandelt wurden, berichtet. (Dtsch. med. Wschr. **77.** 462—63. 11/4. 1952. Würzburg, Univ., Med. Poliklinik.) DUCHO. 4633

G. Giebisch, H. Klupp und **S. Rapoport,** *Quecksilberwirkung und osmotische Diurese beim Hund.* Vff. konnten durch Verss, an Hunden zeigen, daß nach osmot. Belastung des hydropen. Tieres mit *NaCl*, $Na_4Fe(CN)_6$ u. *Mannit* die Verabreichung von *Salyrgan* (I) in einer Menge, die 60 mg *Hg* enthält, eine Erhöhung der Na- u. Cl-Exkretion u. eine Zunahme der Harnmenge hervorruft. Die $Na_4Fe(CN)_6$-Belastung zeigte, daß die Niere die Konzz. von Na u. Cl unabhängig voneinander verändern kann. Aus den Ergebnissen, bes. hinsichtlich des Verh. der osmot. Harnkonz., wird geschlossen, daß der Angriffspunkt der *Hg*-Diuretica proximal von einem Ort der distalen Wasserrückresorption liegt. Theophyllinhaltiges I zeigte gegenüber reinem I keinen Wirkungsunterschied. (Naunyn-Schmiedebergs Arch. exp. Pathol. Pharmakol. **214.** 562—78. 1952. Wien, Univ., Pharmakol. u. Physiol. Inst.) KRUSEN. 4634

Harold Blumberg, Albert Schlesinger und **Samuel M. Gordon,** *Toxikologische Untersuchungen des neuen quecksilberhaltigen Diureticums Mercumatilin* (*Cumertilin*). Zur Feststellung der Toxizität von *Cumertilin* = *Theophyllin-Na-Salz der 8-[2'-Methoxy-3'-hydroxymercuripropyl]-cumarin-3-carbonsäure* wird dieses Mäusen, Ratten u. Kaninchen in wss. Lsg. mit einem Hg-Geh. von 39 mg/cm³ intravenös injiziert. Außerdem werden intramuskuläre Injektionen bei Ratten u. Kaninchen, sowie subcutane bei Mäusen durchgeführt. In allen Fällen wird festgestellt, daß I sich in der toxikolog. Wrkg. von anderen Hg-haltigen Diureticis (Merallurid, Mersalyltheophyllin u. Mercurophyllin) nicht unterscheidet. Nierenschädigungen werden selten beobachtet. Die letale Dosis beträgt 11,8 mg Hg/kg Körpergewicht bei Ratten intramuskulär u. 83 mg Hg/kg bei Mäusen subcutan. (J. Pharmacol. exp. Therapeut. **105.** 336—42. Juli 1952. New York, Endo Products, Inc., Res. Labor.) FAHRNLAENDER. 4634

Gerald B. Phillips, Robert Schwartz, George J. Gabuzda jr. und **Charles S. Davidson,** *Das Syndrom eines drohenden Coma hepaticum bei Patienten mit Lebercirrhose nach gewissen stickstoffhaltigen Substanzen.* An 9 chron. Alkoholikern mit fortgeschrittener Cirrhose zeigten sich die Wirkungen der kombinierten Verabfolgung von *NH_4Cl–K-Kationenaustauschharz, NH_4Cl, Di-NH_4-Citrat* u. *Harnstoff* durch Steigerung der *Protein*-Nahrungsaufnahme. Die Mittel bewirkten in 5 Fällen eine Rk., die klin. vom Coma hepaticum nicht zu unterscheiden war. Daher halten Vff. die Verabreichung N-haltiger Substanzen an Patienten mit Leberschäden für gewagt. (New England J. Med. **247.** 239—46. 14/8. 1952. Boston, City Hosp., Harvard Med. School, Dep. of Med., u. Betheda, Md., Nat. Inst. of Health.) DOSSMANN. 4640

H. Höller und **K. Schirmer**, *Experimentelle Untersuchungen über den Antiulcusfaktor im Succus liquiritiae.* Bei der Lakritzen-Therapie von Magengeschwüren treten unerwünschte Nebenwirkungen auf den Mineralstoffwechsel auf, die zu Ödembildungen führen können. Diese Wirkungen werden der Glycyrrhicinsäure zugeschrieben, die ähnlich wie Desoxycorticosteron wirken soll. Vff. prüfen einen Süßholzextrakt, dem vorher die Glycyrrhicinsäure entzogen wurde. Als Versuchsobjekt dienten Ratten, bei denen durch Ligatur des Pylorus Magengeschwüre erzeugt wurden. Der Glycyrrhicinsäure-freie Extrakt war voll wirksam. (Wiener med. Wschr. **102.** 423. 31/5. 1952.) DRUCKREY. 4645

Harold J. Kullman und **Elwood Buchman**, *Amöbiasis: Übersicht über 104 nachgewiesene Fälle.* Die Therapie bestand in den meisten Fällen in der Verabreichung verschied. Mittel: *Emetinhydrochlorid* 0,0648 g intramuskulär über 8—10 Tage, *Carbarsone* 0,25 g, 7 Tage, anschließend 21 Tage das J-Präp. *Diodoquin,* 210 mg, ferner die neueren Mittel *Terramycin, Aureomycin, Chloroquine* (I). Bei zusätzlich auftretender Malaria Behandlung mit *Quinacrine* (*Atebrin*)- *Hydrochlorid.* I gilt heute als Mittel der Wahl; Hakenwürmer wurden mit *Tetrachloräthylen* oder *Hexylresorcin* behandelt; Taenia saginata mit *Wurmfarn-Terpentin* (Oleoresin of aspidium); Lamblia intestinalis mit *Atebrin*; Strongyloidea mit *Gentianaviolett.* (Military Surgeon **111.** 90—96. Aug. 1952. Dearborn, Mich., Veterans Admin. Hosp., u. Detroit, Wayne Univ., Coll. of Med., Dep. of Internal Med.) DOSSMANN. 4649

L. W. Haase, *Fluorantiseptica. Ein chemisch-pharmakologischer Beitrag.* Die besonderen Eigg. der Halogene führte zu einer weitgehenden Verwendung in chem., chem.-techn. u. pharmakol. Beziehung. Bes. ist es die desinfizierende Wrkg. infolge der Abspaltung von O in statu nascendi, die ihre med. Verwendung veranlaßte. Diese Eig. nimmt in der Halogenreihe zu, u. es muß angenommen werden, daß F die stärkste Desinfektionswrkg. hat. Wichtig ist dabei das Milieu, das z. B. bei Cl am günstigsten bei p_H 8,5 ist. Eine Anwendung dieser Erkenntnisse sind die Präpp.: „*Nur ein Tropfen*" u. „*Öndroly*". Verschied. organ. Verbb. (*p-Oxybenzoesäureester, o-Oxychinolin, Salicylsäure* oder deren Verbb.) werden bei alkal. Rk. mit Fluorverbb. der Einw. von akt. Sauerstoff ausgesetzt. Dabei entstehen u. a. Fluorverbb. mit bes. günstigen desinfizierenden Eigenschaften. Um eine Spaltung dieser Verbb. zu vermeiden, ist im fertigen Präp. außer äther. Ölen ein Boratpuffer enthalten. In der organ. Fluorverb. verliert F die ätzende Eig. zugunsten der desinfizierenden. (Vgl. auch C. **1952.** 1697.) (Zahnärztl. Rdsch. **61.** 341—44. 20/6. 1952. Berlin-Wilmersdorf.) BERGER. 4655

Frank Lamont Meleney, *Jetzige Bedeutung von Zinkperoxyd in der Behandlung chirurgischer Infektionen.* Vf. weist auf Verwendungsmöglichkeiten von *Zinkperoxyd*-Puder hin, bes. in der Therapie von Gangränen, Ulci, Stomatitis, cancerösen Geschwüren der Mundhöhle, ulcerativer Colitis, Vaginitis u. prophylakt. bei Colostomien u. Zahnextraktionen. (J. Amer. med. Assoc. **149.** 1450—53. 16/8. 1952. New York, N. Y., Columbia Univ., Coll. of Phys. and Surg.) KRUSEN. 4660

Rolf Korkhaus, *Zur Ekzem-Therapie in der Kleintierpraxis. Klinische Untersuchungen über eine neuartige Anwendungsform von Schieferöl-Sulfonaten* (*Ichthogel*) *für die externe Behandlung.* Mit dem Ichthyolpräp. *Ichthogel* (I) (ICHTHYOL-GES. CORDES, HERMANN U. CO., Hamburg) konnte Vf. bei ekzematösen Hauterkrankungen von 198 Hunden u. 34 Katzen fast ausnahmslos günstige Heilerfolge erzielen. Lediglich bei einigen Fällen fortgeschrittener furunkulöser Erkrankungen war I ohne Wirkung. Bes. auffällig war die schnelle juckreizmildernde Wrkg. von I. Eine individuelle Therapie je nach Stärke der Hautschäden kann durch differenzierte Applikation ermöglicht werden. — 42 Literaturangaben. (Dtsch. tierärztl. Wschr. **59.** 291—95. 1/10. 1952.) KRUSEN. 4661

Samuel Monash, *Fungicide Wirksamkeit von Podophyllotoxin in vitro.* Eine 3,3% alkoh. Lsg. von *Podophyllotoxin* erwies sich in vitro nicht als wirksames Mittel gegen *Microsporium audouini* auf Haaren, die mit dem Pilz infiziert waren. (A. M. A. Arch. Dermatol. Syphilol. **65.** 610. Mai 1952. New York.) ITZEROTT. 4661

C. Bruce Perry, *Der gegenwärtige Stand der Behandlung des akuten Rheumatismus mit Salicylaten.* Dosierung, Toxizität, Wirkungsmechanismus, Nebenwirkungen u. Auswahl verschied. Salicylsäurepräparate. — 40 Literaturangaben. (Practitioner **169.** 450—57. Okt. 1952.) KRUSEN. 4670

A. Freedman und **Francis Bach**, *Mepacrine und rheumatische Arthritis.* Erprobung von *Mepacrine* (I) bei 23 Patienten mit rheumat. Arthritis. Beobachtungsdauer 6 Wochen bis 8 Monate. In einem Fall traten 4 Tage nach täglicher Verabreichung von 0,8 g Hauterscheinungen auf, die mit Absetzen von I verschwanden; die Therapie konnte mit kleineren I-Dosen fortgesetzt werden. In allen anderen Fällen wurde die eingetretene Besserung auf I zurückgeführt, sie ist aber erst nach ca. 4 Wochen zu erwarten. Optimale I-Dosierung u. Kurdauer liegen noch nicht fest. (Lancet **263.** 321. 16/8. 1952. London, Hackney Hosp.) DOSSMANN. 4670

Hans Herken und **Martin Wolf**, *Über die therapeutische Verwendung von Kationenaustauschern.* Ausführliche Übersicht über Wirkungsweise u. Verträglichkeit von *Kationenaustauschern*, ihren Einfl. auf den Na- u. K-Stoffwechsel u. das Säure–Basen-Gleichgewicht u. ihre klin. Bedeutung in der Behandlung von cardialen Ödemen, Ascites, Eklampsie u. arteriellem Hochdruck. — 56 Literaturangaben. (Klin. Wschr. **30.** 529—37. 15/6. 1952. Berlin, Freie Univ., Pharmakol. Inst.) KRUSEN. 4670

L. H. Schultz, *Behandlung von Ketosis bei Milchkühen mit Natriumpropionat.* 19 Kühe mit milden u. schweren Formen der Ketosis wurden oral mit $^1/_8$—$^1/_2$ lb. *Na-Propionat* behandelt. Alle Kühe zeigten Zunahme der Milchproduktion u. Besserung der Freßlust. Etwa 10 Tage nach Behandlung waren die Blutzuckerwerte bei allen Tieren u. die Blutketonwerte bis auf 3 Fälle wieder normal. (Cornell Veterinarian **42.** 148—55. Jan. 1952. Ithaca, N. Y., State Coll. of Agriculture.) DOSSMANN. 4670

Andrew F. Braff, **Doss O. Lynn** und **Otto A. Wurl**, *Tödliche Bleivergiftung unter dem Erscheinungsbild einer Poliomyelitis.* Bericht über einen Fall von *Pb*-Vergiftung, der unter den Symptomen einer akuten bulbo-spinalen Poliomyelitis ad exitum kam. Das Blut zeigte einen *Pb*-Geh. von 0,5176 mg in 100 ml. (U. S. Armed Forces med. J. **3.** 1353—57. Sept. 1952. Honolulu, TH, Tripler Army Hosp.) KRUSEN. 4675

Austin H. Kutscher, *Ist metallisches Quecksilber giftig?* Vf. schließt aus der Tatsache, daß das für Zahnfüllungen verwendete *Ag-Amalgam* häufig beträchtliche Mengen ungebundenes *Hg* enthält, ohne daß dadurch Vergiftungserscheinungen auftreten, auf nur geringe Toxizität von metall. Hg. (Brit. med. J. **1952.** II. 393. 16/8. New York, N.Y. Columbia Univ., School of Dental and Oral Surgery.) KRUSEN. 4675

G. Klumbies, *Messing als „Zahngold“.* Bericht über 2 Fälle von Vergiftungserscheinungen durch Verwendung von Messing an Stelle von Gold für Zahnersatz. Therapie mit *Dithioglycerin* (*BAL*). (Dtsch. Gesundheitswes. **7.** 1094—96. 28/8. 1952. Jena, Univ., Med. Poliklinik.) KRUSEN. 4675

G. Klumbies, *Dithioglycerin* (*BAL*) *aus der DDR.* Bericht über eigene u. in der Literatur befindliche Angaben über *Dithioglycerin* (*BAL*) (I) in der Behandlung von Schwermetallvergiftungen. I ist wirksam bei Intoxikationen von *As, Hg, Cu, Zn, Au, Ni, Co, Cr, Cd, Bi, Sb, Pb, Tl* u. *Se.* Dosierung wird empfohlen: 1. Tag: 4 Ampullen (zu je 2 ml der 5%ig. Lsg.); 2. Tag: 3 Ampullen; 3.—5. Tag: 2 Ampullen u. 6.—10. Tag: je 1 Ampulle. Nebenerscheinungen, wie Tränen- u. Speichelfluß, Erbrechen, Pulsbeschleunigung, Blutdrucksteigerung, Gliederschmerzen, verschwinden innerhalb 2 Std. nach der Injektion. — 34 Literaturangaben. (Dtsch. Gesundheitswes. **7.** 1096—98. 28/8. 1952. Jena, Univ., Med. Poliklinik.) KRUSEN. 4675

E. Attinger, *Chronische Schwefelkohlenstoffvergiftung unter dem Bilde einer schweren Gefäßkrankheit.* Vf. bespricht die von anderen Autoren unter langjähriger CS_2-Intoxikation beobachteten generellen Gefäßschäden, bei denen häufig auch Gehirn u. Nieren befallen sind. Es wird über 1 Fall von Gefäßsklerose u. 1 Fall von spast. Hemiparese nach chron. CS_2-Vergiftung berichtet. (Schweiz. med. Wschr. **82.** 829—30. 16/8. 1952. Stein/Rhein.) KRUSEN. 4675

K. Stuhlfauth, **H. Neumaier** und **G. Bommes**, *Der Einfluß von Lävulose auf die Methylalkoholvergiftung bei Ratten.* Verss. an Ratten zeigten, daß Verabreichung von 8 ml/kg *Methylalkohol* (I) zu einer vorübergehenden schweren Intoxikation führte, die von allen Tieren überlebt wurde. Wurden 2 Std. nach der I-Verabreichung 1,2 g/kg *Fructose* (II) zugeführt, so ergab sich ein wesentlich schwereres Vergiftungsbild, bei dem etwa $^1/_3$ der Tiere starben. Diese Tiere zeigten histolog. höhere Grade von Leberverfettung als unbehandelte. Die Erhöhung der I-Toxizität durch II wird auf den durch II bewirkten schnelleren I-Abbau zurückgeführt, wodurch eine Erhöhung der tox. Abbauprodd. von I (Formaldehyd u. Ameisensäure) bewirkt wird. Es wird vor einer therapeut. II-Verabreichung bei I- im Gegensatz zur A.-Vergiftung gewarnt. (Naunyn-Schmiedebergs Arch. exp. Pathol. Pharmakol. **214.** 556—61. 1952. München, Univ., Med. Poliklinik.) KRUSEN. 4675

Joseph W. E. Harrisson, **Julian L. Ambrus** und **Clara M. Ambrus**, *Fluoracetat-(1080)-Vergiftung.* Übersicht über Wirkungsmechanismus, Toxizität, Symptome u.

Therapie. — 58 Literaturangaben. (Ind. Med. Surgery **21.** 440—42. Sept. 1952. Philadelphia, Pa., Coll. of Pharm. and Sci., Dep. of Pharmacol. and Biochem.) KRUSEN. 4675

Joseph W. E. Harrisson, Julian L. Ambrus, Clara M. Ambrus, Edward W. Rees, Robert H. Peters jr., Lewis C. Reese und Theodore Baker, *Akute Vergiftung mit Natriumfluoracetat (Compound 1080).* Bericht über einen Fall von *Na-Fluoracetat* (I)-Vergiftung mit letalem Ausgang. Auf Grund der in den einzelnen Organen bestimmten I-Mengen wird eine Zufuhr von mindestens 6 mg/kg I angenommen. Die postmortalen Befunde sind den nach NaF-Vergiftung erhobenen weitgehend ähnlich. Therapeut. Hinweise. (J. Amer. med. Assoc. **149.** 1520—22. 23/8. 1952. Philadelphia, Pa., Coll. of Pharm. and Sci., Dep. of Biochem. and Pharmacol.) KRUSEN. 4675

C. Böhm, *Über Artefakte.* Bericht über einen Fall von nekrot. Ulcera an den Beinen, hervorgerufen durch in selbstschädigender Absicht vorgenommene Verletzung mit Tintenstift. (Z. Haut- u. Geschlechtskrankh. **13.** 77—79. 1/8. 1952. München, Städt. Krankenhaus.) KRUSEN. 4675

Léon Binet und Michèle Leblanc, *Humorales Syndrom durch Vergiftung mit Amanita phalloïdes.* Verss. an Kaninchen, denen ein alkoh. Auszug von Amanita phalloïdes (Knollenblätterschwamm) subcutan injiziert wurde, ergaben: Eine frühzeitige u. beachtliche Hypercholesterinämie bei überlebenden Tieren, eine fortschreitende u. erhebliche Azotämie mit einem Fallen des Blut-Cl bei langsam verendenden Tieren u. eine betonte Hypoglykämie mit fast vollständiger Erschöpfung der Reserven des Leberglykogens u. mit Verminderung des Gewebeglutathions bei schnell gestorbenen Tieren. (C. R. hebd. Séances Acad. Sci. **235.** 279—81. 28/7. 1952.) EISENBARTH. 4675

E. W. Baader, *Chronische Cadmiumvergiftung.* Nach zusammenfassendem Bericht über die von anderen Autoren bei *Cd*-Intoxikation beobachteten Symptome beschreibt Vf. einen Fall von *Cd*-Vergiftung, bei dem der Exitus 4 Jahre nach Aufgabe einer 16jährigen Arbeit mit *CdO*-Staub eintrat. Autopsie ergab generelle Atrophie der Nasenschleimhäute, schwere Schäden an Lunge u. Intestinaltrakt. Spektralanalyt. *Cd*-Bestimmungen ergaben in Lunge, Herz u. Milz 5—30 γ, in Leber 1430 γ u. in den Nieren 1750 γ *Cd.* Im Gehirn konnte kein *Cd* nachgewiesen werden. (Ind. Med. Surgery **21.** 427—30. Sept. 1952. Münster/Westf., Univ.) KRUSEN. 4681

A. W. Gilks, *Chronische Bleivergiftung.* Vf. weist darauf hin, daß durch täglichen Milchgenuß eine chron. *Pb*-Vergiftung nicht verhindert werden kann. (Brit. med. J. **1952.** II. 393. 16/8. London.) KRUSEN. 4675

Jane M. Fullerton, *Der Wert der Hämatologie in der Diagnose der chronischen Bleivergiftung.* Es wird über die an 2 Gruppen von *Pb*-Arbeitern erhobenen Blutbefunde berichtet. Bei 4 von 8 mit der Herst. von *Pb*-Farben beschäftigten Arbeitern wurden erniedrigte Hämoglobin-Werte u. punktierte Basophile festgestellt. Die Erythrocytenfragilität war in den meisten Fällen schwach erhöht. In einem Fall wurde ein hyperplast. u. normoblast. Knochenmark gefunden. In 3 Fällen zeigte sich anomal hohe urinale *Pb*-Exkretion. Vf. fordert hämatolog. Routinekontrollen bei *Pb*-Arbeitern u. Ausbau der Sicherungsvorrichtungen. (Brit. med. J. **1952.** II. 117—19. 19/7. Bermondsey and Southwark Hosp.) KRUSEN. 4681

E. W. Baader, *Die chronische Kohlenoxydvergiftung.* Zusammenstellung der bei chron. *CO*-Vergiftungen, bes. bei Kraftfahrern u. Arbeitern an mit Generatorgas betriebenen Anlagen, gemachten Beobachtungen. (Dtsch. med. Wschr. **77.** 691—93. 23/5. 1952. Hamm/Westf., Knappschaftskrankenhaus.) KRUSEN. 4681

W. Trummert, *Soziale Medizin und Hygiene. Schwere Vergiftungsfälle durch Einatmen von Trichloräthylen.* Bericht über 2 Fälle gewerblicher *Trichloräthylen* (I)-Vergiftung. Vf. weist darauf hin, daß die hohe Toxizität von I auf seine leichte Zerfallbarkeit zu Phosgen zurückzuführen ist, u. fordert Deklarierung aller I-haltigen Produkte. Therapeut. wird empfohlen: O_2-CO_2-Beatmung, Analeptica, wie Coramin, Cardiazol, zur Herzstützung Strophanthin, zum Leberschutz Nebennierenrindenhormon u. Aminosäuren, Injektionen von Rutin u. Ca. (Münchener med. Wschr. **94.** 1609—14. 8/8. 1952. München, Univ., I. Med. Klinik.) KRUSEN. 4681

Bruce Adamson, *Dermatitisverhütung in Gerbereien. Drastische Verhinderung industrieller Hautkrankheiten durch Schutzsalben.* Kurze Besprechung der Prozesse, die in der Lederindustrie zu Dermatiden führen können u. Angabe von Schutzmaßnahmen zu ihrer Verhütung, wobei besonderer Wert auf Schutzsalben gelegt wird. (Leather and Shoes **124.** 10. 32. 2/8. 1952.) DOSSMANN. 4681

B. N. Ghosh, Pharmacology; materia medica and therapeutics. 19th. ed. London: H. K. Lewis. 1952. (XVI + 860 S. m. Abb.) s. 30,—.

R. R. Macintosh and F. B. Bannister, Essentials of general anaesthesia. 5th. ed. Springfield, Ill.: C. C. Thomas. 1952. (392 S. m. Abb.) $ 8,—.

F. Pharmazie. Desinfektion.

I. Bisgaard, *Ein Ampullenfüllapparat.* Vf. beschreibt seinen einfachen App. (Abb.), der bei der Füllung mit Spritzen von 2—20 ml arbeitet. Der Verlust (Rückstand im App.) beträgt bis 0,2 ml, die Dosierungsgenauigkeit ca. 99% u. die Stundenleistung 1000 2 ml-Ampullen. (Farmac. Tid. **62.** 463—66. 2/8. 1952.) Geitz. 4758

A. M. Berg, *Tablettenherstellung.* Übersicht über die Verff. zur Tablettenherst., die dabei verwendeten Hilfsstoffe (Füll-, Quell-, Binde-, Gleitmittel), die allg. Vorschriften, das Spalten der Tabletten u. die zum Ablösen der Tabletten vom Prägestempel geeigneten Maßnahmen. (Pharmac. Weekbl. **87.** 517—23. 2/8. 1952. 's-Gravenhage, Gemeenteapotheek.) Wesly. 4766

A. Harrestrup Andersen und **Sv.-Aa. Junager,** *Die Herstellung darmlöslicher Pillen mit Schellacküberzug und Anweisungen zur Herstellung darmlöslicher Hexylresorcinpillen.* Eine Meth. zur Herst. darmlösl. Pillen mit Schellacküberzug wird vorgeschlagen. Aus einer Kurve ist das Verhältnis von Pillendurchmesser zur Menge der verwendeten Schellacklsg. ersichtlich. Der Pillenüberzug wird durch radiograph. Zerfallzeitprüfung in vivo kontrolliert. Die nach gegebener Vorschrift hergestellten darmlösl. Hexylresorcinpillen wurden klin. geprüft. (Acta pharmac. int. [Copenhagen] **2.** 117—28. 1951. Kopenhagen, Bispebjerg Hosp.) Ulex. 4766

H. Kreitmair, *Arnica montana — der Bergwohlverleih.* Histor. Überblick. Angaben über Inhaltsstoffe u. therapeut. Einw. der Pflanze. — 40 Literaturangaben. (Pharmazie **7.** 441—44. Juli 1952. Buchenau über Hersfeld.) Kern. 4782

Victor Kwasniewski, *Das Süßholz — Glycyrrhiza glabra L.* Geschichte, Chemismus, Anwendung sowie Pharmakologie des Süßholzes unter Angabe einer etwas modifizierten Glycyrrhizinbest. (Vorschlag für DAB. VII). (Pharmazie **7.** 444—47. Juli 1952.) Kern. 4782

R. Pobloudek-Fabini, *Beitrag zur Kenntnis von Levisticum officinale Koch.* Best. des äther. Öles (I) über 2 Vegetationsperioden in den Blättern (II), Früchten (III), Wurzeln (IV) u. Stengeln bzw. Stielen (V). I am meisten in II bei Beginn der Entw., am wenigsten während der Blüte, in III am meisten während der Entw., dann Abklingen, bei IV kaum Schwankungen von I, V sehr arm an I. Eine Zunahme von I in III während der Lagerung konnte nicht beobachtet werden. Methodik u. Tabellen mit Untersuchungsbefunden im Original. (Pharmazie **7.** 435—41. Juli 1952. Potsdam, Inst. für Ernährungsforsch.) Kern. 4782

Norbert Kreutzkamp, *Ultraschall und homöopathische Potenzen.* Vf. lehnt die von Haumann u. Lindenberg (C. **1952.** 5782) vorgeschlagene Anwendung von Ultraschall zur Herst. homöopath. Tinkturen ab, da man sich eine auf diese Weise hervorgerufene „Dynamisierung“ physikal.-chem. nicht vorstellen kann. (Dtsch. Apotheker-Ztg. **92.** 614—15. 15/8. 1952. Marburg/Lahn, Univ., Pharmazeut.-Chem. Inst.) Günzel. 4790

F. Schoinz, *Die Herstellung von sterilen Traubenzuckerlösungen.* Mittels einer aus einer Porzellannutsche u. einer Jenaer Glasfritte zusammengesetzten Vakuumfiltrationsapp. (Abb.) lassen sich ohne Schwierigkeit sterile Traubenzuckerlsgg. herstellen. Die Arbeitsweise wird ausführlich beschrieben. (Dtsch. Apotheker-Ztg. **91.** Nr. 32. Beibl. Krankenhaus-Apotheke **1951.** 17—18.) Fiedler. 4806

—, *Pentymal zur Injektion. — Herstellung von A-C-D-Vitaminpillen.* Vorschriften zur Herst. 5- u. 10%ig. Injektionslsg. von Pentymal u. von A-C-D-Vitaminpillen. (Arch. Pharmac. og Chem. **59.** (109.) 639—44. 9/8. 1952. Danmarks Apotekerforenings Kontrollabor.) Geitz. 4806

C. Trolle-Lassen, *Kommentar zur Herstellungsvorschrift für Syrupus B-Combini.* Herstellungsvorschrift unter Berücksichtigung der Vitaminempfindlichkeit gegen Licht u. Wärme u. unter Einhaltung eines bestimmten Säuregrades (p_H zwischen 3 u. 6). (Arch. Pharmac. og Chem. **59.** (**109.**) 644—45. 9/8. 1952. Danmarks Apotekerforenings Kontrollabor.) Geitz. 4808

—, *Herstellung und Untersuchung der vorläufigen Britischen Standardsubstanz für Globinzinkinsulin.* Beschreibung der Herst. einer Globinzinkinsulin-Standardsubstanz. Die Prüfung des Präp. im Ratten- u. Mäusevers. ergab keinen Verlust an Wirksamkeit nach Anwendung der Meth. der Ausfriertrocknung. Die so hergestellten Lsgg. sind befriedigend haltbar u. auch ohne Zusatz von Konservierungsmitteln steril. (J. Pharmacy Pharmacol. **4.** 382—91. Juni 1952. British Insulin Manufacturers' Biological Sub-Committee, u. Nat. Inst. for Med. Res., Dep. of Biol. Standards.) Spitaler. 4808

Louis Gershenfeld, Arthur Greene und **Bernard Witlin,** *Zur Desinfektion von Thermometern in der Klinik.* Am raschesten u. sichersten werden die verschiedensten Keimarten durch ein 20—100 Sek. dauerndes Bad aus 2%ig. Jodtinktur oder 2%ig. Jodlsg. („N.F. IX“) abgetötet. — Testverss. u. Ergebnisse in Tabellen. (J. Amer. pharmac. Assoc., sci. Edit. **40.** 457—60. Sept. 1951. Philadelphia, Pa., Coll. of Pharm., Dep. of Bacteriol.) J. KEIL. 4834

R. E. Stuckey, *Die Anwendung der Ultraviolettabsorptionsspektrophotometrie bei der pharmazeutischen Analyse.* Ausführliche Erörterung von Grundlagen u. Bedeutung photoelektr. Bestimmungsmethoden, bes. der UV-Absorptionsphotometrie mit eingehender Besprechung ihrer Anwendbarkeit auf den Gebieten der Vitamine, Hormone, Antibiotica, Harnstoffderivv., Sulfonamide, Alkaloide u. verschied. Chemikalien. — 91 Literaturzitate. (J. Pharmacy Pharmacol. **4.** 345—65. Juni 1952. London, British Drug Houses, Ltd.) SPITALER. 4880

K. Howitz und **B. Schmitz,** *Die Aldehydbestimmung in ätherischen Ölen.* Vff. diskutieren u. prüfen die in verschied. Pharmakopöen vorgeschlagenen Methoden zur Aldehydbest. u. kommen zu dem Schluß, daß eine geringfügige Veränderung der bereits bekannten Hydroxylaminmeth. (Einzelheiten vgl. Original) zunächst zur Aldehydbest. in Ol. Cinnamomi Ceylanici bzw. Cassiae u. Ol. Citri gut übereinstimmende u. brauchbare Werte liefert. Bei der Carvonbest. in äther. Ölen wurden dagegen erhebliche Streuungen beobachtet. Vff. wollen die Meth. verbessern, um sie grundsätzlich zur Aldehydbest. in äther. Ölen brauchbar zu machen. (Dtsch. Apotheker-Ztg. **91.** 648—50. 31/8. 1951. Frankfurt/M., Andreae-Noris Zahn A. G.) FIEDLER. 4880

A. H. Beckett, R. M. Camp und **H. W. Martin,** *Die Anwendung der Titration in nichtwässerigen Medien bei der pharmazeutischen Analyse.* 1. Mitt. *Die Bestimmung der Alkalisalze von aliphatischen und aromatischen Säuren.* Beschreibung einer Meth., bei der die in Eisessig gelöste Substanz mit einer gegen Kaliumhydrogenphthalat standardisierten Lsg. von $HClO_4$ in wasserfreier Essigsäure titriert wird. Die Best. des Titrationsendpunktes kann potentiometr. oder mit Kristallviolett als Indicator erfolgen. Der Einfl. der Temp. sowie die Wrkg. der verschied. Kationen u. von gegebenenfalls vorhandenem W. auf den Endpunkt der Titration mit Indicator werden erörtert. (J. Pharmacy Pharmacol. **4.** 399—407. Juni 1952. London, Chelsea Polytechnic, School of Pharm., Pharmaceut. Chem. Labors.) SPITALER. 4880

Teodor Canbäck, *Zur Bestimmung von Isonicotinsäurehydrazid.* 50 mg Isonicotinsäurehydrazid (I) werden in 50 ml W. gelöst u. nach Zusatz von 1 g $NaHCO_3$ mit 25 ml 0,1n Jodlsg. versetzt. Nach 15 Min. wird (nach Zusatz von 10 ml 5n HCl) mit 0,1n $Na_2S_2O_3$-Lsg. zurücktitriert. 1 ml 0,1n J = 0,003429 g **I.** (J. Pharmacy Pharmacol. **4.** 407. Juni 1952. Stockholm, Apotekens Kontrollabor.) SPITALER. 4880

S. W. Goldstein, D. C. Grove, W. W. Wright, A. Kirshbaum und **H. R. Hernandez,** *Vergleichende Untersuchung der biologischen und chemischen Prüfung von unter bestimmten Bedingungen behandeltem Aureomycin. Aureomycinhydrochlorid* (I) zeigt nach einer 1½ std. Behandlung bei 200° einen Wirkungsabfall von 40%, der in gleicher (quantitativer) Weise im biol. Test wie durch physikochem. Methoden festgestellt werden kann. Erhitzt man aber das **I** zusammen mit W., so weist die physikochem. Analyse einen niedrigeren Verlustwert auf als der biol. Versuch. (J. Amer. pharmac. Assoc., sci. Edit. **40.** 453—56. Sept. 1951. Washington, Food and Drug Administration, Div. of Antibiotics.) J. KEIL. 4880

Abbott Laboratories, North Chicago, übert. von: **Le Roy W. Clemence,** Highland Park, und **Marlin T. Leffler,** Lake Bluff, Ill., V. St. A., *Alkenyl-bis-isothioharnstoffe* der

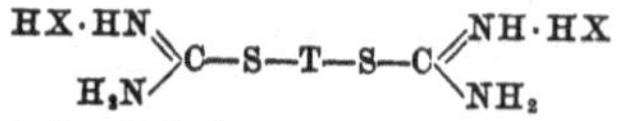

nebenst. allg. Formel (X = Halogen, wie Cl, Br; T = ungesätt. KW-stoffrest, bes. mit 4—6 C-Atomen) erhält man durch Kondensation von 2 (Mol) Thioharnstoff mit 1 des Dihalogenids der ungesätt. Verbindung. — 1 1.4-Dichlorbuten wird in absol. A. mit 2 Thioharnstoff 2 Std. erhitzt, wobei man *2-Buten-1.4-bis-isothioharnstoffhydrochlorid,* F. 216—217° (Zers.), erhält. — *3-Methyl-2-buten-1.4-bis-isothioharnstoffhydrobromid,* F. 198—199° (Zers.). — *3-Butin-1.4-bis-isothioharnstoffdihydrochlorid,* F. 182—183°. — *3-Isothioharnstoff-2-isothioharnstoffmethyl-1-propendihydrochlorid,* F. 137—140°. — *3.4-Bis-isothioharnstoff-1-butendihydrochlorid,* F. 202—204°. — *1.4-Bis-isothioharnstoff-3-chlor-2-butendihydrobromid,* F. 204—205°. — *1.4-Bis-isothioharnstoff-4-methyl-2-butendihydrobromid,* F. 210—211°. — *3-Hexen-1.6-bis-isothioharnstoffdihydrobromid,* F. 173—174°. — *2.4-Hexadiin-1.6-bis-isothioharnstoffdihydrobromid,* F. 66—67°. — *2.4-Hexadien-1.6-bis-isothioharnstoffdihydrobromid,* F. 199—200°. — *3-Hexin-1.6-bis-isothioharnstoffdihydrobromid,* F. 145—148° (sämtliche FF. unter Zers.). Verwendung als *baktericide Mittel.* (**A. P. 2 545 876** vom 17/9. 1948, ausg. 20/3. 1951.) KRAUSS. 4807

Farbenfabriken Bayer, Leverkusen (Erfinder: **Werner Grab** und **Hans Leucks,** Wuppertal), *Herstellung von Ferroverbindungen von Carbonsäuren,* dad. gek., daß man metall. Fe oder Ferrosalze mit einem Überschuß von mindestens 1 Mol über die stöchiometr. Menge an lipophilen Carbonsäuren, gegebenenfalls in Lösungs- oder Verdünnungsmitteln u. bes. in Ggw. geringer Mengen W. in der Wärme umsetzt. Erhalten werden nach den Beispielen die Ferrosalze der Phenylessigsäure, F. 110—112° mit 12,4% Fe; der Phenylpropionsäure, Öl; der Stearinsäure, F. 56° mit ca. 4% Fe. *Therapeutica* für orale Applikation. (**D. B. P. 849 691** Kl. 12o vom 29/10. 1950, ausg. 18/9. 1952.) SCHINDLER. 4807

Løvens Kemiske Fabrik ved A. Kongsted (Erfinder: **Erling Frederiksen**, Holte, und **Erik Schönfeldt**), Kopenhagen, Dänemark, *Thiosemicarbazide* der allg. Formel $(R_1)(R_2)CH-NH-NH-CS-NH_2$ (R_1 = Alkyl-, Aryl-, Aralkyl- oder heterocycl. Rest, R_2 = gleiche Gruppen oder H) erhält man durch Rk. von Hydrazinen der allg. Zus. $(R_1)(R_2)\cdot CH-NH-NH_2$ mit CS_2 (I) u. Alkalihydroxyd. Das erhaltene Salz einer substituierten Dithiocarbaminsäure wird mittels eines Alkylierungsmittels verestert u. der Ester mit NH_3 umgesetzt. — Beispiel: 48,8 (g) Benzylhydrazin werden in 30 cm³ A. gelöst u. 22,4 KOH (gelöst in möglichst wenig W.) zugegeben, die Lsg. in Eis gekühlt, 30,4 I portionsweise u. nach 1/4 Std. 86,8 CH_3J zugesetzt; dann wird soviel W. zugesetzt, bis KJ in Lsg. geht, u. mit Eis gekühlt. Man erhält *N-Benzyldithiocarbaminsäuremethylester*, F. 123—124, Ausbeute 55,1 = 65%. — 4,2 des Prod. werden 24 Std. im Einschlußrohr mit 3fachem Überschuß an NH_3 in 25 cm³ A. auf 100° erwärmt, die Kristalle abgesaugt u. mit 50%ig. A. gewaschen. Aus der Mutterlauge erhält man ebenfalls (insgesamt 2,3) *N-Benzylthiosemicarbazid*, F. 153—153,5°. — Analog: $C_6H_5\cdot NH\cdot NH_2 \rightarrow$ *Phenyldithiocarbaminsäuremethylester* (F. 135°), $\xrightarrow{+NH_3}$ *Phenylthiosemicarbazid*, F. 200—201°. — p-Cl·$C_6H_4\cdot NH\cdot NH_2 \rightarrow$ *p-Chlorphenyldithiocarbaminsäuremethylester* (F. 142—143°) + $NH_3 \rightarrow$ *p-Chlorphenylthiosemicarbazid*, F. 198—198,5°. — p-Acetaminophenylhydrazin → *p-Acetaminophenyldithiocarbaminsäuremethylester* (F. 192—193°) + $NH_3 \rightarrow$ *1-(p-Acetaminophenyl)-thiosemicarbazid·H_2O*, F. 206,5—207,5°. — *p-Acetaminobenzyldithiocarbaminsäuremethylester* (F. 208—213°) + $NH_3 \rightarrow$ *1-(p-Acetaminobenzyl)-thiosemicarbazid*, F. 217 bis 219°. — *Antibakterielle Stoffe*. (**D. B. P. 839 349** Kl. 12o vom 14/10. 1950, ausg. 19/5. 1952. Dän. Prior. 25/10. 1949.) MÜLLER-MEININGEN. 4807

Schering Akt.-Ges. (Erfinder: **Hans Priewe** und **Konstantin Hrynschyn**), Berlin, *N-Carbothionverbindungen der Oxycarboxyphenylamine und ihrer Derivate* der allg. Formel $(HO)(XOOC)>C_6H_3\cdot NH\cdot CS\cdot R''$ (X = H, Alkali einschließlich NH_4 oder KW-stoffrest, R'' = RNH—, RS— [R = organ. Rest], Halogen oder Oxyalkyl) erhält man durch Kondensation von Verbb. der allg. Formel R'—CS—R' (R' = eine durch ein Metalläquivalent, einschließlich NH_4, oder einen KW-stoffrest substituierte oder unsubstituierte SH-Gruppe, Oxalkyl oder Halogen) mit Oxycarboxyphenylaminen der Formel $(XOOC)(HO)-C_6H_3-NH_2$ in bekannter Weise unter Bedingungen, bei denen eine Abspaltung von HR' bzw. HR' u. HR'' erfolgt. — Das Na-Salz von 3-Oxy-4-carboxyphenylamin wird mit $CSCl_2$ zu *Bis-(3-oxy-4-carboxyphenyl)-thioharnstoff* umgesetzt, aus A.-W., F. 197—198°. — Aus 3-Oxy-4-carboxyphenylamin u. Phenylthiocarbaminylchlorid erhält man *N-(3-Oxy-4-carboxyphenyl)-N'-phenylthioharnstoff*, F. 170—172° (leichte Zers.), leicht lösl. in $NaHCO_3$, Ae., A. u. Aceton. *Therapeutica* zur Bekämpfung von *Infektionskrankheiten*, bes. der *Tuberkulose*. (**D. B. P. 833 040** Kl. 12o vom 21/2. 1950, ausg. 3/3. 1952.) KRAUSS. 4807

Maltine Co., Morris Plains, übert. von: **Eliot Steinberg**, North Arlington, N. J., V. St. A., *2.4-Diamino-4'-carbäthoxyazobenzol*. Man setzt diazotierten p-Aminobenzoesäureäthylester mit m-Phenylendiamin um. Scharlachrot, F. 154°. *Hydrochlorid*, dunkelrot, F. 235—239°. Verwendung als *Urogenitalanalgeticum*. (**A. P. 2 580 251** vom 12/7. 1950, ausg. 25/12. 1951.) LANGER. 4807

Givaudan Corp., New York, N. Y., übert. von: **William S. Gump**, Upper Montclair, und **Edward Joseph Nikawitz**, Passaic, N. J., V. St. A., *N-(2-Chloräthyl)-N-piperonylamine* wirken *sympatholyt.* u. *adrenolytisch*. — *2-(N-Äthyl-N-piperonyl)-aminoäthanol*. Aus Piperonylchlorid u. 2-Äthylaminoäthanol; $Kp._4$ 165—170°. Gibt mit $SOCl_2$ *N-(2-Chloräthyl)-N-piperonyläthylaminhydrochlorid*, F. 179—182°. — Analog: *2-(N-Benzyl-N-piperonyl)-aminoäthanol*, $Kp._4$ 220—226°; n_D^{20} 1,5760. — *N-(2-Chloräthyl)-N-piperonylbenzylaminhydrochlorid*, F. 188—191°. (**A. P. 2 578 696** vom 20/7. 1949, ausg. 18/12. 1951.) LANGER. 4807

Akt.-Ges. vormals B. Siegfried, Zofingen, Schweiz, *p-Aminosalicylsäurederivate* erhält man z. B. durch Kondensation von p-Aminosalicylsäure (I) mit Chaulmoograsäurehalogenid (Chlorid), z. B. in Dimethylanilin u. Ae., zu *4-Chaulmoogrylamino-2-oxy-1-benzoesäure*, F. 217—219° (Zers.). — *4-Cyclopentenylbutyrylamino-2-oxy-1-benzoesäure*, F. 169° (Zers.) aus $\Delta^{2,3}$-Cyclopentenyläthylacetylchlorid u. I. — *Arzneimittel*. (**Schwz. PP. 281 041** u. **281 042** vom 6/7. 1949, ausg. 3/6. 1952. **Zusätze zu Schwz. P. 278 408; C. 1952. 6 901.**) KRAUSS. 4807

Zyma-Blaes Akt.-Ges., Chemische Fabrik, München (Erfinder: **Hildegard Fiedler**, geb. **Redenbacher**, Freising), *Abbau von inositphosphorsauren Salzen.* Die Salze werden in Lsg., bes. in HCl-saurer Lsg., mit einem Ionenaustauscher behandelt. — 70%ig. Tetracalciuminosittetraphosphat wird mit n/2 HCl 2 Std. geschüttelt u. durch eine 14 : 4 cm Ionenaustauschersäule („Wofatit F") geschickt. Nach dem Waschen mit n/10 HCl wird die Fl. im Vakuum eingeengt, filtriert oder mit Tierkohle behandelt u. die Paste mit 90%ig. A. versetzt, wobei man ein weißes Prod. etwa der Formel $C_{12}H_{20}O_{18}Ca_3P_2 \cdot H_2O$ erhält, das in kaltem W. lösl. ist u. ein p_H von 3,2 zeigt. 1 Mol. *Monocalciuminositmonophosphat* enthält also noch 1 Atom Ca u. 1 Mol. Wasser. — *Therapeut. Verwendung.* (**D. B. P. 844 297** Kl. 12o vom 14/12. 1950, ausg. 15/9. 1952.) KRAUSS. 4807

Hoffmann-La Roche Inc., übert. von: **Norbert Steiger**, Nutley, N. J., V. St. A., *Derivate von 5-(Aminophenylsulfonamido)-isoxazolen* der allg. Zus. **III** erhält man durch Rk. von Naphthochinonsulfonsäurederivv., bes. den Salzen, mit mindestens einer SO_3H-Gruppe in 4-Stellung (**I**) mit 5-(Aminophenylsulfonamido)-3-alkyl-4-alkylisoxazolen (**II**). —

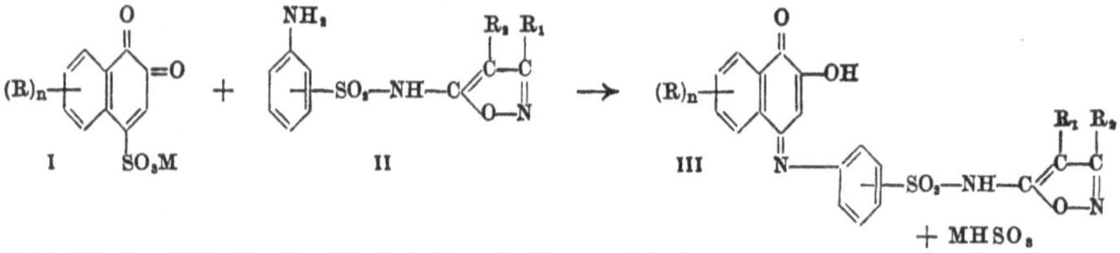

Beispiel: Aus 5-Sulfanilamido-3.4-dimethylisoxazol in konz. HCl u. W. bei 70° durch Rk. mit 1.2-naphthochinon-4-sulfonsaurem Na u. H_2O_2 *5-[N⁴-(3-Oxy-4-oxo-1.4-dihydronaphthyliden)-sulfanilamido]-3.4-dimethylisoxazol.* — Weiter wird beschrieben die Herst. von: *5-[N⁴-(3-Oxy-4-oxo-1.4-dihydro-7-sulfo-1-naphthyliden)-sulfanilamido]-3.4-dimethylisoxazol-K-Salz.* — *5-[N⁴-(3-Oxy-4-oxo-1.4-dihydro-6-sulfo-1-naphthyliden)-sulfanilamido]-3.4-dimethylisoxazol-K-Salz.* — *5-[N⁴-(1.4-Dihydro-3-oxy-4-oxo-5.7-disulfo-1-naphthyliden)-sulfanilamido]-3.4-dimethylisoxazol-Di-Na-Salz.* — *5-[N⁴-(1.4-Dihydro-3-oxy-4-oxo-7-sulfo-1-naphthyliden)-sulfanilamido]-3.4-tetramethylenisoxazol-K-Salz.* — *5-[N⁴-(1.4-Dihydro-3-oxy-4-oxo-6-sulfo-1-naphthyliden)-sulfanilamido]-3.4-tetramethylenisoxazol-K-Salz.* — *5-[N⁴-(1.4-Dihydro-3-oxy-4-oxo-5.7-disulfo-1-naphthyliden)-sulfanilamido]-3.4-tetramethylenisoxazol-Di-Na-Salz.* — *5-[N⁴-(1.4-Dihydro-3-oxy-4-oxo-7-sulfo-1-naphthyliden)-sulfanilamido]-3-isobutylisoxazol-Di-K-Salz.* — *5-[3-(3-Oxy-4-oxo-1.4-dihydro-7-sulfo-1-naphthylidenamino)-4-methoxyphenylsulfonamido]-3.4-dimethylisoxazol-K-Salz.* — *Antivirusmittel.* (**A. P. 2 555 614** vom 11/3. 1949, ausg. 5/6. 1951.) MÜLLER-MEININGEN. 4807

F. Hoffmann-La Roche & Co. Akt.-Ges., Basel, Schweiz, *Herstellung von 3-Capronyl-6-pentyl-2.3-dihydropyran-2.4-dion* aus Capronylessigester durch Erhitzen in Ggw. eines bas. Katalysators auf 200—220°. Der sich bildende Alkohol wird abdestilliert. *Therapeuticum* mit baktericider Wirkung. (**Schwz. P. 281 279** vom 9/2. 1950, ausg. 16/6. 1952.) FABEL. 4807

Parke, Davis & Co., Detroit, übert. von: **Eldon M. Jones**, Große Pointe Woods, Mich., V. St. A., *Piperidinderivate* von ausgeprägt *analget. Wrkg.* erhält man durch Rk. von Alkylestern einer α-halogenierten Cyclohexylessigsäure mit Piperidin (**I**) in Ggw. eines Alkalicarbonats oder -bicarbonats; aus α-Brom-α-cyclohexylessigsäureäthylester u. **I** z. B. *α-Piperidinocyclohexylessigsäureäthylester*; *Hydrochlorid*, F. 161°. Analog: die entsprechenden *Methyl-*, *Isopropyl-* u. *Butylester.* (**A. P. 2 582 256** vom 14/9. 1950, ausg. 15/1. 1952.) BRÖSAMLE. 4807

Sterling Drug Inc., Wilmington, Del., übert. von: **Alexander R. Surrey**, Albany County, und **Royal A. Cutler**, Rensselaer County, N. J., V. St. A., *Tert.-Amino-2-aryl-2-(4-chinolyl)-alkannitrile* der allg. Zus. B—X—C(A)(Q)—CN (B = niedermol. aliphat. tert. Amino-, X = niedermol. Alkylen-, A = Phenyl-, Q = 4-Chinolylrest) erhält man durch Rk. von 4-Halogenchinolin mit bas. α-Arylalkannitrilen der Formel B—X—CH(A)—CN in Ggw. starker Basen. — *Pharmazeut.* Verwendung. (**A. P. 2 570 286** vom 28/5. 1948, ausg. 9/10. 1951.) MÜLLER-MEININGEN. 4807

Sterling Drug Inc., Wilmington, Del., übert. von: **Alexander R. Surrey**, Albany, N. J., V. St. A., *Ester und Amide von 4-Chinolylmercaptoalkansäuren.* Durch Rk. von 2-(7′-Chlor-4′-chinolylmercapto)-propionsäuremethylester mit 2-Diäthylaminoäthanol erhält man *2-Diäthylaminoäthyl-2′-(7″-chlor-4′-chinolylmercapto)-propionat*; *Dihydrochlorid*, F. 200°. Analog: *2-Diäthylaminoäthyl-5′-chlor-4″-chinolylmercaptoacetat*; *Hydrochlorid*, F. 200°. — *N-(2-Diäthylaminoäthyl)-7′-chlor-4′-chinolylmercaptoacetamid* (**I**), *Hydrochlorid*, F. 132—133°. Aus N-(2-Diäthylaminoäthyl)-mercaptoacetamid u. 4.7-Dichlorchinolin

wird ebenfalls I erhalten. — *N-(3-Diäthylaminopropyl)-7'-chlor-4'-chinolylmercaptoacetamid*, F. 91—92°. — *Therapeutica*. (**A. P. 2 568 037** vom 24/10. 1947, ausg. 18/9. 1951.)
BRÖSAMLE. 4807

American Cyanamid Co., New York, N. Y., übert. von: **James W. Clapp**, Darien, und **Richard O. Roblin jr.**, Riverside, Conn., V. St. A., *Diazinsulfonamide. 4.6-Dimethyl-2-pyrimidinsulfonamid*, F. 200°, erhält man durch Einleiten von Cl_2 in eine wss. salzsaure Lsg. von 4.6-Dimethyl-2-mercaptopyrimidin u. Behandlung des Reaktionsprod. mit fl. NH_3 (I). Verwendet man statt I $C_6H_5CH_2NH_2$, so erhält man *4.6-Dimethyl-2-pyrimidinsulfonbenzylamid*, F. 131°. — Ferner werden dargestellt: *2-Pyrimidinsulfonamid* (II), F. 181°; *5-Chlor*-II, F. 135—140°; *N-(2'-Thiazolyl)-4.6-dimethyl*-II, F. 162°; *4.6-Dimethyl-2-pyrimidinsulfonpropylamid, -dibutylamid* u. *-p-toluidid*, FF. 111, 26 u. 181°; *2-Pyrazinsulfonamid*, F. 166°. — *Therapeut*. Verwendung. (**A. P. 2 577 231** vom 17/4. 1950, ausg. 4/12. 1951.)
BRÖSAMLE. 4807

American Cyanamid Co., New York, N. Y., übert. von: **Joseph J. Carnes**, Greenwich, Conn., V. St. A., *2.6-Diaminopteridine* erhält man durch Rk. von 2.4.5.6-Tetraaminopyrimidin (I) mit Dihalogenpropionaldehyd u. einem prim. aromat. Amin; z. B. aus I, p-Aminobenzoylglutaminsäure u. 2.3-Dibrompropionaldehyd *6-Aminofolsäure*. — *Therapeutica*. (**A. P. 2 568 597** vom 22/10. 1947, ausg. 18/9. 1951.) MÜLLER-MEININGEN. 4809

American Cyanamid Co., übert. von: **John H. Fletcher**, V. St. A., *Herstellung von 3.4-Di-(aminomethyl)-5-amino-6-methylpyridin* (I) aus einem 2-Halogen-3.4-dicyan-5-nitro-6-methylpyridin durch Red. mit H_2 in Ggw. von Pd als Katalysator u. einer Mineralsäure, z. B. H_2SO_4 oder HCl, bei 15—60°, bes. 20—30°. — Es wird dabei in Ggw. eines Lösungsm., z. B. Methanol oder A., gearbeitet. Die Verb. I wird z. B. in Salzform als Disulfat isoliert. Sie hat die *Wrkg*. des *Vitamin* B_6. In einem anderen Beispiel ist die Verb. I als Trichlorhydrat gewonnen worden. Vgl. Can. P. 463 817; C. **1950**. II. 705. (**F. P. 55 078** vom 5/11. 1946, ausg. 6/6. 1951. A. Prior. 5/11. 1945. **Zusatz zu F. P. 938 723; C. 1949. II. 1428.**)
M. F. MÜLLER. 4809

Ciba Akt.-Ges., Basel (Erfinder: **Leopold Ruzicka** und **Oskar Jeger**, Zürich), Schweiz, *Verbindungen mit semicyclischer Doppelbindung* erhält man durch Red. von α.β-ungesätt. Cycloalkenylcarbonylverbb., also Aldehyden u. Ketonen, nach WOLFF-KISHNER. — Δ^2-2-Formylcholesten wird mit Hydrazinhydrat in A. ½ Std. u. anschließend mit Na-Äthylat im Druckrohr auf 200° erhitzt. *2-Methylencholestan*, F. 65—67°. — Δ^1-Cyclopentenaldehyd → *Methylencyclopentan*, Kp. 78—81°. — $\Delta^{5,16}$-3β-Acetoxypregnadien-20-on → *$\Delta^{5,17}$-3β-Acetoxypregnadien*, Nadeln, F. 138—140°. — Δ^1-Cycloheptenaldehyd-semicarbazon, F. 204° → *Methylencycloheptan*, F. 137—138°. — Δ^1-Cyclopentadecen-aldehyd → *Methylencyclopentadecan*, $Kp._{12}$ 150—160°. — β-Cyclocitral → *2.2.6-Trimethyl-1-methylencyclohexan*, $Kp._{11}$ 65—68°. — Δ^3-1.1-Dimethyl-2-oxymethyl-3-formylcyclohexen → *γ-Cyclogeraniol*, $Kp._{11}$ 98—100°. — Δ^3-1.1-Dimethyl-2-[3'-oxybutyl-(1')]-3-formylcyclohexensemicarbazon, F. 212—213°, → *γ-Dihydrojonol*, $Kp._{12}$ 128—131°. — Δ^1-Tetrahydroacetophenon → *Äthylidencyclohexan*, $Kp._{760}$ 133—135°. — Zwischenprodd., bes. zur *Herst. von 17-Ketoandrostanen*. (**D. B. P. 848 814** Kl. 12o vom 1/10. 1949, ausg. 8/9. 1952. Schwz. Priorr. 11/10. 1948 u. 27/9. 1949.)
KRAUSS. 4809

Merck & Co., Inc., Rahway, N. J. (Erfinder: **James Stout Lawhead**, Evanston, Ill., **Ralph Mozingo**, Rahway, N. J., und **Jacob van de Kamp**, Westfield), V. St. A., *3-Oxy-$\Delta^{9,11}$-12-alkoxycholensäurealkylester* erhält man durch katalyt. Red. eines 3-Oxy-$\Delta^{9,11}$-12-ketocholensäurealkylesters mit H_2 in einem niedermol. Alkohol, in Ggw. geringer Mengen Mineralsäure unter Druck. — Beispiel: 9,7 (g) 3α-Oxy-$\Delta^{9,11}$-12-ketocholensäure werden in 30 cm³ CH_3OH (+ 1 Tropfen konz. HCl) gelöst, in Ggw. von Pt-Oxyd (I) unter H_2-Druck geschüttelt, bis 1 Mol-Äquivalent H_2 aufgenommen ist, dann wird I abfiltriert, die Lsg. auf 0° gekühlt, 5 (cm³) CH_3OH (II), 40 einer 2nHCl-Lsg. in II von 0° zugegeben u. die Lsg. 72 Std. bei 0° stehengelassen. Man erhält nach Aufarbeiten 90% *3α-Oxy-$\Delta^{9,11}$-12-methoxycholensäuremethylester*, $C_{26}H_{42}O_4$, F. 163—164°, $[\alpha]_D^{20}$ +130° (in II); lösl. in Aceton, II u. CH_3Cl. — Zwischenprod. zur Herst. von *Dehydrocorticosteron* u. dergleichen. (**D. B. P. 839 354** Kl. 12o vom 12/11. 1949, ausg. 19/5. 1952. A. Prior. 20/11. 1948.)
MÜLLER-MEININGEN. 4809

Schering Akt.-Ges. (Erfinder: **Jean Barrollier**), Berlin, *Herstellung von Insulinalkylestern* nach D. B. P. 838 893, dad. gek., daß auf gelöstes oder suspendiertes Insulin andere Diazoalkyle als Diazomethan zur Einw. gebracht werden. Z. B. gibt Diazoäthan den *Insulinäthylester*, F. 244° (Zers.), das Diazoisobutan den *Insulinisobutylester*, F. 241 bis 242°, das Phenyldiazomethan den *Insulinbenzylester*, F. 247° (Zers.). (**D. B. P. 847 448** Kl. 12p vom 11/7. 1950, ausg. 25/8. 1952. **Zusatz zu D. B. P. 838 893; C. 1952. 5622.**)
SCHINDLER. 4809

„Lysoform" **Dr. Hans Rosemann** (Erfinder: **Johannes Rödger**), Berlin, *Herstellen eines Mund- und Zahnpflegemittels.* Kaliseife wird mit einer Lsg. von KF in dest. W. u. mit 40% ig. CH_2O-Lsg., gegebenenfalls unter Zusatz von Geschmacksstoffen, wie Pfefferminz in alkoh. Lsg., in solchem Verhältnis vermischt, daß 1 cm^3 der entstehenden Fl. 1 mg KF enthält. (**D. B. P. 844 343** Kl. 30h vom 1/6. 1950, ausg. 21/7. 1952.) E. PETERSEN. 4823

August Kettenbach, Wissenbach, Dillkr., *Desinfizieren und Sterilisieren.* Das Erhitzen von Gegenständen aller Art wird in fl., organ. Verbb. mit monomol. Ätheralkohol-, Alkohol-, Keton- u. Aldehydgruppen allein oder in Gemischen vorgenommen. (**D. B. P. 845 384** Kl. 30i vom 6/8. 1950, ausg. 31/7. 1952.) KETTNER. 4835

Chemische Fabrik Grünau Akt.-Ges., Frankfurt/M. (Erfinder: **Fritz Sommer, Georg Wiegand** und **Richard Formhals,** Berlin), *Desinfektionsmittel* aus in W. nicht oder nur beschränkt lösl. Phenolen der Benzol- u./oder Naphthalinreihe, deren Substitutionsprodd. u./oder deren Homologen, unter Verwendung von Lösungs- bzw. Dispergiermitteln (**I**), die von Fettsäuren oder fettartigen Stoffen frei sind, gek. durch einen Geh. von im Kern alkylierten Sulfonaten der aromat. oder hydroaromat. Reihe als **I.** (**D. R. P. 763 838** Kl. 30i vom 21/1. 1940, ausg. 21/4. 1952.) KETTNER. 4835

G. Analyse. Laboratorium.

G. S. Solt, *Darstellung von HCl-Gas.* Um für Laboratoriumszwecke einen kontinuierlichen Strom von HCl-Gas zu erzeugen, läßt man aus einem Tropftrichter ein Vol. *Chlorsulfonsäure* in ein in einer 2halsigen Flasche befindliches gleiches Vol. der handelsüblichen *HCl* eintropfen. Für größere Mengen HCl-Gas über eine längere Zeitdauer hinweg empfiehlt es sich, die Chlorsulfonsäure aus einem Tropftrichter durch ein Dreiwegstück hindurch in einen größeren, mit HCl beschickten Tropftrichter zuzugeben; das verbrauchte $HCl-H_2SO_4$-Gemisch kann dann ohne Auseinandernahme der App. entfernt werden. Die Rk. verläuft sehr ruhig. Die Menge an HCl-Gas läßt sich gut kontrollieren u. der Gasstrom in wenigen Sek. abstellen. Die Temp. steigt normalerweise nicht über ca. 60°. (Chem. and Ind. **1952.** 740. 26/7. London, Permutit Co., Ltd.) OPPERMANN. 5006

R. Koitzsch, *Über den Einfluß der Temperatur der Gegenlötstelle bei thermoelektrischen Messungen mit Elementen aus Kupferkonstantan.* Vf. zeigt, daß man die Anweisungen von LIENEWEG („Temperaturmessung", Leipzig 1950) bei dem für meteorolog. Zwecke nötigen Bereich von $-30°$ bis $+40°$ vereinfachen kann. Die Abhängigkeit der Thermospannung E von der Temp. t der Meßlötstelle u. der festen Temp. T der Gegenlötstelle wird durch $E = a(t - T) + b(t - T)^2$ wiedergegeben. Für den Fall, daß bei der Messung die Bezugstemp. T′ von der Eichtemp. T etwas abweicht, werden Korrekturen angegeben, z. B. $a' = a[1 + 2b(T' - T)/a]$. Bei der Eichung werden die Konstanten a u. b aus Messungen bei bekannten Tempp. ermittelt, wobei die Annäherung am besten graph. erfolgt. (Z. Meteorol. **6.** 129—32. Nr. 5. Mai 1952. Müncheberg, Agrarmeteorol. Forsch.-Stat.) PAULI. 5016

D. C. Spanner, *Verhütung übermäßiger Unterkühlung bei kryoskopischen Bestimmungen.* Eintauchen eines dünnen, vorher mit festem CO_2 gekühlten Drahtes bewirkt Gefrieren von Fll. schon bei kleinen Unterkühlungen. (J. sci. Instruments **29.** 96. März 1952. London, Imp. Coll., Bot. Dep.) BLUMRICH. 5018

Francisco Bermejo Martínez, *Moderne Trocknungsmethoden in der analytischen Chemie.* 1. Mitt. *Untersuchung der Trocknung gelatinöser Niederschläge unter Anwendung der Infrarotstrahlung.* Es werden verschied. Typen von Infrarottrockenapparaten beschrieben (55 Literaturangaben). In eigenen Verss. wird die quantitative Best. von *Al* u. *Fe* untersucht. Die Infrarottrocknung des $Fe(OH)_3$ führt zu einem Gemisch von Fe_2O_3 u. vermutlich $Fe(OH)_3$, aus dessen Zus. nur mit großer Unsicherheit mit dem Umrechnungsfaktor 0,889 (im Mittel) der im klass. gravimetr. Verf. gefundene Wert erhalten wird. Auch der Nd. der Al-Fällung mit NH_4OH enthält nach Infrarottrocknung, die hier zweckmäßig 8 Std. bei 70—72° durchgeführt wird, vermutlich noch $Al(OH)_3$; Umrechnungsfaktor im Mittel 0,748. Die Wägung muß wegen der Gefahr der Feuchtigkeitsadsorption mit einer aperiod. Waage erfolgen. (Inform. Quím. analít. **5.** 125—37. 144. Juli/Aug. 1951. Santiago de Compostela, C. S. I. C., Secc. de Quím. Analít.) R. K. MÜLLER. 5022

A. H. Dodd, *Richtigkeit von Analysen.* In der chem. Literatur wird zwischen „Richtigkeit" (accuracy) u. „Genauigkeit" (precision) unterschieden, so daß ein Resultat genau sein kann trotz geringerer Richtigkeit u. umgekehrt. Hinsichtlich der vom Vf. getroffenen Unterscheidung zwischen „Wiederholbarkeit" (repeatability) u. „Reproduzierbarkeit" (reproducibility) analyt. Ergebnisse wird hervorgehoben, daß der Variationskoeff. für diese größer ist als für jene. Beispiele (H_2SO_4- u. CH_2O-Best.) werden gegeben. (Chem. and Ind. **1951.** 702. 18/8. Thorncliffe, Sheffield.) FREYTAG. 5050

William G. Schlecht, *Kooperative Untersuchungen von Genauigkeit und Richtigkeit bei der chemischen Analyse von Silicatgesteinen.* Mitt. u. Diskussion der Ergebnisse von Vollanalysen gleicher Proben eines *Granits* u. eines *Diabases,* die von Washington aus an 25 in der Welt verteilte Labors. (34 Analytiker) gegeben u. vorwiegend nach konventionellen Methoden untersucht wurden. Die Häufigkeitsdiagramme der Werte für die Oxyde von Si, Al, Fe, Mg, Ca, Mn, Na, K, Ti, P, H u. ihre Summe zeigen viel größere, in der Verschiedenheit der Analytiker u. Arbeitsweisen gegründete Streuungen, als sonst für Gesteinsanalysen zulässig erscheinen. — Eine statist. Auswertung ist erst nach weiteren, definierteren Austauschen beabsichtigt. (Analytic. Chem. **23.** 1568—71. Nov. 1951. Washington, D. C., U. S. Geol. Survey.) BLUMRICH. 5050

Adelheid Kofler, *Mikroskopische Methoden zur Untersuchung von Hydraten.* Bei der gewöhnlichen Unters. von Hydraten unter dem Heizmikroskop können in der Regel nur Hydrate mit relativ niedrigen Übergangspunkten bzw. FF. direkt zum Schmelzen gebracht werden. Die meisten Hydrate geben nämlich während des Erwärmens vorzeitig (d. h. unterhalb des Übergangspunktes) einen Teil des W. unter Bldg. einer neuen Phase ab, was mit einer mehr oder weniger rasch fortschreitenden Trübung der Kristalle verbunden ist, wodurch die weitere Unters. unmöglich wird. Zur mkr. Unters. werden diese Hydratkristalle in Paraffinöl oder in eine andere, das Hydrat nicht lösende Fl. oder Schmelze eingebettet, um die vorzeitige Wasserabgabe zu verhindern. Beim Erwärmen am Heiztisch lassen sich dann in einfacher Weise der Charakter eines Hydrates, homogen oder inhomogen schm., sowie das Vorliegen eines oder mehrerer Übergangspunkte u. deren Gleichgewichtstempp. feststellen. Ferner werden zur Unters. von Hydraten Kontaktpräpp. zwischen der wasserfreien Substanz u. W. mit Erfolg herangezogen. (Mikrochem. verein. Mikrochim. Acta **36/37.** 302—06. 1951. Innsbruck.) GEDSCHOLD. 5056

Sven-Gösta Blohm, *Ein neues Mikroverfahren zur Analyse von Flüssigkeiten mittels Verdrängungsadsorption.* Vf. beschreibt in einer vorläufigen Mitt. ein Mikroverf. der Verdrängungsadsorption, durch welches die bei der Trennung von Flüssigkeitsgemischen durch Mikrodest., bes. dann, wenn die einzelnen Kpp. nahe beieinander liegen oder wenn es sich um azeotrope Gemische handelt, auftretenden Schwierigkeiten vermieden werden. Die im Original ausführlich beschriebene App. arbeitet mit einer 1 m-Kolonne (innerer Durchmesser: 2 mm), 3 g Adsorbens (Silicagel) u. einigen 0,1 ml Probe; die Analysendauer beträgt weniger als 1 Stunde. Die Größe der Kolonne wurde später vermindert auf 25 cm Länge mit 1,8 mm Innendurchmesser, $^1/_4$ g Adsorbens, 30—40 λ Probemenge; Analysendauer 10—15 Minuten. Die Unters. des Einfl. verschieden großer Probemengen sowie wiederholter Regeneration des Adsorbens auf den Trenneffekt durch Verss. mit Mischungen gleicher Mengen Bzl. u. Cyclohexan unter Verwendung von A. als Entwickler zeigt, daß das Trennvermögen mit absinkendem Probevol. steigt u. mit Zunahme der Regenerationen fällt. (Mikrochem. verein. Mikrochim. Acta **36/37.** 322—29. 1951. Tomteboda, Schweden, Nat. Inst. of Public Health, Dep. of Ind. Hyg.) GEDSCHOLD. 5062

T. C. J. Ovenston, *Doppelzonen und Homogenitätstest bei der Säulenchromatographie.* Vf. weist auf die Möglichkeiten der Bldg. von Doppelzonen bei der Säulenchromatographie von homogenen Substanzen hin u. warnt vor Trugschlüssen. Doppelzonen können durch wechselnden Wassergeh. des Säulenmaterials an verschied. Stellen, durch Umsetzungen der zu chromatographierenden Substanzen mit dem Säulenmaterial, sowie durch Photo- u. Oxydations-Rkk. im Verlauf der Chromatographie auftreten. Soll die Identität zweier Substanzen durch Chromatographie bewiesen werden, so empfiehlt Vf., anstatt ein Gemisch beider Substanzen zu chromatographieren, beide Substanzen nebeneinander in getrennten Chromatogrammen laufen zu lassen. (Nature [London] **169.** 924—25. 31/5. 1952. Poole, Dorset, Holton Health, Admiralty Materials Labor.) NEHRING. 5062

Alice Lacourt, Ghislaine Sommereyns und **Georges Wantier,** *Anorganische Chromatographie auf Papier. Trennvermögen sättigender und entwickelnder organischer Lösungsmittel.* Vff. berichten in Fortsetzung früherer Verss. (C. **1950.** I. 213. 1261) über eine neue papierchromatograph. Meth., die durch die Verwendung verschied. Lösungsmittel für die Entw. des Chromatogramms u. die Sättigung des Dampfraums gek. ist. Sie liefert rasch ein quantitatives u. reproduzierbares Chromatogramm. Die Brauchbarkeit des Verf. wird an der Trennung von 10 γ *B* aus einem *Silicat–Borat–Molybdat*-Gemisch mit 2-Butanon + 5 Vol.-% HCl als Sättigungsmittel, Aceton + 5 Vol.-% HCl als Entwickler-Fl. u. von 50 γ *U* aus einem Gemisch *Fe–Al–U* mit Bzl. als Sättigungsmittel, Aceton + 5 Vol.-% HCl als Entwickler gezeigt. Ferner werden für die Systeme *Ni–Cu–Co–Fe, U–Pb–Zn–Cd* u. *Fe–Al–Ti–Cr–V–Mo* die Trennmöglichkeiten durch Variation der Sättigungs- u. Entwicklungsbedingungen tabellar. mitgeteilt. Der Zeitbedarf wechselt zwischen 25 u. 90 Minuten. (C. R. hebd. Séances Acad. Sci. **232.** 2426—28. 25/6. 1951.) WEITBRECHT. 5062

Bourdon F. Scribner und **Charles H. Corliss**, *Emissionsspektrographische Standards.* Erfordernisse bzgl. Zus., physikal. Zustand, Form u. Abmessungen von Standardelektroden (bes. metall.; Stäbe, Platten; Einfl. der Anregungsbedingungen). Verschied. Verff. ihrer Herst. in großer longitudinaler u. radialer Homogenität (*Stahl, Al, Zn*). Prüfung durch chem. Analyse oder spektrochem. Vgl. chem. abgetrennter Komponenten mit gleichzeitig präparierten Standards ähnlicher Zus. in Lsg., als Salz oder Oxyd bei genau reproduzierter Anregung. (Analytic. Chem. **23.** 1548—52. Nov. 1951. Washington, D. C., Nat. Bur. of Standards.) Blumrich. 5063

L. P. Witnauer und **H. J. Scherr**, *Zylindrische Lichtstreuzelle.* Es wird eine zylindr. Zelle zur Messung hoher Mol.-Geww. durch die Lichtstreuung von Lsgg. oder Suspensionen beschrieben, mit der die Streuung bis herab zu einem Winkel von 22° zum einfallenden Strahl gemessen werden kann. (Rev. sci. Instruments **23.** 99—100. Febr. 1952. Philadelphia, Pa., Temple Univ., Dep. of Chem. and Eastern Regional Res. Labor.) Gottfried. 5063

Norman G. Adams, *Verlängerte Lebensdauer für Natrium-Bogenlampen.* Bei älteren Na-Bogenlampen läßt sich die Zündung durch Bestrahlung mit einer starken Glühlampe beschleunigen u. dadurch die Lebensdauer der Lampe wesentlich erhöhen. (Analytic. Chem. **24.** 610. März 1952. Bartlesville, Okla., Bur. of Mines, Petroleum Exp. Stat.) Eichhoff. 5063

J. Fischer und **H. Zettler**, *Erfahrungen mit dem Flammenphotometer nach Riehm-Lange.* Beschreibung der App. u. Angaben einer zweckmäßigen Arbeitsweise. Unters. der Störung durch Grundsubstanz, Begleitelemente u. Lösungsmittel. An Hand von Li-Bestimmungen wird gezeigt, daß eine Reproduzierbarkeit von $\pm 0{,}5\%$ zu erreichen ist u. die mittlere Abweichung von chem. Serienanalysen $\pm 2\%$ beträgt, wobei die flammenphotometr. Best. als zuverlässiger angesehen wird u. weitaus schneller durchzuführen ist. (Chemie-Ing.-Techn. **24.** 146—48. März 1952. Frankfurt/M., Metallgesellschaft A. G., Analyt. Labor., u. Univ., Inst. für anorgan. Chem.) Eichhoff. 5064

Stanley Wawzonek, *Organische Polarographie.* Literaturübersicht 1950—1951 mit besonderer Berücksichtigung der Gebiete: reversible Systeme, Aldehyde, Ketone, Säuren u. Derivv., Halogenverbb., Nitroverbb., Nitrosoverbb., Aminosäuren u. Derivv., Diazoniumsalze, ungesätt. KW-stoffe, Peroxyde, Schwefelverbb., Organometallverbb., Sauerstoff- u. Stickstoffheterocyclen. — 219 Zitate. (Analytic. Chem. **24.** 32—38. Jan. 1952. Iowa City, Iowa, State Univ.) Gerhard Günther. 5066

Charles N. Reilley, **W. Donald Cooke** und **N. Howell Furman**, *Polarographische „Ableitungstitration".* Es wird eine Meth. der polarograph. Differenzanalyse beschrieben, bei der zwei in die zu titrierende Lsg. tauchende Pt-Elektroden mit einem kleinen konstanten Strom von ca. 2 μA belastet werden. Die Potentialdifferenzen zwischen beiden sind ein Maß für die Ableitung des Potentials nach der Stromstärke, die sich am Äquivalenzpunkt sprunghaft ändert. Das Verf. wird für einige reversible u. irreversible Systeme durchgeführt. Die Ergebnisse werden mit denen der üblichen potentiometr. Titration verglichen u. zeigen sich diesen in vielen Fällen überlegen. Die Vorteile der Meth. bestehen außerdem in apparativer Einfachheit, kontinuierlicher Anzeige, schneller Potentialeinstellung, Fortfall einer Bezugselektrode u. der Möglichkeit, mehrere Stoffe mit einer Titration ohne Zeichnung eines Diagramms zu bestimmen. (Analytic. Chem. **23.** 1223—26. Sept. 1951. Ithaka, N. J., Cornell Univ., Princeton, N. J., Univ.) Jost. 5066

Charles N. Reilley, **W. Donald Cooke** und **N. Howell Furman**, *Dreidimensionales Modell zur Interpretation von elektrometrischen Prozessen.* (Vgl. vorst. Ref.) Für elektrometr. Prozesse wird eine dreidimensionale Darst. der Beziehung zwischen Potential, Strom u. oxydierter Stoffmenge vorgeschlagen. Die Gleichung für die so erhaltenen Fläche wird angegeben. Durch Konstanthalten jeweils eines Parameters — entsprechend einem Schnitt durch die Fläche parallel zu einer Achse — können daraus die Gleichungen u. Kurven für die verschied. elektrometr. Verff., wie Polarographie, Potentiometrie, Amperometrie, polarograph. Ableitungstitration u. dead-stop-Meth., entwickelt werden. (Analytic Chem. **23.** 1226—29. Sept. 1951.) Jost. 5066

F. Burriel und **F. Lucena**, *Coulometrie.* Überblick: Grundlagen; quantitative Ausbeute bei der Elektrolyse; Messung der Elektrizitätsmenge; Anwendungen. (Inform. Quím. analít. **5.** 138—44. Juli/Aug. 1951. Madrid, Univ., Fac. de Cienc., Cátedra de Quím. analít.) R. K. Müller. 5066

a) Elemente und anorganische Verbindungen.

Henri Chateau und **Jacques Pouradier**, *Untersuchung der bei den argentometrischen Bestimmungen gemischter Alkalihalogenide auftretenden Fehler.* Wenn man eine KJ-Lsg. bestimmter Konz. ohne oder nach Zusatz von KBr potentiometr. titriert, findet man, daß man im 2. Falle mehr $AgNO_3$ (I)-Lsg. braucht, um das gleiche Potential zu erreichen. Man macht somit bei der Best. von KJ einen positiven, bei der von KBr einen negativen Fehler, während die Summe beider richtig gefunden wird. Diese Abweichungen hängen weder von der Geschwindigkeit der Reagenszugabe, noch dem p_H ab, steigen aber mit der Verdünnung u. dem Verhältnis KBr/KJ, am wenigsten in der Nähe der gleichmol. Menge. Die Fehler werden verkleinert, wenn man Flockungsmittel, wie KNO_3 oder $Al_2(SO_4)_3$, zugibt, so daß die koll. Ag-Halogenide ausfallen. Wenn man die dem KJ äquivalente Menge I zugibt, findet man durch Unters. des geflockten Nd. u. des Filtrats, daß das AgJ etwas AgBr enthält, während die dem letzten äquivalente Menge KJ in Lsg. bleibt. Komplexgebundenes Ag ist im Filtrat nicht zugegen. Behandelt man den gemischten Nd. mit KJ-Lsg., so bleibt das AgBr in diesem unverändert. Wenn man reines AgJ ausfällt u. mit KBr-Lsg. behandelt, nimmt der Nd. Br^- auf, aber in kleinerer Menge. Die Röntgenbeugungsdiagramme des gemischten Nd. zeigen eine Verschiebung der AgJ-Linien ähnlich der von gemischten Ag-Halogenidschmelzen. Die schon von anderen Autoren aufgestellte Hypothese der Mischkristallbldg. bei der Fällung von Ag(J, Br) wird durch diese Beobachtungen gestützt, die in gleicher Weise bei der Fällung von *KCl* + KBr mit I gemacht wurden. (C. R. hebd. Séances Acad. Sci. **234**. 623—25. 4/2. 1952.) METZENER. G 272

Michel Hasselmann und **Gilbert Laustriat**, *Neues Verfahren zur Mikrobestimmung von Alkalichlorid, -bromid und -jodid mit Silbernitrat.* Bei der Fällung von verd. *Alkalihalogenid* (I)-Lsgg. mit $AgNO_3$ (II) tritt ein TYNDALL-Effekt auf, bei dem die Farbe des durchfallenden Lichts sich nur wenig ändert, solange die Anionen im Überschuß sind u. den koll. Nd. infolge Adsorption zu $(AgX)X^-$ stabilisieren, aber bei Erreichung des Äquivalenzpunktes (ÄP.) infolge des Ladungsverlustes der Teilchen u. ihrer Zusammenballung plötzlich nach Rot umschlägt. So kann man in 50 ml neutraler I-Lsg. durch langsame Zugabe von n/25 II-Lsg. mit jedesmaligem kräftigem Umschütteln bei Beobachtung des eine Schichtdicke von 4—6 cm durchdringenden u. auf eine Mattscheibe fallenden weißen Lichtbündels I-Konzz. zwischen n/500 u. n/3000 mit relativen Fehlern von $< 1\%$ titrieren. Bei der Titration von *Chloriden* beobachtet man anfangs eine Opalescenz, die sich bei weiterer II-Zugabe verstärkt, u. eine gelbe Farbe des durchtretenden Lichtflecks, die allmählich in Orange übergeht, beim ÄP. aber nach Rot umschlägt, um dann in wenigen Sek. infolge Ausfällung des AgCl zu verblassen. Die *Bromide* geben mit II nur eine weißliche Trübung u. einen durchtretenden Lichtfleck, der von Weiß erst nahe dem ÄP. nach Gelb, beim ÄP. selbst jedoch übergangslos nach Rot umschlägt. *Jodide* geben zunächst eine gelblichweiße, milchige Trübung, die sich bei Annäherung an den ÄP. verstärkt u. nahe diesem den durchtretenden Lichtfleck rot erscheinen läßt. Der ÄP. selbst wird dann bei weiterer Zugabe von 0,01 ml n/25 n-II-Lsg. erreicht, wobei die Trübung sich plötzlich verdichtet, der Lichtfleck verschwimmt u. dann während der Zusammenballung mit gelber Farbe wieder erscheint. Diese einfache Meth. wurde bei der Cl^--Best. in *Milch* u. *Nähr-Fll.* angewandt. (C. R. hebd. Séances Acad. Sci. **234**. 625—27. 4/2. 1952.) METZENER. G 272

Thomas J. Manns, Margaret U. Reschovsky und **Anthony J. Certa**, *Volumetrische Bestimmung von Barium.* Zur volumetr. Ba^{2+}-Best. in *Ba-Acetat* (I) wird die wss. Lsg., die ca. 0,5 g I enthält, auf 250 ml mit W. aufgefüllt, 2 Tropfen Eisessig werden hinzugefügt u. die Lsg. 5 Min. gekocht. Nach schnellem Abkühlen auf Zimmertemp. werden 10 ml Pufferlsg. (8,25 g NH_4Cl u. 113 ml konz. NH_4OH auf 1 Liter mit CO_2-freiem W. aufgefüllt) u. 0,4 g Indicator (25 g NaCl u. 0,025 g *Eriochromschwarz T* (II) im Mörser verrieben) zugegeben. Anschließend wird schnell unter Umschwenken mit *n-Versenat*-Lsg. (2,6 g $MgCl_2 \cdot 6\,H_2O$ + 1,9 g $CaCl_2 \cdot 2\,H_2O$ + 28,0 g Dinatriumdihydrogen-Salz der Äthylendiamintetraessigsäure (Dinatriumversenat; III) + 7,9 ml 50%ig. NaOH-Lsg. auf 1 Liter mit CO_2-freiem W. aufgefüllt) titriert. Der Endpunkt ist durch das Verschwinden der rosa Farbe unter einer W-Lampe zu erkennen. Die Gleichgewichte der Erdalkalichelate von II u. III werden diskutiert. (Analytic. Chem. **24**. 908—09. Mai 1952. Lansdale, Pa., Philco Corp., Tube Development Labor.) MOSLÉ. G 285

B. Lányi, *Analyse von Aluminatlaugen mit Farbindicatoren.* Die Meth. WINTELERS wurde abgeändert u. dadurch die Best. des Al_2O_3-Geh. von rohem u. calciniertem Bauxit sowie des Rotschlammes möglich. Bauxit wird mit NaOH geschmolzen, die Lsg. der Schmelze in einem Meßkolben aufgefüllt u. ein Teil der reinen Lsg. unter kräftigem Schütteln mit HCl (1 : 1) so lange vermischt, bis das ausgefällte $Al(OH)_3$ wieder in Lsg. gegangen ist. Nun wird mit n NaOH gegen Methylorange auf Übergangsfarbe titriert, dann Phenolphthalein zugesetzt u. bis zum neuen Farbumschlag titriert. Aus der zwischen den zwei Farbwechseln verbrauchten NaOH-Menge wird die Al_2O_3-Menge berechnet. Die Best. der NaOH-, Na_2CO_3- u. Al_2O_3-Menge in Betriebslaugen wird, wie folgt, durchgeführt: Die Aluminatlauge wird verd., aufgekocht u. mit heißer $BaCl_2$-Lsg. vermischt. Unter Ausschluß von Luftkohlensäure wird rasch abgekühlt u. gegen Phenolphthalein mit n HCl titriert. Nun wird so lange weitertitriert, bis alles $BaCO_3$ u. $Al(OH)_3$ gelöst ist, man treibt CO_2 durch Kochen aus u. titriert gegen Methylorange mit n NaOH. Nach Zugabe von Phenolphthalein wird schließlich bis zur alkal. Mischfarbe der beiden Indicatoren titriert. Berechnet man nach den Gleichungen die den Meßlsgg. äquivalenten Mengen, so weisen die Ergebnisse einige % Fehler auf. Wendet man aber einen experimentell bestimmten empir. Faktor an, so ist der Versuchsfehler $< 1\%$. (Aluminium [Budapest] **3.** 11—13. 1951. Budapest, Aluminiumforschungsinst.) PLANK. G 294

H. Bhattacharya, *Über die Trennung des Titans vom Eisen.* Vorläufige Mitt. über die quantitative Trennung Ti–Fe aus 2%ig. Ammoniumoxalatlösung. Durch *Tannin* läßt sich bei Zugabe einer kleinen Menge *Cinchoninhydrochlorid* das Ti zwischen p_H 1 u. 2 quantitativ ausfällen u. so von Fe trennen. (Sci. and Cult. **17.** 179. Okt. 1951. Calcutta, Univ., Coll. of Sci. and Technol., Dep. of Chem.) WEITBRECHT. G 321

Klaus Barteld und **Wilhelm Hofmann,** *Sauerstoffbestimmung in Blei.* Es wird eine Vorr. beschrieben, mit der O_2-Best. von Pb nach dem H_2-Reduktionsverf. auf manometr. Wege durchgeführt wird. Der O_2-Geh. in Hüttenbleisorten wurde hierbei zwischen 2—17 g/t festgestellt. Zwischen Hüttenblei aus Erzen u. einem durch Raffination von Altblei erzeugten Hüttenblei wird ein Unterschied im O_2-Geh. nicht ermittelt. Bei Proben, die aus verschied. Stadien des Raffinationsprozesses entnommen waren, wurden nur geringe O_2-Gehh. des Werkbleis festgestellt. Erst nach Entfernung von Sn u. Sb findet eine größere O_2-Aufnahme der Schmelze statt. Die Löslichkeitslinie von O_2 im Pb wurde für das Temperaturgebiet von 350—800° aufgenommen. Korrosionsverss. in konz. H_2SO_4 bei 100° zeigten bei O_2-Gehh. über 20 g/t eine deutliche Zunahme des chem. Angriffs. (Z. Erzbergbau Metallhüttenw. **5.** 102—05. März 1952. Braunschweig.) HOCHSTEIN. G 328

J. Bognár, *Mikroanalytischer Nachweis von Kobalt durch aktivierte Katalyse.* Vf. untersuchte in alkal. Lsg. die durch geringe Mengen Co aktivierte Oxydationswrkg. auf verschied., farbige Lsgg. liefernde organ. Verbindungen. Die besten Erfolge wurden bei Anwendung von Brenzcatechin in Ggw. von Na-Borat u. den Komplexbildnern o-Toluidin, p-Phenylendiamin, p-Anisidin u. o-Dianisidin erzielt, da in diesen Fällen 0,1—0,001 γ Co in 5 ml Lsg. nachweisbar ist. Störend wirken Ag^+-, Mn^{++}- u. CN^--Ionen in großem Überschuß. (Magyar Kémiai Folyóirat [Ung. Z. Chem.] **57.** 357—62. Dez. 1951. Budapest, Tudományegyetem Szervetlen és Analitikai Intézete.) PLANK. G 355

E. B. Sandell und **J. J. Neumayer,** *Photometrische Bestimmung von Silberspuren.* Kleine Mengen Ag (0,5—25 μg) in Sulfiden, Meteoreisen, Pflanzenaschen usw. werden photometr. mit p-Diäthylaminobenzylidenrhodanin (I) als Reagens bestimmt. Die Abtrennung von Ag wird durch gemeinsame Fällung mit Te (1 mg Te/ml) in 2n HCl mittels $SnCl_2$ durchgeführt. Etwa vorhandenes Pb wird aus dem Nd. durch Auswaschen mit n HCl, Pd durch Zusatz von alkoh. Dimethylglyoximlsg. vor Hinzufügung von **I** entfernt. Der koll., unlösl. rote Komplex wird photometriert. Die Empfindlichkeit der Meth. beträgt 0,005 μg Ag bei 490 mμ. Die Messungen sind gut reproduzierbar. (Analytic. Chem. **23.** 1863—65. Dez. 1951. Minneapolis, Minn., Univ. of Minnesota, School of Chem.) SCHLEGEL. G 359

Stanko Miholić, *Beitrag zur Bestimmung von Spurenelementen in Gesteinen.* Vf. beschreibt, da die spektrograph. Meth., die bei der Best. von Spurenelementen in Gesteinen meistens angewendet wird, für die Best. von Schwermetallspuren weniger empfindlich ist, eine besser geeignete polarograph. Bestimmungsmethode. Zur Ausführung dieser Best. werden 50 g fein gepulverten Gesteins mit HF u. HNO_3 aufgeschlossen, der ungelöste Rückstand mit Na_2CO_3 geschmolzen, ausgelaugt, filtriert, die Carbonate am Filter in HNO_3 gelöst u. mit der Hauptmenge vereinigt. In der Lsg. werden die Schwermetalle mit H_2S niedergeschlagen u. nach Entfernung von Sn, das als Sulfosalz in Lsg. gebracht wird, in HNO_3 gelöst, zur Trockene eingedampft u. in Seignettesalzlsg. polarographiert. Im Filtrat der H_2S-Fällung wird nach Entfernen von Fe, Al u. Ti mittels bas. Carbonatfällung Zn u. Mn in konz. KCl-Lsg. polarograph. bestimmt. (Mikrochem. verein. Mikrochim. Acta **36/37.** 393—97. 1951. Zagreb, Kroat. staatl. geolog. Anstalt, Chem. Labor.) GEDSCHOLD. 5290

b) Organische Verbindungen.

Alexis Konovalov, *Einige Bemerkungen über die Mikrobestimmung von organischem Stickstoff.* Vf. gibt einen krit. Überblick über die DUMAS-PREGLsche Mikroschnellmeth. zur Best. von Stickstoff, wobei er bes. auf die Reinheit des CO_2 hinweist, das zum Durchspülen der App. verwendet wird u. die Hauptfehlerquelle bei den Analysen ist. Nach den Resultaten liefert von den beiden Herstellungsprozessen von CO_2: 1. nach ZIMMERMANN aus festem CO_2 u. 2. nach FURTER-BUSSMANN aus Marmor u. HCl im Kipp der letztere die besseren Werte. Es werden außerdem noch alle Teile der App., wie elektr. automat.

Heizung, Kautschukverbb., Verbrennungsrohr, Azotometer, einer eingehenden krit. Betrachtung unterworfen. Eine Anzahl Analysen werden wiedergegeben mit Fehlergrenzen (maximal ±0,3%); die Dauer einer Analyse beträgt 40—42 Minuten. (Ind. chim. belge **16.** 209—16. 1951. Louvain, Univ.) JÄGER. 5352

Velmer B. Fish, *Hydrazone, Semicarbazone und andere, Stickstoff enthaltende Substanzen, die eine reduktive Vorbehandlung verlangen. Ein Semimikro-Kjeldahl-Verfahren.* Zur Red. von Substanzen mit N–N- oder N–O-Bindungen, wie *Aziden, Hydrazonen, Oximen, Semicarbazonen* u. auch von N-haltigen Heterocyclen, die keine N–N-Bindung enthalten, werden Proben zur *N-Best.* nach KJELDAHL in Sn-Folien-Tiegel gebracht, in 1 ml Eisessig gelöst u. kurz erwärmt. Nach dem Abkühlen werden 200 mg Zn-Pulver u. 1,5 ml CH_3OH hinzugegeben u. dann wird nach portionsweiser Zugabe von 16 Tropfen konz. HCl die Lsg. teilweise eingedampft. Nach dem Abkühlen werden 3 ml konz. H_2SO_4 zugefügt u. zur Vertreibung des W. gekocht. Nach dem Abkühlen wird 1,5 mg Katalysator — bestehend aus 150 g K_2SO_4, 10 g HgO u. 5 g Se — u. 1 ml H_2SO_4 hinzugegeben u. bis zur Entfärbung 30—45 Min. gekocht. Die Mischung wird mit 25 ml W. in den Destillationsapp. übergeführt, 12,5 ml 48%ig. NaOH-Lsg. werden langsam eingetropft u. 4 ml 44%ig. $Na_2S_2O_3$-Lsg. eingeführt. Mit Wasserdampf werden ca. 35 ml in 10 ml 4%ig. H_3BO_3 u. 6 Tropfen Indicator (10 ml 0,1%ig. Lsg. von Bromkresolgrün in 95%ig. A. u. 2 ml 0,1%ig. alkoh. Lsg. von Methylrot) überdestilliert. Die blaue Lsg. wird mit 0,0150n HCl bis zum Umschlag nach rosa titriert. (Analytic. Chem. **24.** 760—62. April 1952. Bethlehem, Pa., Lehigh Univ., Wm. H. Chandlers Chem. Labor.) MOSLÉ. 5352

N. S. Kotelkow und **K. P. Kotelkowa,** *Über die quantitative Bestimmung der Entwässerung einiger Alkohole.* Zweck der Arbeit war es, eine quantitative Best. der Entwässerung durch Messung der Refraktion zu ermöglichen. Durch Verss. wurde festgestellt, daß die wss. Lsgg. der untersuchten Alkohole ein Maximum des Brechungsexponenten bei 15—25° in Mischungen hatten, die für *A.* bei 16—20 Gew.-% oder 33—39 Mol.-% H_2O; für *Isopropylalkohol* bei 5—6 Gew.-% oder 16—18 Mol.-% H_2O u. für *Propylalkohol* etwa bei 3 Gew.-% oder 10 Mol.-% H_2O lagen. Genauigkeit: 1. Für A. betrug der Fehler bei 58% Entwässerung $<$0,73%, bei 63% $<$0,47%, bei 72% $<$0,26%, bei 80% $<$0,17%, bei 85% $<$0,1%, bei 90% Entwässerung u. darüber $<$0,07—0,05%. (Журнал Аналитической Химии [J. analyt. Chem.] **7.** 78—83. März/April 1952. Saratow, Landw. Inst.) STEINBERG. G 560

Michael S. Weiss, Irma Sonnenfeld, Elmer De Ritter und **Saul H. Rubin,** *Eine verbesserte mikrobiologische Bestimmung für Panthenol.* Die mikrobiol. Meth. von DE RITTER u. RUBIN (C. **1950.** II. 2231) zur Best. von *Panthenol* (**I**) wurde modifiziert, indem die Ae.-Extraktion zur Entfernung des *Pantolactons* (**II**) u. die vor der Hydrolyse zur Korrektur der *Pantosäure* (**III**) notwendige Best. wegfallen. **II** u. **III** werden abgetrennt, indem man den gepufferten Extrakt (p_H 4,8) durch eine Säule aus Amberlite IRA-400 laufen läßt. Um Bestimmungen bei sehr niedrigen **I**-Konzz. durchführen zu können, wird für die der mikrobiol. Best. mit *Acetobacter suboxydans* (American-Type Culture 621 H) vorhergehende Hydrolyse zu **III** 0,1n NaOH (statt n NaOH) verwendet. Das Grundmedium KING u. Mitarbeiter (C. **1949.** E. 91) wird durch Zugabe von 0,2 cm³ A./Liter, Verdreifachung der Dextrosemenge (15 g) u. Verminderung des Glyceringeh. (33 g) verbessert, wodurch der Organismus gleichmäßiger u. schneller wächst, so daß Bestimmungen in geschüttelten Röhrchen innerhalb 16—18 Std. möglich sind. (Analytic. Chem. **23.** 1687—89. Nov. 1951. Nutley, N. Y., Hoffmann-La Roche, Inc.) K. F. MÜLLER. G 850

E.-G. Stenger, *Bestimmung von Milchsäure in Gegenwart von Adrenalin.* Die quantitative Best. von *Milchsäure* (**I**) nach der Meth. von MENDEL u. GOLDSCHEIDER (Biochem. Z. **164.** [1925.] 163), Überführung der **I** in Acetaldehyd u. colorimetr. Best. des Aldehyds mit Veratrol, wird durch die Ggw. von Adrenalin gestört. Je nach der zugefügten Menge des Reagenses u. der Konz. der **I** erhält man eine Erhöhung oder Verminderung der opt. D. von Adrenalinlsgg., verglichen mit Testlösungen. (Bull. Soc. Chim. biol. **33.** 1894—99. 1951. Paris, Pharmacie, Hôpital Hôtel-Dieu.) FRETZDORFF. G 850

M. N. Rudra und **L. M. Choudhury,** *Die colorimetrische Bestimmung von Methionin.* Die vorgeschlagene Meth. zur Best. des Methionins in pflanzlichem Eiweiß oder Casein ist eine Modifikation der Nitroprussid–Na-Meth. von MCCARTHY u. SULLIVAN (J. biol. Chemistry **141.** [1941.] 871). Ausführung: 1 g gepulvertes, lufttrockenes Material wird 24 Std. mit 5 ml 20%ig. HCl zum gelinden Sieden erhitzt; die bas. Aminosäuren werden mit 100%ig. Phosphorwolframsäure gefällt. Das entfärbte Zentrifugat wird mit 5n NaOH auf p_H 4—5 gegen Bromkresolgrün eingestellt, auf ein bekanntes Vol. (8 oder 10 ml) gebracht u. filtriert. 4 ml des Filtrats werden mit 2 ml 5n NaOH u. 1 ml 1%ig. Nitroprussid–Na-Lsg. 8 Min. auf 40° erwärmt, 5 Min. im Eisbad abgekühlt u. 2 ml reine, konz. HCl zugegeben. Die Farbstärke der roten Lsg. wird mit dem „*Lumetron*" photoelektr.

Colorimeter unter Verwendung des Filters Nr. 530 bestimmt u. der Geh. durch eine Eichkurve ermittelt. (Analyst **76.** 432—33. Juli 1951. Laheriasarai, Bihar [India], Darbhanga Med. Coll., Dep. of Med. Chem.) K. F. MÜLLER. G 950

c) Bestandteile von Pflanzen und Tieren.

Otto Härtel, *Färbungsstudien an der pflanzlichen Cuticula.* Die pflanzliche Cuticula läßt sich an Schnittpräpp. mit bas. Farbstoffen vornehmlich in alkal. Lsg. anfärben, saure Farbstoffe (wenn überhaupt) werden im sauren Bereich gespeichert. Freie Fettsäurereste, wie freie organ. Basengruppen (im sauren Gebiet), sollen hierbei eine Rolle spielen. (Protoplasma **41.** 1—14. 1952. Graz, Univ., Pflanzenphysiol. Inst.) ITZEROTT. 5661

Philippe Hagène, *Bemerkungen über die Möglichkeit der Anwendung von Silberfärbemethoden zur Untersuchung des Zustandes der Chloroplasten.* Diskussion der Färbungsverff. mit $AgNO_3$ nach MOLISCH u. PENSA. Das Gelingen der Chloroplasten (I)-Färbung hängt davon ab, daß die Imprägnierung im Licht u. an lebenden Pflanzenzellen erfolgt. Im Dunkeln oder bei red. Belichtung färben sich nur die I in Blattnerven u. -grund. I toter Zellen färben sich (von Ausnahmen abgesehen) nicht. Besprechung der Vorstellungen von SUSUMU NAGAI über die Wirkungsweise des Ag-Salzes in der Zelle. (Fixierung des metall., koll. Ag auf den I durch elektrostat. Anziehung.) (C. R. Séances Soc. Biol. Filiales **145.** 1764—66. Dez. 1951. Rennes, Fac. de Sci., Labor. de Botan.) RANG. 5661

H. L. Chance, *Kristallviolett als Kernfärbemittel für Gaffkya tetragena und andere Bakterien.* Der bakterienhaltige Abstrich wird 1—5 Min. mit einer 1%ig. wss. *Kristallviolett*-Lsg. (p_H 6—8) angefärbt u. 3—20 Sek. mit einer 1%ig. wss. $HgCl_2$-Lsg. gebeizt. Entfärbung erfolgt durch Nigrosin u. kann durch 15—30 Sek. dauerndes Erwärmen auf 45—50° beschleunigt werden. (Stain Technol. **27.** 253—58. Sept. 1952. Norman, Okla., Univ. of Oklahoma, Dep. of Plant Sci.) KRUSEN. 5661

Hessling, *Über ein neues Anreicherungsverfahren für die quantitative spektralanalytische Bestimmung von Cadmium in organischem Material.* Nach Verbrennung der organ. Substanz mit $HCl-KClO_3$ wird der sich bildende Fettsäure-Nd. abfiltriert, zum Filtrat werden 250 mg $ZnCl_2$ zugegeben u. p_H auf 3 mit NH_4OH gebracht. Fällung mit H_2S-W., Sulfide in HNO_3 lösen, bis zur Trockne eindampfen. In den erhaltenen Mischkristallen $Zn(NO_3)_2 \cdot Cd(NO_3)_2$ wird Cd spektralanalyt. bestimmt. Die Empfindlichkeit beträgt bei Anwendung von 10 g Feuchtsubstanz 0,02—0,03 γ Cd/g. (Zbl. Arbeitsmed. Arbeitsschutz **2.** 145—47. Sept. 1952. Münster, Univ., Inst. für physikal. Chemie.) KRUSEN. 5664

d) Medizinische und toxikologische Analyse.

Vivian G. Behrmann und **Frank W. Hartman,** *Schnellbestimmung von CO_2 mit dem O_2-Analysator von Beckman.* Innerhalb von 5 Min. können mit dem BECKMAN-C-Modell (110—160 mm Hg-Bereich) Bestimmungen des O_2 u. CO_2 der *Atemluft* (Grundumsatz, Atemkapazität) mit großer Genauigkeit ausgeführt werden. 95% der CO_2-Bestimmungen stimmten innerhalb von 0,10% mit den nach HALDANE erhaltenen Werten überein. Ein Gerät mit engerem Bereich bzw. größerer Empfindlichkeit würde die Genauigkeit weiter verbessern. Ein Vgl. der „A"-Werte (nach STUDENT) ergab den besten Wert beim HALDANE App., nur wenig tiefer lag der des BECKMAN-C-Modells, am niedrigsten war der des BECKMAN-E_2-Modells. (Proc. Soc. exp. Biol. Med. **78.** 412—16. Nov. 1951. Detroit, Henry Ford Hospital.) FRÜHWALD. 5725

J. H. Kinoshita, J. P. Bunker und **P. F. Scholander,** *Die Anwendung des volumetrischen Respirometers zur Bestimmung von Kohlendioxyd im Plasma.* Beschreibung von Verss. mit volumetr. Respirometern nach SCHOLANDER, wonach der App. für CO_2-Best. im Plasma anwendbar ist. Für die Proben wird 0,1 ml benötigt. In 1 Std. lassen sich 24—32 Bestimmungen mit einer Genauigkeit von 2% ausführen. Bei gleichzeitigem Vorhandensein von Ae. im Plasma arbeitet die Meth. mit der gleichen Genauigkeit. (J. Lab. clin. Med. **40.** 156—60. Juli 1952. Boston, Mass., Harvard Med. School, Dep. of Biol. Chem., u. Massachusetts General Hosp.) DOSSMANN. 5727

Michael Somogyi, *Mitteilungen über Zuckerbestimmung.* Die Meth. von NELSON (vgl. C. **1945.** II. 1076) wurde dadurch verbessert, daß mit einer kleineren Cu- u. Tartratmenge gearbeitet u. dadurch die Selbstred. des Reagenses nach Alterung auf prakt. Null gebracht wurde. — Das Reagens für colorimetr. Bestimmungen enthält 4 g $CuSO_4 \cdot 5H_2O$, 12 g Seignettesalz, 16 g $NaHCO_3$ sowie 24 g Na_2CO_3 u. 18 g Na_2SO_4 im Liter oder in 100 ml (Unstimmigkeit im Original, der Referent). Die zu untersuchende Zuckerlsg. wird 10 Min. mit dem gleichen Vol. des gealterten u. filtrierten Reagenses im sd. Wasserbad erhitzt, abgekühlt u. mit BENEDICT- oder NELSON-Reagens (Phosphorwolframat bzw. Arsenowolframat) versetzt u. nach 12—15 Min. colorimetriert. Anwendungsbereich zwischen 0,01 u. 0,6 mg Glucose in 6 ml Endlösung. Es wird das Beispiel einer *Blutzucker*-Best. gegeben. — Für die jodometr. Zuckerbest. wird an Stelle des früheren phosphathaltigen Reagenses des Vf. (vgl. J. biol. Chemistry **160.** [1945.] 61) folgende Mischung empfohlen: 8 g $CuSO_4 \cdot 5H_2O$, 30 g Na_2SO_4, 30 g Seignettesalz, 8 g KJ, 180 g Na_2SO_4, 40 ml n NaOH u. 10—25 ml n KJO_3-Lsg. im Liter. — 1 Reduktionstabelle für Glucose. — Nähere Beschreibung des Verf. in den früheren Veröffentlichungen des Vf.; anwendbar auf 0,015 bis 3,0 mg Glucose in 5 ml Ausgangslösung. (J. biol. Chemistry **195.** 19—23. März 1952. St. Louis, Mo., Jewish Hospital.) WILLENBERG. 5727

W. Sarreither und **I. Röckel**, *Über eine Modifikation der polarimetrischen Glykogenbestimmung nach Staudinger.* 5—15 g Gewebe werden in einem 100 ml-Zentrifugenglas mit 10 ml heißer 30%ig. KOH versetzt u. 2 Std. auf sd. Wasserbad erhitzt. Nach Abkühlen setzt man 60 ml Methylalkohol zu, erwärmt auf dem Wasserbad zum Sieden u. zentrifugiert die Flocken von *Glykogen* (I) u. Eiweiß ab. Nach Abgießen der Fl. wird der Nd. in 5 ml dest. W. auf dem Wasserbad gelöst, werden wieder 60 ml Methylalkohol zugesetzt u. wie oben verfahren. Dieser Vorgang wird noch 2 mal wiederholt. Der Nd. wird dann in 10 ml frischer 50%ig. $MgCl_2$-Lsg. verrührt, wobei I in Lsg. geht. Nach heißer Filtration u. Filterauswaschen wird auf 25 ml aufgefüllt u. im 200 mm-Rohr, das nicht mehr als 20 ml Inhalt hat, polarimetriert. Berechnung: c (in mg-%) = a (abgelesene Drehung in °) · 256. (Hoppe-Seyler's Z. physiol. Chem. **289.** 284—87. Juni 1952. Heidelberg, Univ., physiol. Inst., chem. Abt.) KRUSEN. 5750

A. W. Forst und **R. Deininger**, *Zur Frage des Morphinnachweises mit der Pupillenreaktion der weißen Maus (Erwiderung zu der Aussprachebemerkung von P. Seifert).* Vff. kommen auf den Einwand von SEIFERT (C. **1951.** II. 2642) zurück u. weisen seine Ansicht zurück, daß *Morphin* (I) u. seine Derivv. durch Abkochung mit Barytwasser zerstört werden. Vff. konnten nachweisen, daß die opt. Aktivität einer 5%ig. Lsg. von I-Hydrochlorid nach einer Kochzeit von 15 Min. mit Barytwasser bei p_H 11 prakt. unverändert bleibt. Außerdem zeigten colorimetr. Verss. keinen Unterschied zwischen gekochter u. ungekochter I-Lsg. in Barytwasser. Vff. weisen weiter auf Kontrollverss. mit DECKERTs Reagens hin, das gegenüber I empfindlicher ist als die MARQUIS-Probe. (Münchener med. Wschr. **93.** 935—36. 4/5. 1951.) DOSSMANN. 5764

Ada Prins, Beknopte leidraad voor de qualitatieve chemische analyse. Met. medew. van **E. Verboom.** 7e, geh. herz. dr. Amsterdam: Scheltema & Holkema. (XI + 128 S.) fl. 5,25.

Robert Schwarz und **Peter W. Schenk**, Chemisches Praktikum. Für Mediziner u. Studierende sonstiger an Chemie interessierten Wissenschaften. 6. umgearb. Aufl. Leipzig: J. A. Barth (i. d.) Arbeitsgemeinschaft med. Verlage. 1953. (Ausg. 1952) (115 S. m. 1 Abb.) 8°. DM 4,20.

H. Angewandte Chemie.

I. Allgemeine chemische Technologie.

Shuzo Seki und **Hideaki Chihara**, *Einführung in die außerjapanische Literatur über die Adsorption von Gasen an feste Körper.* Ausführliche Buch- u. Zeitschriftenbibliographie über allg. theoret. u. experimentelle Forschung u. 7 einzelne Gruppen von Adsorbentien. — 729 Zitate. (Chem. and chem. Ind. [Kagaku to Kogyo] **5.** 23—35. Jan. 1952. [Orig.: japan.]) SCHULER. 5848

J. M. Coulson, *Entwicklung auf dem Gebiete des Eindampfens.* Allg. techn. u. wirtschaftliche Ausführungen über Apparate an Hand von Abbildungen. (Food Manufact. **26.** 438—42. Nov. 1951. London, Imperial Coll., Dep. of Chem. Engng.) LIEBNER. 5864

Ernst Klosse, *Wirkdruckzumischer.* Der Wirkdruck des Venturirohres wird für die konstante Dosierung bei der Zumischung kleiner Flüssigkeitsmengen herangezogen. Besprochen werden: Grundprinzip der Wirkdruckzumischerkonstruktionen, die konstruktive Ausbildung (schemat. Darstellungen) sowie die Anwendung. (Chemiker-Ztg. **76.** 627—31. 20/9. 1952.) P. ECKERT. 5882

J. Alemán Vega, *Mechanik der katalytischen Oxydationen.* Nach einem Überblick über die Theorien der katalyt. Oxydation in Dampfphase wird im einzelnen der Einfl. der Temp., der Kontaktdauer, des Katalysators u. der Konz. des KW-stoffs untersucht u. verschied. Apparat-Typen besprochen. (Rev. Ci. apl. **5.** 408—18. Sept./Okt. 1951.) R. M. MÜLLER. 5898

Gesellschaft für Linde's Eismaschinen Akt.-Ges., Höllriegelskreuth/München, *Reinigen und Kühlen zu zerlegender verdichteter Gasgemische* nach Patent 837 106, dad. gek., daß der abgezweigte Teilstrom im Gegenstrom mit sich selbst auf etwa Umgebungstemp. angewärmt, verdichtet u. nach Rückkühlung im Wärmeaustausch mit sich selbst zur partiellen Erwärmung eines kalten, arbeitsleistend zu entspannenden Gases verwendet wird. Abänderungen der Verfahrensschritte zur Zerlegung von Luft. — Abbildung. (**D. B. P. 840 561** Kl. 17g vom 26/3. 1950, ausg. 3/6. 1952. **Zusatz zu D. B. P. 837 106; C. 1952. 5630.**) SCHINDLER. 5857

Gesellschaft für Linde's Eismaschinen Akt.-Ges., Höllriegelskreuth (Erfinder: **Fritz Ranke**, Pullach), *Betrieb eines oder mehrerer Regeneratorenpaare in Gastrennungsanlagen.* Das Prinzip des Regelverf. ist folgendes: 2 Regeneratoreinheiten, zwischen denen ein Temperaturausgleich durch Regelung der Gasverteilung unter sich leicht möglich ist, werden bei der Messung durch Quotienten- oder Differenzbldg. ihrer Tempp. unmittelbar miteinander verglichen. Die Abweichung des Meßergebnisses vom Sollwert steuert die Gasverteilung entweder unmittelbar durch Änderung der Gasmenge pro Zeiteinheit oder bei konstanter Gasmenge pro Zeiteinheit durch Änderung der Durchströmzeit. Nähere Beschreibung der Meßarten u. Meßgeräte u. deren Schaltungen. Beispiel einer Luftzerlegungsanlage mit je 2 Regeneratoren für N_2 u. O_2. (**D. B. P. 841 923** Kl. 17g vom 22/12. 1950, ausg. 19/6. 1952.) SCHINDLER. 5857

Adolf Messer G. m. b. H. (Erfinder: **Peter Grassmann**), Frankfurt/M., *Zerlegung von Luft oder anderen Gasgemischen* durch Verflüssigung u. doppelte Rektifikation, dad. gek., daß der im Sumpf der Niederdruckkolonne sich sammelnde fl., reine O_2 bzw. das leichter verflüssigbare Prod. teilweise verdampft wird, u. daß durch die Dampfblasen die nicht verdampfte Fl. in den Verdampferraum des Kondensators am oberen Ende der Mitteldruckkolonne gehoben wird. Als Wärmequelle für die Teilverdampfung des O_2 dient gasförmiger N_2. — Beispiel u. Vorrichtung. (**D. B. P. 849 850** Kl. 17g vom 27/1. 1944, ausg. 18/9. 1952.) SCHINDLER. 5857

Badische Anilin- & Soda-Fabrik (Erfinder: **Wilhelm v. Füner** und **Gerhard Forn**), Ludwigshafen/Rh.), *Herstellung wirksamer siliciumhaltiger Katalysatoren oder Katalysatorträger*, z. B. für die Druckhydrierung, Spaltung, Reformierung, Alkylierung, Isomerisierung, Cyclisierung u. KW-stoffsynthese. Wasserglaslsg. (I) u. ein oder mehrere Metallsalze werden in Ggw. von HNO_3 zusammengebracht. Das Gel wird abgetrennt, gewaschen u. getrocknet, geformt u. auf höhere Temp. (650°) erhitz. Die Fällung soll bei p_H 2,5—5 ausgeführt werden. HNO_3 u. Metallsalzlsg. können gemischt oder getrennt u. gleichzeitig mit I zusammengebracht werden. (**D. B. P. 843 251** Kl. 12g vom 3/6. 1944, ausg. 7/7. 1952.) STEIL. 5905

N. V. de Bataafsche Petroleum Mij., Den Haag, Holland, *Herstellung von Katalysatoren* für die Hydrierung, Dehydrierung, Entschwefelung u. Reformierung. Ein Träger (Al_2O_3) wird mit einer wss. Mono-, Di- oder Triäthanolamin enthaltenden Lsg. von NH_4-Wolframat, NH_4-Molybdat, Co- u. Fe-Salzen imprägniert. (**E. P. 668 592** vom 10/3. 1950, ausg. 19/3. 1952. Holl. Prior. 31/3. 1949.) STEIL. 5905

A. Brester en **J. P. Weddepohl**, Scheikunde en chemische technologie ten behoeve van het middelbare technische onderwijs. Dl. 1. 7e dr. Haarlem: H. Stam. (134 S. m. Abb.) fl. 2,90.

III. Elektrotechnik.

Patent-Treuhand-Ges. für elektrische Glühlampen m. b. H., Heidenheim/Brenz (Erfinder: **Otto Neunhoeffer**, Berlin-Buch, und **Paul Schulz**, Karlsruhe), *Glühlampe.* Die Betriebstemp. des Quarzglas- oder Hartglaskolbens wird so hoch gelegt, daß verdampfendes oder zerstäubendes Leuchtkörpermaterial mit einem Hilfsstoff oder dessen Zerfallsprodd. eine gas- oder dampfförmige Verb. eingeht. Als Hilfsstoff dient bes. eine geringe Menge eines oder mehrerer Halogenide von für die Bldg. des Leuchtkörpers brauchbaren Metallen, z. B. W-Chlorid, Ta-Bromid oder Rh-Jodid bei einer Lampe mit W-Leuchtkörper. (**D. B. P. 841 307** Kl. 21f vom 6/10. 1949, ausg. 13/6. 1952. **Zusatz zu D. B. P. 833 221; C. 1952. 6267.**) KESSEL. 5973

Siemens-Schuckert-Werke Akt.-Ges., Berlin und Erlangen (Erfinder: **Friedrich Thiekötter**, Dortmund-Hörde), *Gasentladungsleuchtröhren* tragen auf einem Teil ihrer Wandung innen oder außen einen spiegelnden Belag aus Ag, Hg oder einem Amalgam. (**D. B. P. 838 796** Kl. 21f vom 16/7. 1950, ausg. 12/5. 1952.) KESSEL. 5975

Soc. An. pour les Applications de l'Électricité et des Gaz rares „Établissement Claude Paz et Silva" (Erfinder: **Pierre Delrieu** und **André Claude**), Paris, Frankreich, *Kathoden für Gasentladungsröhren.* Zur Erzeugung des aktivierenden Stoffes läßt man BaO_2 (I) mit Mo oder Ta oder einem Gemisch aus beiden mindestens bei Rotglut so lange reagieren, bis sich ein grauschwarzes Prod. ergibt. Die Rk. muß mindestens zum Schluß in nicht oxydierender oder in reduzierender Atmosphäre erfolgen u. wird prakt. vor der Verflüchtigung von metall. Ba beendet. Etwas W. kann zugegen sein. I kann auch mit Erdalkalicarbonaten gemischt werden. (**D. B. P. 842 690** Kl. 21f vom 22/10. 1950, ausg. 30/6. 1952. F. Priorr. 27/10. 1949, 18/4., 3/7. u. 9/8. 1950.) KESSEL. 5975

Cinema Television Ltd. (Erfinder: **Alfred Sommer**), London, England, *Sekundäremissionselektrode,* bes. für lichtelektr. Elektronenvervielfacherröhren. Eine auf einem Träger (z. B. einer Ag- oder Glasfläche) niedergeschlagene, ein Alkalimetall enthaltende lichtelektr. empfindliche Schicht (z. B. aus Sb mit therm. bei 140—190° hineindiffundiertem Cs) wird höher erhitzt (z. B. auf 200°), bis ihre Lichtempfindlichkeit ihren Höchstwert erreicht hat, dann auf Raumtemp. abgekühlt u. durch Zugabe von etwas O_2 so lange oxydiert, bis die Lichtempfindlichkeit ein Minimum erreicht hat. (**D. B. P. 836 533** Kl. 21g vom 3/10. 1950, ausg. 15/4. 1952. E. Priorr. 15/3. 1939 u. 1/3. 1940.) KESSEL. 5975

Karl Weiß, Bad Kreuznach, *Großflächige lichtempfindliche Schichten* gewinnt man durch Aufdampfen von techn. reinem CdS (auch PbS oder Sb_2S_3) auf eine Trägerschicht (bes. aus Hartglas) bei 300—550°, bes. 380—420°. (**D. B. P. 837 424** Kl. 21g vom 30/9. 1950, ausg. 28/4. 1952.) KESSEL. 5975

Kurt Rosenberg, Essen, *Lichtelektrische Stromerzeugung.* Lichtelektr. Elemente werden durch radioakt. Strahlen unmittelbar oder auf dem Wege über einen Fluorescenzschirm erregt. (**D. B. P. 842 694** Kl. 21g vom 3/11. 1950, ausg. 30/6. 1952.) KESSEL. 5975

Hazeltine Research, Inc., Chicago, Ill., V. St. A., übert. von: **Francis Hugh Brittain**, Pinner, **Charles Eric Ransley**, Wembley, und **John Walter Ryde**, Nordwood, England, *Kristallgleichrichter.* Ein Si-Kristall, der an einer Fläche poliert u. mit H_2F_2 geätzt ist, wird in Luft ca. 2 Std. auf ca. 1050° erhitzt. Die so gebildete oberflächliche Oxydschicht wird durch kurzes Ätzen (ca. 5. Min.) mit konz. H_2F_2 nahezu völlig wieder entfernt. Auf diese Kontaktfläche wird eine metall. Kontaktspitze aufgesetzt. (**A. P. 2 583 681** vom 6/8. 1947, ausg. 29/1. 1952. E. Prior. 20/4. 1945.) KESSEL. 5977

Licentia Patent-Verwaltungs-G. m. b. H., Hamburg (Erfinder: **Siegfried Poganski**, Belecke/Möhne), *Trockengleichrichter,* bes. Se-Gleichrichter. Eine Halbleiterschicht (**I**) wird auf einer Unterlage (**II**) therm. formiert u. mit einer freitragenden Gegenelektrode (**III**) versehen. Dann wird **II** ganz u. **I** bis auf einen kleinen Teil der ursprünglichen Dicke abgetragen, z. B. durch Abätzen oder Abdampfen. Vorher kann der an die **III** angrenzende Teil der **I** bis zur Ausbildung einer Sperrschicht therm. oder elektr. behandelt werden. Auf die freigelegte Fläche der **I** kann eine die Sperrschichtbldg. verhindernde Schicht (z. B. aus Bi_2Se_3 oder Tl_2S) aufgebracht werden. (**D. B. P. 839 233** Kl. 21g vom 16/8. 1949, ausg. 19/5. 1952.) KESSEL. 5977

Süddeutsche Apparate-Fabrik G. m. b. H. (Erfinder: **Johannes Jacobs**), Nürnberg, *Trockengleichrichter und Photoelemente.* Die Grund- oder die Deckelektroden (oder beide) bestehen aus elektr. leitendem Kunststoff, auf dessen der Halbleiterschicht zugewandten Seite noch eine dünne Metallschicht (z. B. aus Fe, Bi, Al oder Leichtmetall) aufgebracht sein kann. Die Schichten sind so dünn, daß die Elemente biegsam sind. Spröde Schichten (bes. Se-Schichten) werden durch Imprägnierung mit einem Lack biegsam gemacht. (**D. B. P. 838 924** Kl. 21g vom 5/8. 1950, ausg. 10/7. 1952.) KESSEL. 5977

United States of America, übert. von: **Andrew M. McMahon**, Houston, Tex., und **Arthur H. Snell**, Oak Ridge, Tenn., V. St. A., *Neutronenmessung.* Zur Messung von Integraldosen mißt man (z. B. in einer Brückenschaltung) die Widerstandsänderung eines Körpers, der aus einem Element (z. B. Li oder B) besteht, das unter Neutronenbestrahlung ein gasförmiges Element (z. B. He) abspaltet. (**A. P. 2 564 626** vom 10/3. 1945, ausg. 14/8. 1951.) KESSEL. 5979

Bell Telephone Laboratories, Inc., übert. von: **Walter B. Ellwood**, New York, N. Y., V. St. A., *Elektrische Kontakte* (**I**). Zur Verringerung der Lichtbogenbldg. werden die Stromzuführungen in der unmittelbaren Umgebung der **I** mit Perlen aus Ferriten (**II**) von hoher Permeabilität u. hohem Hochfrequenzwiderstand umgeben. Als **II** dienen z. B. Mn-, Cu- Ni- oder Mg-Zinkferrite. (**A. P. 2 594 890** vom 16/8. 1950, ausg. 29/4. 1952.) KESSEL. 5983

IV. Wasser. Abwasser.

George P. Fitzgerald, Gerald C. Gerloff und **Folke Skoog**, *Untersuchungen von Chemikalien mit selektiver Giftwirkung auf Blaugrünalgen.* Von 300 mit *Microcystis aeruginosa* als Testorganismus geprüften Chemikalien waren einige in Konzz. von 10—1 mg pro Liter, verschied. Verbb. von Chinonstruktur in Konzz. unter 1 mg/Liter u. 2.3-Dichlornaphthochinon (**I**) in Konz. von 2 Mikrogramm/Liter tox. gegen Blaugrünalgen. **I** ist ein wirksames Fungicid, anscheinend in Konzz. von 10—100 Mikrogramm selektiv tox. gegen Blaugrünalgen, aber unwirksam gegen die meisten Grünalgen u. höheren Wasserpflanzen. **I** hat in Mengen bis 100 Mikrogramm/Liter keine Wrkg. auf Fische. Weitere Unterss. hinsichtlich der Vorteile von **I** gegenüber Cu-Sulfat sind erforderlich. (Sewage ind. Wastes. **24.** 888—96. Juli 1952. Madison, Wis., Univ.) MANZ. 6010

William A. Healy, *Hygienische Kontrolle von Oberflächenwasserversorgungen.* Der zunächst nur in einem Teile u. später im ganzen Versorgungsgebiet eingetretene Anstieg des Colititers wurde durch Benutzung des der Versorgung dienenden Sees u. seines Einzugsgebietes für Erholungszwecke veranlaßt u. konnte durch starke Chlorung des Zulaufes, wiederholte Entkeimung des Netzes erst nach 2 Wochen behoben werden. Die durch Windeinw. hervorgerufenen Oberflächenströmungen können Verschmutzung auch von weiter abgelegenen Teilen des Ufers rasch bis zum Einlauf befördern. Bei Oberflächenwasserversorgungen, die ausschließlich durch Chlorung entkeimt werden, muß das Seebecken u. das ganze Einzugsgebiet als Schutzgebiet abgeschlossen werden. (J. New England Water Works Assoc. **66.** 214—27. Juni 1952. Concord, N. H., New Hampshire Dep. of Health.) MANZ. 6016

Zoro Shibata, *Industrieabwässer.* Überblick über die mit (chem.) Industrieabwässern verbundenen Fragen, bes. in Anwendung auf japan. Verhältnisse. (Chem. and chem. Ind. [Kagaku to Kogyo] **5.** 7—11. Jan. 1952. [Orig.: japan.].) SCHULER. 6036

A. M. Buswell und **J. F. Pagano**, *Reduktion und Oxydation von Stickstoffverbindungen in verschmutzten Flüssen.* Bei der Methangärung von Essigsäure mit Reinkulturen unter Zugabe von Nitrat tritt unter Bldg. von Nitrit u. gasförmigem N_2 Denitrifikation ein. Bei fortgesetzter Zugabe von Nitrat u. Essigsäure ist im Gas kein CH_4 mehr vorhanden; später nimmt die Gasbldg. bei Fehlen von Nitrat oder oxydablem C ab. Das zugegebene Nitrat wird neben synthetisierter Zellsubstanz quantitativ zu N_2 umgesetzt. Die fakultativ anaeroben, nitratreduzierenden Organismen sind gramnegative, kurze bewegliche Stäbchen, sie vergären Zucker nicht. 2 Arten wurden als Pseudomonas indentifiziert. (Sewage ind. Wastes **24.** 897—903. Juli 1952. Urbana, Ill., State Water Survey.) MANZ. 6038

G. Müller-Neuhaus, *Über Klärung und Flockung von Abwasser.* Aus den im einzelnen erläuterten Ergebnissen der Kolloidforschung über peri- u. orthokinet. Koagulation ergibt sich für die Bemessung u. Gestaltung von Absatzbecken: Mit sehr feinen Stoffen von 1—10 μ Durchmesser belastete Abwässer, wie Emscherwasser, können ohne Koagulationswrkg. nicht geklärt werden. Sämtliche Abwässer zeigen mit der Konz. steigende koagulierende Wrkg. der Feinststoffe. Bei ausreichender Konz. bewirkt die Molekularkoagulation die schnelle Bldg. größerer Teilchen mit merklicher Absetzgeschwindigkeit. Der Einfl. der Teilchenströmung bewirkt, daß die zunächst mit der Wassertiefe wachsende orthokinet. Koagulationswrkg. nach Erreichung einer krit. Flockengröße nicht mehr zunimmt. Es ist zwischen der zur Bldg. sedimentierbarer Flocken notwendigen Koagulationsdauer u. der für das Absetzen der Flocken notwendigen Absetzzeit zu unterscheiden. Molekularkoagulation kommt nur bei ausreichender Anfangskonz. u. auf kurze Dauer zur Wrkg.; für Abwasserklärung ist die Strömungskoagulation wegen des Ausfallens der größeren Teilchen von Bedeutung, deren vollständige Ausnutzung durch langsame vertikale Bewegung in besonderen Flockungsbecken anzustreben ist. Durch geeignete Wahl der Umwälzgeschwindigkeit ist die krit. Flockengröße zu steigern, um besseres u. schnelleres Absetzen zu erreichen. (Gesundheits-Ing. **73.** 132—36. April; 194—98. Juni 1952. Essen, Emschergenossenschaft-Lippeverband.) MANZ. 6040

A. Heller, *Vereinfachung der Berechnung des biochemischen Sauerstoffbedarfs.* Bezeichnet man den O_2-Geh. des Verdünnungswassers mit v, des Mischwassers mit x, die am Anfang gemessene Konz. mit dem Index o, den nach 5 Tagen gemessenen Wert mit Index 5, sowie den Verdünnungsfaktor mit f, so ergibt sich die allg. Formel $BSB_5 = v_0 - (v_0 - x_0)f + (v_5 - x_5)f - v_5$. Unter Vernachlässigung des O_2-Geh. des Abwassers bei Verdünnungen über 1:50 vereinfacht sich die Beziehung zu $BSB_5 = (v_5 - x_5)f - v_5$ u. bei geringer Zehrung des Verdünnungswassers zu $BSB_5 = (x_0 - x_5)f$. (Gesundheits-Ing. **73.** 193—94. Juni 1952. Berlin-Dahlem, Robert-Koch-Inst. für Hygiene u. Infektionskrankheiten, Abt. für Wasser- u. Lufthygiene.) MANZ. 6044

E. N. Helmers, J. D. Frame, A. E. Greenberg und **C. N. Sawyer**, *Nährstofferfordernisse bei der biologischen Stabilisierung gewerblicher Abwässer.* 3. Mitt. *Reinigung mit zusätzlichen Nährstoffen.* (2. vgl. C. **1952.** 907.) Laboratoriumsunterss. über den Abbau von Baumwollwaschwässern, Brauereiabwässern durch Belebtschlammreinigung bei 7std. Belüftungsdauer u. 1500 mg/Liter Schlamm mit 5% Beimischung von häuslichem Abwasser u. Zusatz von N- u. P-Salzen, bei Belastungen bis zu 1,12 kg BSB je m^3 Belüftungsraum. Die krit. N-Menge ist 3 bzw. 4 u. 3 Teile, die krit. P-Menge 0,6 bzw. 0,7 u. 0,5 Teile je 100 Teile abgebauten BSB_5 für Tempp. von 10, 20 u. 30°. Unter diesen N-Mengen wird der Abbau verzögert, der Schlamm setzt sich schlechter ab u. ist schwerer zu entwässern. Ein N-Geh. unter 7% im trockenen Belebtschlamm, bezogen auf organ. Substanz, zeigt N-Mangel an. (Sewage ind. Wastes **24.** 496—507. April 1952. Cambridge, Mass., Inst. of Technol., Sedgwick Memorial Labors.) MANZ. 6048

James E. Fuller, *Reinigungsmittel und Faulbehälter.* Laboratoriumsunterss. ergaben keinen Hinweis, daß die käuflichen Reinigungsmittel in Mengen bis zu 100 mg/Liter den Betrieb von Faulräumen stören. (Sewage ind. Wastes **24.** 844—50. Juli 1952. Amherst, Mass., Univ., Dep. of Bacteriol. and Public Health.) MANZ. 6048

F. Wellington Gilcreas, *Grenzen der bakteriologischen Standardmethoden zur Bewertung der hygienischen Qualität des Wassers.* Die in die Neuausgabe der Standard Methods ohne grundsätzliche Änderung aufgenommenen bakteriol. Untersuchungsverff. sind nur unter Berücksichtigung der durch Ausführungstechnik, Nährböden, Umwelteinflüsse auf die Keime sowie durch die Auswahl des Testorganismus gegebenen Begrenzungen auszuwerten. Nach Beobachtungen an Coli-armen Proben sind die Veränderungen des Coli-Index in gekühlten u. nicht gekühlten Proben während 24 Std. unbedeutend. (J. New England Water Works Assoc. **66.** 167—76. Juni 1952. Albany, N. Y., State Dep. of Health.) MANZ. 6064

V. Anorganische Industrie.

R. G. Weavind, *Über die Trennung schwer abzusondernder Diamanten von Begleitmineralien.* Viele Diamanten, welche bes. im Alluvium vorkommen, lassen sich schlecht vom Ganggestein trennen, weil ihre Oberfläche mit einer dünnen benetzbaren Schicht von Metallsalzen bedeckt ist, die aus den natürlichen Wässern stammen, mit denen sie in Kontakt gekommen sind. Die Trennung beruht auf der Erzeugung einer nicht benetzbaren Oberfläche der Diamanten, was mit Hilfe von Fettsäuren gelingt. (J. chem., metallurg. Mining Soc. South Africa **52.** 243—64. Mai 1952.) K. SEIDEL. H 260

F. J. Collin Akt.-Ges. (Erfinder: **Paul Stoller**), Dortmund, *Abtrennung von H_2S und CO_2 aus NH_3-haltiger Waschflüssigkeit* (**I**). Die durch Dest. der **I** erzeugten, H_2S, CO_2 u. NH_3 enthaltenden Schwaden werden zum Zweck der selektiven Aufnahme von NH_3 in einem Wascher mit einer wss. Alkalisalzlsg. bei $<100^0$ behandelt, bes. mit NH_4Cl u./oder $(NH_4)_2SO_4$ mit mindestens einem Na-Salz bei 85—90⁰. (**D. B. P. 845 498** Kl. 12k vom 7/4. 1949, ausg. 31/7. 1952.) NEBELSIEK. H 243

Johnson & Sons' Smelting Works Ltd., übert. von: **Thomas Critchley,** Brimsdown, Enfield, England, *Absorption von Stickoxyden.* Die z. B. bei der Einw. von Metallen auf HNO_3 (**I**) entweichenden braunen Gase leitet man mit der Geschwindigkeit ihrer Entw. durch eine Säule eines Materials mit großer Oberfläche. Gleichzeitig wird konz. O_2 eingeleitet u. von oben eine wss. Fl. zugeführt. Nimmt man z. B. inertes Material u. W., so erhält man **I**. Nimmt man z. B. großoberflächiges Ag u. **I**, so erhält man eine $AgNO_3$-Lösung. — 2 Zeichnungen. (**A. P. 2 581 518** vom 17/2. 1948, ausg. 8/1. 1952. E. Prior. 8/3. 1946.) ZÜRN. H 243

Soc. An. dite: Manufactures de Produits Chimiques du Nord Etablissements Kuhlmann, Paris, Frankreich, *Durchführung katalytischer Gasreaktionen,* z. B. *SO_2*-Oxydation. Ein Mantel umschließt mehrere übereinander angeordnete Kontaktschichten. In den Zwischenräumen sind in der Mitte glockenförmige Ablenkbleche zur Gasführung u. in dem dazwischenliegenden Ringraum U-förmige Kühlrohre, die wahlweise von außen zu- oder abgeschaltet werden können, angebracht. Das Reaktionsgas wird von oben nach unten geführt. — Zeichnungen. (**Schwz. P. 274 231** vom 16/4. 1948, ausg. 16/6. 1951. F. Prior. 2/8. 1947.) STEIL. H 253

Adrien Saufourche und **Marie J. Saufourche** geb. **Ben,** Frankreich, *Herstellung von Arseniaten.* Leicht umsetzbare Metalloxyde oder -hydroxyde werden mit H_3AsO_4 in Pulverform in Rk. gebracht u. zur Umsetzung lediglich die Reaktionswärme ausgenutzt. $Ca(OH)_2$, $Cu(OH)_2$ u. a. können auf diese Weise in Arseniate verwandelt werden. Man kann den Metalloxyden oder -hydroxyden vor der Rk. mit H_3AsO_4 eine Spur NaOH zusetzen. (**F. P. 989 750** vom 27/4. 1949, ausg. 12/9. 1951.) WITTHOLZ. H 265

Winston Ewart May, Rudheath, Cheshire, **Thomas Reginald Scott,** Acton Bridge, und **Imperial Chemical Industries Ltd.,** London, England, *Salzkristalle.* Die *Kochsalzkristalle* (NaCl) besitzen die Form von 3 dimensionalen Dendriten u. eine Schüttdichte von nicht $>0{,}7$ g/cm³. Sie werden durch Vakuumverdampfung von NaCl-Laugen (p_H 10), die von ihrem Ca- u. Mg-Geh. befreit wurden u. 0,00005% Ferro- oder Ferricyanid oder K-Palmitat (1:10000) enthalten, in Abwesenheit von Luft u. unter ungenügendem Rühren hergestellt. (**E. P. 667 101** vom 23/2. 1949, ausg. 27/2. 1952.) KARST. H 274

Karl Büchner, Duisburg-Hamborn, *Herstellung von Kaliumcarbonat aus Chlorkalium* nach D. B. P. 832 289, dad. gek., daß der bei der Rk. zwischen KCl, NH_3, CO_2 u. Syngenit entstehende Rückstand aus K_2SO_4 u. $CaCO_3$ mit NH_3-freiem W. oder NH_3-freier NH_4Cl-Lsg. gewaschen wird, worauf man die entstehenden Waschlsgg. durch Abkühlen u. Einleiten von gasförmigem NH_3 von ihrem Geh. an K_2SO_4 befreit. Die NH_4Cl-Mutterlauge wird auf festes NH_4Cl verarbeitet, das mit dem bei der K_2CO_3-Herst. anfallenden

Kalkschlamm zu einem Düngemittel mit hohem N- u. $CaCO_3$-Geh. verarbeitet wird. (**D. B. P. 848 802** Kl. 121 vom 5/12. 1950, ausg. 8/9. 1952. **Zusatz zu D. B. P. 832 289; C. 1952. 5958.**) KARST. H 275

VI. Silicatchemie. Baustoffe.

Friedrich Reinhart, *Der Ultraschall und seine Anwendung in den Silicatindustrien.* Nach kurzer Beschreibung der verschied. Verff. zur Ultraschallerzeugung wird an Hand von 12 Literaturangaben kurz über die Materialprüfung mittels Ultraschall u. einige andere Anwendungsmöglichkeiten berichtet, wie z. B. Beeinflussung keram. Gießschlicker, Absonderung von Quarzteilchen aus Tonsuspensionen, Beschleunigung des Läuterns von Glas, Oberflächenglättung bei tonigen Halbfabrikaten, Zerkleinerung keram. Stoffe. (Sprechsaal Keram., Glas, Email **85.** 67—69. 20/2. 1952.) MAUNE. 6160

N. N. Katschalow, *Neue Untersuchungen auf dem Gebiet der Glastechnologie.* Allgemeinverständliche Übersicht. (Природа [Natur] **41.** Nr. 8. 72—76. Aug. 1952.) ULMANN. 6168

Walter Artelt, *Glas und Heilkunde in ihren geschichtlichen Wechselbeziehungen.* Histor. Entw. der Glastechnik mit den fortschreitenden Ansprüchen der Medizin. Einführung von Glasinstrumenten in die medizin. Diagnostik. (Glastechn. Ber. **25.** 231—41. Aug. 1952.) FROST. 6168

Martin Blanke, *Auflösung von Wannensteinen.* Vf. untersucht 58 Wannensteinqualitäten bzgl. ihrer Auflösung in Sodaschmelze bei 1000° u. in Na_2SO_4-Schmelze bei 1400°. Schmelzsteine mit hohem Tonerdegeh. zeigen die geringste Auflösung. Schamottewannensteine müssen erst mit Sodaglas beim Antempern überzogen werden, ehe mit der Sulfatglasschmelze begonnen werden kann. Die beste Lösung bringt aber der hochtonerdehaltige Schmelzstein. (Silikattechnik **3.** 127—30. März 1952. Berlin.) SCHÜTZ. 6172

Rudolf Rasch, *Das Wesen des Sulfatangriffs.* Die unangenehmen Erfahrungen der Praxis über die zerstörenden Einflüsse von Sulfaten auf Glaswannensteine stehen im Widerspruch zu relativ günstigen Ergebnissen einer Reihe von Laboratoriumsarbeiten. Vf. zeigt, daß die Zerstörungen in bes. hohem Maße bei Tempp. unterhalb 950° erfolgen, während die Laboratoriumsverss. zumeist bei höheren Tempp. durchgeführt wurden. Gerade an den kühleren Stellen der Wannen (Meßstellen, Schauluken u. dgl.) entsteht infolge Sulfatzerfalls Na_2S, das mit der unverglasten, bei dieser Temp. noch in Umwandlung befindlichen u. daher bes. reaktionsfähigen Kieselsäure der Schamottesteine Siliciumsulfid bildet. Dieses bewirkt beim Entweichen eine schaumige Aufblähung u. beginnende Zerstörung der Steine. Eine höhere Brenntemp. bei der Herst. der Wannensteine würde infolge Verglasung der Kieselsäure eine erhöhte Sulfatbeständigkeit sichern. (Sprechsaal Keram., Glas, Email **85.** 28—29. 20/1. 1952.) MAUNE. 6174

Otto R. Herfurth, *Über die Verwendung seltener Oxyde in der Färbung und Entfärbung von Glas.* Vf. weist auf die Verwendung Seltener Erden für die Färbung von Gläsern hin u. gibt in Tabellen u. Erläuterungen dazu Hinweise auf die färbende Wrkg. von Ce, Nd u. Pr allein u. in Verbindung mit anderen färbenden Stoffen (Se, Au, Ni, Ti), bes. auch unter Beachtung der Wrkg. bei verschied. Schichtstärken der erarbeiteten Gläser. Eingehend behandelt Vf. dann die Entfärbung mit den genannten Stoffen, bes. auch ihre stützende Wrkg. für die Selenentfärbung. Dabei weist er bes. auf die Gefahren von Mißfärbungen durch die Ggw. von As u. von Überfärbungen durch entsprechenden Geh. der Scherben an färbenden Stoffen, der vor der Verwendung nicht immer einwandfrei festzustellen ist. Die Entfärbung mit Seltenen Erden sollte mehr Aufnahme finden, weil die Präpp. meist leicht zu dosieren sind, sie verlangt aber andererseits eingehende Verss. mit den jeweiligen Öfen u. dem verschied. Schmelzgut. (Glas-Email-Keramo-Techn. **3.** 1—4. 15/1. 38—40. 15/2. 1952.) KÜHNERT. 6176

Norbert Neuroth, *Der Einfluß der Temperatur auf die spektrale Absorption von Gläsern im Ultraroten.* Aufnahme der Absorptionsspektren von vier Gläsern bekannter Zus. im Spektralbereich von 1—5 μ bei Tempp. von 18—1300°. Abnahme der Absorption des festen Glases mit steigender Temperatur. Zwischen 500—1000°: Starke Abnahme im gesamten Spektralbereich, bei Pb-Glas nur oberhalb 2,8 μ. Die Absorption des fl. Glases nimmt mit steigender Temp. zu. Temperaturanstieg verursacht Abflachung der Absorptionskanten u. -banden. Zum Teil wurden bei hohen Tempp. chem. Veränderungen im Glase beobachtet. (Glastechn. Ber. **25.** 242—49. Aug. 1952. Frankfurt/M., Univ., Phys. Inst.) FROST. 6200

I. Peychès, *Der viscose Glasfluß bei niedrigen Temperaturen.* Bei hohen Tempp. im Wasserbad abgeschreckte Glasfäden behalten ihre bei diesen Tempp. bestehende Struktur bei, im Gegensatz zu nachgekühlten Gläsern. Dies konnte erst bei Tempp. oberhalb 350° beobachtet werden. Damit parallel ging: eine Erniedrigung des Transformationspunktes, eine Verringerung des Brechungsindex, eine Verbiegung der Fäden bei asymm. Kühlung, ein zeitlicher Anstieg des elektr. Widerstandes des geschmolzenen Glases bei Schmelztempp. u. eine Änderung des elektr. Widerstandes abgeschreckter Fäden im Bereich von 350—550°. Allg. werden die physikal. Glaseigg. durch den Abschreckprozeß verändert. (J. Soc. Glass Technol. **36**. Trans. 164—80. Juni 1952. Paris, Saint-Gobain Res. Centre.) FROST. 6200

W. W. Polljak, *Einfluß der optischen und Zähigkeits-Inhomogenität der Glasmasse auf die Qualität des Glases.* Am Beispiel der Herst. von Tafelglas verschied. Dicke wird gezeigt, daß die opt. Inhomogenität beim Ziehen des Glases ohne Anwendung des Schiffchens weniger in Erscheinung tritt, als bei Verwendung eines solchen. Jedoch wird ihr Auftreten in erster Linie durch Temperaturdifferenzen in der Glasmasse während des Ziehens verursacht. Ein hermet. Abschluß, Vermeiden des Zutritts von kalter Luft ist daher erstes Erfordernis. An zweiter Stelle wird der Einfl. einer chem. inhomogenen Zus. der Glasmasse behandelt. Es zeigt sich, daß ein Austausch von SiO_2 gegen Na_2O, ferner von CaO gegen Al_2O_3 u. bes. von Na_2O gegen Al_2O_3 sich sofort in einer Verschlechterung der Optik des Glases bemerkbar macht. Schwankungen im CaO- u. MgO-Geh. lassen sofort eine Inhomogenität erkennen, während Schwankungen im Na_2O-Geh. in Al_2O_3-armen Gläsern sich weniger störend ausweisen. Ein Auflösen eines feuerfesten Bestandteils in der Glasmasse beeinflußt gleichermaßen sofort deren Zähigkeit u. wirkt sich als opt. Inhomogenität aus. (Стекло и Керамика [Glas u. Keram.] **9**. Nr. 7. 3—7. Juli 1952.) v. WILPERT. 6200

Johann Krause, *Wissenswertes für den Keramiker aus dem Gebiet der Kolloidchemie.* Auf Grund der außerordentlichen Bedeutung, die die granulometr. Zus. keram. Massen für die Verarbeitung, das Brennen u. den Scherben hat, bespricht Vf. die physikal.-chem. Grundlagen der Kolloidchemie, soweit sie für den Keramiker von Bedeutung sein können. Von den 3 Möglichkeiten disperser Systeme (grobdisperses, koll. (I), ultramolekulardisperses) ist I das für den Keramiker bedeutendste (nach OSTWALD 200—1 mμ Teilchendurchmesser). Der Umstand, daß ein koll. Teilchen aus 1000 bis 10^9 Atomen besteht, bedingt, daß solche koll. Lsgg. nur einen sehr geringen osmot. Druck u. minimal. kryoskop. Konstanten besitzen. Die koll. Teilchen sind Träger elektr. Ladungen, über deren Größe u. Art bisher wenig bekannt ist, da diese wesentlich durch die an der Oberfläche adsorbierten Ionen abhängen. Es werden die einzelnen Arten von Koll. (Dispersions-, Molekül-, Micellkoll.), ihre Struktur, Konst., Aggregationskinetik u. physikal.-chem. Verh. besprochen. Für den Keramiker ist bes. zu berücksichtigen, daß die koll. Teilchen der Tondispersionen stabförmig oder schuppig sind. (Ceramica [Roma] **7**. [N. S.] 47—51. Aug. 1952.) ANIKA. 6206

L. Benda, *Das Trocknen in der keramischen Industrie.* Übersicht über Trocknungsarten u. Trocknungsenergien. (Sprechsaal Keram., Glas, Email **85**. 373—76. 20/8. 395—99. 5/9. 1952. Berlin.) SCHÜTZ. 6206

A. Rapp, *Elektrische Widerstandsheizung in keramischen Öfen.* Vf. berichtet über die Anwendungsmöglichkeiten elektr. beheizter Brennöfen in der keram. Industrie, ihre Konstruktion u. wirtschaftliche Bedeutung. In der Praxis haben sich überwiegend band- bzw. drahtgewickelte Widerstandselemente einer Cr–Fe–Al–Co-Legierung (maximal 1300° Dauertemp.) durchgesetzt. Ni–Cr-Legierungen sowie Siliciumcarbidstäbe sind wegen zu großer Korrosionsgefahr wenig im Gebrauch. Als Trägerelement für die Widerstandswicklungen werden Schamotte- bzw. Sillimanitkörper verwendet. (Ceramica [Roma] **7**. 50—54. April 1952.) ANIKA. 6210

—, *Wasserstoff in emailliertem Stahl. Eine Ursache des Abplatzens.* Unter Verwendung von schwerem W. wurde festgestellt, daß nur das in der Fritte gelöste W. die Ursache der H_2-Entw. ist, die den Emailüberzug zum Abplatzen bringt. Das Mühlenwasser, das chem. an den Ton gebundene W., das Abschreckwasser u. der Beizprozeß haben jene Wrkg. nicht. (Mod. Refrigerat. **55**. 185—86. Juni 1952.) MARKHOFF. 6212

Ss. M. Weller und **A. A. Aisenberg**, *Zur Frage der Gewinnung keramischer Platten für einen Bodenbelag aus örtlichen Lehmvorkommen.* Es wurden 14 Gemische örtlicher Lehmsorten mit Schamotte (aus diesen Sorten), Askangel, Gumbrin u. Feldspat zur Herst. keram. Platten versuchsmäßig geprüft. 5 Gemische, bei 1180 u. 1250° gebrannt, lieferten brauchbare Platten, davon 3 einwandfrei in Form u. Aussehen. Die beiden restlichen waren nicht genügend säure- u. reibfest. (Стекло и Керамика [Glas u. Keram.] **9**. Nr. 7. 12—13. Juli 1952.) v. WILPERT. 6216

Friedrich Reinhart, *Behandlung und Verwendung von Vermiculit.* Übersicht über die Patentlage bei der Verarbeitung von *Vermiculiten* (hydratisierte Mg–Al-Silicate) zu feuerfesten Isoliermaterialien. (Sprechsaal Keram., Glas, Email **85**. 170—72. 20/4. 1952.) SCHÜTZ. 6218

Yves Letort, *Feuerfeste Tone und Schamottesteine. Theoretische Betrachtungen und Rückschlüsse.* Röntgenograph. Unterss. zeigen, daß die Feinstruktur feuerfester Tone eine unterschiedliche Richtung der Horizontalachsen des Elementargitters aufweist u. zwischen der des Kaolinit u. der des Metahalloysit liegt. Bei der therm. Behandlung von Halloysit, feuerfestem Ton, Kaolinit u. Dickit zeigt sich, daß je regelmäßiger die Kristallstruktur des Minerals ist, um so höher die Temp. liegt, bei der das Konstitutionswasser abgegeben wird. Es werden eingehend die Transformations- u. Existenzintervalle der SiO_2 u. Al_2O_3-Modifikationen u. der mineral. Komponenten besprochen. In Auswertung des Al_2O_3/SiO_2-Diagramms nach BOWEN-GREIG kommt Vf. zu dem Schluß, daß die Ermittlungen in der Praxis von den theoret. physikal.-chem. Gleichgewichten beträchtlich abweichen, da wegen der Verunreinigungen der Rohstoffe (TiO_2, Fe_2O_3, MgO, CaO, Na_2O) der Mullitgeh. verringert wird u. die freie SiO_2, die sich beim Brand nach 3 ($Al_2O_3 \cdot 2\ SiO_2$)=3 $Al_2O_3 \cdot 2\ SiO_2 + 4\ SiO_2$ gebildet hat, nicht kristallin, sondern glasig vorliegt, was Bldg. niedrigschm. Eutektika zur Folge hat. Auf Grund der Werte für die Druckfestigkeit, die Druckerweichung u. lineare Ausdehnung von Schamotteprüflingen schließt Vf., daß die mechan. Widerstandsfähigkeit von der Dichte (Porosität) u. neben den anteiligen Mengen auch wesentlich von der Verteilung des Mullits in der SiO_2-Schmelze (langes Brennen fördert das Wachsen der Mullitkristalle) maßgebend beeinflußt wird. (Ceramica [Roma] **7**. 42—49. April 1952.) ANIKA. 6218

G. Pohl, *Gipsschlackenzement bei Frost.* Mit Gipsschlackenzement können sehr hohe Festigkeiten erreicht werden. Hat Mörtel mit Gipsschlackenzement Frost bekommen, so bindet er nach Einsetzen von wärmerem Wetter weiter ab. Sein Abbindeverh. bei Frost u. niedrigen Tempp. wurde ähnlich dem von Portlandzement gefunden. Er bindet nur etwas träger ab u. ist deshalb dem Portlandzement in den Anfangsfestigkeiten unterlegen. (Zement-Kalk-Gips **5**. 219—22. Juli 1952. Dornap/Rhld.) PISTOR. 6222

Ernst Rissel, *Zur Durchführung der Materialprüfungen für Zementmörtel und -beton durch den Verbraucher.* Betrachtung über den Wert sachgemäßer Baustellenunterss. an Betonzuschlagstoffen u. frischen Betonmischungen. Einige Fehlerquellen werden aufgezeigt. (Betonstein-Ztg. **18**. 12—17. Jan. 1952. Frankfurt/M.) MAUNE. 6224

Österreichisch-Amerikanische Magnesit Akt.-Ges., Radenthein, Kärnten, Österreich (Erfinder: **Kamillo Konopicky**), *Ungebrannte Magnesit- oder Dolomitsteine oder -massen* für die Verwendung im Mauerwerk von Öfen, die in neutraler oder reduzierender Atmosphäre betrieben werden, die andere metall. Reduktionsmittel als Ferrosilicium enthalten, die befähigt sind, Fe-Oxyde zu Fe zu reduzieren. So können z. B. 5—10 Gew.-% metall. Reduktionsmittel in zerkleinerter Form (0,1—5 mm), wie Al, Ca–Si-Legierungen, Mn–Si-Legierungen, oder Mischungen daraus in einer dem Ofeninneren zuzukehrenden Schicht der Massen oder Steine enthalten oder dort angereichert sein. Während der 1. Ofenreise werden solche Steine oder Massen im Ofenmauerwerk in neutraler oder reduzierender Atmosphäre gebrannt, so daß eine Oxydation der zugesetzten Reduktionsmittel nicht eintreten kann. Während des weiteren Ofenbetriebes red. dies Reduktionsmittel an das Mauerwerk gelangende oxyd. Fe-Verbb. zu Metall, wodurch das Mauerwerk gegen Zerstörung geschützt wird. (**Oe. P. 171 429** vom 8/3. 1950, ausg. 26/5. 1952.) BEWERSDORF. 6221

Österreichisch-Amerikanische Magnesit Akt.-Ges. (Erfinder: **Franz Sellner**), Radenthein, Kärnten, Österreich, *Magnesiamasse zur Herstellung von Tiegeln, insbesondere für Elektroöfen, wie Hochfrequenzöfen.* Es findet ein Satz aus Schmelzmagnesia ungleichmäßigen Kornaufbaues mit einem erheblichen Anteil an Grobkorn über 3 mm Verwendung, dessen obere Grenze gegebenenfalls bis zu etwa einem Drittel der Stärke der Tiegelwandung gehen kann. — Z. B. kann eine Magnesiastampfmasse für Tiegel von einer Wandstärke von 130 mm zu 25 (%) aus Schmelzmagnesia von 0,1 (mm), 20 von 0,1—3, 20 von 3—6, 18 von 6—10, 16 von 10—12 u. 1% Bindemittel bestehen. Aus solcher M. hergestellte Tiegel sind gegen Schmelzbäder, bes. Metallbäder, bes. widerstandsfähig. (**Oe. P. 171 731** vom 13/10. 1950, ausg. 25/6. 1952.) BEWERSDORF. 6221

International General Electric Co., Inc., New York (Erfinder: **Floyd C. Kelley**, Schenectady, und **Ralph J. Bondley**, Scotia), N. Y., V. St. A., *Verfahren zum Überziehen nichtmetallischer Werkstoffe.* Auf die Oberfläche des nichtmetall. Stoffes wird Titanhydrid aufgebracht u. unter nicht oxydierenden Bedingungen hoch erhitzt, so daß eine innige Verbindung des Ti mit der Oberfläche erfolgt. Zur Vereinigung zweier stumpf aneinander stoßender Oberflächen aus keram. Material werden sie mit Titanhydrid überzogen. Ebenso wird beim Vereinigen von Metall u. Keramik verfahren. (**D. B. P. 842 469** Kl. 80b vom 3/10. 1950, ausg. 26/6. 1952. A. Priorr. 19/2. u. 24/6. 1946.) REINHART. 6221

Ernst Schmid, Horn, Thurgau, Schweiz, *Herstellung von Beton.* Man gibt dem Anmachewasser Salzsäure in solchem Ausmaße zu, daß auf je 100 (Gewichtsteile) Zement 0,8—3,5 HCl (Gas) entfallen. Während z. B. durch Zusatz von $CaCl_2$-Lsg. nur die Anfangsfestigkeit erhöht wird, steigert die Salzsäure die Endfestigkeit. Nach Verss. lag das Optimum an Festigkeit bei einem Beton, dessen Anmachewasser so viel Salzsäure zugesetzt war, daß auf 100 Zement 1,75 HCl entfielen. Bes. günstig wirkt sich der Zusatz von HCl bei der Herst. von *Kunststeinen* aus Lehm oder Ton mit Zement als Bindemittel aus. — Z. B. wird Lehm unter Zusatz von 6—8% Zement mit W. angemacht, welches Salzsäure im Gewichtsverhältnis von 0,8—3,5% HCl des Zementgewichtes enthält. (**Oe. P. 171 168** vom 25/9. 1948, ausg. 10/5. 1952.) BEWERSDORF. 6225

Gustav Teichner, Wien, Österreich, *Herstellung von Schaumbeton hoher Festigkeit* durch Emulgieren von Sand geeigneter Körnung mit emulgatorhaltigem W. zu Schaum u. Einmischen des Sandschaumes in Zementbrei oder zementhaltigen Mörtel. Zweckmäßig werden als Schaumbldg. begünstigende u. die Festigkeit erhöhende Stoffe Kunstharzpräpp. beigemischt. — Z. B. wurde eine Mischung von 800 g Quarzsand (0—3 mm) u. 300 cm^3 0,04%ig. Harzseifenlsg. durch 10 Min. langes Rühren in lockeren Sandschaum verwandelt u. dieser nach 2 std. Reifung in eine Mischung von 400 g Zement u. 220 cm^3 W. eingerührt. Das erhaltene grobporige Prod. hatte nach achtwöchiger Erhärtung 0,93 D. u. 19,6 kg/cm^2 Druckfestigkeit. (**Oe. P. 171 175** vom 16/11. 1949, ausg. 10/5. 1952.) BEWERSDORF. 6225

Rudolf Maculan, Wien, Österreich, *Leichtbeton mit einem Zuschlagstoff aus allseits geschlossenen Hohlkörpern aus Ton und einem Bindemittel, wie Zement, Hochofenzement, Gips, Kalk.* In weiterer Ausbldg. des Verf. nach dem Hauptpatent zur Erzielung beträchtlicher Gewichtsverminderung u. Erhöhung der Isolationswrkg. werden die Hohlkörper nur insoweit vom Bindemittel umhüllt, als dies zum Aneinanderkitten nur an den Berührungsstellen erforderlich ist. — Z. B. werden in eine Schalung oder Form vorerst die Hohlkörper eingefüllt u. daraufhin mit fl. Mörtel allseitig benetzt, wonach der Überschuß des Mörtels nach einer das feste Aneinanderkitten der Hohlkörper gewährleistenden Einwirkungsdauer wieder abgelassen wird. (**Oe. P. 171 167** vom 14/9. 1948, ausg. 10/5. 1952. **Zusatz zu Oe. P. 162 841; C. 1949. E. 293.**) BEWERSDORF. 6225

Ignaz Zeissl, Wien, Österreich, *Dachziegel aus Beton mit Metallhaut.* Das Aufbringen einer oder mehrerer Metallschichten übereinander erfolgt durch Aufspritzen. Da die Haftfestigkeit der einzelnen Metalle auf der Betonoberfläche verschieden groß ist, bringt man z. B. zuerst eine Unterlage aus guthaftendem Metall, das billig sein kann, auf. Danach kann man aus Gründen der Wetterbeständigkeit eine dünne Schicht wertvolleres Metall aufspritzen, z. B. kann Zn als Unterlage u. Cu als Oberschicht Verwendung finden. (**Oe. P. 171 017** vom 4/11. 1950, ausg. 22/4. 1952.) BEWERSDORF. 6229

Bau- und Liegenschaften G. m. b. H., Basel, Schweiz, *Herstellung farbiger Ziegel.* Tonformlinge werden nach Vortrocknung im Naßverf. engobiert, u. während des Trocknens wird auf die Oberfläche ein färbendes Metalloxyd aufgebracht, worauf das Brennen erfolgt. Auf diese Weise wird nur wenig Metalloxyd verbraucht u. trotzdem wegen der starken Färbekraft der Metalloxyde, bes. des Cr_2O_3, eine kräftige Farbwrkg. erreicht. Das vorherige Überziehen der Formlinge mit der Engobe hat den Zweck, die gegebenenfalls ungleichmäßige Färbung der Tonformlinge zu verdecken. Das Verf. eignet sich bes. zur Herst. von Dachziegeln. (**Schwz. P. 279 570** vom 19/7. 1949, ausg. 17/3. 1952.) REINHART. 6229

Munters' Industri Aktiebolaget, Stockholm (Erfinder: **Carl Georg Munters,** Stocksund), Schweden, *Mehrschichtisolierung* aus abwechselnd aufeinanderliegenden gewellten u. ebenen, durch Klebmittel verbundenen Papierblättern, die mit wasserbeständigem Stoff, z. B. Asphalt (I), imprägniert sind. Der I soll 35—60% des Gewichts der Isolierung betragen u. einen Erweichungspunkt zwischen 95 u. 150° besitzen. Als Klebstoff dient bes. Wasserglas. Feuchtigkeitsbeständigkeit. (**D. B. P. 843 892** Kl. 37b vom 6/3. 1941, ausg. 14/7. 1952. Schwed. Prior. 8/4. 1940.) SCHINDLER. 6229

Grünzweig & Hartmann G. m. b. H., Ludwigshafen/Rh. (Erfinder: **Eduard Bauer,** Mannheim), *Rissefreie Isolierformstücke aus Kunstharzschaumstoff.* Während der bekannten Herst. aus Kunstharzlsg. u. Schaummitteln werden zweckmäßig aufgerauhte Glasfasern beigemischt. (**D. B. P. 846 162** Kl. 39b vom 17/11. 1939, ausg. 11/8. 1952.) SALZMANN. 6229

VII. Agrikulturchemie. Schädlingsbekämpfung.

W. Pissemskaja, *Düngung von Luzerne im Fruchtwechsel mit Baumwolle in Aserbaidshan.* Bei Düngung der Luzerne mit Superphosphat (I) erhöhte sich die Wurzelmasse um 30%. Der Heuertrag wurde um 20% vermehrt. Auf Kalidüngung reagierte Luzerne nur schwach. Am wirksamsten waren Ammophos, gewöhnliches u. neutralisiertes I u. „Präzipitat". Thomasschlacke u. Phosphoritmehl erwiesen sich als weniger wirksam. (Хлопководство [Baumwoll-Wirtsch.] **1952.** Nr. 5. 30—35. Mai. Aserbaidshan, Wiss. Forschungsinst. für Baumwollbau.) A. Jacob. 6304

N. I. Aljamowski, *Die Rolle der Kalkung bei der Erhöhung einer Weizenernte im Nichtschwarzerdegebiet.* Bes. günstig auf Kalkung reagiert Winterweizen. Durch die Kalkung erhöht sich im Korn der %-Geh. an Eiweiß, Phosphorsäure u. Kalk. (Советская Агрономия [Sowjet. Landwirtschaftskunde] **10.** Nr. 9. 39—42. Sept. 1952. Allunions Wiss. Forschungsinst. für Düngemittel, Agrotechnik u. landw. Bodenkunde.) A. Jacob. 6304

B. Kudrin und **Ja. Tschumanow,** *Über die Zeitpunkte für die Stickstoffdüngung beim Riesel-Baumwollbau.* N-Düngung bei Baumwolle im Herbst vor dem Stoppelsturz hat sich als unrationell erwiesen. Der N-Bedarf ist bis zum Beginn der Knospenbldg. gering, starke N-Gaben in dieser Periode haben bei Verss. nachteilig gewirkt. Der Hauptbedarf an N tritt mit der Blüte ein u. steigt bis zur Fruchtbildung. Auf Böden mit guter vorjähriger Düngung kann die N-Zufuhr bei der Saat unterbleiben, sonst sind 15—20 kg P_2O_5/ha u. 10 kg N/ha empfehlenswert. Weitere N-Zufuhr hat als Kopfdüngung zu erfolgen, beginnend mit dem 3.—5. echten Blatt u. abschließend mit der Vollblüte. Solche Düngung unter Verwendung von 90 kg N/ha hat bei Verss. höhere Baumwollerträge (38,3 dz/ha) erbracht als bei Zufuhr im Herbst (34,9 dz/ha). (Хлопководство [Baumwoll-Wirtsch.] **1951.** Nr. **11.** 8—15. Nov.) Linter. 6304

K. Dorph-Petersen, *Versuche mit flüssigem wasserfreiem Ammoniak als Stickstoffdünger.* Auf Traktoren werden Druckbehälter für fl. NH_3 montiert, das über ein Reduktionsventil u. Gummischlauch in vorgepflügte Rillen 12—15 cm tief in den Boden eingeführt u. von diesem bei genügender Feuchtigkeit ohne wesentlichen Verdampfungsverlust aufgenommen wird. Hinter dem NH_3-Auslauf werden die Erdschollen umgehäuft. Im 1. Versuchsjahr wurden 90 kg N/ha angewandt; da aber der Ertrag hiermit teilweise größer war als mit 800 kg Kalksalpeter (I)/ha, wurde die Menge im 2. Jahr auf 60 kg N/ha herabgesetzt, was bei Zuckerrüben u. Kohlrüben 400 kg I/ha entsprach. Auch bei Kartoffeln wurde, auf N-Geh. umgerechnet, gleiche Wrkg. von fl. NH_3 u. von $(NH_4)_2SO_4$ festgestellt. Bei trockenem Nachwetter ist der Vgl. für fl. NH_3 günstiger, da dann der **I,** wenn flach gestreut, erst mit einsetzendem Nd. zu wirken beginnt, das tief eingeführte NH_3 aber sofort. (Tidsskr. Planteavl **55.** 645—57. 1952.) R. K. Müller. 6304

L. A. Tertytschnaja, *Über die Nachwirkung granulierter Düngemittel.* Düngung der Vorfrucht (Salat) mit 60 kg P_2O_5 (I)/ha als granuliertes Superphosphat (II) ergab bei ausreichender Grunddüngung mit N u. K_2O einen Rübenmehrertrag von 20,3% gegenüber einem Mehrertrag von 12,5% bei Anwendung der gleichen Menge von **II**-Pulver. Mit 45 kg I/ha als granuliertes **II** betrug der Rübenmehrertrag nach Radieschen 54% gegenüber 26% mit ungranuliertem **II.** Mit Torf gemischtes granuliertes **II** ergab gegenüber P-freier Düngung nach Radieschen einen Mehrertrag von 23 bzw. 32% (Torf/**II** = 1 : 1 bzw. 1 : 4). (Советская Агрономия [Sowjet. Landwirtschaftskunde] **9.** Nr. 12. 73—75. Dez. 1951. Wiss. Forschungsinst. für Gemüsewirtschaft.) Linter. 6304

A. Ss. Tulin und **W. W. Ssewosstjanowa,** *Die Wirkung von Superphosphat auf südliche Schwarzerden der Krim.* Auf Schwarzerde der Krim mit P_2O_5 (I)-Geh. von 0,096 bis 0,111% wurden zu Sommergerste 10 kg I/ha als granuliertes *Superphosphat* (II) in die Saatfurche u. parallel dazu 50 kg I/ha als staubförmiges **II** vor der Saat in den Boden gebracht. Die Wrkg. auf die Wurzelbldg. war bei beiden **I**-Formen ungefähr gleich u. erstreckte sich gegenüber ungedüngt vornehmlich auf Teile, die in tieferen Schichten lagen. Die **I**-Aufnahme durch die Pflanzen war aus granuliertem **II** stärker als aus staubförmigem. (Почвоведение [Bodenkunde] **1951.** 690—95. Nov.) Linter. 6304

W. Selke, *Akute Fragen der Phosphorsäuredüngung: die Granulierung von Superphosphat und die Reihendüngung.* Vorschriften zur Herst. von granuliertem Superphosphat u. die Vorteile seiner Anwendung. (Dtsch. Landwirtsch. **2.** 570—78. Nov. 1951. Lauchstädt.) Grimme. 6304

J. J. Siegel, A. E. Erickson und **L. M. Turk,** *Diffusionscharakteristiken von 1.3-Dichlorpropen und 1.2-Dibromäthan in Böden.* Die Diffusionsfähigkeit der Räuchermittel 1.3-Dichlorpropen u. 1.2-Dibromäthan wurde durch Sorptionsisothermen u. Radioautogramme für verschied. Böden untersucht. Sie war auf ident. Böden mit gleichem

Feuchtigkeitsgeh. annähernd gleich. Die Dämpfe drangen kaum in die über der Injektionsstelle liegende Bodenschicht ein, sondern verteilten sich seitlich u. nach unten, wobei die stärkste Konz. um eine vertikale Achse durch die Injektionsstelle lokalisiert war. Die Sorptionsstärke hängt von dem Geh. des Bodens an koll. organ. M. ab. Der Diffusionsvorgang war nach 3 Std. abgeschlossen; stabiles Gleichgewicht wurde innerhalb von 24 Std. erreicht. Optimales Diffusionsvermögen zeigten Böden mit äquivalentem Feuchtigkeitsgehalt. In feuchtgesätt. Böden nahm die Diffusion in vertikaler, in luftgetrockneten nach allen Richtungen ab. (Soil Sci. **72.** 333—40. Nov. 1951. East Lansing, Michigan Agricult. Exp. Stat.) RANG. 6312

—, *Das Auftreten der Mehlmilbe und ihre Bekämpfung.* Zur Bekämpfung der Mehlmilbe sind Phosphorwasserstoffgas, Blausäure u. Äthylenoxyd anwendbar. Ebenso haben sich DDT- u. bes. Hexa-Sprüh- u. Stäubemittel bewährt, allerdings ist mit ihnen eine 100%ig. Abtötung nicht erreichbar. (Mühle **89.** 474. 17/7. 1952.) WINIKER. 6312

F. Zacher, *Pulverförmige Bekämpfungsmittel gegen Getreideschädlinge.* Allg. Ausführungen nebst einer Tabelle über die Einw. oberflächenakt. Pulver (Metalle, Oxyde, Carbonate, Gesteinsmehle, techn. Prodd., wie Kieselgel, Ziegelmehl, Rotschlamm usw., Kohlen, Staub organ. Stoffe, wie Wofatit, Nitrocellulose, Hämin, Safranin, Neutralrot, Bismarckbraun) auf den Kornkäfer. Völlig unwirksam sind Metallstaub u. Staub organ. Verbb., während Al_2O_3, Kieselgel u. Aktivkohle, also bes. gute Adsorbentien, eine außerordentlich starke Wrkg. haben. Hierbei scheint die chem. Zus. weniger ausschlaggebend zu sein als die physikal. Beschaffenheit (Al_2O_3 tritt noch unter den am schlechtesten wirkenden Stoffen auf). Bzgl. des Zusammenwirkens von Aktivpulvern u. Kontaktinsekticiden weist Vf. darauf hin, daß nur in einigen Fällen [Talkum (**I**) u. MgO] die Wrkg. der Aktivpulver durch kleine Zugaben von **I** (ca. 5%) verbessert wird. (Mühle **89.** 612 bis 613. 25/9. 627—28. 2/10. 1952.) WINIKER. 6312

G. Pusstowoit, *Neues in der Bekämpfung von Tetranychus urticae Koch auf Baumwollpflanzen.* Zur Bekämpfung des sehr gefährlichen Baumwollschädlings Tetranychus urticae Koch kann man außer S-Präpp. auch Talkstaub mit einem Geh. an verschied. Schädlingsbekämpfungsmitteln, wie Thiophos u. Chlorothen, anwenden. (Хлопководство [Baumwoll-Wirtsch.] **1952.** Nr. 5. 41—42. Mai. Krasnodar, Selektionsstat., Labor. für Pflanzenschutz.) A. JACOB. 6312

R. J. Gautheret, *Bemerkungen über die Verwendung des 2.4-D-Äthylesters zur Unkrautvernichtung auf Getreidefeldern.* Im Vgl. mit reiner 2.4-Dichlorphenoxyessigsäure u. deren Methylester ergab der Äthylester wohl eine gute Wrkg. bei der Unkrautvernichtung in Getreidefeldern, zeitigte jedoch krankhafte Ährenveränderung, so daß von seiner Verwendung abgeraten wird. (Agric. prat. **115.** 560—64. Dez. 1951. Paris, Sorbonne.) GRIMME. 6312

Donald J. de Zeeuw und **Axel L. Andersen,** *Reaktion von Erbsenarten gegen trockene und benetzende Saatbehandlungsmethoden.* Vff. untersuchen den Einfl. der Saatbehandlung gegen Schädlinge auf verschied. Erbsensorten. Es wurden verwandt: *Arasan* (50% *Tetramethylthiuramdisulfid*); *Arasan SF* (75% *Tetramethylthiuramdisulfid*); *Ceresan M* (7,7% *Äthylmercuri-p-toluolsulfonanilid*); *Phygon XL* (50% *2.3-Dichlor-1.4-naphthochinon*) u. *Spergon* (98% *Tetrachlor-p-benzochinon*) Diese Stoffe wurden trocken oder in W. oder in einer 7%ig. Methocellsg. (Methylcelluloselsg.) verwendet. Ceresan M wirkte bei einigen Sorten toxisch. Mit den anderen Fungiciden wurden gute Ergebnisse erzielt. (Phytopathology **42.** 52—56. Jan. 1952. East Lansing, Mich., Michigan State Coll.) LIEBNER. 6312

W. M. Klytschnikow, *Eine Vorrichtung zur Bestimmung der Wasserdurchlässigkeit von Böden unter Feldbedingungen.* Beschreibung eines App. zur Best. der Wasseraufnahme u. des Filtrationsvermögens von Böden, bestehend aus einem mit Meßskala versehenen Wasserbehälter u. aus Zylindern, die in den Boden eingetrieben werden. Die Untersuchungsergebnisse an verschied. Böden sind in Tabellen zusammengestellt. (Доклады Всесоюзной ордена Ленина Академии Сельскохозяйственных Наук имени В. И. Ленина [Ber. Allunions landwirtsch. (Lenin-Orden) Lenin-Akad.] **16.** Nr. 11. 33—40. Nov. 1951. Moskau, Wiss. Forschungsinst. für Düngemittel, Agrotechnik u. Agrobodenkunde.) LINTER. 6324

Jacob Henke, Konstanz, *Düngung und Verbesserung von landwirtschaftlichen Böden.* Kohlenaschen, die von ihren nutzlosen Bestandteilen, bes. wasserunlösl. Silicaten, durch physikal. Aufbereitung weitgehend befreit sind, werden für sich oder in Mischung mit organ. Abfallstoffen, Stallmist, Torf, Jauche oder mineral. Düngemitteln auf die Äcker gestreut. Es wird eine Auflockerung u. Anreicherung des Bodens mit Spurenelementen erzielt. (**D. B. P. 849 703** Kl. 16 vom 16/8. 1949, ausg. 18/9. 1952.) KARST. 6305

Ferdinand Grewe, Köln-Flittard, und **Hans Albert Offe**, Leverkusen-Wiesdorf, *Mittel zum Erhalten lebender landwirtschaftlicher Nutzpflanzen in nichtblühendem Zustande*, gek. durch einen Geh. an *Maleinsäurehydrazid* oder seinen Enolaten in fester, gelöster, suspendierter oder emulgierter Form. Durch 1maliges Besprühen mit 0,025—0,05%ig. Lsgg. der Na-Verb. des Mittels wird das Blühen von Salat-, Kohl-, Spinatpflanzen u. Zucker- oder Futterrüben stark verzögert. (**D. B. P. 849 847** Kl. 16 vom 11/6. 1950, ausg. 18/9. 1952.) KARST. 6305

Farbenfabriken Bayer, Leverkusen, *Bekämpfungsmittel für Pflanzenschädlinge*, bestehend im wesentlichen aus aromat. Thiophosphorsäuredialkylestern u. Spritzmitteln der allg. Formeln **I** u. **II**, in denen R_1 eine C_6H_5-, Aralkyl- oder Cyclohexylgruppe, R_2 die

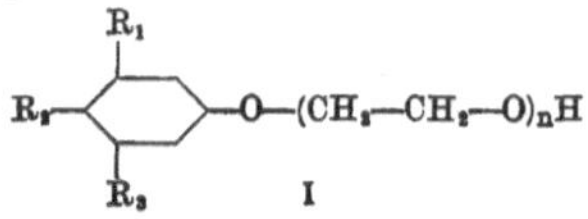

I

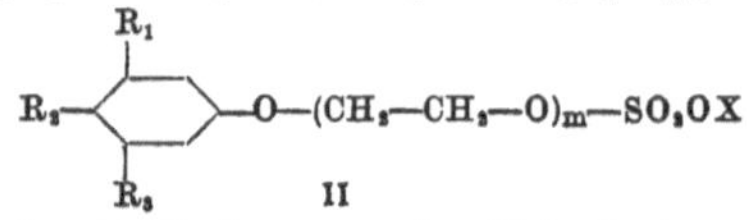

II

gleichen Gruppen oder H u. R_3 eine C_6H_5- oder Aralkylgruppe oder H bedeuten, n u. m ganze Zahlen zwischen 5 u. 25 bzw. 1 u. 20 sind, u. X ein Atom bedeutet, das eine wasserlösl. Gruppe oder ein wasserlösl. Salz bildet. Geeignet ist z. B. ein Gemisch aus 70 (Teilen) *Thiophosphorsäure-p-nitrophenyl-diäthylester* u. 30 *Benzyl-p-oxydiphenylpolyglykoläther*. An Stelle von **I** können auch *Thiophosphorsäuredimethyl-* u. *dipropylester* u. für **II** *3.4-Dichlorbenzylxylenolpolyglykoläther*, *Cyclohexyl-(o-oxydiphenyl)-polyglykoläther* oder das Ammoniumsalz der *Benzyl-(p-oxydiphenyl)-polyglykolschwefelsäure* dienen. (**N. P. 78 398** vom 29/8. 1949, ausg. 9/4. 1951. Schwz. Prior. 27/4. 1949.) J. SCHMIDT. 6313

Monsanto Chemical Co., St. Louis, Mo., übert. von: **Gennady M. Kosolapoff**, Dayton, O., V. St. A., *Phosphorsäureester* der allg. Formel $(RO)_2{=}P(O){-}OR'$, wobei R gleich Alkylgruppe mit 2—5 C-Atomen u. R′ Octylgruppe, erhält man durch Chlorieren von Dialkylphosphiten zu den entsprechenden Dialkylchlorphosphaten u. anschließende Einw. von Na-Octylat. — Diäthylchlorphosphit mit Cl_2 bei 15^0 behandelt, ergibt Diäthylchlorphosphat. Dieses wird mit Na-2-Äthylhexylat in Ggw. von Toluol unter Rückfluß erhitzt, anschließend gekühlt, gewaschen u. destilliert. Man erhält *Diäthyl-(2-äthylhexyl)-phosphat*, gelbliches Öl, $Kp._5$ 135—140°. — Mit n-Octylphosphat erhält man *Diäthyl-(n-octyl)-phosphat*, farbloses Öl, $Kp._{10}$ 154—157°, n_D^{25} 1,4210. Die Ester werden durch W. leicht hydrolysiert. Sie wirken als *Insekticide* u. können auch mit anderen Verbb. gleicher Wrkg. in Dispersion, Lsg., Emulsion oder als Pulver angewendet werden. (**A. P. 2 552 325** vom 24/2. 1947, ausg. 8/5. 1951.) G. KÖNIG. 6313

Soc. Elettrica ed Elettrochimica del Caffaro S. p. A., Mailand, Italien, *Herstellung von geruchlosem Hexachlorcyclohexan*. Während der Chlorierung von Bzl. in Ggw. oder Abwesenheit von Katalysatoren u. aktin. Licht wird der M. ein organ. Peroxyd, z. B. Peressigsäure in CH_3CHO gelöst, zugefügt. Die krist. M. wird durch Waschen mit W. gereinigt. (**Schwz. P. 277 206** vom 12/12. 1949, ausg. 16/11. 1951. It. Prior. 20/12. 1948.) KARST. 6313

Carl Link, Nürnberg-Mögeldorf, *Verräucherungstabletten zur Ungezieferbekämpfung*, bestehend aus $C_6H_6Cl_6$, Benzil (**I**), Anthrachinon u. Cumarin im Verhältnis von ca. 85 : 10 : 2 : 3. **I** wirkt in geschmolzenem Zustand als Lösungsm. für $C_6H_6Cl_6$, das dann in Lsg. ohne Zers. verdampft wird. Die Dämpfe sind unschädlich für Menschen u. Haustiere u. töten Fliegen, Stechmücken, Schaben, Kakerlaken, Teppichkäfer u. Wanzen sicher ab. (**D. B. P. 848 436** Kl. 451 vom 26/7. 1950, ausg. 4/9. 1952.) KARST. 6313

Institut Pasteur (Établissement reconnu d'utilité publique) (Erfinder: **Michel Macheboeuf** und **Germaine Benoit**), Seine, Frankreich, *Pilzwidriges und antiseptisches Mittel*. Es besteht aus Diäthyldodecylbenzylammoniumchlorid, das man durch Chlorbenzylierung von Diäthyldodecylamin erhält. Es verhindert die Schimmelbldg. auf Leder u. Möbel- oder Verpackungsstoffen u. findet bei der Herst. von Stärke- oder Dextrinleimen oder als Schädlingsbekämpfungsmittel bei Pflanzen Verwendung; es wirkt ca. 10mal so stark wie ähnliche bekannte Mittel. (**F. P. 984 667** vom 13/4. 1949, ausg. 9/7. 1951.) RAETZ. 6313

Seed Pellets, Inc., V. St. A., *Behandlung von Saatgut*. Dieses wird in einer Dragiertrommel mit feinst gemahlenen Stoffen, wie Flugasche, akt. Ton, Flußspat u. einem Haftmittel, z. B. einer viscosen Lsg. von Methylcellulose, längere Zeit behandelt. Die Samenkörner überziehen sich mit dieser M., wodurch sie nahezu gleichmäßige, kugelige Gestalt erhalten u. die mechan. Widerstandsfähigkeit nach dem Trocknen an der Luft wesentlich erhöht wird. Die Keimfähigkeit beträgt 94%, der Verlust an Jungpflanzen innerhalb 14 Tagen nach der Keimung nur 21%. Man kann obiger M. noch fungicide oder insekticide Mittel zusetzen. (**F. P. 988 377** vom 16/6. 1949, ausg. 27/8. 1951.) WITTHOLZ. 6313

VIII. Metallurgie. Metallographie. Metallverarbeitung.

Walter Koch, *Die analytische Chemie als Rüstzeug der Metallurgie.* Es wird der Nachw. für die Bedeutung der analyt. Chemie bei der Best. der Spurenelemente im Eisen, deren chem. Bindung, der Desoxydations-Rkk. u. der Stickstoffbindung durch Verss. erbracht. Am Beispiel der Unters. der geringen Oxydeinschlußmengen in Stählen wird gezeigt, wie die analyt. Chemie bei der Isolierung u. Unters. oxyd. Einschlüsse im Zusammenwirken mit mkr. Unterss. u. Röntgenstrukturanalysen bei Aufgaben der Eisenforschung eingesetzt wird. (Stahl u. Eisen **72.** 1056—63. 28/8. 1952. Düsseldorf, Max-Planck-Inst. für Eisenforschung.) HOCHSTEIN. 6350

Günther Salzmann, *Betriebserfahrungen mit der Flotation arsenidischer Kobalt-Nickel-Erze und oxydischer Wismuterze.* Erze, die Ni-Co, gebunden an As, ferner gediegenes Bi führen, lassen sich in saurer Trübe mit Erfolg flotieren. Dasselbe gilt für aus diesen Erzen sek. entstandene Wismutoxyde. Arsenikalkies (Typ Reichenstein) u. Arsenkies (Typ Schneeberg) schwimmen ebenfalls nur in saurer Trübe gut. Auch Sperrylith ($PtAs_2$) flotiert gut nur in saurer Trübe in Ggw. von Eukalyptusöl u. Xanthat. Demnach scheint für Erze, die As gebunden enthalten, eine bestimmte Acidität der Trübe Vorbedingung für ihr Aufschwimmen zu sein. (Z. Erzbergbau Metallhüttenwes. **4.** 222—25. Juni 1951. Köln-Deutz.) HABBEL. 6362

A. Ss. Mikulinski, *Die Rolle des Aggregatzustandes schwerreduzierbarer Oxyde bei ihrer Reduktion durch Kohlenstoff in industriellen Öfen.* Vf. untersucht die in Reduktionsöfen für die Fabrikation von Carbiden, Fe-Legierungen usw. verlaufenden Prozesse der direkten u. indirekten Red. mit C, CO, Si usw. u. bes. das Mengenverhältnis der entstehenden u. der in das Endprod. sich umwandelnden Stoffe. Als wichtiger Prozeßfaktor wird das Prinzip der maximalen Temp. erläutert, bei dessen Anwendung jedoch das Verhältnis der Temp. t_{pr} des Reduktionsprozesses u. der Temp. t_{fl}, bei der die Schicht genügend fließbar wird, zu berücksichtigen ist; nach diesen Bedingungen werden verschied. Klassen ($t_{pr} = t_{fl}$; $t_{pr} > t_{fl}$; $t_{pr} < t_{fl}$) unterschieden. Einen Sonderfall stellen die Prozesse dar, bei denen in den Schachtöfen ein fl. Prod. entsteht. (Журнал Прикладной Химии [J. angew. Chem.] **24.** 1234—45. Dez. 1951. Wiss. Chem. Forschungsinst. des Urals.) R. K. MÜLLER. 6380

Paul A. Heller, *Fortschritte im Gießereiwesen im 2. Halbjahr 1951.* Auswertung von 89 Schrifttumsstellen. (Vgl. C. **1952.** 4998.) (Stahl u. Eisen **72.** 1094—98. 28/8. 1169—72. 11/9. 1952.) HABBEL. 6382

A. I. Weinik, *Über die Abkühlung von Gußstücken.* Theoret. Betrachtungen über die Gesetzmäßigkeiten der Kristallisation von Gußstücken beim Abkühlen in einer mit Innenanstrich versehenen metall. Form. Es werden ferner Formeln zur Berechnung der Tempp. von Gußstück u. Formenwand in den verschied. Abkühlungsstadien abgeleitet. An einem *Al*-Abguß in einer angestrichenen Gußeisenform wird die gute Übereinstimmung zwischen experimenteller Messung u. mathemat. Berechnung nachgewiesen. (Доклады Академии Наук СССР [Ber. Akad. Wiss. UdSSR] [N. S.] **85.** 559—62. 21/7. 1952.) EHMCKE. 6382

Cornelius Wens, *Betriebsversuche zur Ermittlung des Koksverbrauches für das Umschmelzen von Roheisen und Schrott im Hochofen.* (Stahl u. Eisen **72.** 1391—98. 6/11. 1952. Duisburg-Huckingen.) HOCHSTEIN. 6400

Gustav Sper, *Perlitischer Grauguß mit hohem Kohlenstoff- und Schwefelgehalt.* Überblick u. eigene Betriebserfahrungen. (Metallurgie u. Giessereitechn. **1.** 231—38. Aug. 1951. Leipzig.) PAHL. 6402

G. Husson, *Hydrodynamische Untersuchungen über die Verblasbarkeit des Stahlbades im Thomas-Konverter.* Modellversuche. (Rev. univ. Mines, Métallurg., Trav. publ., Sci. Arts appl. Ind. [9] **7.** (94.) 436—39. Dez. 1951.) K. STEIN. 6408

George W. Teskey, *Heutige Einflüsse auf die Erzeugung in Siemens-Martin-Öfen mit kaltem Einsatz an der pazifischen Küste.* Vom Stahleisen wird ein Höchstgeh. an 0,9—1,2 (%) Si, 0,3 P u. 0,04 S verlangt. Briketts aus Erdgasnebenprodd. sind besser als Kohlebriketts, da sie keine Asche u. keinen S enthalten. Ölfeuerung bei sperrigem Schrott führt zu S-Aufnahme aus dem S-haltigen Öl; besser ist Erdgas. (Blast Furnace Steel Plant **40.** 197—200. Febr. 1952. Bethlehem Pacific Coast Steel Corp.) K. STEIN. 6408

John O. Griggs, *Soll sich die Stahlindustrie mehr mit flüssigem Einsatz befassen? Duplex*-Vormetall soll nicht zu weit heruntergeblasen werden, damit der Stahl im SIEMENS-MARTIN-Ofen besser auskochen kann. Vorteile des Kippofens. Vorgeschlagen wird ein SIEMENS-MARTIN-Ofen mit abnehmbarem Gewölbe zur Erleichterung des Einsetzens. (Blast Furnace Steel Plant **40.** 51—57. Jan. 1952.) K. STEIN. 6408

W. S. Owen und **B. G. Street,** *Ein Beitrag zur Bildung von unterkühltem Graphit in sehr reinen Eisen–Kohlenstoff–Silicium-Legierungen.* Die Bldg. des unterkühlten Graphits ist eine Folge der Zers. von einem unterkühlten Austenit–Carbid-Komplex. Röntgenunterss zeigten, daß das unterkühlte Carbid Zementit ist. (J. Iron Steel Inst. **171.** 237—38. Juli 1952. Liverpool, Univ.) HOCHSTEIN. 6410

—, *Eintauchpyrometer im Stahlwerk. Neue Entwicklungen und Notwendigkeit der Messung höherer Temperaturen.* Nach 20—25 Messungen von je 20 Sek. Dauer muß das Thermoelement um 25 mm gekürzt u. neu gelötet werden; der Quarzschutz muß nach jedem Eintauchen erneuert werden. Si, C u. S verspröden das Element u. ändern seine thermoelektr. Eigenschaften. Tonerdeschutzrohre mit einem Schutzrohr aus Eisen oder Kohle werden bevorzugt. Das Thermoelement aus Pt/13% Rh–Pt reicht bis 1700°, aus 20% Rh–Pt/40% Rh–Pt bis 1850°. W/Mo-Thermoelemente können bis 2500° verwendet werden. — Diskussion. (Iron Coal Trades Rev. **163.** 803—08. 12/10. 1951. British Iron and Steel Res. Assoc.) K. STEIN. 6480

Louis Beaujard, *Neue Reagentien zur Aufklärung des Mikrogefüges von Stählen durch Bildung gefärbter Häutchen.* Zur Unters. des Mikrogefüges von Stählen empfiehlt Vf. zwei oxydierend wirkende Mischungen, u. zwar 40 (g) NaOH, 15 $NaNO_3$ u. 60 W. bzw. 45 NaOH, 10 $Na_2Cr_2O_7$ u. 55 Wasser. Beide rufen bei 100° auf der elektrolyt. polierten Stahloberfläche farbige Schichten von Fe_3O_4 hervor. Unterschiede in der Färbung erlauben die chem. u. physikal. Verschiedenheiten des Metalls zu erkennen. Martensit z. B. wird blaugrau gefärbt. (C. R. hebd. Séances Acad. Sci. **233.** 653—55. 17/9. 1951.) GEDSCHOLD. 6482

C. Chaussin, *Die Radiometallographie.* Verwendbarkeit der Strahlung natürlicher u. künstlicher radioakt. Elemente für röntgenograph. Untersuchungen. (Métallurgie Construct. mécan. **84.** 35—37. 39. Jan. 99—101. Febr. 1952.) RUMPF. 6484

John C. Pennock, *Kobalt 60 in der Gießerei.* Das durch Neutronenbeschuß aus ^{59}Co erhaltene, sich unter γ-Strahlenaussendung in Ni umwandelnde ^{60}Co (Halbwertszeit: 5,3 Jahre) besitzt die gleiche Strahlungsenergie wie eine mit 2 Millionen V betriebene Röntgenapp. u. kann benutzt werden zur radiolog. Unters. von Stahlguß, wobei der Kontrast bei Gußdicken zwischen 0,75 u. 6″ dem bei Anwendung von Ra oder Röntgenstrahlen entspricht. (Amer. Foundryman **21.** 60—61. Jan. 1952. Boston, Mass., Tracerlab, Inc.) RUMPF. 6484

G. M. Michie, *Überblick über die gegenwärtige radiographische Praxis in den Stahlgießereien. Anwendung radioaktiver Isotope in der Industrie.* Radiograph. Untersuchungsmethoden mit natürlichen u. bes. mit künstlichen radioakt. Stoffen (^{60}Co, ^{182}Ta, ^{192}Ir). (Iron Coal Trades Rev. **162.** 1493—98. 29/6. **163.** 23—26. 28. 6/7. 1951. Penistone Works.) RUMPF. 6484

J. S. Blair, *Verwendung radioaktiver Isotope zur Radiographie im Eisen- und Stahlwerk.* Verwendung von ^{192}Ir, ^{182}Ta u. ^{60}Co als radiograph. Strahlenquelle zur Unters. von Guß- u. Walzerzeugnissen. (Iron Coal Trades Rev. **163.** 1349—54. 1356. 21/12. 1405 bis 1410. 28/12. 1951. Stewarts and Lloyds Ltd., Engng. Res.) RUMPF. 6484

K. Ss. Chomenko, *Nitrierung von Stählen der Austenitklasse.* Austenit. nichtrostende Cr- u. Cr–Ni-Stähle werden vor ihrer Nitrierung zunächst in 50—90° warmer konz. HCl gebeizt u. nach Abspülung u. Trocknung in einen mit NH_3 gefüllten Ofen übergeführt. Mit größtmöglichster Erhitzungsgeschwindigkeit werden die Stähle zunächst auf 540° erhitzt u. bei dieser Temp. 10—12 Std. gehalten. Der Dissoziationsgrad des NH_3 soll bei 25—40% liegen. Anschließend werden die Stähle auf 680° erhitzt u. bei dieser Temp. 50—60 Std. gehalten. Hierbei liegt der NH_3-Dissoziationsgrad bei 85—95%. Abschließend kühlen die Stähle im Ofen unter NH_3-Zufuhr auf 200—400° ab. Der Ofen soll nicht bei Tempp. über 200° geöffnet werden. Bei dem Verf. wird eine Nitrierschicht von 0,1—0,2 mm Dicke erzielt. (Вестник Машиностроения [Nachr. Maschinenbau] **32.** Nr. 3. 71—72. März 1952.) HOCHSTEIN. 6492

E. Mitchell, *Einflüsse beim Zementieren in Kästen.* Untersucht wird das Auftreten von Zementitnetzwerk in der Einsatzschicht unlegierter u. legierter Einsatzstähle. Die Einsatzmittel bestehen aus Holzkohle mit $BaCO_3$ u./oder Na_2CO_3. Bei unlegierten Einsatzstählen konnte das Netzwerk mit 2,5—5 (%) $BaCO_3$ oder höchstens 3 Na_2CO_3 nach 2 std. Einsatzzeit vermieden werden, bei den legierten Stählen wurden die besten Ergebnisse mit 2,5 $BaCO_3$ ermittelt. Zur Regenerierung des Einsatzmittels genügt ein Zusatz von 10% des frischen Mittels. Beste Einsatztemp. ist 875—900°. Wichtig sind gut schließende Einsatzkästen. Einfl. der Feuchtigkeit. — Gefügebilder u. Zahlentafeln für die einzelnen Stähle mit Angabe der Einsatzbehandlung, des Einsatzmittels, der Einsatztiefe, des Gefüges u. der Härte. (Metallurgia [Manchester] **46.** 61—72. Aug. 1952. Joseph Lucas Ltd.) K. STEIN. 6492

—, *Kohlelichtbogen mit Preßluft zum Schneiden von Metallen.* In der Gußputzerei für austenit. Cr–Ni-Stähle wird der ARCAIR-Brenner verwendet, der aus einer Kohleelektrode mit einer diese umschließenden Preßluftdüse besteht. (Iron Age **169.** Nr. 7. 134—35. 14/2. 1952.) K. STEIN. 6502

K. H. Leise, *Die Oberflächenstruktur und -härte von mechanisch und elektrolytisch poliertem Kupfer.* Im Gegensatz zur elektrolyt. Politur wird durch mechan. Bearbeitung von Cu-Oberflächen das Kristallgefüge zerstört unter gleichzeitiger Steigerung der Härte der obersten Schichten. Die Unterss. wurden an Einkristallen vorgenommen, auf die man schnelle Elektronen einwirken läßt. Die Elektroneninterferenzaufnahme läßt die unterschiedliche Wrkg. der beiden Bearbeitungsverff. erkennen. — Abbildungen u. Diagramme. (Metall **6.** 496—97. Sept. 1952. Kassel.) MARKHOFF. 6510

Henry B. Linford und **Edw. B. Saubestre,** *Reinigung und Vorbereitung von Metallen für die Elektroplattierung.* 3. Mitt. *Methoden zur Bestimmung des Entfettungsgrades. Der Sprühtest.* Ein Testverf. zur Prüfung der Entfettung von Metallen besteht darin, daß die vorbereiteten Metallflächen mit angefärbtem W. besprüht werden. Die Flächen, die durch einen einheitlichen Wasserfilm bedeckt werden, werden ausgemessen u. bilden ein Maß für die Güte der Entfettung. Empfindlichkeit, Anwendungsbereich u. Vorzüge des Verf. werden an Hand von Beispielen diskutiert u. mit dem Ergebnis anderer Testverff. verglichen. (Plating **38.** 713—17. Juli 1951. New York, Columbia Univ.) WOELK. 6514

A. Dias Santilhano, *Galvanische Prozesse mit ausgleichender Wirkung.* Darst. des P. R.-Verf. (Periodic Reverse current plating), d. h. des Erzeugens galvan. Ndd. von Cu, Ni u. Co–Ni mittels Strömen, die in ungleichen Perioden ihre Richtung ändern. — Diskussion. (Metalen **7.** 99—106. 28/3. 1952.) RUMPF. 6514

E. C. W. Perryman, *Eine neue Lösung zum elektrolytischen Polieren von Kupfer und seinen Legierungen, besonders Zinnbronze.* Durch Zusatz von konz. H_2SO_4 zu den üblichen H_3PO_4-Elektrolyten lassen sich bes. Sn-haltige Cu-Legierungen ohne Anätzung der Oberfläche anod. polieren. Auch für Sn-freie Cu-Legierungen ergeben sich bei Anwendung eines H_3PO_4–H_2SO_4-Elektrolyten Vorteile. Bes. gute Wirkungen wurden mit einer Lsg. aus 67 (%) H_3PO_4, 10 konz. H_2SO_4 u. 23 dest. W. bei Cu, Messing u. Cu–Sn-Legierungen mit Sn-Geh. bis zu 6% erhalten. Homogene Legierungen ergeben bessere Poliereffekte als heterogene. — Abbildungen. (Metallurgia [Manchester] **46.** 55—57. Juli 1952. British Non-Ferrous Metals Res. Assoc.) MARKHOFF. 6514

W. Helling und **F. Baumann,** *Messungen und Abbildungen der Oberfläche von anodisch und chemisch geglänztem Reinstaluminium.* Beschrieben werden die licht- u. elektronenmkr. Abbildungen sowie die Abbildungen nach dem Mehrfachinterferenzenverf. von Reinst-Al-Oberflächen, die anod. oder chem. geglänzt waren, ferner Messungen der gerichteten Reflexion mit dem Glanzmesser nach ELZE u. GRÜSS. Mit Hilfe der beschriebenen Methoden ist es möglich, den Einebnungseffekt verschied. Polierverff. näherungsweise zu ermitteln. — Abbildungen. (Metall **6.** 346—50. Juli 1952. Grevenbroich u. Bonn.) MARKHOFF. 6514

Heinz W. Dettner, *Anodische Oxydation von kleinen Massenteilen aus Aluminium.* Überblick über Verff. u. Vorrichtungen. — Abbildungen. (Metalloberfläche **6.** Nr. 8. Ausg. B **4.** 116—18. Aug. 1952.) MARKHOFF. 6514

Ss. A. Balesin und **W. B. Ratinow,** *Korrosionshemmung von nitriertem Stahl in Schwefelsäure.* Vff. untersuchten unter Anwendung gravimetr., elektrochem. u. opt. Methoden die korrosive Wrkg. von H_2SO_4 verschied. Konz. auf einem in üblicher Weise nitrierten Cr–Mo–Al-Stahl. In 0,005 bis ~0,3n H_2SO_4-Lsg. neigt die nitrierte Schicht zu Fleckenkorrosion bzw. lokalen Anfressungen. Mit zunehmender H_2SO_4-Konz. ändert sich bei gesteigerter Lösungsgeschwindigkeit der Charakter der Korrosion in Richtung zur gleichmäßigeren Abtragskorrosion. Bei Temperaturerhöhung werden die beobachteten Erscheinungen zu niederen Konzz. verlagert. *Pyridin, Chinolin* u. *1-Diäthylamino-5-aminopentan* sind nur schwach wirkende korrosionshemmende Mittel, begünstigen jedoch eine gleichmäßige Abtragung der Nitrierschicht. *KCl, KBr* u. *KJ* verringern erheblich die Auflösungsgeschwindigkeit derselben (optimale Konz. 1,5, 0,2 u. ~0,1mMol/Liter), verhindern jedoch nicht das Auftreten von Lokalkorrosion. Als sehr wirksam erweisen sich $(C_6H_5)_4PBr$ u. $(C_6H_5)_4PJ$; bei einer Zugabe von 0,08—0,10 mMol/Liter des letzteren zu H_2SO_4 verschied. Konz. wird der Korrosionsprozeß prakt. vollkommen zum Stillstand gebracht. Beide Mittel beeinflussen in der Hauptsache den kathod. Prozeß. (Доклады Академии Наук СССР [Ber. Akad. Wiss. UdSSR] [N. S.] **85.** 367—68. 11/7. 1952.) EHMCKE. 6538

Edeltraut Brunner, Wien, Österreich, *Gewinnung von Metallen aus Erzen.* Fein gemahlene sulfid. Erze werden der chlorierenden Elektrolyse unterworfen. Aus dem Rückstand wird elementarer S gewonnen, während die Metalle aus der Chloridlsg. gewonnen werden. (**Oe. P. 171405** vom 23/2. 1950, ausg. 26/5. 1952.) MARKHOFF. 6381

American Metallurgical Products Co., Pittsburgh, übert. von: **Wilbur T. Bolkcom**, Hampton Township, Allegheny County, Pa., V. St. A., *Desoxydations- und Entschwefelungsmittel für Metallschmelzen.* Es wird ein Gemisch aus 35—90 (%) SiC- u. 3—20 Mg-Pulver, Rest SiO_2, welches als Verunreinigung des SiC auftritt, verwendet; die M. wird in einem durch Hitze zerstörbaren Behälter, z. B. aus Papier, zur Anwendung gebracht. Eine geeignete Mischung besteht aus ca. 85 SiC u. 15 Mg. (**A. P. 2 569 146** vom 30/11. 1949, ausg. 25/9. 1951.) HANS HOFFMANN. 6381

Alfred Gordon Evans Robiette und **John Miles and Partners Ltd.**, London, England, *Direkte Reduktion von Eisenerzen.* Erze u. ein Reduktionsgas werden im Gegenstrom durch einen Ofen geführt. Die aus dem Ofen abgeleiteten Gase werden nach Zusatz eines O_2-reichen Gases über oder in einem Bett aus C-haltigem Brennstoff, das fortwährend auf hoher Temp. gehalten wird, regeneriert u. als regenerierte Reduktionsgase wieder im Kreislauf dem Ofen zugeführt. Zweckmäßig besteht das Reduktionsgas aus CO u. H_2. Die aus dem Ofen abgeleiteten Gase werden vorzugsweise vor der Regenerierung durch Kühlung von ihrem Wasserdampfgeh. befreit. — Abbildung. (**E. P. 657 824** vom 6/8. 1948, ausg. 26/9. 1951.) HOCHSTEIN. 6391

Eugen Piwowarsky (Erfinder: **Eugen Piwowarsky**), Aachen, *Herstellung von schwefelarmem Gußeisen im Kupolofen.* Als Brennstoff wird im Kupolofen Holzkohle verwendet, die durch geeignete Umkrustung, vorzugsweise mittels Aufschlämmungen von Zementen, eine geringe Abriebneigung u. größere Festigkeit sowie eine geringere Verbrennlichkeit erhalten hat. Zweckmäßig ist der verwendete Schachtofen bas. ausgekleidet. (**D. B. P. 849 852** Kl. 18b vom 6/1. 1951, ausg. 18/9. 1952.) HOCHSTEIN. 6403

Maschinenfabrik Esslingen, Esslingen/Neckar (Erfinder: **Kurt Bandow** und **Hermann Kopp**, Esslingen/Neckar-Mettingen), *Erzielung eines ausgeprägt über- oder untereutektischen Gußeisens im Kupolofen.* Ein maßgeblicher Teil der Gattierung, dessen Zus. so gewählt ist, daß er nach Eindringen in das n. erschmolzene Hauptmaterial dessen Zus. nachhaltig in Richtung einer unter- oder übereutekt. Zus. beeinflußt, wird durch Umhüllung mit einem bei hoher Temp. schm. Stoff oder Bindemittel oder durch Einbettung in einen solchen Stoff von dem Hauptteil der Gattierung getrennt in den Kupolofen aufgegeben. Dabei ist die Umhüllung oder Einbettung derart, daß der eingehüllte Gattierungsanteil vor einer analysenmäßigen Veränderung während des Schmelzprozesses geschützt ist u. erst nach Durchlaufen der Schlacke mit dem Hauptgattierungsanteil in Verbindung kommt. (**D. B. P. 843 554** Kl. 18b vom 18/12. 1949, ausg. 10/7. 1952.) HOCHSTEIN. 6403

Soc. An. André Citroën, Frankreich, *Herstellung von Gußeisen mit kugelförmigem Graphit.* Durch einen kombinierten Zusatz von Pb, Cd oder H_2 wird sphärolith. Gußeisen erzeugt. Zweckmäßig erfolgt der Zusatz von Pb u. Cd in reinem Zustand vor dem Guß, vorteilhaft als Legierungen mit Metallen wie Cu, Sn u. Mg. Außer diesen Legierungen können gleichzeitig noch Alkalien u. alkal. Erden zugeführt werden. H_2 dagegen wird direkt in die Schmelze eingeleitet, zweckmäßig in Form von Wasserdampf oder NH_3-Gas oder einer anderen, bei Schmelztemp. des Gußeisens dissoziierbaren Verbindung. Der Guß wird mit oder ohne Impfen mit graphitisierenden Mitteln hergestellt. (**F. P. 995 047** vom 18/7. 1949, ausg. 26/11. 1951.) HOCHSTEIN. 6403

Herbert A. Reece, Cleveland Heights, O., V. St. A., *Keilprüfverfahren.* Zur Ermittlung des Grades oder der Ausdehnung der Graphitisierung bei der Herst. von Gußeisen wird von dem fl. Gußeisen eine Probe gegossen, die aus mehreren übereinanderliegenden Keilen von unterschiedlichem Querschnitt u. verschied. Winkeligkeit an der Keilkante besteht. Nach der Erstarrung werden die verschied. zusammenhängenden Keile voneinander getrennt u. einzeln auf den Grad der Graphitisierung untersucht. — Zeichnungen. (**A. P. 2 595 295** vom 15/6. 1950, ausg. 6/5. 1952.) HOCHSTEIN. 6403

Gebr. Böhler & Co., Akt.-Ges., Wien, Österreich, **handelnd durch die Zweigniederlassung**, Stuttgart-Untertürkheim, *Rost- und säurebeständige sowie gut kaltverarbeitbare Chrom- und Chrom-Nickel-Stähle* mit mehr als 0,07 bis höchstens 0,18% C sowie mit N. Der an die Elemente der 6.—8. Gruppe des Period. Syst. gebundene N beträgt nicht mehr als höchstens 0,035% u. ein etwa vorhandener höherer N-Geh. ist in Form von Nitriden an die Elemente der 3.—5. Gruppe des Period. Syst. gebunden. (**D. B. P. 854 049** Kl. 18d vom 17/6. 1950, ausg. 30/10. 1952. Oe. Prior. 17/6. 1949.) HABBEL. 6411

Badische Wolframerz-Gesellschaft m. b. H., Söllingen bei Karlsruhe (Erfinder: **Walter Altpeter, Walther Szubinski** und **Georg Volkert**), *Herstellung von Ferrolegierungen unter Verwendung von Sauerstoff.* Einem unter Verwendung von Reduktionsmitteln, wie Si, Al, Ca oder deren Legierungen, erschmolzenen Ferrolegierungsbad wird elementarer O_2 zur Entfernung des Reduktionsmittelüberschusses zugeführt. Dabei kann auch eine auf anderem Wege erschmolzene Ferrolegierung, die Si, Al, Ca oder andere Metalle mit hoher

Verbrennungswärme enthalten kann, wie Silico-Chrom, Silico-Mangan oder andere, der Behandlung mit elementarem O_2 unterzogen werden. Zweckmäßig wird O_2 auf das Bad aufgeblasen oder in das Bad eingeblasen. (**D. B. P. 847 911** Kl. 18b vom 27/4. 1951, ausg. 28/8. 1952.) HOCHSTEIN. 6419

Electric Furnace Products Co. Ltd., New York, N. Y., V. St. A., übert. von: **Hendrik de Wet Erasmus**, Lewiston, und **Howard Randall Spendelow**, Kenmore, *Herstellung von niedriggekohlten Ferrochromlegierungen.* Zur Entschwefelung von Ferrochrom mit 50 bis 90% Cr während der Entkohlung, wird dieses in zerkleinerter Form mit einem ebenfalls zerkleinerten Oxydationsmittel, wie SiO_2, Chromoxyd, Eisenoxyd, oxydabgebende Salze oder Carbonate vermischt u. vorzugsweise nach einer Pellatisierung bei Unterdruck von ca. 2 mm Hg auf eine Temp. erhitzt, die zu einer beschleunigten Entkohlung ausreicht, jedoch unter dem F. der Mischung liegt. Zweckmäßig enthält das Oxydationsmittel wenigstens 10% gebundenen O_2. Es wird in einer Menge zugesetzt, die wenigstens gleich oder in Überschuß zu dem für die Entkohlung notwendigen Betrage ist. (**E. P. 663 408** vom 26/3. 1949, ausg. 19/12. 1951. A. Priorr. 13/4. 1948 u. 26/5. 1948.) HOCHSTEIN. 6419

Deutsche Edelstahlwerke Akt.-Ges., Krefeld (Erfinder: **Walter Dannöhl** und **Ernst Kurt Offermann**, Bochum), *Chrom–Nickel-Eisenlegierungen* bestehen aus 30—50 (%) *Ni*, 20—30 *Cr*, 0,1—2 *Mn*, 2—6 *Si*, 0,1—1 *C*, Rest *Fe* mit den üblichen Verunreinigungen an *P* u. *S*. Der Ni-Geh. kann bis zu einem Viertel durch *Cu* u./oder *Co*, bis zu einem Sechstel durch *Mn*, u. im Verhältnis 1 : 1 bis zu 8 durch *Al* u./oder bis zu 3 durch *Be* ersetzt sein. Außerdem können die Legierungen noch bis 5 Carbidbildner, wie *W*, *Mo*, *Ti* u. dgl. u./oder bis 1 Seltene Erden, wie *Zr* u. *Th*, einzeln oder zu mehreren, enthalten. Durch mehrstd. Anlassen zwischen 500 u. 900° wird die höchste Härte erzielt. Die Legierungen eignen sich für Auftragschweißungen, bes. zur Panzerung von Ventilsitzflächen u. es ist vorteilhaft, die Auftragsschicht vor dem Anlassen von der Auftragstemp. mit geregelter Geschwindigkeit abzukühlen. (**D. B. P. 836 568** Kl. 40b vom 19/8. 1950, ausg. 15/4. 1952.) GÖTZE. 6414

International Nickel Co. of Canada Ltd., Toronto, Ontario, Can. (Erfinder: **James Roycroft Gordon**, **George Hugh Charles Norman**, Copper Cliff, Ontario, Can., **Paul Etienne Queneau**, Westport, Conn., V. St. A., **William Kelvin Sproule** und **Charles Edward Young**, Copper Cliff, Ontario, Can.), *Gewinnung von Nickel und Kupfer aus nickel- und kupferhaltigen Sulfiden.* Die Sulfide werden in einem Ofen zu einem Stein mit hohem Ni- u. Cu-Geh. in einer den Stein abdeckenden Ni- u. Cu-haltigen Schlacke verblasegeschmolzen. Gleichzeitig oder danach wird fein verteiltes FeS zusammen mit einem Flußmittel, z. B. Quarzit oder Sand, dem etwas CaO beigemischt sein kann, zur Oxydation eines Teiles des Sulfids u. Umwandlung des Restes in FeS-Tropfen verblasegeschmolzen. Diese Tropfen werden sodann so zur Einw. auf die durch das Verblaseschmelzen der Ni- u. Cu-haltigen Sulfide entstandene Schlacke gebracht, daß sie das in ihr enthaltene Ni u. Cu mit in den unter der Schlacke liegenden Stein reißen. — Abbildungen. (**D. B. P. 840 441** Kl. 40a vom 11/5. 1950, ausg. 9/6. 1952. Can. Prior. 13/5. 1949.) HANS HOFFMANN. 6435

Mond Nickel Co. Ltd., London, England (Erfinder: **Harry Edwin Tschop**, **Joseph Edwin Carter** und **Charles Bruce Goodrich**, Huntington, Cabell, W. Va., V. St. A., *Vorbereiten von Metalloxyden für die Raffination.* Ein im wesentlichen aus den Oxyden eines oder mehrerer der Metalle *Ni*, *Co* u. *Cu* bestehendes Material wird in Form von Teilchen oder kleinen Stücken mit einem KW-stoffgas behandelt, das zwischen ihnen bei deren Abwärtsbewegung bei Reduktionstemp. hindurchströmt u. sie unter gleichzeitiger Niederschlagung von fein verteiltem C im ganzen Material teilweise red.; hierauf wird das Prod. in nicht oxydierender Atmosphäre auf eine Temp. abgekühlt, die unter derjenigen liegt, bei der eine Reoxydation durch Luft stattfinden würde. Vorrichtungen zur Durchführung des Verf. werden beschrieben. — Abbildungen. (**D. B. P. 839 414** Kl. 40a vom 27/8. 1950, ausg. 19/5. 1952. A. Prior. 27/8. 1949.) HANS HOFFMANN. 6435

Pacific Bridge Co., übert. von: **Dmitri N. Vedensky**, Berkeley, Calif., V. St. A., *Gewinnung von Chromoxyd aus Chromerzen.* Die Erze werden in Ggw. von Na_2CO_3 geröstet u. ausgelaugt. In die Lauge wird CO_2 zur Abscheidung von SiO_2 u. $Al(OH)_3$ geleitet. Das Filtrat wird in einem Verdampfer unter 116° so lange eingedampft, bis sich im wesentlichen $Na_2CO_3 \cdot H_2O$ ausscheidet, das entfernt wird. Die im wesentlichen Na_2CrO_4 enthaltende Lsg. wird bei Tempp. über 116° bis zur Ausscheidung dieses Salzes weiter eingedampft. Das gewonnene Salz wird mit fein verteiltem Holz (Sägemehl oder dgl.) vermischt u. trocken reduzierend erhitzt. Das sich bildende Cr_2O_3 wird mit W. ausgewaschen u. zur Entfernung des C oxydierend erhitzt. Nach nochmaligem Auswaschen wird das gewonnene Cr_2O_3 getrocknet. — Verfahrensschaubild. (**A. P. 2 587 552** vom 29/5. 1951, ausg. 26/2. 1952.) HANS HOFFMANN. 6437

W. Lunsford Long, Warrenton, N. C., und **Hewitt S. West,** New York, N. Y., übert. von: **William H. Furman** und **Robert F. Whitesides,** Henderson, N. C., V. St. A., *Manganerzbehandlung.* Mn wird aus Erzen, die Mn in unlösl. Form mit einer höheren Wertigkeit als 2 enthalten, durch Waschung dieser Erze mit einem Petroleumöl, wie Roh-, Brenn- oder Schmieröl, u. durch Zusatz von H_2SO_4 gewonnen. Durch Rk. der Mischungsbestandteile wird der Mn-Geh. der Erze in $MnSO_4$ übergeführt u. dieses aus dem Reaktionsgemisch gewonnen. Je nach der Art der verwendeten Mn-haltigen Erze wird dem Gemisch so viel H_2SO_4 zugesetzt, daß sich neben $MnSO_4$ auch noch $Fe_2(SO_4)_3$ u. $Al_2(SO_4)_3$ in Form einer Trübe bilden, aus der Fe u. Al aus dem Reaktionsgemisch als unlösl. Rückstände getrennt u. $MnSO_4$ gewonnen wird. — Schaubild. (**A. P. 2 539 823** vom 22/11. 1949, ausg. 30/1. 1951.) HOCHSTEIN. 6437

Metal Hydrides, Inc., Beverly, V. St. A., *Pyrophorische Mischung* besteht aus 20—75 (%) *Pb* u. 25—80 *Zr.* Sie kann 10—20 *Ti* u. außerdem noch Zusätze an *Fe, Ni, Co, Mn, Mg, Al, Sb* u. *Sn* enthalten. Zur Herst. wird eine Mischung der feinverteilten Bestandteile erhitzt, während des Erhitzens der Ofen evakuiert, mit einem inerten Gas, z. B. Ar oder He, gefüllt u. die Charge bei 1350—1600° zum Schmelzen gebracht. (**E. P. 656 059** vom 11/7. 1947, ausg. 8/8. 1951. A. Prior. 6/5. 1947.) GÖTZE. 6437

E. I. du Pont de Nemours & Co., übert. von: **Charles H. Winter jr.,** Wilmington, Del., V. St. A., *Gewinnung von Titan oder Zirkonium.* In einem mit fl. $MgCl_2$ teilweise gefüllten Reaktionsgefäß ist ein Stahlbehälter mit Bodenlöchern angeordnet, in welchem sich fl. Mg befindet, das auf dem durch die Löcher eingedrungenen $MgCl_2$ schwimmt u. somit keine Möglichkeit hat, mit den Wänden des Reaktionsgefäßes in Berührung zu kommen. Das Reaktionsgefäß wird geschlossen u. mit einem inerten Gas, z. B. Ar, gefüllt. In das Gefäß wird bei 850° eine bestimmte Menge $TiCl_4$ geleitet, das sofort verdampft u. mit dem Mg in Rk. tritt, wobei sich innerhalb des Stahlbehälters schwammiges Ti bildet. Durch Heben des Behälters kann $MgCl_2$ wieder abfließen. Nach dem Erkalten kann der Ti-Schwamm leicht aus dem Behälter entfernt werden. In ähnlicher Weise kann aus $ZrCl_4$ metall. Zr gewonnen werden. Die gewonnenen Metalle können durch Vakuumdest. gereinigt werden. (**A. P. 2 586 134** vom 24/12. 1948, ausg. 19/2. 1952.) HANS HOFFMANN. 6437

Climax Uranium Co., übert. von: **Blair Burwell,** Grand Junction, Col., V. St. A., *Gewinnung von Vanadium und Uran aus Erzen.* V- u. U-haltige Erze, wie Karnotit- oder Roscoeliterze, werden nach dem Zerkleinern mit NaCl gemischt u. bei mindestens 700° oxydierend geröstet. Die wasserlösl. Bestandteile des Röstgutes werden ausgelaugt, während die sauren, HCl u. Cl_2 enthaltenden Röstgase zusammen mit dem Röststaub in W. aufgefangen werden. Diese saure Lsg. wird zum nochmaligen Auslaugen des Röstgutes benutzt. Die beiden Laugen werden vermischt, mit Fe red. u. auf einen p_H-Wert zwischen 4 u. 6,5 neutralisiert. Die hierbei ausfallenden U- u. V-Verbb. werden dann in üblicher Weise getrennt u. weiterverarbeitet. (**A. P. 2 576 101** vom 17/4. 1948, ausg. 27/11. 1951.) HANS HOFFMANN. 6441

Monsanto Chemical Co., St. Louis, Mo., übert. von: **John E. Malowan,** Dayton, O., V. St. A., *Schutz eiserner Gefäße vor Korrosionen durch hochkonzentrierte H_3PO_4* durch Zusatz von 0,01—0,5% organ. Amine oder Nitrile mit 6—20 C-Atomen in Ggw. von 0,01—0,1% eines Alkalijodids oder -jodats. (**A. P. 2 567 156** vom 31/12. 1947, ausg. 4/9. 1951.) BRÄUNINGER. 6533

Hartwig G. Berge, Hersfeld, Hessen, *Erzeugen von Phosphatschichten auf metallischen Oberflächen.* Die Oberflächen werden mit der Phosphatierungslsg. in der Weise besprüht, daß die aus den Spritzdüsen austretenden Flüssigkeitsstrahlen benachbarter, schräg gegeneinander gestellter Düsen durch Aufeinanderprallen zerstäubt werden u. dadurch die auf die zu behandelnde Oberflächen gerichteten Nebelströme erzeugen. Gleichmäßige Phosphatschichten. (**D. B. P. 847 240** Kl. 48d vom 25/12. 1948, ausg. 21/8. 1952.) MARKHOFF. 6533

Metallgesellschaft Akt.-Ges., Frankfurt/M. (Erfinder: **Van Myers Darsey,** Detroit, Mich., V. St. A.), *Herstellen von Phosphatüberzügen auf Eisen.* Die Gegenstände werden in nitrathaltigen Zn- oder Mn-Phosphatlsgg. behandelt, die prakt. frei von Fe^{II} gehalten werden. Die Lsgg. sollen mindestens 1 (%) NO_3, 0,045 Zn u. 0,5 PO_4 enthalten. Das Verhältnis der freien Säure zur Gesamtsäure soll mindestens 1 : 5,5 betragen u. der p_H-Wert 2—2,5 sein. Die D. des Bades soll so bemessen sein, daß gleichzeitig nicht mehr als 60 cm^2 zu behandelnde Fläche pro Liter Lsg. durchgesetzt werden können. Durch Bldg. von Nitrit beim Arbeiten des Bades ist ein besonderer Nitritzusatz nicht notwendig. (**D. R. P. 754179** Kl. 48d vom 30/6. 1939, ausg. 28/8. 1952. A. Prior. 30/6. 1938.) MARKHOFF. 6533

Metallgesellschaft Akt.-Ges., Frankfurt/M., *Phosphatieren von Metallen, wie Eisen.* Man verwendet Lsgg. von prim. Schwermetallphosphaten unter Zusatz von Chlorat als

Beschleunigungsmittel, bei denen das Gewichtsverhältnis von P_2O_5 : Beschleuniger in Ansatz- u. Ergänzungslsg. gleich oder etwa gleich ist u. in beiden Lsgg. 1 : (0,3—0,6), vorzugsweise 1 : (0,35—0,4) beträgt. Die Lsgg. bleiben über eine große Anzahl von Einsätzen hin in ihrer schichtbildenden Wrkg. gleich. (**Oe. P. 169 830** vom 15/4. 1949, ausg. 27/12. 1951.) MARKHOFF. 6533

Parker Rost Proof Co., übert. von: **John S. Thompson**, Detroit, Mich., V. St. A., *Erhöhung der Korrosionsbeständigkeit von Phosphatschichten.* Die Schichten werden mit einer Lsg. behandelt, deren Hauptbestandteil $AlPO_4$ ist. Die Lsg. soll 7—12 mal so viel PO_4 enthalten wie Al; ihr p_H-Wert soll 1,9—4 sein. Ein Zusatz von CrO_3 verhindert das Ausfallen von $AlPO_4$. — Z. B. behandelt man die phosphatierten Teile mit einer Lsg. von 0,25—0,28 (%) CrO_3, 0,03—0,035 Al u. 0,24—0,29 PO_4 bei einer Temp. von 160 bis 200° F (71—93° C) 5—30 Sekunden. — Diagramm. (**A. P. 2 564 864** vom 2/7. 1948, ausg. 21/8. 1951.) MARKHOFF. 6533

Donald Sherman Clark and **Wilbur R. Varney**, Physical metallurgy for engineers. New York: Van Nostrand. 1952. (580 S. m. Abb. u. Diagr.) $ 6,50.

IX. Organische Industrie.

Robert Charles Arnold, Bryan, O., V. St. A., *Acyclische gesättigte Fluorchlorverbindungen* erhält man aus ungesätt. halogenierten Olefinen, enthaltend z. B. Cl, Br u./oder F-Atome, durch Behandeln im geschlossenen Gefäß mit HF in Ggw. von BF_3 in Mengen von 1—50 g pro Mol. Olefin, bei 30—160°. Es werden hergestellt: $CH_2Cl-CHClF$ aus $CHCl=CHCl$; $CH_3-CClF-CH_2Cl$ u. $CH_3-CF_2-CH_2Cl$ aus $CH_3-CCl=CHCl$; $CHCl_2-CCl_2F$; $CF_3-CHCl-CCl_2F$; $CF_3-CH_2-CClF_2$. (**A. P. 2 560 838** vom 24/1. 1947, ausg. 17/7. 1951.) G. KÖNIG. H 510

Gevaert Photo-Producten N. V., übert. von: **Ferdinand Leonard Schouteden** und **Remi Gustaaf Tritsmans**, Antwerpen, Belgien, *Vinylhalogenide*, bes. Vinylchlorid, erhält man aus C_2H_2 u. Halogenwasserstoff bei höheren Tempp. u. verschied. Drucken in Ggw. von Hg oder Hg-Salzen, bes. $HgCl_2$, in Mischung mit einem synthet. Harz, z. B. Polymethacrylamid, Polycaprolactam. Die Katalysatormischung kann noch andere Metallsalze, z. B. $CuCl_2$, enthalten u. auf poröse Träger, wie Bimsstein, Kieselsäuregel, aufgebracht sein. (**A. P. 2 566 146** vom 27/9. 1947, ausg. 28/8. 1951. Holl. Prior. 4/10. 1946.) G. KÖNIG. H 520

Hooker Electrochemical Co., übert. von: **Carl I. Gochenour**, Niagara Falls, N. Y., V. St. A., *1.1.1-Trifluor-2.3.3-trichlor-2.3-propen* (I) erhält man aus Hexachlorpropen (II) durch allmähliche Zugabe von wasserfreiem HF in Ggw. von $SbCl_5(SbF_5)$ in Mengen von 0,2—2 Gew.-%, bezogen auf **II**, u. bei allmählich steigender Temp. von 20—100°. Die Zugabe von HF wird unterbrochen, wenn 6 Mol. HF auf 1 Mol. **II** in das Reaktionsgefäß eingeführt wurden. Die Reaktionstemp. wird nach Zugabe von HF auf 40—49° gehalten, bis mindestens 50% **II** in **I** umgewandelt sind. Der Reaktionsdruck soll den autogenen nicht überschreiten. Kp. von **I** 87—89°, n_D^{20} 1,4100, $D.^{25}_4$ 1,6095. (**A. P. 2 558 703** vom 6/1. 1948, ausg. 26/6. 1951.) G. KÖNIG. H 520

Shell Development Co., San Francisco, übert. von: **George E. Liedholm**, Berkeley, und **James T. Harlan jr.**, San Rafael, Calif., V. St. A., *O-haltige organische Verbindungen*, bes. Carbinole, gewinnt man nach der Oxosynth. in 2 Stufen. Olefine (I) oder Olefinfraktionen, bes. aus Naturgas, oder Spaltprodd. der festen Erdöl-KW-stoffe, werden in der 1. Stufe mit CO u. H_2, die im Verhältnis 1:1,5—2 angewendet werden, bei 80—200° u. Drucken von 20 bis mehreren Hundert at in Ggw. von Katalysatoren, die unter den Reaktionsbedingungen Metallcarbonyle bilden, z. B. Co, zu Aldehyden (II) neben geringen Mengen Carbinolen u. KW-stoffen umgesetzt. Unmittelbar anschließend erfolgt die Hydrierung von **II** bei 100—350° u. 150—1000 lbs./sq.in. mittels CO u. H_2 im Verhältnis 1:1,5 in Ggw. von Katalysatoren, die gegen die Wrkg. von CO resistent sind, wie Selenite, Sulfide, Telluride, Phosphite, Halogenide, Oxyde, Borate, Chromite, Molybdate u. Wolframate, zu Carbinolen. Ein bevorzugter Katalysator ist Co, durch ThO_2 aktiviert u. auf Bimsstein oder Kieselgur aufgetragen. Auch in den Ausgangsstoffen lösl. Verbb., z. B. Co-Caprylat, können Anwendung finden. An Stelle von **I** kommen auch Verbb. mit 2 oder mehreren Doppelbindungen, wie Butadien, Methylbutadien, ferner Acetylen-KW-stoffe mit einer oder mehreren dreifachen Bindungen, sowie alicycl. Verbb., wie Cyclohexen, Cyclohexadien u. aromat. Verbb., wie Styrol, in Betracht. — Zeichnung. (**A. P. 2 544 271** vom 13/1. 1947, ausg. 6/3. 1951.) G. KÖNIG. H 560

Allied Chemical & Dye Corp., New York, N. Y., übert. von: **William I. Cougdon**, Hopewell, und **Richard C. Datin**, Petersburg, Va., V. St. A., *Reinigen von Methanol* (I),

Rohes I wird mit W. oder wasserhaltigem I verd. in einer Abtreibkolonne behandelt, wobei als Kopfdestillat I, W., ölige Bestandteile u. Gase übergehen. Das Kopfdestillat wird gekühlt, mit W. verd. u. die durch Schichten erhaltene wss. Phase, enthaltend I, von der öligen getrennt u. in die Abtreibkolonne geleitet. Als Bodenfraktion erhält man wss. I, frei von öligen Produkten. Ein Teil dieser Fraktion wird mittels Wasserdampf als Abtreibmittel in die Abtreibkolonne eingeleitet. Der andere Teil gelangt in eine Fraktionierkolonne. — Zeichnung. (**A. P. 2 549 290** vom 17/8. 1948, ausg. 17/4. 1951.) G. König. H 560

Monsanto Chemical Co., St. Louis, Mo., übert. von: **George F. Deebel**, Dayton, O., V. St. A., *Aliphatische Diäther des 2-Buten-1.4-diols* erhält man durch Rk. von 1.4-Dichlor-2-buten mit Alkalialkoholaten, die 4—12 C-Atome im Mol. enthalten. Die Rk. ist exotherm, es bildet sich leicht *Vinylacetylen* u. *1-Chlorbutadien-(1.3)*; Lösungs- oder Verdünnungsmittel können angewendet werden. — Na-Butylat u. 1.4-Dichlorbuten-(2) (I) ergeben *1.4-Dibutoxy-2-buten*, Kp.$_6$ 100°, n_D^{20} 1,4345, D.$^{20}{}_{20}$ 0,8637. — Aus Na-Amylat u. I *1.4-Dipentoxy-2-buten*, Kp.$_6$ 105°, n_D^{20} 1,4385, D.$^{20}{}_{20}$ 0,8541. — Na-Hexylat u. I → Mischung von *cis-* u. *trans-1.4-Dihexoxy-2-buten*, Kp.$_3$ 125—140°. Durch Dest. der Mischung reines *trans-1.4-Dihexoxy-2-buten*, Kp.$_3$ 135—136°, n_D^{20} 1,443, D.$^{20}{}_{20}$ 0,8619. — Na-Laurat u. I → *1.4-Dilauroxy-2-buten*, Kp.$_6$ 300—303°, n_D^{20} 1,4560, D.$^{20}{}_{20}$ 0,8578. Die neuen Verbb. sind *oberflächenakt.* u. wasserabstoßende Stoffe (*Plastifikatoren für natürliche u. synthet. Harze, Zusatzmittel für Schmieröle.* (**A. P. 2 555 270** vom 10/1. 1947, ausg. 29/5. 1951.) G. König. H 570

Merck & Co., Inc., Rahway, übert. von: **Nelson Richard Trenner** und **Frederick A. Bacher**, Westfield, N. J., V. St. A., *Erythrit* gewinnt man durch Red. eines Dialkylesters der Weinsäure, gelöst in einem niedrigmol. aliphat. Alkohol, bei 125—200° u. Drucken >3500 lbs./sq.in. in Ggw. eines Hydrierkatalysators, bes. aus schwarzem Cu-Cr-Oxyd bestehend. (**A. P. 2 571 967** vom 9/11. 1948, ausg. 16/10. 1951.) G. König. H 580

Herbert Brintzinger, Eßlingen, *Chlormethylschwefelchlorid*, $ClCH_2SCl$, Kp.$_{40}$ 50°, erhält man durch Chlorieren von Dimethyldisulfid oder Bis-(chlormethyl)-disulfid entweder unverd. oder in Lsg. mit einem Chlorierungsmittel (Cl_2, SO_2Cl_2, $SOCl_2$, S_2Cl_2), wobei die Temp. bis zur Bldg. des CH_3SCl zweckmäßig auf —10 bis —20° gehalten wird, während sie bei der Weiterchlorierung bis auf Raumtemp. ansteigen kann. — Zwischenprod. für Kunst-, Farbstoffe u. Pharmazeutica. (**D. B. P. 848 951** Kl. 12o vom 21/6. 1950, ausg. 11/9. 1952.) Krauss. H 600

Standard Oil Development Co., übert. von: **Ernest O. Ohsol**, Cranford, **Carl S. Carlson**, Roselle, und **Boyd E. Hudson jr.**, Cranford, N. J., V. St. A., *Herstellung von Perchlormethylmercaptan.* Man läßt Cl_2 auf CS_2 bei 0—15° in Ggw. von J als Katalysator einwirken, wobei 3 Mol. Cl_2 auf 1,2—2 Mol. CS_2 zur Rk. kommen. Das fl. Prod. wird in einer Kolonne im Vakuum unter Einführung von warmem CCl_4 als Wärmeträger dest., so daß CCl_4, CS_2 u. Spuren von Cl_2 schnell von dem vom Boden der Kolonne abfließenden Perchlormethylmercaptan getrennt werden. (**A. P. 2 575 290** vom 4/8. 1949, ausg. 13/11. 1951.) Dersin. H 600

Monsanto Chemical Co., übert. von: **John K. Finke**, St. Louis, Miss., V. St. A., *β-(Alkyl- und Cycloalkylmercapto)-äthylchloride*, deren Alkylgruppe 6—18 C-Atome aufweist, erhält man aus β-(Alkyl- oder Cycloalkylmercapto)-äthanolen (I) durch Rk. mit wasserfreiem, gasförmigem oder fl. HCl oberhalb des F. von I, jedoch <100°. — β-(n-Octylmercapto)-äthanol behandelt man bei Raumtemp. mit HCl. Die Temp. steigt auf 84°, man kühlt u. läßt bei 50—60° erneut HCl einwirken. Man löst in Ae., wäscht mit W., anschließend mit verd. K_2CO_3-Lsg., trocknet, dest. u. erhält *β-(n-Octylmercapto)-äthylchlorid*, Kp.$_4$ 117—119,5°, n_D^{25} 1,4741. Auf analoge Weise: *β-(n-Decylmercapto)-äthylchlorid*, Kp.$_1$ 118—121°, n_D^{25} 1,4750, wasserklare Fl., —*β-(n-Dodecylmercapto)-äthylchlorid*, Kp.$_{1-1,5}$ 152—153°, n_D^{25} 1,4740. —*β-(tert.-Octylmercapto)-äthylchlorid*, Kp.$_1$ 73—78°, n_D^{25} 1,4869. —*β-(tert.-Tetradecylmercapto)-äthylchlorid*, Kp.$_1$ 121—124°, —*β-(n-Octadecylmercapto)-äthylchlorid*, Kristallisationspunkt 35°. (**E. P. 655 999** vom 17/12. 1948, ausg. 8/8. 1951. A. Prior. 24/2. 1948.) G. König. H 600

Farbwerke Hoechst, vormals Meister Lucius & Brüning, Frankfurt/M.-Höchst, *Oxyalkylsulfone und deren esterartige Derivate.* Thioäther oder Sulfoxydgruppen enthaltende saure Ester von Alkoholen, bes. mehrwertigen Alkoholen mit mehrbas., starken Säuren, bes. anorgan. O-Säuren (H_2SO_4, H_3PO_4) oder organ.-anorgan. Säuren (Benzoldisulfonsäuren, Alkylensulfonsäuren) werden mit zur Überführung von Thioäthergruppen in Sulfongruppen geeigneten Oxydationsmitteln (Permanganaten, CrO_3, H_2O_2, Persäuren, Alkalihypochloriten, N-Chlorharnstoff, freiem Cl_2 oder Br_2) unter milden, Hydrolyse ausschließenden Bedingungen oxydiert u. die Estergruppen gegebenenfalls durch Hydrolyse abgespalten. Zweckmäßig verwendet man als Ausgangsstoffe Ester von polymerhomologen Polythioäthern mit Hydroxyl-Endgruppen. — Di-ζ-oxyhexylsulfid (erhalten aus ζ-Chlorhexylalkohol u. Na_2S, F. 46—50°, aus Ae.) wird in Dioxan mit $ClSO_3H$ in den wasserlösl. Bisschwefelsäureester übergeführt, der dann bei 0—5° mit 3%ig. wss. $KMnO_4$-Lsg. 3 Std. auf 60° erwärmt wird, wobei sich das *Di-ζ-oxyhexylsulfon* abscheidet, silberglänzende Blättchen, F. 89°. — Hexamethylenglykoldischwefelsäureester → *Polysulfonglykolgemisch*, F. 175—185°. Verwendung als *Weichmacher* für filmbildende, hochpolymere Stoffe, wie Cellulosefolien, Proteine, Polyamide, Polyvinylverbb., u. als Zwischenprodd. zur Herst. von Textilhilfsmitteln u. Kunststoffen. (**D. B. P. 846 397** Kl. 12o vom 24/12. 1944, ausg. 11/8. 1952.) KRAUSS. H 600

Phillips Petroleum Co., übert. von: **Chester M. Himel** und **Lee O. Edmonds**, Bartlesville, Okla., V. St. A., *Alkylthiosulfenyldithiocarbamate* der Formel $(R)_2NC(S)-S-S-S-R'$ (R = Alkyl, Aryl oder Aralkyl mit höchstens 10 C-Atomen, beide R können mit N einen heterocycl. Ring bilden, ein R kann auch H sein, R' = prim., sek., tert. Alkyl mit höchstens 10 C-Atomen) erhält man durch Kondensation eines Alkylthiosulfenylhalogenids der Formel $R'-S-S-X$ (X = Cl, Br, J) mit einem Dithiocarbamat der Formel $(R)_2N-C(S)-SM$ (M = Alkali- oder Erdalkalimetall), zweckmäßig in Ggw. eines Lösungsm. mit Kp. 10—40°. — Na-Dimethyldithiocarbamat (erhalten aus CS_2 + Dimethylamin in 20%ig. NaOH) wird bei 25° in Isopentan mit tert. Butylthiosulfenylchlorid behandelt, nach dem Verjagen des Lösungsm. erhält man *N.N-Dimethyl-S-tert.-butylthiosulfenyldithiocarbamat* in 90%ig. Ausbeute, n_D^{20} 1,6062. — *N.N-Diäthyl-S-tert.-butylthiosulfenyldithiocarbamat*, n_D^{20} 1,5958. — *N.N-Di-n-propyl-S-tert.-butylthiosulfenyldithiocarbamat*, n_D^{20} 1,5820. Verwendung als *Vulkanisationsbeschleuniger* für Kautschuk, als *Fungicide* u. Zwischenprodukte. (**A. P. 2 572 845** vom 8/11. 1948, ausg. 30/10. 1951.) KRAUSS. H 600

Celanese Corp. of America, übert. von: **Nat C. Robertson**, Corpus Christi, Tex., V. St. A., *Gewinnung von Methyläthylketon* (**I**) *und Tetrahydrofuran* (**II**) aus Reaktionsgemischen der Dampfphasenoxydation von KW-stoffen, die außer **I** u. **II** noch 2-Methyl-**II**, Formale (**III**), Acetale (**IV**) u. cycl. Oxyde (**V**) in Pentan(**VI**)-Lsg. enthalten. Man dest. erst **VI**, dann bis 75° das Reaktionsgemisch ab, setzt das Destillat mit CH_3OH in Ggw. von 1—10% H_2SO_4 bei 50—85° um, neutralisiert das saure Reaktionsgemisch, entfernt **III**, **IV**, W., Salze u. Glykole, extrahiert den Rückstand mit **VI** u. dest. den Extrakt azeotrop, um etwas CH_3OH u. Aceton zu entfernen, u. erhält aus dem Destillationsrückstand **I** u. **II**. — Vorr., Zeichnung. (**A. P. 2 577 156** vom 15/6. 1948, ausg. 4/12. 1951.) MÜLLER-MEININGEN. H 710

Sific Akt.-Ges. Glarus, Schweiz, übert. von: **Louis L. J. Fauqué**, Premery, Frankreich, *Diketone* (**I**) isoliert man aus Mischungen mit anderen Ketonen u. Aldehyden, z. B. aus den Methylenölen (**II**), durch Bldg. von kristallisierenden Komplexverbb. der **I** mit α- oder β-Glykolen u. anschließendes Hydrolysieren mit Mineralsäuren u. Abdest. der freien **I**. Reaktionstemp. zwischen 50 u. 70°. Die Rk. kann durch geringe Mengen an Mineralsäuren beschleunigt werden. Die Ggw. größerer Mengen an Alkoholen ist unerwünscht, sie bilden mit **I** schwer abtrennbare Ketale. — **II** wurden mit Äthylenglykol in Ggw. von 1% H_2SO_4 bei 60° 1 Std. behandelt. Ausgeschiedene Kristalle werden aus A. umkrist. u. anschließend hydrolysiert. Aus dem Hydrolysat wird *Diacetyl* (**III**) als pseudoazeotrop. Mischung mit W. gewonnen u. erneut destilliert. (**A. P. 2 554 980** vom 22/9. 1947, ausg. 29/5. 1951. F. Prior. 10/7. 1947.) G. KÖNIG. H 720

Shell Development Co., übert. von: **Vernon E. Haury** und **Seaver A. Ballard**, San Francisco, Calif., V. St. A., *Herstellung von Diketonen* durch Acylierung eines Ketimins, worin das C-Atom, welches durch eine Doppelbindung an das N-Atom gebunden ist, mit einfachen Bindungen an zwei weiteren C-Atomen haftet. Durch Hydrolyse bildet das Acylierungsprod. das entsprechende Diketon. — Bei der Acetylierung von N-(Cyclohexyl)-cyclohexanonimin bildet sich das 2-Acetylprod., welches bei der Hydrolyse der Iminogruppe mit verd. H_2SO_4 das *2-Acetylcyclohexanon* bildet. — Aus 1.3-Dimethylbutylamin u. Aceton entsteht N-(1.3-Dimethylbutyl)-acetonimin. Dieses bildet mit Keten bei 0—60° das N-(1.3-Dimethylbutyl)-methylacetylmethylketimin, welches durch Hydrolyse mit verd. wss. H_2SO_4 das *Acetylaceton* bildet. — N-(1.3-Dimethylbutyl)-methylisobutylketimin wird acetyliert unter Bldg. der entsprechenden Acetylmethylverbindung. Durch Hydrolyse der Iminogruppe bildet sich das *Isovalerylaceton*. (**Can. P. 479 141** vom 10/7. 1945, ausg. 4/12. 1951. A. Prior. 18/7. 1944.) M. F. MÜLLER. H 720

Farbwerke Hoechst, vormals Meister Lucius & Brüning (Erfinder: **Martin Reuter**), Frankfurt/M., *Herstellung von Acetylnitrat*, dad. gek., daß man Keten in Ggw. von inerten Verdünnungsmitteln (**I**) mit wasserfreier HNO_3 in der Kälte umsetzt u. aus der Lsg. das Prod. durch Vakuumdest. gewinnt. Als **I** sind genannt: CCl_4, bes. CH_2Cl_2, N_2, CO_2. (**D. B. P. 849 405** Kl. 12o vom 11/12. 1943, ausg. 15/9. 1952.) SCHINDLER. H 810

Röhm & Haas Co., Philadelphia, übert. von: **Charles H. McKeever**, Glenside, Pa., V. St. A., *Oxydation von Acetalen zu Carbonsäuren.* Sie erfolgt in HCOOH-Lsg. bei 0 bis 100° in Ggw. eines Schwermetallsalzes einer Carbonsäure mit O_2 nach: $R \cdot CH(OR')_2 + \frac{1}{2} O_2 + 2\,HCOOH \rightarrow RCOOH + 2\,H \cdot COOR'$ (R' = CH_3- oder C_2H_5-, R = bes. KW-stoffrest). Man gewinnt z. B. aus 3.5.5-Trimethylhexaldehyddimethylacetal in Ggw. von Co-Acetat bei 25—35° *3.5.5-Trimethylhexansäure.* (**A. P. 2 583 112** vom 22/10. 1950, ausg. 22/1. 1952.) MÜLLER-MEININGEN. H 810

Chemische Werke Hüls G. m. b. H. (Erfinder: **Daniel Kästner, Peter Kurtz**, Leverkusen, und **Friedrich Zobel**), Marl, *Ungesättigte Carbonsäurenitrile* erhält man durch Anlagern von HCN an Acetylen-KW-stoffe in Ggw. von Cu(I)-Salzen in nichtwss. Lösungsmitteln (Glykole, Polyglykole, deren Äther, Glycerin, Dioxan, Ester von Polyglykoläthern, Formamid, Acetamid). Die Wirksamkeit der Katalysatorlsg. kann durch Zusatz von Zwitterionen bildenden Stoffen (Aminocarbonsäuren) gesteigert werden, wobei man zweckmäßig unter Ausschluß von O_2 arbeitet. — In eine 80° warme Lsg. aus NH_4Cl, CuCl u. Formamid leitet man HCN-haltiges Acetylen ein, wodurch man *Acrylnitril* erhält. — Vinylacetylen → *Cyanbutadien.* (**D. B. P. 850 889** Kl. 12o vom 3/12. 1941, ausg. 29/9. 1952.) KRAUSS. H 810

Soc. An. des Manufactures des Glaces & Produits Chimiques de Saint-Gobain, Chauny & Cirey, Paris, Frankreich (Erfinder: **Armand-Jean Courtier**), *Herstellung von Thioharnstoff* (I). Man läßt zu freiem Cyanamid in einem mit W. nicht mischbaren Lösungsm. (Äthylacetat) eine wss. H_2S-Lsg. bei 45—50° laufen. I wird aus der wss. Phase durch Kühlen ausgeschieden. (**N. P. 78 938** vom 13/10. 1947, ausg. 20/8. 1951. F. Prior. 4/11. 1946.) J. SCHMIDT. H 880

E. I. du Pont de Nemours & Co., übert. von: **Herman J. Sampson jr.**, Wilmington, Del., V. St. A., *Herstellung von Semicarbazid und Hydrazodicarbonamid.* Man läßt CO mit Hydrazin in Ggw. eines Metallcarbonyls, z. B. $Fe(CO)_5$, bei 0—200° u. erhöhtem Druck, z. B. 800—900 at, reagieren. *Semicarbazid* erhält man bei 20—100°, *Hydrazodicarbonamid* bes. bei 50—200°. Geht man mit der Reaktionstemp. auf 100—200°, so erhält man vorwiegend eine Verb. der Zus. $C_2H_4ON_4$ [„1.2-Dihydro-3-(4-symm.-tetrazon)"], zwischen 200 u. 300° schließlich eine wasserlösl. Verb. $C_4H_6N_6$ vom F. 121° u. Kp. 269°. (**A. PP. 2 589 289** vom 31/3. 1948 u. **2 589 290** vom 11/1. 1950, beide ausg. 18/3. 1952.) BRÖSAMLE. H 880

Badische Anilin- & Soda-Fabrik, Ludwigshafen/Rh. (Erfinder: **Walter Franke**, Marl, und **Wolfgang Thiele**, Bergisch Gladbach), *Ungesättigte Amine* entstehen durch Rk. von Diacetylen (I) mit NH_3, prim. oder sek. Aminen. — *Diäthylaminovinylacetylen.* Aus Diäthylamin, Ag (als Katalysator) u. I in Benzol. $Kp._3$ 42—45°. (**D. B. P. 844 155** Kl. 12q vom 8/11. 1942, ausg. 17/7. 1952.) LANGER. H 910

General Mills, Inc., Minneapolis, Minn., V. St. A., *γ-Acetamino-γ.γ-dicarbäthoxybutyraldehyd* (I) erhält man aus dem Acetaminomalonsäurediäthylester durch Kondensation mit Acrolein bei tiefen Tempp. u. vorteilhaft in Ggw. eines alkal. wirkenden Katalysators. Die Ggw. eines organ. Lösungsm. ist erwünscht. I ist eine viscose Fl., hellgelb, F. des Phenylhydrazons 138—140°. Zwischenprodukt. (**Schwz. P. 280 832** vom 25/2. 1948, ausg. 1/5. 1952. A. Prior. 15/2. 1946.) G. KÖNIG. H 950

Deutsche Hydrierwerke Akt.-Ges., Düsseldorf, *Umlagerung von Cyclohexanonoxim* (I), *seinen Homologen oder Substitutionsprodukten in Lactame* mittels saurer, umlagernder Mittel, dad. gek., daß man die Rk. mit Oleum in Ggw. von Perchloräthylen als Lösungsm. vornimmt. Nach dem Beispiel wird aus I *Caprolactam* erhalten. (**D. B. P. 848 495** Kl. 12p vom 21/2. 1943, ausg. 4/9. 1952.) SCHINDLER. H 950

Eastman Kodak Co., übert. von: **Harry W. Coover jr.** und **Joseph B. Dickey**, Rochester, N. Y., V. St. A., *α-Acetaminoacrylsäurealkylester* erhält man durch Erhitzen eines α-Acetaminoacrylsäurealkalisalzes mit einem Dialkylsulfat, zweckmäßig in Ggw. eines Polymerisationsverzögerers, in An- oder Abwesenheit eines Lösungsmittels. — *Methyl-α-acetaminoacrylat*, $Kp._{0,3}$ 66—67°, F. 75—76°. — *n-Butyl-α-acetaminoacrylat.* — *Äthyl-α-acetaminoacrylat*, $Kp._{0,5}$ 74°. — *Isopropyl-α-acetaminoacrylat.* — *Octyl-α-acetaminoacrylat.* (**A. P. 2 548 518** vom 13/4. 1949, ausg. 10/4. 1951.) KRAUSS. H 950

International General Electric Co., Inc., New York (Erfinder: **Charles S. Ferguson** und **Jesse E. Sellers**, Scotia), N. Y., V. St. A., *Dialkyldihalogensilane* erhält man durch Leiten von Alkylhalogeniden über eine erhitzte Mischung aus Si–Cu-Pulver. Die Teilchen des Cu-Pulvers (I) sind nur wenige μ groß u. bestehen aus einem zerreibbaren, bröckligen Cu-Kern, der mit einer schützenden Schicht von CuO überzogen ist, die eine Oxydation an der Luft verhindert u. im Vgl. zum umhüllten Kern verhältnismäßig dünn ist, die aber ausreicht, um durch Röntgenstrahleninterferenzmethoden festgestellt zu werden. Die Si–Cu-Pulvermischung enthält zweckmäßig 5—25% I. In den Beispielen werden erhalten: CH_3SiHCl_2, $(CH_3)_3SiCl$, $(CH_3)_2SiCl_2$, CH_3SiCl_3 (Reaktionsbedingungen vgl. Tabelle). Vgl. auch D. B. PP. 842 055 u. 842 059. (**D. B. P. 844 902** Kl. 12o vom 24/9. 1950, ausg. 24/7. 1952. A. Prior. 27/6. 1947.) KRAUSS. H 980

Koppers Co., Inc., übert. von: **John R. Anderson**, Pittsburgh, Pa., V. St. A., *Reines Benzol* erhält man durch azeotrop. Dest. von Koksofenbenzol mit einer Mischung von Aceton (0,5—1,5 Volumenteile) u. W. (0,05—0,15) u. 1 Vol. Bzl., wobei die verunreinigenden KW-stoffe mit Aceton u. W. als tern. Kopfdestillat übergehen u. das anfallende Bzl. gleichzeitig entwässert wird. (**A. P. 2 576 092** vom 4/6. 1948, ausg. 27/11. 1951.) G. KÖNIG. H 1010

United States Rubber Co., New York, V. St. A., *2.2-Bis-(p-chlorphenyl)-1.1.1-trichloräthan.* Man kondensiert C_6H_5Cl mit Chloral (I) (Molverhältnis 8:1—9:1) in Ggw. von SO_3HF (II) (II:I = 4:1—5:1) bei —10 bis 0°. (**Schwz. P. 278 854** vom 27/7. 1948, ausg. 16/2. 1952. A. Prior. 3/10. 1947.) LANGER. H 1010

United States of America, übert. von: **Bruno H. Wojcik** und **Aylmer H. Maude**, Niagara Falls, N. Y., V. St. A., *Xylolhexafluorid* (I). Man erhitzt Xylolhexachlorid mit HF im Autoklaven (II) bei 110°, wobei der Druck auf 1600 lbs./sq.in. steigt, u. entspannt nach 4 Std. die Prodd. in ein Vorratsgefäß (III) mit 5mal größerem Vol., zuerst die gasförmigen Bestandteile (HCl, HF), wobei der Druck in II auf 1/4 (400 lbs./sq.in.) des Reaktionsdruckes fällt. Anschließend entspannt man das fl. I mittels des Restdruckes nach III. Man entspannt auf n. Druck u. läßt HCl entweichen. I wird als Boden-Fl. aus III abgezogen. — Zeichnung. (**A. P. 2 562 159** vom 30/11. 1944, ausg. 24/7. 1951.) G. KÖNIG. H 1010

General Aniline & Film Corp., New York (Erfinder: **Bernard William Rottschaefer**, Rensselaer), N. Y., V. St. A., *5-Nitro-4-alkoxy-2-chlortoluole.* 5-Nitro-2.4-dichlortoluol wird mit einem Alkalimethylat oder -äthylat in CH_3OH bzw. A. als Reaktionsmedium bei 65—80° umgesetzt. — Zwischenprodukte. (**D. B. P. 847 598** Kl. 12q vom 22/12. 1949, ausg. 25/8. 1952. A. Prior. 22/12. 1948.) FABEL. H 1060

Cities Service Research and Development Co., New York, N. Y., übert. von: **Otis C. Dermer** und **John J. Hawkins**, Stillwater, Okla., V. St. A., *3-Methoxy-4-methoxymethyltetrahydropyran* (I). Man löst Methylal (II) in konz. H_2SO_4, läßt die Lsg. mit Butadien reagieren, neutralisiert das Reaktionsgemisch, entfernt aus diesem durch Wasserdampfdest. überschüssiges II u. Nebenprodd. u. isoliert I mittels Ae.-Extraktion u. anschließender fraktionierter Dest. aus dem Rückstand (III). $Kp._{10}$ 98°. Nebenprodd.: *1.5-Dimethoxy-2-penten*, $Kp._{745}$ 164°; *3.5-Dimethoxy-1-penten*, $Kp._{745}$ 137°; *1.2.5-Trimethoxy-3-methoxymethylpentan* (IV), $Kp._{35}$ 137°. IV stammt aus III. (**A. P. 2 591 239** vom 5/10. 1949, ausg. 1/4. 1952.) BRÖSAMLE. H 3211

F. Hoffmann-La Roche & Co. Akt.-Ges., Basel, Schweiz, *Herstellung von Pyranabkömmlingen* der Formel I. Man erhitzt homologe Acetessigester der Formel R—CO—CH_2—COOR′ (R′ = niederer Alkylrest) in Ggw. eines bas. reagierenden Katalysators, bes. $NaHCO_3$, auf 200—220° u. dest. den sich bildenden Alkohol ab. 3-Butyryl-Verb., $Kp._{0,08}$ 112—115°. 3-Valeryl-Verb., F. 42°. 3-Capronyl-Verb., F. 44°. 3-Isobutyryl-Verb., $Kp._{0,07}$ 97 bis 101°. 3-(β-Methylbutyryl)-Verb., $Kp._{0,23}$ 123—124°. 3-(α-Methylvaleryl)-Verb., $Kp._{0,4}$ 136—138°. Bakterieide u. gärungshemmende Stoffe, Konservierungsmittel. (**D. B. P. 844 009** Kl. 12q vom 25/1. 1951, ausg. 14/7. 1952. Schwz. Prior. 9/2. 1950.) FABEL. H 3211

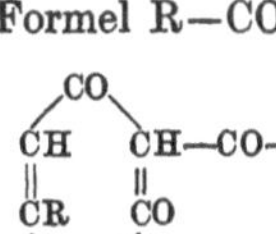

I

R = Alkyl mit 3—5 C-Atomen

Spofa, Spojené farmaceutické Závody, národní podnik, Prag, Tschechoslovakei, *Bis-[4-oxycumarinyl]-essigsäurelacton* entsteht bei Rk. von Bis-[4-oxycumarinyl]-essigsäure mit anhydrisierenden Mitteln, wie $POCl_3$, $SOCl_2$, Eisessig. F. 285°. (**Schwz. P. 278 587** vom 12/8. 1949, ausg. 16/2. 1952. Tschech. Prior. 30/12. 1948.) LANGER. H 3211

Ciba Akt.-Ges., Basel (Erfinder: **Max Schmid**, Riehen, und **Hans Johner**, Basel), Schweiz, *Oxyverbindungen der Benzoxanthenreihe* entstehen durch Rk. von diazotierten 1-Halogen-8-aminonaphthalinen mit p-Chinonen, Red. u. Abspaltung von Halogenwasserstoff. — *7-Oxy-1.9-benzoxanthen.* Man diazotiert 1-Chlor-8-aminonaphthalin, versetzt mit Benzochinon in W., red. mit Fe-Pulver u. sd. wss.-alkoh. HCl u. schm. mit NaOH. Grünlichgelbe Nadeln, F. 171—173°. — Analog: *2-Chlor-7-oxy-1.9-benzoxanthen,* blaßgelb, F. 210—211°. — *4-Methoxy-7-oxy-1.9-benzoxanthen.* (**D. B. P. 841 916** Kl. 12q vom 8/3. 1949, ausg. 19/6. 1952. Schwz. Priorr. 10/10. 1947 u. 7/9. 1948.) LANGER. H 3211

Badische Anilin- & Soda-Fabrik, Ludwigshafen/Rh. (Erfinder: **Hans Krzikalla**, Heidelberg, und **Wilhelm Werniger †**, Berlin), *Pyridin und Pyridincarbonsäuren* erhält man durch Behandlung homologer Pyridine mit verd. HNO_3 bei erhöhter Temp. u. unter Druck; z. B. wird aus 2-Methyl-5-äthylpyridin mit 20%ig. HNO_3 bei maximal 235° im Druckgefäß *Nicotinsäure* in sehr guter Ausbeute erhalten. (**D. B. P. 852 244** Kl. 12p vom 1/1. 1942, ausg. 13/10. 1952.) BRÖSAMLE. H 3231

Farbenfabriken Bayer, Leverkusen, *Herstellung von 1-Benzyl-1.2.3.4.5.6.7.8-oktahydroisochinolin* (I), dad. gek., daß man das durch Kondensation von Phenacetylchlorid mit Cyclohexenylacetonitril unter dem Einfl. von $AlCl_3$ erhaltene 1-Phenacetylcyclohexenyl-2-acetonitril in üblicher Weise katalyt. hydriert. Unter Erhaltung der ditert. Doppelbindung u. unter Zwischenbldg. des 1-Benzyl-bz-tetrahydroisochinolins entsteht I, $Kp._{0,7}$ 140°. (**Oe. P. 171 704** vom 13/9. 1950, ausg. 25/6. 1952. Schwz. Prior. 16/12. 1949.) M. F. Müller. H 3231

Badische Anilin- & Soda-Fabrik, Ludwigshafen/Rh. (Erfinder: **Hans Krzikalla**, Heidelberg), *Nicotinsäuren* erhält man durch Erhitzen von Pyridin-α.β-dicarbonsäuren oder deren wasserlösl. einbas. Salzen in Ggw. von W. auf > 160°, bes. 180—230°. Aus Pyridin-2.5-dicarbonsäure erhält man bei ca. 200° im geschlossenen Gefäß *Nicotinsäure*, F. 230—231°, in ca. 94%ig. Ausbeute. (**D. B. P. 851 801** Kl. 12p vom 4/8. 1942, ausg. 9/10. 1952.) Brösamle. H 3231

Deutsche Gold- und Silber-Scheideanstalt vormals Roessler (Erfinder: **Walter Krohs**), Frankfurt/M., *Nicotinsäurethioamid* erhält man durch Anlagerung von H_2S an Nicotinsäurenitril in gelöster Form, z. B. in wss. oder alkoh. Lsg., ohne Zuführung von Wärme, zweckmäßig in der Kälte. F. 182° (aus CH_3OH). (**D. B. P. 828 101** Kl. 12p vom 2/10. 1948, ausg. 14/1. 1952.) Brösamle. H 3231

C. H. Boehringer Sohn (Erfinder: **Georg Scheuing** und **Bruno Walach**), Ingelheim/Rh., *Herstellung von 5-Monoformyl-3-alkyl-2.6-dioxy-4.5-diaminopyrimidinen*, dad. gek., daß man 5-Monoformyl-2.6-dioxy-4.5-diaminopyrimidin bei höheren Tempp. in Ggw. eines Überschusses an Halogenalkyl mit Alkali behandelt, wobei die Alkalimenge der für die Monoalkylierung theoret. notwendigen Menge entspricht oder diese nur wenig übersteigt. Reaktionstemp. bei 80—100°. Beispiele für die 3-Methylverb. als Zwischenprod. für Arzneimittelherstellung. (**D. B. P. 843 853** Kl. 12p vom 15/11. 1942, ausg. 14/7. 1952.) Schindler. H 3272

Badische Anilin- & Soda-Fabrik, Ludwigshafen/Rh., *Cyclische Harnstoffabkömmlinge.* Man setzt aliphat. Dihalogenverbb., deren Halogenatome durch mehrere C-Atome voneinander getrennt sind, bei erhöhter Temp. u. erhöhtem Druck in Ggw. von W. mit NH_3 u. einem kohlensauren Salz um. Aus 1.5-Dichlor-2.2.4-trimethylpentan erhält man in Ggw. von Na_2CO_3 bei 150° u. einem bis 75 at ansteigenden Druck *2.2.4-Trimethylpentamethylenharnstoff*, F. 186—187°. — Ferner werden dargestellt: *2.2-Dimethyl-4-methylenpentamethylenharnstoff*, F. 183°, u. *-tetramethylenharnstoff*, F. 212°. — Zwischenprodukte. (**D. B. P. 852 999** Kl. 12p vom 4/12. 1941, ausg. 20/10. 1952.) Brösamle. H 3390

X. Färberei. Organische Farbstoffe.

—, *Neue Farbstoffe und Hilfsmittel.* Durand & Huguenin Akt.-Ges., Basel: *Indigosolgoldgelb AR*, bes. geeignet zum Färben von Wäscheartikeln, besitzt gute Wasch- u. Chlorechtheit u. kann für den Foulard, Jigger, die Haspelkufe, Wanne u. den App. verwendet werden. — Farbenfabriken Bayer, Leverkusen: *Siriuslichtorange 3GLD* u. *3 RD*, Farbstoffe von guter Ätzbarkeit, zeichnen sich durch gutes Egalisier- u. Ausgleichvermögen aus. Dienen zur Herst. von Ätzdrucken. — *Siriuslichtscharlach BN*, ein Farbstoff von guter Lichtechtheit, der bes. für Ätzböden Verwendung findet. — *Benzaminrubin F3BD*, neuer Diazotierungsfarbstoff, der mit Entwickler AN klare Rubinfärbungen liefert. Die Wasser-, Wasch- u. Schweißechtheit ist sehr gut. — Badische Anilin- & Soda-Fabrik, Ludwigshafen/Rh.: *Indanthrenbrillantgrün 4GF* Suprafix Teig (Kundenrundschreiben 977) ist infolge der vorzüglichen Lichtechtheit für Vorhang- u. Dekorationsstoffe geeignet. — *Blankit I* zum Aufhellen von Jute, Leinen, Hanf u. dgl., zum Bleichen von Borsten u. dgl. u. zum Bleichen von Wolle, *Blankit* zum Bleichen von Leim. — *BASF*-Prodd. für die Seifen-, Wasch- u. Reinigungsmittelindustrie. (Textil-Rdsch. [St. Gallen] **7**. 480—81. Okt. 1952.) P. Eckert. 7018

T. H. Morton, *Die Anwendung von Forschungsideen auf die Probleme beim Färben und Ausrüsten.* Es wird gezeigt, daß die Anwendung wissenschaftlicher Erkenntnisse, wie über die Molekularstruktur der Fasern einerseits u. der Farbstoffe andererseits, auf die techn. Bedürfnisse beim Färben u. Ausrüsten, bes. von neuen Fasern, für den Praktiker eine wertvolle Hilfe darstellen. In diesem Zusammenhang kommt der Wasseraufnahme der Textilien während der Veredlungsprozesse eine ausschlaggebende Bedeutung zu. (Canad. Textile J. **69**. Nr. 14. 53—59. 4/7. 1952.) H. G. Fröhlich. 7020

J. R. Stewart, *Das Färben von Wolle–Reyon-Mischgeweben.* In einer gedrängten Darst. diskutiert Vf. die vielen Färbemöglichkeiten von Wolle–Reyon-Mischgeweben unter Hinweis auf das Verh. der erhaltenen Färbungen bei den weiteren Finischoperationen. In diesem Zusammenhang werden die jeweils am besten geeigneten Farbstoffe angegeben. (Canad. Textile J. **69.** Nr. 14. 61—63. 4/7. 1952. Toronto, Ontario, Can., Geigy Co., Inc.) H. G. FRÖHLICH. 7020

R. Löwenfeld, *Ofna-cet-Farbstoffe. Ein neues Sortiment zur Echtfärbung von Acetat-, Nylon- und Perlonfasern.* Die *Ofna-cet-Farbstoffe* werden von der NAPHTHOL-CHEMIE, Offenbach, hergestellt. Entsprechende Färbevorschriften werden gegeben u. ein Farbstoffsortiment mit Echtheitsangaben wird angeführt. (Reyon, Zellwolle andere Chmiefasern **30.** 487—88. Sept. 1952.) P. ECKERT. 7020

Ss. A. Plakssin und **A. Ss. Makarowa,** *Über das Auswaschen bedruckter, mit Azotol behandelter Gewebe.* Die Entfernung von Azotol aus bedruckten Geweben erfolgt nach Verss. der Vff. am besten nach folgendem Verf.: Auswaschen in 1—2 Bädern mit NaOH (2—3 g/Liter); Auswaschen in 1—2 Bädern mit 2—4 g/Liter Soda u. 3 g/Liter Seife. Die Temp. der Bäder soll möglichst hoch sein (85—90°). Danach folgt ein Spülen mit heißem W. (3—4 Bäder). Zwischendurch muß das Gewebe abgepreßt werden. (Текстильная Промышленность [Textil-Ind.] **12.** Nr. 5. 33—34. Mai 1952.) STSCHERBINA. 7022

W. Wüterich, *Das Reibechtheitsproblem bei Naphtholfärbungen.* Besprochen wird der Einfl. der Imprägnierung mit den Naphtholkomponenten, die Entw. mit den Diazokomponenten sowie der Nachbehandlung auf die Reibechtheit. Die sich hieraus für den Färber ergebenden prakt. Folgerungen werden eingehend behandelt. (Melliand Textilber. **33.** 743—47. Aug. 1952.) P. ECKERT. 7028

Textron, Inc., übert. von: **Luigi C. Halatioto,** Providence, R. I., V. St. A., *Färben von Celluloseacetat.* Das Gewebe aus Celluloseacetat (**C**) wird mit einem nichtfärbenden Netzmittel gesätt. u. dann mit einem Färbebad behandelt, das in diesem Netzmittel lösl. ist, einen sauren Farbstoff, Ameisensäure u. eine wss. Lsg. eines Lösungsm. für **C** in bestimmter Konz. enthält. (**Can. P. 475 550** vom 24/6. 1946, ausg. 24/7. 1951.) HOPPE. 7021

Joseph Bancroft & Sons Co., Rockford, Wilmington, Del., V. St. A., *Herstellung von dauerhaften farbigen glänzenden Mustereffekten auf Cellulosetextilstoffen.* Man verwendet eine Druckpaste, die ein in der Wärme erhärtendes Harz u. einen Farbstoff enthält. Als Farbstoff eignen sich Küpenfarbstoffe, bes. Anthrachinon- u. Thioindigofarbstoffe in Form ihrer Leukobasen. Als in der Wärme erhärtende Harze werden bes. Melamin–Formaldehyd-, Phenol–Formaldehyd-, Harnstoff–Formaldehyd-, Dicyandiamid–Formaldehyd-, Harnstoff–Glyoxal-Kondensationsprodd. oder Mischkondensate aus diesen Prodd. verwendet. Im Anschluß an den Druck wird in der Wärme bei ca. 120—205° gehärtet. (**N. P. 78 996** vom 20/10. 1948, ausg. 3/9. 1951, A. Prior. 9/4. 1948.) J. SCHMIDT. 7023

Ciba Akt.-Ges., Basel (Erfinder: **Eduard Moergeli,** Neue Welt), Schweiz, *Küpenfarbstoffe,* die zum Färben u. Bedrucken von Wolle, Seide, bes. Baumwolle (**A**), Leinen, Kunstseide sowie Superpolyamidfasern verwendet werden können, erhält man nach an sich bekannten Verff., wobei in mindestens einer Stufe des Verf. ein acylierendes Mittel auf ein verküpbares Amin, z. B. ein Aminoanthrachinon (**I**) sowie Verbb. mit einem sich vom **I** ableitenden, höher kondensierten verküpbaren Ringsyst., zur Einw. gelangt u. dabei mindestens ein acylierendes Mittel eine o-Fluorbenzolcarbonsäure bzw. ein funktionelles Deriv. davon ist. — Durch Acylieren mit o-Fluorbenzoylchlorid (**II**) erhält man Farbstoffe aus: 1.5-Diaminoanthrachinon (**IIa**), in konz. H_2SO_4 orangerot lösl., färbt **A** aus roter Hydrosulfitküpe (**K**) echt gelb; 1.4-aminoanthrachinon, färbt orange; 1-Amino-5-benzoylaminoanthrachinon (**III**), färbt

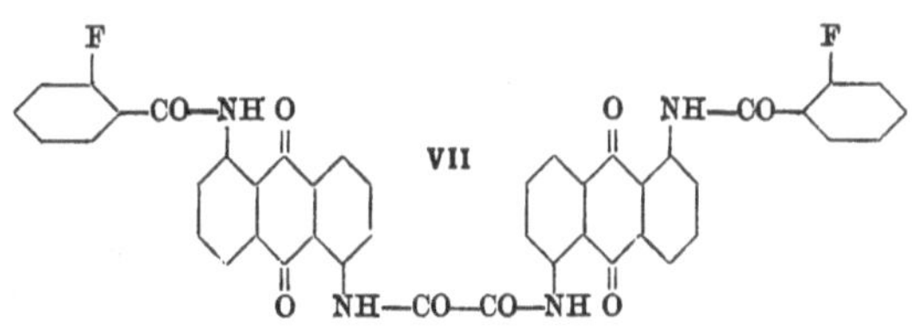

VII

A aus roter **K** in etwas rotstichigen klaren gelben Tönen. Durch Acylieren von 2 Mol 1-Amino-5-(o-fluorbenzoylamino)-anthrachinon (**IV**) [feine rote Kristalle, F. 269,5—270° (unkorr.), erhältlich durch Acylieren von **IIa** mit **II** oder durch Ersetzen des Cl-Atoms in 1-Chlor-5-(o-fluorbenzoylamino)-anthrachinon (**V**) (gelbe Kristalle, F. 230—230,5°) durch den Toluolsulfamidrest u. Abspalten des Sulfonsäurerestes] mit 1 Mol Isophthalsäuredichlorid erhält man den Farbstoff der Zus. **VI**; färbt **A** aus bordeauxfarbiger **K** in

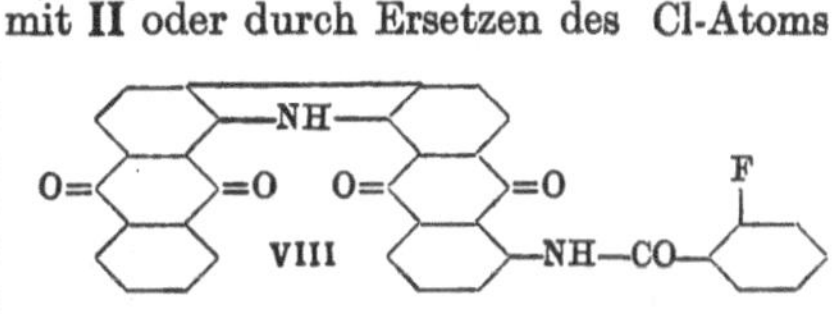

VIII

klaren, reingelben, echten Tönen. In ähnlicher Weise erhält man Farbstoffe aus **IV** u. Terepthalsäuredichlorid; Oxalylchlorid, Farbstoff der Zus. **VII** färbt **A** aus blauer **K** lebhaft chlor- u. kochecht grünstichig gelb; Fluoranthendicarbonsäuredichlorid, färbt

A aus bordeauxfarbiger **K** in vollgelben Tönen von sehr guten Naßechtheiten. Durch Rk. von **V** mit 1-Aminoanthrachinon u. Carbazolierung des erhaltenen Dianthrimids erhält man den Farbstoff der Zus. **VIII** in konz. H_2SO_4 blau lösl., färbt **A** aus gelbbrauner **K** leuchtend gelb. Aus **IV** u. **V** erhält man das 5.5'-Di-(o-fluorbenzoylamino)-1.1'-dianthrimid

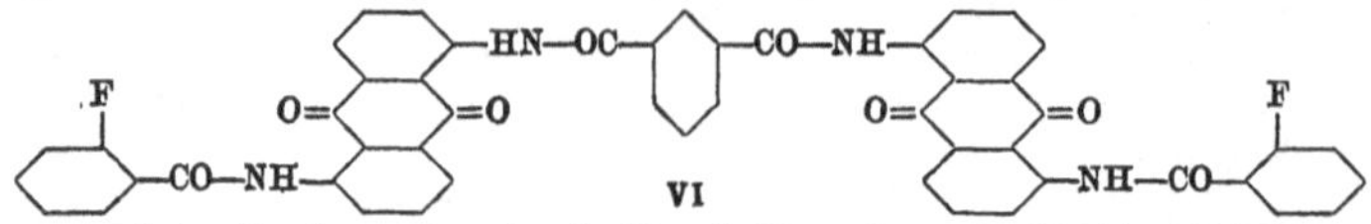

VI

als rotbraunes Kristallpulver, das durch 18 std. Verrühren in 92% ig. H_2SO_4 carbazoliert, ein gelbes Pulver ergibt, das sich in konz. H_2SO_4 blau löst u. **A** aus brauner **K** klar u. kräftig goldgelb färbt. Verwendet man an Stelle von **IV**, **III**, so erhält man ein Carbazolderiv., das in etwas rotstichiger goldgelben Tönen färbt. Durch Rk. von **III** mit 1-Chlor-4-(o-fluorbenzoylamino)-anthrachinon [gelbe Kristalle aus o-Dichlorbenzol, F. 214,5 bis 215°(unkorr.)] u. Carbazolieren des dunkelbraunen Dianthrimids erhält man einen Farbstoff, der **A** aus brauner **K** sehr echt braun färbt. Ersetzt man **III** durch **IV**, so erhält man einen Carbazolfarbstoff, der nach Gelbbraun verschobene Farbtöne liefert. (**D. B. P. 825 577** Kl. 22b vom 18/6. 1949, ausg. 20/12. 1951. Schwz. Priorr. 1/7. 1948 u. 3/6. 1949 u. **A. P. 2 567 822** vom 20/6. 1949, ausg. 11/9. 1951. Schwz. Prior. 1/7. 1948.) Roick. 7059

General Aniline & Film Corp., übert. von: **Thomas R. Thompson**, New York, N. Y., V. St. A., *Herstellung von Zwischenprodukten für die Methinfarbstoffherstellung* durch Umsetzung eines quaternären NH_4-Salzes mit einem heterocycl. Stickstoffring (I), welcher 5 C-Atome enthält, mit Thiosäuren, welche die Gruppierung —CO—SH enthalten, oder ihren Salzen. Y ist S oder Se, R = Vinylen, Phenylen oder Naphthylen. R_1 = Alkyl, Aryl oder Aralkyl. X ist ein saurer Rest. — Es wird z. B. das 2.5-Dimethylbenzothiazoläthyl-p-toluolsulfonat mit Thiopropionsäure umgesetzt (**Can. P. 478 924** vom 9/12. 1944, ausg. 27/11. 1951. A. Prior. 26/1. 1944.) M. F. Müller. 7061

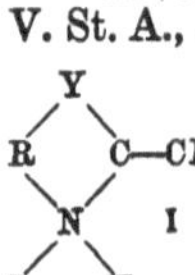

Imperial Chemical Industries Ltd., übert. von: **Kenneth Alfred John Chamberlain** und **David Alexander Whyte Fairweather**, Blackley, England, *Küpenfarbstoff der Acridonreihe.* Man kondensiert 1 Mol α.α-Dichloracedianthron (**I a**) [aus 1-Chlor-9-anthron (**I**) u. Glyoxal (**II**)] mit 2 Mol 6-Amino-3'.4'-phthaloylacridon (**III**). — 47,5 (Gewichtsteile) des durch Einw. von H_2SO_4 u. Essigsäureanhydrid in Nitrobenzol auf das Kondensationsprod. aus **I** u. **II** erhältlichen **I a**, 70 **III**, 27 Na_2CO_3, 8,4 CuCl u. 4,2 Cu-Pulver verrührt man 24 Std. in 840 Naphthalin bei 215—220°, kühlt auf 100—110° ab, gibt Pyridin (**a**) hinzu, filtriert den Nd., wäscht mit **a** u. zuletzt mit A., verteilt die erhaltene Paste in verd. HCl, kocht wenige Min., filtriert, wäscht säurefrei u. trocknet. Farbstoff der Zus. **IV**, schwarzes Pulver, grünblau in konz. H_2SO_4 lösl., kann zum Färben von cellulosehaltigen Textilien, wie Baumwolle (**A**) oder Viscosekunstseide, verwendet werden, ist aber bes. für Druckzwecke geeignet u. gibt auf **A** naß- u. lichtechte, kräftig dunkelbraune Drucke. (**A. P. 2 542 312** vom 20/3. 1950, ausg. 20/2. 1951. E. Prior. 30/3. 1949.) Roick. 7069

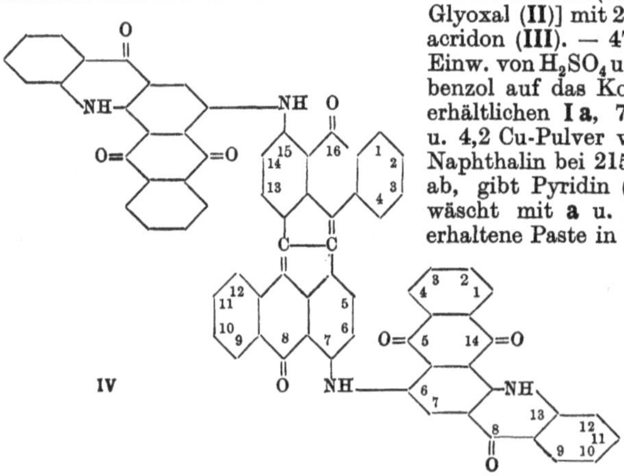

IV

General Aniline & Film Corp., V. St. A. (Erfinder: **David Irvin Randall**), *Herstellung von Jodanthanthronen* durch Erhitzen von Anthanthron (**I**) oder seinen Cl- oder Br-Derivv. oder von 1.1'-Dinaphthyl-8.8'-dicarbonsäure (**II**) mit J in 1—12% ig. Oleum auf 110—150° unter Druck. — Man erhitzt 27,6 (Teile) **II**, 156 Monohydrat, 147 Oleum (16% ig.), 7,8 Br u. 13 J in einem mit Glas ausgekleideten Autoklaven 6 Std. auf 125—130°, gießt auf Eis u. behandelt den Filterkuchen mit verd. NaOH u. Hypochlorit. 25 *Jodbromanthanthron* (**III**) färbt Baumwolle aus der Küpe in lebhaften Scharlachtönen von ausgezeichneter Lichtechtheit. Analog erhält man **III** aus **I**; oder durch Erhitzen von 8,6 **I**, 105 Oleum (3,6% ig.) u. 8,2 J 12 Std. auf 130° *6-Dijodanthanthron*, violett. (**F. P. 988 492** vom 18/8. 1948, ausg. 28/8. 1951. A. Prior. 13/9. 1947.) Hoppe. 7069

XIa. Farben. Anstriche. Lacke. Naturharze.

Harold F. Borger, *Dämpfebeseitigung in einer Lackfabrik.* Zur Beseitigung der Dämpfe u. Geruchsstoffe in der Lacksiederei wurde ein Tieftemperatur-Oxydationsverf. entwickelt, wobei ein Oxydationskatalysator für die Dämpfeverbrennung angewendet wird. Ähnlich einem metall. Luftfilter kommt eine dichte Packung von schmalem, hitzefestem Metallband zur Anwendung, das zwischen hitzefeste Siebe eingeschlossen u. von einem hitzefesten Kanalrahmen umgeben ist. Die Metallbandeinlage ist mit aktivierten Metallen der Platingruppe behandelt. Das Filterelement wird in der Verbrennungszelle so angeordnet, daß der gesamte Dämpfestrom die Filtereinlage passieren muß. Der Katalysator bewirkt die Dämpfeverbrennung, wenn das Dampf–Luft-Gemisch mit einer Temp. von ca. 290° in den Katalysatorraum eintritt. Ohne Katalysator würden zur Verbrennung Tempp. von ca. 800° erforderlich sein. Die Endprodd. der Verbrennung sind CO_2 u. Wasser. Durch Anwendung des Gegenstromprinzips werden die Dämpfe auf die Reaktionstemp. vorerhitzt u. eine Kondensatbldg. vermieden. Ventilator u. Katalysatoroberfläche wurden so gewählt, daß das Dampf-Luft-Gemisch auf ca. $^1/_4$ der unteren Entflammbarkeitsgrenze verd. wurde. Die katalyt. Verbrennung bewirkt eine Temperatursteigerung von maximal 300°. (Amer. Paint J. **36.** Nr. 31. 86—88d. 21/4. 1952. Cincinnati, O., Hilton-Davis Chem. Co.) SCHEIFELE. 7090

K. V. McCullough, J. Wynstra und R. B. Waters, *„C-10"-Styrol-Mischpolymere als Lackharze.* Mit Styrol copolymerisierte Alkyde u. Polyester des Cyclopentadien-Maleinsäure-Addukts (carbic anhydride) ergeben Lackharze (*Bakelite C-10-resins*). Von den trocknenden Typen sind zu nennen: *BJS-502* mit relativ hohem Styrolgeh. für raschtrocknende Emaillefarben; *BJS-155* mit ähnlichen Eigg. u. besserer Haftfähigkeit u. Filmelastizität; diese Type ist mit fetten Ölen, niederviscosen Standölen, Aminharzen verträglich u. bes. für Papierlacke geeignet. Ferner gibt es die trocknenden Typen *BSJ-158* u. *159.* Die nichttrocknende Type *BSJ-151* ist verträglich mit Nitrocellulose, Aminharzen usw. u. für Metallzapone auf Al usw. geeignet; ihre Plastifikatorwrkg. auf Melaminharze ist größer als die der Alkyde, wodurch Einbrennlacke mit höherem Melaminharzgeh. herstellbar sind, die sich durch erhöhte Alkali- u. Farbtonbeständigkeit auszeichnen. Rezeptbeispiele für Lacke auf C-10-resins-Basis. (Off. Digest Federat. Paint Varnish Product. Clubs **1952.** 396—407. Juni. Bloomfield, N. J., Bakelite Co., Div. of Union Carbide & Carbon Corp.) SCHEIFELE. 7096

Hans Hebberling, *Rostschutz im Bergbau.* Kurze Hinweise zur Auswahl geeigneter Anstriche. (Bergbau-Rdsch. **4.** 467—68. Sept. 1952. Obing/Chiemgau.) WINIKER. 7106

E. J. Dunn jr., *Wasserdurchlässigkeit von Anstrichmaterialien für Bauten.* Kondensations- u. Sickerwasser in Bauten bewirkt Quellung u. Fäulnis des Holzes, Zerstörung von gewissen Isolierstoffen u. Korrosion der Metalle. Anstriche werden durch Wassereinw. in Gefüge gelockert u. zeigen in schweren Fällen Blasenbldg. u. Abplatzen. Der verwickelte Mechanismus des Wasserdurchgangs durch Anstrichfilme ist abhängig von Temp., relativer Feuchtigkeit, Dampfdruck, Pigment- u. Bindemittelart, Filmdicke, elektrolyt. Resistenz, Filmhaftfähigkeit u. Filmalter. Die Wasserfestigkeit des Filmes wird bedingt durch dessen Wasserdurchlässigkeit, -absorption u. -löslichkeit. Die spezif. Wasserdurchlässigkeit wird ausgedrückt in mg/cm²/mm Filmdicke/24 Std./50 mm Druck. Zahlreich sind die Methoden zur Best. der Wasserpermeabilität. — 86 Literaturzitate. (Off. Digest Federat. Paint Varnish Product. Clubs **1952.** 365—77. Juni. Brooklyn, N. Y., Nat. Lead Co.) SCHEIFELE. 7106

W. J. Arnold, *Messung der Kornfeinheit von Anstrichen, Lacken und Druckfarben mit dem Feinheitsmesser.* Inhaltlich ident. mit der C. **1952.** 7578 referierten Arbeit. — 9 Abbildungen. (Farbe u. Lack **58.** 103—04. März 1952. Amsterdam.) SCHEIFELE. 7158

Ultrakust-Gerätebau Dr.-Ing. Oswald Raudszus, Ruhmannsfelden, Ndb. (Erfinder: **Ernst Breuning,** Albeck, Kr. Ulm/Donau), *Oxydation von Leinölfirnis* zu *Linoxyn* im Schallfeld eines Schallgebers mit z. B. 100 Hz oder einigen Milliherz bei Schalleistungen von einigen WaH/cm² im Durchfluß oder eingetaucht. (**D. B. P. 843 129** Kl. 22h vom 27/9. 1949, ausg. 7/7. 1952.) SCHINDLER. 7097

United States Rubber Co., New York, N. Y., übert. von: **Pliny O. Tawney,** Passaic, N. J., V. St. A., *Zwischenpolymerisate für Überzüge und Lacke.* Ester aus Ricinusöl (**I**) u. ungesätt., 2bas. Säuren, bes. Maleinsäure (**II**), werden im Gemisch mit Mono-2-propenyl-Verbb., wie (Meth)-Allylalkohol oder -chlorid, u. einer anderen polymerisierbaren, monoolefin. Verb., z. B. Styrol (**III**), in Ggw. eines Katalysators erwärmt. — 130 (Teile) **I-II**-Verb. (SZ. 40), 40 **III** u. 60 Allylchlorid werden in Ggw. von 1,5 Benzoylperoxyd $3^1/_3$ Std. auf 68° erwärmt. Man erhält ein lösl. Harz, das z. B. in Form von Überzügen durch Erhitzen auf 120—200° ausgehärtet wird. (**A. P. 2 576 245** vom 18/3. 1949, ausg. 27/11. 1951.) MÖLLERING. 7097

Nash-Kelvinator Corp., Kenosha, Wis., übert. von: **Luther L. Yaeger**, Hammond, Ind., V. St. A., *Überzugsmittel*, für Gegenstände aus Polystyrol, bestehend aus einer Mischung von polymerisiertem Diallylphthalat u. Celluloseacetat im Verhältnis von z. B. 80:20, gelöst in z. B. Methyläthylketon. (**A. P. 2 578 770** vom 21/2. 1947, ausg. 18/12. 1951.) KRANZ. 7107

Röhm & Haas Chemische Fabrik G. m. b. H. (Erfinder: **Klaus Tessmar, Franz Esser** und **Franz Götz**), Darmstadt, *Überzugsmasse zum Flammspritzen*, dad. gek., daß sie Acrylnitril (I) in Form seiner Polymerisate u. Mischpolymerisate, gegebenenfalls in Verb. mit Weichmachern, lösend wirkenden Zusätzen, Harzen, Füll- u. Farbstoffen, enthält. Z. B. kann ein Mischpolymerisat aus 30(%) I,40 Acrylsäuremethylester, 29 Vinylidenchlorid u. 1 Bleioleat mit Propan–Luft-Flamme auf Al verspritzt werden. (**D. B. P. 843 729** Kl. 22g vom 31/5. 1950, ausg. 10/7. 1952.) SCHINDLER. 7107

American Cyanamid Co., New York, N. Y., übert. von: **Henry P. Wohnsiedler**, Darien, und **Edward L. Kropa**, Old Greenwich, Conn., V. St. A., *Thermoplastische und Überzugsmassen.* Di- u./oder Triäthylenmelamin (I) werden nach A. P. 2 582 613 mit organ. Verbb. mit 1 bis höchstens 6 OH-Gruppen, wie A., Laurylalkohol, Cyclohexanol, Benzylalkohol, Äthlyenglykol, Glycerin oder dessen Äther, Phenole, Resorcin oder mit Wachsen substituierte Phenole, oder — nach A. P. 2 582 614 — mit Polyäthylenharnstoffen in beliebigem oder stöchiometr. Verhältnis, bei beliebigen Tempp. u. in An- oder Abwesenheit von Lösungsmitteln umgesetzt. — 150 (Teile) I u. 450 CH_3OH werden 2,5 Std. unter Rückfluß erwärmt, wobei man eine klare, filmbildende Lsg. erhält. — 135 I, 15 N-Decyl-N′-äthylenharnstoff u. 450 A. werden unter Rühren u. Rückfluß 2,5 Std. erwärmt. Die erhaltene Lsg. trocknet zu harten Filmen. (**A. PP. 2 582 613** u. **2 582 614** vom 25/11. 1950, ausg. 15/1. 1952.) MÖLLERING. 7107

American Cyanamid Co., New York, N. Y., übert. von: **Edward L. Kropa**, Old Greenwich, und **Henry P. Wohnsiedler**, Darien, Conn., V. St. A., *Thermoplastische und Überzugsmassen.* Di- u./oder Triäthylenmelamin (I) werden mit einem Alkydharz (II) mit unveresterten OH-Gruppen bei beliebiger Temp. u. in Ggw. oder Abwesenheit von Lösungsmitteln umgesetzt. II wird zweckmäßig mit 25% überschüssigem Alkohol hergestellt. — 90 (Teile) eines aus gleichen Mengen Glycerin u. Adipinsäure erhaltenes Harz wird in Ggw. von 400 Äthylenglykolmonoäthyläther mit 10 I in 1—2 Std. unter Rückfluß erwärmt. Aus der filtrierten Lsg. erhält man durch 1—2std. Trocknen bei 120—150° harte *Lacküberzüge.* (**A. P. 2 582 704** vom 25/11. 1950, ausg. 15/1. 1952.) MÖLLERING. 7107

Aluminiumwerk Tscheulin G. m. b. H., Teningen, Baden (Erfinder: **Karl Kilchling**, Freiburg/Br.), *Herstellung von auch als thermoplastische Klebemittel verwendbaren Lacken* aus verflüssigten, wasserunlösl., filmbildenden, hochpolymeren Stoffen (I), dad. gek., daß die I in fl., schwer flüchtigen Weichmachern verflüssigt u. mit Fll. kombiniert werden, die selbst als Filmbildner wirken oder infolge Geh. an geeignetem Füllmittel mit den I einen Kombinationslack bilden unter Ausgleichung des Weichmacherüberschusses. Nach einem Beispiel wird Nitrocellulose (I) in Dibutylphthalat gelöst u. in einer Caseinlsg. aus Casein, NaOH u. W. dispergiert, oder I wird in Tributylphosphat gelöst u. mit Polyvinylacetatdispersion emulgiert. (**D. B. P. 843 131** vom 20/6. 1941, ausg. 7/7. 1952.) SCHINDLER. 7107

General Electric Co., übert. von: **Earl W. Balis, Lester B. Bronk**, und **Herman A. Liebhafsky**, Schenectady, N. Y., V. St. A., *Herstellung eines Harzüberzuges auf Oberflächen.* Zunächst wird ein ölmodifiziertes Glycerin–Phthalatalkyd-Harz, welches noch freie OH-Gruppen enthält, aufgebracht u. darauf läßt man, solange der Überzug noch klebrig ist, die Dämpfe eines Gemisches von Methylchlorsilanen einwirken, bis der Überzug nicht mehr klebrig ist. Zum Schluß wird der Überzug auf der behandelten Oberfläche gehärtet. Ebenso kann dazu ein Gemisch von Trimethylchlorsilan u. $SiCl_4$ in Dampfform verwendet werden. (**Can. PP. 481 215** u. **481 216** vom 26/1. 1949, ausg. 19/2. 1952.) M. F. MÜLLER. 7107

Heresite & Chemical Co., übert. von: **Charles H. Hempel** und **Francis J. Ploederl**, Manitowoc, Wis., V. St. A., *Überziehen von Stahl mit ölfreiem Kunstharz.* Man ätzt das Eisen mit einer starken Säure, taucht nach Entfernen der Säure in eine verd., z. B. 1%ig. Lsg. eines Alkalidichromats, das 1—2% Na_2CO_3 enthalten kann, wäscht mit W., trocknet u. bringt ein ölfreies Phenol–HCHO-Harz im A-Zustand auf, worauf man härtet. (**Can. P. 481 521** vom 19/8. 1943, ausg. 4/3. 1952. A. Prior. 19/4. 1943.) PANKOW. 7107

Ciba Akt.-Ges. (Erfinder: **Carlo Rossi**), Basel, Schweiz, *Schützen von unedlen Metallen oder deren unedlen Legierungen* (Fe, Cu, Al, Mg) vor durch wss. Salzlsgg. hervorgerufener Korrosion, dad. gek., daß man sie mit 4-n-Alkylbrenzcatechinen (I), in denen die n-Alkylseitenkette 16—18 C-Atome aufweist, vorteilhaft in gelöster oder dispergierter

Form, behandelt. Als I wird z. B. eine Mischung aus 4-Hexa- u. 4-Octadecylbrenzcatechin verwendet. Als Lösungsm. dienen Mineralöle, denen pro 1000 (Gewichtsteile) ca. 0,01 bis 10 I zugesetzt werden. — Zusätze sind z. B. wasserlösl. Metall- oder NH_4-Salze von Fett-, Harz- oder Naphthensäuren, Fettalkoholsulfonate, Glykoläther höherer Fettalkohole, Nitrite. — Lösungsmittel sind Bzn., Bzl., Xylol, Gas-, Spindelöle, Vaseline. (**D. B. P. 829 037** Kl. 22g vom 26/4. 1949, ausg. 21/1. 1952. Schwz. Priorr. 26/5. 1948 u. 29/3. 1949.) SCHREIBER. 7107

Rudolf F. Hlavaty, Wechester, übert. von: **John Truhlar**, Clarendon Hills, und **Athan A. Pantsios**, Chicago, Ill., V. St. A., *Feuerfestmachen von Textilien, Papier, Überzügen oder Lacken.* Man überzieht oder imprägniert mit den in W. unlösl. Reaktionsprodd. (I) aus $POCl_3$ u. wasserfreiem NH_3. Geeignet sind z. B. Mittel, die 50—80% I u. Polyvinylchloridemulsionen oder emulgiertes Chlorparaffin enthalten. (**A. P. 2 582 181** vom 25/3. 1949, ausg. 8/1. 1952.) MÖLLERING. 7107

XIb. Plaste (Kunstharze. Plastische Massen).

Adrien Haehl, *Die Färbung der Kunststoffe.* Vortrag. (Vgl. C. **1952.** 3412.) (Ind. Plast. mod. **3.** Nr. 6. 29—33. Juni. Nr. 7. 24—25. Juli/Aug. 1951.) WINIKER. 7170

L. Holland, *Kunststoffmetallisierung im Vakuum.* Allg. Ausführungen. — 20 Literaturhinweise. (Ind. Plast. mod. **3.** Nr. 6. 23—27. Juni 1951.) WINIKER. 7170

J. C. Gautier, *Die Füllstoffe, „edle" Bestandteile der Kunststoffe.* Überblick über die Bedeutung der Füllstoffe, bes. für härtbare Kunstharze. (Ind. Plast. mod. **3.** Nr. 6. 35. 37. 39. 41. 53. Juni. Nr. 7. 26—28. Juli/Aug. 1951.) WINIKER. 7170

P. Stuchlik, *Die derzeitigen Theorien der Weichmachung von Hochpolymeren.* Kurzer Überblick an Hand der Literatur (32 Hinweise). (Ind. Plast. mod. **3.** Nr. 9. 39. 41. Nov. 1951.) WINIKER. 7170

P. Clément, *Anwendung der Absorptionsspektrographie auf Kunststoffe.* Überblick über die Ergebnisse absorptionsspektrograph. Kunststoffunterss. an Hand der Literatur (60 Hinweise). (Ind. Plast. mod. **3.** Nr. 5. 33—35. 37. 39. 41. Mai 1951.) WINIKER. 7170

Pierre Cor, *Die „Komplexe" Glas-Kunststoff.* Überblick über Entw., Eigg. u. Anwendungsmöglichkeiten Glasfasern enthaltender Kunstharzschichtstoffe unter besonderer Berücksichtigung französ. Erfahrungen. (Ind. Plast. mod. **3.** Nr. 8. 16—19. 47. Sept./Okt. 1951.) WINIKER. 7170

L. Berthelot, *Alkathene.* Ausführlicher Überblick über Struktur, Eigg. u. Verarbeitung von *Alkathenen* (Polyäthylenharz). (Ind. Plast. mod. **2.** Nr. 6. 38—39. 41. Nov. Nr. 7. 31—32. Dez. 1950. **3.** Nr. 4. 10—12. April. Nr. 7. 18—19. Juli/Aug. 1951.) WINIKER. 7172

Ivan Deroide, *Was ist „Rhodoglass"?* Kurzer Überblick über einige Eigg. des „Rhodoglass" (= eine Sonderqualität von Celluloseacetat) unter besonderer Berücksichtigung seiner Eignung zur Herst. von Sonnenbrillen. (Ind. Plast. mod. **3.** Nr. 4. 4—5. April 1951.) WINIKER. 7176

R. E. Asche, *Niederdruckpressen.* Kurzer Überblick über die Möglichkeiten der Anwendung des Niederdruckpreßverf. auf Kunststoffe (Phenoplaste u. Polyester). (Ind. Plast. mod. **3.** Nr. 5. 18—19. Mai 1951.) WINIKER. 7176

M. A. Matwejew und **K. M. Tkatschenko**, *Hochfeste und wasserfeste Gips-Vorformen.* Zur Herst. hochstabiler, wasserfester Vorformen für die zum Guß von z. B. Porzellanwaren benutzten Gipsformen wird eine wss. Lsg. von *Carbamidharz* (I) (D. 1,14—1,15) empfohlen, welche in die Poren des Gipspulvers eindringt u. mechan. stabile wasserdichte Körper zu formen ermöglicht. Phenolfurfurol- u. Melaminformaldehydharze sind weniger geeignet. Zur Darst. des I im Labor. wird eine 32%ig. wss. *Formaldehyd*-Lsg. (3Mole) mit NH_3 neutralisiert (bis p_H 7,6—7,8), auf 50° erhitzt, ½ Mol Harnstoff zugesetzt, die Temp. auf 80° gesteigert, nochmals ½ Mol Harnstoff zugesetzt, auf 90—95° erhitzt u. 2—2,5 Std. bis p_H 4,6—4,7 kondensiert. Für die techn. Darst. des I wird eine App. angegeben. Durch Zusatz von wenig NH_3 wird das p_H anfangs auf 8—9 gehalten (in alkal. Lsg. entstehen Mono- u. Dimethylharnstoff). Optimale Mengen: 37%ig. Formaldehyd > 4,18 kg, Harnstoff 0,45 kg, 25,5%ig. NH_3 0,6 kg. Ausbeute an Harzlsg. 5,23 kg. — Das fl. wasserlösl. I wird durch Erhitzen auf 60—70° polymerisiert u. dadurch verwendungsfähig. Es empfiehlt sich ein Tränken des Gipspulvers mit dem I-W.-Gemisch im Vakuum (40 Min. bei 15 mm Hg-Druck). (Стекло и Керамика [Glas u. Keram.] **9.** Nr. 7. 10—12. Juli 1952.) v. WILPERT. 7180

Je. W. Maglinowskaja, *Versuch zur Anwendung einer Walzenmasse aus Stärke-Harnstoff in der Buchdruckerei „Funke der Revolution".* Die Arbeitslsg. besteht aus 40 (Gewichtsteilen) $MgCl_2$-Lsg. (D. 1,32), 8 Harnstoff, 6 Glycerin. Zur Herst. einer weichen-mittleren-harten M. werden 54-52-50 Teile Arbeitslsg. mit 46-48-50 Teilen Kartoffelstärke vermischt, sorgfältig bis zum Verschwinden der Klümpchen verrührt, durch ein Metallsieb (150—200 Löcher/cm²) filtriert, bis zum Beginn der Verdickung (10—15 Min.) umgerührt u. in die Form gegossen. (Полиграфическое Производство [Polygraph. Betrieb] **1952.** Nr. 4. 18. April. Allunions Wiss. Forschungsinst. für polygraph. Ind. u. Technik.) v. WILPERT. 7180

—, *Rhodorsil, ein Silicon-Preßpulver.* Kurzer Überblick über Eigg., Verarbeitung u. Verwendungsmöglichkeiten des Silicon-Preßpulvers *Rhodorsil* der Firma RHÔNE-POULENC, Paris. (Ind. Plast. mod. **3.** Nr. 5. 8—9. Mai 1951.) WINIKER. 7188

W. Goss, *Eine neue Reihe von Preßpulvern: die Kautschuk-Phenoplaste.* Die Kautschukphenoplaste, Preßmassen aus Phenolharzen (I) u. Butadienacrylnitrilkautschuk (II) vereinigen Härte u. kurze Härtezeit der **I** mit der Zähigkeit des **II.** Infolge ihrer Zähigkeit versagt die IZOD-Meth., so daß zur Best. der Kerbschlagzähigkeit am besten eine Kugelfallmeth. benützt wird. Vgl. der Eigg. der Kautschukphenoplaste mit denen der Phenoplaste. (Ind. Plast. mod. **3.** Nr. 6. 16—17. Juni 1951.) WINIKER. 7204

A. Kovacs, *Die Feuchtigkeitsempfindlichkeit der Kunststoffe.* Bericht über eine krit. Prüfung der als Normverf. vorgeschlagenen Meth. zur Prüfung auf Feuchtigkeitsempfindlichkeit. Auf Grund der an 120 verschied. Probestücken, namentlich Schichtstoffen aus Phenoplasten, ausgeführten Unterss. erscheint die Meth. als sehr gut geeignet. (Ind. Plast. mod. **3.** Nr. 8. 37. 39. 41. 43. 45. 47. Sept./Okt. Nr. 9. 43. 45. 47. Nov. 1951. Paris, Centre d'Études des Matières Plastiques, Labor.) WINIKER. 7216

Imperial Chemical Industries Ltd., London (Erfinder: **Gerard Dunstan Buckley** und **Neil Hunter Ray,** Northwich), England, *Herstellung von Mischpolymerisaten aus Äthylen und Allylalkohol oder Methallylalkohol.* Äthylen u. ein geringerer Anteil Allylalkohol oder Methallylalkohol werden in Ggw. eines Äthylenpolymerisationsaktivators, wie eines organ. Peroxyds oder Azonitrils, bei 70—200° u. 100—2000 at umgesetzt. Zur Verbesserung der Reaktionsgeschwindigkeit kann in den Polymerisationsraum CO mit eingedrückt werden, u. zwar bis zu 10 Gew.-% der Monomeren. Nach dem Verf. werden wachsartige Prodd. erhalten, die für die Anfertigung von Polituren, Schuhcreme, Kohlepapierwachsen, kosmet. Erzeugnissen u. Druckfarben verwendet werden können. (**D. B. P. 842 270** Kl. 39c vom 20/5. 1950, ausg. 26/6. 1952. E. Prior. 18/5. 1949.) HERBST. 7173

E. I. du Pont de Nemours & Co., übert. von: **Robert G. Linville,** Wilmington, Del., V. St. A., *Polymerisierung von 1.4-Dicyano-2-buten.* Man verwendet als Katalysatoren Alkalialkoholate u. Metallverbb. von Monoolefinen. — Z. B. erhitzt man 500 cm³ Decan u. 23,5 Na, filtriert nach Abkühlung, verrührt mit 10 cm³ Amylchlorid (I), bis eine dunkle Färbung auftritt, gibt bei —20° in 1 Std. weiteres **I** (bis insgesamt 62,5 g) zu, rührt 30 Min., kühlt auf 0°, versetzt mit 12,5 g Isopropylalkohol, leitet bei —20° Propylen ein, bis das restliche Amyl-Na in Allyl-Na übergeführt ist u. bewahrt die Suspension unter N_2 auf. 1 g der Suspension enthält 0,331 g Na-Isopropylat u. 0,24 g Allyl-Na. — Für die Polymerisation von 40 g 1.4-Dicyano-2-buten in 440 cm³ Bzl., die exotherm während 30 Min. bei 25—42° verläuft, braucht man 45 g Suspension. Der Katalysator wird mit H_3PO_4 (85%ig) zers., das Bzl. dekantiert, der Nd. in H_3PO_4 gelöst u. die Lsg. in Eiswasser gerührt. Das Polymere, ein gelbes Pulver, ist lösl. in Dimethylformamid, Aceton, H_3PO_4 u. Methylcellosolve. (**A. P. 2 592 301** vom 14/11. 1949, ausg. 8/4. 1952.) DONLE. 7173

Soc. An. des Manufactures des Glaces et Produits Chimiques de Saint-Gobain, Chauny & Cirey, Seine, Frankreich, **Alfred Baeyaert** und **Gabriel Breton,** *Polymerisieren von Vinylverbindungen,* bes. Vinylchlorid durch Erhitzen mit Katalysatoren im Autoklaven unter gleichmäßiger Einmischung von Pb-Acetat u. anschließendem Zusatz von Essigsäure (I) oder I-Anhydrid zu dem Monomeren. Durch diese Reihenfolge des Zusatzes erhält man ein gleichmäßiges Polymeres. (**F. P. 994 365** vom 22/1. 1945, ausg. 15/11. 1951.) PANKOW. 7173

Soc. An. des Manufactures des Glaces et Produits Chimiques de Saint-Gobain, Chauny & Cirey, Seine, Frankreich (Erfinder: **J. Delorme**), *Wärmebehandlung von Vinylharzen* zur Verbesserung ihrer mechan. Eigenschaften. Man erhitzt nur so lange, bis der Wert für den Elastizitätsmodul 50—80% seines möglichen Maximalwertes erreicht hat. Man erhitzt z. B. ein Polyvinylchloridpreßpulver 2—3 Min. auf 120°. (**F. P. 991 136** vom 3/4. 1944, ausg. 1/10. 1951.) PANKOW. 7173

B. F. Goodrich Co., New York, N. Y. (Erfinder: **Robert John Wolf,** Cleveland, O.), V. St. A., *Herstellung von Mischpolymerisaten* aus 3 Monomeren, u. zwar 35—90 Gewichtsteilen Vinylchlorid, 5—50 Vinylester einer aliphat. oder aromat. Monocarbonsäure u. 50—60 eines Alkylacrylats, das eine Alkylgruppe mit 5—10 C-Atomen enthält. Als Vinylester kommen z. B. Vinylacetat u. Vinylbenzoat in Betracht, u. als Acrylate n-Octylacrylat, 2-Äthylhexylacrylat oder Isooctylacrylat. Gegebenenfalls können 5—10% der Monomeren außerdem noch als Acrylnitril, Vinylidenchlorid, Styrol oder ein niederes Alkylacrylat mit einpolymerisiert werden. Die Mischpolymerisate können auf dem Wege der Emulsions-, Lösungsmittel-, Suspensions- bzw. Perl- oder Blockpolymerisation unter Anwendung der üblichen Aktivatoren, wie Alkalipersulfat, H_2O_2, Benzoylperoxyd, Cumolhydroperoxyd oder durch Redoxpolymerisation hergestellt werden. Sie zeichnen sich durch gute Licht-, Hitze- u. Kältebeständigkeit gegenüber mit üblichen Weichmachern plastifizierten Vinylharzen aus. Sie zeigen auch ohne Anwendung eines besonderen Weichmachers eine gute Verarbeitbarkeit. Durch Variieren der einzusetzenden Monomerenmengen erhält man Kunststoffe von verschied. Eigg., z. B. solche von weicherer oder härterer Beschaffenheit. (**D. B. P. 842 406** Kl. 39c vom 13/10. 1950, ausg. 26/6. 1952. A. Prior. 15/10. 1949.) HERBST. 7173

Chemische Werke Albert (Erfinder: **Johannes Reese**), Wiesbaden-Biebrich, *Herstellung von Furfuracrylsäureestern.* Auf eine Suspension von β-(2-Furfur)-acrylsäure in einem Alkohol läßt man Halogenwasserstoffsäure bei $< 0^0$ einwirken u. dest. dann unter red. Druck. *Methylester* der *trans*-Säure, $Kp._{19}$ 125—150°; *Äthylester*, $Kp._8$ 115—120°; *Butylester*, $Kp._{15}$ 147—150°. — Zwischenprodd. zur Herst. von *Kunststoffen.* (**D. B. P. 851 064** Kl. 12q vom 2/3. 1945, ausg. 2/10. 1952.) FABEL. 7173

Monsanto Chemical Co., St. Louis, Mo., übert. von: **Harold F. Park**, East Longmeadow, und **Henry A. Walter**, Longmeadow, Mass., V. St. A., *Polymerisation äthylenischer Verbindungen*, wie z. B. Styrol, erfolgt bei ca. 150° in 6 Std. bei Verwendung von 0,05—0,5% Cyanurtriazid als Katalysator. (**A. P. 2 579 442** vom 14/12. 1950, ausg. 18/12. 1951.) MÖLLERING. 7173

International Standard Electric Corp., V. St. A. (Erfinder: **Arthur James Warner**), *Polymerisationsbeschleuniger.* Zum Polymerisieren von Styrol, bes. zur Herst. elektr. Isolierungen, von Kabelverbb. u. -endverschlüssen, verwendet man Ozonide höherer Olefine, wie Diisobutylen (I) oder Diamylen. Man leitet z. B. in **I** bei —20 bis —30° O_2 mit 5% O_3 durch eine Platte aus gefrittetem Glas; wenn die M. sehr viscos geworden ist, erhöht man die Temp. auf —5° u. beendet die Rk., wenn J-Stärkepapier blau wird. Hellgelbes viscoses Öl, das bei 0° farblose Kristalle abscheidet, bei 0—5° beständig ist u. bei Raumtemp. sich zersetzt. Mischungen von Styrol mit 0,5—5% des Ozonids sind bei 0° beständig, während bei höherer Temp. Polymerisation erfolgt. (**F. P. 988 406** vom 9/1. 1947, ausg. 27/8. 1951.) PANKOW. 7173

Lech-Chemie Gersthofen (Erfinder: **Rudolf Hüttel** und **Georg Keicher**), Gersthofen bei Augsburg, *Geruchsverbesserung von harzartigen Terpenphenolen* durch partielle Hydrierung in Ggw. von Katalysatoren bei erhöhter Temp. u. Druck. — Ein aus Camphen u. Phenol erhaltenes Prod. wird bei 160° u. 50 at in Ggw. von feinverteiltem Ni teilweise hydriert. (**D. B. P. 834 593** Kl. 39c vom 20/10. 1950, ausg. 20/3. 1952.) MÖLLERING. 7177

Kurt Thinius, Magdeburg, *Herstellung von plastischen Massen oder Lösungen aus Nitrocellulose.* Man löst in gegenüber trockener Nitrocellulose (I) als Nichtlöser wirkenden Chlor-KW-stoffen mit dem Dipolmoment 0, bes. CCl_4 u. 1.2-Dichloräthan (Kp. 84°), als Hartharze bekannte *Kondensationsprodd.* aus *Cyclohexanon* (**II**) allein oder aus **II** u. CH_2O u. nimmt diese Lsgg. zur Verarbeitung von **I**. — Durch alkal. Kondensation von **II** + CH_2O erhaltenes Harz wird zu einer 30%ig. Lsg. in 1.2-Dichloräthan gelöst, dann gibt man so viel esterlösl. mittelviscose **I** hinzu, daß 150—100% Harz auf **I** vorhanden sind; es erfolgt Lösung. Andere Nichtlöser, wie Bzl., Toluol, Methylenchlorid, $CHCl_3$, sind für das vorliegende Verf. ungeeignet. (**D. P. [DDR] 530** Kl. 39b vom 1/4. 1949, ausg. 28/4. 1952 [Wirtschaftspatent].) PANKOW. 7177

Deutsches Hydrierwerk Rodleben VEB, Rodleben b. Roßlau (Erfinder: **Wolfgang Gündel**, Dessau), *Herstellung von harzartigen Kondensationsprodukten.* Man erhitzt Alkylolgruppen enthaltende Aryloxycarbonsäuren auf ihren F. oder darüber bis zur Harzbldg.; man kann sie zunächst mit sich selber u. dann die erhaltenen Kondensationsprodd. mit Verbb. weiterkondensieren, die mit alkoh. OH-Gruppen reagierende Gruppen enthalten, oder man kann sie mit den eben genannten Verbb. kondensieren u. nun diese Kondensationsprodd. weiterkondensieren. Auch kann man diese Kondensationen zusammen mit anderen bekannten Kunstharzkondensationen vornehmen. — Man erhitzt z. B. 2.6-Dimethylol-4-kresoxyessigsäure (I) langsam ansteigend unter Wasserentfernung bis 250°. Wasserhelles alkohollösl. Harz. Man kann auch 45,2 (Gewichtsteile) **I** mit 14,8 Phthalsäureanhydrid bis 230° erhitzen. Klares Harz. Oder man erwärmt 24,6 4-Chlor-2.6-dimethylolphenoxyessigsäure in 60 Bzl. mit 12 Phenylisocyanat, dest. Bzl. nach Rk. ab u. erhitzt Rückstand langsam auf 180°. Zähes Harz. Diese Harze können wie andere Kunstharze verwendet werden. (**D. P. [DDR] 275** Kl. 39c vom 20/1. 1943, ausg. 22/3. 1952 [Wirtschaftspatent]. **Zusatz zu D. P. [DDR] 274.**) PANKOW. 7177

Farbenfabriken Bayer (Erfinder: **Erwin Windemuth**), Leverkusen, *Verformbare oder als Klebmittel verwendbare Mischungen* enthalten (vorwiegend) lineare Polyester, die aliphat. oder cycloaliphat. Isocyanatgruppen aufweisen u. mit W. unter Molekülvergrößerung reagieren können, u. tert. Amine, wie Trialkylamine, Dimethylpiperazin, Pyridin usw. Unter Ausschluß von W. aufbewahrt, ist das Gemisch jahrelang haltbar; es reagiert mit W. exotherm unter CO_2-Bldg. zu hochmol. Kunststoffen. Geeignet sind Polyester aus Adipinsäure (**I**), Bernstein-, Sebacin-, Thiodibuttersäure mit Diäthylenglykol (**II**) oder Polyglykolen, u. als Diisocyanate, z. B. Hexamethylendiisocyanat (**III**), Tetramethylendiisocyanat, Cyclohexandiisocyanat usw. — Ein aus **I** u. **II** erhaltener Polyester mit Hydroxylzahl 48,6 u. SZ. 0,8 wird bei 2 mm Hg u. 120° 2 Std. entwässert u. dann mit 12% **III** bei 100° umgesetzt. Zu der abgekühlten viscosen Schmelze gibt man 1% Hexahydrodimethylanilin u. spinnt durch eine 1 mm-Düse in eine 10%ig. Lsg. von Piperazin zu kautschukähnlichen Fäden. — Weitere Beispiele für die Herst. eines Klebmittels, eines Schlauches u. von Folien. (**D. B. P. 826 641** Kl. 39c vom 11/9. 1949, ausg. 3/1. 1952.) MÖLLERING. 7177

Imperial Chemical Industries Ltd., London, England, *Herstellung von neuen Kunstharzmassen* durch Kondensation von aromat. Phosphordihalogenidverbb. mit einer aromat. Dioxyverb., deren beide OH-Gruppen kernständig sind u. an nicht benachbarten C-Atomen sitzen, dad. gek., daß man ein Aryloxyphosphoryldichlorid, dessen Aryloxygruppe aus einer Diphenyl- bzw. substituierten Diphenylgruppe besteht, verwendet u. die Harzbldg. durch Erhitzen bewirkt, wobei man in indifferenter Atmosphäre, gegen Ende der Kondensation bei Unterdruck, mit einem HCl entziehenden Katalysator, wie Sn, u. einem HCl-Acceptor arbeiten kann. Man erhitzt äquimol. Mengen von p-Phenylphenoxyphosphoryldichlorid ($Kp._{0,5}$ 160°; F. 78°) u. Hydrochinon unter Feuchtigkeitsausschluß bei 150°, bis ca. 50% des HCl entfernt sind, steigert auf 180—185° u. gießt nach ca. 25 Std. Erhitzung die Fl. aus. Strohfarbige, durchsichtige Harzmasse mit guter Adhäsion gegenüber Glas u. Metallen. (**Oe. P. 170 904** vom 30/5. 1950, ausg. 10/4. 1952. E. Prior. 30/5. 1949.) PANKOW. 7177

Inventa-Akt.-Ges. für Forschung und Patentverwertung, Luzern (Erfinder: **Rudolf Gabler**, Tamins), Schweiz, *Herstellung von Polyamiden aus Lactamen*, dad. gek., daß ein bicycl. Lactam, das im Mol. einen Ring mit mindestens vier Ringgliedern besitzt, z. B. ein Endoäthylenlactam, allein oder gemeinsam mit mindestens einer anderen zur Polyamidbldg. befähigten Verb. u. bes. einem Polymerisationskatalysator bis zur Polymerisation erhitzt wird. — Die Erhitzung soll so lange dauern, bis keine flüchtigen Bestandteile mehr entweichen. Die Rk. kann in Ggw. von W. unter Druck durchgeführt werden; auch kann sie in Ggw. eines Lösungsm., z. B. Phenol, unter Abdest. desselben während der Rk. erfolgen. — Z. B. werden 100 g Endoäthylencaprolactam mit 10 g W. im Autoklaven 2 Std. auf 260—265° erhitzt u. dann unter allmählicher Entspannung weitere 8 Std. auf 253° gehalten. Es resultiert ein gelbstichiges, bröckliges Polymerisat. Es ist unschmelzbar u. kann auf 400° ohne Zers. erhitzt werden. Die Polyamide sind lösl. in HCOOH, Phenol, Formamid, Dimethylformamid u. sind therm. sehr indifferent; sie lassen sich wie die bekannten Polyamide verarbeiten. (**D. B. P. 844 349** Kl. 39c vom 25/4. 1950, ausg. 21/7. 1952. Schwz. Prior. 20/8. 1949.) HERBST. 7181

Kalle & Co. Akt.-Ges. (Erfinder: **Otto Herrmann**), Wiesbaden, *Herstellung von Folien, Filmen und Bändern* aus in flüchtigen organ. Lösungsmitteln gegebenenfalls unter Wasserzusatz gelösten Superpolyamiden, dad. gek., daß man in den Gießlösungen durch Sulfonierung von höhermol. Fettsäuren oder deren Derivv. erhaltene Netzmittel (oberflächenakt. Olivenölsulfonierungsprod.), welche die H_2SO_4 im wesentlichen esterartig gebunden enthalten, löst oder die Gießunterlagen mit Lsgg. dieser Netzmittel vorbehandelt. (**D. R. P. 748 022** Kl. 39b vom 14/3. 1940, ausg. 28/4. 1952.) SALZMANN. 7181

Horst Sauer, Rudolstadt, Thüringen, *Erhöhung der Widerstandsfähigkeit von Polyamiden gegen erhöhte Temperaturen bei Gegenwart von Sauerstoff*. Man verleibt den Polyamiden entweder im Verlaufe ihrer Herst. oder den fertigen Prodd. vor oder nach dem Verformen (z. B. Verspinnen) geringe Mengen Cu in Form von koll. Metall oder von Cu-Ionen ($CuSO_4$) ein. — Beispiele. (**D. P. [DDR] 236** Kl. 29b vom 8/12. 1948, ausg. 27/2. 1952 [Wirtschaftspatent].) RAETZ. 7181

I. P. Bemberg Akt.-Ges., Wuppertal-Oberbarmen (Erfinder: **Theo Lieser**, Darmstadt), *Kunststoffe* erhält man durch Polymerisation von Isocyanaten (**I**) der Acrylsäure oder ihrer Homologen bzw. von Reaktionsprodd. der **I** mit Verbb. mit beweglichem H-Atom, wie W., Alkoholen, Aminen u. dgl. oder deren Derivv. oder Salzen. — Acrylsäurechlorid + Ag-Cyanat (in Ae.) → *Acrylisocyanat* (**II**), $Kp._{20}$ 50°. — **II** + $C_6H_5 \cdot NH_2$ (in Ae.) → *N-Phenyl-N'-acrylharnstoff*, $C_6H_5 \cdot NH \cdot CO \cdot NH \cdot CO \cdot CH{=}CH_2$, F. 147° (aus A.); leicht lösl. in Aceton (**III**), CH_3OH, Bzl., schwer in Ae., unlösl. in Wasser. —

N-Phenyl-N'-methacrylharnstoff, F. 129° (aus A.). — **II** + Äthylenglykol (in **III**) → *Äthandiacryldiurethan*, F. 168°; lösl. in Bzl., PAe., Alkohol. — **II** + Benzylalkohol (in **III**) → *Benzylacrylurethan*, $C_6H_5 \cdot CH_2 \cdot OOC \cdot NH \cdot CO \cdot CH=CH_2$, F. 115°; lösl. in A., **III**, Ae., Bzl., unlösl. in Wasser. — *Benzyl-α-chloracrylmethan*, F. 115°. — Die Polymerisation dieser Verbb. erfolgt durch 5—8std. Bestrahlen mit UV-Licht oder durch Erhitzen auf ca. 5—10° über ihren F., wobei den Methacrylverbb. ein Katalysator, z. B. Benzoylperoxyd, zugesetzt werden muß. Farblose bis schwach gefärbte sirup-, gummi- oder glasartige Kunstharze. (**D. B. P. 827 553** Kl. 39c vom 19/10. 1944, ausg. 10/1. 1952.) MÜLLER-MEININGEN. 7181

Deutsches Hydrierwerk Rodleben VEB, Rodleben b. Roßlau (Erfinder: **Erik Schirm**, Dessau), *Herstellung harzartiger Kondensationsprodukte*, dad. gek., daß man auf Polysulfamide mehrkerniger Verbb. vom aromat. Typus niedermol. aliphat. Aldehyde einwirken läßt. Man gibt bei 80° zu einer Lsg. von 365 (Gewichtsteilen) Naphthalin-1.3.5-trisulfamid in 2000 heißem W. 100 30%ig. CH_2O-Lsg. u. dampft zur Trockne ein; in heißem W. leicht lösl. Harz, durch Sulfitcelluloseablauge oder Lsgg. von sulfoniertem Novolak leicht peptisierbar, dient zum Gerben. Die Reaktionsprodd. können auch als Textilhilfsmittel, wie Reservierungsmittel für Wolle, oder zur Farblackbldg. u. als Heilmittel in der Dermatologie dienen. Auch Naphthalin-1.3.6-tri- oder -1.3.5.7-tetrasulfamid, Diphenyl- oder Dibenzyl-4.4'-disulfamid, Carbazoltrisulfamid, Diphenylsulfon-3.3'-disulfamid u. ferner andere CH_2O abgebende Stoffe, Acet-, Crotonaldehyd oder Acrolein sind genannt. (**D. P. [DDR] 234** Kl. 39c vom 10/9. 1943, ausg. 13/2. 1952 [Wirtschaftspatent].) PANKOW. 7185

Dow Corning Corp., Midland, Mich. (Erfinder: **Earle J. Smith**, Hasbrouck Heights, N. J.), V. St. A., *Herstellung von Siloxanharzen* durch Hydrolyse u. Kondensation von Silanmischungen. Man verwendet Mischungen von Silanen der allg. Formeln $CH_3Si\equiv$, $C_6H_5Si\equiv$, $C_6H_5CH_3Si=$, bei denen die restlichen Valenzen durch Halogen oder Alkoxygruppen abgesätt. sind u. in denen 10—40 (Mol-%) Methylsilane, mindestens 9, aber weniger als 25 Phenylsilane u. 40—70 Methylphenylsilane enthalten sind. Die Hydrolyse wird zweckmäßig mit W. durchgeführt; die nach der Hydrolyse u. Teilkondensation von der Wasserschicht abgetrennten Siloxane können durch Erhitzen weiter kondensiert werden. — Beispiel für die Zus. eines Ausgangsgemisches: 15,4 (kg) CH_3SiCl_3, 10,55 $C_6H_5 \cdot SiCl_3$, 35,2 $C_6H_5CH_3SiCl_2$. (**D. B. P. 853 351** Kl. 39c vom 24/9. 1950, ausg. 23/10. 1952. A. Prior. 21/1. 1946.) DONLE. 7189

Rudolf Květoň, Strělské Hoštice, Tschechoslowakei, *Herstellung von glasklaren, durchsichtigen Keratinkunststoffen*. Das Keratin wird der Wrkg. eines Reduktionsbades, dann der Einw. von Verbb. der Formel RX_n (R = aliphat. oder aromat. Rest; X = Halogen, OH, SH, Amino oder Amido; n = 2—4), wie Alkylen- oder Arylenhalogenide, Aldehyde, Alkohole, Halogenhydrine, unterworfen u. schließlich oxydiert, woran sich auch noch eine weitere mäßige Red. anschließen kann. Man mischt z. B. 1 kg Hornmehl bei p_H ca. 6 mit 6 Liter 3%ig. Na-Sulfoxylatlsg., gibt nach 8 Std. 50 g Trioxymethylen zu, stellt das p_H auf ca. 8, behandelt bei p_H 8—9 mit 10%ig. H_2O_2 u. nach Abtrennung noch 12 Std. mit 1%ig. Hydrosulfitlösung. Die M. dient allein oder zusammen mit anderen Kunststoffen zur Herst. von Preßmassen. (**Oe. P. 171 177** vom 16/2. 1950, ausg. 10/5. 1952. **Zusatz zu Oe. P. 168 887; C. 1952. 3256.**) PANKOW. 7199

Johann Bähr, Herne-Sodingen, *Herstellung von Formkörpern aus Vinyl- oder Acrylpolymerisaten*. Mischungen dieser Polymerisate mit hochsd., cycl., bes. aromat. KW-stoffen, fasrigen Füllstoffen u. gegebenenfalls härtenden Phenolharzen, die außerdem noch kleine Mengen Paraffin-KW-stoffe u. bzw. oder Ester von aliphat. Mono- oder Dicarbonsäuren oder Sulfosäuren enthalten können, werden zwischen 100 u. 190° verpreßt oder verspritzt. Herst. von elektr. Geräten, Dosen, Flaschenverschlüssen, Bauplatten, Bilderrahmen, Griffen u. Haushaltsgeräten. (**D. B. P. 839 561** Kl. 39b vom 10/2. 1949, ausg. 23/5. 1952.) SALZMANN. 7205

XII. Kautschuk. Guttapercha. Balata.

F. H. Fritz, *Praktische Erfahrungen in der Verwendung und Verarbeitung von Neoprene*. Nach einem Überblick über die Verwendungsmöglichkeiten in der amerikan. Kautschukindustrie charakterisiert Vf. die verschied. Neoprenetypen (GN, GN-A, RT, W, WRT, Q, S, AC, CG, KNR) nach ihren Eigg. u. gibt wichtige Hinweise auf die Mischungstechnik unter Berücksichtigung des Einfl. der verschied. Mischungsbestandteile. (Kautschuk u. Gummi **5**. Nr. 9. Wiss. u. Techn. WT 139—43. Sept. 1952. Wilmington, Del., USA, E. I. du Pont de Nemours & Co., Rubber Chem. Div.) WINIKER. 7224

Herbert Lehl, *Entwicklungslinie und Einsatz heller Verstärkerfüllstoffe in den USA während der letzten 10 Jahre*. Zusammenfassende Literaturübersicht (33 Hinweise). (Kautschuk u. Gummi **4.** Nr. 9. Wiss. u. Techn. WT 327—29. Sept. Nr. 10. WT 375—76. Okt. 1951. Clausthal-Zellerfeld.) WINIKER. 7226

A. Boettcher, *Beziehungen zwischen Füllstoffaktivität und Vulkanisation.* Verss. mit verschied. Füllstoffen (weiße Füllstoffe u. Rußarten) ergaben, daß zwischen der DEFO-Härte derselben in Naturkautschuk u. ihrem Bedarf an Vulkanisationsmitteln eine Beziehung besteht (bei erhöhter DEFO-Härte sind höhere Dosierungen von Beschleunigern u. S erforderlich). Parallelverss. mit Neopren GN-A zeigten eine Analogie zu den mit Naturkautschuk erhaltenen Ergebnissen. Vf. versucht eine Deutung dieser Befunde durch die verschied. Fähigkeit der Füllstoffe, Bound Rubber zu bilden. (Kautschuk u. Gummi **4.** Nr. 11. Wiss. u. Techn. WT 409—11. Nov. 1951. Gummi-Labor. des Werkes Kalscheuren der Deutschen Gold- u. Silber-Scheideanstalt vormals Roessler.) WINIKER. 7228

Karl H. Reiss, *Die Berechnung von Vulkanisationszeiten.* Da die langen Vulkanisationszeiten dickwandiger Kautschukartikel im wesentlichen durch Wärmeleitungsvorgänge, die exakten Gesetzen folgen, bestimmt werden, ist in den meisten Fällen eine auf Meßergebnissen basierende graph. Berechnung einer empir. Interpretation oder einer mehr oder weniger genauen Messung vorzuziehen. Vf. zeigt, wie der Wärmeleitungsvorgang zwischen ebenen Platten berechnet werden kann. In der Praxis auftretende Komplikationen (Schichtung der Kautschukplatten, Stufenheizung usw.) können berücksichtigt werden, ebenso ist die Berechnungsart mit geringfügigen Modifikationen auf räumliche Wärmeleitungsvorgänge verwendbar. Entsprechende Formeln werden mitgeteilt. Für Hochfrequenzheizung gelten andere Gesetzmäßigkeiten, für die einfache Näherungsformeln abgeleitet werden. (Kautschuk u. Gummi **4.** Nr. 3. Wiss. u. Techn. WT 87—92. März 1951.) WINIKER. 7228

Lucien Toullec, *Einige das „Klebrigwerden" von vulkanisiertem Kautschuk betreffende Untersuchungsergebnisse.* Es wurde festgestellt, daß das „Klebrigwerden" von vulkanisiertem Kautschuk nicht unbedingt mit einer fortgeschrittenen Alterung verknüpft ist. Diese Erscheinung ist vielmehr durch die Natur der verwendeten Vulkanisier- u. Vulkanisierhilfsmittel bedingt. So führten Diazoaminobenzol, Benzoylperoxyd u. S (ohne Beschleuniger) immer zum Klebrigwerden, während diese Erscheinung bei Verwendung von Trinitrobenzol u. Tetramethylthiuram nicht beobachtet wurde. Von den Beschleunigern verursachten Thiocarbanilid u. Diphenylguanidin immer, Bleiglätte sowie Hexamethylentetramin u. äthylphenyldithiocarbaminsaures Zn in gewissen Fällen ein Klebrigwerden, während bei Mercaptobenzothiazol, Benzothiazyldisulfid, Butyraldehyd–Anilin sowie Mercaptobenzothiazol + Diphenylguanidin (äquimol. Gemisch) diese Erscheinung nicht auftrat. Die Ansicht, daß die Ggw. gewisser Metalle Klebrigwerden verursacht, konnte nicht bestätigt werden, doch wurde festgestellt, daß Fe, Mn, Cu u. Co dasselbe beschleunigen. Schließlich wurde gefunden, daß untervulkanisierte Kautschuke zum Klebrigwerden neigen. (Rev. gén. Caoutchouc **29.** 660—63. Sept. 1952.) WINIKER. 7228

W. Overbeck, *Die Entwicklung der Kautschukmilchtechnik im letzten Jahrzehnt.* Zusammenfassender Überblick an Hand der Patentliteratur. (Gummi u. Asbest **4.** 112—15. 148—52. 188—93. 1951.) WINIKER. 7228

F. Kirchhof, *Regenerierung von Vulkanisaten aus Synthesekautschuk.* Überblick über die deutschen u. amerikan. Regenerierungsverff. für synthet. Kautschuke. (Kautschuk u. Gummi **4.** 372—74. Okt. 1951.) WINIKER. 7232

F. Kirchhof, *Neuere Ergebnisse über die Chemie der Faktisbildung und verwandter Reaktionen.* An Hand der Literatur (29 Hinweise) sowie auf Grund eigener Unterss. vertritt Vf. folgende Ansichten: a) *Schwefelfaktis.* Im Verlauf der Rk. werden die S_4-Moll. in Einzelatome dissoziiert, die sich an die freien C-Valenzen der Fettsäureketten anlagern u. eine freie Valenz behalten. Diese freien Valenzen mit ihrer starken Neigung zur Polymerisation sind die eigentliche Ursache der Faktisbildung. Die Möglichkeit einer Faktisbldg. infolge Kondensation an den Glycerinresten durch S-Brücken wird als unwahrscheinlich betrachtet. b) *Chlorschwefelfaktis.* Die Additions-Rk. sättigt zunächst die freien Glyceridbindungen ab, wobei sich die S_2Cl_2-Moll. als „Ganze" zwischen jeweils 2 Fettsäure-Doppelmoll. gruppieren (fl. Faktis). Sodann kann S_2Cl_2 unter gleichzeitiger H-Substitution u. Abspaltung äquivalenter Mengen von HCl zwischen je 2 „Doppelmoll." eingebaut werden (fester Faktis). In Wirklichkeit werden diese beiden Rkk. nicht hintereinander, sondern je nach der Reaktionslenkung u. dem dadurch bedingten Temperaturverlauf mehr oder minder nebeneinander erfolgen. (Kautschuk u. Gummi **5.** Nr. 8. Wiss. u. Techn. WT 115—19. Aug. WT 144—46. Sept. 1952. Schwetzingen.) WINIKER. 7238

Phillips Petroleum Co., Del., übert. von: **Willie W. Crouch,** Bartlesville, Okla., V. St. A., *Diolefinpolymerisation mit alkalischem Beschleuniger.* Zwecks Kontrolle der Viscosität während der Polymerisation eines Monomeren oder von 75 (Teilen) Butadien-(1.3)

u. 25 Styrol gibt man dem Ansatz 25—200 eines fl. KW-stoffs (Isobutan, n-Pentan, Cyclohexan, Bzn.) u. 0,01—0,5 Butadien-(1.2) [Pentadien-(1.2) oder 3-Methyl-butadien-(1.2)] zu. (**A. P. 2 559 947** vom 1/8. 1947, ausg. 10/7. 1951.) SALZMANN. 7225

Polymer Corp. Ltd., übert. von: **William Harold Watson**, Sarnia, Ontario, Can., *Mittel zum Abbruch von Polymerisationsreaktionen.* Bei der Emulsionspolymerisation (I) von *Butadien* (II) oder bei der Erzeugung von Mischpolymerisaten aus II u. *Styrol* oder *Acrylnitril* durch I kann zum Abbruch der Polymerisations-Rk. dem Reaktionsgemisch *Lignin* (III) zugegeben werden, u. zwar in einem Verhältnis von Monomerem : III = 100 : 1,5. (**A. P. 2 577 390** vom 30/4. 1948, ausg. 4/12. 1951. Can. Prior. 28/4. 1948.) HERBST. 7225

N. V. de Bataafsche Petroleum Mij., Holland, *Herstellung von Reaktionsprodukten aus SO_2 und ungesättigten organischen Verbindungen*, wie Butadien, Allylalkohol, Allylestern, Kautschuk, Polymeren oder Mischpolymeren des Butadiens oder dessen Derivv. durch Rk. dieser Verbb. mit lockeren Additionsverbb. von SO_2 mit organ. oder anorgan. Verbb. (Aldehyde, Ketone, Ketoalkohole, Alkohole, Äther, Dioxan, Thioäther, $AlCl_3$, Alkali- u. Erdalkalijodide u. -thiocyanate). Man spritzt z. B. eine 6,5%ig. Kautschuklsg. in einem Bzl.–Toluol-Gemisch, die 15 Gew.-% Tetralinperoxyd enthält, in ein Bad, das beim Einleiten von SO_2 in eine Mischung aus 97 Vol.-% Aceton u. 3 Vol.-% W. bei 15° entsteht u. das 500 g SO_2 pro Liter enthält. Der entstehende Kautschukfaden enthält 22,4 Gew.-% S. (**F. P. 985 503** vom 13/7. 1948, ausg. 19/7. 1951. Holl. Prior. 17/7. 1947.) PANKOW. 7225

Phillips Petroleum Co., Bartlesville, Okla., übert. von: **Isaak M. Kolthoff** und **Wesley J. Dale**, Minneapolis, Minn., V. St. A., *Emulsionspolymerisation* ungesätt. organ. Verbb. in Ggw. von Verbb. der Formel R·N:N·S·R′ (R = aromat. Rest, R′ = aromat., aliphat. oder cycloaliphat. Rest), z. B. 2-(p-Methoxybenzoldiazomercapto)-naphthalin, einem wasserlösl. Ferricyanid u. einem Alkylmercaptan mit 4—20 C-Atomen. Man polymerisiert z. B. eine Butadien–Styrol-Mischung bei 0—50° mit 0,05—2 (%) der Diazoverb., 0,05—1,4 des Alkylmercaptans u. 0,03—1 des Ferricyanids. (**Can. P. 479 129** vom 6/4. 1948, ausg. 4/12. 1951. A. Prior. 2/6. 1947.) PANKOW. 7225

Deutsche Gold- und Silber-Scheideanstalt vormals Roessler, Frankfurt/M., *Füllstoffe für Kautschuk und Kunststoffe*, bestehend aus solchen Oxydaerosolen, die bei der therm. Zers. von dampfförmigen Verbb. von Metallen bzw. Metalloiden mittels oxydierender oder hydrolysierender Mittel, gegebenenfalls in Ggw. von gas- oder dampfförmigen Verdünnungsmitteln, entstehen, bes. nach dem Verf. des D. B. P. 830 786 [C. **1952.** 7270] hergestellten Kieselsäureaerosolen. (**D. B. P. 849 752** Kl. 39b vom 1/1. 1949, ausg. 18/9. 1952.) OVERBECK. 7227

Laurent Emile Bastin, Roubaix, Nordfrankreich, *Dicke Gewebedoublierungen*, bes. für *Schuhwerk.* Eine oder mehrere Schwammkautschukschichten mit offenen Zellen werden zwischen Gewebeschichten angeordnet u. mit diesen verbunden. Der Schwamm wird aus Kautschukmilchschaum hergestellt. (**D. B. P. 840 761** Kl. 39b vom 29/10. 1950, ausg. 9/6. 1952. F. Prior. 6/12. 1949.) OVERBECK. 7231

Henri-Antoine-Désiré Roux und **André-Gustave Bourdin**, Seine, Frankreich, *Herstellung von Faktis und seine Verwendung.* Man schwefelt Faktisöle unter Zusatz von MgO bei bis auf 295° steigender Temperatur. Der erhaltene Faktis kann mit oder ohne Zusatz von Kautschuk, Guttapercha oder Balata unter Zumischung von Regenerat, Weichmachern, Füllstoffen u. Vulkanisationsbeschleunigern vulkanisiert werden. Das Vulkanisat wird in Gasmasken, bes. zum Schutz gegen Yperit, verwendet. (**F. P. 985 401** vom 4/6. 1938, ausg. 18/7. 1951.) PANKOW. 7239

XIV. Zucker. Kohlenhydrate. Stärke.

J. E. Hobbs, *Das Trocknen von gekörntem Zucker.* Es wird ein Bericht der Anlage u. Ausführung verschied. Typen von Körnungsvorrichtungen gegeben, wobei konstruktive Einzelheiten des neusten Modells, das in einer brit. Raffinerie benutzt wird, erläutert werden. (J. Inst. Fuel **25.** 65—66. März 1952.) WALCKER. 7438

R. Barthel, *Phosphorgehalt und Ergiebigkeit von Kartoffelstärken.* 2. Mitt. (1. vgl. C. **1951.** II. 461.) Neuere Unterss. bestätigen die Ergiebigkeit der Kartoffelstärken in Abhängigkeit vom P_2O_5-Geh., die jedoch erst von 0,2% an bedeutsam wird. Theoret. Betrachtungen über den Chemismus. — Tabellen. (Stärke **3.** 296—301. Nov. 1951.) SCHINDLER. 7448

Robert J. Brown, *Quantitative Bestimmung der Raffinose in Zuchtrüben und rohen Zuckerrübensäften.* Entionisierte u., wenn nötig, vorher geklärte Proben aus Zuckerrüben für Zuchtzwecke bzw. aus verschied. Säften, wie sie bei der Zuckerherst. anfallen, können mit Hilfe einer Modifikation der DE WHALLEY-Meth. papierchromatograph. durch Vgl.

mit Standardlsgg. quantitativ auf *Raffinosegeh.* hin bestimmt werden. Genaue Durchführungsvorschrift für Probenherst., Entionisierung, Klärung, papierchromatograph. Analyse u. ihre Auswertung werden angegeben. Die Genauigkeit der Ergebnisse sowie ihre Beeinflussung werden diskutiert. (Analytic. Chem. **24**. 384—88. Febr. 1952. Denver, Colo., Great Western Sugar Co., Res. Labor.) BRINCKMANN. 7474

Silvio Crespo, *Apparat, um Sirupe und andere stark schäumende Substanzen für die Aschenbestimmung vorzubereiten.* Beschreibung eines App. zur raschen (meist ca. 15 Min.) u. verlustlosen (Vermeidung der Gefahr des Schäumens u. Aufblähens) Veraschung. (Analytic. Chem. **24**. 921. Mai 1952. Chicago, Ill., American Inst. of Baking, Labor.) WALCKER. 7476

E. Lindemann, *Untersuchungen über den durchschnittlichen Polymerisationsgrad von Dextrinen in Stärkesirupen und eine einfache Methode zu seiner Bestimmung.* Der vorgeschlagenen Bestimmungsmeth. liegt die Rk. von Glucose, Maltose u. Dextrinen mit NaOH zugrunde. Wie Vf. findet, nimmt der Verfärbungsgrad einer 0,2%ig. Lsg. eines *Stärkedextrins* (I) bei 5 Min. langem Kochen mit n-NaOH (5 cm^3 auf 15 cm^3 Lsg.) gesetzmäßig mit dem jeweils vorliegenden Polymerisationsgrad des Dextrins (bestimmt nach MEYER mit 3.5-Dinitrosalicylsäure) zu. Aus der mit dem PULFRICH-Photometer bestimmten Extinktion u. an Hand von Eichkurven für Lsgg. von Glucose u. Maltose errechnet Vf. den sogenannten Dextrinfärbungswert, der zur Charakterisierung von Stärkesirupen geeignet ist. Es genügt eine Zuckerbest. u. eine colorimetr. Messung, um in einem Bereich von 20—60% **I**, der prakt. nur in Frage kommt, im Sirup den durchschnittlichen Polymerisationsgrad des **I** ohne Isolierung mit einer Genauigkeit von mindestens 1 Glucoserest zu bestimmen. Bei **I** von üblichen Handelssirupen wurden durchschnittliche Größen von 7—12 Glucoseresten festgestellt. Hochkonvertierte Sirupe besaßen einen höheren Polymerisationsgrad als n. oder schwach gezuckerte Erzeugnisse. (Stärke **4**. 68—73. April 1952. Detmold, Bundesanstalt für Getreideforschung.) ULMANN. 7490

H. Dörner, *SO_2-Bestimmungen in Stärke und Stärkesirupen.* Vf. sucht festzustellen, wieweit die zeitraubende Destillationsmeth. der SO_2-Best. durch eine direkte Titration ersetzt werden kann. Titration mit n/50 J-Lsg. gibt bei der Destillationsmeth. etwas höhere Werte als mit n/10; die mittleren Abweichungen liegen jedoch innerhalb der Fehlergrenze. Bei direkter Titration, bei der die Substanz nach Laugenzugabe unmittelbar angesäuert wurde, erhielt Vf. keine befriedigenden Resultate. Bleibt dagegen die Substanz vor dem Ansäuern 15 Min. alkal., so erhält man befriedigende Ergebnisse. Die Werte liegen nur etwas höher als bei der Destillationsmethode. Diese Arbeitsweise ist für die Praxis bei Sirupen zu empfehlen. Bei Stärken ist jedoch die langwierige Destillationsmeth. unumgänglich. (Stärke **4**. 83—86. April 1952. Detmold, Bundesanstalt für Getreideforschung.) ULMANN. 7490

M. Ulmann, *Zur Frage der Stärkechromatographie.* Durch Al_2O_3 werden in verd. wss. Lsgg. von verkleisterter Stärke oder von Dextrinen vorliegende Bestandteile selektiv adsorbiert u. können, soweit sie mit J farbige Komplexe geben, auf einer Al_2O_3-Säule sichtbar gemacht werden. Wird der obere Teil einer Al_2O_3-Säule mit verd. HCl vorbehandelt, so passiert in Lsg. befindliche *Amylose* diesen Säulenabschnitt, der nur das *Amylopektin* festhält, u. wird erst unten, im bas. Teil der Säule, adsorbiert. Die Stärkechromatographie bietet die Möglichkeit, im Verlaufe irgendwelcher Einww. in Lsg. auftretende u. festgestellte Veränderungen mit vorliegenden Stärkeanteilen bzw. Stärkeabbauprodd. in Zusammenhang zu bringen. (Stärke **4**. 73—77. April 1952. Potsdam-Rehbrücke, Inst. für Ernährungsforschung.) ULMANN. 7490

XV. Gärungsindustrie.

Heinz Roehrich, *Grundsätzliches zum Mischen und Lösen mit schnellaufenden Mischmaschinen.* Allg. Ausführungen unter besonderer Berücksichtigung der Erfordernisse der Alkoholindustrie. (Branntweinwirtschaft **74**. 329—33. 25/9. 1952. Hamburg.) WINIKER. 7530

Walter Deckenbrock, *Zur Frage der Verwendung von Schädlingsbekämpfungsmitteln in der Brennerei.* Auf Grund eigener Unterss. u. an Hand der Literatur (27 Hinweise) diskutiert Vf. die Möglichkeiten einer Einw. von DDT u. HCH auf die einzelnen Phasen des Brennereiprozesses u. kommt zu folgendem Ergebnis: Die Präpp. gelangen infolge ihrer Flüchtigkeit während des Brennereiprozesses in den Rohsprit. Bei der Rektifikation werden sie nachlaufseitig abgeschieden, doch können merkliche Spuren in den Feinbrand geraten. Bedenken gesundheitlicher Art bestehen bei ordnungsgemäßer Anwendung der Präpp. nicht. DDT- bzw. HCH-haltiger Trinkbranntwein ist wegen des auffälligen Eigengeschmacks bereits vor Erreichen schädlicher Konzz. ungenießbar. Der Einfl. von DDT u. HCH auf die Gärtätigkeit der Hefe ist bei den üblichen Konzz. geringfügig. Bei n.

Alkoholbldg. ist lediglich eine leichte Zunahme der CO_2-Entw. feststellbar. (Branntweinwirtschaft **74.** 249—52. 25/7. 271—73. 10/8. 1952. Ludinghausen/Westf., Fachlabor. für die Spiritusindustrie.) WINIKER. 7536

W. Kilp, *Ultraschall-Behandlung von Korndestillaten.* Bericht über einige Verss. mit 32- u. 38%ig. Korn, denen zufolge gute Destillate durch Ultraschallbehandlung eine Qualitätsverschlechterung (nach Abklingen der sich zuerst zeigenden guten Wrkg.) erfahren, während minderwertige Vorlaufprodd. qualitativ verbessert werden. (Alkohol-Ind. **64.** 483—84. 16/9. 1951. Biberach/Riß.) WINIKER. 7536

B. M. Nachmanowitsch und **L. W. Kotschkina,** *Über die Vergärbarkeit der Raffinose durch Hefe der Rasse „Ja" bei der Verarbeitung von Futtermelasse auf Sprit.* Verss. ergaben, daß Hefe der Rasse „Ja" die wss. Lsgg. von Raffinose u. Melasse vollständig in *Fructose* (**I**) u. *Melibiose* (**II**) abbaut. **I** wird vergoren, **II** bleibt unberührt. Es werden in 2—5%ig. **I**-Lsg. 90—95% der theoret. Menge CO_2 u. A. erzielt. Freie Fructose wurde im Rückstand nicht festgestellt. Die fehlende Menge wird offenbar durch die Hefe verbraucht. Die Vergärungsgeschwindigkeit ist in Lsgg. mit **I**, Saccharose oder Glucose annähernd gleich. Nach 23—27 Std. ist die Gärung beendet. (Биохимия [Biochimia] **16.** 522—27. Nov./Dez. 1951. Kiew, Zweigstelle des Allunions Wiss. Forschungsinst. für Spritind.) KRAFT. 7536

Kilp und **Grübler,** *Johannisbrotschrot als Rohstoff zur Alkoholgewinnung.* Nach einem kurzen Überblick über die Zus. von Johannisbrot (**I**) u. einige Eigg. des daraus gewonnenen Branntweins teilen Vff. einige Verss. zur Alkoholgewinnung aus **I** mit. Die einfachste Meth. bestand darin, das feingemahlene **I**-Schrot nur mit kaltem W. 1 Std. im Vormaischbottich zu verrühren u. dann die Maische mit Hefe zur Gärung anzustellen (Anstelltemp. 18—25°). (Alkohol-Ind. **65.** 404—05. 4/8. 1952. Chemielabor. Isny, Gärungstechn. Abt.) WINIKER. 7536

Robert Heuss, *Die Ermittlung des Gerstenextraktes auf rechnerischer Grundlage.* Anschließend an einige allg. Ausführungen zur rechner. Ermittlung des Gerstenextraktes werden Tabellen veröffentlicht, die die Berechnung nach den üblichen Formeln (BISHOP, MÄNDL) erleichtern. (Brauwelt, Ausg. B **1952.** 912—15. 18/9. Berlin-Neukölln, Berliner Kindl-Brauerei A. G., Betriebslabor.) WINIKER. 7540

N. N. Prosstosserdow, *Die Gipsbehandlung von Weinen.* Vf. hält die Gipsbehandlung auch der Sherryweine (bei anderen Weinen wird sie in der UdSSR ohnehin nicht mehr angewendet) nicht für zweckmäßig, da spezif. Eigg. dadurch nicht erzielt werden. (Виноделие и Виноградарство СССР [Weinbereit. Weinbau UdSSR] **11.** Nr. 9. 9—10. Sept. 1951.) KRAFT. 7554

Badische Anilin- & Soda-Fabrik, Ludwigshafen/Rh. (Erfinder: **Wilhelm Wenzel,** Frankfurt/M.), *Schaumbekämpfungsmittel,* bes. bei *Gärprozessen.* Es werden die durch Anlagerung von CO u. H_2 an Olefine u. anschließende Hydrierung erhaltenen O-haltigen Syntheseerzeugnisse verwendet. (**D. B. P. 851 038** Kl. 6a vom 26/2. 1944, ausg. 29/9. 1952.) KETTNER. 7511

Gottfried Jakob, München, *Abtrennung von Hopfen und Trub aus Bierwürze.* Die Abtrennung wird durch Heißsedimentation bei so hoher Temp. vorgenommen, daß sich die Viscosität nur unwesentlich erniedrigt u. die Würze unter Ausschaltung von Strömungserscheinungen von Hopfen- u. Trubteilen bis zur vollen Klarheit befreit wird. Dabei kann der klare Anteil der Ausschlagwürze, z. B. ca. 80 (%), der Kühlvorr. u. das z. B. ca. 20 betragende Sediment (Gemenge aus Würze u. Hopfentrub) einer Selbstfilteranlage zugeleitet werden. (**D. B. P. 845 487** Kl. 6b vom 1/11. 1950, ausg. 31/7. 1952.) KETTNER. 7545

Weinessigfabrik Anton Enenkel, Traun bei Linz, Österreich, *Durchführung oxydativer Gärungen* mittels aerober Mikroorganismen (**I**), welche auf großoberflächigem Trägermaterial (**II**) angesiedelt werden, dad. gek., daß ein O_2-haltiges Gas durch die Gär-Fl. geleitet wird u. daß das mit den **I** besiedelte **II** während des Durchleitens des Gases unter der Oberfläche der Gär-Fl. fest angeordnet ist. Die kontinuierliche Gärung kann dabei in mehreren miteinander zu einem Syst. verbundenen Gärgefäßen vorgenommen werden. — Beispiel: *Essiggärung.* (**Schwz. P. 280 467** vom 14/11. 1949, ausg. 16/4. 1952. Oe. Prior. 3/5. 1949.) KETTNER. 7565

Jean L. M. Le Paige de Dommartin, Frankreich, *Methan durch Vergären von Cellulosematerial.* 1000 kg gebrochener Dung werden in einer geeigneten Vorr. einige Tage der aeroben Gärung überlassen, bis die Temp. 55—60° erreicht hat. Dann werden 500 Liter Rinder- oder Pferdejauche u. schließlich 1—2 kg NH_4-Phosphat, 500 g $MgSO_4$, 50 g NaCl u. 500 g KCl zugegeben. Durch $CaCO_3$ u. CaO wird der p_H-Wert auf 7,5 gehalten. Die erforderliche Oberflächenspannung wird mit 100 g Na-Oleat erreicht. Durch Rühren bei Über- oder Unterdruck wird das sich bildende Gas gewonnen. (**F. P. 994 032** vom 9/12. 1944, ausg. 9/11. 1951.) WITTHOLZ. 7579

Paul-Franck-Charles Grégory, Frankreich, *Gewinnung von organischen Säuren*, dad. gek., daß die auf biochem. Wege durch Gärung gewonnenen organ. Säuren oder ihre Salze durch Behandeln mit geeigneten Ionenaustauschern der Gär-Fl. entzogen werden u. daß aus diesen durch starke anorgan. Säuren die freien organ. Säuren zur Ausscheidung gelangen. — Eine 5—6%ig. Lsg. von Ca-Butyrat, aus Melasse durch Gärung gewonnen, wird zunächst über einen mit H-Ionen gesätt. Kationenaustauscher filtriert. Das Filtrat, welches die freien organ. Säuren enthält, wird mit einem Anionenaustauscher behandelt, der die organ. Säuren bindet. Diese werden mittels starker HCl oder H_2SO_4 als freie Säuren gewonnen. Als Kationenaustauscher können Kondensationsprodd. organ. Säuren mit Aldehyden oder Kunstharze mit saurer Rk. verwendet werden. Die Regenerierung erfolgt durch Behandeln mit HCl u. anschließendes Waschen. Als Anionenaustauscher eignen sich säurebeständige Aminoplaste, z. B. Kondensationsprodd. aus aromat. Aminen mit Aldehyden. Sie werden durch Behandeln mit 1—2%ig. Na_2CO_3-Lsg. u. Waschen regeneriert. (**F. P. 982 480** vom 29/6. 1943, ausg. 11/6. 1951.) HEYNE. 7579

Soc. An. Synthèse et Fermentation, Frankreich, *Verbesserungen bei der Buttersäuregärung*, darin bestehend, daß zur Herst. der zu vergärenden Zucker- bzw. Melasselsgg. nicht W., sondern ein bereits vergorener Most genommen wird, der nötigenfalls vorher durch Aufkochen mit Kalkmilch einer Reinigung unterzogen wurde. Hierdurch kann die Konz. an aliphat. Ca-Salzen von 8 auf 20% gesteigert werden, wodurch erhebliche Einsparungen an Dampf usw. gemacht werden können. (**F. P. 978 453** vom 8/9. 1942, ausg. 13/4. 1951.) HEYNE. 7579

XVI. Nahrungs-, Genuß- und Futtermittel.

Mary E. Kirkpatrick, Beatrice M. Mountjoy, Linda C. Albright, Fred W. Poos und **Charles A. Weigel**, *Beeinträchtigung von Geschmack und Geruch gekochter Kartoffeln durch Verwendung von Lindan und Benzolhexachlorid als Insekticide.* Durch Geschmacksprüfungen wurde gezeigt, daß die insekticide Behandlung des Bodens im Jahr vor der Pflanzung mit 1 lb. Lindan [**I**; γ-Isomer des Benzolhexachlorids (**II**), mindestens 99%] u. mit ca. 8 lbs. techn. **II** (1 lb. γ-Isomer) gekochten Kartoffeln muffigen Geschmack u. Geruch verleiht. Die Beeinträchtigung durch techn. **II** ist stärker als die durch **I**. Wird **I** im Pflanzjahr selbst angewandt, so nimmt der Einfl. mit steigenden Gaben von 0,25 bis 4 lbs./acre zu. (Amer. Potato J. **28.** 792—99. Dez. 1951. Washington, D. C., Bur. Human Nutrit. and Home Economics, u. U. S. Dep. of Agric., Agric. Res. Adm.) RANG

Robert John Evans, Helen A. Butts und **J. A. Davidson**, *Der Niacingehalt von Frisch- und Lagereiern.* Es enthalten 1 g Frischei 0,66 μg Niacin (entsprechend 31,3 μg je Ei). Die Hauptmenge des Niacins befindet sich im Eiweiß, das in 1 g 0,93 μg u. je Eiweiß 28,5 μg Niacin enthält. 1 g Eigelb enthält 0,16 μg Niacin (entsprechend 2,8 μg je Eigelb). Bei Kaltlagerung während 7 Monaten tritt ein Durchschnittsverlust von 5,5 μg ein. (Poultry Sci. **30.** 132—35. Jan. 1951. Michigan, East Lansing, Michigan State Coll., Dep. of Agric. Chem. and Poultry Husbandry.) LIEBNER. 7754

N. Lukjanow, *Das Separieren der Milch ohne Erhitzen.* Milch wird gewöhnlich bei 35—40° entrahmt. Wenn man bei 15—20° arbeiten will, müssen die Separatoren so umgebaut werden, daß der Milchzulauf auf die Hälfte herabgesetzt wird u. die Sahne sich nicht staut. Der Fettgeh. der Sahne muß durch besondere Vorrichtungen auf 25—30% herabgesetzt werden. Falls die Sahne pasteurisiert werden muß, wird wie üblich bei höheren Tempp. (45—60°) gearbeitet. (Молочная Промышленность [Milch-Ind.] **13.** Nr. 8. 20—22. Aug. 1952. Allunions Wiss. Forschungsinst. für Milchind.) ECKE. 7756

Walter Riedel, *Lab, Labstärke, Labfähigkeit der Milch.* Übersicht. (Dtsch. Molkerei-Ztg. **72.** 1277—78. 12/10. 1306—08. 19/10. 1951. Wangen/Allgäu.) HÜCKSTÄDT. 7756

Nis Petersen, *Die Herstellung von Lab- und Säurecasein.* Ausführliche Herstellungsanweisungen nach Veröffentlichungen der dän. Staatsmolkerei. (Molkerei-Ztg. **5.** 859—60. 9/8. 1951. Kiel-Elmschenhagen.) HÜCKSTÄDT. 7756

Nis Petersen, *Neue Wege in der dänischen Butterungstechnik. Nichtwaschen erhöht Butterqualität. Neuartige Rahmbehandlung.* Kurzer Überblick. (Molkerei-Ztg. **6.** 653—54. 19/6. 1952. Kiel-Elmschenhagen.) WINIKER. 7758

K. Kosharin, *Änderung des technologischen Schemas der Herstellung von Wologda-Butter.* Zur Herst. einer Butter mit Nußgeschmack wird die Sahne bei 95° pasteurisiert, 30 Min. bei 90° stehengelassen (ständig rühren), gekühlt u. gebuttert. (Молочная Промышленность [Milch-Ind.] **13.** Nr. 8. 26—27. Aug. 1952. Ministerium für die Fleisch- u. Milchind. der UdSSR.) ECKE. 7758

E. Ruuber, *Über den Einfluß von Metallen auf die Butterqualität.* Vf. kommt durch Beobachtungen u. Verss. zu dem Schluß, daß der Fe-Geh. des Waschwassers der Meiereien sich wenig auf die Qualität der Butter auswirkt, da der Einschluß des W. in der Butter gegenüber dem des Serums nur 1% ausmacht. Der Einfl. von Fe u. Cu, die in das Serum gelangen, ist daher um so größer. (Молочная Промышленность [Milch-Ind.] **12.** Nr. 11. 20—24. Nov. 1951. Estn. Labor. für Milchind.) KRAFT. 7758

R. S. Hannan und **J. W. Boag,** *Wirkungen von Elektronenbestrahlung auf Fette.* Unter Hinweis auf neuere Angaben des Schrifttums über die Wrkg. von schnellen Elektronen auf Fette werden die Ergebnisse über die Beeinflussung von Butterfett (**I**) mitgeteilt. Bestrahlung desselben in dünner Schicht (2—3 mm) mittels Elektronen von einem VAN DE GRAAFF-Generator; Messung der Ionisation in einer Ionisationskammer; angewandte Elektronenenergie 1,2 MeV, Oberflächendosis $4 \cdot 10^6$ r. e. p./Min.; Best. des Peroxydwertes nach LOFTUS-HILLS u. THIEL (J. Dairy Res. **14.** [1946.] 340). Als wichtiger Effekt wird angegeben, daß der Peroxydwert während der Bestrahlung mit fallender Temp. ansteigt, in Abhängigkeit von der angewandten Dosis. Die Ausbleichung des **I** ist unmittelbar eine Funktion der Dosis u. des Wassergeh., eine so einfache Beziehung ergibt sich aber nicht hinsichtlich des beobachteten Rückganges der Haltbarkeit des **I** (Verkürzung der Induktionsperiode). Dies wird auf eine Zerstörung der natürlichen Antioxygene des **I** durch Peroxyde zurückgeführt u. steht im Gegensatz zu den Beobachtungen über die bei anderen Lebensmitteln festgestellte Steigerung der Haltbarkeit durch Bestrahlung (Sterilisation); Zugabe von Antioxygen (0,02 Äthylgallat) vor der Bestrahlung ermöglicht verlängerte Haltbarkeit. Betrachtungen an Hand der Literatur über den Mechanismus der Peroxydbldg., die abgeschwächt auch bei nichtfetten Substanzen sowie bei reinem Hexan u. Cyclohexan beobachtet wird. Die Entstehung von Peroxyden während der Bestrahlung wird auf eine Bldg. noch unbekannter reaktiver Gruppen zurückgeführt, die chem. Effekte in Lebensmitteln u. in biol. Systemen auslösen. (Nature [London] **169.** 152—53. 26/1. 1952. Cambridge, Low Temperature Stat. for Res. in Biochem. and Biophysics; London, Hammersmith Hosp., Radiotherapeutics Res. Unit of the Med. Res. Council.) TÄUFEL. 7758

—, *Interessante Zusätze zu Mischfutter. Die Bedeutung von Antibioticis und Vitamin B_{12} für die Viehaufzucht.* Allg. Ausführungen. (Mühle **89.** 677. 23/10. 1952.) WINIKER. 7780

K. Richter und **K. L. Cranz,** *Über die Eignung der Getreide-Kartoffelwalzmehlschlempe in der Milchviehfütterung.* Auf Grund ihrer Verss. vertreten Vff. die Ansicht, daß die Verfütterung mittlerer Schlempegaben (30—40 kg) auch an Milchkühe in höherer Leistung keinen nachteiligen Einfl. auf die Milchmenge oder deren Fettgeh. erwarten läßt. (Alkohol-Ind. **65.** 513—14. 2/10. 1952. Braunschweig-Völkenrode, Inst. für Tierernährung.) WINIKER. 7786

Martin Hengst, *Über den Wasser- und Mehlgehalt des Brotes.* Bei Brotunterss., die sich über 10 Tage erstreckten, wurde ein konstanter Wassergeh. der Krume ermittelt; die Differenz zwischen Gesamt- u. Krumenwassergeh. stieg während dieser Zeit von 6,5 auf 9,7% an. Auf Grund großer Schwankungen kann jedoch nicht vom Krumen- auf den Gesamtwassergeh. geschlossen werden. Es werden 2 Formeln zur Berechnung des Mehlgeh. (M) bei einem Mehlwassergeh. von 15% angegeben, u. zwar unter Nichtberücksichtigung des Verarbeitungsverlustes. Formel 2 ist bei Einlieferung von Brotstücken anwendbar. 1. $M = 1{,}18 \cdot (100 - W)$. 2. $M = 1{,}18 \cdot (100 - W) \cdot G_E/G_S$. (W = Gesamtwassergeh., G_E = Einlieferungsgewicht, G_S = Sollgewicht.) (Z. Lebensmittel-Unters. u. -Forsch. **93.** 224—29. Okt. 1951. Berlin.) REISS. 7800

Paul Demont und **Nicolas Lederer,** *Nachweis und Bestimmung von Spülwasser im Rahm.* Spülwasser läßt sich im Rahm durch die Refraktometerzahl des $HgCl_2$-Serums (nach AMBÜHL u. WEISS) des mageren Teiles des Rahmes bestimmen. Der magere Teil des Rahms wird durch Zentrifugieren in einem sogenannten „PD"-Rohr von dem fettreichen Teil getrennt. Nach Abkühlen des Rohres auf 3—4° läßt sich der flüssiggebliebene, unterhalb liegende magere Teil gut von dem harten, fettreichen Teile trennen. Durch Behandlung mit AMBÜHL-WEISSschem Reagens wird das klare Serum gewonnen, das mit dem ZEISSschen Eintauchrefraktometer geprüft wird. (Mitt. Gebiete Lebensmittelunters. Hyg. [Bern] **42.** 49—54. 1951. Grangeneuve-Fribourg, Labor. de la Station laitière cantonale.) LIEBNER. 7856

Ritterhoff, *Die Fettbestimmungen in Kondensmilch.* Da die im Handel befindlichen Rahmbutyrometer nicht exakt genug graduiert sind, wird vorgeschlagen, 25 g Kondensmilch in einen 50 ml Meßkolben mit einer Genauigkeit von 0,01 g einzuwägen, unter Berücksichtigung der Temp. aufzufüllen u. wie mit Vollmilch weiterzuverfahren. Die Ergebnisse müssen verdoppelt werden. Da es sich um homogenisierte Milch handelt, muß 8 Min. u. nach dem Ablesen erneut 5 Min. zentrifugiert werden. (Molkerei-Ztg. **5.** 167—68. 15/2. 1951. Zeven/Hannover.) HÜCKSTÄDT. 7856

André-Marcel Eyrard, Frankreich, *Nahrungsmittel aus vergorener Milch.* Zur Verbesserung der Eigg. von vergorenen Milchgetränken, wie *Joghurt* oder *Kefir,* erhält die

Magermilch vor der Gärung einen Zusatz von Traubenzucker, der vorher durch Erhitzen bis zum schwachen Bräunen sterilisiert wurde. Die Menge des Zuckers beträgt ca. 150 g auf 2 Liter Magermilch. Hiernach wird die M. mit Joghurt oder Kefirpilzen geimpft. Die weitere Behandlung erfolgt in üblicher Weise (**F. P. 973 674** vom 7/11. 1941, ausg. 13/2. 1951.) HEYNE. 7757

Aktiebolaget Separator, Stockholm, Schweden (Erfinder: **A. L. Stigen**), *Herstellung von lagerungsbeständiger Butter mit verbessertem Aroma.* Bei der Herst. von Butter durch Phasenumwandlung in konz. Sahne mittels Abkühlung wird vor, während oder nach der Phasenumwandlung eine aromat. Fl. zugesetzt u. derart mit der Butter vermischt, daß diese 2 Arten von wss. Tröpfchen enthält, nämlich sehr kleine Tröpfchen aus fast reiner Milch-Fl. u. gröbere Tröpfchen, die prakt. die ganze zugesetzte aromat. Fl. enthalten. Die Milchtröpfchen besitzen den p_H-Wert der Milch, die gröberen einen niedrigen p_H-Wert. Es wird nur soweit durchgeknetet, daß beim Lagern kein Milchwasser abgegeben wird. (**Schwed. P. 132 061** vom 20/8. 1947, ausg. 19/6. 1951.) J. SCHMIDT. 7759

Swift & Co., übert. von: **Clinton H. Parsons,** Chicago, Ill., V. St. A., *Überzugsmittel für Käse,* bestehend aus Paraffinwachs vom F. 126—128°, amorphem Paraffinwachs vom F. 160—165° u. ca. 5—20% eines Mono- oder Diglycerids einer Fettsäure oder eines anderen, freie OH-Gruppen enthaltenden Esters aus einer Fettsäure u. einem mehrwertigen Alkohol. (**Can. P. 481 420** vom 2/3. 1942, ausg. 26/2. 1952. A. Prior. 15/3. 1941.) M. F. MÜLLER. 7761

N. V. Matepa und **Kornelis Pleunis Kalis,** Holland, *Silage vegetabilischer Produkte,* dad. gek., daß nach jedesmaligem Eintragen von Grünfutter in den Silo dieses mit einer angesäuerten Fl. vom p_H-Wert 3,9 bedeckt, 24 Std. stehen bleibt, worauf die Fl. abgepumpt u. die M. mechan. verdichtet wird. Dieses Verf. wird fortgesetzt, bis der Silo gefüllt ist. Die verwendete Fl. wird jedesmal durch Zusatz von Zucker (Melasse) oder einer Mineralsäure auf einen p_H-Wert von 3,9 gebracht. Durch dieses Verf. soll erreicht werden, daß die Futtermassen besser zusammensacken u. die Milchsäuregärung schneller u. gleichmäßiger vor sich geht. (**F. P. 978 388** vom 31/12. 1948, ausg. 12/4. 1951. Holl. Prior. 2/1. 1948.) HEYNE. 7783

Western Condensing Co., San Francisco, übert. von: **David D. Peebles,** Hillsborough, **Paul D. Clary jr.,** Petaluma, und **Richard K. Meade,** Santa Rosa, Calif. V. St. A., *Behandlung von Grünfutter.* Zwecks Erhaltung des Carotingeh. wird Grünfutter, wie Alfalfa, mit wss., z. B. 2%ig. $NH_4 \cdot OH$ besprüht. (**A. P. 2 579 609** vom 14/2. 1949, ausg. 25/12. 1951.) KRANZ. 7783

Auguste-Eugène François, Frankreich, *Neue Futterkuchen für Vieh und deren Herstellung,* dad. gek., daß zunächst einzelne Zubereitungen aus den verschiedenartigsten tier. u. pflanzlichen Stoffen mittels geeigneter Zerkleinerungs- u. Mischvorr. in Form von Mehlen oder Pasten hergestellt werden. Als tier. Stoffe werden verwendet: in Säuren aufgelöste Knochen, Albumin, Blut, Schnecken, Engerlinge, Austernschalen, Enten- u. Gänsefedern. Als pflanzliche Stoffe werden verwendet: junges Grün von Sträuchern, Futterpflanzen, Apfeltrester, Melasse, Bierhefe, Gewürzkräuter, Wurzelgemüse, Kartoffeln, Rübenschnitzel, Mehle von Leguminosen. Die für die jeweilige Tierart (Geflügel, Kaninchen, Schweine usw.) geeigneten Zubereitungen werden dann miteinander gemischt u. unter Zusatz von Stroh- oder Holzmehl zu Körnern, kleinen Stäbchen, Fladen oder Kuchen geformt, die bei 40° im heißen Luftstrom getrocknet werden. (**F. P. 974 636** vom 16/4. 1948, ausg. 23/2. 1951.) HEYNE. 7787

Deltafor N. V. i. o., Amsterdam, Holland (Erfinder: **Wilhelm Fux,** Wien), *Vitaminhaltige Futterkalkpräparate.* Adsorbentien, wie Pflanzenpulver oder Tierkohle, werden mit einer Vitaminlsg. getränkt, mit einer Schutzschicht aus Alkylcellulose, der noch ein Netzmittel (Wasserglas) beigegeben sein kann, überzogen, granuliert u. bei niedriger Temp. getrocknet. Das Granulat wird dem Futterkalk in Mengen von z. B. 5% beigemischt. (**D. B. P. 846 651** Kl. 53g vom 25/8. 1942, ausg. 14/8. 1952.) KRANZ. 7787

Valto Matias Klemola, Helsingfors, Finnland, *Herstellung von calciumreichen Futtermitteln für Jungvieh.* Man läßt $CaCl_2$ mit Zucker oder Kohlenhydraten oder Eiweißstoffen reagieren, um den beißenden Geschmack zu überdecken. (**Finn. P. 25 747** vom 19/9. 1951, Auszug veröff. 31/5. 1952.) J. SCHMIDT. 7787

Processed Trout Foods, Inc., übert. von: **Harold S. Otter und Faye E. Otter,** St. Ignatius, Mont., V. St. A., *Fischfutter.* Rohes Fleisch u. Innereien werden in gefrorenem Zustand zerkleinert, mit Tierblut u. einer Trockenmischung aus Fisch- oder Fleischmehl, Weizenkleie u. -keimen, Trockenmolke, Alfalfamehl u. Hefe bei unter 50° F gemischt. Durch weitere Zugabe einer Gelatinelsg. werden die einzelnen Teilchen mit einer Schutzschicht überzogen. Die M. wird gefroren u. zerkleinert. (**A. P. 2 583 964** vom 26/7. 1949, ausg. 29/1. 1952.) KRANZ. 7787

XVII. Fette. Seifen. Wasch- u. Reinigungsmittel. Wachse. Bohnermassen usw.

M. M. Piskur, *Jährlicher Überblick über die Literatur auf dem Gebiet der Fette, Öle und Seifen.* 1. Mitt. (J. Amer. Oil Chemists' Soc. **29.** 136—48. April 1952.) P. ECKERT. 7870

N. L. Dickinson und **J. M. Myers**, *Solexol-Fraktionierung von Menhaden-Öl.* Unter Hinweis auf die bereits bestehenden industriellen Großanlagen wird das aus der Praxis der Fraktionierung von Schmierölen aus rohen Petroleumrückständen übernommene „Solexol"-Verf. in Anwendung auf Menhadenöl eingehend beschrieben. Es beruht darauf, daß fl. Propan — entgegen dem Verh. anderer Fettlösungsmassen — bei Zimmertemp. prakt. alle Fette u. Begleitstoffe löst, daß aber bereits bei mäßig erhöhter Temp. das Lösungsvermögen absinkt u. eine Schichtentrennung eintritt; wenn man bis auf 207° F erwärmt — krit. Temp. von Propan — scheidet sich das reine Lösungsm. ab. Durch systemat. Auswahl der Temp. wird auf diese Weise eine einfache Fraktionierung nach Anteilen von verschied. Sättigung, freien Säuren (als Seifen), Vitaminkonzentraten, gefärbten Anteilen möglich. Der „Solexol"-Prozeß kann mit einer Anlage zur „Propan-Entstearinisierung", d. h. der Abtrennung von höher schm. gesätt. Glyceriden, kombiniert werden; man gewinnt auf diese Weise aus Fischölen Prodd., die für die Lack- u. Farbenfabrikation besser geeignet sind als die Ausgangsöle. Die Abtrennung des Propans aus der Fraktion gelingt bereits bei mäßig erhöhter Temp., so daß Erhitzungsschäden (z. B. bei Vitaminkonzentraten mit Vitamin A u. D) prakt. nicht zu gewärtigen sind. Erläuterung der Arbeitsweise im großtechn. Ausmaß durch Schemata u. Tabellen, Anwendung auf Menhadenöl, das auf Nahrungsöl (auch zur Härtung), Lacköl (stark ungesätt.), Seife (aus freien Fettsäuren), Vitamin A- u. D-Konzentraten aufgearbeitet wird; die das Menhadenöl färbenden Substanzen fallen in einer besonderen Fraktion an, so daß mit der Fraktionierung gleichzeitig eine Entfärbung verbunden ist. (J. Amer. Oil Chemists' Soc. **29.** 235—39. Juni 1952. New York City, N. Y., M. W. Kellogg Co., u. Port Monmouth, N. J., J. Howard Smith Inc.) TÄUFEL. 7888

A. L. Ayers und **C. R. Scott**, *Eine Untersuchung über die Extraktionsausbeuten bei Baumwollsaat- und Sojabohnenflocken bei Anwendung von n-Hexan und verschiedenen Alkohol–Hexan-Mischungen.* Zum Zwecke des Studiums der Wirkungsweise von n-Hexan bzw. von n-Hexan–Alkohol-Mischungen (solchen mit je 5% Methanol, Äthanol, Isopropanol bzw. Allylalkohol) werden definierte Proben (Wassergeh. 6—8%) von Baumwollsaat (von den Linters befreit u. geschält) sowie von Sojabohnen in Flockenform unter konstant gehaltenen Bedingungen laboratoriumsmäßig extrahiert. Die Extraktionen erfolgen einmal in einem Durchflußextraktor mit Proben von 8 g, wobei das Extraktionsmittel (10 ml/Min.) auf die entsprechende Temp. vorerwärmt (120—130° F), auf das Gut gepumpt wird; von der Miscella werden in gewissen Intervallen Proben entnommen u. auf Geh. an Öl geprüft. Zum andern werden Extraktionsverss. der gleichen Anordnung mit dem beschriebenen Gegenstromextraktor ausgeführt (J. Amer. Oil Chemists' Soc.; im Druck). Auswertung der Ergebnisse (graph. Darst.) nach Ausbeute an Öl in Abhängigkeit von der Extraktionszeit, Rückstand an Öl im Gut, Ausbeute an extrahierbarem Öl, zeitlichem Verlauf der Extraktion. Unter Hinweis auf das schon vorliegende Schrifttum wird gezeigt, daß die Ausbeute an Öl bei Anwendung von Hexan allein niedriger liegt als bei Benutzung von Hexan–Alkohol-Mischungen (Mitlösen von Phosphatiden); nur während der ersten Min. der Extraktion treten Schwankungen auf. In dem partiell extrahierten Gut ist der Ölgeh. nach Behandlung mit Hexan kleiner als mit Hexan–Alkohol. Es wird abgeleitet, daß die Wirkungsweise von Hexan allein bzw. von Mischungen mit Alkoholen, um Vor- u. Nachteile krit. abwägen zu können, weiterer Unterss. bedarf. (J. Amer. Oil Chemists' Soc. **29.** 213—18. Juni 1952. Bartlesville, Okla., Phillips Petroleum Co., Res. Div.) TÄUFEL. 7894

R. O. Feuge, **E. J. Vicknair** und **N. V. Lovegren**, *Veränderung von Pflanzenölen.* 12. Mitt. *Die Dehnbarkeit einiger Monostearinacetate.* (11. vgl. C. **1952.** 2941.) Die Stearinacetate wurden durch Umsetzen von einem Monostearin (Reinheit 99,2%), einem handelsüblichen Monostearin (Geh. an Monoglyceriden 91,5%) u. einem techn. Monostearin (Geh. an Monoglyceriden 61%) mit Essigsäureanhydrid in verschied. Mengen hergestellt. Nach Entfernen des nicht umgesetzten Anhydrids u. der Essigsäure wurden die Dehnbarkeit u. die FF. bestimmt. Alle untersuchten Stearinacetate waren bei Raumtemp. nicht fest, doch von hoher Dehnbarkeit. Bei Tempp. von 22° konnten dieselben bis zu 800% gedehnt werden. Selbst bei 4° zeigten sie noch eine gute Dehnbarkeit. Der F. der Stearinacetate hängt ab von der Reinheit der Ausgangsstoffe u. dem Grad der Acetylierung. Einige Verbb. schmolzen bereits bei 37°, andere erst bei 60°. Das Temperaturintervall, in dem das Schmelzen vor sich geht, war sehr klein (1—3°). Die Verbb. aus techn. Monostearin zeigten einen F.-Verlauf zwischen 10—20°. (J. Amer. Oil Chemists' Soc. **29.** 11—14. Jan. 1952. New Orleans, La., South Reg. Res. Labor.) ROSENDAHL. 7894

H. L. Booij, *Neuere Untersuchungen über Koazervate von Seifen.* Vf. gibt einen Überblick über Verss., die zur Unters. des Einfl. organ. Moll. auf Seifenkoazervate durchgeführt wurden, wobei die Wichtigkeit derartiger Unterss. für das Verständnis verschied. biol. Vorgänge unterstrichen wird. Es wird die Hypothese aufgestellt, daß die biol. Aktivität vieler Substanzen gegebenenfalls durch Feststellung ihres Vork. an verschied. Stellen des lipoiden Syst. geklärt werden könnte. Denn nicht nur innerhalb des Organismus, sondern auch innerhalb der Zelle spielt die ungleiche Verteilung einer hinzugefügten organ. Verb. eine erhebliche Rolle; auch kann in einzelnen Fällen die Verteilung einer Substanz maßgeblich durch die Zugabe eines 2. Stoffes beeinflußt werden. Selbst Antagonismus u. Synergismus können gegebenenfalls, unter diesem Gesichtspunkt betrachtet, geklärt werden u. damit eine Brücke von der Kolloidchemie zur Biologie geschlagen werden. (Kolloid-Z. z. Z. verein. Kolloid-Beih. **125.** 21—30. Jan. 1952. Leiden, Holland, Univ., Biochem. Inst.) FIEDLER. 7910

H. Thiele, *Gestaltsveränderung der Seifenmicelle.* Seifensole, die durch Lösen von Seife in W. auf dem Wasserbad u. durch allmähliches Abkühlen entstehen, sind bald negativ u. bald positiv strömungsdoppelbrechend. Diese Erscheinung beruht, wie durch ultramkr. Unterss. der beiden Sole sichergestellt werden kann, auf dem Vorliegen von Teilchen verschied. Gestalt: Die negativ doppelbrechenden, mehr sauren Seifensole enthalten plättchenförmige, die positiv doppelbrechenden, mehr sauren Seifensole dagegen fadenförmige Micellen. Der Mechanismus der Gestaltsänderung ist aus dem Wechselspiel zweier Kräfte zu verstehen: der VAN DER WAALSsche Anziehung der Paraffinketten u. der COULOMBsche Abstoßung der COOH-Gruppen. (Kolloid-Z. **125.** 31—32. Jan. 1952. Kiel, Univ., Hygien. Inst., Chem. Abt.) FIEDLER. 7910

H. Stüpel, *Laboratoriumswaschversuche mit synthetischen Rohstoffen und Waschmitteln.* 2. Mitt. *Abhängigkeit der Waschkraft von der Wasserhärte.* (1. vgl. C. **1952.** 6951.) Die Verss. haben ergeben, daß synthet. Waschmittel durch hartes W. in ihrer Waschwrkg. negativ beeinträchtigt werden, u. daß die Wirksamkeit des Wascheffektes nicht nur von der Schmutz-, sondern auch von der Textilart abhängig ist. Nichtionogene Reinigungsmittel sind dem negativen Einfl. des harten W. ebenso unterworfen wie anionaktive. Allgemeingültige Aussagen über die Hartwasserbeständigkeit der einzelnen Rohstoffe lassen sich nicht machen, da diese je nach Konz. u. Härtegrad verschieden beeinflußt werden. Natürliche u. künstliche Wasserhärten zeigen hinsichtlich ihres Einflusses erhebliche Unterschiede. Es wurde nun ferner festgestellt, daß das Verhältnis Ca/Mg wichtiger ist als der Härtegrad selbst. Alle Prodd. waschen in Mg-Härte besser u. nähern sich dem Wert des 0° Deutsche Härte des Wassers. (Fette Seifen einschl. Anstrichmittel **54.** 321—24. Juni 1952. Hochdorf/Schweiz, Seifenfabrik.) P. ECKERT. 7912

L. Ivanovszky, *Wachschemie und -technologie.* 3. Mitt. *Die einzelnen Wachse.* 1. Teil. (Vgl. C. **1952.** 7277.) Vf. schlägt eine Einteilung aller als Wachs bezeichneten bzw. gehandelten Stoffe mineral., pflanzlichen, animal. u. synthet. Ursprungs vor. Es werden 5 Gruppen mit 16 Untergruppen unterschieden, u. zwar KW-stoffwachse, Säurewachse, Alkohol-, Keton- u. Ätherwachse, Esterwachse u. Pseudo-Esterwachse. Eigg., Chemie, Physik u. Handelsklassen der zu den 5 Gruppen gehörenden Wachse werden besprochen. (Soap, Perfum. Cosmet. **25.** 176—81. Febr. 1952.) GRAU. 7924

F. C. Pack, R. W. Planck und **F. G. Dollear,** *Bestimmung der Gesamtungesättigtheit von Tungöl durch katalytische Hydrierung.* Hinweis an Hand der Literatur darauf, daß die Meth. der Halogenaddition zur Best. des ungesätt. Charakters bei Ölen mit den Glyceriden von Konjuenfettsäuren infolge ster. Hinderung sehr schwankende u. abwegige Ergebnisse liefern. Es wird hervorgehoben, daß mittels der katalyt. Hydrierung zuverlässigere Resultate erzielbar sind. Zur Vereinfachung der für diese Zwecke im Schrifttum angegebenen Arbeitsweisen wird eine neue App. beschrieben. Sie besteht im wesentlichen aus einer Gasbürette mit Niveaugefäß, einem Manometer, dem Reaktionsgefäß mit Magnetrührer, einem Wasserbad mit elektr. Heizung. Man setzt zu 20 ml Eisessig ca. 25 mg Platinoxyd (Katalysator) sowie 0,2—0,3 g des Öles u. hydriert unter Rühren bei 60° bis zur beendeten H-Aufnahme. Ablesung des H-Verbrauches nach den Regeln der Gasanalyse; Berechnung der Hydrier-JZ. aus der Gleichung: $(V_1 - V_2)\,25384/22412 \cdot$ Gewicht der Probe ($V_1 = H_2$-Aufnahme in ml; $V_2 = H_2$-Aufnahme in ml im Blindvers.; $25384 =$ doppeltes At.-Gew. vom $J \times 100$; $22412 =$ Vol. in ml von 1 Mol H_2 unter Standardbedingungen). Beleganalysen; für α- u. β-Elaeostearinsäure wird der Wert von ca. 271 (theoret. 273,8), für Tungöl von rund 240 ermittelt. (J. Amer. Oil Chemists' Soc. **29.** 227—28. Juni 1952. New Orleans, La., Southern Regional Res. Labor.) TÄUFEL. 7932

Olaf R. Braekkan und **Georg Lambertsen,** *Bestimmung von Vitamin A in Margarine.* Die Meth. von BOLDINGH u. DROST (C. **1952.** 3587) gibt zuverlässige Werte. Vff. empfehlen die Ausführung des Verf. in einer einzigen chromatograph. Säule, in der Al_2O_3 + 10% NaOH, darüber, durch einen Baumwollpfropfen getrennt, Al_2O_3 ohne Zusatz angeordnet ist, auszuführen. Es wird eine Probe von ca. 10 g Margarine mit 35 cm³ A. + 10 cm³ 50%ig. KOH + Hydrochinon (Messerspitze) 15 Min. auf dem Wasserbad verseift, nach Zusatz von 150 cm³ dest. W. im Scheidetrichter mit 10 + 3mal 50 cm³ Ae. extrahiert, die äther. Lsg. mit W. alkalifrei gewaschen u. eingedampft (zuletzt im Vakuum). Der unverseifte Anteil wird in 10 cm³ PAe. gelöst, die Lsg. unter N_2-Druck durch die chromatograph. Säule geschickt. (Tidsskr. Kjemi Bergves. **12.** 28—31. Febr. 1952. Bergen, Statens Vitamin Labor., Norsk Fisk. Forskn. Inst.) R. K. MÜLLER. 7934

XVIIIa. Holz. Cellulose. Zellstoff. Papier. Papierdruck. Celluloid. Linoleum.

Ss. W. Ssjawzillo und **A. F. Danilina**, *Entgasung des durch Äthylflüssigkeit (Tetraäthylblei) infizierten Holzes.* (Vgl. C. **1952.** 3424.) Nur wenn das *Tetraäthylblei* weniger tief als 0,5 cm in Holz eingedrungen ist, läßt es sich durch Bearbeitung mit Lsgg. von *Sulfurylchlorid* (15%), Cl_2 (5%) oder *Dichloramin* (10%) in techn. Dichloräthan entfernen. Anwendung von Chlorkalk genügt nicht. (Гигиена и Санитария [Hyg. u. Sanitätswes.] **1952.** Nr. 9. 24—26. Sept.) ULMANN. 7952

H. Hadert, *Chromate als Korrosionsverzögerer in Holzschutzmitteln.* Überblick über den chem. Charakter u. das Verh. von Holzschutzmitteln allg. u. über die Schutzwrkg. u. das chem. Verh. von Chromaten. (Werkstoffe u. Korrosion **2.** 49—51. Febr. 1951. Berlin-Wandlitz.) MARKHOFF. 7952

W. E. Roseveare, *Die Charakterisierung von Cellulosen durch Hydrolyse.* Die spezif. Reaktionsgeschwindigkeit für die Lsg. der akt. Fraktion bei der Hydrolyse mit 2,5n H_2SO_4 (96°) ist prakt. für eine Reihe von nativen u. regenerierten Cellulosen dieselbe; die Natur der leicht reagierenden Cellulosefraktion ist also für alle untersuchten Cellulosetypen die gleiche. — Der Gesamtwert für den reaktionsfähigen Anteil wird auf Grund von eigenen Messungen berechnet u. stimmt mit den Werten anderer Autoren überein. — Nach einer Behandlung von nativer oder regenerierter Cellulose mit 8—12%ig. wss. Alkali beträgt die Angreifbarkeit durch Hydrolyse bei allen Proben ca. 16—20%, während sie unbehandelt für native Cellulose ca. 8%, für bestimmte Reyonqualitäten 30% betrug. Die stabilste Form der regenerierten Cellulose scheint bei 16—20% Angreifbarkeit zu liegen. — Der von BATTISTA gefundene Stabilisierungseffekt durch milde Vorhydrolyse konnte nicht bestätigt werden. — Der Polymerisationsgrad nach der Hydrolyse wird zur Charakterisierung der durch Mercerisierung von Baumwoll-Linters bzw. Holzstoff hervorgerufenen Veränderungen benutzt. — Die Kristallisation des in der Cellulose vorhandenen amorphen Materials bei der Hydrolyse wird durch vorhergehende Oxydation verhindert, so daß dieses durch die Hydrolyse vollständig entfernt wird. (Ind. Engng. Chem. **44.** 168—71. Jan. 1952. Richmond, Va., Rayon Techn. Div., E. I. Du Pont de Nemours.) ROSSOW. 7954

Terje Enkvist und **Mauri Molanen**, *Natriumhydrosulfidkochungen mit Ligninmodellsubstanzen.* Eine Reihe von Modellsubstanzen für *Lignin* (**I**) wurden mit gepufferten Na-Hydrosulfidlsgg. 72 Std. bei 100° erwärmt. Der p_H-Wert betrug ca. 7, bei einigen Kochungen 9. Die Körper, die eine Benzylalkyläthergruppe mit einem freien Phenolhydroxyl im Benzolkern enthielten, reagieren unter Bldg. stark schwefelhaltiger Substanzen. Dagegen reagieren die entsprechenden Methoxybenzylalkyläther nicht, ebensowenig wie einige Substanzen mit p-Pyronkern (Xanthon u. substituierte Flavanone) sowie einige Phenolglucoside. Die Ergebnisse weisen darauf hin, daß bei Sulfatkochungen die Natronlauge erst Phenolätherbindungen im **I** öffnet unter Bldg. freier Phenolhydroxyle, wonach das Hydrosulfid der Waschlauge Benzylalkylätherbindungen des **I** zu spalten vermag, da diese von Phenolhydroxylgruppen geschwächt worden sind. (Svensk Papperstidn. **55.** 668—73. 15/9. 1952. Swedish Forest Products Labor., Wood Chem. Dep. [Orig.: engl.]) P. ECKERT. 7960

Nils Mannbro, *Sulfitlauge als Kochflüssigkeit bei Neutral-Sulfitkochung.* Die für die Neutralsulfitkochung erforderlichen Chemikalien werden in Ca- oder Na-Bisulfitlauge gelöst. Bei der Verdampfung u. der Verbrennung der Neutralsulfitablauge wird also der Geh. der Sulfitablauge an brennbarer organ. Substanz u. an S ausgenützt. Die Sodaschmelze wird in Sulfitablauge gelöst, woraus durch Behandlung mit CO_2-haltigen Gasen H_2S gewonnen wird, der zu SO_2 verbrannt, der für die Sulfitierung der mit CO_2 behandelten Lauge benutzt oder auch in die Sulfitfabrik übergeführt wird. Bei Laboratoriumskochungen halbchem. Zellstoffe mit ca. 70% Ausbeute wurden gute Festigkeitseigg. erhalten. (Svensk Papperstidn. **55.** 665—67. 15/9. 1952.) P. ECKERT. 7962

T. E. Timell, *Ein Verfahren zur Bestimmung der Verteilung der Substituenten in teilweise substituierter Carboxymethylcellulose.* Untersucht wurde eine techn. *Carboxmethyl-*

cellulose (I). Die Proben wurden mit H_2SO_4 abgebaut u. das gebildete Zuckergemisch nach selektiver Neutralisierung entweder mit einem Anionenaustauscher oder mit $Ba(OH)_2$ isoliert. Ausgearbeitet wurde ein neues Verf. zur Best. der Anzahl der prim. OH-Gruppen in Celluloseäthern. Es beruht auf der Oxydation des entsprechenden Glucosegemisches mit Perjodat u. einer Best. des durch Oxydation der 5.6-Glykolgruppe entstandenen CH_2O mit *Dimedon*. Durch geeignete Vorbehandlung lassen sich in die I sowohl Tosyl- als auch Tritylgruppen einführen. Es war somit möglich, das Tosylierungs–Jodierungs- u. das Tritylierungsverf. für eine weitere Best. der prim. OH-Gruppen zu verwenden. Die erstgenannte Meth. liefert einen beträchtlich niedrigeren Wert, die letztgenannte einen unbedeutend höheren als das Perjodat–CH_2O-Verfahren. Die Anzahl mono-, di- u. trisubstituierter Glucosereste wurde durch selektive Extraktion von den entsprechenden Methylestern des carboxymethylierten Glucosidgemisches bestimmt. Die Verss. haben gezeigt, daß in den untersuchten Präpp. keine Glucosereste mit zwei substituierten sek. OH-Gruppen vorhanden waren. (Svensk Papperstidn. **55.** 649—60. 15/9. 1952. Montreal, Can., McGill Univ., Div. of Ind. and Cellulose Chem., u. Inst. of Canada, Pulp and Paper Res. [Orig.: engl.]) P. ECKERT. 7970

J. Stawitz, *Kolloidchemische Eigenschaften der wasserlöslichen Methylcellulosen.* Zusammenfassender Überblick an Hand von 50 Literaturzitaten. Nach einleitenden Ausführungen über die chem. Konst. der wasserlösl. Methylcellulose (I) wird die Viscosität in Abhängigkeit von der Schubspannung, von der Konz. u. von der Temp. behandelt. Ferner wird die Frage der Beeinflussung der Viscosität durch Zusätze erörtert. Hinsichtlich der Löslichkeit der I kann gesagt werden, daß sie nur in kaltem W. lösl. ist, bei Erwärmen auf höhere Tempp. jedoch unter Gelbldg. ausflockt. Die Flockungstemp. liegt um so niedriger, je höher der Polymerisationsgrad ist. Salzzusätze wirken sich auf die Viscosität stark aus, wobei weniger die Kationen als die Anionen von Einfl. sind. Genaue Einzelheiten hierüber werden angeführt. (Melliand Textilber. **33.** 620—23. Juli. 737—38. Aug. 1952.) P. ECKERT. 7970

G. C. Gibbons, *Die homogene saure Hydrolyse von Methylcellulose.* 2. Mitt. *Die Veränderungen der Viscosität und des Molekulargewichtes während der Hydrolyse* (1. vgl. C. **1952.** 7115). Methylcellulosen (I) wurden in bis zu 0,5%ig. Lsg. mit 1,19nHCl bei 25—35° bis zu 500 Std. behandelt u. die Intrinsicviscosität in Abhängigkeit von den Abbaubedingungen untersucht. Das Reduktionsvermögen von I wurde zur Best. der Reaktionsgeschwindigkeit bestimmt. Bei homogenen I-Fraktionen wurde Übereinstimmung der Befunde mit der Annahme eines statist. Abbaues der Kettenmoll. festgestellt. Der Viscositätsabfall beruht nur auf der Spaltung von β–4-glucosid. Bindungen. Bei nicht fraktionierten I fällt die Intrinsic-Viscosität rascher als bei einer relativ einheitlichen Fraktion desselben durchschnittlichen Polymerisationsgrades. Abweichungen bei Handelspräpp. aus I werden auf ungleichmäßige Verteilung der Methoxylgruppen zurückgeführt. (J. Textile Inst., Trans. **43.** T 38—52. Febr. 1952. Manchester, British Cotton Industry Res. Assoc.) ZAHN. 7970

Aktiebolaget Kamyr, Karlstad, Schweden, *Filtrieren von Cellulosefasermassen.* Man taucht in die Aufschlämmung der Faserstoffe ein rotierendes Trommelfilter ein, dessen Saugzellen das Filtrat nach innen u. von hier auf geneigten Leitungen nach außen wegführen. (**Finn. P. 25 508** vom 19/5. 1950, Auszug veröff. 31/12. 1951. Schwed. Prior. 23/5. 1949.) J. SCHMIDT. 7955

Celanese Corp. of America, übert. von: **George W. Seymour,** Maplewood, **Blanche B. White,** Summit, und **Howard R. Kirshen,** Chatham, N. J., V. St. A., *Cellulosederivate mit verbesserter Anfärbbarkeit.* Cellulose oder Celluloseacetat wird mit p-Toluolsulfochlorid oder Methansulfochlorid verestert. Dann wird durch Rk. mit Morpholin die Sulfonsäuregruppe unter Bldg. von *Morpholinocellulose* (I) wieder abgespalten (1—3 std. Erhitzen auf 50—100°). (**A. P. 2 579 873** vom 22/12. 1948, ausg. 25/12. 1951.) FABEL. 7971

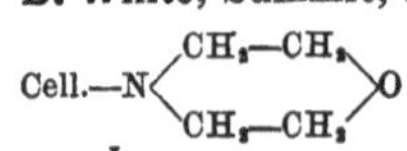

I

Hercules Powder Co., übert. von: **Vernon R. Grassie,** Wilmington, Del., V. St. A., *Celluloseäther,* die in wss. Alkali lösl. sind. Man läßt eine Suspension von Alkalicellulose in einem organ. Lösungsm. (Dioxan, Alkohole u. a.) mit einem Vinylsulfonamid $CH_2{=}CH{-}SO_2{-}NR^1R^2$ (I) (R^1, R^2 = H, Alkyl, Aryl usw.) reagieren u. erhält den Äther $Cell.{-}O{-}CH_2{-}CH_2{-}SO_2{-}NR^1R^2$. Statt I lassen sich auch Vinylsulfonsäure, deren Salze u. Alkylester verwenden (Temp. 50—110°), unter Bldg. von *Sulfoäthylcellulose.* (**A. PP. 2 580 351** vom 22/12. 1948 u. **2 580 352** vom 31/3. 1949, beide ausg. 25/12. 1951.) FABEL. 7971

Rhinelander Paper Co., übert. von: **Garrett H. Peters,** Rhinelander, Wis., V. St. A., *Harzüberzüge auf Pergaminpapier.* Um die Haftfähigkeit von thermoplast. Überzügen aus Gummiharzen in Mischung mit Vinyl-Mischpolymerisaten auf Papier zu erhöhen, wird dieses vorher mit einer wss. Lsg. von NH_4- oder Alkaliphosphaten, -silicaten oder -carbonaten behandelt u. getrocknet. (**A. P. 2 575 727** vom 12/11. 1947, ausg. 20/11. 1951.) VOGEL. 7987

Pierce Co., Providence, R. I., übert. von: **Frank G. Calkin**, Glen Rock, N. J., V. St. A., *Elektrolytisches Registrierpapier.* Das Papier ist mit einer Lsg. von 9 (Teilen) $MnSO_4$, 9 $(NH_4)_2S_2O_8$, 10 NaCl u. 10 $NaNO_3$ in 400 W. imprägniert. An den Stellen des Stromdurchgangs entsteht alkal. Rk. u. Schwarzfärbung durch Bldg. von MnO_2. (**A. P. 2 570 096** vom 9/1. 1947, ausg. 2/10. 1951.) VOGEL. 7987

Soc. des Procédés Serge Beaune, Soc. An. Française, Créteil, Frankreich, *Mehrfarbendruck auf Papier, Gewebe oder dergleichen mit einer Kupferstichplatte.* Man färbt die Platte mit mehreren Farben ein, wobei die einzelnen Farbwalzen unabhängig von dem Bilde der Platte auf den jeweils gewünschten Stellen Farbe auftragen u. hierbei gegebenenfalls Überlappungen der Farben erreicht werden. Dann werden die Farben von den hochstehenden Plattenteilen entfernt, so daß nur die eingravierten Teile Farbe behalten. — Zeichnungen. (**Dän. P. 72 637** vom 16/9. 1947, ausg. 18/6. 1951. F. Prior. 19/6. 1944.) J. SCHMIDT. 7989

Antonie Fieg, Zürich, Schweiz, *Herstellung von Reliefbildern für den Illustrationsdruck.* Zur Herst. eines Gegenlagers für das Klischee (I) beim Druck zur Erhöhung der plast. Wrkg. des Bildes macht man einen klebrigen Abdruck von I auf einer Unterlage (II), z. B. einem Papier oder einer Kunststoffolie, streut dann ein Pulver darüber, dessen Teilchen kugelförmig sein u. eine Größe von 0,3—0,01 mm haben müssen, u. fixiert dieses auf II, z. B. durch Erhitzen. Bes. geeignet sind Polymerisate, die bei 60—150° erweichen, wie Mischpolymerisate aus Vinylchlorid u. Vinylacetat, oder auch kleine Glaskugeln. (**N. P. 78 898** vom 9/12. 1949, ausg. 6/8. 1951. Schwz. Prior. 12/1. 1949.) J. SCHMIDT. 7989

XVIIIb. Textilfasern.

Thomas H. Vaughn, Donald R. Jackson und **Lester G. Lundsted**, *Nichtionige oberflächenaktive Verbindungen, abgeleitet von einer neuen hydrophoben Base.* Hinweis auf die zunehmende industrielle Verwendung von nichtionigen oberflächenakt. Verbb., die durch entsprechende Auswahl der verknüpften hydrophilen u. hydrophoben Konstituenten in ihren Eigg. in sehr weitem Bereich variierbar sind. Ausgehend von Propylenoxyd wird mit W. ein Propylenglykol dargestellt, das in Ggw. von NaOH als Katalysator mit weiteren Moll. Propylenoxyd zu einem Polyoxypropylenglykol (Mol.-Gew. 900 u. höher) kondensiert wird (hydrophober Anteil). Durch weitere Kondensation mit Äthylenoxyd (16—80% des Endprod.) entstehen Verbb. etwa von der Zus. $HO-(C_2H_4O)_a\cdot(C_3H_6O)_b\cdot(C_2H_4O)_cH$. Die Unlöslichkeit der Polyoxypropylenglykole macht durch Einbau von Äthylenoxyd (hydrophiler Teil) einer Löslichkeit in W. Platz (von ca. 40% Äthylenoxyd im Mol. an); die Löslichkeit in organ. Lösungsm. ist eine Funktion der Mol.-Größe des Polyoxypropylenglykols. 40%ig. Prodd. sind fl., höher-%ig. Derivv. pasten- bis zunehmend wachsähnlich. Prüfung der Oberflächenaktivität durch Ermittlung der Reinigungswrkg. bei mit koll. Kohle verunreinigten Textilgeweben bzw. der Weiße derselben nach entsprechender Behandlung; Messung der Herabsetzung der Oberflächenspannung von dest. W. durch die neuen Verbb. sowie Ermittlung des Befeuchtungstestes. Zusammenfassend wird festgestellt, daß die neue Klasse von Verbb. hinsichtlich ihrer technol. Eigg. auf Grund der Variierfähigkeit der Mol.-Größe innerhalb sehr weiter Grenzen verändert werden kann. (J. Amer. Oil Chemists' Soc. **29**. 240—43. Juni 1952. Wyandotte, Mich., Wyandotte Chem. Corp., Res. and Development Div.) TÄUFEL. 8028

Ogden Clegg, *Qualitätskontrolle und die neuen Fasern.* 1. *Die Gefahr der unterschiedslosen Ersetzung.* 2. *Aussehen, Festigkeit, chemische Widerstandsfähigkeit.* 3. *Verfilzbarkeit sowie Widerstand gegenüber dem Knittern und der Lichteinwirkung.* Allg. verständliche Darst. über die Verwendungsmöglichkeiten von natürlichen u. künstlichen Fasern. In diesem Zusammenhang wird bes. darauf hingewiesen, daß sich der Einsatz der verschied. Fasern jeweils nach den spezif. Eigg. richten muß. Dies gilt vor allem dann, wenn man die Fasern miteinander mischt, bzw. einen Teil der nativen Fasern durch künstliche ersetzt. Hier kann das Nichtbeachten typ. Fasereigg., wie Aussehen, Griff, Knitterneigung, Festigkeit, Dehnung, chem. Widerstandsfähigkeit, Lichtechtheit usw. zu völlig unbrauchbaren Fasermischungen führen. Die synthet. Fasern, wie *Orlon*, *Terylen*, *Vinyon*, *Dynel* u. *Acrylan* zeigen zum Teil völlig abweichende Eigg. verglichen mit den natürlichen Fasern (Wolle, Seide, Baumwolle), was bei den Fasermischungen entsprechend berücksichtigt werden muß. (Textile Mercury Argus **124**. 141—44. 26/1. 185—88. 2/2. 231—32 u. 252. 9/2. 1951.) H. G. FRÖHLICH. 8040

P. Ss. Balaschew und **Je. E. Zirkel**, *Die Rolle des Natriumsulfits beim Beuchen.* Ein Zusatz von 10—20 g $NaHSO_3\cdot10\,H_2O$/Liter zur Natronlauge (10 g NaOH/Liter) zeigte die besten Ergebnisse hinsichtlich der Reinheit der Baumwollgewebe. Durch diesen Zusatz wird auch die rotbraune Färbung des Bades herabgesetzt. Diese Färbung wird, wie Verss. zeigten, wesentlich durch die in der Baumwollfaser vorhandenen Zucker hervorgerufen. (Текстильная Промышленность [Textil-Ind.] **12.** Nr. 5. 34—35. Mai 1952.) STSCHERBINA. 8044

Ja. M. Jabko und **Ss. Ss. Wojutzki,** *Bedingungen für die Gewebeimprägnierung.* Vff. untersuchten den Mechanismus des Eindringens von synthet. Latexen (I) verschied. polymerer Zus., versetzt mit verschied. Emulgatoren, in 3-schichtiges Baumwollgewebe. Geprüft wurde der Einfl. der Zeitdauer, der Konz. u. des p_H-Wertes. Das zeitliche Verh. der I war sehr verschieden, je nach der Konz. des Emulgators, dessen Moll. eine polare Unterlage für das Vordringen der Fl. in feine Capillaren erzeugten. Eine Herabsetzung der Konz. von wss. I verschlechterte die Tränkeigenschaften. Die Veränderung des p_H-Wertes beeinflußte die Tränkfähigkeit nicht. (Текстильная Промышленность [Textil-Ind.] **12.** Nr. 7. 39—40. Juli 1952.) STSCHERBINA. 8044

M. Nopitsch, *Bakterien als Ursache von Textilschäden.* Es werden die Faktoren besprochen, die die Voraussetzungen für den Befall von Wolle durch Bakterien bilden. Im Anschluß hieran werden die Umstände besprochen, welche bei der Wollwäsche, der Wollküpenfärbung, bei Wollfilzen in den Papierfabriken, beim Transport u. beim Gebrauch von wollenen Textilien die Schäden hervorrufen. An Hand zahlreicher Mikroaufnahmen werden bakteriell geschädigte Wollfasern gezeigt. (Dtsch. Textilgewerbe **54.** 610. 613—16. 619. 1952. Schloß Hohenheim, Forschungsinst. für Bekleidungsphysiol.) P. ECKERT. 8060

A. L. Balter und **W. F. Wiolin,** *Neue Produkte für das Schmälzen von Wollmischungen.* Für das Schmälzen von Wolle beim Verspinnen empfehlen Vff. die Verwendung einer Emulsion des in der sowjet. Lederindustrie benutzten „*Pastol*". Eine Emulsion (20% des Materialgewichts) aus 12,5—15% Pastol, 0,5% Ammoniak u. W. ergab gute Resultate beim Spinnen, Weben u. Ausrüsten (Färben). Ferner untersuchten Vff. die Verwendbarkeit des Samenöls von Euphorbia lathyris L. Nach Entgiftung des Öls (beispielweise durch A.) konnte es beim Schmälzen das gewöhnliche Olein mit Erfolg ersetzen. Als Emulgator wurde calcinierte Soda (0,25—0,5%) verwandt. (Текстильная Промышленность [Textil-Ind.] **12.** Nr. 5. 17—18. Mai 1952.) STSCHERBINA. 8060

C. F. Linström, *Über die Wiedergewinnungsmöglichkeiten von Natronlauge und Schwefelsäure aus den Spinnbädern der Kunstseidenfabrikation.* Es wird eine Übersicht über die Aufarbeitung von Spinnbädern gegeben. An Hand einiger Beispiele wird auf die Möglichkeiten der Anwendbarkeit der verschied. Verff. hingewiesen. Von den Kreislaufprozessen werden eingehend das Reduktionsverf., das Sulfatelektrolyseverf. sowie die Aufarbeitung des Spinnbades auf NaCl mit anschließender Chloralkalielektrolyse (schemat. Darstellungen) behandelt. Ferner wird auf das Wolfener Kreislaufverf. eingegangen, das eine Verbesserung des letztgenannten Verf. darstellt. Angaben über die Wirtschaftlichkeit u. die Verfahrensbilanz werden gebracht. (Chem. Techn. **4.** 375—80. Aug. 1952.) P. ECKERT. 8074

F. Fourné, *Heißfixieren vollsynthetischer Fasern.* Besprochen wird die Herst. des *Perlons* u. dessen Eigenschaften. Ferner wird eine Zusammenstellung der wichtigsten vollsynthet. Fasern gegeben. Anschließend werden die verschied. Verff. u. Vorrichtungen zum Fixieren von *Perlon* beschrieben. Ob das Verf. der Heißluft- oder der Sattdampffixierung als das beste anzusehen ist, läßt sich mit Sicherheit nicht sagen. Die einzelnen Verfahrenstechniken werden an Hand von schemat. Darstellungen u. von Abbildungen behandelt. (Melliand Textilber. **33.** 639—43. Juli. 753—57. Aug. 1952.) P. ECKERT. 8080

K. Rieckoff, *Dynel-Faser.* 1. Mitt. *Herstellung, Eigenschaften und Verwendungsmöglichkeiten. Dynel,* ein Mischpolymerisat aus 60 Teilen Vinylchlorid u. 40 Teilen Acrylnitril wird von der CARBIDE & CARBON CHEMICALS CORP. hergestellt. (Dtsch. Textilgewerbe **54.** 619—21. 1952.) P. ECKERT. 8080

James H. Langston, *Schlichten von Nylongarnen aus Stapelfaser mit verschiedenen Agentien.* Als beste Schlichtemittel für Nylongarne aus Stapelfaser erwiesen sich Polymethacrylsäure, Polyacrylsäure u. Polyvinylalkohol, deren Wirkungen durch Zugabe von 1—3% Na-Alginat erhöht werden. (Textile Res. J. **22.** 111—16. Febr. 1952. Clemson, S. C., School of Textiles.) ZAHN. 8080

A. F. Sak und **Ju. P. Manko,** *Über die Festigkeit von Glasfäden.* Um eine Herabsetzung der Festigkeit des Garns gegenüber der der Einzelfasern zu vermeiden, empfehlen Vff. ein Verkleben der Fasern durch eine Emulsion von Gelatine u. wasserlösl. Kondensat des Dicyandiamidformaldehydharzes. Es wird der Mechanismus der Verklebung untersucht u. durch Messungen die günstige Wrkg. dieser Maßnahme bestätigt. (Легкая Промышленность [Leicht-Ind.] **12.** Nr. 1. 32—34. Jan. 1952.) STSCHERBINA. 8082

S. Kündig, *Die Analyse von mit Harnstoffformaldehyd- und Melaminformaldehydharzen imprägnierten Cellulosefasern.* Beschrieben wird eine quantitative Analysenmeth. für Carbamid- u. Melaminharze, welche auch für gefärbte Cellulosefasern brauchbar ist. Das Verf. beruht auf der gleichzeitigen Best. von Harnstoff u. CH_2O (**I**). Bestimmt werden gleichzeitig **I** u. N. In den meisten Fällen wird der N des Farbstoffes nicht mit erfaßt. Eine genaue Übersicht über die bereits bekannten Untersuchungsmethoden (23 Zitate) wird gebracht u. diese werden einer krit. Betrachtung unterzogen. (Textil-Rdsch. [St. Gallen] **7.** 451—64. Okt. 1952.) P. ECKERT. 8102

B. H. Williams und **W. H. Richmond**, *Die Technik der Reißfestigkeitsmessung bei Glasfasergeweben.* Es werden Einzelheiten der Probenahme, Vorbereitung der Prüfstreifen (Schutz der einzuklemmenden Teile mit Polyvinylbutyral), Messen u. Ergebnisse beschrieben. (J. Textile Inst., Trans. **43.** T 69—75. Febr. 1952.) ZAHN. 8118

Dynamit-Akt.-Ges., vorm. Alfred Nobel & Co. (Erfinder: **Horst Elsner** und **Otto Fuchs**), Troisdorf, *Seidenavivage und Hydrophobierung natürlicher oder künstlicher Fäden und Fasern.* Man imprägniert das Gut mit wss. Lsgg. einer N-glykosid. Verb. aliphat. Amine mit mehr als 12 C-Atomen, erhitzt dann in feuchtem Zustand auf >60°, bes. 80 bis 100°, u. wäscht das abgespaltene Kohlenhydrat aus. — Ein geeignetes N-Glykosid wird durch Erhitzen von 100 (g) Heptadecylamin in 300 Methanol mit 86 d-Glucose auf dem Wasserbad erhalten. Zum Imprägnieren verwendet man eine 4% ig. Lsg. bei 50°. (**D. B. P. 843 397** Kl. 8k vom 15/6. 1950, ausg. 7/7. 1952.) MÖLLERING. 8037

Deutsche Hydrierwerke Akt.-Ges., Düsseldorf (Erfinder: **Winfried Hentrich** und **Heinz-Joachim Engelbrecht**, Dessau), *Kondensationsprodukte* erhält man durch eine derartige Kondensation von aromat. Carbonsäure- oder Sulfonsäurehalogeniden mit Halogen enthaltenden aromat. Sulfonsäureamiden oder deren Metallverbb., daß die gebildeten Prodd. wenigstens 2 Halogenatome je Mol. enthalten. — 3.4-Dichlorbenzolsulfochlorid wird mit 3.4-Dichlorbenzolsulfamid einige Std. auf 180° erhitzt, nach dem Neutralisieren mit 10% ig. NaOH u. Aussalzen erhält man *4.4'-Dichlordibenzoldisulfimid-Na.* — *3.4-Dichlorbenzolsulfimid.* — *3.3'.4.4'-Tetrachlordibenzoldisulfimid.* — *2.4.5.2'.4'.5'-Hexachlordibenzoldisulfimid.* — *N-Benzoyl-4.4'-dichlorbenzolsulfamid.* — *N-3.4-Dichlorbenzoylbenzolsulfamid.* — *N-3.4-Dichlorbenzoyl-3'.4'-dichlorbenzolsulfamid.* — Die Salze mit Alkalien, Erdalkalien oder organ. Basen sind wasserlösl. u. dienen zum *Imprägnieren* von *Wolle, Textilien, Pelzwerk, Haaren, Federn, Leder,* natürlichen oder künstlichen *Fasern,* wodurch diese Materialien gegen den Angriff von Schädlingen, bes. gegen *Motten, trop. Mottenarten* u. *Teppichkäfer,* geschützt werden. (**D. R. P. 765 524** Kl. 12o vom 24/7. 1940, ausg. 8/9. 1952.) KRAUSS. 8037

Dr. Kurt Quehl, Neumünster, *Konservieren von Textilgut.* Man imprägniert mit emulgierten, schwerlösl. organ. Cu-Verbb. u. gleichzeitig mit Carbolineum (**I**) u. bzw. oder Leinöl. — Geeignet ist eine Emulsion aus 3,5 (Teilen) Olein, 17,5 W., 1,4 NaOH-Lsg. von 38° Bé sowie 6 Hautleim in 18 W. u. 20 **I**, der 5 $CuSO_4$ in 5 W. zugesetzt u. schließlich 23 W. nachgesetzt werden. Mit der 4-fach mit W. verd. Emulsion imprägniert man ein *Förderband.* (**D. B. P. 843 398** Kl. 8k vom 1/11. 1949, ausg. 7/7. 1952.) MÖLLERING. 8037

Anne Klenk, Stuttgart-Sillenbuch, *Mittel zum Fixieren von Laufmaschen in Strümpfen,* bestehend aus Milcheiweiß, das mit etwas verd. H_2O_2 zu einer teigigen M. verrührt u. gegebenenfalls mit Konservierungsmitteln versetzt ist. Die M. kann in Tuben abgefüllt werden. (**D. B. P. 843 396** Kl. 8k vom 19/9. 1950, ausg. 7/7. 1952.) MÖLLERING. 8037

Deutsche Rhodiaceta Akt.-Ges. (Erfinder: **Arnulf Sippel**), Freiburg/Br., *Verbesserung der Lichtbeständigkeit von künstlichen Fäden* oder Fasern, dad. gek., daß bei ihrer Herst. den Spinnlsgg. bzw. -schmelzen phototrope Nitrobenzalaniline zugesetzt, oder daß die Fäden nachträglich mit Lsgg. der genannten Stoffe behandelt werden. (**D. B. P. 844 636** Kl. 29b vom 27/1. 1951, ausg. 24/7. 1952.) SALZMANN. 8071

Kunstseidefabrik Bobingen (Erfinder: **Karl Börner**), Bobingen, *Feste und bläschenfreie Borsten aus Viscose* (**I**). Die **I** mit einer Viscosität von mindestens 35 Sek. (bes. 60 Sek. nach der Kugelfallmeth.) hat einen Cellulosegeh. von 8 (%) u. < 2S; Hottenrothreife $12^3/_4{}^0$. (**D. B. P. 848 686** Kl. 29b vom 2/10. 1948, ausg. 8/9. 1952.) SALZMANN. 8075

Phrix-Werke Akt.-Ges., Hamburg (Erfinder: **Josef König**, Krefeld, und **Herbert Bader**, Hirschberg), *Herstellung künstlicher, hohler Cellulosefäden* von poröser Struktur, gek. durch die Verarbeitung einer Spinnlsg., der eine Gasemulsion, z. B. eine Luft-Öl-Emulsion [20 (Teile) Tallöl mit 10 18% ig. NaOH u. 25 W.] zugesetzt worden ist. (**D. B. P. 846 148** Kl. 29b vom 18/10. 1944, ausg. 11/8. 1952.) SALZMANN. 8075

Badische Anilin- & Soda-Fabrik, Ludwigshafen/Rh. (Erfinder: **Hermann Schmidt**, Leverkusen, **Otto Eisenhut**, Heidelberg, **Friedrich Johannes Rein**, Mitwitz, und **Hugo Widmann**, Ludwigshafen/Rh.), *Verspinnen von überreifen Viscosen* nach D. R. P. 738486 mit W. als Fällmittel. Der Fäll-Fl. wird in einem gewissen Abstand von ihrem Eintritt in den Spinntrichter (I) in dessen kon. oder zylindr. Teil durch gleichmäßig rings um I angeordnete spalt- oder lochförmige Öffnungen Salz- u./oder Säurelsg. zugeführt. An der Zuführungsstelle ist I so erweitert, daß die Querschnittzunahme der Zunahme der Menge der Fäll-Fl. entspricht. (**D. B. P. 845 554** Kl. 29b vom 1/6. 1937, ausg. 4/8. 1952.) SALZMANN. 8075

Rudolf Etzkorn und **Paul Etzkorn**, Murg, *Fäden, Fasern und Folien aus Cellulosehydrat mit eingelagertem kolloidalem Silber.* Einer Viscose- oder Kupferoxydammoniakcellulosespinnlsg. wird eine in dieser u. in den Behandlungsbädern unlösl. Ag-Verb. (frisch gefälltes Silberferrocyanid) einverleibt u. das erzeugte Gebilde einer Nachbehandlung mit alkal. CH_2O-Lsg. ausgesetzt. (**D. B. P. 848 685** Kl. 29b vom 2/10. 1948, ausg. 8/9. 1952.) SALZMANN. 8075

Badische Anilin- & Soda-Fabrik, Ludwigshafen/Rh. (Erfinder: **Otto Hansen**, Mannheim), *Herstellung von geformten Gebilden aus Cellulosehydrat*, z. B. von wasserfesten *Fäden.* Viscose wird eine wss. Dispersion von z. B. einem Mischpolymerisat aus 50 (Teilen) Vinylisobutyläther, 15 Acrylsäuremethylester, 35 Acrylnitril u. 2 acrylsaurem Na zugegeben. (**D. B. P. 848 846** Kl. 29b vom 18/5. 1943, ausg. 8/9. 1952.) SALZMANN. 8075

I. G. Farbenindustrie Akt.-Ges., Frankfurt/M. (Erfinder: **Karl Brodersen**, **Matthias Quaedvlieg**, Dessau, und **Johannes Porzky**, Leipzig), *Schiebefestmachen von Kunstseidegeweben.* Man tränkt die gegebenenfalls sogar lose eingestellten Gewebe mit wss. Lsgg. von $ZrOCl_2$ oder ZrO_2-Gel, die mit überschüssigen Mengen von NH_4-Salzen schwacher Säuren versetzt worden sind, u. trocknet sie. (**D. R. P. 753 015** Kl. 8k vom 22/6. 1940, ausg. 28/8. 1952.) SALZMANN. 8075

Inventa Akt.-Ges. für Forschung und Patentverwertung, Luzern, Schweiz, *Entfernung von Monomeren* (I) *aus Lactampolymersilan.* Man läßt vor dem Spinnen die Schmelze in Form einer Vielzahl von Fäden, die sich noch im Schmelzfluß befinden, durch einen völlig O_2-freien Raum fallen, wobei die I verdampfen. — Vorr., Zeichnung. (**Schwz. P. 281 096** vom 23/11. 1949, ausg. 3/6. 1952.) MÜLLER-MEININGEN. 8081

Hermann Klare, Rudolstadt, *Nachbehandlung von endlosen kalt gereckten Fäden aus synthetischen linearen Hochpolymeren.* Die Fäden werden nach der Kaltverstreckung fortlaufend durch ein Heißwasserbad von 90—95° geführt u. dabei einer Nachreckung um ca. 5—30% ihrer ursprünglichen Länge unterworfen, wobei den Fäden in einer anschließenden Trockenzone durch eine Abzugswalze eine Spannung von 50—500 g gegeben werden kann. Die Schrumpfneigung der Fasern bes. aus Polyamiden wird dadurch herabgesetzt. (**D. P. [DDR] 361** Kl. 29a vom 8/12. 1948, ausg. 4/4. 1952 [Wirtschaftspatent].) PANKOW. 8081

Owens-Corning Fiberglas Corp., Toledo, O., V. St. A. (Erfinder: **L. P. Biefeld**), *Überzugsmittel für Glasfasern.* Um Glasfasern bei der Herst. u. Verarbeitung bes. gegen mechan. Abnützung zu schützen, werden sie unmittelbar nach der Herst. mit einem Schmiermittel überzogen, das aus organ. Si-Verbb. besteht. Bes. geeignet sind ölartige Siloxane mit langen aliphat. C-Ketten von 12—18 C-Atomen. Diese werden als wss. Emulsion zusammen mit Phenyläthylsiloxan u. gegebenenfalls Dimethylsiloxan an der Stelle zugeführt, an der die einzelnen Fäden zu einem Vorgarn vereinigt werden. — Z. B. besteht das Mittel aus 5—15 (%) *Phenyläthylsiloxan* (Harz), 0,01—1 „*Lorol*"-*Polysiloxan*, 0,1—0,5 Emulgiermittel, Rest Wasser. (**Schwed. P. 131 908** vom 11/10. 1944, ausg. 5/6. 1951. A. Prior. 11/10. 1943.) J. SCHMIDT. 8083

XIX. Brennstoffe. Erdöl. Mineralöle.

Ch. I. Riwkina, „*Die Koksausbeute als neue Kennzeichnung der Torfeigenschaften.*" (*Bemerkung zur Abhandlung von Wanagss.*) Vf. weist darauf hin, daß die von WANAGSS angeführte Meth. schon früher von einigen Vff. vorgeschlagen wurde. Ein Ersatz der mkr. Best. des Zersetzungsgrades durch den Verkohlungsgrad ist nicht zu empfehlen. (Торфяная Промышленность [Torf-Ind.] **29.** Nr. 5. 27. Mai 1952.) v. SCHROEDER. 8122

I. I. Ammossow, *Methode zur Charakterisierung der Klassifikationsmerkmale von Steinkohlen.* Kohlen gleicher Metamorphosestadien u. gleicher petrograph. Zus., jedoch mit unterschiedlichen Eigg., zeigen bei ihrer Verkokung unterschiedliche Eigg. der fl. Komponenten. Dabei zeigt stärker „red." Kohle längere Fraktionen als weniger „red." Kohle. Dieses deutet auf verschiedenartige Struktur der Substanz der mehr oder minder stark „red." Kohle u. kann als Klassifikationsmerkmal bei der Unters. Anwendung finden. (Известия Академии Наук СССР, Отделение Технических Наук [Nachr. Akad. Wiss. UdSSR, Abt. techn. Wiss.] **1951.** 1209—17. Aug.) HUENE. 8126

D. W. van Krevelen, *Einige neuere Einsichten, die chemische Struktur der Steinkohle betreffend.* Eine graph.-statist. Meth., bei der die atomaren H/C- u. O/C-Verhältnisse aufgetragen werden, ermöglicht eine anschauliche Darst. der charakterist. Inkohlungsstrecken der verschied. petrograph. Bestandteile sowie der wichtigsten Reaktionsvorgänge der Steinkohle (Entgasung, Oxydation, Hydrierung). Durch Einführung der D. als zusätzliche Größe kann auf rechner. Wege sowohl der Prozentsatz Kohlenstoff, der in aromat. bzw. nichtaromat. Form vorliegt, als auch die Größe der Ringkondensation des Steinkohlenmol. angegeben werden, so daß man auf diese Weise ein mehr quantitatives Strukturbild der Kohle erhält. (Brennstoff-Chem. **33.** 260—68. 20/8. 1952. Geleen, Holland, Staatsmijnen, Zentrallabor.) SCHÖBERL. 8126

R. M. Horsley, *Kohlenflotation.* Zusammenfassende Übersicht an Hand von 54 Schrifttumsangaben. (Colliery Engng. **29.** 284—89. Juli 1952.) ROSENDAHL. 8134

Walter Müschenborn, *Neue Versuche zur Feinstkornaufbereitung, insbesondere zur Aufbereitung von Steinkohlenschlämmen.* Die unterschiedliche Benetzbarkeit von Kohle u. Bergen in wss. Phase gegenüber Öl wird ausgenutzt, um Schlammkohle mit einem Wassergeh. bis zu 40% mit Öl vorzumischen. In einer Knetpumpe tritt Phasenumkehr ein. Durch Zusatz von W. durch eine dispergierend wirkende Maschine erhält man eine Dispersion, in der die das Öl enthaltende Kohle u. die Berge in W. äußerst fein verteilt nebeneinander vorliegen. Durch eine Siebschleuder wird dann das die Berge enthaltende W. abgetrennt. Das „*Convertol*"-Verf. wird hinsichtlich Arbeitsweise, der zur Verwendung kommenden Öle u. Weiterverarbeitung der angereicherten Kohle näher besprochen. (Glückauf **88.** 340—42. 12/4. 1952. Essen.) K. O. MÜLLER. 8134

G. A. Hermann Meyer, *Untersuchungen über Anfall und Bewertung geringwertiger Brennstoffe.* Analysendaten ballastreicher Brennstoffe, wie Mittelgut, Schlammkohle, Koksgrus u. schlecht aufbereitbare Rohförderkohle, werden hinsichtlich Asche- u. Wassergeh. gebracht u. die üblichen oder neu entwickelten Veredlungsverff. besprochen. Dazu gehören das Verf. von THYSSEN-GALOSCY zur Vergasung von Mittelgut, das Verf. von OTTO zur Vergasung von Aufbereitungsabgängen (Lese- u. Waschbergen) u. das von der RUHRGAS A. G. entwickelte Verf. für das Vergasen von Staub. Daran anschließend wird eine Bewertung geringwertiger Brennstoffe auf Grund von Großverss. in Vorschlag gebracht. — Zahlenwerte u. -diagramme im Original. (Glückauf **88.** 335—40. 12/4. 1952. Essen.) K. O. MÜLLER. 8148

Walter Puff, *Schwachgaserzeugung durch Vergasung von Aufbereitungsabgängen.* Beschreibung des Vergasens von Aufbereitungsabgängen (75% Waschberg u. 25% Leseberg) im Querstromgenerator nach Firma DR. C. OTTO u. CO. an Hand von Diagrammen, Ausbeutezahlen u. Betriebsversuchen. (Glückauf **88.** 343—46. 12/4. 1952. Essen.) K. O. MÜLLER. 8148

Franz Trefny, *Der Einfluß von Temperatur und Verweilzeit des Gases im Gassammelraum von Koksofenkammern auf das Ausbringen an Kohlenwertstoffen.* Mit Hilfe vereinfachter Annahmen für die im Gassammelraum herrschenden Bedingungen wird ein Isothermennetz errechnet, welches das wahrscheinliche Ausbringen an Kohlenwertstoffen in Abhängigkeit von Temp. u. Verweilzeit zu ermitteln gestattet. Man kann damit den Einfl. betrieblicher Veränderungen erfassen, wenn die günstigsten Werte für Verweilzeit u. Temp. im Isothermennetz bereits festgelegt sind. Nach heutiger Ansicht liegt das optimale Temperaturgebiet für das Ausbringen der wichtigsten Kohlenwertstoffe zwischen 700 u. 800°. Die Verweilzeiten dürften bei n. Koksöfen zwischen 1 u. 10 Sek. betragen. (Brennstoff-Chem. **33.** 257—60. 20/8. 1952. Oberhausen.) SCHÖBERL. 8148

Friedrich Nistler, *Neue Wege zur Schwachgasherstellung aus Steinkohle.* Beschreibung des von der RUHRGAS A. G. entwickelten Verf. über die Schwachgasherst. aus Kohlenstaub im Wirbelkammerverf. an Hand von Ausbeutezahlen u. Diagrammen. Verss., die Luft durch ein Wasserdampf-O_2-Gemisch zu ersetzen, um Synthesegas herzustellen, sind geplant. (Glückauf **88.** 346—49. 12/4. 1952. Essen.) K. O. MÜLLER. 8156

M. E. Biard, *Die unvollständige Verbrennung von Propan und ihre Anwendung zur Herstellung eines das Stadtgas ersetzenden Gases.* Theoret. Betrachtungen u. prakt. Durchführung der unvollständigen Verbrennung von Propan. Aus 1 m^3 Propan werden 13,24 m^3 eines Gases mit der Zus. 4 (%) CO_2, 0,4 O_2, 14,0 CO, 12,0 H_2, 3,9 CH_4 u. 65,7 N_2 erhalten, mit einem Heizwert von 1160 kcal/m^3, was einer 65,4% ig. Ausbeute entspricht. Das Gas wird als Stadtgas dann noch mit Propan angereichert. Einzelheiten u. Diagramme im

Original. (J. Usines Gaz **76.** 302—07. Sept. 1952. Assoc. Techn. de l'Industrie du Gaz en France.) K. O. MÜLLER. 8156

W. K. Hutchinson, T. C. Finlayson, H. B. Avery, J. E. Davis, J. Foxton und **R. Lessing,** *Fortschritte in der Gasreinigung.* Diskussionsbeiträge zu der Arbeit von HOLLINGS (vgl. C. **1952.** 7597), in denen bes. über die histor. Entw. des Verf. gesprochen wird. (Gas Wld. **135.** 694—96. 28/6. 1952.) K. O. MÜLLER. 8164

E. L. Clark, R. W. Hiteshue und **H. J. Kandiner,** *Herstellung von Heizöl aus Kohle.* In einer Versuchsanlage, die der Großtechnik weitgehend entspricht, wurde die Möglichkeit der Herst. von Heizöl aus Kohle durch Druckhydrierung bei 105 atü geprüft, da bis zu diesem Druck noch n. Raffinerieausrüstungsmaterial beständig ist. Die Wirksamkeit von Katalysatoren stieg in der Reihe Fe, Ni, Sn zum Mo an. Es bilden sich aber erhebliche Mengen an Asphalt u. $CHCl_3$-Unlöslichem. Es zeigte sich, daß im Reaktionsgefäß bei dem niedrigen Druck viel stärkere Durchwirbelung als bei den sonst angewandten höheren Drücken auftritt. Das mit Mo-Kontakt bei einem H_2-Verbrauch von 5—6% erhaltene Öl war am besten, aber auch das von den andern Kontakten ist als Heizöl brauchbar. Der Aschegeh. läßt sich allein durch Schleudern auf unter 1% bringen. Der H_2-Verbrauch liegt höher als bei größerem Druck. (Chem. Engng. Progr. **48.** 15—20. Jan. 1952. Bruceton, Pa., U. S. Bur. of Mines.) SCHMELING. 8198

Helmut Pichler, *Ein Rückblick auf 25 Jahre Forschungsarbeit über die Fischer-Tropsch-Synthese und verwandte Verfahren unter besonderer Berücksichtigung des in Frage kommenden Reaktionsmechanismus.* Der Vf. gibt einen Überblick über die Entw. der F–T-Synth., bes. in Hinsicht auf die Entw. der Katalysatoren, ihre Anwendbarkeit unter verschied. Reaktionsbedingungen u. den zugrunde liegenden Reaktionsmechanismus unter Zusammenfassung mit den angrenzenden Syntheseverff., wie Oxo-, A.- u. Säuresynthese. (Brennstoff-Chem. **33.** 289—96. 17/9. 1952. Trenton, N. J., Hydrocarbon Res. Inc.) SCHMELING. 8200

Kurt Peters und **Elisabeth Kappelmacher,** *Umsetzung von Kohlenwasserstoffen zu Kohlenoxyd–Wasserstoff-Gemischen.* Durch thermodynam. Berechnungen wurden für die CH_4-Spaltung mit Luft oder O_2, Wasserdampf u. CO_2 für den ganzen techn. wichtigen Temperaturbereich u. die prakt. wichtigen $CO–H_2$-Gemische die theoret. Spaltgaszuss. ermittelt. An Ni-Katalysatoren auf Schamotte, Hüttenbims u. akt. Tonerde wurden diese Rkk. laboratoriumsmäßig untersucht, wobei sich gute Übereinstimmung mit den theoret. Befunden ergab. In Anwesenheit von Luft oder O_2 verläuft die katalyt. CH_4-Spaltung wesentlich schneller als die Rkk. des CH_4 mit CO_2 u. Wasserdampf. Aus den Verss. ergeben sich einige Grundlagen zur Deutung des Reaktionsmechanismus u. zur Aufklärung des Rußproblems. Aus Zahlentabellen u. Diagrammen lassen sich für jede gewünschte Spaltgaszus. die theoret. Arbeitsbedingungen entnehmen. Da der thermodynam. Endzustand außer von der Temp. nur vom Atomverhältnis C : H : O : N in den Ausgangsstoffen abhängig ist, sind alle Ergebnisse dieser Arbeit auf die Vergasung bzw. Spaltung beliebiger fester, fl. u. gasförmiger Brennstoffe mit Luft, O_2, Wasserdampf u. CO_2 als Vergasungsmittel anwendbar. (Brennstoff-Chem. **33.** 296—307. 17/9. 1952. Wien, TH, Inst. für Verfahrenstechnik u. Technol. der Brennstoffe.) SCHMELING. 8200

W. Baum, *Neue Versuche zur Gasentgiftung mit gleichzeitiger Gewinnung von flüssigen Brennstoffen.* Das im Gaswerk Bern angewandte Verf. zur Gasentgiftung ist ein neues Verf. u. beruht auf der FISCHER-TROPSCH-Synth., d. h. der Umwandlung von CO mittels H_2 auf katalyt. Wege in fl. KW-stoffe. Die Versuchsanlage wird schemat. dargestellt. Die anfallenden fl. Erzeugnisse bestehen aus Bzn., Dieselöl u. Paraffin. Die Menge der anfallenden Erzeugnisse beträgt ca. 45 kg je 1000 Nm^3 Gas. (Gas- u. Wasserfach, Ausg. Gas **93.** 374—75. 1/7. 1952.) ROSENDAHL. 8200

Socony-Vacuum Oil Co., New York, übert. von: **Harold C. Myers,** N. J., V. St. A., *Entasphaltieren von Kohlenwasserstoffen* mit einem Lösungsmittelgemisch, das aus einem oder mehreren der üblichen Entasphaltierungsmittel (z. B. fl. Propan) u. einem Lösungsvermittler (z. B. Methyl- oder Äthylcarbonat) besteht. Man behandelt ein fl. asphalthaltiges KW-stoffgemisch mit dem Gemisch bei ca. 206° F u. erzielt so eine bessere Qualität (CONRADSON-Rückstand) als Propan allein. Geeignet sind auch andere organ. Carbonate, z. B. diejenigen der Cyclohexan-, Furan-, Pyrrol- u. Thiophenreihe. (**A. P. 2 587 643** vom 27/8. 1947, ausg. 4/3. 1952.) UNGER. 8195

Porocel Corp., übert. von: **Heinz Heinemann,** Philadelphia, Pa., V. St. A., *Entschwefeln von Kohlenwasserstoffdestillaten* durch Behandlung mit akt. Bauxit bei 50 bis 200° F, wobei Thiophen u. Mercaptane adsorbiert werden. Danach wird das teilweise entschwefelte Destillat mit akt. Bauxit bei 600—850° F behandelt, wodurch die verbliebenen S-Verbb. zu H_2S zers. werden, welches danach entfernt wird. (**Can. P. 481 402** vom 4/6. 1948, ausg. 26/2. 1952.) M. F. MÜLLER. 8195

Pure Oil Co., Chicago, übert. von: **John P. Stanton,** Des Plaines, Ill., V. St. A., *Entfärben von Kohlenwasserstoffen.* Leichte, mercaptanhaltige Erdöl-KW-stoffe werden in Ggw. eines sauerstoffhaltigen Gases mit einer Alkalihydroxydlsg., die als Oxydationskatalysator phenolhaltigen Holzteer enthält, behandelt, wobei die Mercaptane zu Disulfiden oxydiert werden u. eine Farbveränderung eintritt. Man trennt die behandelten KW-stoffe ab u. wäscht sie mit einer wss. aliphat. Alkanolaminlsg., um die gebildeten Farbkörper zu entfernen. Als Alkanolamine sind Mono-, Di- u. Triäthanolamin genannt. Die behandelten KW-stoffe sind wasserhell u. entsäuert. (**A. P. 2 589 450** vom 22/5. 1948, ausg. 18/3. 1952.) UNGER. 8195

Badische Anilin- & Soda-Fabrik (Erfinder: **Willi Oettinger,** Ludwigshafen/Rh., und **Otto Göhre,** Heidelberg), *Herstellung niedrigsiedender Kohlenwasserstoffe aus temperaturempfindlichem Rohöl durch katalytische Druckhydrierung.* Der über 325° sd. Anteil eines gemischtbas. Rohöles wird mit 1% Grude, die 10% Fe-Sulfat enthält, versetzt u. unter 10 at auf 240° erhitzt. Die neugebildeten Anteile über 325° werden mit dem darin enthaltenen Katalysator bei 480° u. 600 at hydriert. Ergebnis: 85 Teile Öl mit 25% Bzn. u. 75% Mittelöl bis 350°. (**D. B. P. 829 344** Kl. 23b vom 20/4. 1950, ausg. 24/1. 1952.) v. HUHN. 8201

Texas Co., New York, N. Y., übert. von: **du Bois Eastman,** Whittler, Calif., und **Leon P. Gaucher,** Tuckahoe, N. Y., V. St. A., *Synthesegasherstellung.* Naturgas, Koksofengas oder fl. KW-stoffe werden mit reinem O_2 oder mit O_2 angereicherter Luft (40% O_2) durch eine Reaktionszone, die frei von Füllmaterial u. Katalysatoren ist u. eine innere Oberfläche von nicht mehr als dem ca. $1\frac{1}{2}$ fachen des Ofenvol. besitzt, geleitet. Die Menge des Zuführungsgases wird so bemessen, daß im Reaktionsraum mehr O_2 vorhanden ist, als für die Umsetzung zu CO, jedoch weniger als zur Bldg. von CO_2 erforderlich ist. Die Temp. in der Reaktionszone beträgt 2250° F u. mehr u. der Druck wenigstens 200 lbs./sq.in. Die Reaktionsprodd. ($CO + H_2$), die prakt. frei von C u. nichtumgesetztem O_2 sind, enthalten nicht mehr als 5 Mol.-% CH_4 u. werden in weniger als 1 Sek. auf 1000—1500° F abgekühlt. — Mathemat. Angaben über das Verhältnis Oberfläche zu Vol. des Generators. — Beispiele. (**A. P. 2 582 938** vom 21/10. 1950, ausg. 15/1. 1952. It. Prior. 4/4. 1950.) W. HAUSWALD. 8201

Metallgesellschaft Akt.-Ges. (Erfinder: **Hans-Werner Groß**), Frankfurt/M., *Herstellung von Kohlenwasserstoffen und gegebenenfalls O-haltigen organischen Verbindungen* durch CO-Hydrierung über gefällten u. red. Fe-Kontakten in Kontaktöfen mit eng beieinanderliegenden, auf konstanter Temp. gehaltenen Kühlelementen, wobei zweckmäßig unter Druck u. gegebenenfalls mit Kreislaufführung der Gase gearbeitet wird, dad. gek., daß Fe-Katalysatoren verwendet werden, die mit H_2 enthaltenden Gasen oder Dämpfen bei ca. 300—400° nur so lange red. werden, bis das Fe zu 50—90% als Metall u. der Rest in der Hauptsache als FeO vorliegt. Dreiwertiges Fe kann in einer Menge von 0,3—3% vorhanden sein. Den Fe-Katalysatoren können ferner Cu, Al_2O_3 u. Alkalien zugesetzt werden. Als Trägermasse eignet sich durch Alkalibehandlung angeätzte Kieselgur. (**D. B. P. 845 502** Kl. 12o vom 31/12. 1939, ausg. 31/7. 1952.) G. KÖNIG. 8201

Badische Anilin- & Soda-Fabrik (Erfinder: **Martin Müller-Cunradi, Hans-Jürgen Nienburg, Georg Schwarte** und **Richard Conrad**), Ludwigshafen/Rh., *Herstellung hochwertiger Treibstoffe aus Propan* (**I**), dad. gek., daß man **I** in beliebiger Weise in Propylen überführt, dieses katalyt. unter Druck u. bei erhöhter Temp. mit CO u. H_2 umsetzt, das erhaltene Aldehydgemisch katalyt. zum Alkoholgemisch red., aus diesem Gemisch oder aus den voneinander getrennten Alkoholen W. abspaltet u. das erhaltene n-Butylen u. Isobutylen in Treibstoffe überführt, bes. durch Dimerisierung u./oder durch Alkylierung mit Isoparaffinen u. gegebenenfalls anschließende Hydrierung. Die höher als n. Butanol sd. Anteile kann man abtrennen u. durch eine hydrierende Spaltung in Bzn. überführen, das man mit aus dem Butylalkoholgemisch erhaltenem hochklopfwertigem Treibstoff mischen kann. (**D. R. P. 767 447** Kl. 12o vom 23/3. 1943, ausg. 14/8. 1952.) G. KÖNIG. 8201

Metallgesellschaft Akt.-Ges. (Erfinder: **Wilhelm Herbert** und **Paul Royen**), Frankfurt/M., *Gewinnung von Kohlenwasserstoffen* durch katalyt. Kohlenoxydhydrierung zweckmäßig unter Kreislaufführung der Gase u. gegebenenfalls unter Druck, dad. gek., daß Co-Katalysatoren oder vorher red. Fe-Katalysatoren mit einem Synthesegas in Betrieb genommen werden, dessen $CO-H_2$-Verhältnis wesentlich kleiner ist als bei demjenigen Gas, mit dem sie in Dauerbetrieb gefahren werden. (**D. B. P. 847 143** Kl. 12o vom 4/11. 1942, ausg. 21/8. 1952.) G. KÖNIG. 8201

Metallgesellschaft Akt.-Ges. (Erfinder: **Wilhelm Herbert, Hans-Werner Groß** und **Alice Schall**), Frankfurt/M., *Herstellung von gegebenenfalls Trägerstoffe, wie Kieselgur oder Aktivkohle, enthaltenden Fe-Katalysatoren* für die gegebenenfalls im Kreislauf durchzuführende Kohlenoxydhydrierung durch Fällung von Fe-Salzlsgg., die auch noch andere Metallsalze, z. B. Nitrate des Cu u. gegebenenfalls des Zn, Cr oder der Seltenen Erdmetalle, enthalten können, u. anschließende Red., dad. gek., daß die Red. des getrockneten, zweckmäßig gekörnten Nd. unter milden Temperaturbedingungen u. mit großem H_2-Überschuß durchgeführt wird, bis weniger als 50%, vorteilhaft weniger als 20%, z. B. 8%, der im Katalysator enthaltenen Fe-Verbb. zu Metall red. sind. Der bei der Fällung erhaltene Fe-Katalysatorschlamm wird zweckmäßig nach dem Anteigen mit W. oder Wasserglaslsg. in mit Wärmeleitflächen ausgerüstete Kontaktöfen eingefüllt, das nicht an den Wänden Anhaftende abfließen gelassen u. darauf im Ofen reduziert. (**D. B. P. 846 691** Kl. 12o vom 24/11. 1938, ausg. 14/8. 1952.) G. KÖNIG. 8201

Badische Anilin- & Soda-Fabrik (Erfinder: **Karl Braun** und **Heinrich Kuhn**), Ludwigshafen/Rh., *Polymerisation niedrigmolekularer Olefine* zu höhermol., bes. innerhalb des Benzinsiedebereiches sd. KW-stoffen in Ggw. von P-Verbb., dad. gek., daß man einen Katalysator verwendet, der aus einer komplexen Verb. von Cu, H_3PO_4 u. Kieselsäure besteht oder eine solche enthält. Der Katalysator kann auch auf Träger, wie Kieselgur, akt. C, aufgebracht sein. Man erreicht bei niedrigen Tempp., z. B. 85° u. höher, sowie n. oder mäßig erhöhten Drucken (bis 20 atü) hauptsächlich die Bldg. von dimeren Polymerisationsprodd.; Trimere sind wenig vorhanden, u. Tetramere sind nicht nachweisbar. (**D. R. P. 767 365** Kl. 12o vom 27/5. 1942, ausg. 19/6. 1952.) G. KÖNIG. 8201

Badische Anilin- & Soda-Fabrik (Erfinder: **Hans Bähr** und **Hubert Corr**), Ludwigshafen/Rh., *Treibstoff für Hochleistungsmotoren*, bes. Sicherheitstreibstoff, bestehend aus Bzn., das bis 300° sd. Anteile enthalten kann, mit einer Octanzahl von mindestens 65, bes. 70 u. mehr, u. 5—50 (%), bes. 10—25, Di- u. Tripropyl-, Propylbutyl- oder Dipropylbutylbenzol. (**D. B. P. 849 031** Kl. 46a[6] vom 12/12. 1942, ausg. 11/9. 1952.) DERSIN. 8205

N. V. de Bataafsche Petroleum Mij., Den Haag, Holland (Erfinder: **Ernest Leslie Walters**, San Francisco, Calif., V. St. A.), *Stabilisierungsmittel für Motortreibstoffe*, bestehend aus dem Gemisch eines aromat. Amins (**I**) mit einem Polyalkylphenol (**II**), in dem die p-Stellung entweder unsubstituiert ist oder eine Methyl- oder Äthylgruppe enthält, eine o-Stellung durch eine prim., sek. oder tert. Alkylgruppe u. die andere o-Stellung durch eine prim. oder sek. Alkylgruppe besetzt ist. 7 weitere Ansprüche. — Als **I** soll Anilin oder ein alkyliertes, einringiges Amin mit nicht mehr als 6 C-Atomen in der Gesamtheit der Alkylgruppen, z. B. 3.5-Xylidin, u. als **II** z. B. 2.4.6-Trimethylphenol, 2.6-Dimethylphenol, 2.4-Dimethyl-6-sek.-butylphenol, 2.4-Dimethyl-6-tert.-amylphenol, 2.4-Dimethyl-6-tert.-octylphenol oder 2.4-Dimethyl-6-tert.-butylphenol verwendet werden. Die Zusatzmenge zu Motorbenzin, das gleichzeitig noch ein Antiklopfmittel, wie Bleitetraäthyl oder Eisencarbonyl enthalten kann, beträgt ca. 0,0001—0,1 Gew.-% **II** u. 0,25—3 Vol.-% **I**. Dadurch soll die Verfärbung, Oxydation u. Harzbldg. von Spaltbenzinen verhindert werden. (**D. B. P. 845 286** Kl. 46a[6] vom 16/9. 1950, ausg. 31/7. 1952. A. Prior. 17/1. 1944.) DERSIN. 8205

British Resin Products Ltd., London, England, *Korrosions- und oxydationsfeste Schmieröle* werden durch den Zusatz von Metallsalzen der sulfonierten Äther des hydrierten 3-Pentadecylphenol (**I**) zu üblichen Schmiermitteln erhalten. — 112,2 (g) gereinigtes, hydriertes **I** werden in 300 Butylcarbinol gelöst u. mit 15,5 NaOH in 20 W. umgesetzt. Man entfernt das W. durch Vakuumdest., setzt 82 Laurylchlorid zu, erhitzt 4 Std. unter Rückfluß u. filtriert ausgefallenes NaCl heiß ab. Durch Dest. bei 0,004 mm Hg erhält man zwischen 200 u. 225° 144 Äther der Formel A. — 23,6 A. werden, in 150 $CHCl_3$ gelöst, mit 5,83 $ClSO_3H$ bei 25° sulfoniert. Das im Vakuum getrocknete Prod. wird in A. gelöst u. mit Zinkacetat umgesetzt. Man erhält einen braunen Nd., der nach dem Trocknen im Vakuum 29 reines *Zink-di-[2-pentadecyl-4-dodecoxybenzolsulfonat]* mit 12,81% Zn-Geh. (theoret. 12,6%) darstellt. (**E. P. 667 414** vom 19/8. 1949, ausg. 27/2. 1952. A. Prior. 21/8. 1948.) MÖLLERING. 8221

A 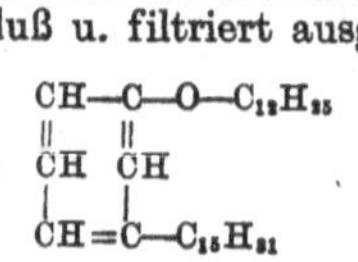

Standard Oil Development Co., Del., V. St. A., übert. von: **Lorne W. Sproule** und **Laurence F. King**, Sarnia, Ontario, Can., *Rostverhindernde Schmieröle*, bestehend aus Mineralschmieröl unter Zusatz von 0,2—3 (%) eines Sorbitfettsäureesters, z. B. des Monooleats oder Cocosfettsäureesters, u. 0,2—3 eines Glykolhalbesters, der durch Veresterung eines Glykols, z. B. Propandiol, mit einer Fettsäure mit 10—16 C-Atomen, z. B. Cocosfettsäure, erhalten wurde. Man mischt z. B. Mineralöl mit 1,5 (%) Ca-Petroleumsulfonat,

1,5 Zn-Di-[methylcyclohexyl]-dithiophosphat, 1 Sorbitmonooleat u. 1 des Cocosfettsäurehalbesters des Propandiol-(1.2). (**A. P. 2 587 545** vom 14/4. 1949, ausg. 26/2. 1952.) DERSIN. 8221

Eastman Kodak Co. (Erfinder: **James Grove Baxter**), Rochester, N. Y., V. St. A., *Pumpenflüssigkeit zur Erzeugung hoher Vakua.* Man verwendet einen Diester einer aliphat. zweibas. Säure (Sebacinsäure), der bes. 12—42 C-Atome im Mol. enthält u. $Kp._{0,1}$ 150 bis 180° aufweist, z. B. Dilauryloxalat, Dicaprylsuccinat u. -adipat, Diamyl-, Dibutyl-, Dihexyl-, Di-[2-äthylhexyl]-sebacat, Di-[β-phenyläthyl]- u. Di-[γ-phenylpropyl]-adipat. (**D. B. P. 849 160** Kl. 23c vom 3/4. 1938, ausg. 11/9. 1952. E. Prior. 5/4. 1937 u. A. Prior. 20/5. 1937.) DERSIN. 8221

Steinkohlenbergwerk Rheinpreußen, Homberg/Ndrh. (Erfinder: **Herbert Kölbel**, Homberg/Ndrh., und **Dietrich Ullmann**, Moers), *Herstellung hochdruckbeständiger konsistenter Schmierfette* auf der Grundlage von Ölen u. Seifen, dad. gek., daß den konsistenten Fetten geringe Mengen (bis 2%) an Sulfaten, Sulfiten, Thiosulfaten, Phosphaten oder Boraten zugesetzt werden. — Dadurch soll die Druckbeständigkeit gesteigert werden. (**D. B. P. 850 051** Kl. 23c vom 24/9. 1940, ausg. 22/9. 1952.) DERSIN. 8223

Karl Stephan, Mühldorf, Obb., *Schmiermittelzusatz*, bestehend aus kolloidgraphithaltigen Schmiermitteln mit einem Geh. an Aminen oder anderen N-haltigen Stoffen, wie Chinolin, Anilin, Pyridin oder Triäthanolamin. (**D. B. P. 850 050** Kl. 23c vom 15/11. 1949, ausg. 22/9. 1952.) DERSIN. 8223

Badische Anilin- & Soda-Fabrik, Ludwigshafen/Rh. (Erfinder: **Heinz Lange**, Haßloch/Pfalz), *Herstellung von hochstabilen wässerigen bituminösen Dispersionen*, dad. gek., daß man 1. als Emulgatoren huminsäurereiche Braunkohlen verwendet, in denen das in den Braunkohlen von Natur enthaltene W. noch vollständig oder weitgehend vorhanden ist; 2. den Braunkohlen gequollenen Ton, zweckmäßig in Mengen von ca. 1—10%, zusetzt. — Verwendung für *Straßenbau, Isolier-, Anstrichzwecke*, Anfertigung von *Spachtelmassen.* (**D. B. P. 841 594** Kl. 12s vom 27/9. 1950, ausg. 16/6. 1952.) HERBST. 8231

D. J. W. **Kreulen**, Elementos de quimica del carbón. Trad. de Higinio Guillamón Reyes. Madrid: Aguilar; 1952. (XVI + 263 S. m. Abb.) ptas. 140,—.

R. H. **Williamson** and J. E. **Garside**, An application of the Fluidized solids technique to coal gas purification. Part II. London: Institution of Gas Engineers. 1950. (36 S. m. 11 Abb.)

XX. Schieß- und Sprengstoffe. Zündmittel.

V. Hajek und **J. Hajek**, *Der chemische Verzögerungszünder.* Es werden verschied. chem. Verzögerungszünder (Vz.) besprochen, die nach Zeiten von einigen Min. bis mehrere Tage die Explosion einer Sprengkapsel u. damit einer Sprengladung auslösen. Es wird ein Syst. vorgeschlagen, bei dem ein Gemisch $HNO_2 \cdot HClO_4$ auf ein Paraffin mit F. 78° wirkt. Die Verzögerungszeit von 48 Tagen wird durch Zusatz von Triäthylaminnitrat bis auf 270 Tage verlängert. Die Verwendung von H_2O_2 (Konz. 50—78% H_2O_2) für Vz. in Verbindung mit gepulvertem Al u. akt. C oder mit $HClO_4$ u. Zn oder Cu wird diskutiert, u. einige Zündzeiten werden angegeben. Vff. beschreiben einen neuen chem. Vz., der auf der Grundlage der Red. von organ. Nitroverbb. zu Aminen beruht, die sich weiter zu empfindlichen Diazoverbb. umsetzen. Der zur Red. benötigte H_2 stammt aus der Oxydation von Al mit H_2O. Vff. beschreiben den Reaktionsmechanismus für Pikrinsäure (**I**). Dem Gemisch von **I**, Al u. einem Stabilisator oder Beschleuniger zwecks Regulierung der Zündzeit wird ein Emulgator zugefügt, der das Gemisch inakt. macht, bis W. zugesetzt wird. Durch die Wrkg. dieses Emulgators wird die Hauptschwierigkeit, nämlich die Befeuchtung des gepulverten Al durch neutrales W., behoben. Die Zündzeiten liegen zwischen 15 Min. u. 5 Std., je nach der Menge zugesetzten W.; eine einfache Ausführung eines Vz. auf der Grundlage der beschriebenen Rk. wird skizziert. (Research **4.** 186—91. April 1951. Paris, Seine, Les Lilas.) FREIWALD. 8308

Imperial Chemical Industries Ltd., London, übert. von: **Stuart Gordon**, Saltcoats, und **Edward Whitworth**, West Kilbride, England, *Körniges, rauchloses Treibpulver* für Gewehre u. Randfeuerpatronen. Die porösen Körner bzw. Scheibchen aus koll. Nitrocellulose erhalten eine durch ihre Dicke gehende zentrale Ausssparung u. gegebenenfalls einen oder mehrere radiale Schlitze. (**A. P. 2 575 871** vom 24/9. 1947, ausg. 20/11. 1951. E. Prior. 20/12. 1946.) STEIL. 8301

Wolff & Co. K.-G. a. A., Walsrode, Hann. (Erfinder: **Helmut Höhne, Karl Pagels**, Lomlitz, und **Martin Riedel**, Ebbingen), *Abschleudern von Wasser aus einer wässerigen*

Suspension von Nitrocellulose mittels Schneckenzentrifuge. Die mit W. angesetzte Nitrocellulosepülpe wird einer kontinuierlich arbeitenden Zentrifuge zugeführt, in der in einer 1. Stufe das W. weitgehend abgeschleudert wird. Durch Einspritzen von Anfeuchtungsmitteln in weiteren Stufen wird das W. aus der Pülpe verdrängt. — Zeichnung. (**D. B. P. 823 119** Kl. 78c vom 5/5. 1950, ausg. 29/11. 1951.) STEIL. 8301

Charles Mills Cawley, Frank Edwin Thomas Kingman und **Charles Cecil Noaks**, East Greenwich, England, *Brandmittel*, bes. für Flammenwerfer. Das eingedickte oder gelierte KW-stofföl (Petroleum) enthält Mg-Pulver u. pulverförmiges Antimontrisulfid, Kupfersulfid oder Eisenpyrite in gleicher Korngröße wie das Mg-Pulver in jeweils etwa gleichen Mengen. Der Feststoffgeh. beträgt ca. 50—60%. Es kann auch 5—10% entwässertes Na_2SO_4 zugegeben werden. (**E. P. 656 089** vom 9/2. 1946, ausg. 8/8. 1951.) STEIL. 8309

United States of America, übert. von: **Maurice E. Barker**, Washington, D. C., V. St. A., *Brandkörper*, z. B. in Form von Laubblättern. In einer bei längerem Liegen an der Luft leicht zerstörbaren, luftdurchlässig werdenden Hülle, z. B. aus Natriumsilicat, ist ein in Ggw. von Luft selbstentzündlicher, einen Temperaturanstieg verursachender Stoff (P) untergebracht. Die Hülle kann aus einer gelbildenden Suspension von Stärke in W., aus Albumin oder Bzl. u. einer Metallseife bestehen. (**A. P. 2 558 726** vom 9/4. 1941, ausg. 3/7. 1951.) STEIL. 8309

Imperial Chemical Industries Ltd. (Erfinder: **Elwyn Jones** und **I. E. Forlin**), England, *Zündschnur*, bestehend aus thermoplast. Material, z. B. gelatinierter Nitrowolle (ohne Nitroglycerin), ungesätt., polymerisierten, harzartigen, in W. unlösl. Verbb., die zwischen 90 u. 125° fl. werden, wie Polyacrylsäure- oder Polymethacrylsäureester, Polystyrol oder Polyäthylen, bituminöser Massen mit einem Erweichungspunkt zwischen 60 u. 200°, Nitropolystyrol mit 9,4—14,4% N. Als Oxydations- bzw. Reduktionsmittel sind zu nennen: KNO_3, $KClO_4$, Mennige, Si u. dergleichen. Im Innern der M. ist ein biegsamer Metallfaden aus Cu, oder Al, Sn, Fe, oder aus Legierungen eingebettet. Zur Festigung läuft auf der Oberfläche in schraubenförmiger Windung ein Draht. Die Schnur ist wasserundurchlässig u. brennt 33 Sek./m. Sie kann zum Zünden von Sprengsätzen verwendet werden. (**F. P. 990 030** vom 2/7. 1949, ausg. 17/9. 1951. E. Prior. 18/8. 1948.) WITTHOLZ. 8309

Imperial Chemical Industries Ltd., Slough, England (Erfinder: **W. A. Caldwell** und **A. G. White**), *Sicherheitszündschnur mit zusammenhängendem, nichtporösem Kern.* Der Kern der Zündschnur enthält ein Gemisch aus n. pulverförmigen, teils oxydierenden, teils reduzierenden Stoffen. Diese sind mit bis zu 50% Bindemitteln miteinander verbunden. Als Bindemittel dient eine plastifizierte Nitrocellulose unter Verwendung von Dinitrotoluolisomeren oder anderen nichtexplosiven Plastifizierungsmitteln. Der Kern wird mit einer Hülle aus schwer oder nicht brennbaren Stoffen überzogen, der verhindert, daß der Kern aus der Hülle herausbrennt. — Z. B. vermahlt man 40 (Teile) eines Gemisches aus 70% KNO_3 u. 30% Holzkohle mit einer Mischung aus 9 Nitrocellulose mit niedriger Viscosität u. 14 Dinitrotoluolisomeren bei 100°. Die Paste wird zu einem Stab ausgepreßt u. erhält einen Schutzüberzug aus Textilien mit Bitumen oder Guttapercha. (**Schwed. P. 130 593** vom 30/6. 1941, ausg. 16/1. 1951. E. Priorr. 1/7. 1940 u. 30/6. 1941.) J. SCHMIDT. 8309

United States of America, übert. von: **Ralph F. Preckel**, Wilmington, Del., V. St. A., *Großkörniges rauchloses Pulver* mit einem festhaftenden Inhibitorüberzug aus Celluloseacetat (I). 5% I werden in Diacetonalkohol (als Plastizierungsmittel) gelöst u. damit die Körner behandelt. Das Pulver, das 35—60% Nitroglycerin, Diäthylenglykoldinitrat oder Di-(2-nitroxyäthyl)-nitramin, 0—5% anorgan. Salze, 0,5—10% Stabilisatoren, 0,01—2% Verdichtungsmittel u. 40—65% Nitrocellulose enthalten kann, kann als Treibmittel für Raketen u. bei Starthilfen dienen. (**A. P. 2 549 005** vom 19/11. 1945, ausg. 17/4. 1951.) STEIL. 8311

Electric Boat Co., übert. von: **Alexander J. Ritchie**, Bayonne, N. Y., V. St. A., *Synthetischer Rauch* zum Gebrauch aus dem Flugzeug. Er wird aus einer 5—20%ig. (10%) Lsg. von $TiCl_4$ in Hexachloräthan (als Verzögerungsmittel) durch CO_2 unter Druck (2—5 Gew.-%, bezogen auf die Mischung) erzeugt. (**A. P. 2 563 621** vom 26/1. 1946, ausg. 7/8. 1951.) STEIL. 8313

Karl Kuhlmann und **Emil Richter**, Kiel-Wik, *Verhütung von Brand- und Explosionsgefahr bei der Herstellung von Knattersteinen.* Die Chlorate werden zunächst mit pulverförmigem Gummi arabicum in W. gelöst u. so lange verrieben, bis die M. einen homogenen Brei ergibt. Hierauf wird langsam unter Rühren pulverförmiger roter P bzw.

P_4S_3 zugesetzt, bis der Brei durchfeuchtet ist, u. sofort Quarz- oder Bimsmehl zugegeben. (**D. B. P. 813 824** Kl. 78d vom 28/3. 1950, ausg. 17/9. 1951.) STEIL. 8313

United States of America, übert. von: **John T. Clay** und **Hervey B. Elkins,** V. St. A., *Raucherzeuger*, bestehend aus ca. 70—75 (Gew.-%) rotem P, 2—6 Gummi u. 20—30 Gasolin, für militär. Zwecke. (**A. P. 2 574 466** vom 7/11. 1944, ausg. 13/11. 1951.) NEBELSIEK. 8317

XXIV. Photographie.

I. I. Breido und **P. Ch. Pruss,** *Die Abhängigkeit des Auflösungsvermögens photographischer Materialien von der Wellenlänge des wirksamen Lichtes.* Die Lichtabsorption durch photograph. Schichten nimmt schnell zu beim Übergang von sichtbarem Licht zum UV. Das Auflösungsvermögen R solcher Schichten muß im UV-Licht demnach besser sein als im sichtbaren Licht. Zur Messung von R verwenden Vff. eine abgeänderte Photokamera nach BURMISSTROW mit einem Quarzfluoritachromat unter Anwendung von Gelatinelichtfiltern, die eine Trennung von 5 monochromat. Spektrallinien (436, 365, 313, 270 u. 254 mμ) ermöglichten. Die Unters. von 5 verschied. photograph. Schichten bestätigte, daß R im UV um das 1,5—2fache höher ist als im sichtbaren Licht. Da R von der Streuung des Lichtes abhängt, untersuchen Vff. die Abhängigkeit der Lichtstreuung von der Korngröße der Emulsionskristalle. Bei Prüfung von 5 verschied. Emulsionen zeigte es sich, daß die spektrale Streuung mit Zunahme der Kristallgröße vom blauen Teil des Spektr. nach Rot verlagert wird, bei einer Kristallgröße $\gg 1\ \mu^2$ ist die Streuung für alle Wellenlängen gleich. R grobkörniger Emulsionen für blaue Strahlen (436 mμ) ist gleich oder höher als bei Strahlen im Sensibilisierungsbereich (546, 577 u. >600 mμ), für Feinkornschichten ist das Verhältnis umgekehrt. (Доклады Академии Наук СССР [Ber. Akad. Wiss. UdSSR] [N. S.] **82.** 893—96. 21/2. 1952.) OEHRN. 8604

I. I. Lewkojew, Ss. A. Cheifetz und **N. Ss. Barwyn,** *Untersuchungen auf dem Gebiet der Cyaninfarbstoffe.* 4. Mitt. *Über einige 6.6'-Diacylaminothiacarbocyanine.* (3. vgl. C. **1946.** I. 944.) Es wurde eine Reihe von *Derivv.* des *3.3'-Diäthyl-6.6'-diaminothiacarbo-* u. *-dicarbocyanins* (*Bis-[3-äthyl-6-amino-benzothiazol-(2)]-tri-* u. *-pentamethincyanins*) (I: n = 1, A = H; CH_3; C_2H_5 bzw. n = 2, A = H) synthetisiert u. festgestellt, daß Acylierung der NH_2-Gruppen zu hypsochromer Verschiebung des Absorptionsmaximums führt. Die sensibilisierende Wrkg. der Acylderivv. von I entspricht teils derjenigen der Farbstoffe ohne Aminogruppen, teils ist sie etwas stärker.

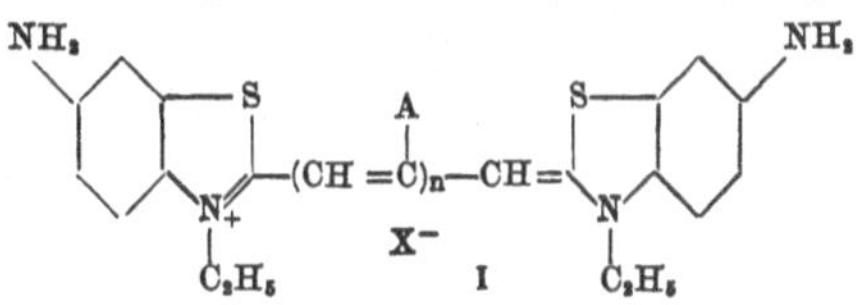

I

Versuche: *6-Formylamino-2-methylbenzothiazol* (**II**), $C_9H_8ON_2S$, F. 111—112°; durch 3std. Erhitzen von 8,2 g 6-Amino-2-methylbenzothiazol (**III**) mit 11,2 g HCOOH auf 120—130°; aus Bzl. Prismen. *Formiat,* $C_9H_8ON_2S \cdot CH_2O_2$, F. 95—97°; aus W. schwach gelbe Nadeln. *Jodmethylat,* F. 252—253°, aus A. Prismen. *Bromäthylat,* F. 238 bis 239°; aus dem Bromäthylat von **III** durch 3std. Kochen mit HCOOH; Nadeln; 87% (Ausbeute). *Jodäthylat,* F. 243—244°; analog Vorst. aus dem Jodäthylat von **III**; 81%; bei Jodäthylierung von **II** beträgt die Ausbeute 22%; aus A. Nadeln. — *6-Acetylamino-2-methylbenzothiazol* (**IV**), F. 148—149°; aus **II** u. $(CH_3CO)_2O$ in Bzl., ½ Std. auf dem Wasserbad; aus W. Kristalle. *Pikrat,* F. 218—219°; *Jodmethylat,* F. 252—254°; durch 6std. Erhitzen von **IV** mit p-Toluolsulfonsäuremethylester auf 145—150° u. Umsetzen des gebildeten Metho-p-toluolsulfonats mit KJ in wss. Lsg.; aus CH_3OH Nadeln; 64%. *Ätho-p-toluolsulfonat,* F. 197°; analog Vorst.; aus Aceton + A. (19:1) Nadeln; 95%. *Jodäthylat,* F. 230—232°. *Äthylperchlorat,* F. 262—263°; aus W. Prismen. — *6-Mesylamino-2-methylbenzothiazol* (**V**), $C_9H_{10}O_2N_2S_2$, F. 145—146°; aus 8,2 g **III** u. 6,3 g Methansulfochlorid in 25 cm³ Pyridin, 1 Std. auf dem Wasserbad; aus W. oder A. Tafeln; 86%. *Jodäthylat,* F. 247—248°, aus CH_3OH Tafeln. — *6.6'-Bis-acetylamino-3.3'-diäthylthiacarbocyanin* (**VI**) (Diacetylderiv. von **I**; n = 1; A = H), aus 1,03 g **IV** u. 1,05 g p-Toluolsulfonsäureäthylester durch 6std. Erhitzen auf 145°, Zugabe von 1,48 g Orthoameisensäureäthylester + 6,5 cm³ Pyridin u. ½std. Erhitzen auf 130°; man fällt mit Ae. u. führt in das Bromid über. *Bromid,* $C_{25}H_{27}O_2N_4S_2Br$, F. 271—272°; aus A. grüne Prismen; 79%. *Jodid,* F. 298—299°; aus CH_3OH dunkelgrüne oder blaue Prismen. *p-Toluolsulfonat,* F. 290—291°, aus A. grüne Nadeln. — *6.6'-Bis-mesylamino-3.3'-diäthylthiacarbocyanin,* analog Vorst. aus **V**, p-Toluolsulfonsäureäthylester u. Orthoameisensäureester. *Bromid,* $C_{23}H_{27}O_4N_4S_4Br$, F. 300—301°; aus A. violette Prismen; 49%. — *3.3'-Diäthyl-6.6'-diaminothiacarbocyanin* (**VII**), *Jodid,* $C_{21}H_{23}N_4S_2J \cdot C_2H_5OH$, F. 232°;

aus dem p-Toluolsulfonat von **VI** durch Kochen mit 25% ig. HCl u. Zugabe von KJ-Lsg.; aus A. dunkelblaue Prismen; 81%. — *3.3'-Diäthyl-9-methyl-6.6'-bis-acetylaminothiacarbocyanin* (Diacetylderiv. von **I**; n = 1; A = CH_3); Darst. analog **VI** aus **IV** u. Orthoessigsäureester. *Bromid*, $C_{26}H_{29}O_2N_4S_2Br$, F. 283°; aus CH_3OH violette oder blaue Nadeln; 55%. *Jodid*, F. 304—306°; violette Prismen. *p-Toluolsulfonat*, F. 261—262°; blauviolette Nadeln. — *3.3'-Diäthyl-9-methyl-6.6'-diaminothiacarbocyanin* (**VIII**). *Jodid*, $C_{22}H_{25}N_4S_2J \cdot 2C_2H_5OH$, F. 237—239°; aus Vorst. p-Toluolsulfonat durch Hydrolyse mit HCl u. Zugabe von KJ; aus A. grüne Prismen; 61%. — *3.3'.9-Triäthyl-6.6'-bis-acetylaminothiacarbocyanin* (**IX**) (Diacetylderiv. von **I**; n = 1; A = C_2H_5). *Bromid*, $C_{27}H_{31}O_2N_4S_2Br$, F. 260—261°; aus A. grüne Tafeln; 47%. *Jodid*, F. 275°; aus CH_3OH blaue Kristalle. — *3.3'.9-Triäthyl-6.6'-diaminothiacarbocyanin*. *Jodid*, $C_{23}H_{27}N_4S_2J \cdot C_2H_5OH$, F. 231—232°; durch Verseifen vorst. Verb. mit HCl; aus A. dunkelgrüne Prismen; 87%. — *3.3'-Diäthyl-9-methyl-6.6'-bis-mesylaminothiacarbocyanin*. *Bromid*, $C_{24}H_{29} \cdot O_4N_4S_4Br$, F. 278—280°; aus A. violette Prismen; 34%. — *3.3'.9-Triäthyl-6.6'-bis-mesylaminothiacarbocyanin*. *Bromid*, $C_{25}H_{31}O_4N_4S_4Br$, F. 250—252°; aus CH_3OH violette Prismen; 38%. — *3.3'-Diäthyl-6.6'-bis-formylamino-thiacarbocyanin*. *Jodid*, $C_{23}H_{23} \cdot O_2N_4S_2J \cdot CH_3OH$, F. 295—297°; aus 0,40 g **VII**-Jodid durch 1std. Kochen mit 12 cm³ HCOOH u. Zugabe von 2 g KJ; aus CH_3OH graublaue Prismen; 91%. — *3.3'-Diäthyl-9-methyl-6.6'-bis-formylaminothiacarbocyanin*. *Jodid*, $C_{24}H_{25}O_2N_4S_2J \cdot 2CH_3OH$, F. 231 bis 233°; aus CH_3OH violette Nadeln; 82%. — *3.3'.9-Triäthyl-6.6'-bis-formylaminothiacarbocyanin*. *Jodid*, $C_{25}H_{27}O_2N_4S_2J \cdot CH_3OH$, F. 271—273°; aus CH_3OH blauviolette Prismen. — *3.3'-Diäthyl-6.6'-bis-acetylamino-thiadicarbocyanin* (Diacetylderiv. von **I**; n = 2; A = H). *p-Toluolsulfonat*, $C_{34}H_{36}O_5N_4S_3$, F. 243°; aus 0,82 g **IV** *Ätho-p-toluolsulfonat* u. 0,27 g Malondialdehyddianil-Hydrochlorid in 6 cm³ A. durch Kochen (20 Min.) mit einer Lsg. von 0,04 g Na in 1,5 cm³ A.; aus CH_3OH hellgrüne Nadeln; 35%. — *3.1'-Diäthyl-6-acetylaminothiaisocyanin* (vgl. Strukturformel **VII** in nachst. Ref.; R = CH_3CO), *Jodid*, $C_{23}H_{24}ON_3SJ$, F. 301°; analog Vorst. aus **IV**-Ätho-p-toluolsulfonat, Chinolinjodäthylat u. C_2H_5ONa; aus CH_3OH rote Nadeln; 63%. — *2-p-Diäthylaminostyryl-6-acetylaminobenzothiazol*. *Ätho-p-toluolsulfonat*, F. 273—274°; aus **IV**-Ätho-p-toluolsulfonat u. Dimethylaminobenzaldehyd in A. durch 2std. Kochen in Ggw. von etwas Piperidin; aus CH_3OH rote Nadeln; 77%. *Jodäthylat*, $C_{21}H_{24}ON_3SJ$, F. 265°; aus CH_3OH blauviolette Nadeln. (Журнал Общей Химии [J. allg. Chem.] **21**. (**83**.) 1340—49. Juli 1951. Allunions Wiss. Kinofotoforschungsinst.) G. FROELICH. 8604

N. F. Turitzyna und **I. I. Lewkojew**, *Untersuchungen auf dem Gebiete der Cyaninfarbstoffe. 5. Mitt. Thiacyaninfarbstoffe mit Thiocarbamidgruppen*. (4. vgl. vorst. Ref.) Es wurden *2-Methyl-6-[N$^\omega$-allyl- u. -benzylthiocarbamido]-benzothiazol* aus 6-Amino-2-methylbenzothiazol (**I**) mit Allyl (**II**)- u. Benzyl (**III**)-isothiocyanat erhalten. Bei der Einw. von p-Toluolsulfonsäureester oder anderen Alkylierungsmitteln entstehen *2-Methyl-6-[N$^\omega$-allyl- u. -benzyl-S-äthylisothiocarbamido]-benzothiazol*, die bei einem Überschuß an Alkylierungsmittel in die entsprechenden quartären Salze übergehen. Die auf diese Weise nicht zu gewinnenden quartären Salze der anfangs genannten Thiocarbamidverbb. konnten aus den quartären Salzen von 2-Methyl-6-acetamidobenzothiazol durch Verseifen u. Behandeln mit **II** bzw. **III** synthetisiert werden. Nach den üblichen Methoden wurden *Thiaiso* (**VII**)-, *Thiacarbo-*, *Thiadicarbo-* u. *Thiatricarbocyanine* (vgl. Strukturformel **I** in vorst. Ref.; n = 1, 2 u. 3; A = H, CH_3 u. C_2H_5) dargestellt. Die Absorptionsmaxima von Thiacyaninen mit Thiocarbamid- u. S-Äthylisothiocarbamidgruppen in 6.6'-Stellung sowie anderer Acylaminoderivv. sind im Vgl. zu den entsprechenden Aminoderivv. nach dem kurzwelligen Teil des Spektr. verschoben. Photograph. Unters. zeigte, daß Thiacyanine mit N-Alkylthiocarbamid- u. N.S-Dialkylisothiocarbamidgruppen in einer Reihe von Fällen recht wirksame opt. Sensibilisatoren sind. Verbb., die N-Alkylthiocarbamidgruppen enthalten, eignen sich hingegen nicht zur Erhöhung der Gesamtlichtempfindlichkeit der Silberverbindungen.

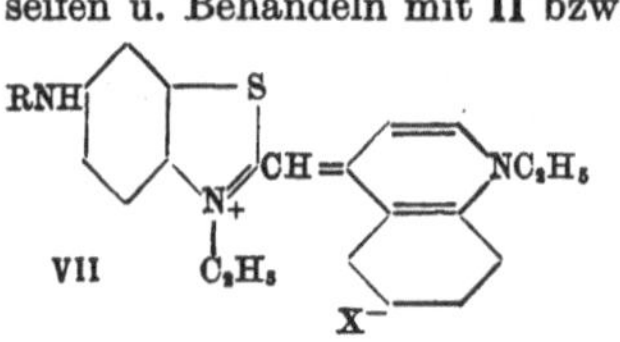

VII

Versuche: *2-Methyl-6-aminobenzothiazol. Hydrochlorid des Äthyl-p-toluolsulfonats* (**IV**), $C_{17}H_{21}O_3N_2ClS_2$, F. 202°. 8,7 g 2-Methyl-6-acetaminobenzothiazol u. 8,88 g p-Toluolsulfonsäureäthylester (**V**) werden 6 Std. auf 120—135° erhitzt. Das entstandene quartäre Salz wird mit 175 cm³ HCl (D. 1,19) 4 Std. gekocht u. HCl im Vakuum abdest., Kristalle aus A.; 97% (Ausbeute). *Äthylperchlorat*, $C_{10}H_{13}O_4N_2ClS$, F. 204°; aus **IV** u. Na-Perchlorat in W. + Pyridin; aus W. Kristalle. *Jodäthylat*, $C_{10}H_{13}N_2JS$, F. 241°; aus A. Kristalle. — *2-Methyl-6-[N$^\omega$-allylthiocarbamido]-benzothiazol* (**VI**), $C_{12}H_{13}N_3S_2$, F. 156°. 0,5 g **I** u. 0,31 g **II** in 2,5 cm³ A. werden 1 Std. auf dem Wasserbad erhitzt;

aus A. Prismen; 78,5%. *Äthyl-p-toluolsulfonat*, $C_{21}H_{25}O_3N_3S_3$, F. 175°. 16,5 g **IV** u. 8,08 g **II** werden in 45 cm^3 absol. A. + 4,4 cm^3 Pyridin 5 Std. gekocht; man fällt mit trocknem Ae.; aus absol. A. Kristalle; 60%. *Äthylperchlorat*, $C_{14}H_{18}O_4N_3ClS_2$, F. 139°; aus A. Prismen. *Jodäthylat*, $C_{14}H_{18}N_3JS_2$, F. 179°. — *2-Methyl-6-[Nω-benzylthiocarbamido]-benzothiazol*, $C_{16}H_{15}N_3S_2$, F. 191°. 0,41 g **I** u. 0,45 g **III** in 1,5 cm^3 absol. A. werden 3 Std. auf dem Wasserbad erhitzt; aus A. Blättchen; 92%. *Äthyl-p-toluolsulfonat*, $C_{25}H_{27}N_3O_3S_3$, F. 200°; aus **IV** + **III** in absol. A. + Pyridin; aus A. Kristalle; 60%. *Jodäthylat*, F. 200°; aus A. Blättchen. — *2-Methyl-6-[Nω-allyl-S-äthylisothiocarbamido]-benzothiazol*, $C_{14}H_{17}N_3S_2$, F. 79°; aus **VI** u. **V**, 6 Std. bei 130—140°; man löst in W. u. fällt mit Pyridin; aus Bzn. Prismen; 43,4%. *p-Toluolsulfonat*, $C_{14}H_{17}S_2 \cdot C_7H_8O_3S$, F. 149°; Prismen aus Aceton. *Äthylperchlorat*, $C_{16}H_{22}O_4N_3ClS_2$, F. 149°; aus A. Plättchen. — *2-Methyl-6-[Nω-benzyl-S-äthylisothiocarbamido]-benzothiazol*, $C_{18}H_{19}N_3S_2$, F. 98°; Kristalle aus Bzn.; 43%. *Äthyl-p-toluolsulfonat*, $C_{27}H_{31}O_3N_3S_3$, F. 199,5°; aus A. Kristalle. *Jodäthylat*, $C_{20}H_{24}N_3JS_2$, F. 191°; aus A. Kristalle. — Die Carbocyanine wurden durch Erhitzen der quartären Salze mit den Äthylestern der Orthoameisensäure, Orthoessigsäure oder Orthopropionsäure in Pyridin auf 130—140° erhalten. Das Reaktionsgemisch wurde mit Ae. verd., der ausgefallene Farbstoff entweder aus A. krist. (Meth. A) oder mit einer geringen Menge A. bis zum konstanten F. wiederholt ausgekocht (Meth. B). *3.3'-Diäthyl-6.6'-bis-[Nω-allylthiocarbamido]-thiacarbocyanin-p-toluolsulfonat*, $C_{36}H_{40}O_3N_6S_5$, F. 192 bis 196°; grüne Prismen; 34% (A.). — *3.3'-Diäthyl-6.6'-bis-[Nω-allylthiocarbamido-9-methylthiacarbocyaninbromid*, $C_{30}H_{35}N_6BrS_4 \cdot 2\,C_2H_5OH$, F. 208—210°, blaue Plättchen; 20,3%; (A). — *3.3'.9-Triäthyl-6.6'-bis-[Nω-allylthiocarbamido]-thiacarbocyaninbromid*, $C_{31}H_{37}N_6BrS_4 \cdot C_2H_5OH$, F. 225—228°; violette Prismen; 22,8% (B). — *3.3'-Diäthyl-6.6'-bis-[Nω-allyl-S-äthylisothiocarbamido]-thiacarbocyaninperchlorat*, $C_{33}H_{41}O_4N_6ClS_4$, F. 228°; blaue glänzende Nadeln; 55%; (A). — *3.3'-Diäthyl-6.6'-bis-[Nω-allyl-S-äthylisothiocarbamido]-9-methylthiacarbocyaninperchlorat*, $C_{34}H_{43}O_4N_6ClS_4$, F. 197°; stahlblaue Nadeln; 18,3%; (A). — *3.3'.9-Triäthyl-6.6'-bis-[Nω-allyl-S-äthylisothiocarbamido]-thiacarbocyaninperchlorat*, $C_{35}H_{45}O_4N_6ClS_4$, F. 156°; grüne, goldglänzende Prismen; 27%; (A). — *3.3'-Diäthyl-6.6'-bis-[Nω-benzylthiocarbamido]-thiacarbocyanin-p-toluolsulfonat*, $C_{44}H_{44}O_3N_6S_5$, F. 252°; dunkelgrüne, runde Blättchen; 43,7%; (B). — *3.3'-Diäthyl-6.6'-bis-[Nω-benzylthiocarbamido]-9-methylthiacarbocyaninbromid*, F. 201—204°; goldbraune Prismen; 38,1%; (B). — *3.3'.9-Triäthyl-6.6'-bis-[Nω-benzylthiocarbamido]-thiacarbocyanin-p-toluolsulfonat*, $C_{46}H_{48}O_3N_6S_5$, F. 180—185°; violette Prismen; 38,1%; (A). — *3.3'-Diäthyl-6.6'-bis-[Nω-benzyl-S-äthylisothiocarbamido]-thiacarbocyanin-p-toluolsulfonat*, $C_{48}H_{52}O_3N_6S_5$, F. 201 bis 202°; smaragdgrüne Plättchen mit goldenem Glanz; 47,8%; (A). — *3.3'-Diäthyl-6.6'-bis-[Nω-benzyl-S-äthylisothiocarbamido]-9-methylthiacarbocyaninjodid*, $C_{42}H_{47}N_6JS_4$, F. 191—194°; blaue Prismen; 38,2%; (A). — *3.3'.9-Triäthyl-6.6'-bis-[Nω-benzyl-S-äthylisothiocarbamido]-thiacarbocyaninjodid*, $C_{43}H_{49}N_6JS_4$, F. 176—178°; hellgrüne Nadeln; 10%; (A). — Die Dicarbocyanine wurden durch Umsetzung äquimol. Mengen β-Äthoxyacroleindiäthylacetal u. des quartären Salzes in Pyridin bei 130—135° u. Fällen mit Ae. erhalten. Die Reinigung erfolgte entweder durch Kristallisieren aus Methanol oder A. (Meth. A) oder mehrmaliges Waschen mit geringen Mengen Methanol (Meth. B). *3.3'-Diäthyl-6.6'-bis-[Nω-allylthiocarbamido]-thiadicarbocyanin-p-toluolsulfonat*, $C_{38}H_{42}O_3N_6S_5$, F. 200°; grüne Kristalle (B; CH_3OH). — *3.3'-Diäthyl-6.6'-bis-[Nω-allyl-S-äthylisothiocarbamido]-thiadicarbocyaninperchlorat*, $C_{35}H_{43}O_4N_6ClS_4$, F. 192°; dunkelgrüne Prismen; 38,7%; (A; C_2H_5OH). — *3.3'-Diäthyl-6.6'-bis-[Nω-benzylthiocarbamido]-thiadicarbocyanin-p-toluolsulfonat*, F. 212°; violette Prismen mit metall. Glanz; (A; CH_3OH). — *3.3'-Diäthyl-6.6'-bis-[Nω-benzyl-S-äthylisothiocarbamido]-thiadicarbocyanin-p-toluolsulfonat*, $C_{50}H_{54}O_3 \cdot N_6S_5$, F. 213—214°; grüne Prismen; 54,8%; (A; CH_3OH). — Die Tricarbocyanine wurden aus dem Hydrochlorid von Glutacondialdehyddianil u. dem quartären Salz in absol. A. unter Zusatz von Na-Äthylat oder auch ohne Na-Äthylat erhalten. Die Reinigung erfolgte entweder durch Kristallisation aus Methanol (A) oder durch mehrmaliges Waschen mit sd. Methanol (B). *3.3'-Diäthyl-6.6'-bis-[Nω-allylthiocarbamido]-thiatricarbocyanin-p-toluolsulfonat*, $C_{40}H_{44}O_3N_6S_5$, F. 190° (Zers. 210—220°); bronzefarbene Prismen mit metall. Glanz; (A). — *3.3'-Diäthyl-6.6'-bis-[Nω-allyl-S-äthylisothiocarbamido]-thiatricarbocyaninperchlorat*, $C_{37}H_{45}O_4N_6ClS_4$, F. 201°, goldgrüne Prismen mit metall. Glanz; (A). — *3.3'-Diäthyl-6.6'-bis-[Nω-benzylthiocarbamido]-thiatricarbocyanin-p-toluolsulfonat*, $C_{48}H_{48}O_3N_6S_5$, F. 195° (Zers.); goldgrüne Prismen; 41,4%; (B). — *3.3'-Diäthyl-6.6'-bis-[Nω-benzyl-S-äthylisothiocarbamido]-thiatricarbocyanin-p-toluolsulfonat*, $C_{53}H_{56}O_3N_6S_5$, F. 178° (Zers.); bronzefarbene Prismen; 32,9%; (A). — Die Thiaisocyanine (**VII**) wurden durch Umsetzung des quartären Salzes mit Chinolinjodäthylat in absol. A. unter Zusatz von Na-Äthylat erhalten. Die Reinigung erfolgte durch Kristallisation aus CH_3OH. *3.1'-Diäthyl-6-[Nω-allylthiocarbamido]-thiaisocyaninjodid* (**VII**; R = C_3H_5NHCS—, X = J), $C_{25}H_{27} \cdot N_4JS_2$, F. 233—234°; leuchtend rote Nadeln; 43,5%. — *3.1'-Diäthyl-6-[Nω-allyl-S-äthyl-*

isothiocarbamido]-thiaisocyaninperchlorat[VII; R=C_3H_5N=C(SC_2H_5)—, X = ClO_4], $C_{27}H_{31}$·$O_4N_4ClS_2$, F. 198—200°; leuchtend rote Nadeln; 41,8%. — *3.1'-Diäthyl-6-[N$^\omega$-benzylthiocarbamido]-thiaisocyaninjodid* (VII; R = C_7H_7NHCS—, X = J), $C_{29}H_{29}N_4JS_2$, F. 240°; dunkelrote Nadeln; 49,6%. — *3.1'-Diäthyl-6-[N$^\omega$-benzyl-S-äthylisothiocarbamido]-thiaisocyaninjodid* [VII; R = C_7H_7N=C(SC_2H_5)—, X = J], $C_{31}H_{33}N_4JS_2$, F. 203—204°; rote, rechtwinklige Prismen; 23%. (Журнал Общей Химии [J. allg. Chem.] **22.** (**84.**) 309—21. Febr. 1952.) HELENE FRÖHLICH. 8604

L. Moizo, *Die Möglichkeit für eine praktische Anwendung von Negativ–Positiv-Farbprozessen nach dem Agfacolorprinzip und ähnlichen Verfahren.* Nach einem einleitenden Überblick über die Grundlagen der Mehrschichtfarbfilmverff. beschreibt Vf. die prakt. Durchführung des Negativ–Positiv-Farbfilmprozesses. (Progr. fotografico **58.** 386—92. Sept. 1951.) W. GÜNTHER. 8630

G. M. Corney und **H. R. Splettstosser**, *Verstärkung von Röntgenbeugungsfilmen zur Erhöhung der Leistung.* Es wird eine Meth. zur Verstärkung von Röntgenbeugungsfilmen für Filme beschrieben, die nur 1/4 der n. Aufnahmezeit belichtet worden waren. Der entwickelte u. fixierte Film wird nach dem Trocknen 5—10 Min. in fließendem W. gewaschen, dann 5 Min. mit KODAK-Spezialhärter SH-1 u. hierauf ca. 10 Min. mit KODAK-Verstärker-In 6 behandelt. Die Rezepte für Härter u. Verstärker sind angegeben. (Rev. sci. Instruments **23.** 98—99. Febr. 1952. Rochester, N. Y., Eastman Kodak Co., Res. Labor.) GOTTFRIED. 8648

Intertype Ltd., Slough, Buckinghamshire, England, *Schrift für den Tiefdruck.* Die gerasterte u. geätzte Fläche eines jeden Schriftzeichens (I) ist von einem die Farbe aufnehmenden Kanal in Rastersteg- oder Rasterfeldbreite umgeben, wodurch die I beim Drukken einen glatten Rand erhalten. (**D. B. P. 838 698** Kl. 57d vom 7/6. 1950, ausg. 12/5. 1952. A. Prior. 8/6. 1949.) KALIX. 8645

Kalle & Co., Akt.-Ges. (Erfinder: **Wilhelm Neugebauer, August Rebenstock** und **Theo Scherer**), Wiesbaden, *Photographische Herstellung von Gerbbildern.* Die in negativ arbeitenden Kolloidschichten mit Azidostyrylverbb. nach D. R. P. 752 852 hergestellten Gerbbilder können in ihrer mechan. Widerstandsfähigkeit für Druckzwecke durch Erhitzen auf 200—400° erheblich verbessert werden. (**D. B. P. 838 699** Kl. 57d vom 11/10. 1949, ausg. 17/5. 1952.) KALIX. 8645

Kalle & Co., Akt.-Ges. (Erfinder: **Richard Hess, Gottlieb von Poser** und **Walter Spietschka**), Wiesbaden, *Diazotypie-Positive.* Zur Herst. einer großen Anzahl ganz gleichmäßiger Dias auf Diazotypieschichten bei Benutzung einer Serie sehr ungleichmäßiger Negative als Vorlage werden von diesen zunächst Diazotypie-Zwischenpositive gezogen u. erst diese auf positiv arbeitende Diazoschichten kopiert. (**D. B. P. 832 394** Kl. 57b vom 29/10. 1948, ausg. 25/2. 1952.) KALIX. 8647

Kalle & Co., Akt.-Ges. (Erfinder: **Oskar Süs**), Wiesbaden, *Durch Wärme entwickelbare Diazotypien.* Das mit einer lichtempfindlichen Schicht nach dem D. R. P. 734 302 versehene Material wird stellenweise der Einw. von Tempp. über 100° ausgesetzt, z. B. mit Hilfe einer elektr. erwärmten Metallspitze eines Schreib-, Zeichen- oder Registriergeräts, oder durch die zwischen den Polen eines Hochspannungsgerätes übergehenden Funken. Dabei findet Kupplung u. Farbstoffbldg. statt. Die nicht umgesetzten Reste der Komponenten zerstört man durch nachfolgende starke Allgemeinbelichtung. (**D. B. P. 832 395** Kl. 57b vom 24/7. 1949, ausg. 25/2. 1952.) KALIX. 8647

Renker-Belipa G. m. b. H. (Erfinder: **Hermann Winzer**), Düren, *Transparente Lichtpauspapiere.* Undurchsichtige Papiere werden zunächst mit einer lichtempfindlich machenden Lsg. behandelt, z. B. mit einer Diazolsg., u. nach der Trocknung mit einer durchsichtig machenden Lsg., die weder die lichtempfindlichen Stoffe, noch die gebildeten Farbstoffe auflöst, z. B. mit einer Lsg. von Natur- oder Kunstharzen in Bzl., Bzn., halogenierten KW-stoffen usw. (**D. B. P. 834 044** Kl. 57b vom 23/2. 1944, ausg. 13/3. 1952.) KALIX. 8647

Herausgeber u. verantwortlich für den Inhalt: Prof. Dr. Maximilian Pflücke, Berlin W 8, Jägerstraße 22/23, Fernsprecher: 200481, 201464. Redaktion: Chefredakteure Dr. Eugen Klever und Prof. Dr. Maximilian Pflücke. Verlag: Akademie-Verlag GmbH, Berlin NW 7, Schiffbauerdamm 19 (Fernsprecher 425571, Postscheckkonto Berlin 35021) u. Verlag Chemie, GmbH, Weinheim/Bergstraße (Postscheckkonto Frankfurt/M. 145314 u. Berlin [West] 7430, Fernsprecher: Weinheim 2017). Bestell- u. Verlags-Nr. dieses Heftes: 1007/124/8. Das Chemische Zentralblatt erscheint wöchentlich.
Satz u. Druck: VEB Leipziger Druckhaus, Leipzig. III/18/203. II. 53.
Veröffentlicht unter der Lizenznummer 1212 des Amtes für Literatur und Verlagswesen der Deutschen Demokratischen Republik.
Printed in Germany.

MIX
Papier | Fördert gute Waldnutzung
FSC® C083411

Zeitfracht Medien GmbH
Ferdinand-Jühlke-Straße 7
99095 Erfurt, Deutschland
produktsicherheit@kolibri360.de